JN234828

チンパンジーの認知と行動の発達

[編著]
友永雅己
田中正之
松沢哲郎

京都大学学術出版会

Cognitive and behavioral development in chimpanzees
A comparative approach.

Edited
by
Masaki Tomonaga, Masayuki Tanaka, and Tetsuro Matsuzawa

チンパンジーの認知と行動の発達
序に代えて

　我々ヒトは，今から約 500－600 万年前にチンパンジーとの共通祖先から枝分かれした．その共通祖先はそれ以前にもゴリラ，オランウータン，テナガザル，ニホンザルの仲間たちとの共通祖先から順次枝分かれしてきた．我々ヒトは，このような長い進化の過程を経て今ここに存在しているのである．はるか過去の我々の祖先の姿は化石によって知ることができる．また，どのような環境に暮らしていたのかということも化石が出土した地層の詳細な分析によって少しずつ分かってきた．一方，DNA やゲノムの分析は，我々の隣人である現生類人猿と我々がどれくらい近いかということを明確に描き出してくれる．ヒトとチンパンジーの間のゲノムの違いはわずか 2 ％未満である，という報告もある．

　体の形が進化の産物であるのと同様，我々が示すさまざまな行動や我々が発揮するさまざまな知性も，このような長い進化の過程を経て形成されたものであることは疑いようがない．「ヒトのこころとは一体何ものか」．この問いに答えるためには，我々の知性が「どのように」働いているかという how の問いかけだけでなく，「なぜ」そのようにはたらくのかという why の問いかけが必要である．さらにこれらの問いかけには，知性の発現である行動の直接的な原因（至近要因）を探るだけでなく，なぜ，どのように，そのような行動が進化してきたのかという進化上の原因（究極要因）を探る必要もある．「我々のこころはどのように進化してきたのか．そしてそれはなぜか」．このような問いかけに答えようとする学問が「比較認知科学」である．もちろんこれが比較認知科学のめざすすべてではない．より広い定義を述べるならば，「さまざまな動物の認知能力を詳細に調べ，その進化史を再構成するとともに，認知能力の収斂や放散が起きた環境要因を明らかにする」ということになるだろう．霊長類以外を対象とした比較認知科学研究も数多く行なわれており，両者は車の両輪としてこの新しい学問を牽引している．

しかしいずれにせよ，知性やこころといったものは化石としては残らない．頭蓋骨や石器，洞窟壁画など，我々の祖先の知性の入れ物や知性の産物から彼らの知性を推し量ることは可能ではある．しかし，得られる情報は非常に限られている．では，比較認知科学にはどのようなアプローチが残されているのだろうか．それは，現生種間の比較という手法である．もし我々がヒトのこころの進化について知りたいと思うならば，まず，ヒトに近い現生種を対象に，こころのある側面（機能）について詳細に調べ，その結果をヒトにおける知見と比較する．複数の種間でこのような作業を行なうことによって，当該の機能がどのように進化してきたかという進化史の再構成が可能となる．そして，ここから「なぜそのように進化したのか」という問いに対して答えていこうとするのである．

我々ヒトは長い時間をかけて成長し，こころを発達させていく．胎児期に始まり，新生児期，乳児期，幼児期を経てヒトの心は完成していく．この個体発生という時間軸を通して，こころがどのように変化（発達）していくのか，そしてなぜそのように変化していくのかを問う学問が「発達心理学」といってよいだろう．そして，ここにも how – why という二つの問いかけと至近要因 – 究極要因という二つの答え方があるはずである．完成した（あるいは成熟した）ヒトのこころというものが進化の産物であるならば，完成に至るプロセスも進化の産物なのだ．したがって，「なぜそのようにこころは発達していくのか」という問いに答えるためにも，進化的な視点は必須なのである．

我々比較認知科学者にとって，こころというものを理解するということは，すなわち「こころはなぜそのように働くようになったのか」という問いと「こころはなぜそのように発達するようになったのか」という問いの二つに答えることなのである．これまでの比較認知科学は，後者の視点が弱かったきらいがある．さまざまな動物のおとな個体を対象にさまざまな認知機能を調べる研究がこれまでにも数多くなされてきた．しかし，そこに個体発生や発達という軸を積極的に導入しようという動きは，全体の研究の流れから見ると微々たるものであった．こういった傾向がひいては「チンパンジーの知性はヒトでいえば何歳にあたるのですか」という巷間によく流布している質問を生み出しているのではないだろうか．

ヒトのこころが発達していくのと同様に，それ以外の動物のこころも個体発生という時間軸の中で変化していくはずである．しかし上の問いかけは，変化する存在としてのヒトと完成した存在としてのチンパンジーを比較しようとしている．これはフェアな問いかけではないし，適切な問いかけとはいえない．もし，チンパンジーのおとなのこころのある側面がヒトのX歳のそれに相当するとしても，そ

こに至るプロセス，つまり発達を詳細に比較し検討することが必要である．このようなダイナミックな比較こそがこころの進化と発達を理解する上で必要とされている．

　また先の問いは，こころというものを均質なものとして捉えている．体の構造をみてもそうだが，成熟に要する時間は器官によってまちまちである．これはこころという機能についても当てはまるはずである．近年大きな影響力を持っている「こころの発達の領域固有性」という考えはまさにその表れであろう．さらに，たとえばヒトのこころの発達のプロセスとチンパンジーの発達のプロセスを比較した場合，すべての面においてチンパンジーはヒトの2倍の速度で発達すると言うことはできない．発達の速度ではなくパターンそのものに違いが出てきてもおかしくはないのだ．

　我々は，このような「比較認知発達」という視点を持って，京都大学霊長類研究所でチンパンジー認知発達研究プロジェクトをスタートさせた．本プロジェクトの目的は「チンパンジーのさまざまな認知機能の発達過程を縦断的に研究することによってその全体像を明らかにするとともに，ヒトやそれ以外の霊長類の発達過程と比較することによって，ヒトのこころの進化，そしてヒトのこころの発達の進化を解明する」ということになるだろう．この目的の中にはチンパンジー独自の発達過程の解明というものが当然のことながら含まれている．

　チンパンジーは，アフリカの熱帯林で複数のオスと複数のメスが群れを構成し，集まっては散らばるという離合集散を繰り返して生活している．このような社会・生態環境は子どもの発達に何らかの影響をおよぼしてきたはずである．チンパンジーを特徴づける大きな点として，その高い知性とともによく取りあげられるのが，道具使用とその伝播である．アフリカに住むチンパンジーは，さまざまな道具使用を行なうことで有名だ．この行動は遺伝的にプログラムされたものではない．その証拠に，道具使用のレパートリーが生息地によって少しずつ異なっていることが知られている．この違いの中には生息地の生態環境によっては説明できないものが数多く含まれている．各生息域での独自の道具使用は遺伝とは異なるメカニズムによって世代から世代へと受け継がれているのだ．では，そのメカニズムとはいったいどのようなものなのか．おそらくは母子間（あるいはおとなと子どもの間）で知識の伝播がおこっているはずである．しかしながら，野生のチンパンジーを観察していただけではその詳細なプロセスを描き出すことは非常に困難である．飼育下の集団を対象にした，要因をある程度統制した研究が伝播のプロセスとメカニズムの解明には必須なのである．

我々は，今回の研究プロジェクトの大きな柱として，このチンパンジーにおける「知識の世代間伝播」の解明をあげている．そのためには，チンパンジーの母親が育てるチンパンジーの子どもの存在が不可欠である．つまり，我々の研究プロジェクトの最大の特色は，これまでの「ヒトに育てられたチンパンジー」の発達過程ではなく，「チンパンジーが育てたチンパンジー」の発達過程を縦断的に調べる，という点にある．母親に育てられたチンパンジーは，その母親との間に強い絆を築いていく．そしてその絆を基盤として，さまざまな知性を獲得していく．これは，ヒトでも同じであろう．目の前にいる子どもを単独で観察するだけでは，豊かな知性の発現の非常に限られた側面しか見えてこない．「自然」な集団の中で暮らす母親に育てられたチンパンジーの子どもを対象とし，そのこころの発達を，母子という絆，あるいは社会で暮らす存在という視点から明らかにしていく．このことによって，これまでにないチンパンジーの認知発達研究の展開が可能となる．そして21世紀の現在では，これ以外にチンパンジーの認知発達研究を行なう理由も方法もない．

もう一点，我々のプロジェクトには大変にユニークなところがある．それは，母親に抱かれたチンパンジーの乳児を人間の研究者が実験室に同居して検査するというスタイルである．今回の研究プロジェクトでは後述するように3名の母親が出産した．これらの母親は，それぞれに特定の研究者との間に長期にわたる社会的関係を構築している．10年以上にわたって同じチンパンジーを対象に研究をしていると，チンパンジーといっしょに実験ブースに入ってもさほど危険ではなくなってくる．また，さまざまな交渉を通して，良好かつ永続的な社会関係を築くことが可能となる．このような社会関係があってはじめて，母親に協力してもらって，母親の抱くチンパンジーの乳児のさまざまな認知機能を調べることが可能となるのである．これは，ヒトの乳幼児の発達を研究するスタイルと非常によく似ている．母親が拒むということも時々あるので制約がないとはいえないが，乳児を母親から分離して検査を行なうという，母親にとっても乳児にとってもストレスフルな状況よりは，はるかに適切な研究条件である（第1章の松沢による総説を参照のこと）．

本書は，2000年に始まったこのプロジェクトの中間報告という形で企画された．目的は，この2年間に行なわれた数多くの認知・行動発達に関する研究の成果を可能な限り公開することにある．

本書は構成上大きく11のセクションに分けることにした．まず第1章では，研

究代表者である松沢哲郎が本研究プロジェクトの背景・目的・展望について，「三者関係に基づく参与観察」という独自の研究手法を軸に総括した．続く第2章からは各論としてさまざまな研究をいくつかのグループに分けて紹介していく．

チンパンジーで標準的に使用されている発育段階では(Goodall 1986; Prooij 1984)，生まれてから完全に離乳するまでをinfantとしている．その期間は5歳くらいまでとされ，それ以降をjuvenileと呼ぶ．この区分では，ヒトでよく用いられている新生児期・乳児期・幼児期という区分がすべてこの"infant"の中に含まれることになる．チンパンジーにおける乳児期と幼児期の区別については固まった意見がないので，infantをまとめて「乳幼児（期）」と訳すこともあるようだが，本書では，2歳までの研究の総括ということもあり，特にことわりのない限り「乳児（期）」という訳語を用いることにする．また新生児期については，ヒトでは4週齢までを指すことが多い．歯の萌出からみればもう少し早くなるのだが，本書でも，新生児期ということを強調する場合には便宜的にヒト同様4週齢（30日齢）までを新生児期とする．なお，齢の表記についてはすべて満齢を用いることにした．各研究ごとに対象となる研究時期や分析対象となる期間が異なるため，日齢，週齢，年齢を適宜使い分けている．

まず，第2章では今回の研究プロジェクトのための繁殖計画の概要と，周産期に行なわれた研究を紹介する．続く第3章では，新生児期に焦点を絞った認知・行動発達の研究を紹介する．新生児期の睡眠－覚醒サイクルの推移の観察に始まり，新生児期に特有な現象の発見（新生児微笑，初期模倣，味覚刺激に対する表情表出反応など）が報告されている．第4章では，1か月齢前後から本格的に始まった種々の知覚・認知機能の研究を紹介している．さらに第5章では，チンパンジーを特徴づける道具使用に見られるような豊かな対象操作能力の発達についての報告が集められている．本書でも随所に現れるが，多くの認知・行動発達が乳児たちの対象操作能力の発達に規定されている．その意味で，この章における対象操作能力の発達に関する報告は，本研究プロジェクトの成果を考察する上での通奏低音としての重要な意味を持っているといえよう．

いうまでもなく，チンパンジー乳児は母親との間に強い絆を築き，その絆を基盤としてさまざまな知性を獲得していく．第6章と7章では，社会的存在としてのチンパンジーという側面に焦点を当てた社会的認知や社会的知性の発達に関する研究を紹介する．第6章では，社会性の発達や社会的交渉の発達の基盤となるさまざまな認知能力の発達過程についての研究を紹介する．特に視線の認識とその利用，自己認識と他者理解に関するさまざまな問題が取りあげられている．

第7章では，第6章で紹介した基礎的な社会的認知能力を背景として出現してくる他個体とのさまざまな交渉に関する報告がまとめられている．まず，乳児たちの社会的世界の広がりを示す指標として最近接個体の発達に伴う変化について紹介されている．この基礎資料は，他のさまざまな研究の結果を考察する上でも重要なものである．6章で紹介している視線の認識と追従に引き続いて生じる，「自己－他者－物」という3項関係を基盤としたコミュニケーションの成立についての予備的な報告も本章で紹介されている．素朴な印象ではあるが，ヒトとチンパンジーではこの視線を介したさまざまなコミュニケーションの広がりという点で大きな差があるように感じられる．実際，Tomasello & Call（1997）は，チンパンジーでは，たとえヒトの手で育てられ，ヒトの社会的認知のスタイルの中で育った個体であっても，他個体と経験を共有しようとしない，あるいはそういう欲求が形成されない，と結論づけている．しかしその一方で，チンパンジーにも社会的参照や（厳密な意味での）共同注意といった現象が存在すると考える研究者もいる．乳児たちが2歳を迎え3歳に至ろうとしている今後，この問題に焦点を絞った縦断的研究が必要であろう．

　この第7章での最も重要なトピックは知識の母子間伝播についての研究である．これは研究プロジェクトの根幹をなすものの一つである．長年にわたってコンピュータを介した認知課題に習熟してきた母親たちの技能を乳児たちはいつ頃どのように獲得していくのか．数年前から行なわれているおとな個体での道具使用獲得実験を通じて身につけた母親たちの道具使用のレパートリーはどのように乳児たちに受けつがれていくのか．母親のもつ食物レパートリーを乳児たちはどのような形で学んでいくのか．いくつかの興味深い縦断的研究がこの章では紹介されている．

　第8章では，身体成長や運動機能の発達に関する研究を紹介する．身体の成長や運動機能の発達は認知・行動の発達の基盤となるものである．これらの研究から得られる基礎資料は，本書で紹介している諸研究を総合的に考察する上で必要不可欠のものであり，かつ，比較発達研究のための重要な資料となるものである．また近年，発達過程を理解する上で，身体の問題，あるいは知覚と行為の相互作用の問題の重要性があらためて認識されるようになってきた．その意味でも，本章で紹介している運動機能の発達に関する研究を認知・行動発達の研究と連関させる（あるいはその逆）ことが要請されている．

　進化史を正しく再構成するためには，少なくとも3種以上での比較が必要である．そうしないと，ある特定の認知機能の起源を正しく推定できないためである．

そこで，我々はさまざまな研究者と共同して，チンパンジー以外の霊長類—テナガザル，ニホンザルなどのマカクの仲間，ヒヒ，タマリンやリスザルなどの新世界ザル—の乳幼児を対象とした発達研究も並行して開始した．その目的は，チンパンジーやヒトでの結果と可能な限り直接比較できる知見を蓄積することにある．これらの研究の中からも興味深い知見が蓄積されてきた．第9章では，ヒトを含む，これらさまざまな種での比較研究を紹介する．この章で紹介されている試みがあってこそ，チンパンジーの発達を，ひいてはヒトの発達を進化的視点からよりよく理解できると考えている．

第10章では，成体のチンパンジー個体を対象とした比較認知研究を紹介する．これまで京都大学霊長類研究所では20数年にわたってチンパンジーの知覚・認知・行動に関する実験的研究を行なってきた．それらの成果については他書に譲るとして（松沢 1991; 松沢 2000; Matuzawa 2001），本章では，ここ数年の間，認知発達研究プロジェクトと並行する形で行なわれてきた研究に絞ってその成果を紹介したい．コンピュータを利用した知覚・認知の実験的研究から，複数個体場面での社会的知性に関する実験的研究，さらには，成体でのさまざまな対象操作行動についての研究が報告されている．

霊長研のチンパンジーたちは3次元的に豊かで，緑に囲まれた環境の中で，仲間たちといっしょに暮らしている．このように，彼らの暮らす物理的・生態的・社会的環境を豊かにすることは，近年の動物福祉の風潮に照らしても必要なものである．しかし我々は，このような豊かな環境は本研究プロジェクトを進めていく上でも必要不可欠であると考えている．コンクリートに囲まれた空間からはチンパンジー本来の姿は見えてこない．豊かな知性が発達していくためには豊かな環境が必要なのである．最終章の11章では，京都大学霊長類研究所のチンパンジー飼育施設とそこで行なわれている環境エンリッチメントの試みを紹介するとともに，その中での乳児たちの環境利用の様子を紹介する．

本書のもう一つの目的は，この2年間に蓄積された数多くの資料を公開することにある．今回は，そのすべてというわけにはいかないが，日々行なわれている発達検査の様子を記録した日誌や行動観察記録などの基礎資料を付録としてCD-ROMに収めることにした．また，チンパンジー乳児たちが示すさまざまな行動をより具体的に理解してもらうために，本書の内容に関連した動画や写真を数多く収録している．これらの資料が研究者や一般読者の方々の役に立つことを願う．

*　　　*　　　*

　本書は，先にも述べたように，本研究プロジェクトの現時点での中間総括という形で出版した．執筆者は大学院生から研究職にある者まで多岐にわたっている．その内容についても玉石混交であることは否めないであろう．しかし我々は，研究の現状を適切に伝えるために，方法と結果の記述については十分に配慮をつくしたつもりである．それでもなお不備がある場合，それはひとえに編者である我々の責任である．本書をご一読いただき，忌憚のないご意見をいただければ望外の幸せである．

　なお，本書に所収された研究のいくつかは，既に投稿された論文の転載や，査読制度のある学術雑誌に投稿中か投稿準備中のものである．しかし大半は，さまざまな学会の年次大会等で発表されてはいるものの，まだ学術論文として結実してはいない．その理由の一つには，多くの研究が現在も進行中であるということがあげられよう．当然のことながら，各研究の成果報告は本書で完結するわけではない．その意味でも本書は中間報告集なのである．本書は，我々にとってスタート地点に位置するものであり，各人がそれぞれの成果を査読制度のある学術雑誌に公表していくよう不断の努力を続けなくてはならない．我々の研究は文部科学省の科学研究費補助金の助成を受けて行なわれている．我々研究者にはそのような援助を受けて行なわれている研究を社会に公表し評価を得る義務と責任がある．今後とも切磋琢磨して日々の研究に精進していきたい．と同時に読者の方々からのご指導とご鞭撻をいただければ幸いである．

編著者を代表して　友永雅己

序　参照文献

Goodall, J. (1986). *The chimpanzees of Gombe: Patterns of behavior.* Harvard University Press. ［杉山幸丸・松沢哲郎（監訳）（1989）．野生チンパンジーの世界．ミネルヴァ書房］
松沢哲郎（1991）．チンパンジーから見た世界．東京大学出版会．
松沢哲郎（2000）．チンパンジーの心．岩波書店．
Matsuzawa, T. (ed.)(2001). *Primate origins of human cognition and behavior.* Springer-Verlag Tokyo.
Plooij, F.X. (1984). *The behavioral development of free-living chimpanzee babies and infants.* Ablex.
Tomasello, M., & Call, J. (1997). *Primate cognition.* Oxford University Press.

目　次

チンパンジーの認知と行動の発達──序にかえて
第1章（総論）　三者関係に基づく参与観察研究──
　　　　　　　　　比較認知発達研究の新しいパラダイム ─────── 1
第2章　周産期の研究──────────────────── 17
　　2-1　総　論　18
　　2-2　チンパンジーの出産と子育て　21
　　　　　──アイ，クロエ，パンの出産に至るまで
　　2-3　チンパンジーの繁殖計画　23
　　2-4　尿中ホルモンからみたチンパンジーの月経周期と妊娠　27
　　2-5　チンパンジー胎児の心拍の発達的変化　35
　　2-6　胎児の学習と記憶　39

第3章　新生児期の認知と行動──────────────── 47
　　3-1　総　論　48
　　3-2　睡眠─覚醒状態の発達的変化　51
　　3-3　チンパンジー新生児における自発的微笑の発達的変化　56
　　3-4　チンパンジーにおける味覚の発達　59
　　3-5　新生児・乳児期における表情の模倣　63

第4章　乳児期の知覚と認知──────────────── 71
　　4-1　総　論　72
　　4-2　生物的運動の知覚　77
　　4-3　陰影による奥行き知覚の発達　83
　　4-4　顔図形の認識　89

4-5　母親の顔の認識　94
　4-6　匂いに対する反応　100
　4-7　匂い手がかりに基づく母親の識別　105
　4-8　「数」の大小の判断　110
　4-9　発達初期のカテゴリ化能力：ヒト乳児との比較　114
　4-10　タッチスクリーンを用いたなぐり描きの記録　122

第5章　乳児期の対象操作能力の発達　131

　5-1　総論　132
　5-2　定位操作の発達——ヒトとの比較　134
　5-3　砂の対象操作行動の分析——1歳齢と2歳齢での比較　141
　5-4　物を利用した「水飲み」行動の発現　146
　5-5　乳児における物の受け渡し　153

第6章　乳児期の社会的認知の発達　159

　6-1　総論　160
　6-2　音声に対する応答の発達的変化　165
　6-3　ルーティング反応と生態学的自己　174
　6-4　サッキング反応の自己制御　177
　6-5　自己鏡映像認知の発達的変化　181
　6-6　自己の名前概念の獲得　185
　6-7　画面の中の他者への注視　190
　6-8　他者の視線の検出　195
　6-9　他者の視線と身振りの理解と利用　199

第7章　個体間の相互交渉とその発達　213

　7-1　総論　214
　7-2　最も近くにいるのは誰か　218
　　　　——「ニアレスト・ネイバーズ」の発達的変化

7-3	母親による子どもの運搬	227
7-4	物体の動きの因果性理解と社会的参照との関連	232
	──ヒト乳児との直接比較による検討	
7-5	母子間における食物を介した相互交渉と食物の分配	243
7-6	母子の食物選択性の推移と相関	248
7-7	母子における対象物の好みにおよぼす刺激強調の効果	254
7-8	物の操作と相互交渉──複数母子同居場面への遊具の導入	258
7-9	道具使用の母子間伝播	262
7-10	タッチパネル課題の獲得	267
7-11	トークン実験における乳児の課題獲得過程	271

第8章　身体成長と運動機能の発達 ── 281

8-1	総論	282
8-2	乳児のジェネラルムーブメント	285
8-3	姿勢反応の発達	292
8-4	床上移動様式の発達	296
8-5	乳児期の成長と生物学的年齢	302
8-6	声道形状の成長変化	310

第9章　新生児・乳児の比較認知発達研究 ── 319

9-1	総論	320
9-2	ニホンザル新生児における自発的微笑	322
9-3	霊長類における新生児期の表情模倣	327
	──ヒト・チンパンジーとの比較	
9-4	マカクザル乳児における生物的運動の知覚	333
9-5	マカクザル乳児における顔図形の認識	337
9-6	テナガザル乳児における顔の認識の発達	343
9-7	ヒトおよびニホンザル乳児における母親顔の認識の発達	347
9-8	ニホンザル幼児におけるカテゴリ弁別──回避反応テストを用いて	353

9-9　ヒトおよびニホンザル乳児における視聴覚情報に関する「初期知識」　359

9-10　テナガザルにおける認知・行動発達　365

9-11　ボノボとゴリラ乳児の対象操作の発達　374

第10章　成体チンパンジーにおける比較認知研究　——— 381

10-1　総論　382

10-2　視覚認知への比較認知科学的アプローチの可能性　386

10-3　チンパンジーにおける色の知覚　409

10-4　チンパンジーの推移律とその般化について　415

10-5　チンパンジーの短期記憶　419

10-6　ヒトとチンパンジーの数字の序列化課題における認知方略　422

10-7　チンパンジーにおける動画の記憶　425

10-8　感覚性強化手続きを用いたチンパンジーにおける視覚的好みの検討　430

10-9　チンパンジーの粘土遊び——彼らの造形能力　434

10-10　チンパンジーにおける砂の対象操作の実験的分析　439

10-11　他者の介在がチンパンジーの描画行動に与える効果　448

10-12　チンパンジー成体における名前認知　454

10-13　チンパンジー個体間の役割分担　458

第11章　飼育環境とその利用——環境エンリッチメントの試み　——— 467

11-1　総論　468

11-2　チンパンジー飼育施設の環境エンリッチメント　469

11-3　チンパンジー乳児の環境利用　477

11-4　環境エンリッチメント　482

あとがき　498

索引　503

第 1 章
総論

三者関係に基づく参与観察研究
比較認知発達研究の新しいパラダイム

松沢哲郎

母親、子ども、検査者のトライアッド場面（撮影：毎日新聞社）

チンパンジーの親が育てたチンパンジーの子どもを対象に，しかも複数の親子を含めた1群のコミュニティーを視野に入れて，その出生直後から生後約2年半の発達をみてきた．チンパンジーの子どもは，どのような認知発達を遂げ，親や仲間とどのような社会的関係を築いていくのか．人間の子どもの認知発達や，親子関係と比較して，どのような点が似ていて，どのような違いがあるのか．親の世代が習いおぼえた知識や技術が子どもたちの世代に，いつごろ，誰から誰へ，何が，どのようにして伝えられるのか．我々の研究は，「三者関係に基づく参与観察研究」という新たな視点から，そうした問いに答える作業だ．ここでは，新しい研究パラダイムの発想に至る経過と背景について説明したい．

1　交差養育法：比較認知発達研究の従来のパラダイム

ヒトとチンパンジーの認知発達は古くから心理学者の興味をひいてきた．家庭でチンパンジーを育てて，ヒトの子どもと直接比較する試みである．ロシアのLadygina-Kohts夫人によるチンパンジーのイオニと自分の子どもルーディーを育てて比較した古典的な研究（Ladygina-Kohts 1935）を嚆矢として，Kellog夫妻の育てたチンパンジー，グアの研究，Hayes夫妻の育てたビッキーの研究，日本では岡野恒也・岡野美年子夫妻の育てたチンパンジー，サチコの研究などがある．

いわゆる「類人猿の言語習得研究（Ape-language studies）」も，そうしたヒトとチンパンジーの認知発達研究の延長に位置づけられる．Hayes夫妻のビッキーの研究では，ヒトの子どもと同じように育てて認知発達をさまざまに比較する中で，特に音声言語の習得に焦点が当てられた．その結果，ヒトの発話理解（speech comprehension）はある程度できて適切にふるまうのだが，発話産出（speech production）の方はヒトの子どもと比較して著しく劣っていることが分かった．チンパンジーにはヒトのような発声がそもそも困難なのだ．

そこで，発想を転換して，音声言語の代わりに，聴覚障害者の使う言語である身振り語（手話，sign language）をチンパンジーに教える試みが行なわれた．Gardner夫妻によるチンパンジー，ワシューの研究である（Gardner & Gardner 1969）．その手話研究は，チンパンジーのあかんぼうをヒトの聴覚障害者が育てるプロジェクトとしてFouts夫妻に引き継がれた．音声言語と違って，チンパンジーは手話（アメリカン・サイン・ランゲージ，ASL）をかなり習得することができた．手話を媒体として，ヒトとチンパンジーのあいだで双方向のコミュニケーションができたのである．引き続いて，ゴリラ（Pattersonの研究したココ）やオランウータン

(Milesの研究したチャンテック）を対象として，手話を教える研究が行なわれた．

一方，手話以外の媒体として，Premack夫妻はチンパンジー，サラを対象にして，プラスチック彩片をコミュニケーションの媒体とした認知・言語研究を行なった．Savage-Rumbaughらは，チンパンジー，ラナを対象にして，図形文字（lexigram）を媒体とした研究を行なった．1978年に，室伏靖子の指導のもと京都大学霊長類研究所で始まった，アイ，アキラ，マリのチンパンジー3個体を対象にした「チンパンジーの人工言語習得とその脳内機構に関する研究」（現在，「アイ・プロジェクト」と呼ばれている研究）も，そうした試みの一つと位置づけられる．

上記の先行研究の問いかけが共有する特徴を一言でまとめると，「ヒトと同様の環境で育てたチンパンジー（などの大型類人猿）は，ヒトの子どもの認知発達と比較して，どこが同じでどのような違いがあるのか」ということだといえる．キイワードは「ヒトと同様の環境で育てる」というところにある．同一の環境のもとで育てた時に，もし両者に認知や行動の発達に違いがあるとしたら，その原因はヒトとチンパンジーという種差に求められる，と考えられたのである．

京都大学霊長類研究所のプロジェクトでは，新たな被験者となるチンパンジーを得る目的で，1980年代に人工授精によって子どもを設けた（熊崎・松林・松沢1986）．ゴンとプチのあいだにポポ（1982年3月7日生まれの女），パン（1983年12月6日生まれの女）が生まれた．ゴンとレイコのあいだにレオ（1982年5月18日生まれの男）が生まれた．レイコは子どもをなんとか自力で育てたが，プチは2例とも育児放棄した．ポポとパンはヒトの手で育てられることになった．チンパンジーをヒトの家庭で育て，ヒトの子どもと直接比較する機会を得て，以下の3点が明瞭に指摘できる．

第1に，ヒトの子どもとチンパンジーの子どもはたいへんよく似ている（図1-1-1）．姿・形が似ているだけではない．その行動もよく似ている．まず，仰向けにすると仰向けのまま，うつ伏せにするとうつ伏せのままで寝返りができない．ヒトだけ未熟に生まれてくるわけではないことが実感された．第2に，チンパンジーのあかんぼうはきわめて静かで，ヒトのあかんぼうのようにおぎゃあおぎゃと泣き喚かない．そして，ヒトの子どもと同じように育てても，ヒトの子どものようにはことばをしゃべるようにはならない．第3に，これは従来の研究であまり意識されていない点であり，チンパンジーの養育経験を反芻する中で後年思いを巡らしてようやく得心するようになった点なのだが，「ヒトと同様の環境で育てる」ということが，じつはヒトとチンパンジーの真の意味での比較からは遠く離れた行為だということである．なぜなら，ヒトには親がいるがチンパンジーに

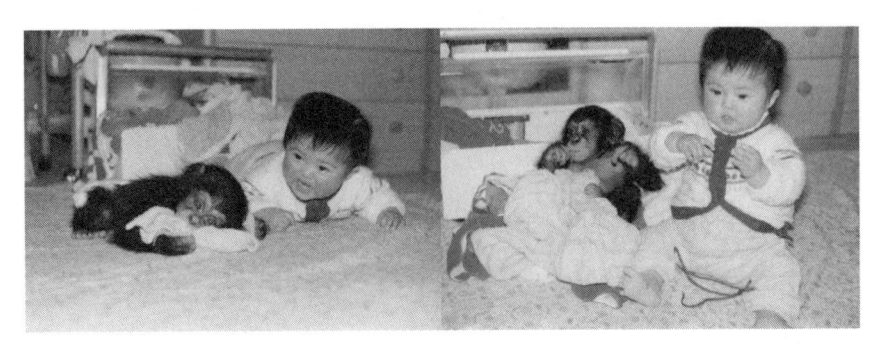

図1-1-1　ヒトとチンパンジーの認知発達に関する比較心理学の古典的な研究パラダイム．ヒトの家庭でチンパンジーの子どもを育てて，ヒトの子どもと比較する．そうした比較研究が20世紀前半にいくつか行なわれた．（撮影：松沢哲郎）

はいないからである．

　GardnerやFoutsは，チンパンジーの子どもをヒトが育てる研究を2種間の「交差養育法（cross-fostering）」と命名した．ヒトの親がチンパンジーの子どもを育てるのだから，親子の種が交差している，という意味である．しかしこれは，ヒトの子どもとチンパンジーの子どもの認知発達を比較する上でフェアな方法とはいえない．ヒトの子どもは実の親に育てられるのに，チンパンジーには実の親がいない．交差養育法によってチンパンジーの認知発達を研究することは，いわば「ヒトの環境で育つことを余儀なくされたチンパンジーが，ヒトとのコミュニケーションの手段を身につけていく過程を見る」ことに他ならない．ヒトと同様にチンパンジーもきわめて柔軟な知性をもって生まれてきている．したがってチンパンジーは，その本性からかけ離れたものであっても，生後の養育環境に柔軟に対応していける．交差養育法による，ヒトが育てたチンパンジーの事例は，そうしたかれらの知性の柔軟性を見ていることになる．

　認知や行動の比較発達研究で，種間の交差養育法は重要な知見をもたらしてきた．たとえば，アカゲザルとニホンザルの認知発達を比較した研究がある（藤田1998）．アカゲザルがニホンザルを育て，ニホンザルがアカゲザルを育てる．またそうした交差養育の背景には，アカゲザルがアカゲザルを育て，ニホンザルがニホンザルを育てた場合に関するきわめて豊富な知見がある．そうした親と子との種差を2×2の4通りに配置した研究計画があって始めて，交差養育法は意味をもつだろう．従来の「ヒトが育てたチンパンジー」研究は，「ヒトが育てたヒト」研究の蓄積が背景にあるが，「チンパンジーが育てたヒト」といった逆の視点など

展望の中にはない．きわめてヒト中心の発想だったといえる．そして何よりも，「チンパンジーが育てたチンパンジー」というきわめてまっとうな視点が欠落している．そういう意味で，ヒトがチンパンジーを育てる研究は，種間比較研究としては少なからぬ欠陥・欠落を内包した研究だと認識すべきだろう．

「ヒトに育てられたチンパンジー」という存在は，「○○に育てられたヒト」という，逆の場合を想像してみるとよく分かる．いわゆる「野生児の研究」である．オオカミに育てられたというアマラとカマラの事例では，彼女らはオオカミのように四足で歩き，オオカミのように遠吠えをし，人語を解さなかったという．そうした報告の真偽のほどは別として，ヒトが本来のヒトの環境で育てられなかった場合，およそ健常者とはほど遠い極端な存在になることは想像にかたくない．「カスパー・ハウザー」や「ジーニイ」の事例がそれに当たるだろう．

チンパンジーの親が育てたチンパンジーの子どもはどのように育っていくのか．ヒトとチンパンジーの認知発達の比較研究のまず第一歩は，そうしたそれぞれの種における本来の子育ての姿に知見を求めるべきだろう．チンパンジーの親が育てているチンパンジーの子どもの成長・発達を，まず見る必要がある．「三者関係に基づく参与観察研究」という新しい研究パラダイムは，こうした過去の研究の反省に立脚したものだといえる．

2 野生チンパンジーの認知発達研究

筆者は，共同研究者らとともに，西アフリカ，ギニアのボッソウにすむ野生チンパンジーのコミュニティーを対象とした研究を行なってきた（Matsuzawa et al. 2001）．1976年以来既に26年間にわたる長期継続研究が行なわれている．メンバーは1群平均20個体（2002年12月現在，19個体）でほぼ安定している（図1-1-2）．0歳から52歳（推定）まで3世代のコミュニティーである．ボッソウのコミュニティーは，アフリカの五つの長期調査研究基地（ゴンベ，マハレ，キバレ，タイ，ボッソウ）の一つである．野生チンパンジーの生態と行動に関する知見のほとんどが，この五つの調査基地におけるいずれも20年以上にわたる，最長42年間におよぶ長期研究の中から生まれてきた．

Goodallらによるタンザニアのゴンベでの研究は，野生チンパンジーの行動発達に関する多くの知見をもたらした（Goodall 1986）．チンパンジーの母親は子どもを昼夜とも抱き続ける．離乳は3歳半頃で，ヒトと比較してきわめて遅い．平均出産間隔は約5年．すなわちだいたい5歳年上の兄や姉をもってあかんぼうは生ま

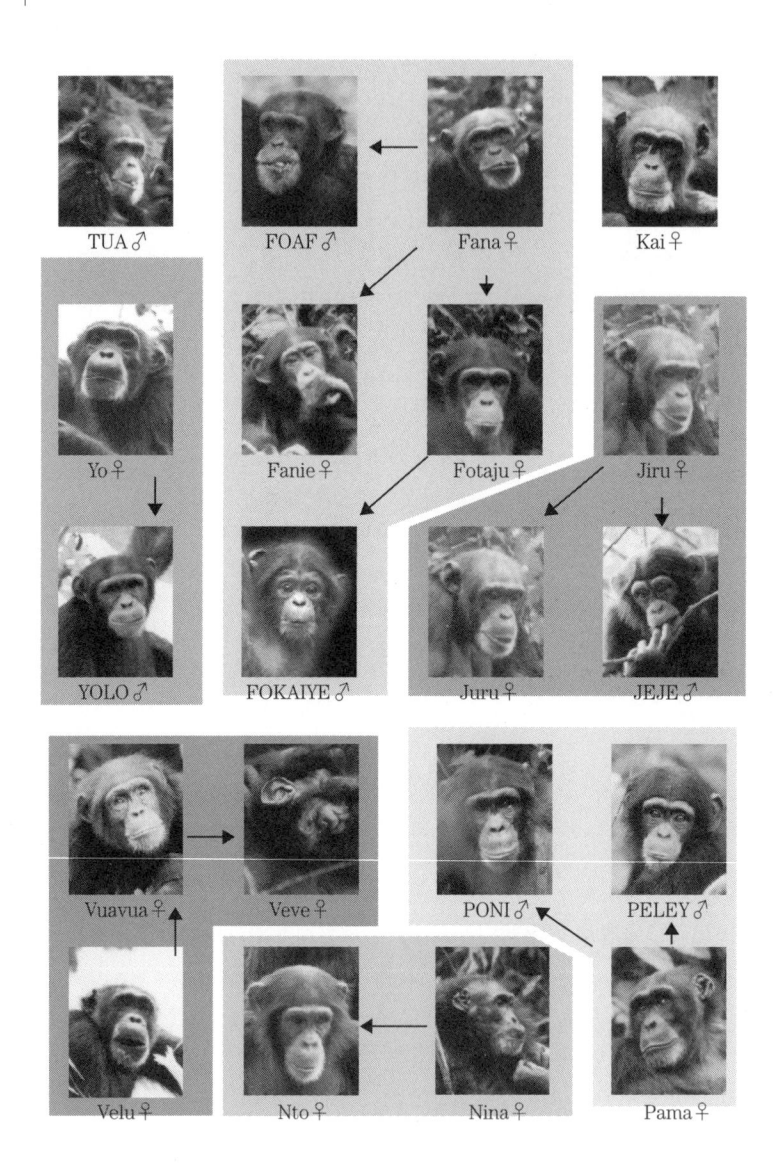

MOTHER ⟶ OFFSPRING

図1-1-2 西アフリカ，ギニアのボッソウの野生チンパンジーの家系図．一群3世代のチンパンジーが一つのコミュニティーを形成して暮らしている．（製作：大橋岳）

れてくる．逆に言うと，生後の5年間，あかんぼうは母親をほぼ独占する．下に弟妹が生まれるころ，男児は群れの男性のあとをおって行動することが多くなり，女児は母親の傍らに留まって弟妹の世話をすることが多い．女性は10歳頃に初潮を迎え，思春期の頃最初の出産をする前に，出自群を出て近隣のコミュニティーに移籍する．一方，男性は出自群に留まる．つまり，ニホンザルのような母系社会とは反対に，父系社会を作っている．寿命は約50年かそれ以上と考えられている．そうした生活史や社会のあらましが，長期の野外研究から明らかになった．

しかしこうした野生チンパンジーを対象にした先行研究において，認知や行動の発達的な変化を追った研究はけっして多くない．至近距離からの詳細な，しかも継続した観察が困難だからである．そうした中でゴンベでのPlooijの研究（Plooij 1984）は特筆に価する．彼は，6組の母子を対象にして，0歳から2歳半までの行動発達について詳しい観察研究を行なった．また長谷川真理子（Hiraiwa-Hasegawa 1990）は，同じタンザニアのマハレの16組の母子を対象に，0歳から6歳5か月までの対象児について主に親子関係に焦点を当てた観察を行なった．親の子どもに対する「投資」という視点からの研究である．乳首へのコンタクト，母子の運搬の仕方，毛づくろい，などについて観察結果を詳細に報告している．また，ボッソウでの松沢の研究（Matsuzawa 1994）は，1988年から1993年までの期間中に断続的に14か月間の研究で，0歳から7歳半までの15個体を対象にして，直接観察に加えてビデオ記録を併用して，石器使用の獲得と利き手の変化について調べた．そのフォロウアップとして，井上と松沢の研究（Inoue-Nakamura & Matsuzawa 1997）は，0歳から3歳半の3個体を対象児として，石器使用ができるまでの過程における石と種の対象操作の発達を報告するとともに，親子間の社会的な学習について調べた．

野生チンパンジーの特に最近の10年間の研究における重要なトピックは，「文化」の発見である．野生チンパンジーには，ヒトの文化と同様に，それぞれの地域で異なる文化的な伝統がある．たとえば，ボッソウのチンパンジーは一組の石をハンマーと台にして，アブラヤシの硬い種を叩き割って中の核を取り出して食べる．こうした石器使用はボッソウのチンパンジーを特徴づける文化だ．チンパンジーの道具使用としてはゴンベのチンパンジーのシロアリ釣りが有名だが，ボッソウのチンパンジーはシロアリ釣りをほとんどしない．道具は使わず，塚から出てきたものをつまんで食べるだけである．逆に，ボッソウのチンパンジーは石器を使ったヤシの種割りをするが，ゴンベのチンパンジーはそうしたことをしない．何を食べるか，どのような道具を製作し使用するか，それぞれの文化で決

図1-1-3 西アフリカ，ギニアのボッソウの野生チンパンジーの石器使用と，そこにおける親子の関わり．一組の石をハンマーと台にして硬いアブラヤシの種を叩き割って食べる．子どもはその親の様子をじっと見守る．野生チンパンジーのコミュニティーにはそれぞれ固有な文化的伝統がある．（撮影：松沢哲郎）

まっている（図1-1-3）．

　こうした文化的な伝統は世代を越えて受け継がれる．つまり，あるコミュニティーに固有な知識や技術が，親の世代から子どもの世代へと引き継がれていく．ゲノムという遺伝情報によらず，生後の経験や学習を通じて獲得する知識や技術が，ヒトと同様にチンパンジーでもきわめて重要な役割を担っているといえる．

　しかし，野外での研究には大きな制約がある．たとえば，きょうある親子を観察できたとしよう．しかし，その親子を明日も見ることができるかどうかは分からない．1週間見ないことはよくある．1か月見ないということもあり得る．しかも，子どもをもつ母親は観察者からは身を隠すようにふるまう．特に生後3か月以内の乳児では，その発達の様子を至近距離から観察することはほとんど不可能に近い．つまり，断片的な情報を収集することはできても，日々の発達の様子を至近距離から詳細に，しかも毎日継続して観察することはきわめて困難だといえる．

3　参与観察研究：比較認知発達研究の新しいパラダイム

　チンパンジーの認識や行動の発達について，野生ではきわめて困難な研究を，飼育下で行なうことの意義は深い．もちろん，生態学的環境や社会的環境を機能

的に自然のものにできるだけ近づけたシミュレーション研究である必要は当然の前提だろう．そうした中で，「チンパンジーの親が育てたチンパンジーの子どもの発達の様子を研究する」，新しい視点からの研究を構想した．そうした飼育下研究が野生の研究に対してもつ利点は，以下の3点に要約できる．1) 至近距離から観察できる，2) 昼夜をおかず連続した観察ができる，3) 人が介入して多様な実験的な操作を加えた観察ができる，という利点である．

従来の比較認知発達研究との大きな違いは，「チンパンジーの親」と「チンパンジーの子ども」と「研究するヒト」という「三者関係に基づく参与観察研究」という点にある．チンパンジーの親が子どもを育てている子育ての現場に，日々ヒトが参与して，その参与の中で観察や実験を行なうのである（図1-1-4）．ヒトの子どもの認知発達の研究では，こうした参与観察研究はごく一般的な研究手法である．家庭で子どもを毎日育てながらその発達を日誌的に記載する．保育園や幼稚園に日参して，保育の現場で子どもたちの姿を記録して分析する．そうした研究手法である．研究者は，まったくの第三者として客観的な立場に終始するのではなく，何らかの形でその場に内包されているという点が特徴だ．

参与観察研究は，いわば2人称の研究だ．「わたし」という1人称の世界をわたしが記述する主観ではない．「かれ・かのじょ」という3人称の世界をわたしが記述する客観でもない．しいていえば，「あなた」と呼べるような2人称の対象の世界を記述する営為である．「研究対象と研究者」あるいは「研究される側と研究する側」が，親密な絆をもって成り立つ研究，それが参与観察研究といえるだろう．

しかもその研究対象となるチンパンジーの親子はコミュニティーの中で暮らしている．研究者が参与しているのは，親子を含めたチンパンジーのコミュニティー全体だ．逆にいえば，野生でいえばそれなしに個人の存在し得ない「社会」あるいは「コミュニティー」と呼ぶものが，参与観察研究の基盤にある．我々は，チ

図1-1-4　ヒトとチンパンジー認知発達を比較する新しい研究パラダイム．チンパンジーの母親と子どもと研究者の三者関係を基盤に，チンパンジーの親が育てている子どもの認知発達を研究する．（撮影：毎日新聞社）

Puchi ♀
1966年生まれ(推定)

Gon ♂
1966年生まれ(推定)

Reiko ♀
1966年12月生まれ

Mari ♀
1976年6月生まれ

Akira ♂
1976年6月生まれ

Ai ♀
1976年10月生まれ

Pendesa ♀
1977年2月生まれ

Pan ♀
1983年12月生まれ

Popo ♀
1982年3月生まれ

Reo ♂
1982年5月生まれ

Chloe ♀
1980年12月生まれ

Pal ♀
2000年8月9日生まれ

Ayumu ♂
2000年4月24日生まれ

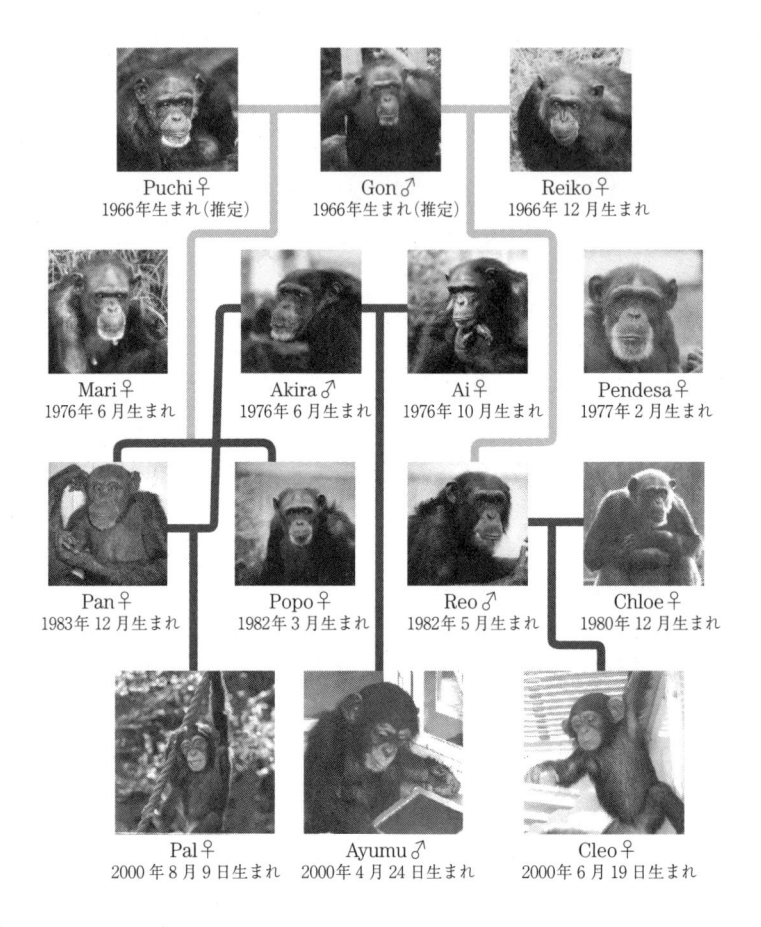

Cleo ♀
2000年6月19日生まれ

図1-1-5　京都大学霊長類研究所のチンパンジーの家系図．一群3世代のチンパンジーが，現在14個体，コミュニティーを形成して暮らしている．（製作：田中正之）

ンパンジーのコミュニティーと呼べるものを飼育下に創り出す努力をしてきた，といえるだろう．そうしたコミュニティーを背景に，チンパンジーの親子，子どもの育ち行くさまを研究しようと試みているわけである．

　ここに至る経過を簡単に振り返ってみる．室伏靖子を代表とする文部省（当時）科学研究費により研究プロジェクトが1977年度に成立し，1977年11月にチンパンジーのアイ，翌1978年にアキラとマリが京都大学霊長類研究所に来た．当時いずれも約1歳のチンパンジーである．当時，研究所にはレイコと名づけたチンパン

ジーが1個体だけいた．そこに順次，ペンデーサ，ゴン，プチ，クロエが加わった．こうした移入のチンパンジー9個体をファウンダーとして，1980年代初頭に，ポポ，レオ，パンが生まれ，2000年にアユム，クレオ，パルが生まれた．ここに，現在では2歳から37歳の，3世代にわたる14個体のコミュニティーが形成されるに至った（図1-1-5）．

図1-1-6 京都大学霊長類研究所のチンパンジーの屋外運動場．高さ15メートルのタワーが空間を3次元的に利用することを可能にしている．また植樹もおこなわれ，環境エンリッチメントのくふうがされている．（撮影：松沢哲郎）

チンパンジーの1群14個体からなる犬山コミュニティーが，霊長類研究所に暮らしている．緑の屋外運動場一つ，屋根つき屋外運動場（サンルーム）二つ，合計三つの屋外運動場があり，その合計面積は約900平方メートルである．この運動場に隣接した建物にチンパンジーの居室9室と，さらにはさまざまな研究のためのテスト室7室がある（図1-1-6）．こうしたチンパンジーとヒトがきわめて近い距離で暮らす環境の中で，名前を呼ぶとその当該のチンパンジーが運動場からテスト室へと入ってくる．そのテスト室で，ヒト研究者が，チンパンジーの母親の協力を得て，チンパンジーの子どもの認知発達の検査をする．チンパンジーの親と子とヒトと，その三者が一体となって機能する研究ユニットである．そして，その日々の認知発達検査が終われば，母子はまた仲間の待っているコミュニティーに戻っていく．それが，2000年の3組の母子の誕生を契機に新たに創り出された，「三者関係に基づく参与観察研究」と呼ぶところの，新しい比較認知発達研究のパラダイムの骨子である．

4 親子関係や教育の進化的基盤

新たな手法でチンパンジーの認知発達研究を行なってきた．最初の2年半が経過しようとしている．胎児の行動研究，周産期の研究に始まり，さまざまな研究が展開している（松沢2001, 2002a, 2002b；友永2002；田中・友永・松沢2002）．そうした研究成果の詳細が本書に盛り込まれている．ここでは，そうした個々の研究には還元できない，参与観察研究という日々の営為の全体を通じて見えてきた

ものについて最後に言及したい．「チンパンジーの親子関係」「チンパンジーの教育とヒトの教育」「人間の親子関係に見られる進化的基盤」である．

　まず，「チンパンジーの親子関係」について述べる．これまでボッソウの野生チンパンジーで，1986年以来数えてみると22組の親子を見てきた．しかし，いずれも断片的な観察でしかない．なぜなら毎年1回とはいえ，1－2か月，最長で3か月程度の観察でしかないからだ．いったん帰国して，再度訪れて，翌年見た時には，既に子どもは眼をみはるような変貌を遂げている．今回はじめて，コミュニティーの中で暮らすチンパンジーの，その親が育てる子どもの発達のさまを，ほぼ毎日，至近距離から，昼も夜も，詳細に見ることができた．そうすることによって，逆に，アフリカで見てきた野生の親子の姿の断片が，ジグソーパズルのようにつながって見えてきたのである．ようやく，チンパンジーの親子関係が見えてきた．

　最初の3か月間，親はほとんど子どもを手放すことは無かった．昼も夜も抱いている．尾籠な話だが，うんちやおしっこは垂れ流しなので，母親の腹のあたりはいつもじっとりと濡れている．ヒトは，すぐに子どもと「添い寝」の形になって，昼夜をおかず抱くわけではない．チンパンジーはいつも子どもを抱いているのである．その後，生後半年くらいから，子どもは母親のもとを離れ始める．しかし，まだ手の届く範囲にしかいない．生後1年頃を境に，母親の姉，母親のおさななじみ，父親，などが，子育ての輪に加わってくる．つまり，コミュニティーにいる母親以外の個体が子どもを抱けるようになる．

　1歳半頃を境に，子ども同士の遊びが目立ってくる．こうして，いわば「子育て支援」の輪がコミュニティーの全体に広がってゆくのだが，だからといって親子の絆の深さはまったく変わらない．子どもがすべて2歳を過ぎた今も，みな母親の乳を飲んでいる．夜は必ず母親の胸に抱かれて眠っている．子どもが「フフフ」というフィンパーと呼ばれる心細げな声をあげると，母親がすぐにすっ飛んでくる．何か危険があると子どもは母親の腹にしっかりとしがみつく．

　この間，きわめて特徴的なことは，親が子どもにとっての絶対的な「安心の基地」になっているということである．三者三様の母親なので，子育ての態度の細部は違うが，ヒトの母親と比べてみると3人ともすばらしい母親の部類なのではないだろうか．叩く，叱る，じゃけんにする，無視する，といったことは，チンパンジーで皆無だとはいわないが，ほとんど見られない．子どもは親に対して絶対的に依存する存在であり，親はそれを常に受け止めている．

　次に，「チンパンジーの教育とヒトの教育」について述べる．「チンパンジーに

学校はないが教育はある」，そういった表現を確信させるような日々でもあった．子どもは親たちの様子をよく見ている．そしてその「真似」をする．親子の深い絆に裏打ちされて，子どもは日々たくさんのことを親から学んでいく．親は，いわば手本を示すだけである．ああしなさい，こうしなさい，とは言わないし，こうするのだよ，と手をとって教えることもない．また，よくできたね，とほめることもない．一方，子どもの側に，親のすることをしっかりと見守り，その真似をしたいという強い動機づけがあるようだ．また，そうした子どもからの自発的な働きかけに対して，親は一般的に寛容だといえる．もちろん，場面によって，また親の個性によって，違いは際立っているのだが，親子関係で述べたような親密な絆と呼応するようなものが基盤にあって，チンパンジーの「教育」が成り立っているのだろう．

こうした教育法はそれなりに有効だということが分かる．実際3個体ともに，2歳未満で最初の道具使用ができるようになった．アリ釣りを模したハチミツなめの課題である．親たちのする様子をよく見て，親たちが使っている道具と同じ種類の道具を使い，3個体ともじょうずにできるようになった．またアユムは，アイがやっている「色と文字の弁別問題を解いて百円玉を手に入れ，その百円玉を自動販売機に入れて好きな食べ物を買う」というコンピュータ課題を，いっさいヒトの関与無しに，母親の姿を見て自分でくふうしてマスターした．わずか2歳2か月である．

こうしたチンパンジーの教育は，三つの要点にまとめられるだろう．1) 親は手本を示す．積極的な教示はしない．手も貸さない．2) 子どもは，親のしていることを自分でもしたいという強い動機づけがある．親の様子を至近距離から観察する．3) 子どもの側からの自発的な働きかけに対して親は寛容だ．少なくともじゃけんに扱うようなことはない．

チンパンジーの教育を上記のようにまとめると，ヒトの教育の特徴も見えてくる．チンパンジーは積極的な教示を行なわないが，積極的教示・モウルディング・プロンプトは，ヒトの教育の特徴だ．子どもの側からの働きかけとして顕著なのは「承認」である．何かする前に，した後に，親の方を振り返って見る．承認を求めるしぐさである．さらにこうした承認に対して，親は社会的賞賛や援助を行なう．チンパンジーの親も子どもの背中をそっと押す，というようなしぐさは見せるのだが，「ほめる」「手助けする」というようなことはない．

最後に，「人間の親子関係に見られる進化的基盤」について言及したい．街中を歩くと，母親が子どもの手を引いたり，さらには乳飲み子を胸に抱いている姿を

目にする．チンパンジーの親子の観察から，そうしたありふれた一見して何も不思議のない人間の親子の姿の中に，いわば「親子関係の進化的基盤」があると思うようになった．三つの基盤がある．

　第1は，人間の親子関係の哺乳類的基盤である．それは，乳で子どもを育てるということだ．ヒトもチンパンジーもサルもイヌもネコもウシもウマも，みな親は子どもを乳で育てる．それが，かれらが哺乳類と呼ばれる所以でもある．しかしよく考えてみれば，ニワトリや魚は，乳で子どもを育てない．カエルもコオロギもそうしない．地球上におそらく数百万種はいる生命のうち，わずか4500種ほどの哺乳類だけが，乳で子どもを育てる．人間の親が乳を与えて子どもを育てるのは，ヒトが哺乳類としてもっている進化的基盤である．

　第2は，人間の親子関係の霊長類的基盤である．それは，子どもは親にしがみつき，親は子どもを抱きしめるということだ．こうした「しがみつき―抱きしめる（clinging-embracing）」は，霊長類すなわちサルの仲間だけがもつ親子関係の特徴だといえる．子犬が母犬にしがみついたりしないし，母犬が子犬を抱きしめることはない．要するに，サルの仲間だけが手指で物をつかめる．霊長類（プリマーテス）はかつて四手類（クォードラーマ）と呼ばれていた．哺乳類の中で，わずか約200種の霊長類だけが，子は親にしがみつき，親は子を抱きしめる．もちろん原猿類などに例外はあるが，基本的にはそうした親子関係をサルの仲間は築いている．人間の親が子どもを抱きしめ子が親にしがみつくのは，ヒトが霊長類としてもっている進化的基盤である．

　第3は，人間の親子関係のホミノイド的基盤である．それは，親と子が目と目をあわせ，微笑みを交わすことだ．たとえばニホンザルでは，相手の眼を見るというのはよい意味をもたない．じっとサルの眼を見ると，眼をそらすか，カッと口を開けて威嚇してくるだろう．見るということが，にらむという意味しかもたないからだ．同じサルの仲間でも，ヒトとチンパンジーでは，相手の眼を見るということが二重の意味をもつ．にらむということにもなるし，親愛の情を込めて見つめる，という意味にもなる．その時の表情，特に口角を横に引いて上に持ちあげる表情すなわち「微笑」が，その眼の意味を修飾している．本プロジェクトの一つの成果として，チンパンジーでもヒトと同様の「新生児微笑neonatal smiling」の存在が確証された．ヒトと同様にチンパンジーも，生まれながらにして微笑むようにできている．まなざしを交わし，微笑みを交わすことによって，ヒトもチンパンジーも親愛の情を伝えることができる．それはヒトがチンパンジーと祖先を同じくする「ホミノイド（類人類）」だからもっている進化的基盤と

いえる．

　最後に，第4の基準といえる，人間に固有な親子関係の進化的基盤について考えてみる．あかんぼうは英語で「インファント infant」という．インファントとは「unable to speak」を意味するラテン語に起源している．つまり，あかんぼうとは「話すことができない」存在だと捉えられている．しかし，ヒトとチンパンジーのあかんぼうを比較してみてすぐに気づくことは，チンパンジーのあかんぼうはきわめて静かだ，ということだ．めったに泣かない．また泣く必要も無い．なぜなら母親がいつもしっかりと抱きしめてくれているからだ．あかんぼうは「しがみつき clinging」「乳首を探し rooting」「探し当てた乳首を吸う sucking」という三つの反射を備えて生まれてくる．母親に抱かれている限り，空腹になれば，自分で乳首を探し当てて，自分で飲めばよい．ところが，ヒトの場合には生後すぐから添い寝の形になって夜を過ごす．母親と子どもは物理的には離れている．あかんぼうが母親の注意をひくためには，「泣く」という形で，声で呼びかける他には手段が無い．一方，母親はあかんぼうに語りかける．「○○ちゃーん，元気ぃ，あばばばー」と，声によって子どもと交流する．マザリーズと呼ばれる抑揚に富んだ呼びかけだ．こうしたことはチンパンジーでは見られない．人間のあかんぼうは，確かに話はできないが，生まれながらにしてさかんに声を発する存在だ．そしてまた母親も，物理的に常に子どもを抱き続けるかわりに，声をかけ，声であかんぼうを包み込む．今回，三者関係に基づく参与観察研究というパラダイムから明らかになったこととして，チンパンジーの新生児は，チンパンジーの声あるいはそれを真似たヒトの声には反応するが，同じヒトの声であってもヒトのことばでの呼びかけ声にはいっさい反応を示さなかった．チンパンジーは生まれながらにしてチンパンジーの声に応答し，ヒトは生まれながらにしてヒトのことばでの呼びかけ声に応答するようにできているといえる．

　2000年にはじまったチンパンジーの3母子を主要な対象とした認知発達研究，さらには知識や技術の世代間伝播の研究について，その背景となる論理を述べた．また，三者関係を基盤とした参与観察研究という新しいパラダイムから感得したものについて私見をまとめた．科学的・実証的・量的な研究成果については，本書のそれぞれの項目にあたられたい．

［松沢　哲郎］

第1章　参照文献

Gardner, B., & Gardner, A. (1969). Teaching sign language to a chimpanzee. *Science*, 165, 664-672.

Goodall, J. (1986). *The chimpanzees of Gombe: Patterns of behavior.* Harvard University Press.［杉山幸丸・松沢哲郎（監訳）（1989）．野生チンパンジーの世界．ミネルヴァ書房］

藤田和生（1998）．比較認知科学への招待：「こころ」の進化学．ナカニシヤ出版．

Hiraiwa-Hasegawa, M. (1990) Maternal investment before weaning. In T. Nishida (ed.), *The chimpanzees of Mahale Mountains*, University of Tokyo Press, pp. 257-266.

Inoue-Nakamura, N., & Matsuzawa, T. (1997). Development of stone tool use by wild chimpanzees (*Pan troglodytes*). *Journal of Comparative Psychology*, 111, 159-173.

Ladygina-Kohts, N. N. (1935). *Infant chimpanzee and human child*. Meuseum Darwinianum (Moscow). [de Waal, F. B. M. (ed.) (2002). *Infant chimpanzee and human child: A classic 1935 comparative study of ape emotion and intelligence.* Oxford University Press.]

熊崎清則・松林清明・松沢哲郎（1986）．ビデオセンサーを用いたチンパンジー分娩予知システム．実験動物，35, 339-344.

Matsuzawa, T. (1994). Field experiments on use of stone tools in the wild. In R. W. Wrangham, W. C. McGrew, F. B. M. de Waal, & P. G. Heltne (eds.), *Chimpanzee Cultures*, Harvard University Press, pp. 351-370.

松沢哲郎（2001）．おかあさんになったアイ．講談社．

松沢哲郎（2002a）．アイとアユムー母と子の700日－．講談社．

松沢哲郎（2002b）．進化の隣人ヒトとチンパンジー．岩波書店．

Matsuzawa ,T., Biro, D., Humle, T., Inoue-Nakamura, N., Tonooka, R., & Yamakoshi, G. (2001). Emergence of culture in wild chimpanzees: education by master-apprenticeship. In T. Matsuzawa, (ed.) *Primate origins of human cognition and behavior,* Springer-Verlag Tokyo, pp. 557-574.

Plooij, F. X. (1984). *The behavioral development of free-living chimpanzee babies and infants.* Ablex.

田中正之・友永雅己・松沢哲郎（2002）．チンパンジーの発達研究への新たな試み―3組のチンパンジー母子の発達研究プロジェクト―．心理学評論（印刷中）．

友永雅己（2002）．チンパンジーの認知と行動の発達：チンパンジー認知発達研究プロジェクトの二年間．発達，92:103-112.

第2章　周産期の研究

出産直後，アユムを抱くアイ（撮影：松沢哲郎）

2-1
総　論

　今回の研究プロジェクトは，序や第1章で述べた目的のために計画的にチンパンジーに子どもを出産させるところからスタートした．母親の候補はアイ（1976年10月生まれ），クロエ（1980年12月13日生まれ），パン（1983年12月7日生まれ）の3個体である．アイはアフリカで生まれ，1歳の時に京都大学霊長類研究所（以下，霊長研）にやって来た．クロエはパリの動物園で生まれたがヒトの手で育てられた．パンは霊長研で人工授精により生まれたが，母親の育児拒否によりやはりヒトの手で育てられた．我々は霊長研の集団の中での遺伝子の多様性を確保するために，父親候補を選定して人工授精により妊娠させるという手段と，特定のオスと同居させて自然交配させるという二つの手段をとった．本来ならば，同居をコントロールすることによってすべて自然交配により妊娠させるのがベストなのだろうが，父親候補のアキラはメスとまったく交尾をしなかったためである．京都大学霊長類研究所人類進化モデル研究センターのスタッフたちとの数年にわたる努力の結果，アイとパンは人工授精により，またクロエはレオという名のオスとの自然交配により無事妊娠することに成功した．

　飼育下のチンパンジーでは，妊娠－出産－育児という過程において，自然下では考えられないリスクが数多く存在する．性行動以外にも，子どもを抱かないなどといった出産時の育児拒否が高頻度で出現する．また，抱いたとしても，うまく抱けないとか授乳を拒否するといった不適切な育児行動も頻繁に報告されている（Hobson et al. 1991）．このようなことが生じる大きな理由としては，母親となる個体が母親に育てられていないとか，他の個体が子どもを育てる様子を見たことがないなどの経験の問題があげられるだろう．そこで，松沢らが中心となって，妊娠中の母親候補たちに「母親」になる訓練を行なった．その内容は，ぬいぐるみのチンパンジーの赤ちゃんを抱かせる，野生のチンパンジーの母親と子どもの様子をビデオで見せる，人工哺育で育てられていたテナガザルの乳児を見せる，などであった．これらの訓練については，2-2と2-3において簡単な概略を紹介する．これらの訓練が母親たちの育児行動にどのような効果をもっていたのかを厳密に判定することはできない．しかし，アイ，クロエ，パンは，それぞれ，アユム（オス，2000年4月24日生まれ，妊娠期間237日），クレオ（メス，2000年6月19

日生まれ，妊娠期間231日），パル（メス，2000年8月9日生まれ，妊娠期間233日）を無事出産し，紆余曲折を経ながらも，どうにか子どもを抱いて育てることに成功した（図2-1-1）．

　本章ではまず，計画的にチンパンジーを出産させるための繁殖計画の概要と，育児拒否を予防するためにとられたいくつかの方策について報告する．それらの節に続いて，妊娠個体および胎児の健康管理のために縦断的に行なわれた検査の結果が紹介されている．

　これまでにチンパンジーではその生殖リズムを知るために，月経の有無，性皮の腫脹度（McArthur et al. 1981; Steinetz, et al. 1992），頸管粘液の状態（Gould 1982），基礎体温の変化を調べる方法や性ホルモン測定法など（Graham et al.; 1977, Steinetz, et al. 1992）が用いられてきた．これらの中で最も確実に排卵の有無を調べる方法は，腹腔鏡や超音波診断装置を用いて実際の排卵を観察する方法である．しかし，最も現実的な方法はといえば，ホルモン動態をモニターする方法であろう．血中ステロイドホルモン動態を調べる方法はヒトや他の霊長類でも早くから開発されてきた（Gould 1982; Graham 1982; Dahl et al. 1991）．しかし，類人猿のような大型動物や野生動物では長期的な採血は困難な場合が多い．そこで近年，血中ホルモン測定の代わりに尿や糞中に排泄されたホルモンの代謝産物を測定する方法が開発された．この方法では，捕獲や鎮静などのストレスを与えることなく非侵襲的に，長期間継続して頻回にわたるサンプリングが可能であり，扱いが難しい個体であっても動物および実験者双方への危険なくサンプルの採取が可能である．さらに，

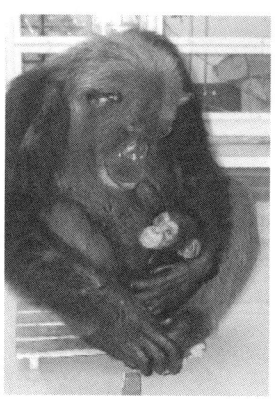

図2-1-1　2000年に京都大学霊長類研究所で生まれた3組のチンパンジー母子．
左：アイとアユム，中：クロエとクレオ，右：パンとパル（撮影：毎日新聞社）

排泄物中のステロイドホルモンは血中量より2ないし4倍濃度が高く，測定が簡単，かつ感度よく行なえる．そこで2-4では，妊娠，分娩，授乳期までの間，非侵襲でサンプルされた尿を用いて，尿中ステロイドホルモン，CG，FSHを測定し，妊娠診断および妊娠経過観察を行なった．

　2-5では，胎児心拍の発達的変化を縦断的に観察した結果が報告されている．ヒトの胎児心拍の測定は古くは19世紀はじめから行なわれてきたといわれており，その後も胎児心音を記録するための試みや臨床的な意味について研究が続けられてきた（Goodlin 1979）．胎児心拍に関する初期の研究は，妊娠後期から分娩にかけて胎児の状態を知ることを目的としてきたが，技術が進歩するとともに妊娠初期から胎児心拍を測定することが可能となった（Ibarra-Polo et al. 1972）．ヒト胎児の瞬時心拍数を妊娠初期から測定した縦断研究では，妊娠が進むにつれて瞬時心拍数の平均が減少し，また変動性や一過性頻脈が増加することが報告されている（Dawes et al. 1982; Gagnon et al. 1987; Ibarra-Polo et al. 1972）．ヒト以外の霊長類および羊など霊長類以外の動物でも縦断的研究が行なわれており（Stark et al. 1999; Tarantal et al. 1988; Wakatsuki et al. 1992），たとえば，ヒヒの胎児心拍を測定した研究では，在胎日数とともに胎児心拍の平均が減少し，逆に標準偏差などが増加することが報告されている（Stark et al. 1999）．これら胎児の瞬時心拍数の変化は，胎児の自律神経系，特に副交感神経の発達に影響されるといわれている．2-5では，チンパンジー胎児の神経発達について知る手がかりを得るために，心拍数変動の妊娠の進行に伴う変化を縦断的に観察した結果を報告している．

　最後の2-6では，この周産期に行なわれた認知実験として，チンパンジー胎児に対する古典的条件づけの試みについて報告する．ヒトの乳児は，生後わずか2－3日であっても，見知らぬ女性の声より自分の母親の声を好む（DeCasper & Fifer 1980）．これは，産まれてからの経験によって母親の声を好むようになったとも考えられるが，なるべく母親の声を聞かせないようにしても，母親の声に対する選好が見られることや，父親の声に対しては選好が見られない（DeCasper & Prescott 1984）ことなどから，新生児は胎児期に母親の声を聞いており，それが何らかの強化価を持っていたと考えられる（cf. DeCasper & Fifer 1980）．しかしながら，このような胎児期の経験が生後におよぼす効果については，ヒト以外の霊長類ではほとんど知られていない．2-6では，チンパンジーの胎児に対して経腹で音と振動刺激を対呈示することによって胎児の学習能について検討を行なっている．

　本章にまとめられた報告は，チンパンジーの周産期に関して，様々な側面からの貴重な資料をもたらしてくれている．

2-2 チンパンジーの出産と子育て
アイ，クロエ，パンの出産に至るまで

20世紀最後の年，2000年．愛知県犬山市にある京都大学霊長類研究所にもまさしくミレニアムがやってきた．16年以上赤ちゃんが生まれていなかったチンパンジーの群れに一気に3人のかわいいチンパンジーが仲間入りしたのだ．春の訪れとともにアイに男の赤ちゃんアユムが生まれ，続いてクロエに女の赤ちゃんクレオが，そしてパンに女の赤ちゃんパルが生まれたのである．

2-2-1　3個体の妊娠

霊長類研究所にはオス3，メス8の11個体のチンパンジーがいた．そのうち3個体は霊長類研究所生まれの個体だが，いずれも16，17年前に生まれた個体で，その後ここ霊長類研究所には赤ちゃんが生まれていなかった．その間，何度か赤ちゃんを作ろうと試みられたが，結局新しい個体の誕生には至らなかった．現に2年前，アイも人工授精により男の赤ちゃんを授かったが，ほぼ満期の出産にもかかわらず，死産という結果に終わった（2-4参照）．今回の3個体の妊娠は待ちに待った妊娠でもあった．

アイは1976年10月生まれの出産時23歳の個体である．死産に終わってしまった後，約1年が経過して，再び何度かの人工授精を行ない妊娠に至った．パンは1983年12月生まれの出産時16歳の個体だ．パン自身，霊長類研究所のゴンとプチの間の人工授精によって生まれた．パンもアイと同様に人工授精を行ない妊娠に至った．クロエは1980年12月生まれの出産時19歳の個体である．他の2個体とは異なり，群れの若いオス，レオとの間の自然交配により妊娠に至った．

2-2-2　妊娠期間のあいだ

チンパンジーの妊娠期間は，ヒトのそれよりやや短い235日前後といわれている．長いようで短い約8か月間，無事に元気な赤ちゃんが生まれることを願って，ほぼ毎日，体重，体温などの測定や胎児心拍のモニターなどを行ない，母体および胎児の状態を確認し続けた．そして，それと平行するように行なったのが育児勉強である．

飼育下のチンパンジーでは2例に1例が育児拒否になるとの報告がある．特に，人工保育によって育てられた個体は子育てがうまくできないともいわれている．野生の場合，弟や妹，同じ群れに住む他の母子などの育児を見ながら，育児の学習をしていくようである．しかし，パン，クロエはともに人工保育によって育てられ，アイはアフリカ生まれではあるが，1歳になるころ霊長類研究所にやってきており，小さいころからヒトの手によって育てられた．そのため，どの個体もチンパンジーの子育てをみた経験はほとんどない．また，アイは前回の出産

の時，出産直後に軽くギャッと叫んで飛びのき，死産だったものの赤ちゃんを抱こうとはしなかった．

3人には無事出産をし，そして立派な母親になってほしいと思っていた私たちは，他の動物園で成功した育児勉強などを参考にしながら，彼らにいくつかの育児の学習をさせた．

2-2-4 育児勉強

行なった育児勉強は以下の三つである．①チンパンジーの赤ちゃんとほぼ同じ大きさのぬいぐるみを実際に彼らに抱かせる．②野生チンパンジーの母子が写っているビデオをみせる．③ヒトがテナガザルの赤ちゃんを抱いて可愛がっている様子をみせる．それに加えて，クロエ，パンの場合は，アイの子育てを見る機会もあった．上手に子育てをしているアイの様子を間近でみせたり，出産時の様子をビデオで見せたりもした．

反応はそれぞれ個性的であった．アイはどちらかというとどの勉強にもあまり熱心ではなく，初めの頃はぬいぐるみを逆さに抱いたり，テレビの前には座っているものの，画面を見ていなかったりと私たちを心配させることが多くあった．しかし，出産間近になるとなんとか形だけでもぬいぐるみをしっかり抱くことができるようになった．

一方対照的にクロエとパンは初めから育児勉強に強い興味を持っていた．特にクロエはぬいぐるみがお気に入りで，一度ぬいぐるみを抱かせると返してくれず，まるで自分の赤ちゃんを抱くようにしっかりと胸で抱き，抱きながらぬいぐるみの頭をポンポンとあやすように軽くたたくような行動もみせた．結局，出産直前まで計3個のぬいぐるみを抱き続けた．ビデオやテナガザルの赤ちゃんにも同様に興味をもち，ビデオにチンパンジーの赤ちゃんが写るとじっと見つめたり，テナガザルの赤ちゃんに対してキスをしようとすることもあった．

パンもぬいぐるみには同様に興味をもち，ぬいぐるみの毛をやさしく毛づくろいしてやることが多くみられた．また，ビデオを見て，まるでそこにチンパンジーがいるかのように興奮したり，テナガザルの赤ちゃんに挨拶をするなどの行動もみせた．

育児勉強が出産後の子育てにどれだけ効果があったのかは分からない．ただ，無事元気な赤ちゃんが生まれ，上手に赤ちゃんを育ててくれるよう，それぞれの個体にできる限りの子育てを学ぶ機会を与えた．そして，アイは妊娠推定日より237日目の4月24日，クロエは妊娠推定日より231日目の6月19日，そしてパンは妊娠推定日より233日目の8月9日に出産を迎えたのである．

［道家千聡］

　　（『モンキー』Vol. 45-2，No.296，
　　　2001，pp.11-13.より転載）

2-3 チンパンジーの繁殖計画

2-3-1 はじめに

京都大学霊長類研究所人類進化モデル研究センターでは過去に3頭のチンパンジー（*Pan troglodytes*）の出産に成功している．いずれも人工授精によるもので，そのうち最初の1頭は日本で最初の人工授精による事例である（1982年）．今回の繁殖計画は前回の繁殖から17年経ち，研究者からの研究上の要望や，群の構成などから次世代の個体が必要であるという理由で開始された．新たな要求の実現に必要な飼育施設設備が整備されたことも理由の一つである．

現在，霊長類研究所で飼育されているチンパンジーはオス3頭―アキラ（24歳）・ゴン（34歳）・レオ（18歳）―，メス8頭―アイ（24歳）・パン（17歳）・クロエ（20歳）・マリ（24歳）・ペン（23歳）・ポポ（18歳）・レイコ（34歳）・プチ（34歳）―の11頭である．今回の繁殖計画ではメスにアイ，パン，クロエ，オスにアキラ，ゴン，レオを選んだ．これは担当者がコントロールしやすいことや実験計画上の理由，群構成の長期計画に関しての考慮などからである．

2-3-2 繁殖計画

1999年春頃からアイの人工授精を開始した．アイについては前回（1998年）と同様にアキラ，ゴンと人工授精を行なった．しかし出産に至らなかったこともあり，今回は慎重に計画・実施した．まずアイの尿中LHホルモン濃度を調べ排卵日の推定をして人工授精のタイミングを計り，アキラ，ゴンとも麻酔下で精液採取し単独もしくは連続してアイに人工授精を行なった．排卵日前後に2-3回，4月から7月まで実施し，1999年8月20日頃に妊娠を確認した．

クロエとレオは以前屋内飼育していた際，格子越しに交尾行動が目撃されたこともあり，自然交尾が期待されたので，屋内外の放飼場で同居をさせた．1999年11月1日頃交尾を確認し妊娠に至った．

パンもアイと同様に尿中LHホルモンの状態を調べて排卵日を推定し，1999年12月20日アキラの精液を注入した．約30日後尿中のhCGホルモンの値を調べたところ，この1度の人工授精で妊娠したことを確認した．

2-3-3 実際の手技

1）ホルモン検査

人工授精や計画交配で受精を得るには，正確な月経周期の把握が必須である．尿中のLHホルモンの値を調べて排卵日を推定し，人工授精やオス・メスの同居タイミングを探る．人工授精や交尾確認をし結果を確認するには，尿中のhCGホルモンを調べ妊娠診断を行なう．

2) 電気刺激による精液採取

精液を採取するには, オス個体の直腸に電極を挿入し, 副生殖腺に刺激を与えて射精を促す.

3) 精液注入

精液注入はオス個体から採取した精液を, 保温・融解させた後, 膣鏡で子宮口を確認しストローで子宮内に注入する. この際チンパンジーをうつ伏せに寝かせ, 臀部を上に突き出すように足を折り曲げて寝かせる. 作業しやすいこともあるが, 注入した精液が流れ出ない目的もある.

4) 麻酔法

精液採取・注入とも十分な麻酔下で行なう必要がある. 筋注等で直接麻酔薬を注入することが理想であるが, 人・チンパンジーとも十分な訓練が必要である. そのため鎮静剤をジュース等に混ぜてチンパンジーに飲ませ, 鎮静したところに麻酔薬を筋注をする方法も用いられる. 吹き矢や麻酔銃等で直接麻酔薬を注入する方法もあるが, その後のチンパンジーと人との関係を悪化させるだけでなく, 動物福祉の理念にも反することなので, あくまで最後の手段である.

2-3-4 出産準備

チンパンジーの妊娠期間はおよそ230－250日 (約8か月) である. アイが2000年4月頃, クロエが2000年6月頃, パンが2000年8月頃に出産予定として準備を行なった. まず出産前後のメスを観察するため, 監視カメラを設置して監視体制の強化を計り, 既にあるCATVシステムを活用して, 複数の観察者が自室で観察できるようにした. さらに自由雲台つきの暗視カメラをチンパンジー居室内に設置し, 赤外線投光器を設け夜間の観察も可能にした.

チンパンジー居室には巣作り用のわら (チィモシー, 飼料用) を入れ, 出産に備えた. 万一産み落とすような状況になってもクッションの代わりになると考えたからである. 今回, クロエ, パンいずれも初産 (アイは2回目であるが前回は死産であった. その時のアイの行動は, 育児に関して期待できるものではなかった) であり, 育児行動をとるかどうか不安があった. そこでいわゆる「母親教育」を施したことは, 2-2で紹介されている通りである. それでも育児放棄に備え, 保育器・人工乳を用意していつでも人工保育に切り替えることができるように準備した.

2-3-5 出産

■アイ

2000年4月24日 23時頃に出産

当日午後, 実験ブースにて破水と思われる出血を確認し, 出産させるための居室に移動させた. しきりにお尻を突きあげる姿勢をとり, 踏ん張っている姿勢といつもとる横臥姿勢を繰り返した. 陣痛であろうと思われる行動を繰り返し, その間隔は出産時刻に近づくにつれて短くなった. 次第に膣口が開き胎児の頭が見えてからすぐに出産した. 出産直後, 新生児は動かず死産かと思われたが, アイが口や鼻に詰まった羊水を吸い出し蘇生した. 子はオスでアユムと命名した. 翌

日には授乳もはじめ，順調な育児行動を行なった．1か月後の検診で体重は2330gであった．アイは出産育児とも経験がほとんどなかったにもかかわらず，出産直後のアユムに対する接し方は理にかなったもので驚かされた．

■クロエ

2000年6月19日　11時頃に出産

当日朝方，外陰部を頻繁に触りじっと動かなくなる様子が見られたので，研究者が実験ブース内に呼び確認したところ，陣痛の可能性が高いとして居室に戻した．アイと同じように陣痛時に踏ん張る姿勢が繰り返し現れ，膣口が開き胎児の頭が見えてすぐに出産した．子は1640gのメスでクレオと命名した．クレオは出産直後から手足を動かしていたが，クロエは理解できないような様子で警戒し，訓練のために抱かせていたぬいぐるみの方に執着して抱き続け，新生児にはなかなか近づこうとしなかった．機会をみてぬいぐるみをとると新生児を抱き始めたが下腹部位置で抱くため授乳がうまくいかず，胸位置で抱くようにスタッフで介助を継続したところ，何とか授乳もできるようになり，いまは順調に育っている．

■パン

2000年8月9日　14時に出産

当日昼前から外陰部を頻繁にさわるようになり，昼を過ぎると横臥姿勢で力むことが確認された．特に心配されるようなこともなく出産を迎えた．子は体重1810gのメスでパルと命名した．出産直後から手足を動かし元気な様子であった．パンは盛んに体を舐めていたが抱かずに添い寝するようにそばについていた．人が近づきパルにさわろうとするとひどくいやがり，子どもに関して強い執着心があることは確認できた．そのうち抱きかかえることも授乳も順調に確認できたが，当初はパンがパルを体から離そうとする行為がしばしば見られた．

2-3-6　経過状況

現在（2001年4月）はアユム（愛称：アム）12か月，クレオ（愛称：クー）10か月，パル8か月で大きな病気もなく順調に育っている．検診も1か月もしくは3か月ごとに行なわれ，体重もほぼ順調に増えている．検診時にMRI検査や発達検査などの様々な研究が行なわれている．また母子で実験ブースに入り，日常的に発達検査・実験訓練などが行なわれている．子どもたちは母親にしがみついて移動することが多いが，最近は離れることも多くなり，他のおとなたちと遊んでいることもある．子ども同士遊ぶ場面も多くみられ，様々な社会交渉を見せている．就寝前に母子同士の場面を観察する時間が設けられ，そこでは母親も巻き込んだ様々な個体間交渉があって興味深い．

野生での子育てにおいてはしばらくは他個体に自分の子どもを隠すような行動をとる．今回の3母子とも研究者によって日曜を除くほぼ毎日，健康チェックと実験・発達検査が行なわれており，このようなことは世界でも珍しい．

2-3-7 今後への課題

霊長類研究所では3個体が新たに誕生したことにより，新たな個体を増やすことはしばらくないだろう．しかし繁殖技術の発達はめざましいものがあり将来の繁殖計画に生かすために人工授精はもとより，体外受精・顕微受精などの最新技術に関する情報収集を怠ってはならない．

また，アユム，クレオ，パルが成長するに従って，群の構成を考え直す必要が出てくる．特にアユムはオスであり，群の中で共存できるように考えていく必要がある．設備面でも子どもの成長に対応していかなければならない．温度管理や逃亡防止に今以上に配慮することが求められる．

［前田典彦・熊崎清則］

（『新しいサル像をめざして－施設からセンターへの30年』京都大学霊長類研究所人類進化モデル研究センター，2002, pp.42-45. より転載）

出産直後，パルに添い寝するパン（撮影：松沢哲郎）

2-4
尿中ホルモンからみたチンパンジーの月経周期と妊娠

　これまでにも,チンパンジーにおいて,尿中のステロイド代謝物であるE₁C (estrone conjugate) やPdG (pregnandiol glucuronide),絨毛性性腺刺激ホルモン (chorionic gonadotropin; CG) の測定による性周期確認や妊娠診断が報告されている (Gould & Faulkner 1981; Knee et al. 1985; Lasley et al. 1980; Steinetz, et al. 1992).しかし,卵胞発育を反映する卵胞刺激ホルモン (follicle stimulating hormone; FSH) をも含めた報告はなく,また,妊娠初期から分娩を経て授乳期までのホルモン動態を観察した報告もない.

　本研究では,今回出産に至った3個体のチンパンジーの受精・着床から分娩までの経過を内分泌学的に明らかにするために,非侵襲的に尿中生殖関連ホルモンを測定できる酵素免疫測定法(ELISA法)を確立し,これにより測定を行なった.チンパンジーでは受胎後30日以内の妊娠診断によって受胎が確認されたもののうち,結果的に流産または死産に至ったものは23%にも達する(Hobson et al. 1991)との報告もあり,妊娠経過に伴う胎児発育の観察や母子の健康管理は大変重要であるが,参考となる基礎データは少ない.これらのことから,妊娠,分娩,授乳期までの間,尿中ステロイドホルモン,CG,FSHを測定し,妊娠診断および妊娠経過観察を行なった.また,1頭のチンパンジーは人工授精で妊娠したが,妊娠末期に死産した.この妊娠についても同様に調べ,死産に至った経緯について内分泌学的に検討した.さらに,チンパンジーの正常性周期における尿中ステロイドホルモンとFSHを測定し,月経周期に伴って変化する性皮の腫脹・退縮と尿中ホルモンの動態との関係についても調べた.

2-4-1　方法

　対象個体は,17才から24才までの性成熟に達したメスチンパンジー4個体である(アイ,パン,クロエ,ペンデーサ,体重43-58kg).1997年から2000年の間に,3個体(アイ,パン,クロエ)で4例の妊娠が確認された.このうち3例の妊娠は人工受精で成立し,残りの1頭は自然妊娠であった.人工受精で妊娠した3例のうち1例は妊娠末期に死産した(アイの1回目の妊娠).これらに加え,非妊娠のチンパンジー1個体(ペンデーサ)を月経周期の確認に用いた.

　これらの個体から,合計7回の非妊娠周期と4例の妊娠期,および分娩後1か月間の尿を採取した.採尿は,朝,寝室の床に排泄された尿を採取するという非侵襲的な方法で,週2-5回,排卵周辺期にはさらに頻回に行なった.すべての尿サンプルはホルモン測定まで-30度に冷凍保存した.

　これらの尿を用いて,ELISA法によ

り，E₁C, PdG, FSH, CG量を測定した．冷凍された尿を解凍し，3000回転で10分遠心分離，上清をE₁C, PdGでは50倍，CGでは4倍に希釈，FSHでは希釈せずにそのまま測定に用いた．

尿中E₁CおよびPdG濃度は我々の研究室で確立したELISA法により測定した（Fujita et al. 2001）．アッセイ内，アッセイ間変動はE₁Cでは7.3％と8.0％，PdGでは7.5％と8.5％であった．尿中FSH濃度の測定はFSH βサブユニットの検出による方法（Qui et al. 1998）を用いた(Shimizu et al. 2002)．測定に先立ち，尿を2分間沸騰水中で煮沸し，FSHをダイマーに分離し，FSH βサブユニットを測定した．抗体は抗β hFSHモノクローナル抗体，および抗β hFSHウサギポリクローナル抗体を用いた．アッセイ内，アッセイ間変動は3.7％および8.7％であった．尿中CG濃度測定にはMunroら（Munro et al. 1997）の方法を改良し用いた（Shimizu et al. 2002）．抗体は抗β LHモノクローナル抗体およびペルオキシダーゼ標識抗hCG抗体を，スタンダードはhCGを用いた．アッセイ内，アッセイ間変動は9.8％および12.0％であった．さらに，尿量によるホルモン濃度変化の補正を，Taussky法（Taussky 1954）を用い，尿中クレアチニン濃度を測定して行なった．

月経の有無，性皮の腫脹度，全身状態は，飼育者または実験者により，毎日肉眼で確認された．性皮腫脹は腫脹の見られないものから最大腫脹までを，0から3までの数値で表した．

2-4-2 結果

■非妊娠月経周期のホルモン動態

チンパンジー非妊娠月経周期中のE₁C,

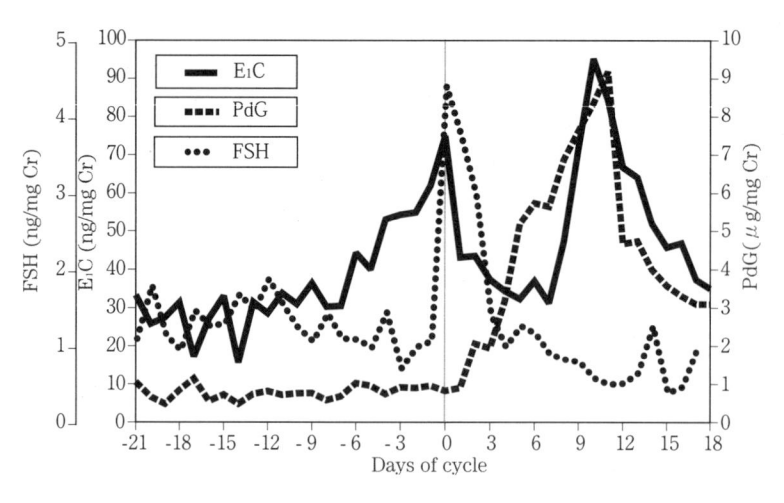

図2-4-1 チンパンジーの正常月経周期の生殖関連ホルモン動態．横軸は推定排卵日からの日数を示す．

PdG, FSH動態を図2-4-1に示した．月経周期の長さは31－35日（平均33.3日，n=7）であった．卵胞期（月経初日から推定排卵日までの日数）および黄体期（推定排卵日の翌日から月経開始前日）は，それぞれ16－22日（平均18.6日，n=7）および14－17日（平均15.2日，n=7）であった．観察した周期はホルモン動態からみてすべて排卵周期と推定された．尿中E_1C濃度は卵胞期初期には40ng/mgCr（クレアチニン1mgに対して40ng）より低く，その後周期中頃のFSHのピーク時に最大値を示したのち，3日以内に基礎値に戻った．すべての周期においてE_1Cは黄体期にも上昇が観察された．尿中PdGは卵胞期には1.0μg/mgCrより低い値を示し，周期中頃のFSHのピークの1－2日後から上昇を始め，黄体期の9－11日頃に10μg/mgCrに届くほどの最大値となった．尿中PdGは月経1－2日目には基礎値に戻った．尿中FSHは卵胞期初期から中期にかけてわずかに上昇し，その後徐々に周期中頃のFSHのピーク直前までに基礎値に戻った．その後，再び急激に上昇し，最高で4.4ng/mgCrに達し，のち1ng/mgCr以下に減少した．

■**妊娠中および授乳期初期のホルモン動態**

4例の妊娠のうち，3例は自然分娩で健常児を得た．これらの妊娠日数はそれぞれ231，233，237日であり，平均233.7日であった．この3例の子は出産後は母親に育てられた．これらの妊娠中および授乳期初期のE_1C，PdG，FSH，CG動態の一例を図2-4-2に示した．妊娠を示す最も早い兆候は周期中頃のFSHピーク（推定排卵日）から10日ほど後のE_1CとPdGの上昇，その後CGの上昇，同時に起こるFSHの下降として観察された．尿中PdGは引き続き上昇し，13日頃にいったん低下，その後再び上昇するか一定値を維持した．妊娠した周期の黄体期後期の尿中E_1Cは上昇し続け，分娩直前に最大値を示した．分娩後，E_1Cは急激に低下し，非妊娠レベルに戻った．尿中PdGは黄体期に上昇し始め，妊娠9日にピークを迎えた．その後PdGは低下し，のち再び上昇した。妊娠23.6日には最低値を示した．PdGの妊娠中の第二番目のピークは妊娠36.3日に見られ，その後再び低下した．尿中PdGは妊娠の進行とともに，ゆっくり上昇し，分娩直前にかけて急増するかもしくは高値を示した．分娩後はPdGは急減した．CGの急上昇は妊娠18日以降に見られ，分娩直前まで一定以上のレベルを保っていた．CGのピークは妊娠21日頃に見られ，PdGのピークと同調していた．分娩後はCGは非妊娠時と同様の測定限界以下のレベルを示した．尿中FSHは妊娠周期の黄体期に減少し，妊娠22日には基礎値を示した．さらに妊娠中は低いレベルまたは測定限界以下のレベルを示し，分娩後直ちに上昇を始めた．

■**死産に至った個体の妊娠中ホルモン動態**

4例の妊娠のうち1例（アイの1回目妊娠）は妊娠225日に死産した．死産した例における尿中ホルモン動態を図2-4-3に示した．他の3例の健常児が得られ

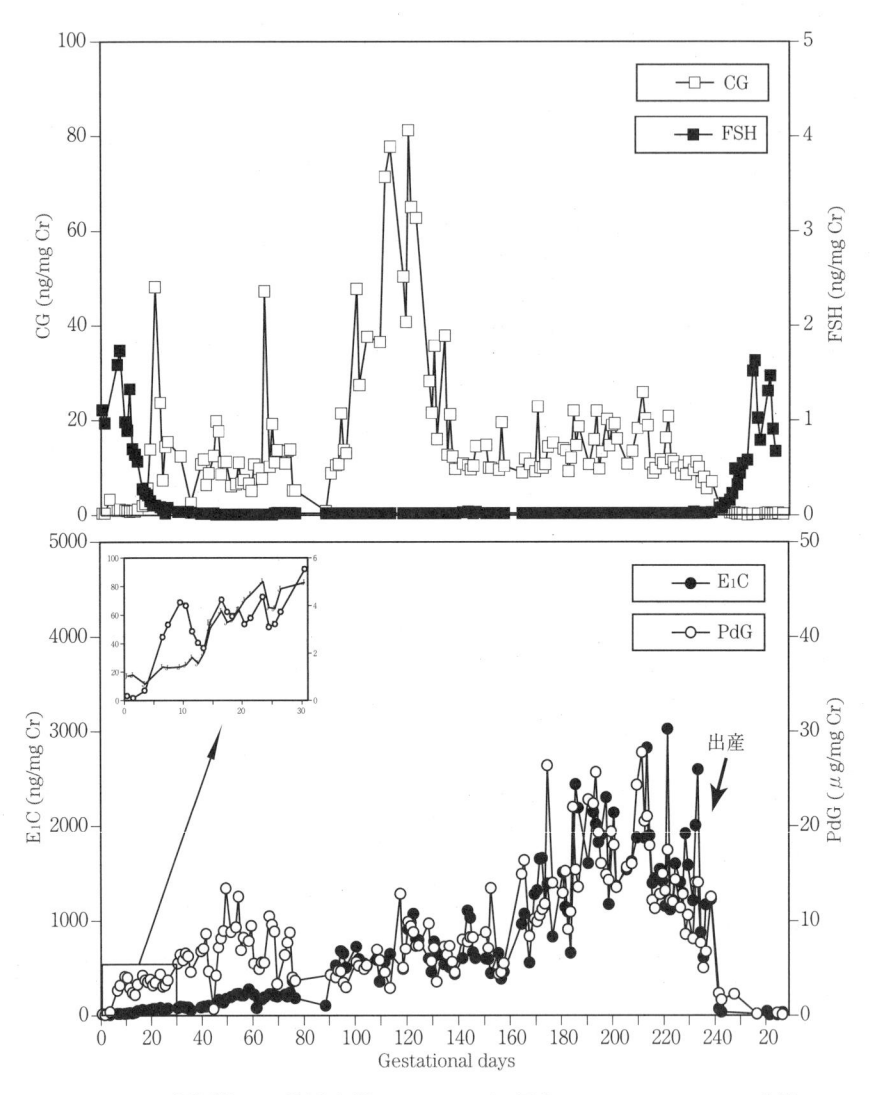

図 2-4-2　妊娠期および授乳初期のチンパンジー尿中 E_1C, PdG, CG, FSH 動態. この個体は健常児を出産した. 矢印は分娩した日を, 横軸は妊娠日数および分娩後日数を表す.

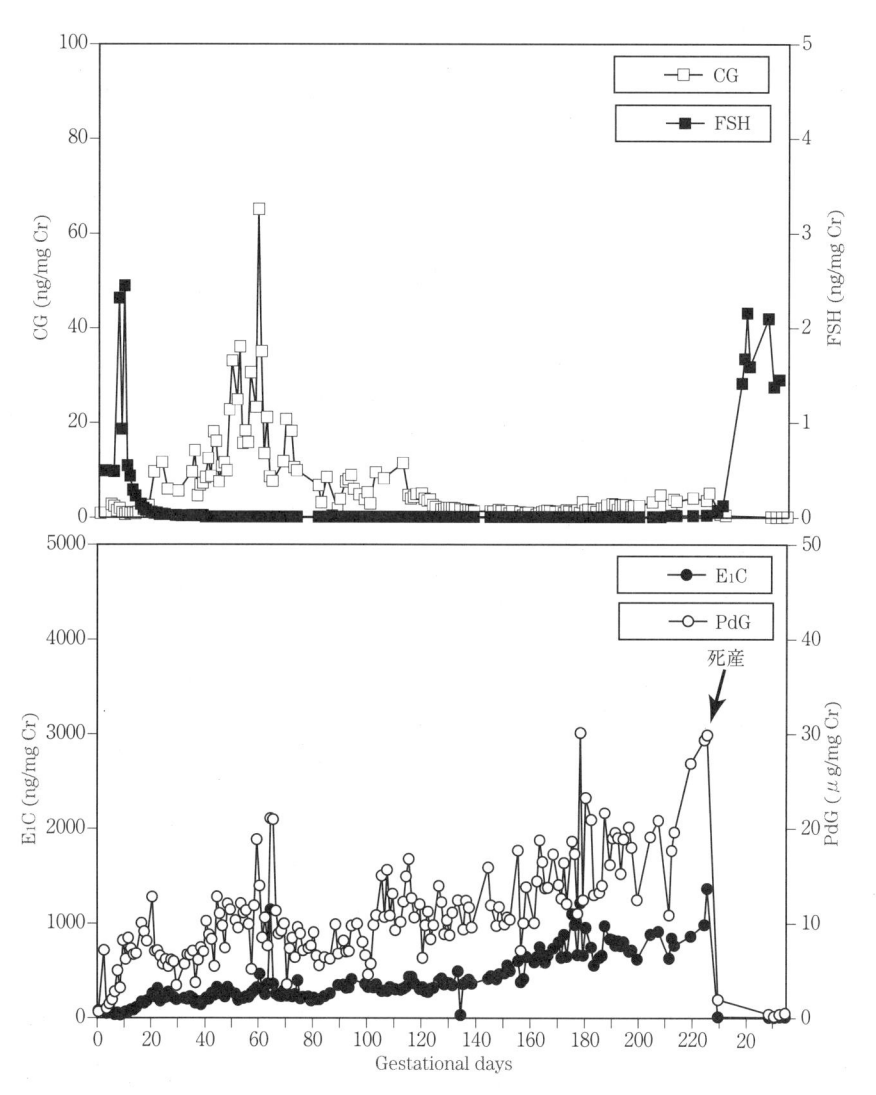

図 2-4-3　妊娠期および分娩後のチンパンジー尿中 E_1C, PdG, CG, FSH 動態. この個体 (アイ) は死産した. 矢印は分娩した日を, 横軸は妊娠日数および分娩後日数を表す.

た妊娠の妊娠期間は平均233.7日であったが，死産したアイの1回目の妊娠期間は225日と約8日短かった．分娩直後に直ちに子を母親から引き離したが，既に呼吸および心拍は検出できず死産であった．子どもの性別はオス，体重1580kgであった．剖検の結果，頭蓋骨縫合面の分離，硬膜下出血，角膜の混濁が認められたが，外部奇形は観察されず，死産の原因は不明であった．

妊娠初期の尿中E_1C測定値はアイの1回目と2回目の妊娠とで差がないものの，死産に至った妊娠では妊娠中期から末期にかけてのE_1Cレベルは他の健常児が得られたケースに比べ有意に低く，分娩直前の急増も観察されなかった．尿中CGもまた妊娠後半において有意に低かった．一方，尿中PdGおよびFSHレベルは両者において差はなかった．

■性皮の腫脹とホルモン動態

すべての個体において，推定排卵日周辺では性皮は腫脹し，その後推定排卵日から14日後まで徐々に退縮した．その後妊娠個体では，性皮は再び腫脹し始め，34日目頃まで腫脹が続き，のち分娩まで緩やかに退縮した．

2-4-3 考察

今回の尿中ホルモン量測定の結果，飼育下メスチンパンジーの排卵，妊娠，出産そして授乳に伴うホルモン動態があきらかとなった．

本研究で用いた個体の月経周期の長さは31日から35日間であり，これまでの報告と変わりなかった（Graham et al. 1977; Lasley et al. 1980; McArthur et al. 1981; Dahl et al. 1991）．月経周期の長さの違いは主に卵胞期の長さの違いによるものであり，黄体期は概して一定であった．測定した7周期のいずれのホルモンパターンも，E_1Cのピークと同時にまたはそれに続くFSHの上昇，そして，引き続き観察されたPdGの上昇という形であり，明瞭な卵胞期と，それに続く黄体期が観察され，排卵周期であったことが推定された．このように，今回用いたチンパンジー4個体の7回の月経周期中の尿中ホルモン動態は，チンパンジーにおける正常な月経周期のホルモン動態についての報告と一致していた（Graham et al. 1977; Lasley et al. 1980; McArthur et al. 1981; Dahl et al. 1991）．

また，チンパンジーのE_1C動態はヒトと類似し，マカクでは観察されない黄体期のE_1Cの上昇が見られた（Shimizu et al. 2002）．ステロイドの尿中代謝産物は血中ホルモン動態を正確に反映することが報告されており（Munro et al. 1991; Steinetz et al. 1992），本法はチンパンジーのホルモン動態を知るための信頼性の高い方法といえる．排卵の推定はFSHおよびE_1Cの上昇が，また排卵のあったことの確認のためには黄体期のPdGの上昇がその指標となる．現時点では，これらのホルモンによる事前の排卵日の推定は不可能であるが，周期のモニターや排卵のあったことの確認には有効といえよう．

さらに本研究ではこれまでに報告がない尿中FSHの測定を行なった．チンパンジーでは，卵胞期初期および中期にFSHの上昇が観察された．この上昇はその後

に続く卵胞の選択に関与すると考えられており，ヒトでは，このFSHの上昇が見られない場合には次の周期は排卵がないか，もしくは遅れることが報告されている（Lasley et al. 1980; Welt et al. 1997）．したがって，FSH測定により，次の周期を予測することが可能である．

これらのホルモン測定に加え，CGの測定も含めてチンパンジーの妊娠中および初期授乳期のホルモンパターンを調べた．その結果，尿中ホルモン動態は受胎後あきらかに月経周期とは異なる動態を示した．妊娠は早いものでは受精後12日，より正確には15日以降で確認できることが分かった．妊娠はE_1CとPdGが正常月経周期の長さを越えて上昇が続くこと，周期半ばのゴナドトロピンの一過性上昇後にCGの上昇とFSHの下降が同時に起こることで推定される．これまでにCGの確認による妊娠診断は様々な霊長類において行なわれてきた（Hodgen & Ross 1974; Munro et al. 1997）．しかし，CGによる方法はトロフォブラストの存在を調べるものであり，胎児の生存に関しては診断できない．たとえば，胎児が死亡しているにもかかわらず，トロフォブラストが残っている場合はCGの値が維持される（Lasley et al. 1995; Stewart et al. 1993）．したがって正確な診断のためには他の方法を併用することが望ましい．すなわち，正確な妊娠診断は，FSH測定に加えE_1C，PdGの測定とCG測定によって行なうことができ，また着床や胎盤機構についての情報を得ることができると思われる．

チンパンジーの妊娠経過および胎児発育についての情報は少ない．今回の結果では，チンパンジーの妊娠中ホルモン動態はヒヒやヒトと同様のパターンを示したが，マカクとは異なったパターンを示した．アカゲザルやニホンザルではE_1Cは妊娠末期に向けて上昇をせずほぼ一定量を維持するが，チンパンジーでは妊娠末期に向けて上昇し続け分娩直前に最大値を示した．一方PdGは，ヒトではPdGは妊娠末期に向けて上昇するが，チンパンジー，マカクともに個体による差が見られ，一定のパターンは見られなかった．このように，妊娠中のステロイドの分泌動態は種によって差があることが分かった．

霊長類の繁殖施設において，自然流産や死産はごく普通に起こると報告されている（Hobson et al. 1991）．今回，1頭のチンパンジーが死産した．死後変化の進んでいることや，分娩前日には胎児心拍を確認していることから，分娩中の死亡によるものではなく，分娩前日から当日までの間に胎内で何らかの原因により死亡したと考えられた．母親は落ち着きがないなどの分娩徴候がみられるまでは群とともにいたが，直接胎児の死因につながるような事象は観察されていなかった．しかし，ホルモンレベルを見ると，母親のE_1CおよびCG量はその妊娠中期から既に低いことが分かった．ヒトでは尿中E_1C値は胎盤血行がよく保たれ，胎児と胎盤の生物学的結合がよい場合に増加し，不良な場合には減少するとされている（Dawood & Ratnum 1974）．また，ヒトや類人猿においても流産ケースにおけるエストロゲンやCGの低下の報告がある

ことから (Czekala et al. 1983; Nixon et al. 1972), 死産に至ったアイ1回目の妊娠は内分泌動態から見ると, 妊娠中期の段階で既に良好な状態ではなかったことが推測された. このように尿中のホルモン測定は, 妊娠個体の管理, 胎児のモニター, 分娩予知にも応用可能であることが分かった. チンパンジーでは月経周期において, 特徴的な性皮の腫脹と退縮がみられる. 排卵は性皮が退縮する前の最大腫脹最終日あるいはその翌日の退縮開始日に多いことが報告されている (Gould & Faulkner 1981; Graham et al. 1977; McArthur et al. 1981). また, 個体差があるものの, 性皮は妊娠初期では不規則な腫脹が見られ, 妊娠経過に伴って次第に退縮することが報告されている (Coe et al. 1979). 本研究ではこれまでの報告と同様の結果が観察された. 性皮の腫脹と退縮はエストロゲンとプロゲステロンとの相互作用によりもたらされ, 月経周期における性皮の退縮はエストロゲンによる性皮の腫脹促進をプロゲステロンが抑制するためであると考えられているが (Wallis & Lemmon 1986), 妊娠中の性皮変化についての生理学的機序はあきらかでない. 妊娠中のプロゲステロンは主要な分泌源が月経黄体から妊娠黄体へ, さらに胎盤へと移行し, それに伴い血中プロゲステロン量が変動する. 本研究で観察された, 受胎後いったん退縮した性皮が再び腫脹した時期(推定排卵日から約14-34日)は, プロゲステロンの分泌源が変わり, 血中プロゲステロン濃度が一時的に減少する時期であった. これらのことから, 妊娠中の性皮腫脹の変化はプロゲステロンが関与することが示唆された.

今回の尿中ホルモン測定法によって, チンパンジーにおいて, ごく少量の尿を用いて非侵襲的に, 排卵の有無, 受精・着床から分娩までの全妊娠期間中の尿中ホルモン動態を測定することが可能であった. 妊娠中, エストロゲン, プロゲステロンなどの性ステロイドホルモンは母体血中に多量に存在し, 代謝されて尿中に排泄される. これらは妊娠の維持, 分娩発来に密接に関係している. これらステロイドホルモンの産生源は胎盤であるが, 胎盤はこれらのホルモンを独自に生成するのではなく, 主に胎児や母体から供給される前駆物質を用いて生成分泌している. これらのことから, 妊娠中のステロイドホルモン値測定は胎児および胎盤機能を併せて知る指標となり臨床的に応用可能である. 特に妊娠末期は尿中エストロゲンが増加するので, その測定は胎児・胎盤ユニットの機能や分娩が近いことを知るためのよい指標となる. このように尿中CG, E_1C, PdG動態をモニターすることによって妊娠診断や胎盤・胎児の状態を推察することができ, チンパンジーの妊娠, 分娩管理の一助となるであろう. また, 非妊娠周期では, 尿中FSHおよびE_1C, PdG動態により, 排卵の有無や卵胞の成熟状態を推察することが可能であった.

(謝辞:本研究の一部は文部科学省科学研究費(課題番号12836005, 14042229)の助成を受けた. 本研究を遂行するにあたり, 吉村由実絵, 佐藤慎祐, 嘉和知和子氏らの協力を得た.)
[清水慶子　藤田志歩　道家千聡]

2-5 チンパンジー胎児の心拍の発達的変化

チンパンジーの胎児心拍数については，分娩が近くなったチンパンジー胎児57名の瞬時心拍数について分析している横断研究があるが(Mahoney et al. 1990)，子宮収縮時におこる瞬時心拍数の変化を連続的なモニタリングによって観察し，産科学的なアセスメントをしているのみであり，妊娠経過に従って変化する瞬時心拍数を調べた縦断研究はない．

胎児のWell-beingや分娩時の胎児の状態を知る横断研究と異なり，縦断研究では胎児の神経発達について知る手がかりを得ることが可能である．本研究では，心拍数変動の妊娠の進行に伴う変化を縦断的に観察することにより，チンパンジー胎児における発達過程を明らかにし，ヒトや他の動物と比較することを目的とした．

2-5-1 方法

本研究では，チンパンジー胎児2名(アユム，パル)を対象とした．胎児心拍の測定は，チンパンジー用実験ブース(1.8m×1.8m×2.4m)において2種類の方法を用いて行なった．測定装置は，妊娠前期はヒト胎児用ドップラーで胎児心拍を測定し，カセットテープレコーダーおよびMDレコーダーでデータを記録した．記録したデータは，ヒト胎児用分娩監視装置に入力してオフラインで解析を行なった．妊娠後期は，直接この分娩監視装置を用いて胎児心拍を測定した．測定した

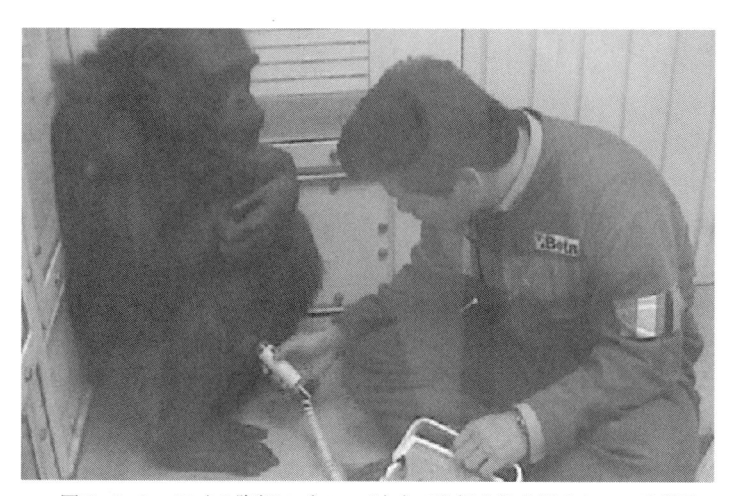

図2-5-1　アイの腹部にプローブをあて胎児心拍を測定している様子．

瞬時心拍は，コンピュータに取り込み，フーリエ変換して瞬間心拍数を算出した．胎児の瞬時心拍数は，超音波ドップラー法による外測法で測定した．超音波ドップラー法（外側法）は，胎児心音からの反射波の周波数変化を算出し，自己相関を利用して一つ前の波形を次の波形に照らし合わせて心拍間の間隔を決めるものである．

妊娠期間中の午前あるいは午後に定期的に行なっていた母体と胎児の健康チェックの時間を利用して胎児心拍を測定した．母親チンパンジーに慣れたヒト実験者がブース内に入り，母親を落ち着かせた上で，胎児心拍を経腹で測定した（図2-5-1）．測定は母体無麻酔下で行なうため，測定時間についてはその時の母親の状態によって調整した．1回あたり平均測定時間は710秒であった（範囲：8秒－6625秒）．測定期間および測定回数は，アユムは受胎後141－237日に計15回の測定を行ない，パルは受胎後99－232日に計25回測定の測定を行なった．

胎児の瞬時心拍数は，1秒ごとのデータをとった．在胎日数に対する瞬時心拍数の平均，標準偏差，変動係数，および連続した瞬時心拍数の差を2乗した後平方根で表したrMSSD（root mean squared successive RRi differences）の変化を分析した．

2-5-2 結果

在胎日数ごとの測定時間とそれぞれの方法で表した測定結果を表2-5-1に示す．瞬時心拍数の平均値では，パルの99－138日目の平均は150－160bpmであった．その後，アユムおよびパルの140日目以降の平均値はほぼ140－150bpmへと減少し，230日目以降からは120－150bpmとなった．在胎日数と平均値の相関係数については，アユムではその減少には有意差はみられなかったが（$r=-0.43$），パル（$r=-0.826$, $p<0.001$）および2名のデータをプールした場合（$r=-0.713$, $p<0.001$）には有意な減少となった．

瞬時心拍数の標準偏差では，アユムでは在胎日数とともに減少しており，パルでは増加していた．アユムの標準偏差の減少には有意差がみられたが（$r=-0.539$, $p<0.05$），パル（$r=0.266$）および2名のデータをプールした場合（$r=0.035$）には有意な差は見られなかった．また，標準偏差を平均で割った変動係数でもアユムでは在胎日数が進むにつれて減少し，パルは増加した．変動係数では標準偏差とは異なり，パルの増加に有意な差が見られたが（$r=0.406$, $p<0.05$），アユム（$r=-0.465$, $p=0.08$）および2名をプールした場合（$r=0.149$）には差はみられなかった．

rMSSDでは，在胎日数に対してアユムは増加，パルは減少した．相関係数では，アユムの増加には有意差はみられなかったが（$r=0.227$），パルの減少（$r=-0.598$, $p<0.001$）および2名を合わせた場合の減少（$r=-0.456$, $p<0.003$）には有意差が見られた．

2-5-3 考察

本研究では2名のチンパンジー胎児の瞬時心拍数を縦断的に測定し，その変化

表 2-5-1　胎児心拍の測定結果
アユム

在胎日数 （日）	測定時間 （秒）	平均値±標準偏差 （bpm）	最小値-最大値 （bpm）	変動係数	rMSSD
141	113	142.2 ± 13.4	112.2-155.0	0.095	1.5
142	1416	158.0 ± 9.7	126.8-200.7	0.061	1.0
173	11	147.5 ± 5.0	140.9-154.8	0.036	5.7
174	133	158.0 ± 6.1	136.7-182.2	0.039	3.5
211	202	153.9 ± 5.1	132.5-182.2	0.033	3.2
212	11	145.5 ± 3.0	142.4-152.7	0.022	2.3
217	180	151.3 ± 6.1	119.9-190.4	0.041	2.3
227	107	142.9 ± 9.5	122.3-168.4	0.067	3.1
228	41	138.7 ± 4.1	129.5-144.7	0.030	2.0
230	18	138.4 ± 7.6	118.8-146.9	0.057	4.5
231	827	135.7 ± 5.7	105.1-167.7	0.042	2.1
232	8	153.9 ± 3.6	149.2-161.4	0.025	3.2
233	8	153.9 ± 3.6	149.2-161.4	0.025	3.2
234	51	137.8 ± 9.4	122.8-170.9	0.069	6.3
237	679	137.3 ± 4.1	119.3-159.9	0.030	1.5

パル

在胎日数 （日）	測定時間 （秒）	平均値±標準偏差 （bpm）	最小値-最大値 （bpm）	変動係数	rMSSD
99	29	158.6 ± 7.3	139.3-176.1	0.047	3.3
106	12	155.3 ± 4.5	152.2-169.4	0.030	4.5
115	315	154.2 ± 7.3	119.4-187.2	0.047	4.5
116	28	154.7 ± 7.2	141.6-165.6	0.047	4.0
117	22	165.2 ± 1.5	161.7-167.1	0.009	0.8
121	24	159.7 ± 1.7	157.4-162.3	0.011	1.1
122	16	161.2 ± 5.9	146.3-167.5	0.038	3.7
123	19	151.7 ± 15.8	112.1-163.8	0.107	3.9
124	11	155.6 ± 3.3	148.7-159.1	0.022	1.3
128	67	169.5 ± 13.4	127.5-194.5	0.080	3.3
134	63	159.4 ± 4.3	142.9-164.8	0.027	1.6
135	153	149.8 ± 5.7	131.8-168.6	0.038	3.1
138	141	157.1 ± 5.7	121.6-176.4	0.036	3.1
142	100	163.8 ± 5.1	139.9-174.9	0.031	1.4
143	284	154.8 ± 3.4	134.7-164.0	0.022	1.0
144	392	151.4 ± 4.5	125.1-195.2	0.030	1.3
145	39	156.9 ± 1.9	151.7-159.9	0.012	1.0
147	124	153.6 ± 3.2	142.7-178.7	0.021	1.1
159	525	172.3 ± 8.1	141.0-200.1	0.047	2.6
214	327	130.5 ± 13.0	106.0-155.1	0.100	1.7
215	2122	140.3 ± 9.0	109.9-172.4	0.064	1.1
221	6625	141.7 ± 7.9	101.3-188.0	0.056	1.1
228	6322	130.7 ± 9.0	102.3-189.0	0.069	1.1
231	2638	120.0 ± 6.7	102.7-174.4	0.056	0.6
232	4179	120.5 ± 6.0	100.1-159.2	0.050	0.5

を分析した．チンパンジーの無麻酔での胎児心拍数の測定，および縦断的に胎児心拍数を測定した研究は今までになく，ヒトと最も近縁なチンパンジー胎児の発達と，ヒト胎児の発達を比較することは興味深い．

過去にチンパンジーの胎児心拍を測定した研究は，在胎200日目以降の57名のチンパンジーで，分娩管理を目的とした麻酔下の横断研究が行なわれており，胎児心拍のベースラインが120－160bpmと，今回の研究とほぼ同様の結果であった（Arduini et al. 1986）．また2名とも出生後も良好な状態で成長しており，チンパンジー胎児の正常な発達を考える上で適した対象であったと考えられる．

胎児心拍の平均値の経時的な変化では，アユムとパルの両個体とも成長とともに減少する傾向があり，パルでは有意な差が見られた．この結果はヒト（Ibarra-Polo et al. 1972）やヒヒ（Stark et al. 1999），またヒツジ（Wakatsuki et al. 1992）での先行研究と同様であった．たとえばヒト胎児の縦断研究では，妊娠11週から40週にかけて約160bpmから140bpmへと有意に減少していた（Ibarra-Polo et al. 1972）．またヒヒ胎児では，在胎日数と胎児心拍の平均値の間には有意な負の相関関係がみられた（Stark et al. 1999）．これらの結果より，チンパンジー胎児の胎児心拍の平均値は，他の霊長類や霊長類以外の胎児と同様，成長に従って減少することが分かった．この変化はヒトやヒツジと同様，交感神経や副交感神経の成長に影響を受けているものと考えられる（Dalton et al. 1983; Lebowitz et al. 1972; Walker 1974）．

一方，標準偏差と変動係数およびrMSSDの在胎日数における変化では，アユムとパルの増加と減少の傾向が異なる結果となった．2名の結果を合わせて分析したところ，在胎日数が進むにつれて平均値とrMSSDが有意に減少する結果となった．他の霊長類の先行研究では，在胎120日目－165日目のヒヒの標準偏差およびrMSSDは増加していた（Stark et al. 1999）．今回の結果が先行研究と異なった理由については不明であるが，ヒト胎児では妊娠28週以降から胎児心拍の動と静のサイクルが出現することが分かっている（Arduini et al. 1986）．胎児心拍の変動は胎児の活動期と休止期による影響が大きく，可能であれば休止期の瞬時心拍数を測定することが望まれるが，今回は無麻酔下での胎児心拍の測定を目的としたためデータ数が不十分であったと考えられる．

無麻酔下での長時間の測定は困難を有すると考えられるが，今後は静と動のサイクルの両方を含む程度の時間の測定を行ない，胎児心拍の変動が胎児の成長につれてどのように変化するかを分析する必要があると考える．

［五十嵐（上井）稔子　道家千聡　堀本直幹　諸隈誠一　川合伸幸　田中正之　友永雅己　松沢哲郎］

2-6

胎児の学習と記憶

　周産期のヒトの胎児は，2000 Hz 以下でかつ強いものであれば，子宮外の音に対して反応をすることから，胎児にはある程度子宮外の音が聞こえていると考えられる (Birnholz & Benacerraf 1983)．そして外部から同じ音が何度も呈示されれば，その刺激に対して馴化を示す (Kislevsky & Muir 1991)．そのことから，最も単純な形式の学習能力は出生前に備わっていることが示唆される．しかしこれまでのところ，ヒトあるいはヒト以外の霊長類の胎児が刺激間の関係を学習することを示した研究はなかった．そこで本研究では，純音と振動刺激による古典的条件づけを行なうことで，チンパンジーの胎児が外部環境から呈示された刺激間の関係を学習ができるかを調べた．

2-6-1　方法

　対象個体は，母親パンとその子パルである．実験は妊娠201日より開始された．実験ブース内に母親チンパンジーとよく慣れた実験者が同室し，母親をおちつかせながら，プローブ，スピーカー，振動装置，を母体の下腹部に取りつけた（図2-6-1）．実験ブース外の別の観察者が，超音波映像装置によって胎児の位置や動きを観察しながら（図2-6-2），刺激を呈示した．疑似条件づけの可能性を排除するために，2種類の音を条件刺激 (Conditioned Stimulus: CS)，医療機器の振動刺激（80 Hz, 110 Gal）を無条件刺激 (Unconditioned Stimulus: US) とした，分化条件づけを行なった．母体の腹部を介して 500 Hz の純音 (CS+) と振動刺激を対呈示した．しかし，1000 Hz の純音 (CS－) の後には何も呈示しなかった．妊娠233日目で出産するまでに，合計156試行の条件づけを行なった．

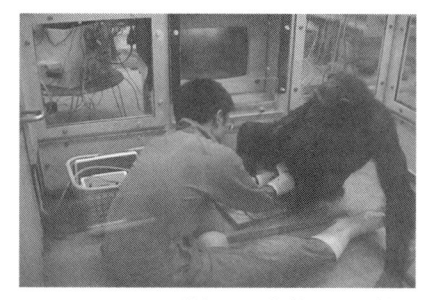

図 2-6-1　胎児への条件づけの様子（撮影：川合伸幸）

図 2-6-2　胎児の動きを超音波映像装置でモニターし，刺激を呈示している様子（撮影：川合伸幸）

生後1日目，33日目，58日目に，麻酔した母親からパルを隔離した状況でテストを行なった．テストでは，乳児を広いベッドの上に仰向けに置いて，頭部から約10cm離れた位置からCSを呈示した．1日目は，CS−とCS+を2回ずつ，33日目と58日目は，それぞれ3回ずつをランダムな順で呈示した．呈示間隔は約1分であった．ただし，生後1日目のテストは，テスト中に母親が麻酔から覚醒したためテストが中断されて試行数が少なくなったことと，乳児の覚醒水準が低く寝てしまったために，分析の対象から除外した．また統制条件として，条件づけを経験していない生後121日齢のクレオに，同じようにCS+とCS−を3回ずつ刺激を呈示した．

ビデオカメラに記録されたCS呈示後5秒間のチンパンジー乳児の運動を分析対象とした．分析は，動画像から切り出した時間的に隣接する画像間の差分を計算したものと，実験条件を知らない6人の大学院生による評定によるものの2種類を併用した．

運動の画像は，1秒間の動画像から100msごとに抜き出した，時間的に隣接する10枚の画像間の差分を計算した．よく動いているほど差分は大きくなり，まったく動かなければ画像の差は最小となる．

一方，大学院生による評定では，2個体の5秒ずつの映像をランダムにつないで編集したビデオを見せて，「まったく活動的でない」から「非常に活動的」までの5段階で評価させた．

2-6-2　結果

図2-6-3（A）は，時間的に隣接する2枚の画像（上図）とその差分として計算された領域を示している（下図）．この値を縦軸に示したのが，図2-6-3（B）で

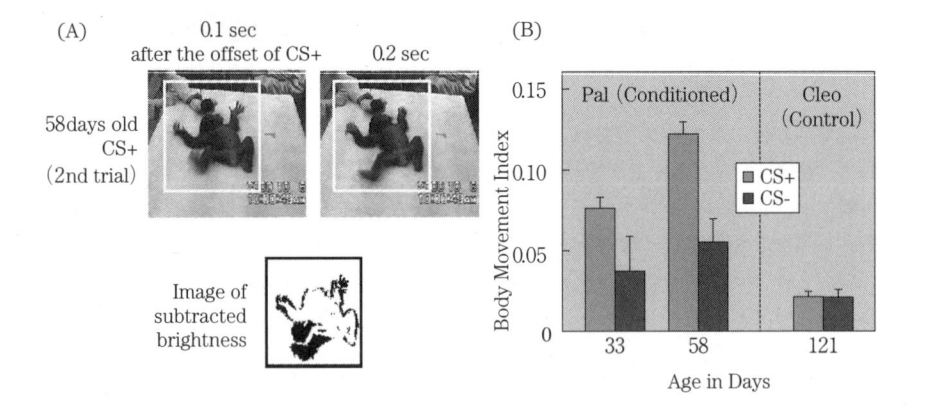

図2-6-3　CS呈示後のチンパンジーの様子と画像から計算された運動量のイメージ（A）と，条件づけを経験したチンパンジー乳児（左）と経験していない乳児（右）のCS呈示後の運動量．

ある．この図の左パネルは，画像上でピクセル数として表された，条件づけを受けた乳児の運動量を，右パネルは条件づけを経験しなかった乳児の運動量を示している．条件づけを受けなかった乳児は，CS+とCS-呈示後のいずれもほとんど動いていない．しかし，条件づけを経験した乳児は，テスト時の日齢にかかわらず，CS-が呈示された後に比べ，CS+の呈示後の方が有意に多く動いている $[F(1, 4) = 35, p < 0.01]$．

また，実験条件を知らない評定者も，条件づけを受けた個体はCS-呈示後に比べ，CS+後の反応をより活動的であると評定した $[F(1, 5) = 361.0, p < 0.001]$．さらに，ブラゼルトンの新生児行動評価の六つのステートに基づいて，2名の評定者が独立にステートを評価した結果，採点間の相関は高く（$r = 0.89$），条件づけを経験した乳児のCS+後の反応が，CS-に比べて有意に高い賦活状態にあると判定された．

2-6-3 考察

胎児期に500 Hzの純音（CS+）と振動刺激を対呈示されたチンパンジー乳児は，生後1か月と2か月のテストで，その音によって激しい運動と発声が誘発された．しかし，1000 Hzの音（CS-）にはそのような運動や発声は，CS+試行後に激しい興奮状態が維持されていた1回を除けば，ほとんど誘発されなかった．また500 Hzの音は，条件づけを経験していない別のチンパンジー乳児（クレオ）に対してそのような反応を誘発しなかった．これらのことは，500 Hzの音によって誘発された反応は，生得的なものではなく，学習によるものであることを示している．またこれらの結果は，チンパンジーは胎児期に500 Hzと1000 Hzの音を弁別し，選択的に500 Hzの音と振動刺激の間に連合を形成していたことを示唆している．胎児期に外部環境刺激に対して連合学習が成立することを示した研究は，これまでに報告されていない．（cf. van Heteren *et al*. 2000）

さらに，チンパンジー胎児の記憶の保持期間も注目に値する．一般的にヒトの乳幼児の記憶は非常に脆弱で，乳児の記憶課題として標準的なモービルを用いたオペラント条件づけは，3か月児であっても1週間しか保持されない（Rovee-Collier *et al*. 1980）．リマインダーという手続き（Springer & Miller 1972）を用いればその保持期間は長くなるが，それでも2週間しか保持されない（Fagen & Rovee-Collier 1983）．それらを考えると，本研究において胎児が少なくとも2か月間も記憶が保持されていたことは，通常のヒトの乳児で得られる結果よりもかなり長いといえる．このことは，おそらく本研究で用いた刺激や試行数が，ヒトの乳児の研究で通常用いられるものと異なっていることによると考えられる．本研究に比べれば，ヒトの乳児を対象とした記憶課題は，いずれも刺激の強化価が弱く，かつ試行数も少ない（Gross *et al*. 2001）．本研究では，非常に多数回の試行を，直接無条件反応を誘発する強い刺激を用いて条件づけを行なっていた．これらのことが，通常よりも長い期間保持された原因だと考えられる．

母親や家族の同意が必要だが,同じようなパラメータを用いれば,ヒトの胎児や乳児も本研究と同期間,記憶を保持すると考えられる.既にそのような研究を始めており,母親の声や行動に対する胎児の学習なども視野に入れた,今後の研究の展開が期待される.

[川合伸幸　諸隈誠一　堀本直幹　田中正之　友永雅己]

第2章　参照文献

Arduini, D., Rizzo, G., Giorlandino, C., Valensise, H., Dell'Acqua, S., & Romanini, C. (1986). The development of fetal behavioural states: a longitudinal study. *Prenatal Diagnosis*, 6, 117-124.

Birnholz, J. C., & Benacerraf, B. R. (1983). The development of human fetal hearing. *Science*, 222, 516-518.

Coe, C. L., Connolly, A. C., Kraemer, H. C., & Levine, S. (1979). Reproductive development and behavior of captive female chimpanzees. *Primates*, 20, 571-582.

Czekala, N. M., Benirschke, K., Clure, H., & Lasley, L. (1983). Urinary estrogen excretion during pregnancy in the gorilla (*Gorilla gorilla*), orangutan (*Pongo pygmaeus*) and the human (*Homo sapiens*). *Biology of Reproduction*, 28, 289-294.

Dahl, J. F., Nadler, R. D., & Collins, D. (1991). Monitoring the ovarian cycles of Pan *troglodytes* and *P. paniscucs*: A comparative approach. *American Journal of Primatology*, 24, 195-209.

Dalton, K. J., Dawes, G. S., & Patrick, J. E. (1983). The autonomic nervous system and fetal heart rate variability. *American Journal of Obstetrics and Gynaecology*, 146, 456-462.

Dawes, G. S., Houghton, C. R., Redman, C. W., & Visser, G. H.. (1982). Pattern of the normal human fetal heart rate. *British Journal of Obstetrics and Gynaecology*, 89, 276-284.

Dawood, M. Y., & Ratnum, S. S. (1974). Serial estimation of serum unconjugated estradiol-17beta in high risk pregnancies. *Obstetrics and Gynecology*, 44, 200-207.

DeCasper, A. J., & Fifer, W. P. (1980). Of human bonding: Newborns prefer their mother's voices. *Science*, 208, 1174-1176.

DeCasper, A. J., & Prescott, P. A. (1984). Human newborns' perception of male voices: Preference, discrimination and reinforcing value. *Developmental Psychology*, 17, 481-491.

Fagen, J. W., & Rovee-Collier, C. (1983). Memory retrieval: A time-locked process in infancy. *Science*, 222, 1349-1351.

Fujita, S., Mitsunaga, F., Sugiura, H., & Shimizu, K. (2001). Measurement of urinary and fecal steroid metabolites during the ovarian cycle in captive and wild Japa0nese macaques, *Macaca fuscata*. *American Journal of Primatology*, 53, 167-176.

Gagnon, R., Campbell, K., Hunse, C., & Patrick, J. (1987). Patterns of human fetal heart rate accelerations from 26 weeks to term. *American Journal of Obstetrics and Gynecology*, 157, 743-748.

Goodlin, R. C. (1979). History of fetal monitoring. *American Journal of Obstetrics and Gynecology,* 133, 323-352.

Gould, K. G. (1982). Ovulation detection and artificial insemination. *American Journal of Primatology Supplement,* 1, 15-25.

Gould, K. G., & Faulkner, J. R. (1981). Development, validation, and application of a rapid method for detection of ovulation in great apes and the human. *Fertility and Sterility,* 35, 676-682.

Graham, C. E. (1982). Ovulation time: a factor in ape fertility assessment. *American Journal of Primatology Supplement,* 1, 51-55.

Graham, C. E., Warner, H., Misener, J., Collins, D. C., & Preedy, J. R. K. (1977). The association between basal body temperature, sexual swelling and urinary gonadal hormone levels in the menstrual cycle of the chimpanzee. *Journal of Reproduction and Fertility,* 50, 23-28.

Gross, J., Hayne, H., Herbert, J., & Sowerby, P. (2001). Measuring infant memory: Does the ruler matter ? *Developmental Psychobiology,* 40, 183-192.

Hobson, W. C., Graham, C. E., & Rowell, T. J. (1991). National chimpanzee breeding program: Primate research institute. *American Journal of Primatology,* 24, 257-263.

Hodgen, G. D., & Ross, G. T. (1974). Pregnancy diagnosis by a hemagglutination inhibition test for urinary macaque chorionic gonadotropin (mCG). *Journal of Clinical Endocrinology and Metabolism,* 38, 927-930.

Ibarra-Polo, A. A., Guiloff, E., & Gomez-Rogers,C. (1972). Fetal heart rate throughout pregnancy. *American Journal of Obstetrics and Gynecology,* 113, 814-818.

Kislevsky, B. S., & Muir, D. W. (1991). Human fetal and subsequent newborn responses to sound and vibration. *Infant Behavior and Development,* 14, 1 -26.

Knee, G. R., Feinman, M. A., Strauss, III. J. F., Blasco, L., & Goodman, D. B. P. (1985). Detection of the ovulatory LH surge with a semiquantitative urinary LH assay. *Fertility and Sterility,* 44, 707-709.

Lasley, B. L., Hodges, J. K., & Czekala, N. M. (1980). Monitoring the female reproductive cycle of great apes and other primate species by determination of oestrogen and LH in small volumes of urine. *Journal of Reproduction and Fertility,* 28, 121-129.

Lasley, B. L., Lohstroh, P., Kuo, A., Gold, E. B., Eskenazi, B., Samuels, S. J., & Overstreet, J. W. (1995). Laboratory methods for evaluating early pregnancy loss in an industry-based population. *American Journal of Industry Medicine,* 28, 771-781.

Lebowitz, E. A., Novick, J. S., & Rudolph,A.M. (1972). Development of myocardial sympathetic innervation in the fetal lamb. *Pediatric Research,* 6, 887-893.

Mahoney, C. J., Gordon, M., & Briggs, D. (1990). Continuous fetal heart rate monitoring and tocodynamometry in routine obstetrical care, fetal stress and non-stress testing, and labor induction in the chimpanzee (*Pan troglodytes*). *Journal of Medical Primatology,* 19, 681-714.

McArthur, J. W., Beitins, I. Z., & Gorman, A. (1981). The interrelationship between sex skin swelling and the urinary excretion of LH, estrone, and pregnandiol by the cycling female chimpanzee. *American Journal of Primatology,* 1, 265-270.

Munro, C. J., Laughlin, L. S., Illera, J. C., Dieter, J., Hendrickx, A. G., & Lasley, B. L. (1997). ELISA for the measurement of serum and urinary chorionic gonadotropin concentrations in the laboratory macaque. *American Journal of Primatology,* 41, 307-322.

Munro, C. J., Stabenfeldt, G. H., Cragu, J.R., Addiego, L. A., Overstreet, J. W., & Lasley, B. L. (1991). Relationship of serum estradiol and progesterone concentrations to the excretion profiles of their major urinary metabolites as measured by enzyme immunoassay and radioimmunoassay. *Clinical Chemistry,* 37, 838-844.

Nixon, W. E., Hodgen, G. D., Niemann, W. H., Ross, G. T., & Tullner, W. W. (1972). Urinary chorionic gonadotropin in middle and late pregnancy in the chimpanzee. *Endocrinology,* 90, 1105-1109.

Qiu, Q., Kuo, A., Todd, H., Dias, J. A., Gould, J. E., Overstreet, J. W., & Lasley, B. L. (1998). Enzyme immunoassay method for total urinary follicle-stimulating hormone (FSH) beta subunit and its application for measurement of total urinary FSH. *Fertility and Sterility,* 69, 278-285.

Rovee-Collier, C. K., Sullivan, M. W., Enright, M., Lucas, D., & Fagen, J. W. (1980). Reactivation of infant memory, *Science,* 208, 1159-1161.

Shimizu, K., Douke, C., Fujita, S., Matsuzawa, T., Tomonaga, M., Tanaka, M., Matsubayashi, K., & Hayashi, M. (in press). Urinary steroids, FSH and CG measurements for monitoring the ovarian cycle and pregnancy in the chimpanzee. *Journal of Medical Primatology.*

Springer, A. D., & Miller, R. R. (1972). Retrieval failure induced by electroconvulsive shock: Reversal with dissimilar training and recovery agents. *Science,* 177, 628-630.

Stark, R. I., Myers, M. M., Daniel, S. S., Garland, M., & Kim, Y. I. (1999). Gestational age related changes in cardiac dynamics of the fetal baboon. *Early Human Development,* 53, 219-37.

Steinetz, B. G., Ducrot, C., Randolph, C., & Mahoney, C. J. (1992). Determination of the time of ovulation in chimpanzees by measurement of LH, estrone sulfate, and pregnandiol 3 alpha-glucuronide in urine: Comparison with serum hormone patterns. *Journal of Medical Primatology,* 21, 239-245.

Stewart, D. R., Overstreet, J. W., Celniker, A. C., Hess, D. L., Cragun, J. R., Boyers, S. P., & Lasley, B. L. (1993). The relationship between hCG and relaxin secretion in normal pregnancies vs peri-implantation spontaneous abortions. *Clinical Endocrinology Oxford,* 38, 379-385.

Tarantal, A. F., & Hendrickx, A. G. (1988). Prenatal growth in the cynomolgus and rhesus macaque (*Macaca fascicularis* and *Macaca mulatta*): A comparison by ultrasonography. *American Journal of Primatology,* 15, 309-323.

Taussky, H. H. (1954). A microcolorometric determination of creatinine in urine by the Jaffee reaction. *Journal of Biological Chemistry,* 208, 853-861.

van Heteren, C. F., Boekkooi, P. F., Jongsma, H. W., & Nijhus, J. G. (2000). Fetal learning and memory. *Lancet,* 356, 1169-1170

Wakatsuki, A., Murata, Y., Ninomiya, Y., Masaoka, N., Tyner, J. G., & Kutty, K. K. (1992). Autonomic nervous system regulation of baseline heart rate in the fetal lamb. *American Journal of Obstetrics and Gynecology,* 167, 519-23.

Walker, D. (1974). Functional development of the autonomic innervation of the human

fetal heart. *Biology of the Neonate*, 25, 31-43.
Wallis, J., & Lemmon, W. B. (1986). Social behaviorz (*Pan troglodytes*). *American Journal of Primatology*, 10, 171-183.
Welt, C. K., Martin, K. A., Taylor, A. E., Lambert-Messerlian, G. M., Crowley, W. F. Jr., Smith, J. A., Schoenfeld, D. A., & Hall, J. E. (1997). Frequency modulation of follicle-stimulating hormone (FSH) during the luteal-follicular transition: evidence for FSH control of inhibin B in normal women. *Journal of Clinical Endocrinology and Metabolism*, 82, 2645-2652.

第3章　新生児期の認知と行動

運動場でアイに抱かれるアユム（撮影：落合知美）

3-1
総論

　本章では，生後1か月齢までの新生児期に見られるさまざまな現象についての報告を集めた．

　「赤ちゃんはよく眠る」．これは周知の事実である．ヒト乳児では，1日の大半を睡眠に費やしている．特に，新生児期・乳児期における睡眠は重要な「行動」として研究されてきた．Wolff (1959) は，新生児・乳児の行動について自然観察を行ない，無秩序と思えた乳児の行動に，比較的安定して周期的に変化する覚醒水準の出現パターンを見いだした (Prechtl & Beintema 1964)．チンパンジー乳児についても野生での覚醒・睡眠の周期に関する観察報告や (Plooij 1984) 人工哺育下での観察が行なわれている (Balzamo *et al.* 1972)．それらの結果から，新生児期・乳児期の野生チンパンジーは人工哺育下の個体に比べて睡眠量が少ないことが分かっている．つまり，新生児・乳児期のチンパンジーの睡眠状態には養育環境の違いが影響しているのである．そこで3-2では，飼育下のチンパンジー母子の夜間観察を行ない，「母親に抱かれて眠る」新生児・乳児期のチンパンジーの睡眠状態を詳細に記録・分析している．

　チンパンジーは，主要な三つの反射をもって生まれてくる．「クリング（しがみつく）」，「ルーティング（乳首を探す）」，「サッキング（乳首を吸う）」である（松沢, 2001）．こうした新生児の生得的な行動に支えられ，母親が子どもを抱き，授乳をするといったようにスムーズな育児が行なわれる．では，チンパンジー新生児は，この三つの反射以外にどのような生得的行動を生まれもってくるのだろうか．ヒト乳児では，生後間もない時期から睡眠時に多発する自発的微笑を含むいくつかの自発的行動について古くから研究されてきた (Wolff 1959; 高橋 1973)．しかし，これまでチンパンジー新生児では飼育下においてヒト乳児の自発的微笑に類似する表情は観察されず，この自発的行動はヒト特有のものであると指摘されてきた（高橋 1995）．そこで3-3では，チンパンジー母子の夜間観察を縦断的に実施し，自発的微笑を含めた三つの自発的行動の詳細な分析を行なった．なお，自発的微笑については，ニホンザル新生児においても認められることが9-2で報告されている．

　チンパンジー新生児はこれ以外にもさまざまな生得的な反応を有している．そ

の一つとして，3-4では新生児期の味覚刺激に対する反応を調べている．ヒトでは，味覚刺激が味質ごとに特有の表情動作を引き起こす．それらの表情動作は，生後数時間から数日の新生児でも表出されることから，ヒトの新生児は生後間もない時点で，既に異なる味質を異なるものとして知覚していると考えられる（Mennella & Beauchamp 1997; Rosenstein & Oster 1988; Steiner 1979）．これまでの研究から，ヒト新生児は甘味にたいしては嗜好的な，苦味にたいしては回避的な反応をしめすことが知られている．塩味と酸味にたいしては基本的に中立的あるいは回避的な反応をしめす（Ganchrow 1994）．ヒト以外の霊長類においても，甘味と苦味刺激によってそれぞれ分化した表情動作が表出されることが知られているが（Steiner & Glaser 1984; 1995; Steiner et al. 2001），新生児を対象とした研究はこれまでなされていない．なお，嗅覚の発達については第4章で取りあげられている（4-5, 4-6）．

ヒト新生児が示す最も興味深い反応の一つに初期（新生児）模倣（early/neonatal imitation）があげられる．Meltzoff & Moore（1977）は，生まれて数時間の新生児でも，他者の表情（口開閉や舌突き出し，唇突き出し）や手指を開閉させる運動を模倣できることを示した．このような現象は「初期模倣」とよばれ，チンパンジーにおいても見られることが近年報告されている（Bard & Russell. 1999; Myowa 1996）．3-5では，過去の報告よりも詳細な縦断的観察の結果が示されている．

Meltzoffらは，初期模倣の説明として，「AIM（Active Intermodal Mapping）仮説」を提案した．それによると，モデルとなる他者の運動行為と自身の運動行為との等価性を検出し，さらに，視覚的情報を運動行為に変換する表象システムを，ヒトは生得的にもつ（Meltzoff & Moore 1977; 1983）．こうした能力をもつことにより，表情のように，自分の体のうち，自分では見ることのできない部位を使った行為であっても，新生児はそれを模倣することが可能だという．

Meltzoffらの研究以降，現在に至るまで，初期模倣は多くの追試によって確認されてきた．しかし一方では，Meltzoffらの見方を否定する研究者も多い．その中で最も説得力のある批判は，初期模倣は生後2か月頃に消失あるいは顕著に減少し，生後9か月頃から再び表情の模倣が現れる点である（たとえば，Abravanel & Sigafoos 1984; Jacobson 1979）．この立場では，他者の行為が刺激となって，新生児に生得的に固定化された反応パターンが反射的に解発され，初期模倣として発現すると説明される（Abravanel & Sigafoos 1984; Anisfeld 1991; 1996）．たとえば，Anisfeld（1991; 1996）は，ヒト新生児では舌出しのみが最も明瞭に模倣されるという事実をもとに，後者の誘発反応説を主張している．しかし，初期模倣の機能の

捉え方については，両方の立場は一致している．どちらの立場も，初期模倣がコミュニケーション的な機能をもつことを強調している．初期模倣が生得的な解発的行動であれ，模倣であれ，乳児が生まれてすぐにヒトの特性をもった刺激（ヒトらしい顔や動き）に対して敏感に反応する能力をもつことは，生存する上で適応的な役割を果たす．初期模倣を行なうことで，乳児は他者の注意を引きつけ，他者から働きかけられる機会を増やすことができると考えられる．

　初期模倣のメカニズムとその機能を議論する場合，その生物学的基盤を明らかにすることは重要な示唆を与えてくれる．3-5ではチンパンジーを対象とした実験が報告されているが，9-3では，霊長類のうち真猿類と分類される系統群のうち，アジルテナガザル（小型類人猿），ニホンザル（旧世界ザル），コモンリスザル（新世界ザル）を対象とした実験の結果も報告されている．あわせてご覧頂きたい．

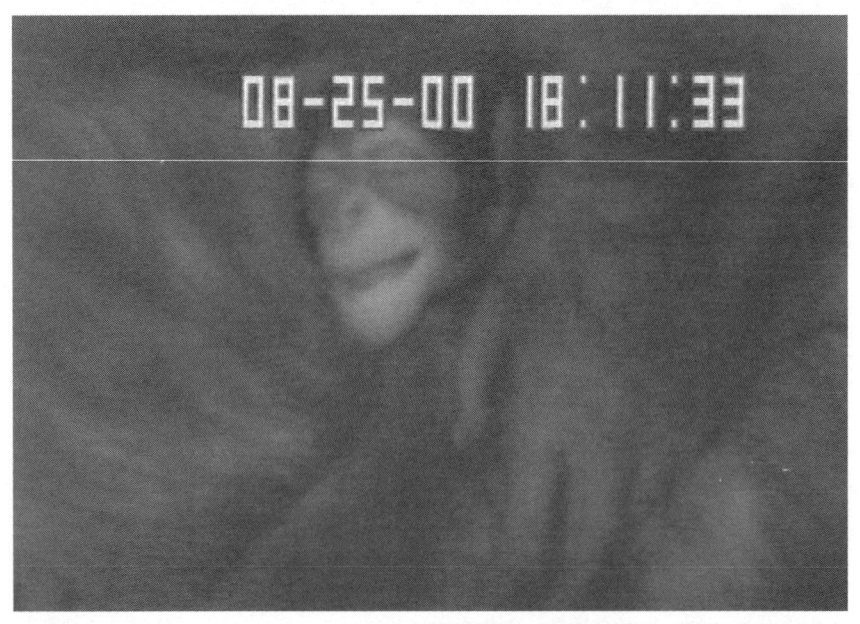

パルの新生児微笑（生後17日目、撮影：水野友有）

3-2
睡眠－覚醒状態の発達的変化

　チンパンジー新生児・乳児については，野生での覚醒・睡眠の周期に関する観察報告がPlooij (1984) によってなされている．母親に抱かれたチンパンジー乳児は，昼の間，母親の日昼活動とは無関係に約3時間おきに20分程度のまとまった睡眠をとり，それ以外は目の開閉を繰り返しているという．Balzamo et al. (1972) は，人工保育下のチンパンジー乳児を対象として，生理心理学的手法により，その睡眠状態を縦断的に測定した．チンパンジー乳児の覚醒・睡眠リズムは，ヒト乳児のそれと基本的に類似していた．しかし，野生のチンパンジー乳児と比べると，人工保育下のチンパンジーはよく眠る．これは，人工保育下のチンパンジー新生児・乳児は，仰臥位のままで放置されており，野生で母親が持ち運ぶ時のような外部からの刺激が加わらないためだと考えられる．これらの先行研究から，チンパンジー乳児の睡眠状態には養育環境の違いが影響していることが分かる．そこで，本研究では，飼育下のチンパンジー母子の夜間観察を出生直後から行ない，「母親に抱かれて眠る」チンパンジー乳児の睡眠状態を詳細に記録・分析することにより，チンパンジー乳児の睡眠状態と睡眠・覚醒リズムの発達的変化について明らかにすることを目的とする．

3-2-1　方法

　3組の母子すべてを観察対象とした．母子が睡眠をとる居室を観察室とした．赤外線遠隔操作カメラにより夜間観察を行なった（図3-2-1）．観察時間は，すべての母子において一定の時間帯とした．基本的に母親が就寝する1時間程前から以降6時間の17：00－23：00としたビデオ記録を行なった．その際，リアルタイムで5分ごとに覚醒水準の判定を行なった．

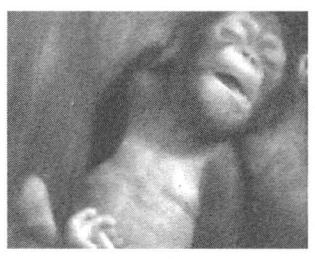

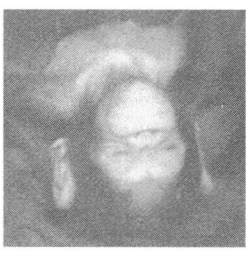

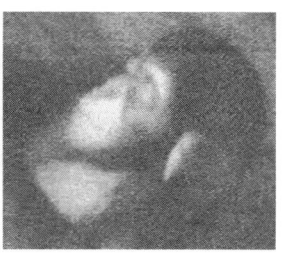

図3-2-1　「母親に抱かれて眠る」チンパンジー乳児3個体．左からアユム，クレオ，パル．遠隔操作赤外線カメラで撮影したチンパンジー乳児たちの様子．

覚醒水準の判定については，Prechtl (1974) の分類に基づいて，対象児の睡眠時を含めた夜間における行動状態を表3-2-1に示した基準に従って五つの覚醒水準（Ⅰ-Ⅴ）に分類した．また，吸乳の開始，および終了時間についても記録した．夜間におけるチンパンジー乳児の栄養補給は，乳児自らが母親の乳首を探し，くわえることにより行なわれる．そのため，ここではこの行動を，「授乳」ではなく「吸乳」行動と呼ぶことにする．

対象児の5分ごとの覚醒水準判定と並行して，母親の睡眠・覚醒状態，寝返りなどの体動の有無，呼吸，主に深呼吸とその後の対象児の状態を記録した．

母子の行動を6時間連続して観察可能だった日について，上記の観察行動項目をビデオ再生によりチェックし，分析を行なった．

表3-2-1 覚醒水準の分類とそれを定義する行動変数

覚醒水準	行動変数				
	開眼	身体運動	規則的呼吸	眼球運動	泣き
Ⅰ（規則的睡眠）	なし	なし	あり	なし	なし
Ⅱ（不規則的睡眠）	なし	あり	なし	あり	なし
Ⅲ（覚醒 身体運動なし）	あり	なし	あり	**	なし
Ⅳ（覚醒 身体運動あり）	あり	あり	なし	**	なし
Ⅴ（泣き）	*	*	なし	**	あり

*：有無に関わらない　　**：適用外
開眼および身体運動を主な指標とし，規則的呼吸，眼球運動については観察可能な場面で指標として使用した．

表3-2-2 チンパンジー乳児3個体の睡眠における各覚醒水準が占める割合(%)の変化

週齢	アユム					クレオ					パル				
	Ⅰ	Ⅱ	Ⅲ	Ⅳ	Non*	Ⅰ	Ⅱ	Ⅲ	Ⅳ	Non	Ⅰ	Ⅱ	Ⅲ	Ⅳ	Non
0	12	34	17	27	10	20	5	7	50	18	20	41	11	15	13
1	20	52	8	17	3	60	5	5	15	15	22	38	7	28	5
2	28	40	8	13	8	52	15	5	24	4	18	35	12	15	20
3	24	38	11	18	10	47	23	5	15	10	27	45	5	15	8
4	13	46	8	11	9	45	11	12	20	12	17	40	10	13	20
5	24	32	10	15	19	40	10	10	22	30	22	43	7	10	18
6	30	30	13	14	13	35	20	15	22	8	34	35	5	19	7
7	33	29	9	17	11	40	17	8	13	22	41	39	3	5	12
8	28	33	8	18	15	45	5	10	28		35	36	11	8	10
9	32	37	4	20	7	50	29	5	7	9	39	28	15	13	5
10	49	26	6	14	5	36	25	19	10	10	40	27	7	18	8
11	45	27	5	15	8	41	22	7	12	18	47	30	5	6	12

*：覚醒水準判定が不可能だった場面

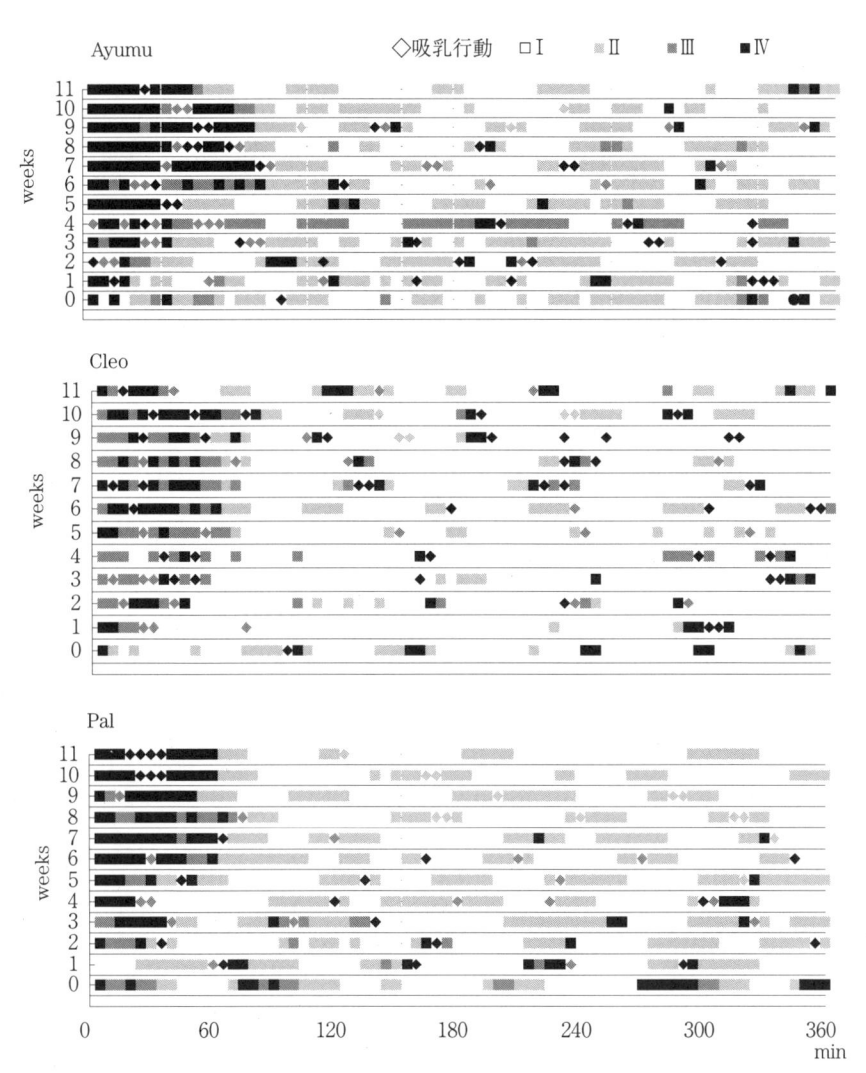

第3章 新生児期の認知と行動 | 53

図3-2-2 チンパンジー乳児における各週齢における覚醒水準の推移．上：アユム 中：クレオ 下：パル．各個体の観察時間における覚醒水準判定を5分ごとにタイムプロットし，覚醒水準の推移を示した．各週齢につき，観察時間全てにおいて，対象の覚醒水準の判定が可能だった1日のデータを選出した．縦軸は週齢，横軸は時間経過を表している．また，覚醒水準は□で示し，覚醒水準が高いほど色が濃くなっている．◇は吸乳行動の生起を示している．

3-2-2　結果

各個体3か月間の観察において，アユム320時間，クレオ296時間，パル330時間のデータを収集した．そのうち，各個体・週齢において約80％以上の覚醒水準判定が可能だった．表3-2-2には，各覚醒水準が全観察時間に対して占める割合（％）を週齢ごとに示した．総観察時間における覚醒状態（覚醒水準Ⅲ・Ⅳ）の割合は低く，その大半を睡眠状態が占めていた．また，どの個体においても週齢に伴い総睡眠時間の増加傾向がみられた．

次に，表3-2-3に総睡眠時間において規則的睡眠（覚醒水準Ⅰ），不規則的睡眠（覚醒水準Ⅱ）が占める割合を示した．アユムとパルについては，週齢に伴い覚醒水準Ⅰが増加し，覚醒水準Ⅱが減少した．クレオでは，アユムとパルに比べると，どの週齢においても睡眠状態が少なかった．特に，生後4週齢までの覚醒水準Ⅱがきわめて少なく，覚醒水準ⅠとⅣの割合が高かった．クレオでは，母親の授乳拒否行動がみられ，吸乳行動前後の覚醒時間とその後の睡眠時間に影響を与えていた．

覚醒水準判定による睡眠状態の推移と吸乳時間の記録を図3-2-2に示す．0週齢では，一定のリズムはなく短時間の覚醒と，60分以内の睡眠を繰り返していた．3週齢は，自発的吸乳が安定する時期で，この時期には吸乳時間に依存して覚醒状態が出現し，約60分間に1回の間隔で吸乳行動，および覚醒状態が出現していた．7週齢では吸乳持続時間の延長と，その後の睡眠持続時間の延長が認められた．吸乳が困難な状態が続いたクレオにおける吸乳行動は，アユム，パルよりも短い間隔で生起していた．安定した吸乳環境下にあったアユムとパルでは，10週齢になると就寝後5時間以上の睡眠状態が続いた．この時期における吸乳行動は，閉眼したままルーティング吸乳

表3-2-3　週齢ごとの睡眠状態における覚醒水準Ⅰ・Ⅱが占める割合（％）

週齢	アユム			クレオ			パル		
	睡眠*	Ⅰ	Ⅱ	睡眠	Ⅰ	Ⅱ	睡眠	Ⅰ	Ⅱ
0	46	26	74	25	80	6	61	32	67
1	72	28	72	85	92	5	60	37	63
2	68	41	59	67	78	19	53	34	66
3	62	39	61	70	67	34	72	38	63
4	59	22	78	56	80	14	57	30	70
5	56	43	57	50	80	13	65	34	66
6	60	50	50	55	64	31	69	49	51
7	62	53	47	57	70	24	80	51	49
8	61	46	54	57	79	15	71	49	51
9	69	46	54	79	63	46	67	58	42
10	75	65	35	61	59	42	67	60	40
11	72	63	38	63	65	34	77	61	39

*：覚醒水準判定総時間における睡眠状態（Ⅰ・Ⅱ）が占める割合（％）

を開始し，覚醒水準Ⅱの状態で吸乳を行なっていた．また，その後は，覚醒水準Ⅱからさらに低い覚醒水準Ⅰへ推移し，睡眠状態が持続した．一方，クレオについては，10週齢を過ぎても吸乳活動により睡眠は遮断され，覚醒状態が生起していた．

3-2-3　考察

本研究では，「母親に育てられている」チンパンジー新生児の睡眠－覚醒状態の発達的変化を検討するために，チンパンジー母子の夜間観察を試みた．その結果，被験児おいて「覚醒 → まどろみ・不規則的睡眠（浅い眠り，付録CD-ROM動画3-2-1）→規則的睡眠（深い眠り）」といった覚醒水準の推移が観察された．ヒトの新生児・乳児期では，規則的睡眠，および不規則的睡眠はほぼ同じ比率で生じ，発達に伴って規則的睡眠が増加するといわれている．今回の結果より，チンパンジー乳児の睡眠状態において，吸乳環境が安定した環境下にある場合では，ヒトと同様の発達的変化が認められた．

ヒトの発達初期における睡眠―覚醒リズムは，昼夜に関係なく1日のうちに睡眠と覚醒が何度も繰り返して生じる多相性の睡眠から，日中に覚醒して夜間に眠るという単相性の睡眠へと移行する．今回の結果から，チンパンジー乳児においては生後1から7週齢まで吸乳行動を基本とする多相性睡眠の傾向がみられた．また，吸乳が安定して行なわれた2個体では，週齢に伴い観察を行なった「夜間」における睡眠総時間が増加したことから，多相性睡眠から単相性睡眠への移行が示唆された．

本節では詳細に報告してはいないが，「母親に抱かれて眠る」チンパンジー乳児の睡眠状態は，母親の行動状態とは関係なく自発的に推移していた．このような睡眠状態の変化は，ヒト乳児同様に，さまざまな身体運動，表情により構成されていた．しかし，母親の吸乳拒否行動があった個体では，それが睡眠状態の推移や睡眠パターンに大きく影響していた．発達初期のチンパンジーにとって「母親に抱かれている」という状態がより安定した状態であり，吸乳行動を含め，チンパンジー乳児の体内リズムで過ごすための必要条件であるといえる．したがって，チンパンジー乳児の睡眠は，「母親に抱かれて眠る」という環境下において，ヒトとよく似た発達的変化を遂げることが示唆された．

［水野友有　高谷理恵子　小西行郎
田中正之　友永雅己　松沢哲郎
竹下秀子］

3-3
チンパンジー新生児における自発的微笑の発達的変化

　ヒト新生児では，生後間もない時期から睡眠時に多発する「自発的行動」について，古くから研究されてきた（Wolff 1959;高橋 1973）．その中でも，外的刺激に関係なく出現する自発的微笑，自発的驚愕様運動，自発的口唇運動は，出生直後の乳児にみられる生得的行動として注目され，覚醒水準との関係性について明らかにされてきた．では，チンパンジー新生児においても，このような自発的行動が観察されるのだろうか．本研究では，チンパンジー新生児の自発的微笑を含めた三つの自発的行動の詳細な分析を目的として，チンパンジー母子の夜間観察を縦断的に行なった．

3-3-1　方法

　出生直後から生後 1 か月までを観察期間とした．観察は 3-2 の研究と同時に行なった．
　ビデオ録画した全記録の中から対象の行動が観察可能であった場面のデータについて分析を行なった．覚醒水準については 3-2 の結果を用いた．ただし，覚醒水準Ⅲと Ⅳについてはあわせて「覚醒（Ⅲ＋Ⅳ）」として分析した．さらに，Ⅴに関してはいずれの対象おいても，「泣き」として判定される場面は皆無であったため，本研究における分析では除外した．覚醒水準の分析の詳細については 3-2 を参照のこと（表 3-3-1）．

　自発的行動については，以下の三つの定義を用いた．
　1）自発的微笑：外的刺激が何もない状態で，片側または両側の口角部の顔筋が自発的に収縮して，形態的には微笑によく似た表情が示される．このような表情筋の動きを Wolff（1959）は自発的微笑と名づけている．
　2）自発的驚愕様運動：外界からの刺激が何もない状態で，全身をピクッと震わせるような運動がヒト新生児にみられる．これは，あたかも何かに驚いた時の反応に類似しているので，Wolff(1959)により自発的驚愕様運動と呼ばれた．
　3）自発的口唇運動：外界から乳首，その他の刺激がくわえられなくとも，吸乳運動に類似した動きが口唇部に自発的に出現する．これを自発的口唇運動と定義する．
　これらの自発的行動について，週齢ごとに，各覚醒水準における自発的微笑，自発的驚愕様運動，自発的口唇運動の総回数を求めた．

3-3-2　結果

　本研究において，これまで，ヒト特有とされてきた自発的微笑様の表情が，チンパンジー新生児 2 個体について観察された（付録CD-ROM動画 3-3-1）．実際に自発的微笑様の表情が生起した場面について，その背景にある覚醒水準との関係

表3-3-1　総観察時間における各覚醒水準の占める割合

個体名	観察時間	覚醒水準（%）			
		I	II	III＋IV	観察不可能
アユム	105時間10分	38.5	50.0	7.8	3.7
クレオ	97時間9分	63.8	10.6	13.8	11.8
パル	111時間55分	44.6	43.2	3.8	8.3
平均観察時間	105時間10分	48.6	35.4	8.2	7.8

についての結果を示す．表3-3-2は，各覚醒水準における自発的微笑の生起回数を週齢ごとに示した．自発的微笑様の表情は，アユムとパルで観察された．観察された自発的微笑すべてが不規則的睡眠（II）時に生起しており，他の覚醒水準では認められなかった．不規則的睡眠（II）での平均微笑回数は，1.36（回／10min）だった．

次に，各覚醒水準における自発的驚愕様運動の生起回数を表3-3-3に示す．自発的驚愕様運動は，もっぱら規則的睡眠（I）において生じ（2.85回／min），II，III＋IVではほとんど生じていない．逆に，自発的口唇運動（表3-3-4）は，いずれの個体においても規則的睡眠（I）できわめて少なかった．ただし，アユムとパルでは，覚醒期における出現率が比較的低い傾向を示し，クレオについては，覚醒水準が高くなるにつれ増加し，覚醒水準II，III＋IVのどちらでも出現していた．

ヒト新生児におけるそれぞれの自発的行動の生起は覚醒水準に依存しており，ある特定の覚醒水準で特異的によく出現する（高橋1995）．そこで，チンパンジー新生児において観察された，自発的微笑，自発的驚愕様運動，自発的口唇運動が各覚醒水準で生起した割合(%)を算出した

表3-3-2　週齢ごとの各覚醒水準における自発的微笑の生起回数

個体名	週齢	覚醒水準		
		I	II	III＋IV
アユム	0	0	9	0
	1	0	4	0
	2	0	1	0
	3	0	9	0
パル	0	0	3	0
	1	0	5	0
	2	0	9	0
	3	0	7	0
	%	0	100	0

注：クレオでは，自発的微笑の生起は観察されなかった．

表3-3-3　週齢ごとの各覚醒水準における自発的驚愕様運動の生起回数

個体名	週齢	覚醒水準		
		I	II	III＋IV
アユム	0	2	0	0
	1	6	0	0
	2	8	1	0
	3	9	3	0
クレオ	0	2	0	0
	1	2	0	0
	2	5	0	0
	3	3	0	0
パル	0	4	0	0
	1	3	1	0
	2	5	1	0
	3	8	0	0
	%	90	10	0

表3-3-4 週齢ごとの各覚醒水準における自発的口唇運動の生起回数

個体名	週齢	覚醒水準		
		Ⅰ	Ⅱ	Ⅲ+Ⅳ
アユム	0	3	51	12
	1	2	67	5
	2	1	87	10
	3	1	106	13
クレオ	0	9	12	48
	1	11	10	94
	2	7	13	60
	3	9	51	25
パル	0	64	4	4
	1	72	8	8
	2	88	20	20
	3	106	18	18
	%	5	66	29

(各表下段).その結果,自発的微笑と自発的驚愕様運動とが相互に拮抗して生じていることが分かった.つまり,自発的驚愕様運動は,ほとんどが規則的睡眠(Ⅰ)で生起していたのに対し,自発的微笑はすべて不規則的睡眠(Ⅱ)で生起していた.自発的驚愕様運動が生起する規則的睡眠(Ⅰ)では自発的微笑はまったく観察されなかった.逆に,自発的微笑がよく生起する不規則的睡眠(Ⅱ)では,自発的驚愕様運動はほとんど観察されなかった.

3-3-3 考察

チンパンジー新生児3個体について生後1か月間,夜間の自発的行動と覚醒水準のデータ収集を行なった.本研究の結果から,チンパンジー新生児においても生後間もない段階で自発的行動が生起していることが明らかとなった.その中でも,ヒト特有であるといわれてきた自発的微笑の生起は,不規則的睡眠(Ⅱ)と密接な関係を持って生起していた.これは,ヒト新生児の先行研究(Wolff 1959; 高橋 1973)と同様の結果である.つまり,自発的微笑は,不規則的睡眠(Ⅱ)の状態をもたらす中枢神経系の活動中に発せられる何らかの内的刺激によって引き起こされると推定できる.また,自発的驚愕様運動,ならびに自発的口唇運動についても,同様に覚醒水準に依存して出現した.

これらの結果から,以下のことが明らかとなった.1)チンパンジー新生児においても,ヒト新生児同様,外的刺激にかかわらず自発的行動が生起している.2)特に,ヒトに固有と思われてきた自発的微笑がチンパンジー新生児にも認められることが分かった.3)自発的行動間の相互関係は,覚醒水準に依存しており,自発的微笑と自発的驚愕様運動は拮抗的に生起していた.このことから,チンパンジー新生児の自発的行動の生起は,ヒト新生児と同様,中枢神経系の活動を反映したものだと考えられる.
[水野友有 田中正之 友永雅己 松沢哲郎 竹下秀子]

3-4
チンパンジーにおける味覚の発達

　ヒトを含め霊長類の成体は，さまざまな味を識別することができる．ヒトでは，出生以前から既に甘味や苦味の味覚刺激を知覚することが知られている（Mennella & Beauchamp 1997）．では系統上ヒトに最も近縁なチンパンジーは，いつ頃から，どのように味覚刺激を知覚しているのだろうか．本研究では，チンパンジー新生児が基本4味を異なるものとして知覚しているかを明らかにするために，ヒト新生児で行なわれている標準的な方法を用いて，甘味，塩味，酸味，苦味の基本4味により表出される表情を検討した．

3-4-1　方法

　アユムについては生後24日齢－30日齢，クレオについては生後29日齢，パルについては生後12日齢－15日齢に実験を行なった．

　刺激としては，蒸留水で以下の濃度に希釈した，基本4味の水溶液をテスト刺激として用いた．各濃度は，表情動作の表出をひきおこすのに十分な強度の刺激となるよう，ヒト成人の閾値の約100倍に設定されている（Rosenstein & Oster 1988）．甘味；ショ糖0.73M（モル），塩味；塩化ナトリウム0.73M，酸味；0.12M，苦味；キニーネ0.003M．また，蒸留水をコントロール刺激として用いた．

　各刺激は，1cc用シリンジを用いて0.2ccを新生児の口内に注入した．アユムとパルについては，母親が抱いて仰向けの状態の新生児にたいし，実験者が刺激を注入した．まず蒸留水を，続いてテスト刺激を注入し，各1分間のビデオ記録を行なった．この手続きを連続して2回繰り返した．1回の実験では1種類のテスト刺激を用いた．各種刺激につき一回，7日間以内に全種の刺激について実験を行なった．記録は2台のビデオカメラと1台の小型CCDカメラを用いて行なった．クレオについては，29日齢時点で行なわれた母親から分離しての健康診断時に1回のみ実験を行なった．クレオを実験者が抱き，座った状態の新生児にたいして，もう一人の実験者が刺激を注入した．1回の実験で4種類の味覚刺激について，続けてテストを行なった．蒸留水，甘味溶液，塩味溶液，酸味溶液，苦味溶液の順で口内に注入し，各刺激注入後に1分間のビデオ記録を行なった．各刺激にたいする反応の観察終了直後に蒸留水0.2ccを口内に注入して口内を洗浄し，その後5分以上間隔をあけて次の溶液を注入，観察することを繰り返した．

　アユムとパルについては，各実験時1回目の蒸留水注入後の動作と，その後2回の味覚刺激注入後の動作について，クレオについては，すべての刺激注入後の動作について分析を行なった．実験終了

後，ビデオ記録をもとに，各刺激注入後にみられる表情動作について記載した．

3-4-2 結果

刺激注入後にみられる表情動作は，口や鼻，目の周辺にみられた．みられた動作項目として，次の11項目を定義した．1) 唇を突き出す；閉じた唇が前方に突き出てしわがよる，2) 舌を丸める；舌が横方向，内側にまかれる，3) 唇をなめるような舌の出し入れ；閉じた唇から舌が前後に動く，4) 閉じた口を上下左右に動かす，5) 舌の動きを伴う口の開閉；口が上下に開閉し，口の中で舌が前後に動く，6) 唇をすぼめる；閉じた口にしわがよる，7) 口を横に大きく開ける；口角がひかれ上がり口が開く，8) 口を横に大きく開け歯茎が見える；口角がひかれ上がり上下唇が外方向にひかれる，9) 鼻の上部にしわがよる，10) 目

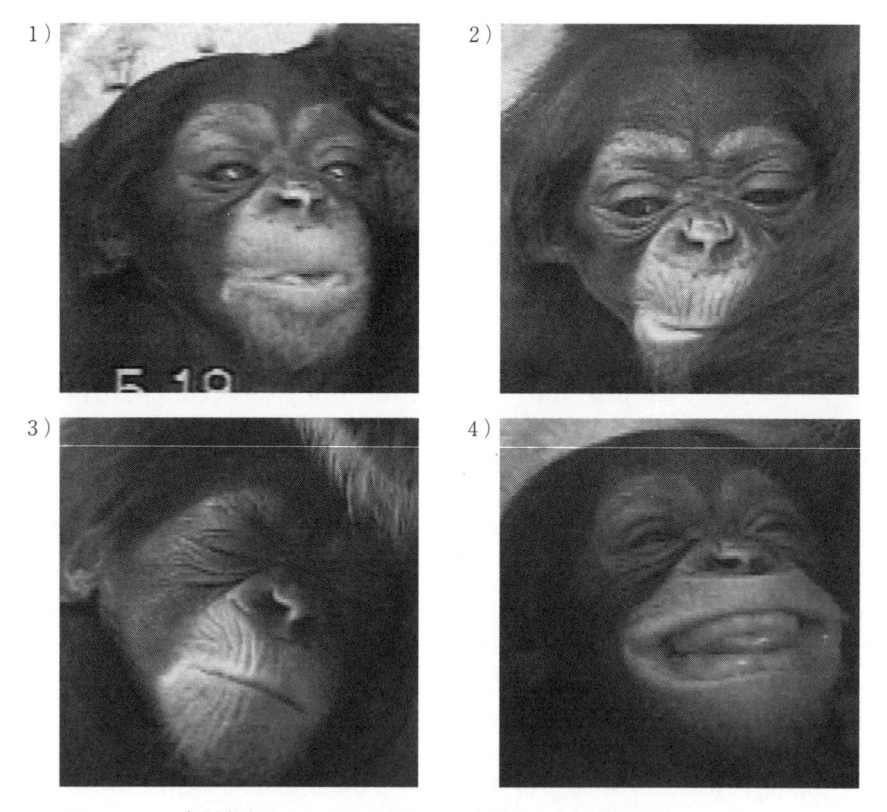

図3-4-1 各刺激を注入した際に見られる表情例．各刺激注入後，アユムでみられた表情例を示す．1) 甘味：舌を丸める，2) 塩味：唇をなめるような舌の出し入れ，3) 酸味：目をきつく閉じる，4) 苦味：口を横に大きくあけ歯茎がみえる．

をきつく閉じる；目を閉じ瞼の上にしわがよる．また顔全体の動きとして，11) 急に頭を振る；頭を素早く左右に振る．

アユムとパルでは，刺激の種類により分化した反応がみられた（図3-4-1，表3-4-1）．甘味刺激にたいしては，「舌を丸める」，「唇をなめるような舌の出し入れ」，「舌の動きを伴う口の開閉」がみられ，「口を横に大きくあける」，「口を横に大きくあけ歯茎が見える」，「鼻の上部にしわがよる」動作はみられなかった．これにたいし，苦味刺激にたいしては，「口を横に大きくあける」，「口を横に大きくあけ歯茎が見える」，「鼻の上にしわがよる」動作がみられ，舌の動きを伴う口元の動作はみられなかった．塩味刺激にたいしては，「唇をなめるような舌の出し入れ」，「舌の動きを伴う口の開閉」とともに「口を横に大きくあける」，「口を横に大きくあけ歯茎が見える」動作が，酸味刺激にたいしては「口を横に大きくあける」，「口を横に大きくあけ歯茎がみえる」，「鼻の上部にしわがよる」動作が，2個体で共通してみられた．クレオでは他の2個体に比べて，いずれの刺激にたいしてもみられた動作項目が少なく，苦味刺激にたいして表情動作はみられなかった．

3-4-3　考察

アユムとパルでは共通して，甘味刺激にたいしては，舌の動きを伴う口元の動作がよくみられ，口を大きくあけるなどの動作はみられなかった．つまり，甘味刺激にたいする反応は，刺激をより摂取するような，嗜好的なものだった．それ

表3-4-1　各刺激を注入したさいに見られる動作項目

動作項目	アユム 水	アユム 甘味	アユム 塩味	アユム 酸味	アユム 苦味	クレオ 水	クレオ 甘味	クレオ 塩味	クレオ 酸味	クレオ 苦味	パル 水	パル 甘味	パル 塩味	パル 酸味	パル 苦味
唇を突き出す		+													
舌を丸める		+										+			
唇をなめるような舌の出し入れ	+	+	+	+			+				+	+	+		
閉じた口を上下左右に動かす								+	+		+	+	+		
舌の動きをともなう口の開閉	+	+	+			+	+	+			+	+	+		
唇をすぼめる	+	+			+	+		+			+	+		+	
口を横に大きく開ける			+	+	+			+					+	+	
口を横に大きく開け歯茎が見える			+	+	+								+	+	+
鼻の上部にしわがよる				+	+									+	+
目をきつく閉じる				+	+										
急に頭を振る				+	+										

各個体ごと，各刺激にたいしてみられた動作をしめす（1回でもみられた動作：+)

にたいし，苦味刺激にたいしては，刺激を味わうような口元の動作はみられず，激しく口を開けるなどの回避的な反応だった．塩味と酸味にたいしては，嗜好的な反応と回避的な反応の両者がみられ，甘味と苦味の中間的な反応だった．このように，味覚刺激により表出された表情動作の組み合わせが各刺激により異なることから，チンパンジー新生児は少なくとも生後1－4週齢の時点で，基本4味を異なるものとして知覚していると考えられる．塩味と酸味にたいする反応は明瞭ではないが，2個体いずれにおいても，塩味刺激に比べて酸味刺激において，みられた動作がより苦味刺激に類似していた．このことから，塩味と酸味についても，互いに異なるものとして知覚していることが示唆される．クレオについては，他の2個体に比べていずれの刺激にたいしてもあまり反応がみられず，刺激による反応の分化もみられなかった．他の2個体とは実験時の姿勢や刺激の注入手続きが異なっており，こうした違いが反応に違いをもたらした可能性が考えられる．

今回観察された甘味刺激と苦味刺激にたいする表情動作は，先行研究によりチンパンジー成体で報告されているものと類似していた（Steiner *et al.* 2001）．成体と同様に，チンパンジー新生児は生後間もない時点で既に，甘味と苦味，およびその他の異なる味質を異なるものとして知覚しているといえる．また，甘味と苦味にたいして明瞭に分化した反応がみられ，塩味と酸味にたいしては両者の中間的な反応がみられた点は，ヒト新生児における結果と類似している．各味覚刺激にたいする表情動作や反応が系統や種により異なるのか，またそれらがコミュニケーションを担うシグナルとして働くのかといった点は，ヒトにおける味覚や表情の進化を考える上で興味深く，今後の研究が期待される．

チンパンジーは生後4－5か月齢から固形食物を食べ始め，それまでの間乳児が口にするものは母乳に限られる．ヒトにおいては，母親が食べるものにより，母乳の風味が変化することが知られている（Mennella & Beauchamp 1997）．固形食物を食べ始めるよりはるか以前から異なる味覚刺激を異なるものとして知覚していることは，乳児はまず母乳をとおして食物の味を知覚し，経験する能力をもっていることを意味する．チンパンジー乳児において，母乳をとおした味経験が，その後の味覚刺激にたいする反応に影響を与え，ひいては食物選択に影響を与える可能性が考えられるだろう．

［上野有理　上野吉一］

3-5
新生児・乳児期における表情の模倣

　本研究では，3-1で述べたように，2個体の新生児・乳児期のチンパンジーを対象として，Meltzoff & Moore（1977）と同一の手続きを用いて，ヒトの表情を模倣する能力を実証的に調べた．初期模倣のメカニズムとその機能を議論する場合，その生物学的基盤を明らかにすることは重要な示唆を与えてくれる．特に，ヒトに最も近縁なチンパンジーを対象とした比較研究は有効だろう．

3-5-1　方法

　本研究ではアユムとパルの2個体を対象に実験を行なった．手続きは，Meltzoff & Moore（1977）に依拠した．実験は，生後1週から16週の4か月間，1週間に1回行なった．モデルとなる表情を呈示するヒト実験者は，新生児を抱いた母親と同じ部屋に入り，向かい合って座った．実験者は，小型CCDカメラをもち，新生児の表情を撮影した（図3-5-1）．実験者

図3-5-1　新生児模倣の実験風景．実験者は，記録のための小型CCDカメラをもって，新生児に口の開閉を呈示した（撮影：読売新聞社）．

は，舌だし，口の開閉，唇の突き出しの3種類の表情をランダムな順序で新生児に呈示した．それぞれの表情は，15秒間の呈示時間に4回呈示した．表情呈示後は，20秒間の反応期間をおいた．この間，実験者は表情の呈示をとどめ，平静な顔をした．

新生児の反応記録を実験終了後に編集し，8名のチンパンジー研究者が反応の評定を行なった．評定者は，新生児が，三つの表情のうち，どれかを模倣していることを知らされ，「最も模倣していそう」から，「最も模倣していそうにない」表情まで，1－3の3段階で評定するよう教示された．その後，編集された記録を，ランダムな順序で呈示された．分析にあたっては，「最も模倣していそう」と評定され，かつ，実際に新生児らに呈示した表情と一致した場合のみをカウントした．

3-5-2 結果

■初期模倣の発達的変化

図3-5-2は，呈示したそれぞれの表情に関して，「最も模倣していそう」と評定された総数を，実験開始時から4週ごとにまとめて，平均値として表したものである．3要因（時期×表情×個体数）の混合分散分析を行なったところ，時期条件のみで有意な主効果が認められた［$F(3, 22) = 20.81, p < 0.01$］．ライアン法を用いて下位検定を行なったところ，5－8週と9－12週の間で，「最も模倣していそう」と評定された平均値に有意差がみられた（$p < 0.01$）．これらの結果から，「最も模倣していそう」と評定された平均値は，実験時期を通じて変化したことが分かった．呈示した三つの表情について，「最も模倣してしそう」と評定された平均値は，9－12週で低くなった．

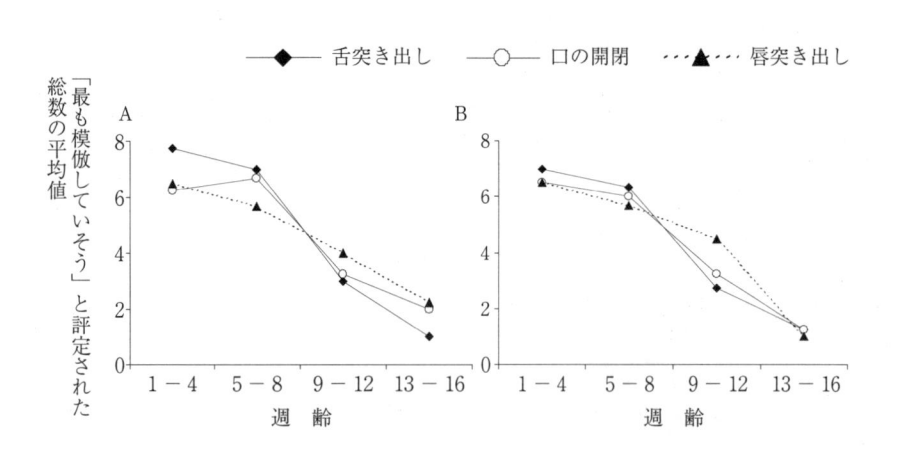

図3-5-2　呈示したそれぞれの表情に関して，「最も模倣していそう」と評定された総数の平均値に関する発達的変化．(A) アユム，(B) パル．

■**各表情でみられた模倣反応**

実験を開始してから最初の4週間，新生児はモデルによって呈示された三つの表情を再現した，と評定された［フリードマンの繰り返し検定：df = 2, 舌突き出し；$\chi^2 = 58.19$（アユム），$\chi^2 = 42.25$（パル），両個体とも $p < 0.001$，口の開閉；$\chi^2 = 28.94$（アユム），$\chi^2 = 29.31$（パル），両個体とも $p < 0.001$，唇突き出し；$\chi^2 = 28.94$（アユム），$\chi^2 = 33.06$（パル），両個体とも $p < 0.001$；ライアン法により，すべてのケースで $p < 0.01$, 図3-5-3］

同様に，5-8週においても，新生児は，モデルによって呈示された三つの表情を区別して再現した，と評定された［フリードマンの繰り返し検定：df = 2, 舌突き出し；$\chi^2 = 31.75$（アユム），$\chi^2 = 22.75$（パル），両個体とも $p < 0.001$，口の開閉；$\chi^2 = 27.25$（アユム），$\chi^2 = 18.75$（パル），両個体とも $p < 0.001$，唇突き出し；$\chi^2 = 19.00$（アユム），$\chi^2 = 15.75$（パル），両個体とも $p < 0.001$；ライアン法により，すべてのケースで $p < 0.01$］．

対照的に，新生児が9週齢に達して以降，パルの唇突き出し（9-12週）を除き，呈示された三つの表情を区別して再現したとは評定されなかった［フリードマンの繰り返し検定：df = 2, 9-12週，舌突き出し；$\chi^2 = 7.75$（パル），$p < 0.05$；ライアン法により，n.s.］．これらの結果より，チンパンジー新生児による模倣反応は，生後9週以降減少することが示された．

3-5-3　考察

本研究の結果より，以下の2点が明らかとなった．まず，生後1週齢未満のチンパンジー新生児も，ヒトの表情を模倣できた点である．生後1週未満といった生後間もない時期から模倣がみられたことから，この模倣能力は，生後の学習経験によらない生得的なものであると考えられる．

二つめは，チンパンジーの初期模倣も，ヒトの場合と同様に発達的な変化がみられた点である．チンパンジーの場合，生後9週以降，初期模倣はみられなくなった．つまり，初期模倣は，ヒトとチンパンジーで系統発生的に同じ起源をもつ能力であることが示唆された．

では，チンパンジーの初期模倣が生後9週以降みられなくなった点については，どのような解釈が可能だろうか．3-1でも述べたように，ヒトの初期模倣も，ある時期を過ぎると急激に減少・消失するといわれている．その説明として，原始反射と同様のメカニズムによって初期模倣が消失するという説と，ヒト乳児で初期模倣が減少する時期は，乳児が自発的に自分の表情を変化させて他者と相互交渉することが可能となる時期にあたるため，初期模倣が減少したように「見える」だけである，という説が提唱されてきた．

初期模倣は，模倣なのだろうか．初期模倣と後の模倣との発達的な関連性については，これまでのところ，明確な答えは得られていない．もし，後者の解釈が正しければ，つまり，初期模倣が生後9か月頃に再びみられる表情模倣と連続したものであるとすれば，チンパンジーの乳児の初期模倣は，消失することなく，

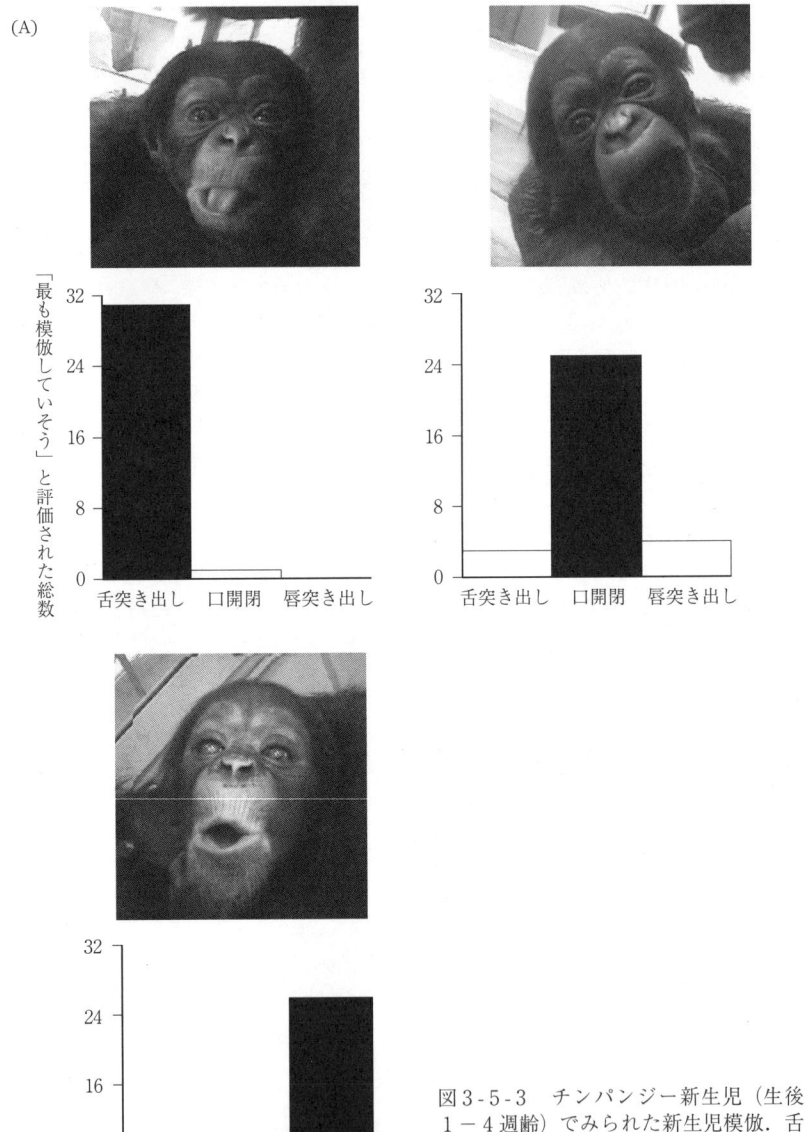

図 3-5-3　チンパンジー新生児（生後1-4週齢）でみられた新生児模倣．舌突き出し，口の開閉，唇の突き出し，いずれの表情においてもチンパンジー新生児は模倣した，と評定された．(A) アユム，(B) パル．

(B)

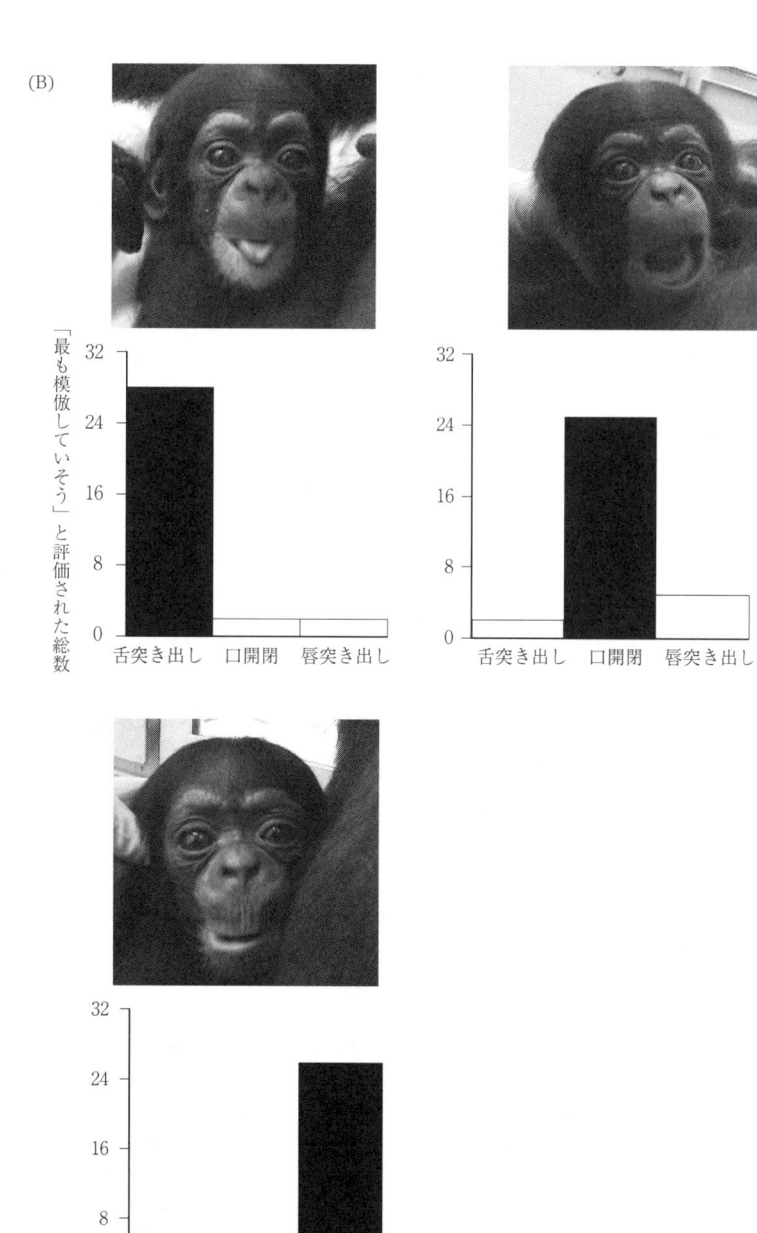

「最も模倣していそう」と評価された総数

舌突き出し　口開閉　唇突き出し

舌突き出し　口開閉　唇突き出し

舌突き出し　口開閉　唇突き出し

その後再び出現する可能性が考えられる．今後，チンパンジー乳児の表情模倣の発達を，縦断的に追う必要があるだろう．

重要なことは，初期模倣の機能の捉え方については，両者の説の立場は一致している，という点にある．どちらの立場も，初期模倣がコミュニケーションを果たす機能をもつことを強調している．初期模倣が生得的な解発的行動であれ，模倣であれ，乳児が生まれてすぐに同種個体の特性をもった刺激（ヒトらしい顔や動き）に対して敏感に反応する能力をもつことは，生存する上で重要な役割を果たす．初期模倣を行なうことで，乳児は他者の注意を引きつけ，他者から働きかけられる機会を増やすことができるからである．

顔と顔を突き合わせた形でコミュニケーションを行なうのは，ヒトだけではない．野生下でも，チンパンジーの母親はコドモと顔と顔をつき合わせて交渉を行なう（Plooij 1984）．つまり，チンパンジーの乳児も，他者の表情変化による働きかけに対して，敏感に反応することを示している．つまり，ヒト乳児の初期模倣が果たす他者との社会的な側面での役割は，チンパンジーの乳児の初期模倣においても同様に当てはまると考えられる．こうした機能をもつ初期模倣は，ヒトとチンパンジーがともに進化の過程で獲得してきた，適応的な能力であるといえるだろう．

［明和（山越）政子　友永雅己　田中正之　松沢哲郎］

第3章　参照文献

Abravanel, E., & Sigafoos, A. D. (1984). Exploring the presence of imitation during early infancy. *Child Development*, 55, 381-392.

Anisfeld, M. (1991). Neonatal imitation. *Developmental Review*, 11, 60-97.

Anisfeld, M. (1996). Only tongue protrusion modeling is matched by neonates. *Developmental Review*, 16, 149-161.

Balzamo, E., Bradley, R. J., Bradley, D. M., Pegram, G. V., & Rhodes, J. M. (1972). Sleep ontogeny in the chimpanzee: From birth to two months. *Electroencephalography and Clinical Neurophysiology*, 33, 41-46

Bard, K. A., & Russell, C. L. (1999). Evolutionary foundations of imitation: Social cognitive and developmental aspects of imitative processes in non-human primates. In J. Nadel & G. Butterworth (eds.), *Imitation in infancy*, Cambridge University Press, pp. 89-123.

Ganchrow, J. R. (1994). Ontogeny of human taste perception. In R. Doty (ed.), *Handbook of olfaction and gustation*, Marcel Dekker, pp. 715-729.

Jacobson, S. W. (1979). Matching behavior in the young infant. *Child Development*, 50, 425-430.

松沢哲郎（2001）．おかあさんになったアイ．講談社．

Mennella, J. A., & Beauchamp, G. K. (1997). The ontogeny of human flavor perception. In G. Beauchamp & L. Bartoshuk (eds.), *Tasting and smelling*, Academic Press, pp. 199-221.

Meltzoff, A. N., & Moore, M. K. (1977). Imitation of facial and manual gestures by human neonates. *Science,* 198, 75-78.

Meltzoff, A. N., & Moore, M. K. (1983). Newborn infants imitate adult facial gestures. *Child Development.* 54, 702-709.

水野友有・松沢哲郎 (2001). チンパンジーの育児：微笑みときずな. チャイルドヘルス, 4, 31-35.

Myowa, M. (1996). Imitation of facial gestures by an infant chimpanzee. *Primates,* 37, 207-213.

Plooij, F. X. (1984). *The behavioral development of free-living chimpanzee babies and infants.* Ablex.

Prechtl, H. F. R. (1974). The behavioral state of the newborn infants: A review. *Brain Research,* 76, 184-212.

Prechtl, H. F. R., & Beintema, D. J. (1964). *The neurological examination of the full term newborn infant.* Spastic Society & Heinemann.

Rosenstein, D., & Oster, H. (1988). Differential facial responses to four basic tastes in newborns. *Child Development,* 59, 1555-1568.

Steiner, J. E. (1979). Human facial expressions in response to taste and smell stimulation. In H. Reese & L. Lipsitt (eds.), *Advances in child development and behavior,* 13, Academic Press, pp. 257-295.

Steiner, J. E., & Glaser, D. (1984). Differential behavioral responses to taste stimuli in non-human primates. *Journal of Human Evolution,* 13, 709-723

Steiner, J. E., & Glaser, D. (1995) Taste-induced facial expressions in apes and humans. *Human Evolution,* 10, 97-105.

Steiner, J. E., Glaser, D., Hawilo, M. E., & Berridge, K. C. (2001). Comparative expression of hedonic impact: Affective reactions to taste by human infants and other primates. *Neuroscience and Biobehavioral Reviews,* 25, 53-74.

高橋道子 (1973). 新生児の微笑反応と覚醒水準・自発的運動・触刺激との関係. 心理学研究, 44, 46-50.

高橋道子 (1995). 微笑の発生と出生後の発達. 風間書房.

Wolff, P. H. (1959). Observations on newborn infants. *Psychosomatic Medicine,* 21, 10-118.

第4章 乳児期の知覚と認知

「数」の大小課題にとりくむアユム（撮影：毎日新聞社）

4-1
総　論

　本章では，生後1か月齢に前後して本格的に開始された乳児の知覚・認知発達に関する研究の成果がまとめられている．今回の研究プロジェクトでは，非常に幅広いトピックについて検討した．種々の感覚様相における基礎的な知覚特性も詳細に検討すべきであったのだが，今回は，それよりも，比較認知発達という観点から見て重要であると思われるトピックについての検討に重点をおいた．

　本章ではまず，視知覚の発達の問題として，生物的運動（biological motion）の知覚（4-2）と陰影による奥行き（depth from shading）の知覚（4-3）が取りあげられている．これらの知覚は，チンパンジーが自らの生息環境に適応していく上で非常に重要なものであるといえる．

　ヒトは，黒色背景中に呈示された複数の光点がヒトの身体の部位の運動を表現するようなまとまりをもって運動をする場合，そこに「ヒトの運動」を知覚する．このような現象を生物的運動の知覚と呼び，ヒト成人では運動の種類だけではなく，運動しているヒトの性別，年齢層といったものも知覚していることが知られている．生物的運動の知覚はヒトの成人にのみに見られる現象ではない．Bertenthal（1993）によれば5か月齢のヒト乳児は複数の光点が生物的運動を構成している画像の場合には，「正立画像」と「倒立画像」の区別ができることを報告し，ヒトはその発達過程のごく初期から生物的運動を知覚していることを示した．ヒト以外の動物でもネコやハト，あるいはニワトリやウズラのヒナが生物的運動を知覚するという報告がなされている．また，チンパンジーの成体も生物的運動とでたらめな光点の運動とを弁別し，生物的運動を知覚することが明らかになっている（Tomonaga 2001）．では，チンパンジー乳児は生物的運動を知覚するのであろうか．9-4で紹介するように，マカクザルの乳幼児がヒト乳児と同じように発達過程の比較的早い時期（生後1か月齢）から生物的運動を知覚しており，日常的に多く接している対象の生物的運動画像に対してより強い選好を示すことが明らかになっている．したがって，チンパンジー乳児もまた，生後すぐの時期から生物的運動を知覚することが期待される．そこで，4-2では，チンパンジー乳児における生物的運動の知覚についてその発達過程を検証するとともに，他の霊長類乳児やヒト乳児でみられる生物的運動の知覚とどのような共通点を保有するのか検討し

た.

4-3では,絵画的奥行き知覚の一つである陰影による奥行きの知覚について検討している.我々は,遠近法,陰影などの手がかりにより,2次元平面に描かれた絵画から3次元の物体を認識できる.これらは,単眼奥行き手がかり,絵画的奥行き手がかりと呼ばれ,ヒト乳児では生後5か月から7か月の間に発達することが示されている(Granrud, et al 1985) 一方で,文化的な経験を必要とするともいわれている(Deregowski 2000).また,ヒト以外の動物においても絵画的奥行き知覚が成立することが示されてきた(Hess 1950; Hershberger 1970).陰影による奥行き知覚については,ヒトでは物体の上側が明るく,下側が暗い時,出っ張っているように知覚し,逆に,物体の下側が明るく,上側が暗い時,へこんでいるように知覚する(Kleffner & Ramachandran 1992; Ramachandran 1988).ところがチンパンジーでは,陰影手がかりの処理が,ヒトの成体と異なる可能性が示唆されている(Tomonaga 1998).陰影情報の処理における種差がなぜ生じるのかについては今後さらに詳細な検討が必要だろう.その点からみても,比較認知発達の視点からの研究の重要性は大きい.

今回の乳児期の知覚・認知研究の中で精力的に行なわれたものの一つに,乳児たちがいつどのようにして母親を「母親」として認識するようになるのか,という問題がある.これは6章で取りあげる社会的認知とも強く関連するのだが,本章では,視覚刺激(顔)と嗅覚刺激による母親認知について,より一般的な顔図形の認識と食物臭の知覚の実験の成果とあわせて紹介することにする.

我々にとって「顔」という刺激は日常の社会生活をおくる上で非常に大事な役割を果たしている.相手が誰なのか,会ったことがあるのか,怒っているのか喜んでいるのか,自分より年上なのか.こういった判断を行なう際に,視覚情報としての顔がなければ,私たちは何一つ判断することができないだろう.このことは,私たちの進化上の仲間である霊長類にとっても同じである.これまで数多くの研究がヒト以外の霊長類における顔の認識についてなされてきた.その結果,彼らの顔の認識の仕方は私たちとさほど大きな差はないことが分かってきた.

一方,発達的な視点からの研究は,ヒトの乳児では,顔のように見える顔図形を,顔のようには見えない非顔図形よりもよく見ることを明らかにしている(Johnson et al. 1991; Maurer & Barrera 1981).こうした顔図形に対する選好反応は,生後間もない新生児においても確認されており(Goren et al. 1975では平均生後9分),ヒトにおいては顔(のような図形)に対して選択的に反応するシステムが生得的に備わっている,あるいはきわめて早い発達を遂げると考えられている.さら

に，この顔認識のメカニズムは発達に伴って変化することが示唆されている．ヒトの1か月齢までの新生児期では，部分の形状にかかわらず，全体として顔のような配置をもつ刺激（「顔図形」,「顔配置図形」，図4-4-1参照）に対して選好反応を示す．その後，生後1か月齢を過ぎると，顔図形選好はいったん消失するが，生後2か月齢を過ぎると再び出現する．この時期以降には，全体的配置と部分的形状のいずれもが顔のような刺激（「顔図形」）に対してのみ，選好反応が示される．Johnson & Morton (1991) は，こうした顔図形選好の発達に関わる情報処理過程として，コンスペック（CONSPEC）とコンラーン（CONLERN）という二つのメカニズムの存在を提唱している．コンスペックは出生直後から生後1か月頃まで機能し，周辺視野に現れた顔のような構造をもつ刺激に対して目を向けさせるメカニズムであり，皮質下の領域が関与している可能性が示唆されている．一方，コンラーンは生後2か月以降に作動し始める，顔を学習するためのメカニズムで，大脳新皮質の関与が指摘されている．こうした2種類のメカニズムが発達に伴い消失・出現することにより，顔図形に対する選好が発達的に変化すると彼らは考えたのである．

ヒトでの発達的研究に比べて，発達初期の顔の知覚に関する比較認知発達研究はほとんどなされていない．本書の第9章にはマカクザルおよびテナガザル新生児・乳児での実験が報告されているが（9-5, 9-6），コンスペックとコンラーンの存在に関するチンパンジーでの研究はまったく行なわれていない．そこで4-4では，生後1-4か月齢のチンパンジー乳児を対象として，顔図形選好の有無とその出現時期を調べた．

ところで，ヒトを含め霊長類の乳児にとって生まれてはじめて目にする顔は，たいていの場合母親の顔である．母親の顔を見てそれを母親であると認識する．この能力は，乳児期の初期発達において非常に大きな役割を果たすであろうことは容易に想像がつく．では，乳児はいつ頃から母親の顔を認識するようになるのだろうか．ヒトでは，母親の顔のように日常的に接している既知の顔を認識するようになるのは，1か月齢以前，早くて2週齢程度であるといわれている（Bushnell *et al.* 1989）．既知の顔の認識には視覚経験の量が関与するのではないかと考える研究者もいる．Valentine & Endo (1992) は，ヒトの乳児では，まず顔の視覚経験によって「顔」のプロトタイプが形成され，そのようなプロトタイプ顔への好みが個別の顔への好みに先行する可能性を示唆している．4-5では，母親チンパンジーに抱かれて育てられているチンパンジー乳児を対象に，母親顔への選好の発達的変化について検討した実験の結果が報告されている．

なお，顔の認識の問題については第9章においても本章と対をなす研究が紹介されている（9-5, 9-6, 9-7）．また，顔は社会的なコミュニケーションのメディアとしても重要である．特に母子間での視線のやり取りに始まる豊かなコミュニケーションには顔の認識が必須であることはいうまでもないであろう．視線の認識の問題については6章で詳細に検討されている（6-8, 6-9）．

母親の認識は，視覚にのみ依存しているわけではない．乳児は五感すべてを働かせて母親を認識しているはずである．4-6と4-7では，嗅覚というモダリティの発達と嗅覚による母親の認識の実験が報告されている．

嗅覚は味覚同様（3-4），発達に伴って食物のレパートリーを広げていく上で重要なモダリティである（食物選択の問題については7-3, 7-4参照）．ヒトでは新生児や乳児も成人同様の匂いの嗜好性をもっていることが知られている．Steiner (1974) は生後12時間以内の新生児が，食品に関係する匂いに対し成人同様の表情をすると報告している．生後9か月になると，少なくともサリチル酸メチルなどある種の匂いに対しては成人同様の快・不快を知覚し（Schmidt & Beachamp 1988），3歳児ではイチゴ，花，スペアミント，反吐，ピリジンなどに関して成人同様の匂いの嗜好性を示すことが知られている（Schmidt & Beachamp 1988; Stricklnd et al. 1988）．

嗅覚の感受性に対する比較認知発達的な視点から行なわれた研究は味覚同様ほとんど見られない．そこで，まず4-6では質的に大きく異なる4種の匂いに対するチンパンジー乳児の反応を詳細に検討した．

ヒト新生児および乳児では，羊水，母乳，腋窩の匂いなどの嗅覚的手がかりを用いて母親を認識できることが知られている（Cernoch & Porter 1985; Macfarlane 1975; Marlier et al. 1997; Russell 1976; Schall et al. 1980）．嗅覚による個体弁別は新世界ザルにおいても可能であることが知られているが（Ueno 1994; 上野 2002），ヒト以外の霊長類の乳児を対象に，最も身近な他者である母親の匂いの識別が可能かについてはまったく分かっていない．そこで4-7では，4-6での基礎的な知見を踏まえてチンパンジー乳児による嗅覚手がかりによる母親の認識について検討を行なった．

これら一連の知覚・認知発達研究にくわえて，より高次の認知能力の発達についての研究も行なわれている．本章では数の認識，カテゴリの形成，そして描画行動と表象能力の関係についての報告が収められている．これらの研究は表象能力の発達という形でくくることができるかも知れない．

最近の馴化－脱馴化法や期待違反法を用いたヒト乳児での研究では，少なくと

も5か月齢になると数の認識が可能になるということが明らかにされてきた．一方ヒト以外の動物においても数の認識が可能であることが数多くの実験から示されている (Boysen & Capaldi 1993; Brannon & Terrace. 2000; Davis & Perusse 1988)．しかしながら，ヒト以外の動物がいかにして数という概念をその発達の過程の中で獲得していくのかということについてはあまり大きな注意が払われてこなかった．4-8では，自由選択法という手続きを用いて，乳児の自然な「数」の判断とその背後にある処理過程について検討を加えた．チンパンジー成体の数の認識については，10-6において数字の順序関係の理解に関する最新の研究が報告されているのでそちらもあわせて参照されたい．

我々ヒトはいうにおよばず，動物においても対象物をその特性に応じて分類するカテゴリ化の能力が備わっている(たとえば，Roberts & Mazmanian 1988)．この能力は外界の多種多様な事象を混乱することなく整理して認識するためには必須である．これまで，ヒト乳幼児を対象に多くのカテゴリ化の発達に関する研究が行なわれ，彼らが発達初期からカテゴリ化に関する基礎的な能力をもつことが明らかになってきた (Quinn 1996)．しかし，カテゴリ化能力がどのように発達するのか，あるいは，発達初期のカテゴリ化において対象物のどのような情報が用いられるのか，といった問題についてはまだよく分かっていない．特に後者については，発達初期におけるカテゴリ化が知覚的な情報によるものであるとする意見や (Eimas *et al.* 1994)，より概念的なものであるとする意見などがあり (Mandler 1998)，未だ論争が続いている．4-9では，比較認知発達の視点から，チンパンジー乳児とヒト乳児を対象として，発達初期における対象物の形態に応じたカテゴリ化に関して直接比較を行なった研究が紹介されている．9-8には，異なる手続きで行なわれたニホンザル幼児における知覚的カテゴリ化の研究が紹介されている．

ヒトの子どもは，1歳後半までには自発的にペンをもち，紙になぐり描き (scribble) をするようになる．そして3歳から4歳にかけて具象的な絵を描くようになる．ヒトの子どもにおける描画の発達過程については，多くの先行研究があるが，大型類人猿では，具象画を描いたという報告はほとんど皆無に等しい．彼らも紙とペンを渡せば，自発的になぐりがきをすることは報告されているが，そこから具象画の段階には進まない．もしかするとこの事実は両者の表象能力の違いを反映しているのかも知れない．4-10では，チンパンジー乳児の指によるなぐり描きの発達的変化を対象操作能力の発達と関連させつつ（5章参照），ヒトの知見と比較しながら紹介されている．また，成体チンパンジーにおける描画行動の分析については10-9において報告されている．

4-2
生物的運動の知覚

　本研究では，チンパンジー乳児における生物的運動の知覚について検証を加えた．我々は黒色背景中を複数の光点がヒトの身体の部位の運動を表現するようなまとまりをもって運動する場合，そこに「ヒトの運動」を知覚する．このような生物的運動の知覚は，5か月齢のヒト乳児だけでなく（Bertenthal 1993），ネコやハト，あるいはニワトリやウズラのヒナ，チンパンジーの成体（Tomonaga 2001）において確かめられている．

　では，チンパンジー乳児は生物的運動を知覚するのであろうか．筆者らがこれまで行なってきた研究では，ヒト以外の霊長類であるマカクザルの乳幼児がヒト乳児と同じように発達過程の比較的早い時期（生後1か月齢）から生物的運動を知覚していること，そして日常的に多く接している対象の生物的運動画像に対してより強い選好を示すことが明らかになった（9-4参照）．したがって，チンパンジー乳児もまた，生後すぐの時期から生物的運動を知覚することが期待される．そこで，チンパンジー乳児における生物的運動の知覚についてその発達過程を検証するとともに，他の霊長類乳児やヒト乳児でみられる生物的運動の知覚とどのような共通点を保有するのか検討した．

4-2-1　方法

　アユム，クレオ，パルの3個体を対象に，それぞれの2, 3, 4, 6か月齢時点で行なわれた母親から短時間分離しての定期健康診断時に実験を実施した．

　実験装置の概略を図4-2-1に示す．刺激呈示用の15インチモニター2台を約150度の角度で向き合うように設置した．各モニターへの刺激の呈示にはパーソナルコンピュータを使用した．2台のモニターの間にはビデオカメラを設置し，乳児たちの様子，ならびに注視方向を記録できるようにした．コンピュータと刺激呈示用ディスプレイとの間は布製のスクリーンによって仕切った．

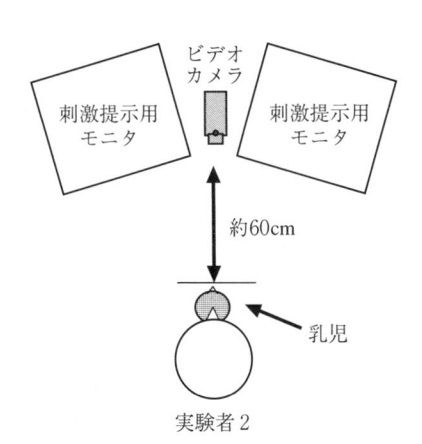

図4-2-1　実験装置．実験者2は被験児を抱き，刺激呈示用ディスプレイの前に座る．実験者1は被験児の状態を観察しながら刺激呈示，その他の制御を行なう．

左から右へ移動するヒトの2足歩行とチンパンジーの4足歩行のビデオ画像から，それぞれの生物的運動の刺激（光点画像）を作成した．ビデオ画像1フレーム（30フレーム／秒）ごとに，頭，右肩，左肘，右肘，左掌，右掌，腰，左膝，右膝，左足首，右足首の計11か所の座標を記録した（図4-2-2）．その後，各座標位置に白色の小さな円を描画し，黒色背景の刺激呈示域を各点が左から右へ動くよう刺激を作成したものを「正規正立運動」とした．この「正規正立運動」のy座標の初期値をランダムな値で置き換えた画像を「ランダム正立運動」，また，「正規正立運動」と「ランダム正立運動」のy座標を刺激呈示範囲の中心点を通る水平軸対称となるように上下反転させた画像をそれぞれ「正規倒立運動」「ランダム倒立運動」とし，計4種類の刺激画像をヒト，チンパンジーごとに用意した．刺激呈示時間は6秒間で，呈示時間中は刺激呈示域の左端に白点が現れ右端からすべての白点が消失するという一連の運動が複数回繰り返された．

手続きとしては，同時選好注視法が用いられた．2台のモニターから約60cm離れたところに，被験児の頭の高さとモニターの中心の高さがほぼ等しくなるよう，実験者が被験児をタオルに包んで抱いて座った．被験児が顔を正面に向け，視線をビデオカメラへ向けた時に，ビープ音とともに2台のモニターに刺激を6秒間呈示した．刺激呈示終了後，再び被験児が正面を向くと次の試行が開始された．各試行では同一動物種の「正立運動」と「倒立運動」が対呈示された．したが

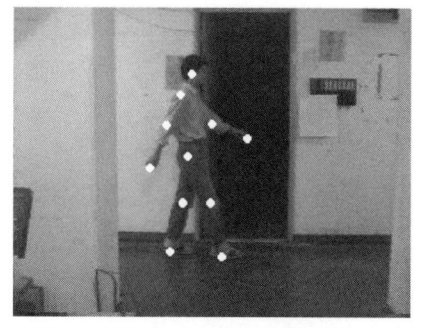

図4-2-2 「ヒト正規正立運動」の作成に用いられたヒトの歩行運動．ビデオ画像中の頭，肩，肘，掌，腰，膝，足首など計11か所の座標を記録した．

って，刺激対は，「ヒト正規正立運動」－「ヒト正規倒立運動」，「ヒトランダム正立運動」－「ヒトランダム倒立運動」，「チンパンジー正規正立運動」－「チンパンジー正規倒立運動」，「チンパンジーランダム正立運動」－「チンパンジーランダム倒立運動」の4種類となる．1セッションは16試行で刺激の左右の位置はカウンターバランスした．

各セッション終了後，ビデオ記録された被験児の頭部の向きと視線の方向から，刺激呈示の6秒中に子が左右どちらのディスプレイをどれだけ見ていたのか（注視時間）を，1人の実験者が計測した．なお，一部の実験セッションについては測定を2回行ない相関係数0.92を得た．

4-2-2 結果

まず，チンパンジー乳児における選好注視法の有効性を確認するために，各被験児のそれぞれの画像刺激に対する注視

時間と1試行あたりの注視時間を，それぞれの実験セッションで求めた．次に，4種類用意した刺激対について，それぞれの「正立運動」刺激に対しどのような選好を示したのか，その推移を検討した．

■ 1試行あたりの注視時間

表4-2-1に各刺激に対する注視時間（秒）を被験児別に示した．値は，各月齢における実験セッションで実施された複数回（原則4回，当該実験セッションでの不備により2回ないし3回）の試行の加算値であり，最大値は24秒，最小値は0秒である．この値をもとに，1試行あたりの注視時間の月齢に応じた推移について，各被験児別および全個体の平均値を図

表4-2-1　各刺激に対する被験児ごとの注視時間（秒）．

Stimuli	Age of Months			
	2-month	3-month	4-month	6-month
アユム				
チンパンジー正規正立運動	1.29	0.39	6.68	4.43
チンパンジー正規倒立運動	4.06	2.22	5.00	1.12
チンパンジーランダム正立運動	7.11	4.09	1.76	6.37
チンパンジーランダム倒立運動	0.69	1.31	7.35	7.06
ヒト正規正立運動	2.83	1.34	5.51	2.30
ヒト正規倒立運動	3.77	3.00	6.10	1.91
ヒトランダム正立運動	1.40	3.21	1.17（3）	7.10
ヒトランダム倒立運動	7.75	1.52	0.99（3）	5.57
クレオ				
チンパンジー正規正立運動	3.10	3.94	2.42	2.26
チンパンジー正規倒立運動	3.50	1.26	1.74	1.35
チンパンジーランダム正立運動	2.07	2.61	1.35（2）	1.16
チンパンジーランダム倒立運動	1.13	2.34	3.82（2）	2.90
ヒト正規正立運動	0.66	2.46	3.63（3）	0.80
ヒト正規倒立運動	8.36	3.46	4.01（3）	3.54
ヒトランダム正立運動	7.16	3.54	1.85（3）	1.07
ヒトランダム倒立運動	4.36	0.76	3.07（3）	9.02
パル				
チンパンジー正規正立運動	1.72	4.98	3.54	6.25
チンパンジー正規倒立運動	0.16	0.95	0.78	7.07
チンパンジーランダム正立運動	6.27	2.90	4.51	3.89
チンパンジーランダム倒立運動	1.04	2.79	1.68	6.03
ヒト正規正立運動	1.36	1.94	3.18	9.58
ヒト正規倒立運動	1.67	1.88	2.35	6.60
ヒトランダム正立運動	5.77	4.06	1.60	3.44
ヒトランダム倒立運動	2.25	1.65	1.13	7.74

各セッションの試行数はカッコ内に明記しているものを除き4試行．

4-2-3に示した．注視時間は最初の実験セッションである2か月齢から3か月齢にかけて減少し，その後6か月齢に向け増大するという，U字型の形状を示す傾向にあった．月齢×被験児の分散分析を行なった結果，月齢の主効果 [$F(3,40)=3.70, p<0.05$]，および交互作用 [$F(3,120)=2.60, p<0.05$] が有意となった．TukeyのHSD検定では3か月齢より6か月齢の注視時間が長くなった（$p<0.01$）．

■「正立運動」刺激の注視割合

各月齢での実験セッションにおいて4回ずつ呈示された4組の刺激対ごとに注視時間をまとめ，それぞれの刺激対の総注視時間に対する「正立運動」刺激の注視時間の比を求めた（図4-2-4）．値が50％を越えると，より長い時間「正立運動」刺激の方を注視していたことを示している．どの刺激対においても明確な傾向が見られないので，各月齢ごとに3個体のデータをまとめ，「ヒト正規正立運動」－「ヒト正規倒立運動」と「チンパンジー正規正立運動」－「チンパンジー正規倒立運動」の2組の刺激対について「正立運動」刺激の注視時間比を図4-2-5に示した．一貫して「チンパンジー正規正立運動」－「チンパンジー正規倒立運動」の刺激対における「正立運動」刺激の注視時間の方が「ヒト正規正立運動」－「ヒト正規倒立運動」の刺激対における「正立運動」刺激の注視時間に比べて長くなった．2, 3か月齢時と4, 6か月齢時をまとめて分析したところ，4, 6か月齢時において「チンパンジー正規正立運動」刺激を偶然よりも統計的に有意に長

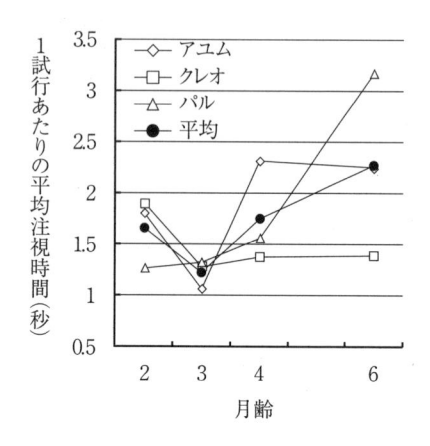

図4-2-3　1試行あたりの注視時間．各乳児およびその平均値について示す．

く注視していることがt検定 [$t(5)=2.57, p<0.05$]，および順位和検定（$Z=1.99, p<0.05$）の両方で確かめられた．

4-2-3　考察

乳児たちの注視時間は月齢の進行に伴いU字型に変遷し，3か月齢の注視時間が一番短く6か月齢で最も長くなった．このようなU字型の発達過程はヒトでは主に身体能力の発達等で確認されている（小西・多賀・高谷 2001）．また，身体能力の発達だけではなく，顔の認識についてもヒト乳児はU字型の発達過程を示すことが知られている（Johnson & Morton 1991）．本研究においてチンパンジー乳児が示したU字型の変遷がこれまでに確認されてきたヒトにおけるU字型の発達過程と同じ性質をもつものであるか，という点については現在のところ明らかでは

第4章 乳児期の知覚と認知 | 81

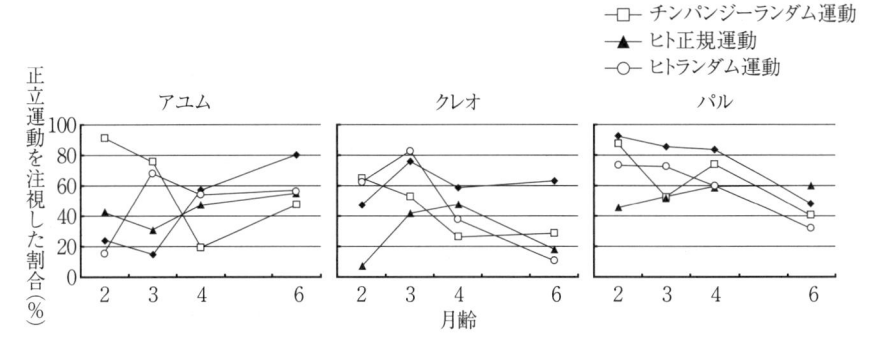

図4-2-4 各乳児における各刺激ペアに対する「正立運動」刺激の注視時間比。50%を越えると「倒立運動」刺激よりも「正立運動」刺激の注視時間の方が大きくなる。

ない．チンパンジー乳児における生物的運動の知覚が，ヒト乳児における知覚能力や身体能力と同様にU字型の発達過程を経る特徴をもつ可能性もある一方，他の身体的能力や認知的能力のU字型の発達過程に伴って生じる2次的な変動の可能性も否定できない．さらに，本研究で得られたU字型の注視時間の変動は，チンパンジー乳児の情緒的発達に強く影響を受けた可能性が考えられる．3，4か月齢では，実験セッション中に母子分離不安と考えられる情動的な行動が多く生起し，刺激自体への注視時間は非常に短くなった．それに対し，2か月齢時にはそのような大きな情緒的反応は見られず，1試行中の注視時間が長くなる傾向が見られた．一方で，いったん刺激全体から注意が離れると，その後，刺激に対し注意を向けるまで長い時間を要した．6か月齢時においては，情緒的行動は実験期間中期と同様に比較的多く見られるものの，情緒的行動を生起させつつ，顔または視線をモニターの方へ向け刺激を注視するという行動が多く生起した．そのため，6か月齢時における注視時間が長くなったと解釈できる．

図4-2-5で示したように，「正立運動」刺激の注視時間比はチンパンジーの正規生物的運動の刺激ペアが呈示されている時の方が，ヒトの正規生物的運動の刺激ペアが呈示されている時よりも長くなった．この結果は，9-4で報告されているマカクザル乳児での実験結果と一致する．野外放飼場において自種他個体と社会的な接触をもって生活しているマカクザル乳児の「正規運動」刺激の注視時間比は，ヒトの正規生物的運動の刺激ペア呈示中よりもマカクの正規生物的運動の刺激ペアが呈示されている時に長かったが，室内で飼育されている個体では，ヒトの正規生物的運動の刺激ペアが呈示されている時に長かった．この結果は，

日常の生活環境において常時接している対象の生物的運動に対する感受性が増すと解釈することができる．本研究に参加したチンパンジー乳児たちもたえずヒトと接触してはいるが，それよりはるかに多くの時間を母や他のチンパンジーと過ごしており，ヒトの正規生物的運動よりも自種であるチンパンジーの正規生物的運動に対し高い感受性を示したことが示唆される．また，月齢が高くなるにつれチンパンジーの正規生物的運動画像のペアにおける「正立運動」刺激の注視時間比が長くなることから，生物的運動の知覚に関わるプロセスは生得的なものというよりも生後の知覚経験によって構築されていく可能性があるといえよう．

本研究では，2台のモニターに同時に2種類の異なった刺激が呈示し，各刺激に対する注視時間の選好をもとにチンパンジー乳児の知覚過程について検証することを試みた．注視時間の絶対量は月齢に応じ変動したが，異なる二つの刺激を見比べ，どちらかの刺激を他方よりもより長く注視するという行動を乳児たちは示した．したがって，本研究で採用した選好注視法は，チンパンジー乳児の知覚過程を検証する実験パラダイムとして有効であることが示唆された．このことは，ヒト乳児（Mareschal & Quinn 2001）や，マカクザル，新世界ザルの乳児を用いた研究（9-4参照）においても示された選好

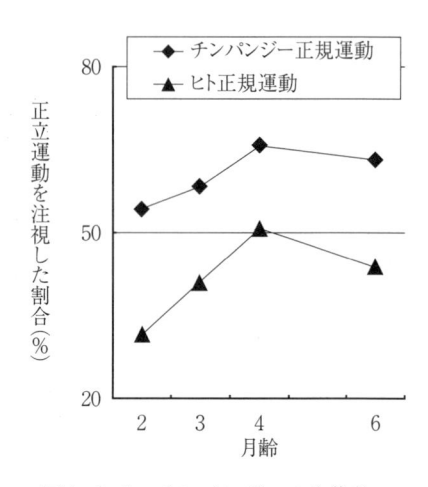

図4-2-5　チンパンジーの生物的運動画像とヒトの生物的運動画像に対する全ての乳児の平均の「正立運動」刺激の注視時間比．

注視法の有効性と一致した結果であり，今後のチンパンジー乳児の発達研究におけるさまざまな知覚・認知過程の解明についても，本研究と同一のパラダイムを利用したアプローチが可能である．

（謝辞：本研究の一部は文部省科学研究費補助金，基盤研究(C)(2)，特定領域研究(A)(2)，基盤研究(B)(2)（いずれも代表・藤田和生，#10610072, #12011209, #13410026）の補助を受けた.）

[石川悟　藤田和生　桑畑裕子]

4-3
陰影による奥行き知覚の発達

　本研究では，チンパンジー乳児を対象として，絵画的奥行き知覚の一種である，陰影による奥行き知覚の発達について馴化－脱馴化法と選好リーチング課題を用いて検討した．

4-3-1　実験1：馴化－脱馴化法を用いた陰影方向の効果の検討

　実験1では，チンパンジー成体で見られたヒトとの陰影情報処理の差異が乳児において見られるかについて検討した．上下方向に輝度を変化させた垂直陰影条件と，左右方向に輝度を変化させた水平条件の2種類の条件において陰影の差異を検出できるかについて馴化－脱馴化法を用いて検討した．

　実験にはアユム［22－23週齢（5か月齢）］，クレオ［14－15週齢（3か月齢）］，パル［8－9週齢（2か月齢）］の3個体が参加した．実験1で用いた刺激の例を図4-3-1に示す．灰色の刺激板（視角18.9°×50.8°）に9個の円（視角6.9°×6.9°）を横一列に配置した．馴化刺激では，9個とも等しい輝度勾配をもつ円が配置され，テスト刺激では，9個の円のうち，端から2番目に他の円とは輝度勾配を上下ないしは左右に反転させた円（ターゲット）が含まれていた．垂直陰影条件では，上下に黒から白に輝度を変化させた円を用いた．水平陰影条件では左右に黒から白に輝度を変化させた円を用いた．輝度勾配は，白（約70.4cd/㎡）から黒（約6.8cd/㎡）に段階的に変化させた．ターゲットの位置は左右でカウンターバランスした．

　被験児が母親の腕に抱かれた状態で，実験者が子の視距離約30cmのところに刺激を呈示した．馴化刺激を8試行（クレオのみ6試行）呈示した後，テスト刺激を1試行呈示した．1試行につき15秒間刺激を呈示し，試行間間隔は10秒であった．刺激の下部に設置された小型CCDカメラにより，刺激呈示中の被験児の視線を記録した．9試行（クレオのみ7試行）

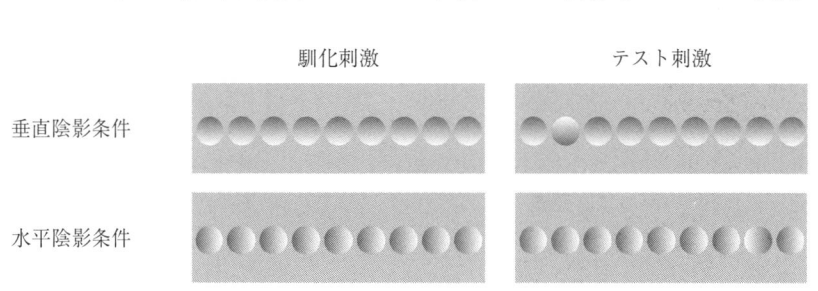

図4-3-1　実験1で用いた刺激．

表4-3-1 実験1における馴化最終3試行とテスト試行の刺激注視時間(秒)と標準誤差

	垂直陰影条件		水平陰影条件	
	馴化試行	テスト試行	馴化試行	テスト試行
パル（2か月齢）	5.66 (1.12)	7.30 (1.86)	5.73 (1.98)	8.18 (1.71)
クレオ（3か月齢）	9.26 (1.26)	12.45 (0.72)	9.46 (0.74)	11.20 (1.19)
アユム（5か月齢）	5.50 (0.89)	7.05 (2.09)	6.08 (1.41)	10.00 (1.6)

を1セッションとし，1日1セッション行なった．週に4セッションを2週間繰り返し行なった．

4-3-2 結果と考察

ビデオ記録をもとに，0.1秒（3フレーム）ごとに被験児の視線の方向を評定した．これをもとに注視時間を算出した．「左」・「右」と評定されたフレーム数の合計を刺激の総注視時間と定義し，セッションごとに馴化試行の最終3試行の平均総注視時間とテスト試行の総注視時間を算出して条件間で比較した．その結果を表4-3-1に示す．実験1に参加した月齢がそれぞれの乳児で異なるため，被験児（月齢）を一つの要因とし，それに陰影条件（2種類）と試行の種類（馴化－テスト）の2要因を加えた3要因の分散分析を行なった．各児に対して行なったセッション（4セッション）を反復要因とした．その結果，被験児（月齢）の要因で有意傾向が認められた［$F(2,9)=4.02$，$p=0.057$］．これはクレオ（3か月齢）の総注視時間が他個体に比べて長いことによるものであり，月齢に伴う上昇・下降傾向は認められなかった．試行の種類（馴化－テスト）の間には有意差が認められたが［馴化試行：6.95秒，テスト試行：9.36秒；$F(1,9)=15.76$，$p<0.01$］，垂直－水平陰影条件の間には差が認められず，

またこの2要因の間の交互作用も有意ではなかった．つまり，陰影の方向にかかわらず，テスト試行の総注視時間が馴化試行のそれよりも長くなるという脱馴化が生じたことが明らかとなった．

以上の結果から，チンパンジー乳児は少なくとも2か月齢の時点で陰影による差異を検出できることが示唆された．また，ヒトとチンパンジーの成体の間で見られた陰影方向による陰影情報処理の差異は見られなかった．チンパンジー乳児において2か月齢において陰影による差異の検出が可能であることは興味深い．今後，系統的な種間比較研究を行なう必要がある．しかし，本実験では，ヒトやチンパンジーで確認されたような陰影方向による反応の違いは見られなかった．もし，いずれかの陰影方向に対して奥行き知覚が生じるのであれば，陰影条件間に差が見られるはずである．今回の結果は，チンパンジー乳児が陰影手がかりによる奥行き感ではなく，陰影の方向によらないより低次の手がかり（エッジなど）をもとに馴化刺激とテスト刺激の違いを検出していた可能性がある．そこで実験2では，より自然な陰影刺激（写真）を用いて，陰影手がかりによる凹凸の弁別がチンパンジー乳児に可能かどうかを，リーチング反応を指標とした凹凸弁別課題で検討した．

4-3-3 実験2：リーチング反応を指標とした凹凸弁別課題

実験2では，チンパンジー乳児が陰影手がかりによる凹凸の弁別ができるかについて，リーチング反応を用いて検討した．4－5か月齢のヒトの乳児は，写真より実物，凹面より凸面に対して手を伸ばす（リーチング）ことが知られている（Cruikshank 1941; Granrud et al. 1985）．もし，乳児が陰影による凹凸を知覚できるならば，写真上に陰影によって表現された凹凸に対しても凸の方にリーチング反応を示すはずである．そこで，チンパンジーの乳児に対して，ヒトと類似した手続きを用いて実験を行なった．実験2では3個体ともほぼ同月齢期に実験を行なった（アユム：4－9か月齢，クレオ：5－9か月齢，パル：4－9か月齢）．刺激として，灰色の刺激板（視角22.6°×53.1°）に，おもちゃ（12種類）の実物（平均視角9.3°×10.9°）とその写真を対に貼りつけたおもちゃ刺激，灰色の半球を対にして凹凸にはめ込んだ実物凹凸刺激，実物の凹凸刺激の写真を貼りつけた写真凹凸刺激の3種類を用意した．図4-3-2には本実験で用いた写真凹凸刺激の例を示す．

乳児が自由に腕を伸ばせる状態で，ヒト実験者が子の視距離約30cmのところに刺激を呈示し，刺激の下部に設置されたCCDカメラにより子の注視方向を記録するとともに，ブース外に設置したビデオカメラで子の行動を記録した（図4-3-3）．子の腕が伸びて刺激板の左右の刺激のいずれかに指が触れることをリーチング反応と定義し，ブース内の実験者とブース外の別の実験者が独立に評価した．両者の評価が一致した場合のみをリーチング反応の生起とした．刺激は被験児がリーチング反応を示すまで呈示し，これを1試行とした．最大30秒間呈示してもリーチング反応が生じなければ，リーチング反応なしとして試行を終了し

図4-3-2　実験2で用いた写真凹凸刺激．

図4-3-3　実験2の様子．アユムがおもちゃ条件の試行において実物の方に手をのばしている（撮影：毎日新聞社）．

アユムについては12試行を1セッションとして、1日1セッションを行なった。週に2回のベースライン(以下、ベースライン)と、1回のテスト(以下、テスト)に分けて行なった。ベースラインではおもちゃ刺激を12試行呈示し、テストでは、おもちゃ刺激を8試行、実物凹凸刺激、写真凹凸刺激を各2試行呈示した。計51セッション(うちテスト18セッション)行なった。クレオとパルについては1セッション6試行とし、ベースラインとテストを交互に行なった。ベースラインではおもちゃ刺激を6試行呈示し、テストでは、おもちゃ刺激を4試行、実物凹凸刺激と写真凹凸刺激を各1試行呈示した。クレオでは計59セッション(うちテスト30セッション)、パルについては計56セッション(うちテスト27セッション)行なった。それぞれのセッション、刺激条件で左右の刺激の位置はカウンターバランスした。

4-3-4 結果と考察

表4-3-2にはベースラインおよびテストの各刺激条件におけるリーチングの生起率を月齢ごとに分けて示す。テストにおいておもちゃ条件では平均68.3%の

表4-3-2 実験2における各刺激に対する月齢ごとのリーチング反応の生起

		訓練セッション			テストセッション								
		物体/写真			物体/写真			凹凸(実物)			凹凸(写真)		
	月齢	総試行	物体	写真	総試行	物体	写真	総試行	凸	凹	総試行	凸	凹
アユム	-5	84	34	7	32	7	2	8	3	0	8	0	1
	6	96	41	5	32	10	1	8	5	0	8	2	0
	7	48	31	1	32	21	2	8	7	0	8	3	1
	8	96	82	7	32	29	1	8	8	0	8	6	0
	9-	48	43	5	16	16	0	4	4	0	4	2	1
	合計	372	231	25	144	83	6	36	27	0	36	13	3
	%		62.1	6.7		57.6	4.2		75	0		36.1	8.3
クレオ	-6	48	29	6	32	20	4	8	5	1	8	3	2
	7	24	22	2	16	15	0	4	3	0	4	1	0
	8	48	37	6	32	31	1	8	6	1	8	6	1
	9	54	50	4	40	33	3	10	7	2	10	6	1
	合計	174	138	20	120	99	8	30	21	4	30	16	4
	%		79.3	11.5		82.5	6.7		70	13.3		53.3	13.3
パル	-5	48	28	9	28	15	5	7	4	2	7	4	2
	6	48	36	5	32	20	4	8	5	0	8	3	2
	7	48	40	3	32	27	5	8	5	1	8	3	1
	8-	30	22	3	16	8	1	4	2	0	4	0	0
	合計	174	126	20	108	70	15	27	16	3	27	10	5
	%		72.4	11.5		64.8	13.9		59.3	11.1		37	18.5
3個体の平均値(%)			71.3	9.9		68.3	8.3		68.1	8.1		42.1	13.4
	標準誤差		5	1.6		7.4	2.9		4.6	4.1		5.6	2.9

試行で実物の方に，8.3%の試行で写真の方にリーチングをした．実物凹凸条件では68.1%の試行で凸面，8.2%の試行で凹面にリーチングをした．これに対し，写真凹凸条件では他の2条件に比べてリーチングの生起が少なかった．しかし，その中でも凸面の方に42.1%，凹面の方に13.4%の割合でリーチングが生起した．これらテストにおけるリーチング生起率に対して，刺激条件（3）×リーチング対象（2）の2要因分散分析を行なった．実験1とは異なり，各児の実験時の月齢が大きく離れてはいなかったので，個体を反復要因とした．その結果，刺激条件の主効果 [$F(2,4) =11.78, p<0.05$]，リーチング対象の主効果 [$F(1,2) =83.52, p<0.05$]，および交互作用 [$F(2,4) =8.60, p<0.05$] のすべてに有意差が認められた．下位検定を行なったところ，実物ないしは凸面へのリーチング生起率が条件間で有意に変化していたのに対し [$F(2,8) =18.05, p<0.01$]，写真ないしは凹面へのリーチングの生起率には条件間で差が認められなかった．一方，すべての条件において実物ないしは凸面へのリーチングの方が写真ないしは凹面へのリーチングよりも高率で生じた [$21.89<Fs (1,6) <95.32, ps<0.01$]．

以上の結果から，少なくとも5か月齢以降のチンパンジー乳児は実物の凹面より凸面にリーチングをする傾向にあり，さらに凹凸が写真で呈示されてもその傾向が維持されることが明らかとなった．ヒトの乳児でも，リーチング反応を指標とした研究により，5か月齢から7か月齢の間に陰影による奥行き知覚が発達することが示されているが（Granrud et al. 1985），チンパンジー乳児でもこの能力が生後半年程度までに成立する可能性が示唆された．先述のように陰影手がかりを含む絵画的奥行き手がかりについては，文化的な要因の影響が示唆されているが（Deregowski 2000），マカクザル乳児でも発達の初期段階に絵画的奥行き知覚が可能である（Gunderson et al. 1993）という知見などもあわせて考えると，文化的な経験がなくとも絵画的奥行き知覚が成立することを今回の結果は強く示唆している．

4-3-5 まとめ

チンパンジーの乳児では，2か月齢で陰影による特徴の違いの検出が可能であること（実験1），また，少なくとも5か月齢で陰影による凹凸の弁別が可能であること（実験2）が示された．また，ヒトとチンパンジーの成体で見られた陰影方向による情報処理の差異は確認されなかった（実験1）．

チンパンジーの成体の結果と異なり，乳児では水平方向の陰影に対する選好は見られなかった．この結果については二つの解釈が可能である．一つは，実験1において，乳児が陰影による凹凸以外の手がかりにより課題を行なっていた可能性である．たとえば，輝度の差異によるエッジの検出や輝度の極性の違いによる明るさの対比を行なっていたかも知れない．Tomonaga (1998) による成体の結果についても同様のことがいえるかも知れないが，水平条件の方が垂直条件よりも成績がよかったという結果は説明できな

い．もう一つは，陰影情報の種類により実験 1 では陰影を手がかりとして用いることができなかった可能性である．陰影の手がかりとして，実験 2 では陰影のついた実物の写真を用いたのに対し，実験 1 ではコンピュータにより作成した段階的に変化する輝度勾配を用いた．陰影の写真は，実際の凹凸の刺激を自然光のもとで撮影したものであり，キャストシャドウの有無や，凹面と凸面の間の全体的な輝度の違いといった情報が付加されている（図 4-3-2 参照）．このように，より自然な陰影情報の豊富な条件では，チンパンジーは陰影情報から凹凸を知覚することが可能なのかも知れない．一方，Bhatt & Waters (1998) は，ヒト乳児に対して，立方体の上面が白色，側面が黒色に塗り分けられた人工的な箱型の刺激を線遠近法，陰影の手がかりとして用い，3 か月齢乳児が線遠近法，陰影の手がかりに敏感であることを示した．チンパンジーの成体，乳児についても，陰影情報を体系的に操作することで，彼らの視覚情報処理系に埋め込まれた陰影情報処理のための「仮定」(Ramachandran 1988) を明らかにしていく必要がある．

(謝辞：本研究の一部は，日本学術振興会科学研究費補助金基盤研究（C）（代表：友永雅己，#13610086）の補助を受けた．
[伊村知子　友永雅己　今田寛]

クロエの乳首を吸うクレオ
　　　（撮影：毎日新聞社）

4-4
顔図形の認識

本研究では，生後1-4か月齢のチンパンジー乳児の顔図形選好の有無とその出現時期を調べた．また，どのような刺激が選好反応を引き起こすのか（部分的形状あるいは/かつ全体的構造の影響）を縦断的に調べることで，チンパンジーにおける顔図形認識の発達的変化を明らかにすることを目的とした．なお，マカクザルやテナガザル乳児を対象に行なった同様の実験については9-5, 9-6を参照のこと．

4-4-1 方法

アユム，クレオ，パルを対象に，生後4週齢から18週齢まで実験を行なった．本研究では，合計5種類の図形を刺激として用いた．うち「顔図形」，「対称非顔図形」，「顔配置図形」はテスト刺激として用いた図4-4-1(A)．「顔図形」は，顔部品（目，鼻，口）が，顔を構成するように配置された．「対称非顔図形」は，「顔図形」と同じ顔部品（目，鼻，口）を含むが，それらが顔を構成しないように左右対称に配置されていた．「顔配置図形」は，三つの黒い正方形（1.7cm×1.7cm）が，両目と口の位置に置かれていた．これらのテスト刺激に加え，コントロール刺激として，内部に何も描かれていない「白紙図形」と全体に市松模様が入った「市松図形」を用いた．いずれの刺激も，縦12cm，横10cmの楕円形で，白地に黒のラインで各部品が描かれていた．各刺激はテスト刺激間，コントロール刺激間で対にされ，テスト刺激3ペアとコントロール刺激1ペアの計4ペアが呈示された．

これらの刺激を図4-4-1(B)に示した刺激呈示装置を用いて呈示した．装置の中央部分にとりつけられたCCDカメラの映像をビデオレコーダーによって録画し，分析に使用した．

実験手続きは，生後4週齢時とそれ以降のセッションとで異なっていた．生後4週齢時には，母親チンパンジーに麻酔をかけ，母子を短時間分離して行なわれた健康診断の一環として実験を行なった．椅子に座った実験者が乳児の首から下をタオルで包み，正面を向かせて抱いた．そして，三脚に取り付けた刺激呈示

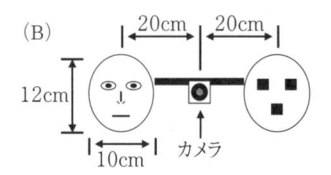

図4-4-1 (A) 本実験で用いたテスト刺激．(B) 刺激呈示装置の模式図．

装置を乳児の顔の正面に設置した．試行間には，刺激の前にスクリーンが下ろされていた．スクリーンを開けると，各試行が開始し，刺激が15秒間呈示された．1セッションは14試行で構成された．そのうち12試行はテスト試行であり，テスト刺激3ペアが4回ずつ呈示された．残り2試行はコントロール試行として，コントロール刺激1ペアが2回呈示された．刺激の左右呈示位置はセッション内でカウンターバランスした．一方，生後5週齢以降は，1名の実験者が母子チンパンジーと同じ実験ブースに入って実験を行なった．実験者は母親に抱かれた乳児の顔を実験者側に向かせ，被験児の正面に刺激対を呈示した．4週齢時と同様，刺激は15秒間呈示された．アユムについては1セッションが14試行（テスト12試行，コントロール2試行）で，生後13週齢を除き，毎週1セッション行なった．クレオでは，1セッションが4試行（テスト2試行，コントロール2試行）で，毎週3セッション行なった．ただし，生後5－8週齢については，データは採取できなかった．パルでは，1セッションが7試行（テスト6試行，コントロール1試行）で，生後9，13週齢を除き，毎週2セッションを実施した．つまり，アユムとパルは全実験期間を通じ，各週に14試行（うちテスト12試行）行なった．クレオについては生後4週齢時には他個体と同じく，14試行（うちテスト12試行）行なったが，5週齢以降は各週につき12試行（うちテスト6試行）行なった．

実験中に録画したビデオには，正面から見た乳児の顔のみが映っており（図4-4-2），乳児の反応がどの刺激に対して向けられたのかを知ることなく，評定することができた．各試行の左右それぞれについて，被験児の注視反応を，「0：まったく見なかった」，「1：少しだけ見た」，「2：見た」，「3：よく見た」の4段階で得点化した．すべてのデータを1人の評定者が得点化した．独立した評定者1名が3セッション分のデータを解析したところ，各セッションの一致度の平均値は0.77であった．

このようにして得られた各刺激対のそれぞれの刺激に対する得点を，週齢ごとに平均して分析に用いた．ただし，本報告では，3個体すべてのデータが得られた8週齢以降のデータを統計的分析に使用した．各刺激対の比較には，Wilcoxonの符号順位検定（片側）を用いた．

図4-4-2 CCDカメラで記録したパルの注視反応．左を見ている

4-4-3 結果

各刺激に対する4週齢ごとの平均得点を図4-4-3に示す．コントロール試行である「市松」－「白紙」では，全週齢を通じてすべての乳児で「白紙」よりも「市松」に対する得点の方が高かった．また，8週齢以降の週齢ごとの平均値に対して検定を行なったところ，「市松」への強い選好が確認された（$Z=4.28, p<0.001$）．このコントロール試行の結果から，本実験で用いた手続きがチンパンジー乳児の視覚的選好反応を検出するのに有効な手段であったことが確認された．

次に，生後8週齢以降の各テスト刺激対におけるそれぞれの刺激に対する注視得点の週齢ごとの平均値について検定を行なったところ，「顔」－「対称非顔」では，「顔」に対する平均注視得点が「対称非顔」に対する得点よりも有意に高いことが分かった（$Z=1.84, p<0.05$）．また，「顔配置」－「対称非顔」においても，「顔配置」に対する平均注視得点は「対称非顔」に対する得点よりも有意に高かった（$Z=1.79, p<0.05$）．一方，「顔」－「顔配置」については，刺激間に有意な差は得られなかった（$Z=1.05, p=0.146$）．

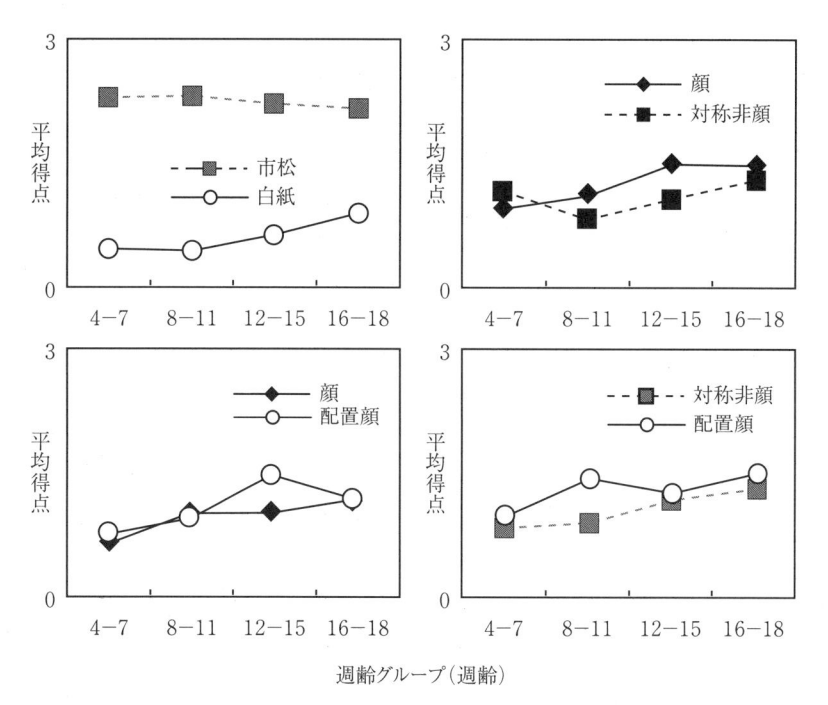

図4-4-3 チンパンジー乳児における各刺激への平均得点．全個体の平均値を4週齢ごとにまとめて表示した．

4-4-4 考察

本研究の結果から，少なくとも2－4.5か月齢のチンパンジー乳児は，顔に見えるような配列を含む図形（「顔図形」，「顔配置図形」）を，顔配列をもたない図形（「対称非顔図形」）よりも好むことが明らかとなった．つまり，2か月齢以降には全体的配列と部分的形状のいずれもが顔のような刺激に対してのみ選好を示すというヒト乳児とは異なり，同月齢のチンパンジー乳児は，全体として顔のような配列をもつ刺激すべてに選好反応を示すことを示唆している．

しかし，「顔」と「対称非顔」に含まれている部品は同一のものであり，全体として同じ物理的特性（例，空間周波数成分や黒色部分の占有面積）を共有しているが，「顔配置」はこの点において他の2刺激とは大きく異なっている．そのため，本研究で見られた「顔配置」に対する選好反応は，何らかの物理的特性の影響を受けた結果であるとも考えられる．実際，6－8週齢のチンパンジーに対して，「顔配置図形」と，三つの黒い四角を縦一列に並べた「縦配置図形」を対呈示したところ，「顔配置」と「縦配置」に対する平均注視得点には差はなかった．これは予備的なデータではあるものの，チンパンジー乳児における「顔配置」選好が，全体的な顔配列によってのみ引き起こされるのではないことを示唆している．ヒトの乳児においても，顔図形に対する視覚的選好は，図形のもつ顔らしさだけではなく，その刺激全体に含まれる物理的特性による影響を受けることが示唆されている（Kleiner 1990; 1993）．今後，ヒト以外の霊長類において，顔図形に対する選好反応とその発達を詳細に調べるためには，「顔らしさ」以外の物理的属性が等しくなるように統制した刺激を用いる必要があるだろう．

また本研究では，「顔」と「対称非顔」とを対呈示した場合，生後2か月以降では明瞭な「顔」への選好が見られた．一方，2か月齢未満のデータは統計的には解析されていないが，生後1か月齢頃（4－7週齢）には「顔」への明瞭な選好は見られなかった（図4-4-3参照）．以上のことから，チンパンジー乳児における顔図形選好は2か月齢頃に出現することが示唆される．チンパンジー乳児の発達速度はヒトの約1.5倍と考えられているため，生後2か月齢のチンパンジーは生後約3か月齢のヒト乳児に相当する．ヒト乳児ではコンスペックに支えられた顔図形への選好が1か月齢頃に消失し，2か月齢頃にコンラーンをメカニズムとする顔図形選好が再び出現すると言われている．若干の発達速度のずれはあるものの，チンパンジーとヒトにおける顔（図形）認識能力の発達過程に類似性が高いことが示唆される．しかし，本実験では生後間もない新生児期（1か月齢未満）における顔図形認識については検討できなかったため，ヒトやテナガザル乳児で見られたような新生児期のコンスペックに基づく顔図形選好が存在するのか否かについては明らかにされていない．新生児期の顔図形認識の処理過程がヒトとヒト以外の霊長類で共通か否かを検討するためには，今後，広範な種の新生児で検討する

必要があるだろう（9-5, 9-6参照）．

（謝辞：本研究の一部は文部省科学研究費補助金，特別研究員奨励費（代表：桑畑裕子，#3674），基盤研究(C)(2)，特定領域研究(A)(2)，基盤研究(B)(2)（いずれも代表・藤田和生，#10610072, #12011209, #13410026)の補助を受けた）

［桑畑裕子　藤田和生　石川悟　明和(山越)政子　友永雅己　田中正之　松沢哲郎］

パンにつかまりながら実験にとりくむパル（撮影：毎日新聞社）

4-5
母親の顔の認識

本研究では，母親チンパンジーに抱かれて育てられているチンパンジー乳児を対象に，母親顔への選好の発達的変化について選好注視法を用いて検討した．また，その結果を乳児の視覚経験と関連づけて論じたい．さらに，対照条件として，乳児に最も頻繁に接するヒト実験者の顔写真を用いて同様の実験を行ない，その結果もあわせて検討する．

4-5-1 方法

アユム，クレオ，パルに対してそれぞれ生後22日齢，31日齢，9日齢から実験を開始した．刺激としては，各乳児の母親の顔の正面写真（母親顔）と，霊長研のチンパンジー成体11個体の顔写真をもとにCG技法を用いて作成した「平均顔」（cf. Yamaguchi et al. 準備中），および「顔空間」内における平均顔（原点に位置する）と母親顔の距離を2倍にした「強調顔」の3種類を用いた（図4-5-1）．この母親顔条件に加えて，それぞれのチンパンジー母子の検査を担当しているヒト実験者の顔についても同様の刺激を用意した．各写真刺激はカラー印刷され，18cm×15cmの楕円の形に切り取った上

図4-5-1 母親顔条件で用いた顔写真刺激．

で使用した．

実験はブース内で行なった．母親に抱かれた乳児に対して，ヒト実験者は対面して座り，顔写真を上部にセットしたCCDカメラを乳児の顔前に前額面に対して平行になるように30cm程度はなして呈示した．その後，カメラを左右ランダムに90度ゆっくり動かした（図4-5-2）．この操作に対する乳児の追従反応を指標とした．約60度以上写真を追いかけて見た場合を「追従した反応」，60度未満の場合を「追従しなかった反応」とした．この判断は，ブース内外の実験者が同時に行なった．実験は母親顔条件とヒト実験者顔条件それぞれ週2回（計10試行）行われ，各セッションの中での刺激の呈示順序は毎回ランダマイズした．また，それぞれの刺激につき5回連続して左ないし右に動かした．

4-5-2 結果

本研究では18週齢までのデータをもとに分析を行なった．表4-5-1には，母親顔条件における各乳児のそれぞれの週齢での追従率（％）を示す．この表から分かるように，各個体とも，4週齢未満ではすべての写真についてあまり追従反応を示さなかった（平均34.2％）．しかし，4週齢から7週齢にかけて（1か月齢），母親顔とその強調顔を平均顔よりもよく追従するようになった（この期間の3個体平均値は母親顔で73.8％，強調顔で70％，平均顔で26.7％）．さらに8週齢（2か月齢）以降になると平均顔への追従も安定して生じるようになり，顔写真の間で追従率に差は見られなくなった．そこで，3個体ともに実験を行なった1か月齢と2か月齢のデータをもとに，2要因（月齢×刺激）の分散分析を行なったところ，刺激の主効果 $[F(2,4)=8.33, p<0.05]$ と交互作用 $[F(2,4)=15.81, p<0.01]$ に有意差が見られた．Ryan法による多重比較の結果，1か月齢での母親顔と平均顔（$p<0.01$）と1か月齢での強調顔と平均顔の間（$p<0.001$）に有意差が認められた．

表4-5-2にはヒト実験者顔条件の結果を示す．母親顔条件とは異なり，追従率の刺激間での明瞭な差はアユム以外では認められない．週齢を経るにつれてすべての顔写真への追従が増える傾向のみが確認できる．母親顔条件と同様の2要因分散分析の結果では，月齢の主効果 $[F(1,2)=173.56, p<0.01]$ と交互作用 $[F(2,4)=9.05, p<0.05]$ に有意差が見られたが，多重比較の結果には有意差が認められなかった．

先にも述べたように，既知顔の認識は顔に対する視覚経験量に依存している可能性が示唆されている（9-7参照）．今回

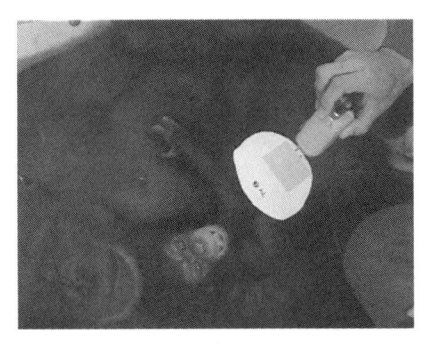

図4-5-2 小型ビデオカメラの上に取りつけられた母親の顔を追従するアユム．

表 4-5-1　チンパンジー乳児 3 個体の各週齢での追従率（％）の推移（母親顔条件）

週齢	アユム			クレオ			パル		
	母親顔	母親強調顔	チンパンジー平均顔	母親顔	母親強調顔	チンパンジー平均顔	母親顔	母親強調顔	チンパンジー平均顔
0									
1							40	30	40
2							50	50	30
3	10	60	40				20	20	20
4	80	80	40	80	70	20	80	70	30
5	75	90	10	80	60	20	60	50	20
6	80	100	20	80	80	20	60	60	40
7	60	60	0	80	60	40	70	60	60
8	90	80	30	60	60	65	90	80	80
9	100	100	80	20	20	40	70	90	90
10	80	70	90	100	80	70	80	90	90
11	50	40	30	90	70	100	70	70	60
12	40	40	40	90	70	60			
13				100	70	90			
14	60	50	50	80	80	80			
15	100	100	100	100	90	80			
16	90	100	100	90	90	90			
17				100	100	100			
18	100	90	90						

の 3 組の母子は，乳児の安全と健康管理を考慮して出産後数週間は他の個体から分離されて居室内で暮らしていた．その後，他のおとな個体と順次同居するようになっていった．そこで，「母子レポート」（付録 CD-ROM 参照）などをもとに，日齢ごとの他個体との同居状況を分析した．少なくとも 30 分以上同じ居住エリア（放飼場，サンルーム，居室など）に同居していた個体数（母親を除く）を記録し，それをもとに週齢ごとの 1 日あたりの平均同居個体数と出生直後からの累積同居個体数（のべ数）を調べた．その結果を表 4-5-3 に示す．この表からも分かるように，各乳児とも 3 週齢頃から他個体との同居の頻度が増え，累積同居個体数も増加していることが分かった．そこで，母親顔条件の 3 個体平均の追従率と累積同居個体数の 3 個体平均値を同じグラフ上にプロットしてみた（図 4-5-3）．興味深いことに，累積同居個体数の増加は母親顔への追従の増加とではなく，平均顔への追従の増加とより強く対応していた．3 週齢から 10 週齢までのデータをもとに追従率と累積同居個体数の間でピアソンの積率相関係数を求めたところ，母親顔の場合 0.49，平均顔の場合 0.92 となった．この両者の間の差について Hotelling

表4-5-2 チンパンジー乳児3個体の各週齢での追従率（％）の推移（ヒト実験者顔条件）

週齢	アユム			クレオ			パル		
	実験者顔	実験者強調顔	ヒト平均顔	実験者顔	実験者強調顔	ヒト平均顔	実験者顔	実験者強調顔	ヒト平均顔
0									
1									
2							40	60	60
3							0	40	20
4							0	20	0
5							60	50	30
6	70	50	50				40	60	60
7	100	80	20	20	20	40	80	80	80
8	100	100	20	80	80	20	80	60	80
9	80	90	40	80	40	100	70	60	80
10	70	80	70	100	100	100	90	100	80
11	60	60	60	80	90	90	40	40	0
12	80	80	60	80	100	80			
13				90	60	50			
14	80	90	70	100	100	90			
15	100	100	90	80	90	90			
16	90	100	90	40	60	40			
17				80	70	70			
18	90	90	80						

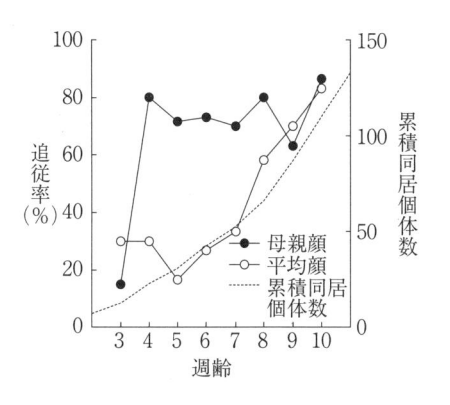

図4-5-3 母親顔条件における追従率の変化と同居個体数の推移との関係．

法を用いて有意検定を行なったところ，有意傾向が認められた［$t(5)=2.44$, $p=0.059$］．

4-5-3 考察

今回の実験の結果，生後4週齢から8週齢にかけてチンパンジー乳児は母親の顔に対して選好的に注視し追従するようになることが明らかとなった．さらに，8週齢を過ぎるとすべての顔について無差別に注視する傾向へと変化していった．4-1でも述べたように，顔認識の初期メカニズムとしてコンスペックというものが想定されている．しかし，顔そのものではなく，個別の顔を認識していくためには，コンスペックとは異なるコン

表4-5-3 乳児3個体の母親以外の個体との同居の推移.

週齢	アユム		クレオ		パル	
	1日あたりの同居個体数	累積同居個体数	1日あたりの同居個体数	累積同居個体数	1日あたりの同居個体数	累積同居個体数
0	0	0	0	0	0	0
1	0	0	0	0	0.3	2
2	0.3	2	0	0	2.4	19
3	0.1	3	0	0	2.3	35
4	0.6	7	0.9	6	2.9	55
5	0	7	1.4	16	2.1	70
6	1	14	2.1	31	1.9	83
7	2.1	29	1.4	41	0.6	87
8	4.1	58	0.6	45	1	94
9	4	86	1.7	57	3.4	118
10	5.3	123	2.7	76	1.9	131
11	5.3	160	3	97	1.7	143
12	4.6	192	1.9	110	2.9	163
13	5	227	3.9	137	2	177
14	5.3	264	1.9	150	2.3	193
15	5	299	1.3	159	3.1	215

ラーンというメカニズムが必要である(Johnson & Morton 1991). 4-4 では,乳児たちは8週齢以降「顔図形」を選好するようになると報告されている.この時期は本研究において無差別に顔写真に注視する時期と符合している.複数の顔を個別に認識するためには比較過程が必要である.近年の顔認識モデルでは顔認識空間のような多次元空間を想定し,その中に個別顔をプロットすることによって比較を行なう,というようなモデルが数多く提唱されている (Valentine & Endo 1992).このような顔空間は経験によって形成され,この空間の「原点」に位置する顔が視覚経験の中で形成されていくのだろう.このような顔はプロトタイプ顔と呼ばれ,今回使用した平均顔的なものであると考えられる.山口らによると,発達初期では,経験量の多い特定の顔よりも視覚経験の総和である平均顔の方が好まれる可能性が,ヒトやマカクザルでは示唆されている (9-6).今回の結果も,母親顔が他の顔に比べて視覚経験量が多いためと考えるよりも,今回の乳児たちの発達初期における偏った視覚経験によって形成された「プロトタイプ顔」が母親顔に酷似していたため,と考えることもできる.この可能性は,同居個体数が増加するにつれて母親顔への選好が消え,使用したすべての顔への追従反応が増加したことからも傍証できるかも知れない.9-6の山口らの結果と比較すると,チンパンジーの結果は,ヒトやニホンザルと比べて,平均顔への好みの成立が遅いことが判明した.このことも視覚経験の重要性を反映しているのかも知れ

ない．野生のチンパンジーでは，出産に相前後して母親個体がパーティーから離れて単独で行動することが報告されている（松沢，私信）．乳児と自らの安全を考えての行動であると考えられるが，このような発達初期の一種の「社会的分離」が自然に起こっているということは，逆にいえば今回の結果こそがチンパンジーの「自然」な顔認識の発達を捉えているのかも知れない．

興味深いことに，母親顔で示された結果がヒト実験者顔条件では明確には認められなかった．ヒト実験者顔条件では月齢の変化に伴う追従率の増加のみが顕著に認められた．この結果はさまざまな示唆と今後の検討の可能性を示してくれる．もし，チンパンジー乳児がヒトの顔もチンパンジーの顔も同じ「顔」として知覚しているのであれば，形成される顔空間，そしてその原点に位置する平均顔は単独の種の顔で形成されるものとは明らかに異なるはずである．今回，チンパンジーの顔とヒトの顔の結果が大きく異なったということを，単にそれぞれの視覚経験量の差に起因させるだけでなく，顔空間の複数性，顔認識の種特異性といった観点から検証していく必要性もあるかも知れない．ただし注意を要するのは，今回の乳児3個体の視覚経験（同居個体数の推移）が比較的互いに類似していた点である．このことは，視覚経験の効果と神経系の成熟などの発達的変化の効果を分離できないことを意味している．ヒトと同様に，チンパンジーでも3か月齢付近から他個体に対して笑いかける「社会的微笑」が出現するようになる（水野・松沢2001）．この反応がチンパンジーの発達の道筋から必然的に現れてくるのならば，今回の2か月齢以降の顔に対する無差別な選好はこの社会的反応の準備段階として捉えることも可能である．実際，18週齢以降の乳児の顔写真への反応は単純な追従反応から，リーチング反応や社会的微笑に酷似した表情表出へと明らかに変化していった．今後は，ここで示した時期以降の結果も含めて，本研究における追従反応から社会的反応への変化の過程を明らかにし，顔選好の無差別化と社会性の発達の関係についてもさらなる分析を行なっていきたい．

（謝辞：本研究の一部は，日本学術振興会科学研究費補助金基盤研究（C）（代表：友永雅己，#13610086），日本学術振興会特別研究員奨励費（明和政子，#2867）の補助を受けた．）

［友永雅己　山口真美
明和（山越）政子　水野友有　金沢創］

4-6 匂いに対する反応

ヒトでは、生後12時間以内の新生児においてもバナナ、バニラ、バター、エビ、腐敗した卵などの食品に関係する匂いに対し、成人同様の表情をするといわれている（Steiner 1974など）。また成人にとって快いラベンダーなどの匂いよりも、不快なバレリンなどの匂いに対して驚き、顔を歪める反応がしばしば見られたとの観察もある（Self et al. 1972）。生後9か月になると、少なくともサリチル酸メチルなどある種の匂いに対しては成人同様の快・不快を知覚していると報告されている（Schmidt & Beachamp 1988）。3歳児においてもイチゴ、花、スペアミント、反吐、ピリジンなどの匂いに対して成人同様の反応を示すことが知られている（Schmidt & Beachamp 1988; Stricklnd et al. 1988）。また食物の好悪の獲得には、既に胎児期から外部の社会的要因が影響をおよぼしていることも知られている（Mennella et al. 1995など）。社会的要因が食物の嗜好性に影響することはチンパンジーにおいても報告されている（Rozin & Kennel 1983）。しかしながらその他の点に関しては、採食やコミュニケーションにおける嗅覚の役割が指摘されていながら（Ueno 1994; 正高 1989）、ほとんど研究されていないのが現状である。

そこで、本研究では、系統発生的にヒトと最も近縁であるチンパンジー乳児の匂いの嗜好性について、ヒトでの報告と比較・検討することを目的とした。

4-6-1 方法

アユムとパルに対して、それぞれ24-34週齢（20セッション）、9-20週齢（24セッション）の間実験を実施した。刺激としては、質的に大きく異なる以下の4種の匂いを用いた。すなわち、（1）ヒトでは性別（Moncrieff 1970）および年代（Schmidt & Beauchamp 1988）によらず幼児から成人までが好ましいと評価する、また、社会的要因が嗜好性に影響を与えるとの先行研究を考慮して被験体の母親の食物でもある、イチゴの香りを模したイチゴ臭（イチゴフレーバー$3\mu\ell$＋ミネラルオイル$1m\ell$）、（2）ヒトにおいて新生児期から鎮静（Torii 1988）およびストレス緩和（Kawakami et al. 1997）作用があるとされるラベンダー臭（ラベンダーエッセンシャルオイル$1.8\mu\ell$＋ミネラルオイル$1m\ell$）、（3）ヒトでは通文化的に、物体が焦げた匂い、すなわち、生存上有害な警戒すべき匂いであると知覚される（上野 1998）コーヒー臭（中挽きコーヒー豆15g）、（4）牛乳ないしは魚類が腐敗したような匂いであると表現され、ヒトでは幼児から成人までが嫌悪する（Schmidt & Beachamp 1988; Stricklnd et al. 1988）ピリジン臭（ピリジン試薬$0.9\mu\ell$）＋（ミネラルオイル$1m\ell$）の4つである。これら4種の匂いに加えて、無臭条件を用意した。イチゴ臭、ラベン

ダー臭，ピリジン臭の場合は希釈液を含ませた綿製のパフを四つ折りにした綿製の布の間に挟んだ．コーヒー臭の場合は実物を入れた袋を上記の布で挟んだ．コントロール刺激の場合は布の間に何も挿入しなかった．これらの布を円形枠2個の間に挟み，その枠を円筒（直径約9cm）に被せた．円筒の後方には小型扇風機を取りつけ，これを用いて匂いを送風した（図4-6-1）．この扇風機を用いて，乳児の顔正面約30cmの距離より刺激を1分間呈示した（図4-6-1）．なお乳児が顔を背けたり場所を移動したりした場合は，顔正面まで刺激を移動させた．

1セッション全2試行のうち，1試行目にコントロール条件として無臭を，2試行目にテスト条件として匂い刺激を呈示した．原則として1週間に4セッション実施し，匂い刺激全種を同一週内に呈示した．なお，匂い刺激4種の呈示順序は1週間内でランダマイズした．実験の様子はCCDカメラによりビデオ録画し，乳児の反応を観察した．

不快・嫌悪を示す負の反応指標として「顔の背け」（刺激から約30度以上鼻を逸らした場合），快・選好を示す正の反応指標として「口開け」および「物噛み」を用いた（図4-6-1）．口を開けている場合はその程度によらずいずれも「口開け」とし（物を噛んでいる場合も「口を開けている」と見なした），乳児自身や母親の手指，実験者の衣服などを口内へ入れている場合には「物噛み」と評定した．

4-6-2　結果

ビデオ映像から，各反応が見られた時間を計測し，全呈示時間に占めるそれぞれの反応の合計時間の割合を求めた．匂い別・反応指標別・被験体別にこれらの結果をまとめたものが図4-6-2，4-6-3である．外側の円はテスト刺激の，内側の円はコントロール刺激の結果を示す．なお時間計測にはビデオのカウンター（単位1秒）を用いた．

イチゴ臭を呈示した場合，アユム，パルともに顔を背ける時間および口を開ける時間がコントロール刺激に比べてやや減少し，物体を噛む時間が増加する傾向が見られた．ラベンダー臭では，アユムとパルで異なる傾向が現れた．アユムで

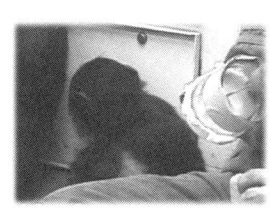

図4-6-1　乳児の反応例．左：顔の背け，中：口開け，右：物噛み．

はコントロール刺激に比べて顔を背ける時間が増加し，口を開ける時間が減少する傾向が見られた．一方パルでは顔の背けが減少し，口開けおよび物噛みが増加する傾向が示された．コーヒー臭を呈示した場合，アユム，パルともに顔を背ける時間が増大する一方，物を噛む時間が減少する傾向が見られた．口開けに関してはアユムではやや増加し，逆に，パルでは減少する傾向が現れた．さらにピリジン臭でも，アユムとパルは顔を背ける時間が増加し，口を開ける時間ならびに

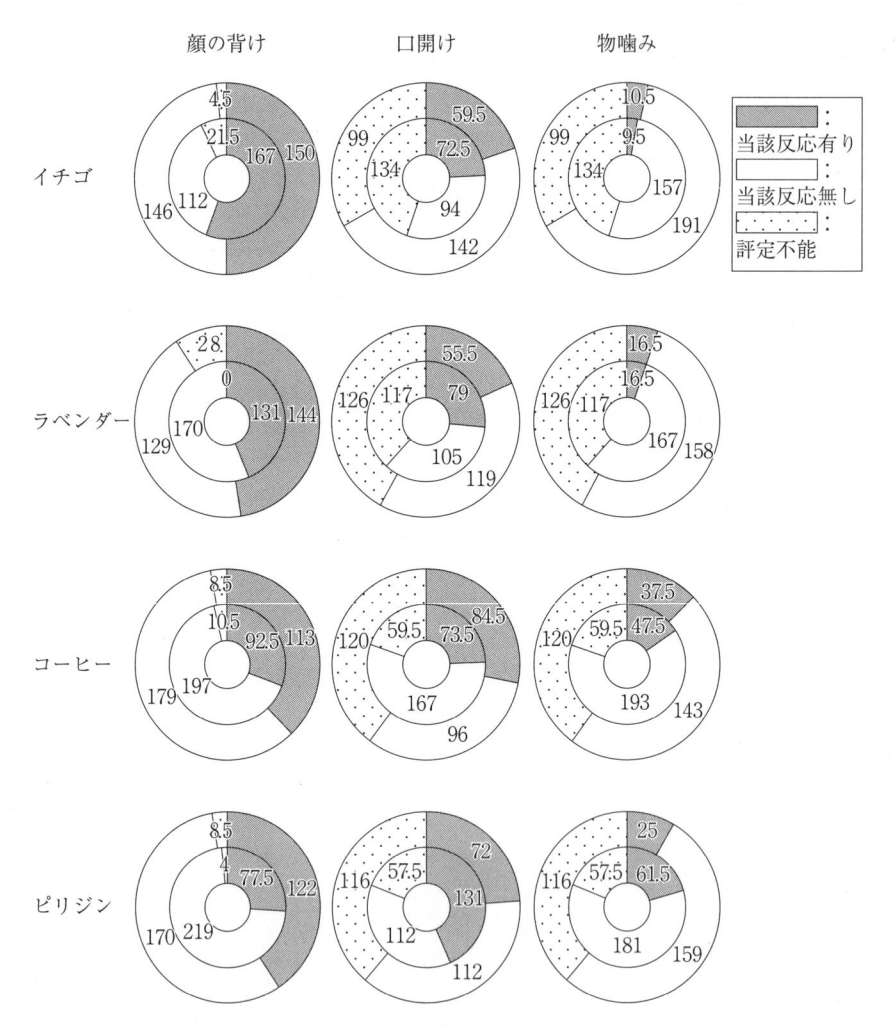

図4-6-2　匂い別・反応指標別結果（アユム）．
　　　　外側：テスト刺激，内側：コントロール刺激

物を噛む時間が減少する傾向が見られた．

4-6-3 考察

質の大きく異なる匂いを4種類呈示し，それぞれの匂いに特異的な反応の有無を検討した．イチゴ臭では正の反応指標である「物噛み」が増加し，負の反応指標である「顔の背け」が減少する傾向が見られた．ここから，イチゴ臭を快く感じ，これに興味・関心を抱き，これを選好していることが示唆された．これに

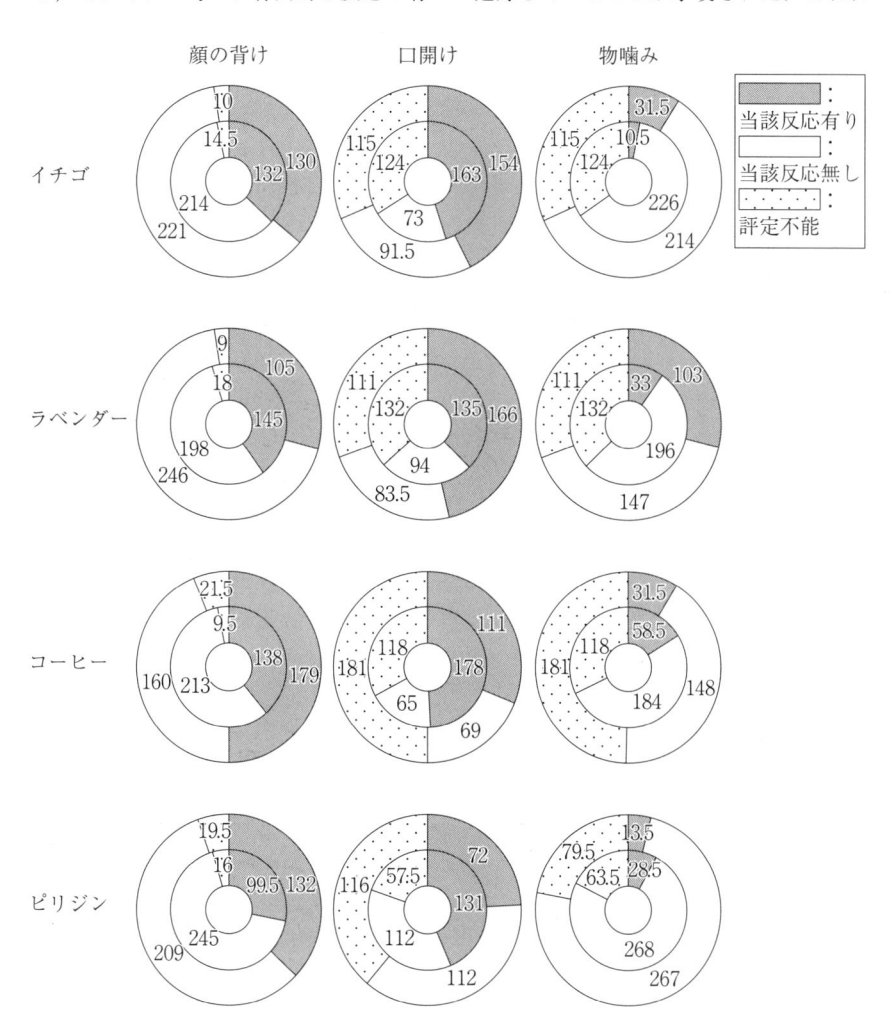

図4-6-3 匂い別・反応指標別結果（パル）．
外側：テスト刺激，内側：コントロール刺激

対して，ラベンダー臭の場合，個体により反応傾向が異なった．アユムにおいては，負の反応指標である「顔の背け」が増加し，正のそれである「口開け」が減少する傾向が見られた．これはアユムがラベンダー臭を不快に感じてこれを忌避し，高い興味・関心を抱いていないことを示唆している．他方パルにおいては，負の反応指標である「顔の背け」が減少し，正のそれである「口開け」が増加した．これは，アユムとは異なりパルはラベンダー臭を快く感じてこれを選好し，興味・関心を抱いていることを示唆している．以上のように，両者で異なる傾向が見られた．この理由として，個体差の他，性差，発達に伴う嗜好の変化などが考えられる．

コーヒー臭では，負の反応指標である「顔の背け」が増大し，正のそれである「物噛み」が減少する傾向が見られた．これらは，コーヒー臭を不快に感じてこれを嫌悪し，これに対する興味・関心も低いことを示唆している．またピリジン臭でも，負の反応指標である「顔の背け」が増加し，正の反応指標である「口開け」および「物噛み」が減少する傾向が見られた．ここから，ピリジン臭に不快感・嫌悪感を抱き，これを忌避し，興味・関心も低いことが示唆された．

以上，チンパンジー乳児はイチゴ臭を快いと知覚して選好し，これに対して高い興味・関心を抱いていること，他方コーヒー臭ならびに腐敗臭であるピリジン臭に対しては不快感・嫌悪感を抱き，この匂いを回避しようとし，これらへの興味・関心は希薄であることが推察された．以上の結果は予測とも概ね一致しており，匂いの好悪に関するチンパンジー乳児とヒトとの類似性・連続性を示しているといえる．

［大枝玲子　上野吉一］

4-7
匂い手がかりに基づく母親の識別

　ヒト新生児および乳幼児では，先行研究から，羊水，母乳，腋窩の匂いなどの嗅覚手がかりを用いて，母親と授乳期間中にある他の女性とを識別できることが知られている (Cernoch & Porter 1985; Macfarlane 1975; Marlier *et al.* 1997)．たとえば，母乳哺育児は生後10日もしくは2週頃から，母親の母乳あるいは腋窩の匂いと授乳期にある他の女性のそれらとを識別して前者の方向を向く時間が長くなる．刺激を単独で呈示した場合，乳児は6週齢から他者の母乳の匂いではなく母親の母乳の匂いに対してのみ反応するようになり (Russell 1976)，母親の匂いは乳児の動きを減少させる(Schall *et al.* 1980)．

　しかしながら，チンパンジー乳児においても嗅覚を用いた母親の識別が可能であるかどうかに関しては明らかではない．そこで本研究では，嗅覚手がかりとして体臭を用い，母親の体臭と授乳期間にある他個体の体臭をチンパンジー乳児が識別し得るか否か検討し，ヒトでの報告と比較した．

4-7-1　方法

　アユム (3－12か月齢)，クレオ (2－12か月齢)，パル (1－12か月齢) の3個体すべてが本研究に参加した．

　母親の体臭をつけた布および，授乳期間中にある他個体の体臭をつけた布そして，コントロールとして未使用の布を用いた．実験に先立ち，連続2日間でそれぞれ約3分間，刺激として用いる布で母親もしくは他個体の腋窩，腕，背，頭部などを拭き，体臭を採取した．ただし，母乳および尿の付着を避けた．また，乳児自身の体臭がつかないよう乳児には布を接触させなかった．体臭採取後の布はジッパー付きの袋に入れて冷凍保存し，体臭採取2日目および実験当日に使用する際は約1.5時間前より解凍して室温に戻した．刺激呈示装置は4-6と同じものを用いた．

　通常，チンパンジー乳児は母親と常に身体的に接触している．ゆえに日常場面において実験を行なうと，被験児である乳児の側には必ず母親が存在することとなり，母親から発せられる体臭による影響を除去できない．そこで1－3か月に1度 (1, 2, 3, 4, 6, 9, 12か月齢時)，健康診断のために母親を麻酔して乳児を短時間分離した際に実験を実施した．チンパンジーの母子関係はヒトよりも緊密であり，母子の分離は異常事態ともいえる．そのような状態の時に呈示された母親の体臭は乳児の情動を強く喚起し，身体の動きや情動と密接に関係している発声 (Goodall 1989) を増加させることが予測される．

　各試行では，被験児の顔正面約30cmの距離に刺激を呈示し，それを，半円を描くように左右に約90度ずつ動かした (図4-7-1)．1往復は約30秒間，全呈示時間は60秒間であった．なお，実験者がイ

スに座って乳児を抱いた．刺激呈示中の乳児の様子はビデオ録画した．

1セッションは3試行であった．これら3試行のうち1試行目にコントロール条件として未使用の布を呈示した．2試行目以降はテスト条件として，母親の体臭をつけた布（母親布）もしくは他個体甲の体臭をつけた布（他個体甲布）を呈示した．またアユム，クレオの6か月齢以降，およびパルの4か月齢以降は，これら3種類に加えて，先とは別の他個体乙の体臭をつけた布（他個体乙布）も呈示した．他個体甲および同乙は被験児ごとに異なっていた．なお，2試行目以降のテスト条件における呈示順序は個体間，月齢間でランダマイズした．

ビデオ映像をもとに，60秒間の刺激呈示時間における乳児の反応を分析した．刺激呈示時間が60秒間未満の場合（計4試行，平均57秒，いずれもコントロール条件）は呈示時間分だけ分析を行ない，他の刺激との比較のため，実際の反応時間を実際の刺激呈示時間で割ったものに60をかけた値を推定値として用いた．反応指標として，刺激の動きを2秒間以上目で追う「追視」，種類によらず何らかの声を発する「発声」，四肢を上下左右に動かしたり身体をよじったりする「もがき」の3種類の反応を用い（図4-7-1），それぞれの反応時間をビデオのカウンター（1秒単位）を用いて計測した．

4-7-2 結果

各乳児および月齢ごとの結果を合わせ，反応指標別および刺激の種類別に反応時間をまとめ，これを図4-7-2に示

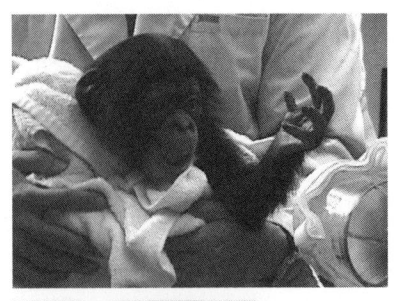

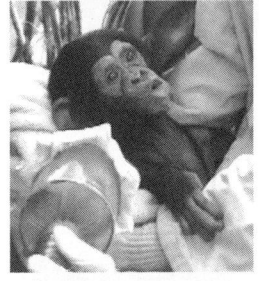

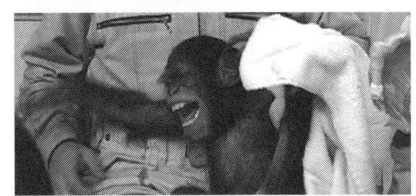

図4-7-1　乳児の反応例．上：追視，中：発声，下：もがき．

す．また，月齢ごとにまとめたものを図4-7-3に示す．図4-7-2より，追視，発声，もがき，いずれの反応も，他個体の体臭を呈示した場合に比べて母親の体臭を呈示した場合の方が反応時間が長くなる傾向が見られた．月齢別に結果を見ても（図4-7-3），追視および発声に関しては同様の傾向が見られた．すなわち，9か月齢時の追視および，12か月齢時の発声をのぞき，他個体の体臭に比べて母親の体臭を目で追い声を発する時間が長く

図4-7-2 各匂いについての反応指標の合計反応時間

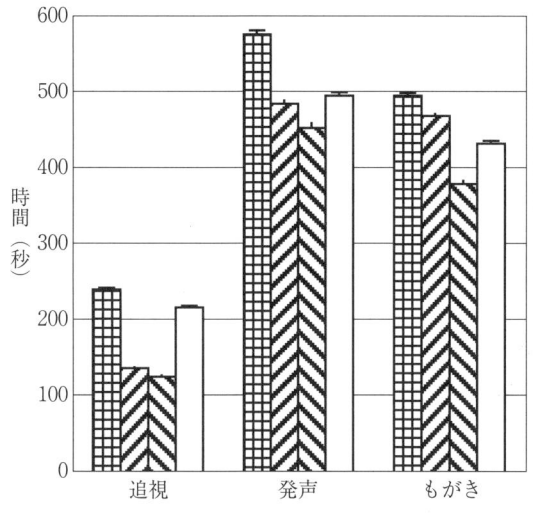

凡例：
- 母親（1080）
- 他個体甲（1080）
- 他個体乙（600）
- コントロール（1066）
- erro bar：標準誤差
- （ ）内：合計呈示時間（秒）

註）合計呈示時間が1080秒間ではなかった場合は、1080秒間呈示した際の予測値を当該反応時間の推定値として用いた

なる傾向が現れた．

もがきに関しては，1，2，9，12か月齢において，他個体の体臭に比べて母親の体臭によって身体を動かす時間が長くなる傾向が見られた．一方，3，4，6か月齢では，上記とは対称的に，母親の体臭によって身体を動かす時間が減少する傾向が見られた．

4-7-3 考察

母親の体臭を呈示した場合と他個体の体臭を呈示した場合とで反応に差が生じた．これはヒト乳児同様チンパンジー乳児も体臭を用いて母親を識別できることを示唆している．さらに，他個体の体臭に比べ，母親の体臭を呈示した際に刺激への追視および発声が増加する傾向が見られた．これは，チンパンジー乳児が，他個体の体臭と母親のそれとを弁別し得るのみならず，母親の体臭への興味・関心・選好が存在すること，母親の体臭が乳児の情動を喚起することなどを示唆している．加えて，弁別開始は，ヒトが6週齢以降であるのに対して，チンパンジーは1か月齢からと，全般的な発達速度を加味してもヒトよりも早い時期から弁別し得ることが示唆された．

また，もがきに関しては3-6か月を除き，他個体に比べ母親の体臭を呈示した場合にこの反応が増大する傾向が現れた．これはヒト乳児と異なる結果であり，ヒトに比べチンパンジーの母子関係が緊密であることに起因していると考えられる．さらに，発達に伴い，各刺激に対する乳児の反応に変化が見られた．実験初期（1-2か月）においては母親の体臭により，もがきが増加する傾向が現れた．これに対し，中期（3-6か月）においては母親の体臭によりもがきが減少する傾向が見られ，後期（9-12か月）に入る

と再び増加傾向となった．これらは，発達に応じて母親と乳児との関係が変化することを示唆しているともいえよう(7-2 参照).

［大枝玲子　上野吉一］

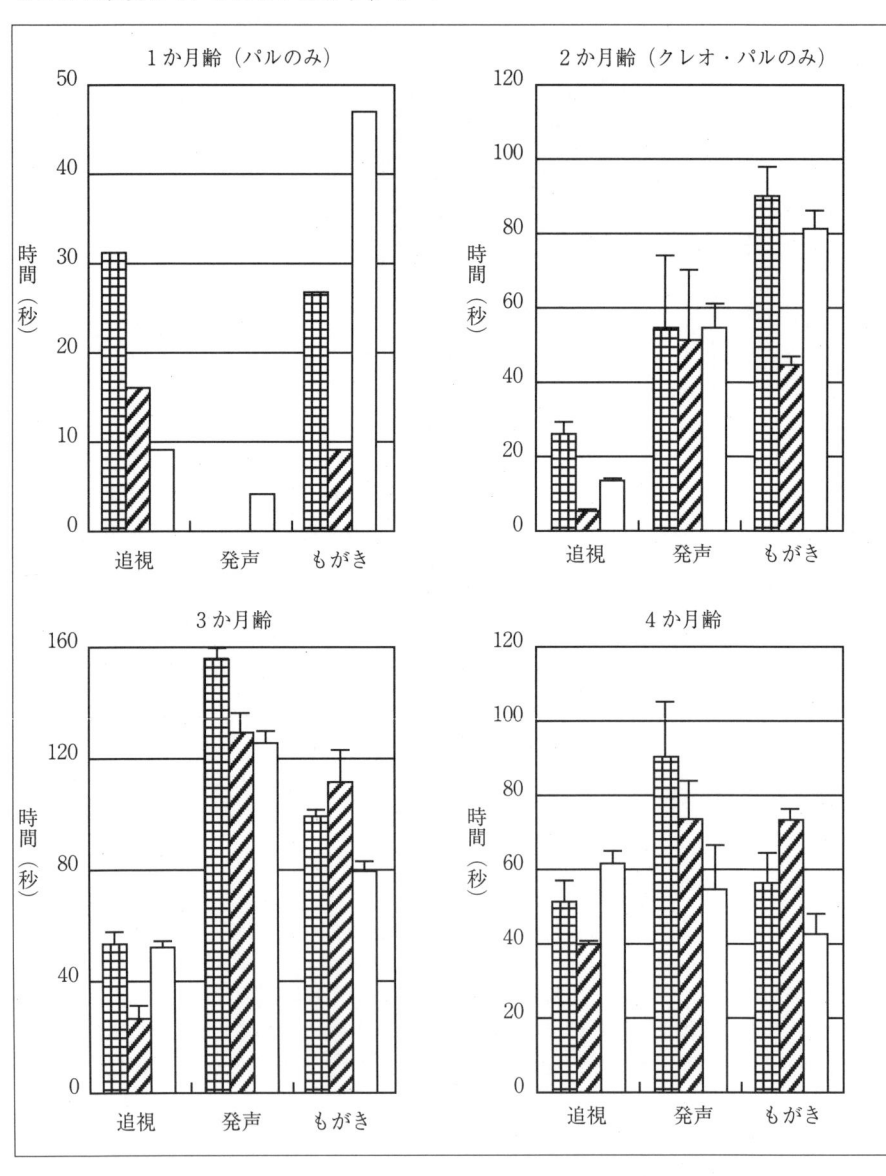

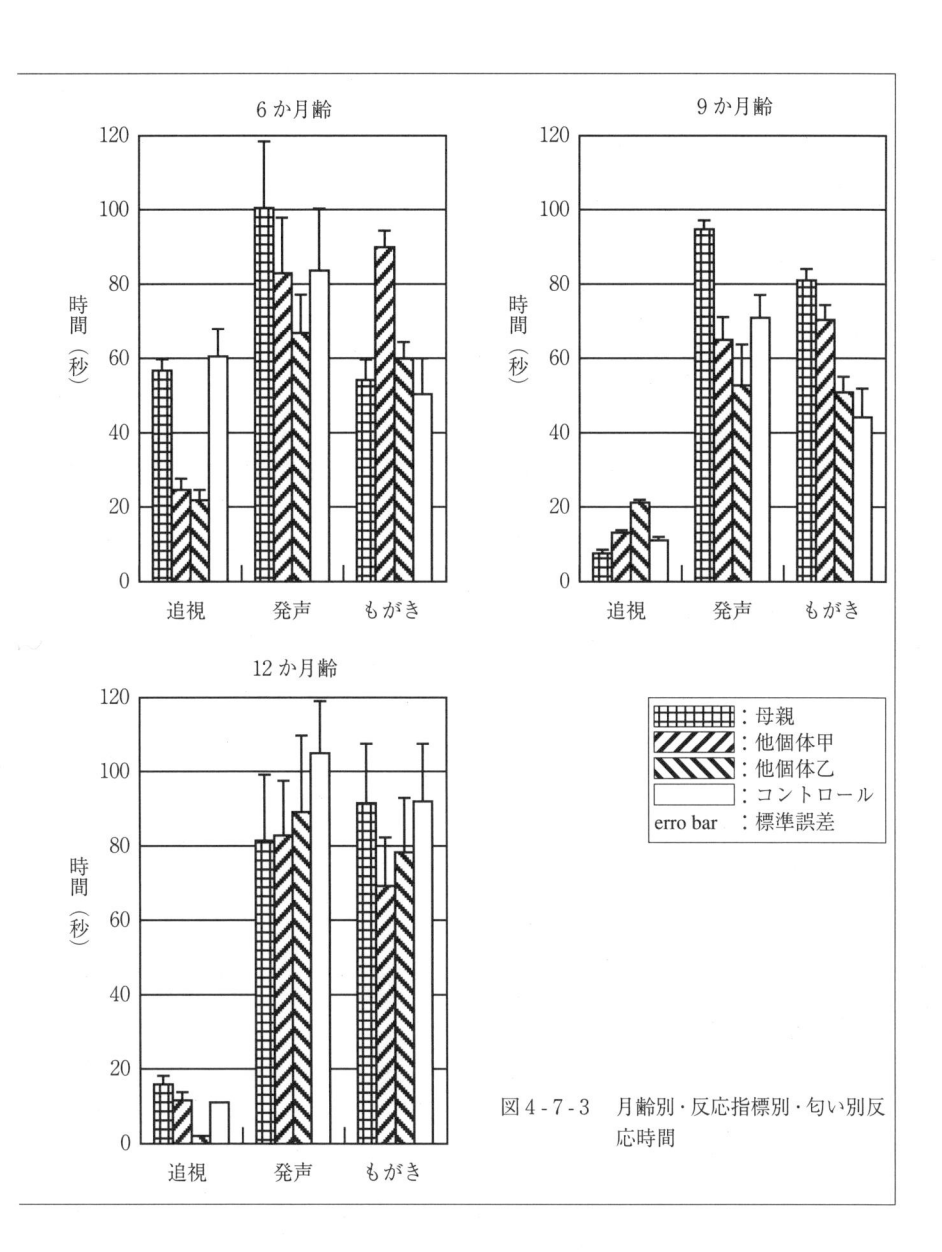

図4-7-3　月齢別・反応指標別・匂い別反応時間

4-8 「数」の大小の判断

　これまでに，ヒト以外の動物においても「数」の認識が可能であることが数多くの実験から示されている（Boysen & Capaldi 1993; Brannon & Terrace 2000; Davis & Perusse 1988）．しかし，比較認知の観点からすると，成体の研究に偏りがちな動物における数の認識の研究に，個体発生の視点を導入する必要がある．そこで今回は，チンパンジー乳児における「数」の認識の発達的変化について縦断的に検討を行なった．

　従来，動物で数の研究をする際，正解－不正解に対して報酬の有無などの明確なフィードバックを与えて積極的に訓練するといういわゆる弁別学習手続きがとられてきた．そのため，動物の示す行動が学習によって形成されたものなのか，そもそも日常的に行なっていたものかを区別することが困難であった．Hauser et al. (2000)は，半自然下のアカゲザルが自発的に数の大小判断を行なっていることを，数の異なる食物が入った容器を自由に選択させ，いずれを選んでも中の食物を食べることができるという自由選択課題を用いて明らかにした．本研究でも，Hauserらの手続きに類似した自由選択課題を用いて検討を行なった．

4-8-1　方法

　アユム，パル，クレオが7か月齢になった頃から順次実験を開始した．実験はブース内で行なわれた．乳児の前に異なる個数の同サイズ（12mm×12mm×6mm）の食物片（リンゴなど）が入った同色同型の皿（直径12cm）を2枚呈示し，どちらを選択するかを複数の観察者が記録した（図4-8-1）．どちらの皿に手を伸ばしてもその皿から食物をとることを許した．この手続きは，通常の分化強化による弁別学習とは異なり，いずれの皿を選択しても報酬が得られるため，学習の効果をかなり低減できるものと考えられる．原則として1セッションは6－8試行とし，週に1－2セッションを行なっ

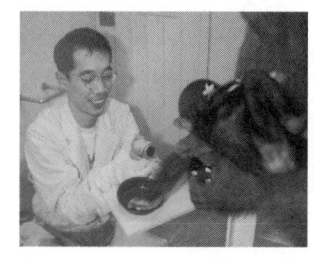

図4-8-1　実験の様子．左：アユム，中：クレオ，右：パル（撮影：毎日新聞社）

た．結果は，各月齢ごとにプールし，食物片の数の多い方を選択した割合を「正答率」と定義した．数の多い方の左右位置は試行ごとにランダムに変化し，かつ可能な限り等頻度になるようにした．

実験はまず，リンゴ3個対1個からスタートした．発達的変化を見るため，アユムについては9か月齢から22か月齢まで（途中8か月のブランクあり），クレオについては8か月齢から15か月齢まで，そしてパルについては7か月齢から17か月齢まで縦断的に実験を行なった．

この，リンゴのみによる3対1条件の後，混合条件を導入し，各乳児の選択行動を規定する要因の分析を行なった．この条件では，以下の三つの種類のテスト試行が1セッション内で等頻度かつランダムな順で呈示された．

まず，「高選好度食物片3対1条件（H3 vs. H1）」では，これまでの条件と同様，乳児にとって選好度の高い食物片（H）のみを用いて3対1の判断を行わせた．アユム，クレオではリンゴを引き続き用いたが，パルではリンゴの選好度が低下したためパイナップル片を用いた．

「低選好度食物片3対1条件（L3 vs. L1）」では，各乳児にとって選好度の高い食物よりもはるかに選好度の低い（嫌いな）食物（L）としてニンジンを選び，ニンジン片3個対1個の判断を行わせた．

「混合条件（H3+L1 vs.H1+L4）」では，一つの皿の中に選好度の異なる食物片が混在する条件でテストを行なった．かつ，選好度の高い食物片に選択的に注意して判断した場合と全体の食物片の数に注意して判断した場合で選択すべき皿が異な

るようにした．もし，被験児が食物片の中から選好度の高いもののみに着目して選択することができればH3+L1の方をH3 vs.H1条件と同程度の割合で選択できるはずである．

これら3種類に加えて，別の独立したセッションで「高選好度食物片5対4条件（H5 vs.H4）」を行なった．この条件は混合条件における全体の個数と同じ数になっており，全体の個数による大小判断が可能かを検討するために行なった．

各条件の結果はすべてプールし，2項検定によって有意に「数の多い方」を選択しているかどうかを検討した．

4-8-2 結果

表4-8-1に3対1条件の結果を月齢ごとにまとめた．各個体の右端の項目は位置偏好率である．方法の項でも述べたが，左右の位置の出現頻度が等しくない場合があったため，左右位置を補正して位置偏好率を算出した．この補正位置偏好率が0.5の場合，選択に位置偏好は見られず，値が大きくなるにつれ特定の側への位置偏好が大きいことを示す．

パルとクレオでは，実験開始当初，位置偏好が強く見られたが，月齢を経るにつれて「数の多い方」を選択する傾向が強くなっていった（スピアマンの順位相関係数 $r_s > 0.84$, $ps < 0.01$）．2項検定ではじめて有意にチャンスレベルの50%より高くなったのはパルで9か月齢，クレオで12か月齢だった．また，アユムについては9か月齢の時点でテストを行なった時から高い正答率を示し，8か月のブランクの後もこの成績は維持されていた．

表4-8-1 3対1条件における各個体の月齢ごとの成績

月齢	アユム					クレオ				
	正答数	試行数	正解率(%)	2項検定確率	位置偏向率	正答数	試行数	正解率(%)	2項検定確率	位置偏向率
7										
8						6	11	54.5	0.5	0.708
9	16	19	84.2	0.002	0.5	84	149	56.4	0.07	0.661
10						37	79	46.8	0.75	0.604
11						55	96	57.3	0.092	0.7
12						27	42	64.3	0.044	0.689
13						26	44	59.1	0.146	0.691
14						22	36	61.1	0.121	0.675
15						25	36	69.4	0.014	0.658
16										
17										
18	17	24	70.8	0.032	0.625					
19	22	24	91.7	0.00002	0.5					
20	22	24	91.7	0.00002	0.583					
21	11	16	68.8	0.105	0.438					
22	38	40	95.0	0	0.475					

表4-8-2には，混合テストの結果を示す．各個体ともそれぞれの条件につき少なくとも30試行を経験した．混合条件での正答率，つまり，高選好度の食物片の数を選択した割合はアユムで66.7％，クレオで75％，パルで77.8％といずれもチャンスレベルより有意に高かった．このことは，彼らが，皿の中にある全体の個数をもとに選択しているのではなく，高選好度の食物片の「数」を手がかりとして選択していた可能性を示唆している．

4-8-3 考察

左右いずれを選択しても食物を得ることができる自由選択課題において，チンパンジー乳児は1歳以下の年齢時点で3個対1個の「数の大小判断」が可能であることが分かった．ここで，カッコつきの表現にしたのは，この行動が実際に「数」という離散的な属性に基づいて行なわれたのか，それ以外の面積や密度などの連続量に基づいて行なわれたものなのかが現時点では不明なためである．ヒト以外の動物では，「数」以外の属性が使えない条件のもとではじめて数を利用するようになることが多いとされている[last resort（最後の手段）仮説, cf. Brannon & Terrace 2000]．しかし，Hauser et al. (2000) の実験では他の属性を慎重に統制した手続きのもとで半野生のアカゲザルが4程度までは自発的に数を利用することが示されている．本研究においても，今後，食物片の総量を統制した形での検証実験が必要である．

混合テストの結果は非常に興味深いものである．各乳児が数を利用しているの

			パル		
月齢	正答数	試行数	正解率(%)	2項検定確率	位置偏向率
7	19	32	59.4	0.189	0.694
8	34	60	56.7	0.183	0.808
9	33	52	63.5	0.035	0.717
10	43	68	63.2	0.019	0.693
11	38	56	67.9	0.005	0.644
12	28	38	73.7	0.003	0.646
13	17	22	77.3	0.008	0.667
14	21	24	87.5	0.0001	0.542
15	18	32	56.3	0.298	0.65
16	30	52	57.7	0.166	0.696
17	23	32	71.9	0.01	0.625
18					
19					
20					
21					
22					

であれ量を利用しているのであれ，混合条件（H3＋L1 vs. H1＋L4）において大小判断を的確に行なうためには，各食物片を個別に認識し，その上で高選好度の食物片を低選好度の食物片から分離しなくてはならないはずである．このような「物体認識」を行なった後で，再度個別の食物片の面積などの「量」を抽出し，「合計」して比較判断するというのは情報処理的に見て非効率なようにも思われる．物体認識の段階で最も利用可能な属性は逆に量ではなく個別の物体（あるいはTreisman（1992）のいうオブジェクトファイル）の「数」である可能性も考えられる．この議論はまだ思弁の域を越えないが，少なくともチンパンジー乳児は混合条件においていわゆる特徴統合過程（Treisman & Gelade 1980）を経た上で相対的な大小判断を行なっている可能性は非常に大きい．

［友永雅己　伊村知子］

表4-8-2　混合テスト（3対1）の各個体ごとの結果

被験児	条件	正答数	試行数	正解率(%)	2項検定確率
アユム	H3 vs. H1	39	40	97.5	0
	L3 vs. L1	31	40	77.5	0.0003
	H3＋L1 vs. H1＋L4	24	36	66.7	0.033
	H5 vs. H4	30	36	83.3	0.00003
クレオ	H3 vs. H1	30	36	83.3	0
	L3 vs. L1	32	36	88.9	0
	H3＋L1 vs. H1＋L4	27	36	75.0	0.002
	H5 vs. H4	18	30	60.0	0.181
パル	H3 vs. H1	26	36	72.2	0.006
	L3 vs. L1	25	35	71.4	0.008
	H3＋L1 vs. H1＋L4	28	36	77.8	0.0006
	H5 vs. H4	23	36	63.9	0.066

注．H: 選好度の高い食物、L: 選好度の低い食物

4-9
発達初期のカテゴリ化能力：ヒト乳児との比較

カテゴリ化能力とは，対象物をその特性に応じて分類する能力のことであり，それによって我々は，外界の多種多様な対象物を混乱することなく整理して認識することが可能になる．このような能力は，ヒトを含むすべての動物がもつと推定される認知能力の中でも重要なものの一つである．ヒト以外の動物を対象としたカテゴリ化研究から，鳥類をはじめ霊長類など，ヒト以外の動物においてもカテゴリ化が可能であることが示唆されているが(e.g., Roberts & Mazmanian 1988)，彼らがもつカテゴリ化能力に関して，比較認知発達の視点から行なわれた研究は数少ない．その理由として，先行研究の多くが，弁別学習など，被験体の訓練を必要とする課題を用いているため，乳幼児個体を対象とした実験が難しいということがあげられる．また，このような手続き上の制約から，学習によるものではない，被験体の自発的なカテゴリ化能力を示す証拠が不足していることも指摘されている (Brown & Boysen 2000)．そこで本研究では，チンパンジー乳児とヒト乳児を対象として，発達初期における，対象物の「形態」に応じたカテゴリ化が行なわれているかどうか，また，そのようなカテゴリ化が見られるのであれば，それがどのような共通点・相違点をもつのかを明らかにするため，共通の課題を両者に与え，直接比較が可能な資料を得て，比較発達的視点からの検討を行なうことを試みた．

4-9-1 方法

チンパンジー乳児については，アユムが14か月齢，クレオが12か月齢，パルが10か月齢から本研究に参加した．ヒト乳児の実験には24名が参加した．これらの被験児を高月齢群 (12人，平均20か月齢) と低月齢群 (12人，平均12か月齢) にわけた．両年齢群ともに男女の数は6人ずつであった．

本研究では，乳児が対象物のもつ「形態」という特性に応じて弁別を行なっているかどうかを調べるため，「動物」・「家具」・「乗り物」という，視覚的な形態の差異が明瞭な三つのカテゴリを刺激として選択した．各刺激は長さ4～6センチ，高さ3～4センチで，材質・色ともに多様な模型を用いた．また，模型の可動部は動かないよう接着をした．

チンパンジー乳児を対象とした実験は，実験ブースで行なった．実験の様子は，ブース外のビデオカメラとブース内の実験者がもつ小型CCDカメラで記録した．また，ヒトを対象とした実験は，京都大学文学部のヒト乳児用実験室で個別に行なった．乳児は母親のひざの上に抱かれた状態で，机をはさんで実験者と向き合って座った．被験児が状況に慣れた時点で実験を開始した．また母親には，

実験中は乳児に対して特定の刺激への注意を喚起するような働きかけは行なわないよう教示した．実験は実験者3名で行ない，それぞれが刺激呈示・呈示時間の計測・ビデオカメラでの撮影を行なった．

実験はチンパンジー，ヒトともに，乳児が刺激を見ながら操作する注視・接触時間を指標とした既知－新奇弁別課題を用いて行なった．またチンパンジー乳児に対する訓練はいっさい行なっていない．慣化（familiarization）段階では，ランダムに選ばれた1カテゴリ（例：動物）内の刺激計4種類をそれぞれ一つずつ単独で15秒間呈示した．刺激は乳児の目線の位置に呈示され，触ることはできても手に取ることはできないように，実験者が片手で保持した状態で呈示された．続くテスト段階では，慣化段階で呈示された既知のカテゴリ（動物）の新奇な刺激1種類と，新奇なカテゴリ（例：乗り物）の刺激1種類を被験児に対呈示した．呈示時間は慣化段階と同じく15秒とした．刺激は床上・机上などに置いて呈示し，乳児は刺激を自由に手に取ることができた．チンパンジー乳児はテスト試行を1試行のみ行ない，刺激の左右呈示位置はセッション間でカウンターバランスした．ヒト乳児ではテスト試行を2試行行ない，左右呈示位置は被験者内でカウンターバランスした．各試行の間は少なくとも5秒以上の間隔をあけた（図4-9-1，4-9-2）．

実験条件として，慣化段階で「動物」を呈示し，「動物」と「家具」または「動物」と「乗り物」でテストを行なう「動物慣化条件」と，慣化段階で「家具」を呈示し，「家具」と「動物」または「家具」と「乗り物」でテストを行なう「家具慣化条件」，そして慣化段階に「乗り物」を呈示し，「乗り物」と「動物」または「乗り物」と「家具」でテストを行なう「乗り物慣化条件」の3条件を用意した．チンパンジー，ヒトともに1回のセッションにおいて1条件を行ない，チンパンジーではすべての乳児が各3条件において6セッションずつを行なった．またヒトでは，高月齢群・低月齢群ともに4人ずつが各条件に割り振られた．

上記の実験条件に加え，テスト段階における被験児の刺激への選好が，慣化段階における同一カテゴリ内成員の連続呈示による効果，つまりカテゴリ的な処理に基づく反応であるのか，もしくは刺激に対する単純な選好なのかを調べるためにコントロールテストを行なった．上述の実験手続きにおける慣化段階にあわせて，まず中性刺激（積み木）計4種類をそれぞれ一つずつ単独で15秒間呈示した．次にテスト段階として，二つのカテゴリからの刺激をそれぞれ1種類，計二つの刺激を組み合わせて15秒間呈示した．テスト試行は刺激の呈示位置を入れ替えて2試行続けて行なった．テスト段階で呈示されるカテゴリの組み合わせとして，「動物」と「家具」，「乗り物」と「家具」，「動物」と「乗り物」の3条件を設定した．チンパンジー，ヒトともに，1回のセッションにおいて3条件を一度に行ない，チンパンジーではすべての乳児が各3条件につき8セッションずつを行なった．またヒトにおいては，男女4人ずつ計8人の被験児（平均18か月齢）

がそれぞれ3条件を行なった．コントロールテストを行なったヒト乳児は本実験には参加していない．

被験児の注視・接触時間はビデオ記録をもとに算出した．被験児が刺激を見ながら触れている場合を注視および接触ありと定義し，各フレーム（1/30秒）ごとに注視・接触の有無を評価した．注視・接触ありと評価されたフレーム数の合計をもとに注視・接触時間を算出した．

4-9-2　結果

もし乳児が，刺激の特性に応じて，それぞれの刺激を「動物」・「家具」・「乗り物」というようにカテゴリ的に処理しているのであれば，慣化段階において注視・接触時間の反応が減少する，つまり刺激への慣れが生じることが予想され，また，テスト段階において既知なカテゴリよりも新奇なカテゴリに対して選好が見られることが予想される．以下に，チ

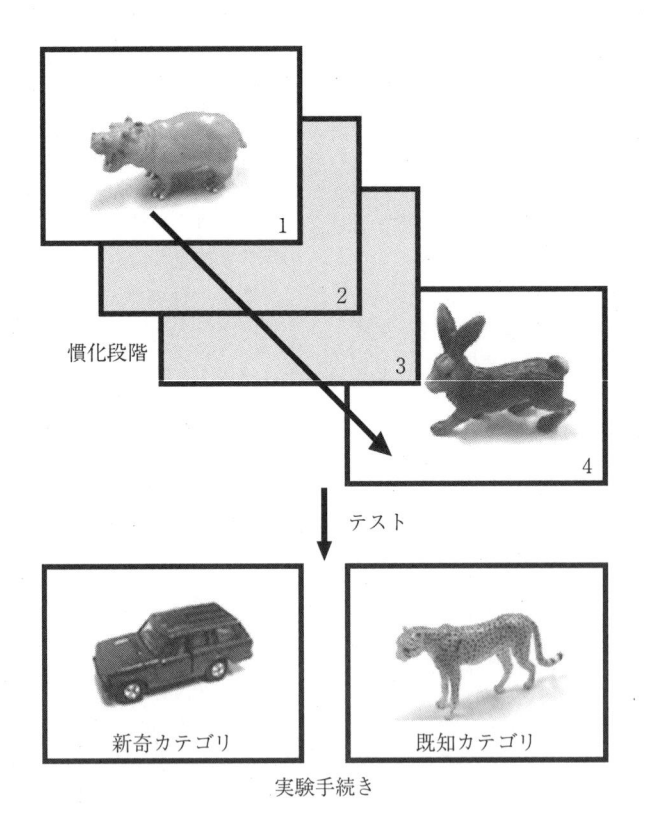

図4-9-1　実験手続きの概要．

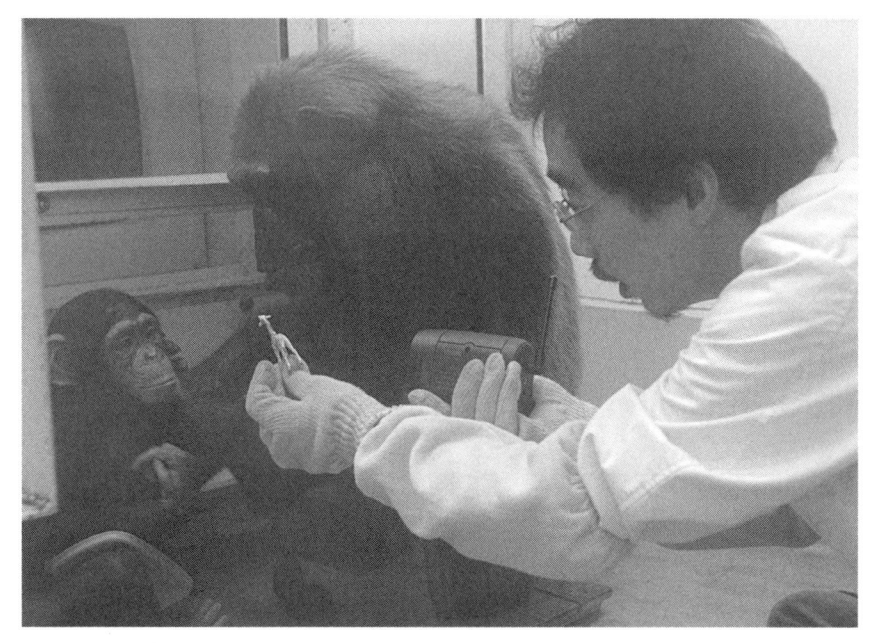

図4-9-2　実験の様子．クレオに模型のキリンを見せているところ
（撮影：毎日新聞社）

ンパンジー乳児とヒト乳児の結果をこの2点から分析した．

■チンパンジー乳児

慣化段階およびテスト段階における注視・接触時間を表4-9-1，表4-9-2に，またコントロールテストにおける注視・接触時間を表4-9-3に示す．まず，慣化段階における乳児の刺激物に対する注視・接触時間を慣化段階の前後半2試行ずつのブロックに分けて分析したところ，後半の方が前半よりも注視・接触時間が短くなるという一貫した傾向は認められなかった．慣化条件×ブロックの2要因分散分析を行なったところ，慣化条件の主効果のみが有意であった $[F(2,70) = 9.84, p<0.01]$．LSD法による下位検定の結果，家具慣化条件における刺激への注視・接触時間が動物慣化条件・乗り物慣化条件においてよりも長かった（$ps<0.05$）．次に，テスト段階における各刺激（新奇物体，既知物体）に対する被験児の注視・接触時間をみると，すべての慣化条件において新奇物への注視・接触の方が既知物よりも長かった．そこで，慣化条件×テスト刺激の2要因分散分析を行なったところ，テスト刺激の主効果のみが有意であった $[F(1,35) = 47.27, p<0.01]$．これは，乳児が既知なカテゴリの刺激よりも新奇なカテゴリの刺激に対

表4-9-1　チンパンジー乳児の慣化段階における注視・接触時間の平均と標準誤差

		注視・接触時間（秒）			
		ブロック1		ブロック2	
個体名	慣化条件	平均	標準誤差	平均	標準誤差
アユム	動物	1.04	0.31	1.83	0.41
	乗り物	3.47	0.57	3.32	0.49
	家具	4.01	0.54	3.28	0.36
クレオ	動物	0.80	0.44	0.58	0.76
	乗り物	2.46	0.85	0.79	0.22
	家具	2.49	0.81	1.75	0.56
パル	動物	2.14	0.40	2.55	0.85
	乗り物	1.29	0.52	1.73	0.59
	家具	3.67	0.87	3.35	0.72

表4-9-2　チンパンジー乳児のテスト段階における注視・接触時間の平均と標準誤差

		注視・接触時間（秒）			
		既知対象物		新奇対象物	
個体名	慣化条件	平均	標準誤差	平均	標準誤差
アユム	動物	1.04	0.31	2.63	0.41
	乗り物	1.02	0.33	2.56	0.41
	家具	1.39	0.26	2.42	0.61
クレオ	動物	1.69	0.44	2.56	0.76
	乗り物	0.73	0.52	4.53	0.91
	家具	0.68	0.41	3.59	1.1
パル	動物	1.13	0.40	3.13	0.85
	乗り物	0.42	0.21	1.89	0.68
	家具	1.01	0.34	3.16	1.25

表4-9-3　チンパンジー乳児のコントロールテストにおける注視・接触時間の平均と標準誤差

		注視・接触時間（秒）					
		アユム		クレオ		パル	
組み合わせ	刺激対象物	平均	標準誤差	平均	標準誤差	平均	標準誤差
動物－乗り物	動物	1.53	0.22	2.41	0.79	3.79	1.21
	乗り物	2.26	0.34	1.35	1.43	0.37	0.48
乗り物－家具	乗り物	1.97	0.56	3	1.52	1.46	1.55
	家具	3.22	0.52	1.74	1.74	1.44	1.79
動物－家具	家具	2.52	0.59	2.04	2.65	0.71	0.79
	動物	1.91	0.36	1.65	1.39	2.89	1.72

して選好を示していたことを示唆している．

コントロールテストのテスト試行における各刺激に対する注視・接触時間に関して，t検定による分析を行なったところ，「動物」と「乗り物」においては，「乗り物」よりも「動物」を有意に長く注視・接触した（動物：2.58秒，乗り物：1.33秒；$t(23) = 2.477$, $p<0.05$）が，「動物」と「家具」（動物：2.15秒，家具：1.76秒），「乗り物」と「家具」（乗り物：2.14秒，家具：2.13秒）では有意差は見られなかった．この結果は，被験児が「乗り物」よりも「動物」をそもそも好んでいた可能性を示唆する．したがって，「乗り物」で慣化を行ない，「乗り物」と「動物」でテストを行なう条件において，この「動物」への選好が，乳児の新奇カテゴリ（=「動物」カテゴリ）選好を後押ししていた可能性が考えられる．そこで，「乗り物」で慣化を行なったのちに，「乗り物」と「動物」を呈示した場合の結果と，「乗り物」と「家具」を呈示した場合の結果の比較を行なった．しかし，テスト刺激の組み合わせによって被験児の選好結果に違いが見られるということはなかった．テスト刺激の組み合わせ（乗り物と家具，乗り物と動物）×テスト刺激の2要因分散分析を行なったところ，テスト刺激の主効果のみが有意であった[$F(1,17) = 13.07$, $p<0.01$]．このことから，被験児の新奇カテゴリ選好が「動物」選好の影響によるものではないということがいえる．また，「動物」で慣化を行なったのちに「動物」と「乗り物」を呈示する条件において，新奇カテゴリである「乗り物」に選好が示されていたことからも，慣化段階を経ることによって，乳児の「動物」選好の影響が低減されていたといえる．

■ヒト乳児

慣化段階およびテスト段階における注視・接触時間を表4-9-4，表4-9-5に示す．またコントロールテストにおける注視・接触時間を表4-9-6に示す．慣化段階におけるヒト乳児の刺激に対する注視・接触時間を分析したところ，すべての慣化条件において後半の方が前半よりも注視・接触時間が短くなるという傾向が認められた．また，月齢の間に差は見られなかった．月齢×慣化条件×ブロックの3要因分散分析を行なったところ，ブロックの主効果のみが有意であった[$F(1,42) = 6.91$, $p<0.05$]．テスト段階における各刺激に対するヒト乳児の注視・接触時間をみると，慣化段階同様，月齢群の間には差がなく，また，動物および家具慣化条件では新奇物への注視・接触の方が既知物よりも長くなる傾向が認められた．そこで，乳児の刺激に対する注視・接触時間に関して，月齢×慣化条件×テスト刺激の3要因分散分析を行なった．その結果，テスト刺激の主効果[$F(1,42) = 12.21$, $p<0.01$]と慣化条件×テスト刺激の交互作用が有意であった[$F(2,42) = 4.11$, $p<0.05$]．この交互作用についてLSD法での下位検定を行なったところ，動物慣化条件および家具慣化条件でのみ，新奇カテゴリの刺激に対する注視・接触時間が，既知カテゴリに対する注視・接触時間よりも有意に長いこ

表4-9-4　ヒト乳児の慣化段階における注視・接触時間の平均と標準誤差

月齢群	慣化条件	注視・接触時間（秒）			
		ブロック1		ブロック2	
		平均	標準誤差	平均	標準誤差
低月齢群	動物	5.75	3.71	3.81	2.72
	乗り物	7.26	3.17	6.26	3.54
	家具	6.92	3.26	5.71	3.07
高月齢群	動物	8.20	3.15	7.12	4.47
	乗り物	8.39	1.72	7.96	1.56
	家具	7.21	3.24	6.11	2.84

表4-9-5　ヒト乳児のテスト段階における注視・接触時間の平均と標準誤差

月齢群	慣化条件	注視・接触時間（秒）			
		既知対象物		新奇対象物	
		平均	標準誤差	平均	標準誤差
低月齢群	動物	1.45	2.14	5.05	2.38
	乗り物	3.95	2.76	5.43	2.72
	家具	2.25	1.83	4.01	2.08
高月齢群	動物	2.55	1.52	6.87	3.56
	乗り物	5.51	0.80	3.59	1.05
	家具	2.57	1.82	6.01	2.27

表4-9-6　ヒト乳児のコントロールテストにおける注視・接触時間の平均と標準誤差

組み合わせ	刺激対象物	注視・接触時間（秒）	
		平均	標準誤差
動物-乗り物	動物	4.28	2.41
	乗り物	3.73	2.19
乗り物-家具	乗り物	4.13	2.26
	家具	3.86	1.98
動物-家具	家具	3.66	2.43
	動物	3.59	2.66

とが分かった（$ps<0.05$）.

コントロールテストのテスト試行における各刺激に対する注視・接触時間に関して，t検定による分析を行なったところ，すべての組み合わせにおいて，刺激に対する注視・接触時間に有意な差は見られなかった.

4-9-3　考察

ヒト乳児では，「動物」慣化条件，「家具」慣化条件で慣化と新奇カテゴリ選好が見られたが，「乗り物」慣化条件においてはこのような新奇カテゴリ選好は見られなかった．一方，チンパンジー乳児で

は慣化段階における刺激への慣化は一貫して見られなかったが，テスト段階ではすべての条件において新奇カテゴリに対する選好が示された．

　以上の結果を比較すると，刺激への慣化が示されないという点が，チンパンジー乳児とヒト乳児の大きな相違点としてあげられる．明白な理由は不明だが，チンパンジー乳児の刺激に対する注視・接触時間は全体的にヒト乳児のものよりも明らかに短かった．このことから，チンパンジー乳児がヒト乳児よりも短時間に刺激の処理を行なっており，その結果，ヒト乳児に比べて慣化刺激への総吟味時間が短くなったのではないかと考えられる．そのために，ヒト乳児では刺激に対して慣化するには十分であった試行数が，チンパンジー乳児にとっては，慣化が生じるほどには十分ではなかったとも考えられる．また，慣化段階において，チンパンジー乳児は家具カテゴリ刺激を他のカテゴリ刺激よりも長く注視・接触していたが，これは，「家具」刺激がその大きさ，形態（例：「四角い机」や「丸テーブル」など）において多様であり，乳児の注意を引いたためかも知れない．

　テスト段階において，ヒト乳児では「乗り物」慣化条件においてのみ新奇カテゴリ選好が見られないという結果であった．これは，「乗り物」がもつ他のカテゴリとの意味合いの違い（たとえば，「乗り物」は「おもちゃ」として遊んだことがある，など）が，乳児の「乗り物」カテゴリへの注目を高めていたためという可能性がある．実際，「乗り物」刺激の車輪はすべて回転しないように固定していたのだが，特に高年齢群の被験児が「乗り物」刺激を滑らせて遊ぶという行為が実験場面においてしばしば観察された．これは，2歳以降のヒト乳児が，既に「乗り物」がもつ意味に応じて行為していることを示唆するものであるかも知れない．またチンパンジー乳児では，全条件において新奇カテゴリ選好が見られた．この結果は，少なくとも彼らが既知なカテゴリの刺激と新奇なカテゴリの刺激との弁別を行なっていたことを示している．

　本研究の結果は，チンパンジー乳児およびヒト乳児が刺激の特性に応じて弁別を行なっている可能性を示唆するものであり，霊長類の初期カテゴリ化能力の特徴を知る上で重要なものであると考えられる．

［村井千寿子　小杉大輔　板倉昭二　友永雅己　田中正之］

4-10
タッチスクリーンを用いたなぐり描きの記録

　大型類人猿に紙とペンを渡せば，自発的になぐり描きをすることは報告されているが，そこから具象画の段階には進まない．言語をはじめとするシンボルの使用については，大型類人猿は高度な認知能力を備えていることが示唆されているが，絵をはじめとするアイコンの認識や使用についての研究はほとんどなされていない．本研究では，Iversen & Matsuzawa (1996; 1997) によって行なわれた，成体チンパンジーにおけるタッチスクリーンへの「なぞり描き」オペラント訓練の手続きを参考に，タッチスクリーン上への自由描画場面を設定した．チンパンジー乳児たちはペンを持って紙に描きこむ行動が見られる以前から，指を使って液体を床に広げていくといったなぐり描き様の行動が見られた．このチンパンジー乳児3個体を対象として，指によるなぐり描きの記録を試み，チンパンジーにおける描画能力の発達について検討した．

4-10-1　方法

　3組の母子を対象に実験を行なった．実験開始時の乳児の月齢はアユムが23か月齢，クレオが20か月齢，パルが13か月齢だった．装置としてタッチスクリーンつきのノート型コンピュータ［画面サイズ：10.1インチ（縦16cm，横21.2cm），解像度800×600ピクセル］を用いた．実験の様子はビデオカメラにより撮影し，後の分析に用いた．

　実験は母子1組と実験者がブース内に同室する形で行われた．キーボード部分をアクリル板でカバーをしたノート型コンピュータを母子に呈示し，母親および乳児に自由に白背景にセットされた画面を触らせた（図4-10-1）．ただし，乳児が画面に向かっている時には，母親が画

図4-10-1　タッチスクリーンに左手人差し指で触れるパル．

面に触るのは止めさせた．チンパンジーが液晶画面に触れた点には直径 4 mm の塗りつぶし円が描かれた．実験は 3 分間を 1 セッションとし，1 日 1 セッションのみ行なった．3 分間の間，チンパンジーは自由に画面に触れることができた．描画色は 6 種類（黒・赤・青・緑・黄・白）用意し，各セッション 1 色のみを用いて毎セッション描画色を変えた．6 セッションを 1 ブロックとして，合計で 3 ブロック（18 セッション）行なった．

被験者が画面に触れた時の，実験開始からの経過時間（ミリ秒）と画面上のＸＹ座標がデータとして自動的にコンピュータに記録された．チンパンジーが画面に触れている間，コンピュータは約 12 ミリ秒ごとにスキャンを行なって画面への指の接触（タッチ）を検出した．記録されたデータとビデオ画像から母子のどちらのタッチであるかを識別し，母と子のタッチを個別に分析した．

分析はストローク単位で行なった．1 本のストロークは，記録された点と点との時間間隔が 100 ミリ秒未満のものとし，1 セッション分のデータをストロークに切り分けた．このデータをもとに量的分析として，各セッションにおけるストロークの本数を求めた．また，各点の座標から個々のストロークの長さを算出した．また質的分析として，各ストロークが以下のいずれにあたるかを二人の評定者が判定した（表 4-10-3 参照）．

1) 点：ストローク長が 8 mm（2 直径）以下．
2) 直線：ストローク長が 8 mm 以上（2 直径）以上で，以下の 3）-5) の要素を含まない．
3) 曲線：90 度以上の角度で曲がるストローク．曲がった点から両端までの長さが 2 直径以上．4), 5) との共存は可．
4) フック：90 度未満の角度で曲がるストローク．曲がった点から両端までの長さが 2 直径以上．3), 5) との共存は可．
5) 円（ループ）：閉じた円を作るストローク．円内に空間ができること．3), 4) との共存は可．
6) 判定不能：上記のいずれにも該当しない場合．

4-10-2 結果

いずれのチンパンジー乳児も，自発的に画面に触れ，多くの軌跡を残した．最も押さなかったパルでも，200 を越えるストロークを残し，最も月齢の高かったアユムは 374 本のストロークを残した．ストロークの数は月齢とともに多くなる傾向を示した．アイ（一度も画面に触れなかった）とアユム以外の母子では，母親が最初に画面に触れていくつもの軌跡を残した後，乳児が画面に触れるという過程を経た．画面への反応は，食物強化がいっさい随伴しなかったにもかかわらず実験終了時まで維持された．

表 4-10-1 に，各チンパンジーが描いたストロークの長さの割合を示した．母親でも乳児でも，25-75 mm までの比較的短いストロークが全体の約半数を占めていた．特に乳児では，125 mm までのストロークが全体の約 8 割を占めた．一方，500 mm を超えるストロークは全体の

表 4-10-1　各被験者におけるストローク長の度数分布表（単位は%）

被験者	乳児			おとな	
	アユム	クレオ	パル	クロエ	パン
N	374	256	217	62	564
長さ					
0-25	6.7	14	5.5	11	5.7
25-75	58	51	55	47	65
75-125	17	16	18	6.5	13
125-175	7.8	8.2	8.8	6.5	7.8
175-225	5.1	3.5	4.2	1.6	2.1
225-275	3.7	3.9	3.7	0	0.89
275-325	0.53	0.78	0.92	1.6	0.18
325-375	0	1.2	0.92	0	0
375-425	0.53	0	0.46	1.6	0.35
425-475	0.27	0.39	0.92	0	0
475-525	0.27	0	0	0	0.18
525以上	0.27	1.2	1.4	24	4.3

1％程度に過ぎず，彼らが画面に残した軌跡は比較的短いストロークがほとんどであったことが分かった．母親の記録を見ると，クロエはストロークの数そのものは少なかったが，500mmを超えるストロークが全体の24％を占めた．パンでは全体的な分布傾向は乳児とほとんど変わりがなかったが，ストローク数が564と圧倒的に多かった．また500mm以上のストロークが4.3％を占めた．パンのこのストローク長の比率とアユム，クレオとの間には統計的に有意な差が見られ（アユム：$\chi^2(1)=10.25, p<0.01$，クレオ：$\chi^2(1)=4.33, p<0.05$），パルとの間には有意水準に近い差が見られた（$\chi^2(1)=3.06, p<0.09$）．

描画色による違いも見られた．乳児3個体の結果を表4-10-2に示した．いずれの個体も描画色が白（画面では軌跡が見えない）条件において，最もストロークが少なかった．t検定の結果，白以外の描画色条件では，白条件の時よりもストロークが有意または有意に近い水準で多いことが示された（df=8, 黒: t=3.50, $p<0.01$；青: t=4.08, $p<0.01$；赤: t=1.71, $p<0.07$；黄: t=3.61, $p<0.01$；緑; t=1.74, $p<0.07$）．しかし，白条件においてまったく反応がみられなくなったわけではなく，アユムとパルでは2回目，3回目にも反応は見られた．

ストロークのタイプについての質的分析において，2人の評定者間の一致率は89.3％であった．表4-10-3に各チンパンジーにおけるストロークのタイプ別の頻度を示した．いずれの個体でも，すべてのタイプのストロークが見られた．タイプ別の割合についても，乳児3個体の間ではほとんど一致しており，また母親2個体と比べても大きな差は見られなかった．ただし，母親では，一つのストロークのうちで何度も画面を往復するジグザグ線や，何回も続けて円を描くことがあったが，乳児ではそのようなストロークはほとんど見られなかった．

表4-10-2 各乳児におけるインク色ごとのストローク数

		インク色					
		黒	青	赤	黄	緑	白
アユム	Block1	41	35	34	46	20	8
	Block2	19	41	19	4	2	5
	Block3	23	31	8	17	13	11
クレオ	Block1	9	17	1	10	0	3
	Block2	28	0	8	19	44	0
	Block3	31	24	14	27	21	0
パル	Block1	5	8	1	56	1	5
	Block2	6	6	6	12	2	2
	Block3	11	29	13	31	19	6

表4-10-3 各被験者におけるストロークのタイプ別の頻度

被験者	点	直線	曲線	フック	円(ループ)
(乳児)					
アユム	64	131	71	63	13
クレオ	71	61	44	58	10
パル	28	84	43	42	7
(おとな)					
クロエ	14	16	16	22	5
パン	168	192	111	94	21

4-10-2 考察

実験に参加したチンパンジーのうち,アイを除くすべての個体が自発的に画面に触り,数多くの軌跡を残した.しかも,この反応は食物強化がなくとも維持された.この結果は先行研究と一致している(Boysen et al. 1987; Ladygina-Kohts 1935; Morris 1962; Schiller 1951; Smith 1973).

描画色が白(画面上に軌跡が見えない)の時と,白以外の時ではストローク数に明瞭な違いがあった.このことから,チンパンジーの画面への反応は,残された軌跡による影響を受けていると考えられる.ただし,白条件の時にまったく反応が見えなくなったわけではなかったので,それ以外の事象(たとえば,常に表示されていたマウスポインタの動きや画面への接触そのもの)も効果があったと考えられる.

今回の実験では,13-23か月齢のチンパンジー乳児も母親とほぼ同様の軌跡を残した.このことから,チンパンジー乳児では生後13-23か月で既に,成体のチンパンジーの描画に見られるような知覚-運動系の協調がほぼ出来上がっていることが示唆された.ただし,ひじょうに長くかつ複雑な描画については,乳児ではほとんど見られなかった.このような描画を行なうためには,運動系の制御がさらに発達するのを待たなければならないと考えられる.

チンパンジー乳児のうち,パルでは本研究終了後の20か月齢の時,アユムでは本研究期間中にはじめてペンを用いた紙に対する描画が見られた.紙に対する描画のタイプも,本研究で見られたものとほぼ同様だった.指を使った描画が13か月齢から見られたのに対して,ペンを使った紙への描画の出現が遅れた要因の一つとして,対象操作,特に物体を他の物体または基質へ定位する定位的操作の遅れが考えられる.5-2でも報告されているように,定位的操作の頻度が急速に増すのは20か月齢前後以降である.ヒト乳児では定位的操作は10か月齢以降に急速に増すといわれている(田中・田中 1982).定位的操作能力の発達速度の差

が，ヒトとチンパンジーにおける紙への描画の出現時期に対応しているものと考えられる．

（本研究は日本学術振興会・科学研究費補助金（♯12301006）の援助を受けて行なわれた．）

［田中正之　友永雅己　松沢哲郎］

第4章　参照文献

Bertenthal, B. I. (1993) Infants' perception of biomechanical motions: intrinsic image and knowledge-based constraints. In C. E. Granrud (ed.), *Visual perception and cognition in infancy,* Erlbaum, pp. 175-214.

Bhatt, R. S., & Waters, S. E. (1998). Perception of three-dimensional cues in early infancy. *Journal of Experimental Child Psychology,* 70, 207-224.

Boysen, S. T., Bernston, G. G. & Prentice, J. (1987). Simian scribbles: A reappraisal of drawing in the chimpanzee (*Pan troglodytes*). *Journal of Comparative Psychology,* 101, 82-89.

Boysen, S. T., & Capaldi, E. J. (eds.) (1993) *The development of numerical competence: Animal and human models.* Erlbaum.

Brannon, E. M., & Terrace, H. S. (2000) Representation of the numerosities 1 - 9 by rhesus macaques (*Macaca mulatta*). *Journal of Experimental Psychology: Animal Behavior Processes,* 26, 31-49.

Brown, D. A., & Boysen, S. T. (2000). Spontaneous discrimination of natural stimuli by chimpanzees (*Pan troglodytes*). *Journal of Comparative Psychology,* 114, 392-400.

Bushnell, I. W., Sai, F., & Mullin, J. T., (1989). Neonatal recognition of the mother's face. *British Journal of Developmental Psychology,* 7, 3 -15.

Cernoch, J. M., Porter, R. H. (1985). Recognition of maternal axillary odors by infants. *Child Development,* 56, 1593-1598

Cruikshank, R. M. (1941). The development of visual size constancy in early infancy. *Journal of Genetic Psychology,* 58, 327-351.

Davis, H., & Perussé, R. (1988). Numerical competence in animals: Definitional issues, current evidence, and a new research agenda. *Behavioral and Brain Sciences,* 11, 561-615.

Deregowski, J. B. (2000). Pictorial perception: Individual and group differences within the human species. J. Fagot (ed.). *Picture perception in animals,* Psychology Press, pp. 397-429.

Eimas, P. D., Quinn, P. C., & Cowan, P. (1994). Development of exclusivity in perceptually based categories of young infants. *Journal of Experimental Child Psychology,* 58, 418-431.

Goodall, J. (1989) Glossary of chimpanzee behavior. Jane Goodall Institute. ［田中正之・松沢哲郎（訳）(1992). チンパンジーの行動目録. 霊長類研究, 8, 123-152］

Goren, C., Sarty, M., & Wu, P. (1975). Visual following and pattern discrimination of face-like stimuli by newborn infants. *Pediatrics,* 56, 544-549.

Granrud, C. E., Yonas, A., & Opland E. A. (1985). Infants' sensitivity to the depth cue

of shading. *Perception and Psychophysics,* 37, 415-419.
Gunderson V. M., Yonas, A., Sargent, P. L., & Grant-Webster, K. S. (1993). Infant macaque monkeys respond to pictorial depth. *Psychological Science,* 4, 93-98.
Hauser, M. D., Carey, S., & Hauser, L. B. (2000). Spontaneous number representation in semi-free-ranging rhesus monkeys. *Proceedings of the Royal Society of London: Biological Sciences,* 267, 829-833.
Hershberger, W. (1970). Attached shadow orientation perceived as depth by chickens reared in an environment illuminated from below. *Journal of Comparative and Physiological Psychology,* 73, 407-411.
Hess, E. H. (1950). Development of the chick's responses to light and shade cue of depth. *Journal of Comparative and Physiological Psychology,* 43, 112-122.
Iversen, I. H., & Matsuzawa, T. (1996). Visually guided drawing in the chimpanzee (*Pan troglodytes*). *Japanese Psychological Research,* 38, 126-135.
Iversen, I. H., & Matsuzawa, T. (1997). Model-guided drawing in the chimpanzee (*Pan troglodytes*). *Japanese Psychological Research,* 39, 154-181.
Johnson, M. H. Dziurawiec, S., Ellis, H. D., & Morton, J. (1991). Newborns preferential tracking of faces and its subsequent decline. *Cognition,* 40, 1 -19.
Johnson, M. H., & Morton, J. (1991). *Biology and cognitive development: The case of face recognition.* Blackwell.
Kleffner, D. A., & Ramachandran, V. S. (1992). On the perception of shape from shading. *Perception and Psychophysics,* 52, 18-36.
Kleiner, K. A. (1990). Models of neonates' preferences for face-like patterns: A response to Morton, Johnson, and Maurer. *Infant Behavior and Development,* 13, 105-108.
Kleiner, K. A. (1993). Specific versus non-specific face recognition device? In B. de Boysson-Bardies, S. de Schonen, P. Jusczyk, P. McNeilage, & J. Morton (eds.), *Developmental neurocognition: Speech and face processing in the first year of life,* Academic Press, pp.125-134.
小西行郎・多賀厳太郎・高谷理恵子(2001). 「生後2か月の革命」 小泉英明(編著) 育つ・学ぶ・癒す 脳図鑑21, 工作舎, pp.95-111.
Ladygina-Kohts, N. N. (1935). *Infant chimpanzee and human child.* Meuseum Darwinianum (Moscow) [F. B. M. de Waal, (ed.) (2002). *Infant chimpanzee and human child: A classic 1935 comparative study of ape emotion and intelligence.* Oxford University Press].
Mandler, J. M. (1998). The rise and fall of semantic memory. In A. M. Conway, E. S. Gathercole & C. Cornoldi (eds.), *Theories of Memory II,* Psychology Press, pp.147-169.
Mareschal, D., & Quinn, P. C. (2001). Categorization in infancy. *Trends in Cognitive Sciences,* 5, 443-450.
Marlier, L., Schaal, B., & Soussignan, R. (1997). Neonatal responsiveness to the odor of amniotic and lacteal fluids: A test of perinatal chemosensory continuity. *Child Development,* 69, 611-623.
正高信男 (1989). 霊長類の匂いによるコミュニケーションについて. 霊長類研究, 5, 121-128.
Maurer, D., & Barrera, M. (1981). Infants' perception of natural and distorted arrangements of a schematic face. *Child Development,* 47. 523-527.

McFarlane, A. (1975). Olfaction in the development of social preferences in the human neonate. In R. Porter & M. O'Connor (eds.), *Parent-Infant Interaction (Ciba Foundation Symposium 33)*, Elsevier, pp.103-117

Mennella, J. A., Jonson, A. & Beauchamp, G. K. (1995). Garlic ingestion by pregnant woman alters the odor of amniotic fluid. *Chemical Senses*, 20, 207-209

Moncriff, R.W. (1970). *Odors.* Heinemann.

Myowa-Yamakoshi, M., & Tomonaga, M. (2001). Development of face recognition in an infant gibbon (*Hylobates agilis*). *Infant Behavior & Development*, 24, 215-227.

Morris, D. (1962). *The biology of art.* Methuen.

Quinn, P, C. (1996). Object and spatial categorisation in young infant: "What" and "where" in early visual perception. In A. M. Slater (ed.), *Perceptual development: Visual, auditory, language perception in infancy,* Psychology Press, pp.131-165.

Ramachandran, V. S. (1988) Perception of Shape from shading. *Nature*, 331, 163-166.

Roberts, W. A., & Mazmanian, D. S. (1988). Concept learning at different levels of abstraction by pigeons, monkeys, and people. *Journal of Experimental Psychology: Animal Behavior Processes,* 14, 247-260.

Rozin, P., & Kennel, K. (1983). Acquired preferences for piquant foods by chimpanzees. *Appetite,* 4, 69-77.

Russell, M. J. (1976) Human olfactory communication. *Nature* 260, 520-522

Schaal, B., Montagner, H., Hertling, E., Bolzoni, D., Moyse, A., Quichon, R. (1980) Les stimulations olfactives dans les relation entre l'enfant et la mere. *Reproduction Nutrition Development,* 20, 843-858

Schiller, P. (1951). Figural preferences in the drawings of a chimpanzee. *Journal of Comparative and Physiological Psychology*, 44, 101-111.

Schmidt, H. J., & Beachamp, G. K. (1988) Adult-like preferences and aversions in three-year old children. *Child Development*, 59, 1138-1143

Self, P. A., Horowitz, F. D., & Paden, L. Y. (1972) Olfaction in newborn infants. *Developmental Psychology,* 7, 349-363

Smith, D. A. (1973). Systematic study of chimpanzee drawing. *Journal of Comparative and Physiological Psychology*, 82, 406-414.

Steiner, J. E. (1974). Innate, discriminative human facial expressions to taste and smell stimulation. *Annals of New York Academy of Sciences,* 237, 229-233.

Strickland, M., Jessee, P. O., & Filsinger, E. E. (1988). A procedure for obtaining young children's reports of olfactory stimuli. *Perception and Psychophysics*, 44, 379-382.

田中昌人・田中杉恵（1982）. 子どもの発達と診断2：乳児期後半. 大月書店.

Tomonaga, M. (1998). Perception of shape from shading in chimpanzees (*Pan troglodytes*) and humans (*Homo sapiens*). *Animal Cognition*, 1, 25-35.

Tomonaga, M. (2001) Investigating visual perception and cognition in chimpanzees (*Pan troglodytes*) through visual search and related tasks: from basic to complex processes. In T. Matsuzawa (ed.), *Primate origins of human cognition and behavior,* Springer-Verlag Tokyo, pp. 55-86.

Tomonaga, M. (2001). Visual search for biological motion patterns in chimpanzees (*Pan troglodytes*). *Psychologia*, 44, 46-59.

Torii, S., Fukuda, H., Kanemoto, H., Miyanchi, R., Hamauzu, Y., & Kawasaki, M. (1988) Contingent negative variation and the psychological effects of odor. In S. Van Toller & G. Dodd (eds.), *Perfumery: The psychology and biology of fragrance,*

Chapman and Hall, pp. 107-120.

Treisman, A. (1992) Perceiving and re-perceiving objects. *American Psychologist,* 47, 862-875.

Treisman, A. M., & Gelade, G. (1980). A feature-integration theory of attention. *Cognitive Psychology,* 12, 97-136.

Ueno, Y. (1994) Olfactory discrimination of eight food flavors in the capuchin monkey (*Cebus apella*): Comparison between fruity and fishy odors. *Primates,* 35, 301-310.

上野吉一 (2002) グルメなサル香水をつけるサル. 講談社.

Valentine, T., & Endo, M. (1992). Towards an exemplar model of face processing: The effects of race and distinctiveness. *Quarterly Journal of Experimental Psychology,* 44A, 671-703

Yamaguchi, M. K., Kanazawa, S., & Tomonaga, M. (submitted). Mother face preference on Japanese macaque and human infants.

第5章　乳児期の対象操作能力の発達

アイがとりくんでいるはめ板に手をのばすアユム（撮影：松沢哲郎）

5-1
総 論

　道具使用行動は，チンパンジーの高い認知機能を示すものとして多数の先行研究が行なわれてきた（McGrew 1992; Whiten et al. 1999; Yamakoshi 2001）．道具という物を扱うためには対象操作の能力，特に定位操作（orienting manipulation or combinatory manipulation）が前提とされる．定位操作とは，自分の保持した物を外界のある特定の部分（ある場所，ある物，自己あるいは他者）に方向づけて操作する行動と定義できる（竹下 1999）．この定位操作は，ヒトでは生後10か月頃からみられるようになる（田中・田中 1982）．しかし，チンパンジーでは1歳未満で物と物，物と他者を関係づける定位操作が行なわれたという報告はなく，定位操作の出現がヒトよりも遅れるということが示唆されてきた．

　本章では，チンパンジー乳児の対象操作能力の発達を，物と物を関係づける定位操作を軸に考えていきたい．5-2では，ヒト乳幼児の精神発達を測定するために開発された新版K式発達検査（生澤 2000）の中から，四つの対象操作課題を選択して実施するとともに，ヒト幼児2名についても同様の場面で課題を行なった．5-3では，砂に対する操作について検討を行なっている．砂は固体であるが，粘土（10-12参照）ほどの形態的安定性はなく，また水ほどには不定形でもない．「形」という点にだけ注目すれば，砂は水分含有率が高ければ粘土の性質に近づき，低ければ水の性質に近づく．このように，多義的性質を有する砂は，ヒトであれば，象徴遊びの具体的な形である"ごっこ遊び"の格好の素材となる．このような材料は，チンパンジーの認知機能を自発的な遊びという文脈の中で引き出す格好の素材として位置づけられる．そこで，5-3では，チンパンジー乳児が「身体－砂－道具－他者」という複数の対象を関係づける操作へ至る過程を明らかにすることを目的とした縦断的発達研究の現在までの結果が報告されている．

　これまでの野外観察や，飼育環境での研究から，チンパンジーにおける道具使用行動の社会伝播は長期的に持続する他個体の観察と自らの試行錯誤によってなされることが示されてきた（Hirata & Morimura 2000; Inoue-Nakamura & Matsuzawa 1997; Matsuzawa et al. 2001; Tonooka et al. 1997）．しかしながら，「他個体の様子を見て自らも試す」ことによってある行動が広がっていく，というだけでは，どのような情報がどういう形で伝わっているのか，という問題には適切な答えをもたら

し得ない．さらには，ある道具使用の「創始者」がいかにしてその道具使用を獲得したかについての情報を得ることはできない．そこで5-4では，水という素材に対して出現した乳児の定位操作を「物の道具的使用」と捉え，道具使用行動の「発生」に関する知覚と行為の相互作用のもつ意味を考察した．

5-5では，乳児1個体で観察されたヒト実験者との間の物の受け渡しについて報告している．チンパンジーでは，野外・飼育環境下を問わず，食物や物体の受け渡し（あるいは分配）がしばしば観察される（7-5参照；Celli & Tomonaga, submitted）．しかし，同時にその大半が「他者が持っていくのを許す」といういわゆる受動的分配として生じることも知られている（7-5参照）．また，飼育環境下での観察では，チンパンジーが持っているものとヒトが持っている食物などとを交換するということもよく観察される（Lefebvre 1982; Hyatt & Hopkins 1998）．もう一つ，物の受け渡しに関して強調すべきこととして，ヒトの乳幼児では2歳前後から母子間の相互交渉において，母親に物を見せる（showing），物を手渡す（giving）ということがいわゆる「3項関係」の成立に伴って頻出するようになる（Hay 1979; Rheingold et al. 1976）．このような現象に「物を介した遊び（7-8参照；明和 2000）」を加えると，チンパンジーにおける物を介した個体間交渉のほぼすべてを網羅できる．本報告ではチンパンジー乳児の物の受け渡しを，食物を得るための学習性の行動，他個体との社会交渉，そして，対象操作能力の発現の一形態として捉え，考察を行なっている．

なお，本章で紹介している研究は，すべて母子が同居している場面で行われている．当然のことながら，実験中に母子間での相互交渉が頻繁に観察されている．この相互交渉の側面に分析の焦点を当てた研究報告については第7章にまとめることにした．あわせて一読されたい．

5-2
定位操作の発達—ヒトとの比較—

本研究は，チンパンジー乳児の認知的な発達を調べる指標として定位操作に着目し，その発達過程を詳細に明らかにするとともに，ヒトで用いられてきた新版K式発達検査（生澤2000）の中から選択した課題を実施することでヒトとの直接比較を行なうことを目的とした．

5-2-1 方法

観察はチンパンジー乳児が生後0か月齢から開始し，週に1回を基本として縦断的に行なった．本研究の分析対象としたのは，アユム，クレオでは2歳の誕生日まで，パルでは1歳10か月までのそれぞれ81回（アユム），68回（クレオ），67回（パル）の観察だった．また，ヒト幼児2名（観察開始時の年齢は男児1名STが3歳1か月，女児1名MTが1歳4か月）を対象として，月に1回を基本として縦断的な観察を行なった．

ヒト検査者がチンパンジー母子とブース内に同居し，母親に対して課題を実施した（図5-2-1(A)）．記録者はブースの外の観察エリアから，2台のビデオカメラによって記録を行なった．1回の観察時間は，40−70分であった．ヒト幼児の検査でもチンパンジーとほぼ同じ場面設定の中で課題を実施した（図5-2-1(B)）．母親あるいは父親がそばにいる状況で，ヒト検査者が幼児に対して課題を実施した．母親あるいは父親には，検査中に幼児に対して指示などを与えないよう教示した．

本研究で用いた新版K式発達検査

図5-2-1 課題の実施場面．(A) チンパンジー．ヒト検査者がチンパンジー母子と対面して課題を行なう．(B) ヒト．ヒト検査者がヒトの母子と対面して課題を行なう（撮影：毎日新聞社）．

(Kyoto Scale of Psychological Development)は，乳幼児期から12，13歳頃までの精神発達の状態を調べるために開発された検査である．新版K式発達検査は個々の乳幼児や児童の精神発達の状態を明らかにするため，あらかじめ生活年齢1か月から13歳にわたる1562人の被験者集団について検査が実施され標準化された．すなわち，発達過程の平均的な姿という意味での基準を作成しておき，個々の乳幼児の現実の行動を，この基準と見比べることができるようになっている．新版K式発達検査の検査項目は全部で321項目あり，乳幼児や児童の精神発達の状態を，精神活動の諸側面にわたって捉えることができるように工夫されている．これらの検査項目は，姿勢・運動（postural-motor, P-M)，認知・適応（cognitive-adaptive, C-A)，言語・社会（language-social, L-S）の三つの領域に大別されている．本研究では，認知・適応領域の非言語性の検査項目を使用した．

この，ヒト乳幼児用に開発され標準化された新版K式発達検査から4種類の課題（「課題箱」，「入れ子」，「はめ板」，「積木」）を選択して使用した．以下にそれぞれの課題の簡単な手順を述べる．詳細については生澤（2000）を参照されたい．また，各課題におけるチンパンジー母親（A）と乳児（B）の対象操作については，付録CD-ROMの動画として収められている．

(1)課題箱（付録CD-ROM動画5-2-1 A, B)

上の面に縦長方形穴，丸穴，横長方形穴という3種類の穴があいた箱と，丸棒，角板を使用した．丸棒と角板を上の穴から箱の中に挿入することが母親に要求された．角板は縦長方形穴にしか入らなかったが，丸棒は三つの穴すべてに挿入することが可能だった．しかし，母親に対しては丸穴に入れた時にのみ正解とした．

(2)入れ子（付録CD-ROM動画5-2-2 A, B)

直径の異なる五つのプラスチック製カップを使用した．検査者が五つのカップをばらばらにして母親の前に呈示し，母親がそれらを入れ子状にすべて組み合わせることができた時に正解とした．

(3)はめ板（付録CD-ROM動画5-2-3 A, B)

丸，三角，四角の形をしたはめ込み板3枚と，それぞれの形に対応する穴があいたはめ板1枚を使用した．検査者は3枚のはめ込み板を，はめ板のそれぞれに対応する穴の手前以外の位置に呈示した．母親がすべてのはめ込み板を対応する穴にはめ込んだ時に正解とした．

(4)積木（付録CD-ROM動画5-2-4 A, B)

一辺2.5cmの赤色・緑色の積木をそれぞれ8個ずつと，取っ手のついた金属製のコップを使用した．検査者は赤色の積木8個，あるいはそれに緑色の積木8個をくわえて呈示し，母親にそれらの積木を積みあげることを要求した．その後，柄付コップを呈示し，積木をその中に入れて返すよう要求した．また，ヒト検査者が積木4個でトラックの形の構造物（三つの積木を床に並べ，その一方の端に残りの一つを積みあげたもの）を作り，その後

母親の前にも積木4個を呈示し，同じように構成させる課題も行なった．

母親が課題に成功した場合には，報酬として食物片を与えた．乳児の対象操作を観察するため，乳児が対象操作を行なっている時は母親の課題を中断して，乳児のみが物を操作する時間を設けた．乳児が行なった対象操作に対して食物報酬を与えることはなかった．

本研究では，乳児の行なった対象操作の中で，保持している物体を他の対象物体と接触させる対象操作行動を定位操作と定義した．つまり，「物と物とを関係づける行動」という狭義の定義である．他の対象物体とは，保持している物体に関係する課題で用いられる物とした．たとえば，母親が座っていたすのこなどの当該の課題と関係のない物や，床や壁などの環境表面に対して接触させた場合は，本研究では定位操作には含めなかった．

定位操作の回数は，対象物間の接触がない状態から，保持を含む操作によって接触が始まった回数とした．ただし，物体間の接触がなくなったあと，1秒未満の短い間隔で再び接触が起こった場合には回数を加算せず，連続したものと見なした．課題箱，はめ板にあいた穴に保持した物を定位したあと，他の穴に定位する先を変えた時には，接触が連続していた場合にも異なる定位と見なし，回数を加算した．

新版K式発達検査によるヒトとチンパンジーの比較の際，図表では新版K式発達検査において用いられている項目名をそのまま使用した．各項目の判定基準等については生澤（2000）および中瀬・西尾（2001）を参照されたい．

5-2-2 結果

チンパンジー乳児が定位操作をどれだけ頻繁に行なったか，その発達的変化を調べるために，各月齢で四つの課題を含んだ観察1回あたりに，乳児が何回定位操作を行なったかを求めた（表5-2-1）．対象とした乳児すべてにおいて，1歳未満の時期に定位操作が初出した．定位操作ははじめて観察されたあと，単調に増

表5-2-1 各月齢で各被験児に観察された定位操作の回数（4種類の課題すべてを含む観察1回あたりの平均回数として算出した）

月齢	アユム	クレオ	パル
0	0	0	0
1	0	0	0
2	0	0	0
3	0	0	0
4	0	0	0
5	0	0	0
6	0	0	0
7	0	0	0
8	0.5	0	10.7
9	7.3	0	8.6
10	8.2	0	3.3
11	1.8	0.9	2.0
12	4.8	0	1.0
13	1.3	1.3	3.0
14	0.2	0	3.5
15	0.3	0	0
16	0	2.8	1.0
17	0.5	14.0	15.0
18	0	10.0	11.0
19	0	25.7	12.5
20	22.0	16.3	23.5
21	34.3	23.7	19.0
22	29.7	51.0	—
23	35.7	48.0	—

加していくのではなく，ほとんど定位操作が観察されない時期があった．そして，すべての乳児で1歳半前後で定位操作の回数が急激に増加した．

定位操作がはじめて観察されてからの期間を，定位操作の回数が急激に多くなった月齢の前とそれ以降の二つの時期にわけて，その質的な違いを調べた．二つの時期に分ける基準は，観察1回あたりの定位操作の回数が，過去3か月間の平均回数の5倍以上となった月齢とした．二つの時期を，定位操作の「前期」の段階，「後期」の段階と呼ぶこととした．アユムでは前期が8－19か月，後期は20－23か月だった．クレオでは前期が11－16か月，後期が17－23か月，パルでは後期が8－16か月，後期が17－21か月だった．

次に，定位操作がどの課題で行なわれたかに着目して分析を行なった．各乳児が各月齢における課題の観察1回あたりにつき，何回定位操作を行なったかを表5-2-2に示した．また，定位操作の前期と後期の段階にわけて，課題ごとに各月齢での課題1回あたりの回数を合計し，すべての定位操作の中で各課題において行なわれた回数がどれだけの割合を占めていたかを百分率で示した．アユムとパルでは前期の段階で観察された定位操作は，その多くが課題箱においてみられたものであった．しかしすべての乳児とも，1歳半を過ぎる後期になると定位操作がより多くの課題でより頻繁にみられるようになった．その中でも課題箱や入れ子の課題で定位操作が多く見られた．

本研究ではチンパンジー母子を対象としたため，新版K式発達検査の実施手順と若干異なる点があった．たとえば，本研究で行なった4課題は，本来，机上で行なわれる検査項目だが，本研究場面では床の上に直接物を呈示して行なった．そこで，ヒト幼児2名についてチンパンジーと同じ条件のもとで課題を実施し，その結果を標準化されたヒトの基準と比較した．その結果，ヒト幼児2名の発達は，新版K式発達検査の標準化された範囲の中におさまっており，本研究で得られた結果をヒトの標準化されたデータと比較することが可能であることが示された．

生澤(2000)に記された，ヒト乳幼児における各検査項目の50％および75％通過年齢に基づき，表5-2-3にはK式発達検査の課題をもとにしたヒトとチンパンジーの比較を一覧として示した．母親チンパンジーは，ヒト幼児の結果と比べるとおおむね2歳前半程度に対応する課題を通過していた．

チンパンジー乳児の行なった操作について，詳しくみてることにする．生澤(2000)によると，2歳以下の段階で100％のヒトが通過している項目は四つで，「課題箱に丸棒を入れる」，「はめ板に円盤をはめる」，「積木を積んで2個の塔を作る」，「コップに積木を入れる」，という項目だった．このうち，対応する2歳以下の段階で，チンパンジー乳児において一度も観察されていないのは，「積木を積んで2個の塔を作る」という項目だった．ヒトでは，「課題箱に丸棒を入れる」項目と，「積木を積んで2個の塔を作る」

表5-2-2 課題別にみた各被験児,各月齢における課題1回あたりに観察された定位的操作の回数(アユムでは前期:8-19か月,後期:20-23か月,クレオでは前期:11-16か月,後期:17-23か月,パルでは前期:8-16か月,後期:17-21か月だった)

月齢	アユム				クレオ				パル			
	課題箱	入れ子	はめ板	積木	課題箱	入れ子	はめ板	積木	課題箱	入れ子	はめ板	積木
8	0.5	0	0	0	0	0	0	0	10.7	0	0	0
9	7.3	0	0	0	0	0	0	0	8.6	0	0	0
10	8.2	0	0	0	0	0	0	0	3.0	0	0.3	0
11	1.8	0	0	0	0.7	0	0.3	0	2.0	0	0	0
12	2.8	0	2.0	0	0	0	0	0	1.0	0	0	0
13	1.3	0	0	0	0.3	0.7	0	0.3	3.0	0	0	0
14	0.2	0	0	0	0	0	0	0	3.3	0	0.3	0
15	0	0	0.3	0	0	0	0	0	0	0	0	0
16	0	0	0	0	2.5	0	0.3	0	0	0	0	1.0
17	0	0.3	0.3	0	0	13.0	0	1.0	15.0	0	0	0
18	0	0	0	0	3.0	6.0	1.0	0	11.0	0	0	0
19	0	0	0	0	18.0	7.7	0	0	8.0	4.5	0	0
20	20.0	1.0	1.0	0	12.3	3.0	1.0	0	18.5	3.0	2.0	0
21	19.3	10.8	3.8	0.5	16.0	5.0	0.7	2.0	16.5	1.5	1.0	0
22	9.3	8.3	7.0	5.0	30.5	14.0	4.0	2.5	—	—	—	—
23	16.7	17.7	0.7	0.7	21.0	9.0	8.0	10.0	—	—	—	—
前期合計	21.9	0.3	2.6	0.0	3.5	0.7	0.6	0.3	31.6	0.0	0.5	1.0
割合(%)	88.6	1.0	10.4	0.0	68.9	13.2	11.4	6.5	95.5	0.0	1.5	3.0
後期合計	65.3	37.8	12.4	6.2	100.8	57.7	14.7	15.5	69.0	9.0	3.0	0.0
割合(%)	53.7	31.1	10.2	5.1	53.4	30.6	7.8	8.2	85.2	11.1	3.7	0.0

という項目は,ほぼ同じ時期に現われる.表5-2-3に示したように,チンパンジー乳児では,「丸棒を課題箱に入れる」という操作はヒトと比肩し得る早い段階から観察された.しかし,「積木を積む」という操作は2歳を迎えてもチンパンジー乳児には一度も観察されなかった.

5-2-3 考察

生後8-11か月という1歳未満の段階で,今回対象としたチンパンジー乳児すべてに定位操作がはじめて観察された.ヒトと比肩し得る早い段階から,チンパンジー乳児も定位操作を行なっていた.しかし,その後,定位操作は単調に増加するわけではなく,ほとんどみられなくなった.そして,1歳半前後からすべての乳児で定位操作が多く観察されるようになった.この時期にはより多くの課題でより頻繁に定位操作が行なわれるようになった.

1歳未満の段階でも定位操作が多数観察されたのは課題箱の課題だった.穴に物を入れるという行動が,チンパンジー

表5-2-3 新版K式発達検査の課題をもとにしたヒトとチンパンジーの比較(チンパンジー乳児に関しては初めて当該の行動が観察された年齢を記した．年齢の表記は1：6.0は，1歳6.0か月の意味である．項目名の「丸棒 例後 1/3」は，3試行内に1回丸棒を課題箱中央の丸穴に入れることができたことを示す．「積木の塔 8」は，独力で積木を8個積みあげて1本の積木の塔を作ることができたことを示す．詳しくは生澤(2000)，中瀬・西尾(2001)を参照のこと．) Y：合格，N：不合格，－：判定不能，＊：チンパンジー乳児の不完全な通過月齢(入れ子では一番上のカップが逆向き，丸棒では丸穴以外への挿入)

課題名	分類	項目名		ヒト通過率 (年齢：月齢)		チンパンジーの課題達成 (母親の場合)			チンパンジーの課題達成 (乳児の場合)		
				50%	75%	アイ	クロエ	パン	アユム	クレオ	パル
課題箱	課題箱	丸棒	例後1/3	1:01.3	1:02.2	Y	Y	Y	0:9.3	1:6.0*	0:8.8*
		角板	例後1/3	1:06.3	1:08.4	Y	Y	Y	N	1:10.9	N
		角板	例前	1:10.8	2:02.4	N→Y	Y	Y	－	－	－
はめ板	はめ板	円板をはずす		0:8.7	0:10.0	Y	Y	Y	0:7.5	0:9.0	0:8.2
		円板をはめる		0:11.9	1:1.0	Y	Y	Y	1:0.2	N	1:2.2
		円板回転		1:3.4	1:5.4	Y	Y	Y	N	N	N
		はめ板全例無		1:5.8	1:7.7	Y	Y	Y	N	N	N
		はめ板回転全1/4		1:7.8	1:10.9	Y	Y	Y	N	N	N
入れ子	入れ子	入れ子3個		1:5.3	1:10.8	Y	Y	Y	1:11.0	1:5.8*	N
		入れ子5個		2:3.4	2:9.0	Y	N→Y	N→Y	N	N	N
積木	積木とコップ	コップを見る		0:6.9	0:8.2	Y	Y	Y	Y	Y	Y
		コップに触る		0:7.5	0:8.6	Y	Y	Y	0:3.8	0:7.9	0:3.7
		中の積木に触れる		0:8.3	0:9.4	Y	Y	Y			
		中の積木を出す		0:8.8	0:9.7	Y	Y	Y	0:10.0	1:1.5	0:6.8
		コップの上に示す		0:10.1	0:11.6	Y	Y	Y			
		コップに入れる 例後		0:9.2	0:10.8	Y	Y	Y	1:9.1	1:5.8	1:8.1
		コップに入れる 例前		0:11.0	1:0.3	Y	Y	Y	－	－	－
	積木の塔	積もうとする		0:11.7	1:1.1	Y	Y	Y	1:10.0	1:10.3	N
		積木の塔 2		1:1.8	1:3.1	Y	Y	Y	N	N	N
		積木の塔 3		1:3.5	1:5.1	Y	Y	Y	N	N	N
		積木の塔 5		1:6.2	1:8.2	Y	Y	Y	N	N	N
		積木の塔 6		1:8.3	1:11.1	Y	Y	Y	N	N	N
		積木の塔 8		2:1.1	2:4.6	Y	Y	Y	N	N	N
	積木の模倣	トラックの模倣		2:4.0	2:9.2	N	N	N	N	N	N

では早くからみられる可能性が示唆された．穴に物を入れるという行動を含む道具使用行動は，地域間で多少の差異はあってもチンパンジーに普遍的にみられる行動といえる (Whiten et al. 1999)．このような行動を指標としたことが，本研究の対象乳児において，先行研究では観察されなかった1歳未満という段階から定位操作がみられたことの要因となっていた可能性が考えられる．

新版K式発達検査によるヒトとチンパンジーの比較から次のことが示唆された．母親チンパンジーは，少なくともヒトの2歳前半頃に対応する操作を行なうことができた．チンパンジー乳児は課題箱に丸棒を入れるという操作は早くから行なうようになるが，ヒトではほぼ同じ時期にみられるようになる積木を積むという操作に関しては，ヒトと比べてその出現が大幅に遅れることが示された．ヒトとチンパンジーにおいては対象操作の発達過程が同一ではなく，操作の種類によって異なった結果が導き出される可能性が示唆された．

(謝辞：本研究の遂行にあたり，子安増生，吉川左紀子，竹下秀子各氏に御指導と御協力をいただいた．)
［林美里　松沢哲郎］

クレオを抱きながら
積み木を積むクロエ
(撮影：松沢哲郎)

5-3
砂の対象操作行動の分析
1歳齢と2歳齢での比較

　ヒトを含めた霊長類の対象操作の研究は，大きく二つに分類される．一つは，Piaget（1953; 1954）に代表される知性の発達研究である．もう一方は，操作する身体器官の形態や運動機能の系統発生的研究である．本節の力点は前者に置かれており，この視点から，チンパンジーが自身の身体−砂−道具−他者という複数の対象を関係づける操作過程を実験的に観察することを通じて，チンパンジーの精神世界あるいは「こころ」の可視化を目指している．本報告においては特に，チンパンジー乳児が身体−砂−道具−他者という複数の対象を関係づける操作へ至る過程を明らかにすることを目的とした縦断的発達研究の第一報的資料を呈示する．

5-3-1　方法

　各乳児が1歳齢と2歳齢の時点で，実験ブースにおける母子同伴場面での砂の対象操作についての実験を行なった（表5-3-1）．

　実験条件として，ブース内に置かれた砂（珪砂10kg，水分含有率の低い状態で用いた）と砂以外の複数の対象物（道具）を自由に操作できる自由遊び場面において，実験者がブース内に同室する・しないの2条件を設定した（表5-3-2）．また，実験者が同室する場合，実験者はブースの一角で座って，砂の操作には積極的には介入せず，被験者が関わってくればそれに応えることとした．いずれの年齢段階および条件においても，30分間の

表5-3-1　実験時の年齢

	1歳齢	2歳齢
アユム	11か月齢	2歳2か月齢
クレオ	9か月齢	2歳
パル	7か月齢	1歳11か月齢
アイ	24歳齢	25歳齢
クロエ	20歳齢	21歳齢
パン	17歳齢	18歳齢

表5-3-2　実験条件

	1歳齢	2歳齢
砂	珪砂5号 10kg	珪砂5号　10kg
砂以外の対象物	（9種類9ピース）	（5種類5ピース）
	ザル	スコップ
	レーキ	洗面器
	スコップ	コップ
	洗面器	バケツ
	コップ	ビニールの砂袋
	ペットボトル（蓋なし）	
	バケツ	
	漏斗	
	ビニールの砂袋	

実験をそれぞれ1セッションずつ行なった（図5-3-1）. チンパンジーが行なった砂および砂以外の対象物の操作を，10秒1コマの1-0サンプリング法により記録し，それらの操作に費やしていた時間的割合を求めた. また具体的な砂の操作行動については，連続記録法により行動の内容を記録し，行動目録を作成した. 記録された操作行動において，ある操作から次の操作への行動間間隔が10秒以内に生じた場合を1バウト（一続きの砂の操作行動）とし，それ以上離れた場合は別のバウトとして，行動目録を作成した.

5-3-3 結果

表5-3-3は，それぞれのチンパンジーが砂の対象操作に費やしていた時間的割合を，条件および乳児の年齢段階ごとに示したものである. 乳児たちは，1歳齢ではほとんど砂を操作しなっかたが，2歳齢になると，実験セッションの半分以上の時間を砂の操作に費やしていた. また，この傾向は，実験者の同室の有無にかかわらず示された. 一方，母親たちは，乳児が1歳齢の時では比較的砂を操作していたが，2歳齢ではほとんど操作しなくなった. また，その減少傾向は実験者同室条件で特に著しかった.

表5-3-4は，砂以外の対象物を操作していた時間的割合を，条件および乳児の年齢段階ごとに示したものである. アユム以外の乳児では，実験者同室条件お

図5-3-1　アイとアユム（2歳齢）の実験の様子（実験者同伴条件）

表5-3-3 砂の対象操作をしていた時間的割合(％)

条件	乳児の年齢段階	乳児				おとな			
		アユム	クレオ	パル	乳児平均	アイ	クロエ	パン	おとな平均
実験者同室	1歳齢	3.3	5.6	0	3.0	57.8	22.8	46.7	42.4
	2歳齢	86.1	66.7	51.1	68.0	3.9	3.9	21.1	9.6
実験者非同室	1歳齢	2.2	0	1.7	1.3	8.3	0	19.4	9.3
	2歳齢	88.3	66.7	61.7	72.2	1.1	0	3.9	1.7

表5-3-4 砂以外の対象操作をしていた時間的割合(％)

条件	乳児の年齢段階	乳児				おとな			
		アユム	クレオ	パル	乳児平均	アイ	クロエ	パン	おとな平均
実験者同室	1歳齢	43.9	31.7	0.6	25.4	34.4	27.2	36.7	32.8
	2歳齢	54.4	82.8	69.4	68.9	8.3	8.3	32.2	16.3
実験者非同室	1歳齢	82.8	0	0	27.6	21.7	0	18.9	13.5
	2歳齢	54.4	96.1	78.3	76.3	17.2	15.6	6.1	13.0

よび非同室条件のいずれでも1歳齢に比べて2歳齢での操作時間の飛躍的な増加が見られた．アユムの場合は，実験者同室条件では年齢段階による違いが見られず，実験者非同室条件では2歳齢で減少するという傾向が見られ，他の乳児とは異なる傾向が示された．一方，母親たちの実験者同室条件では，アイとクロエは2歳齢で減少したが，パンは変化なしという傾向が示され，実験者非同室条件では，アイとパンは変化があまりなかったが，クロエはやや2歳齢で増加したという傾向が見られた．

付録CD-ROMに収録した付表5-3-1は，それぞれの乳児の各年齢段階においてみられた砂の対象操作行動バウトのパターンをまとめたものである．同一パターンの複数バウトは一つにまとめてあるので，条件ごとの操作行動バウト数を示したものではなく，操作行動のパターンを列挙したものである．

乳児たちの砂の操作パターンは，1歳齢では実験者同室／非同室条件にかかわらずごく少数であり，そのパターンは，手ないし指で砂に触るといった砂の感触を確かめる行動と，母親の砂の操作を見つめるという観察的行動で構成されていた．乳児の間での操作行動パターンの特異性が明確化するほどのパターン数もなく，基本的には貧弱な砂の操作行動レパートリーで構成されていた．一方，2歳齢ではそのパターンは飛躍的に増大しており，わずか1年あまりで大きな変化がみられた．実験者同室／非同室条件間での違いは大きくはみられなかったが，アユムとパルでは非同室条件の方がより多くの操作パターンが示され，一方クレオは同室条件の方が多かったが，操作パターンの内容を見る限りでは条件間での差はあまり無かった．操作パターン全般に

いえることとして，身体との関係づけが主であったことが特徴的である．具体的には，「両手（片手）でかき寄せる」，「両手（片手，ナックル）でたたく」，「四足でかき回す」，「手でつかむ」などの行動，砂の上で「ぐるぐる回る」，「ばく転する」，「寝転がる」，「腹ばいになる」，砂をめがけて「飛び降りる」等の行動に代表されるものであった．また，比較的長く続いたバウトにおいても，その構成は上述の行動の繰り返し的なものであり，操作の階層性は一段階にとどまっていた．

母親たちの砂の操作パターンの変化は乳児たちのそれとはまったく逆であった．つまり，乳児の年齢段階の1歳齢では，特に実験者同室条件で砂の操作行動パターンが多く観察されたが，2歳齢になると乳児の操作行動の増加と呼応するように操作行動パターンの著しい減少がみられた．しかし，少ない操作パターンにもかかわらず，砂と身体との関係づけにとどまらず道具とも関係づけ，さらに操作の階層性も多段階性を維持していた．

5-3-2 考察

分析の結果，母親と乳児の砂の操作は大きく異なるものであった．乳児は，2歳齢ではほとんどの時間を砂や道具の操作に費やしていた．一方母親たちは，乳児が1歳齢の時では比較的操作したが，2歳齢ではほとんど操作しなくなった．その要因は，子どもが生まれる以前に行なわれた実験の結果確かめられていることであるが（10-10参照），もともと母親にとって誘因価の低い刺激であった砂に対する興味が，自分の子どもの存在によってさらに失われたためと考えられる．セッション中に，母親が脚や腕をつかんで乳児の動きを制止しようとしたり，乳児を追い回したり，乳児の持っている道具を取りあげたりする行動が見られた一方で，乳児に道具を渡したりする行動も見られた．いずれも乳児中心的な視点であり，母親の視点は，自身が行なう砂や道具の操作から，乳児が行なう砂や道具の操作に移行したといえる．

母子間での相違点として，実験者の同室／非同室条件間での砂の操作時間などに違いがみられた点もあげられる．母親の平均でみると，実験者同室条件の方がより長い操作時間を維持していたといえるが，乳児の場合，実験者が同室している／いないは，彼らの砂の操作には影響をおよぼしていなかった．これは，成体と乳児にとっての他者の意味づけの違いとして理解され得ると考える．実験者は積極的には砂の操作に介入しなかったにもかかわらず，その存在が母親の砂の操作を促進したことは，単に他者の存在があるだけで覚醒水準や動機水準を高め，そのことがある刺激に対する反応を促進するという「社会的促進（social facilitation）」（Zajonc 1965; 1969）をもたらしたといえる．この意味で，成体の砂の操作場面における他者の存在は明確に意識されたものとして捉えられるが，乳児の砂の操作場面における他者の存在はいてもいなくても関係のないもので，自身が焦点をあてている対象の操作にのみ集中していたといえる．このような他者の存在の認知が，母親が示すようなものへと移行する時期

は，次の年齢段階以降での実験を待たねばならないが，今後の展開として興味深いものを示唆する．

さらにもう一点の母子間での相違は，砂の操作行動の階層性にある．乳児の操作の階層性は 1 段階にとどまっていたが，母親のそれは少なくとも 2 段階は確認されている（10-10 参照）．いずれは，乳児たちも階層的に操作することを始めるであろうが，少なくとも 2 歳齢では階層的な操作は出現しなかった．乳児が階層的な操作を開始する時期を見きわめるという点でも，本研究は興味ある視点を今後提供し得る可能性を有しているといえる．

具体的な乳児の砂の操作は，砂を変化させたり，砂を媒介にして他者との関係性を構築したりするものではなく，いたって直接的に自身の身体を砂と関わらせるものであった．今回観察されたチンパンジー乳児の 2 歳齢での砂の操作行動は，ヒトの 2 － 5 歳児の砂遊び行動（松本 1993）のカテゴリーのうち，「感触を楽しむもの」として分類されている行動との対応が顕著にみられた．松本（1993）によれば，砂遊びの持っている特徴の一つには，「どんな遊びをしていても感触を楽しむ部分がある（p.53）」という点にある．これは，ヒト幼児の場合にだけ当てはまる特徴ではなく，チンパンジー乳児においても同様のことがいえる．チンパンジー乳児たちにみられた行動（付録 CD-ROM 付表 5 - 3 - 1 参照）は，まさしく身体全体で砂の感触を楽しんでいる行為に他ならない．この意味では，チンパンジーの乳児もヒトの幼児も何ら相違がないといえる．

2 歳齢までは，乳児の砂の操作において砂を別の何かに見立てて操作する「ごっこ遊び」にみられる象徴機能は確認されなかった．チンパンジーは基本的には「ごっこ遊び」はしない（松沢 1999）．しかし事例的な報告としては，アイが 5 歳になる少し前に，カップで土をすくい，中の土をこぼし，下唇だけを前に突き出して受け皿のような形にして，流れ落ちる土を受けとめようとするが，実際には，もうあと少しという手前で唇をとめて，土を口の中に入れないことを繰り返すことを「水飲みごっこ」として報告しているものがある（松沢 1995）．また中川（1996; 1997; 10 - 9 参照）は粘土遊びの実験において，「ごっこ遊び」とは明言していないが，メスの成体チンパンジー，ペンデーサが，自発的に粘土で器状の「凹形態」を造り，その凹みの中に，やはり粘土で造った小片数個を出し入れしたことを報告している．このような事例を見る限り，そう多くは出現しないであろうが，乳児たちが今後成長していくに従って象徴的操作が出現する可能性を期待させるものであり，それがいつ頃の時期に出現するのかを確認することは本研究にとって非常に意義深いことであると考える．
［武田庄平　松沢哲郎］

5-4
物を利用した「水飲み」行動の発現

　野生チンパンジーの道具使用のレパートリーを概観してみると、そのほとんどが枝などの棒を用いた探索（probing）やその派生形か、あるいは葉を利用したさまざまな道具使用のいずれかに限られているようである（Whiten et al. 1999）。このような事実は、チンパンジーにおける道具使用の出現は、彼らのもつ対象操作能力と環境認識能力によってある程度は規定されている可能性を示唆する。もしかすると、チンパンジーは「穴があれば棒を突っ込みたい」生き物なのかも知れない。

　本研究では、我々が観察した1歳半のチンパンジー乳児による物を利用した水飲み行動の事例について実験的観察も含めて報告する。この行動は、他個体の行動の長期にわたる観察や自らによる試行錯誤をほとんど伴わず出現したものであった。本事例の詳細な記述とそれに関連すると思われる事例の紹介を行なうとともに、チンパンジーにおける道具使用の起源と道具使用獲得における「観察」の役割について議論したい。

5-4-1　予備観察

　観察および実験の対象となったのはクレオである。クレオは456日齢（14か月齢）の時から、竹下・Fragaszyら（Takeshita et al. 2002）による対象操作の実験に参加していた。この実験では、木製の積み木やスポンジ製のブロックと、板、網、スポンジを貼りつけたトレイを呈示して、チンパンジー乳児の対象操作が操作を行なう表面の材質によってどのように変化するかを調べていた。その条件の一つとして水の入ったトレイが呈示された。

　3度目に水入りトレイを呈示した時（505日齢、16か月齢）、クレオは、はじめて水にスポンジ製のブロックを浸し、スポンジに含まれた水を吸うことを繰り返した。また、水につけたブロックを手でしぼったり、トレイの水の中にブロックを入れて転がしたりした。その後、519日齢、525日齢、526日齢（17か月齢）の時点で水入りトレイを呈示したが、クレオは安定してスポンジブロックを水に浸しては吸うという行動を繰り返した。また、木製のブロックも浸してはなめるということをした。

　そこで、最後の526日齢の時にペーパータオルをはじめて呈示した。呈示後45秒たった時に、はじめてペーパータオルを水入りトレイに浸した。クレオは一度手を放した後ペーパータオルを持ちあげて、口に入れて水を吸った。このエピソードの後、今度は筒型のプラスチック容器に水を入れてクレオに呈示した（図5-4-1）。クレオは、ペーパータオルを手で持って水につけ、持ちあげて口に入れて吸うという行動を繰り返し行なった。

図 5-4-1　水の入った透明容器にペーパータオルを浸し舐めるクレオ（17 か月齢）

5-4-2　実験的観察

以上のような予備観察を踏まえて，実験的観察を行なった．観察はクレオが 528 日齢から 539 日齢（17 か月齢）の間に行なった（図 5-4-2）．この実験的観察では，(1)水入りトレイの呈示，(2)水なしトレイの呈示，(3)トレイを呈示しない，という三つの条件のもとで，透明のカップ，長方形の容器のフタ，布製のタオル，そしてペーパータオルを順次与えて行動の観察を行なった．1 セッションにつき 1 条件のみを行ない，各物体につきそれぞれ 3 分間の観察を行なった．条件 1 と 2 ではセッションのはじめ 3 分間は物体を呈示しないでクレオの行動を観察した．

また，物体の呈示順序や条件の順序はセッション間でカウンターバランスした．各条件を 4 回反復し，計 12 セッションを行なった．クレオの行動はビデオカメラで記録した．観察中に見られた行動を表 5-4-1 に示す 14 のカテゴリに分類して，ビデオ記録をもとに，2 秒ごとの 1-0 サンプリングで行動の解析を行なった．

表 5-4-1 に，各条件につき 4 回反復した観察においてそれぞれの行動カテゴリが出現した相対頻度をパーセントで示す（カッコ内はセッション間の標準誤差）．クレオは，各物体に対してそれぞれに特有の対象操作をよく示した．たとえば，透明のカップについては口に含むなど口

図5-4-2 実験的観察においてペーパータオルを水入りトレイに浸すクレオ（17か月齢）

と手による操作が多く見られ，長方形のフタや布タオルに関しては床においてその上に両手をのせて前に進む「ぞうきんがけ」が多く見られた（特にタオル）．また，タオルを手にもって振り回すという行動もよく見られた．ペーパータオルについては水が呈示されない時は口で細かく破るという行動がよく見られた．

次に，物を利用した水飲みに関連する行動として，物をトレイ内に入れる，物をなめる，という行動の生起率について検討した．それぞれの行動カテゴリごとに，水入りトレイ条件と水なし条件での生起頻度について，セッションを繰り返し要因とした条件×呈示物体の2要因分散分析を行なった．その結果，「物をトレイに入れる行動」については，水がある場合の方がない場合よりも出現頻度が有意に多いことが明らかとなったが [$F(1,6)=19.89, p<0.01$]，物体間では差が認められなかった．ただし，交互作用に有意差が認められたために [$F(3,18)=3.11, p=0.052$]，下位検定を行なったところ，水がある場合とない場合での物をトレイに入れる行動の生起率の差はフタとペー

表5-4-1 各条件におけるそれぞれの行動の相対生起頻度（％）と標準誤差

		手足による物の操作	口による物の操作	物の身体部位への定位	物の床・壁などへの定位	物をトレイ内に入れる	物を舐める	指をトレイ内に入れる
	呈示物							
水あり条件	なし	7.5 (6.1)	0 (0.0)	0 (0.0)	0 (0.0)	8.1 (4.8)	16.1 (9.3)	8.3 (7.3)
	カップ	19.4 (4.4)	37.2 (10.6)	4.4 (4.4)	3.1 (1.5)	7.8 (3.4)	10.6 (5.4)	0.6 (0.3)
	フタ	15.6 (5.9)	10.6 (7.4)	2.2 (1.9)	17.2 (5.9)	20.6 (6.0)	14.2 (6.8)	3.3 (3.3)
	タオル	28.3 (3.0)	11.4 (6.0)	1.9 (1.1)	32.2 (2.4)	6.4 (2.0)	5 (1.9)	0 (0.0)
	紙	18.9 (5.0)	25 (15.2)	0 (0.0)	1.4 (1.1)	12.2 (2.2)	29.2 (10.3)	0.8 (0.8)
水なし条件	なし	2.5 (2.8)	0 (0.0)	0 (0.0)	0 (0.0)	5.6 (1.2)	14.4 (11.9)	0 (0.0)
	カップ	14.2 (1.0)	68.6 (3.7)	0.3 (0.3)	12.2 (4.5)	1.4 (1.4)	0.3 (0.3)	0 (0.0)
	フタ	25.8 (7.0)	19.4 (9.3)	14.7 (3.8)	27.2 (11)	1.4 (0.8)	5.8 (4.2)	0 (0.0)
	タオル	35 (6.3)	12.2 (6.0)	8.9 (3.8)	25.3 (6.7)	3.1 (1.6)	0.6 (0.3)	0 (0.0)
	紙	25.8 (2.9)	31.9 (7.0)	2.8 (1.3)	20.6 (3.6)	3.3 (1.4)	0.3 (0.3)	0 (0.0)
トレイなし条件	カップ	17.2 (2.1)	66.9 (5.9)	1.1 (0.8)	10.8 (6.9)		0.3 (0.3)	
	フタ	20.8 (5.2)	6.9 (1.5)	10.6 (6.2)	27.8 (10.6)		3.1 (1.8)	
	タオル	27.2 (2.1)	14.7 (6.4)	20.6 (7.2)	28.1 (6.7)		0 (0.0)	
	紙	21.9 (4.4)	29.4 (8.7)	10.3 (1.1)	21.4 (6.7)		0 (0.0)	

パータオルでのみ有意であった［フタ：$F(1,24)=23.19, p<0.001$，ペーパータオル：$F(1,24)=4.99, p<0.05$］．一方，「物をなめる」行動については，物を入れる行動同様，水がある場合の方がない場合よりも出現頻度が有意に多いことが明らかとなったが［$F(1,6)=7.55, p<0.05$］，物体間の差は有意傾向にとどまった［$F(3,18)=2.91, p=0.063$］．ただし，交互作用に有意差が認められたために［$F(3,18)=3.11, p=0.052$］，下位検定を行なったところ，水がある場合とない場合でのなめる行動の生起率の差はペーパータオルでのみ有意であった［$F(1,24)=16.41, p<0.001$］．

以上の結果から，物体をトレイに定位し，その後口に含むという一連の行動はトレイ内に水がある時に頻出することが明らかとなった．また，その際に用いられる物体にも差が見られ，特にペーパータオルの使用頻度が多いことが明らかになった．

5-4-3 考察

クレオは，16か月齢の時に物を水に浸してなめるという，物を利用した「水飲み」行動を示した．この行動は，その後に行なった実験的観察においても安定して観察された．興味深い点として，母親も類似の行動を予備観察の時点で見せたものの，7-11で紹介されているハチミツなめとは比較にならないほど少ない回数であったという点があげられる．つまり，この「道具使用」が他個体の行動の長期観察に基づくものではないという点である．クレオは自発的にこの「道具使用」をはじめたといってよい．

では，今回観察された「道具使用」は本当に物の道具的使用といってよいのだ

指を舐める	口で直接水を飲む	トレイの操作	移動	トレイを見る	他者との交渉	その他
13.1 (6.0)	1.9 (1.1)	1.4 (1.4)	6.1 (0.7)	4.4 (2.3)	28.6 (15.1)	4.4 (2.4)
2.8 (1.2)	1.7 (1.7)	0 (0.0)	7.2 (3.6)	0.6 (0.6)	3.3 (2.6)	1.1 (0.5)
1.7 (1.7)	5.6 (5.6)	0 (0.0)	1.9 (0.7)	0 (0.0)	2.2 (1.2)	5 (2.7)
1.7 (1.3)	0 (0.0)	0 (0.0)	6.9 (4.2)	0 (0.0)	1.4 (1.4)	4.7 (1.7)
1.4 (1.4)	0 (0.0)	0 (0.0)	7.8 (4.5)	0.6 (0.6)	0.3 (0.3)	2.5 (0.5)
0.6 (0.6)	0 (0.0)	3.9 (3.5)	15.8 (3.2)	1.4 (0.5)	41.1 (14.6)	14.7 (5.9)
0 (0.0)	0 (0.0)	0 (0.0)	1.4 (0.3)	0 (0.0)	0.3 (0.3)	1.4 (0.7)
0.8 (0.5)	0 (0.0)	0 (0.0)	1.9 (1.1)	0.6 (0.6)	1.4 (1.4)	0.8 (0.5)
0 (0.0)	0.3 (0.3)	0 (0.0)	5.8 (3.0)	0 (0.0)	4.4 (2.9)	4.4 (0.8)
0 (0.0)	0 (0.0)	0 (0.0)	3.1 (0.8)	0 (0.0)	6.9 (4.0)	5.3 (2.6)
0 (0.0)			0.6 (0.6)		1.9 (0.8)	1.1 (0.0)
0 (0.0)			2.5 (0.3)		25.8 (11.2)	2.5 (0.8)
0 (0.0)			2.8 (1.0)		3.1 (3.1)	3.6 (1.7)
0 (0.0)			4.2 (1.6)		8.1 (5.3)	4.7 (1.8)

ろうか．道具使用とは，ある直接的な目的のために物体を使用すること，と定義づけることができる．クレオは水を飲むためにこのような物の利用を行なったのであろうか．

クレオは水に浸した物をほとんどといってよいほど口でなめるということをした．このことは，一連の動作が「なめる（水を吸う）」という行動で完結していたことを意味している．したがって，水を飲むことが目的であった可能性は大きい．その一方で，水を飲むためであれば，直接口をつけて飲むか，指を浸してなめる方がはるかに効率的である．しかし，水あり条件において指を浸したり(1.2%)，なめたりする行動(1.9%)，あるいは直接口から水を飲む行動(1.8%)の生起頻度は，物を浸したり(11.8%)，物をなめる行動(14.8%)に比べてはるかに低かった．さらに，クレオは，水の入っていないトレイが呈示された条件でも物をその中に定位するということをある一定頻度で繰り返した(平均2.3%)．空のトレイにも物を「浸す」ということは，「水の入ったトレイに物を入れると水で濡れる」という因果性を理解していなかった，あるいは，水を飲むという目的のための手段として物を水に浸していたわけではない，と解釈することもできる．またクレオは，一度口に含んだ水を吐き出すということを何度か行なった(水入りトレイ条件4セッション中8回観察)．これらの事実は，今回観察された行動が水飲みのために行われたものではない可能性を示唆している．

では，今回の「水飲み」行動はいわゆる定位操作の延長として位置づけられるものなのだろうか．確かに，クレオの水飲みが観察され始めた16－17か月齢の頃に，新版K式発達検査において定位操作が多く見られるようになってきた（5-2参照）．また，チンパンジーにおける道具使用行動獲得の必要条件の一つと考えられている他個体（この場合は母親のクロエ）の観察も非常に少なかった．これらの事実と，先に述べた空のトレイへの物の定位の出現をあわせて考えると，今回の行動が定位操作の延長として出現した可能性は否定できない．

しかし，クレオは，物を何にでもどこにでも定位するわけではなかった．今回の観察とは別の場面において，クレオに木製の積み木などを与え，それと同時にプラスチックの容器を口を上にして呈示してみたところ，62.9%（39/62）という高い割合で手にもっていた物を容器の中に定位した（図5-4-3）．しかし，容器の底を上にして呈示してもその上に物を置くということはほとんど見られなかった（1/17, 5.9%；Fisherの正確確率検定，$p<0.001$）．この結果は，ある発達時期になると，特定の物体に対して特定の環境への特定の行動パターンが出現するようになる，ということを示唆している．そのことを可能にしているのは何だろうか．一つの可能性として，ここで「アフォーダンス」という概念を導入したい．

アフォーダンスとは，「ヒトを含めた動物に対して環境が提供する価値」を意味する．アフォードとは「提供する」という意味の動詞で，アフォーダンスは知覚心理学者ギブソンの造語である（ギブ

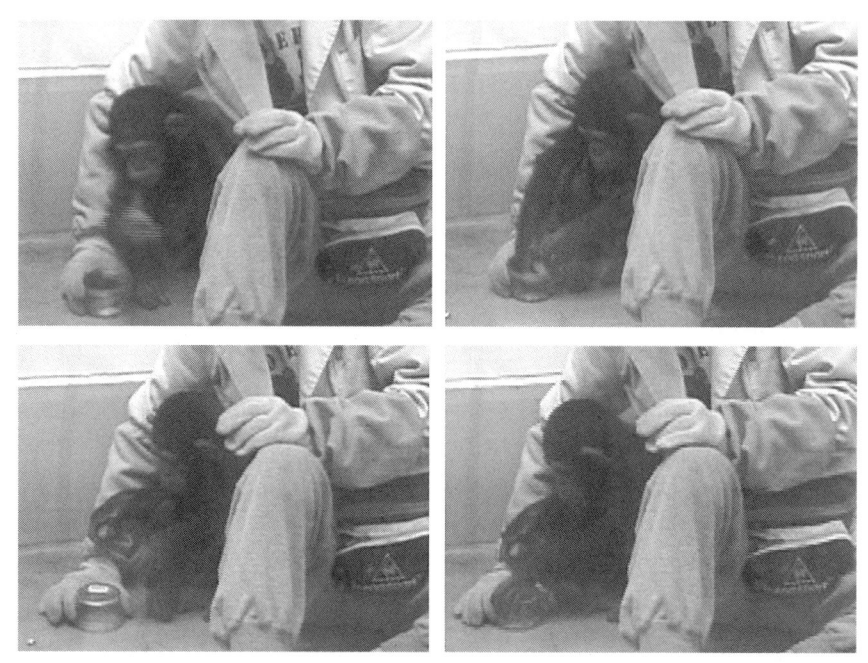

図5-4-3 容器の口が上の場合には積み木を中に入れるが（上），底が上の場合には積み木を定位しようとしない（下）．

ソン 1985; 佐々木 1994)．今回の水飲みの例でいえば，水の入ったトレイは，クレオに対してその中に「物を浸す」ことをアフォードしている．そして濡れた物は「口の中に入れて水を舐めとる」ことをアフォードしている．水の入ったトレイはそれ以外にも無数のアフォーダンスを内包している．クレオは，ある日，水の入ったトレイのもつある一つのアフォーダンスを「発見」したといえるかも知れない．

Lockman (2000) は，道具使用は環境の側に存在するアフォーダンスを検出することを内包する一種の探索行動であり，乳幼児の行なう物を利用しない直接的な操作行動と同じ機能を有している，と主張している．これはFragaszyや竹下らの主張する知覚と行為の相互作用という考えと同じである (Takeshita et al. 2002)．クレオは，木製の積み木やスポンジブロックを手に取ったり，口に含んだりしながら，あるいは，トレイの中の水に指をつけてなめてみるということをしながら，それぞれの物体のもつある特定のアフォーダンスを発見していったのではないだろうか．そしてそのようなことを可能にするのは，対象操作能力の発達なのであろう．現時点での一般化にはさらなる知見の蓄積が必要だが，少なくとも「道具使用」的な物の使用の一部は，

対象操作の発達とアフォーダンスを検出するための探索的行動という形で自発し得るのではないだろうか．当然，アフォーダンスの発見にはそれぞれの動物種による特異性ないしは制約というものが存在するはずである．チンパンジーの道具使用に棒状の物体による探索(probing)道具が多いのは，このような制約によるのかも知れない（5-2参照）．

チンパンジー乳児における物の道具的使用がある程度自発し得るのであるとすると，これまでに言われてきた「他個体の行動の長期にわたる観察」と「自らによる試行錯誤」という，野外や実験室でこれまでに確認されてきた現象は，チンパンジーにおける道具使用の獲得にどのような影響をおよぼすのであろうか．Lockman (2000) は道具使用のために必要な行為が既に習得されると，次に乳幼児は，与えられた課題のもつ特定の要求により注意をはらうようになり，その結果，道具使用が適切な形で発現していくようになる，と主張している．チンパンジー乳児は局所的強調などによって（7-7参照)，母親など他個体の行なうことに注意を向けるが，それはただ漫然と見ているわけではない．既に先述のような過程を経て物の道具的使用を獲得しているのであれば，乳児の注意は，課題解決のために必要なより具体的な事象に向けられるはずである．そして，自らも試してみることによって，新たなアフォーダンスを検出し，それらを適切に関連づけるための探索を行なうことによって，「道具使用行動」が完成していくのではないだろうか．

また，野生のチンパンジーの道具使用には，用いる物体や技法に選択性が見られることが多い．これらの中には機能的には差のない物や技法の間に選択性が見られることが多い．ボッソウのチンパンジーによる葉を用いた水飲みなどはその好例であろう (Tonooka 2001)．こういった一種の「文化的伝統」については，他個体の観察が非常に大きな役割を果たしているはずである．

物の道具的使用の出現について，本節で述べたようなシナリオを想定することによって，チンパンジー乳児たちは「何を観察」し，「何を試している」のか，という具体的な問いかけが可能になるかも知れない．

［友永雅己　水野友有　林美里］

5-5
乳児における物の受け渡し

本研究では，日常のテスト場面において，チンパンジー乳児に種々の物を手渡し，それを契機とするヒト実験者と乳児の間の交渉の発達に伴う変化について，機会利用型の実験的観察を行なった．このような観察の中で，乳児の物の受け渡し行動を他の物や食物の呈示によって積極的に「強化」し，その中で出現するさまざまな行動について分析を行なった．

5-5-1 方法

研究の対象となったのはチンパンジー乳児3個体である．特に，クレオに関しては19-24か月齢にかけて集中的な実験的観察を行なった．また，アユムとパルについてはそれぞれ22-23か月齢，20か月齢の時点で少数回の実験的観察を行なった．

基本的には，日々行なわれている発達検査の中で，機会を見つけて実験的観察を行なった．乳児が特定の課題・観察の対象となっていない時に，ヒト実験者がさまざまな物を乳児に手渡した．手渡した物は大きく2種類に分けることができる．一つは食物片（リンゴ，ミカン，ナス，ニンジン，ピーマン，など），もう一つは非食物のおもちゃなど（マグネット，ブラシ，フタ，金属性フック，人型のおもちゃ，虫のおもちゃ，食物用容器，実験に使用するカップや皿，など）である．手渡す状況も大きく2種類に分けることができる．一つは，単独の物体を目の前に差し出して自由に取らせる，という方法で，もう一つは，2種類の物を両手で呈示し，乳児がいずれかを取ろうとした時にそれとは反対側の物を手渡す，というものである．いずれの場合も，乳児が物を保持してから30秒以上たってから，実験者による働きかけを行なった．

実験者による働きかけは，手のひらを上に向けて乳児の方に差し出す（手の差し出し），食物以外の物を片手にもち乳児に見えるようにしながら別の手を差し出す（物呈示），食物を見せながら手を差し出す（食物呈示），を基本の3種類とした．手を差し出すのとほぼ同時に「ちょうだい」という音声を乳児に向かって発した．さらにこれらに加えて，乳児の目の前に実験者が口を突き出しながら接近するという口の突き出しや，一度ポケットに手を入れてから（ポケットには食物が入っている）その手を握ったまま呈示し，同時に別の手を差し出す「こぶし」条件も適宜行なった．また，後者の手渡し方法の場合，実験者の働きかけは，手の差し出し－物の呈示－食物の呈示の順で行なうことを基本とした．

物の受け渡しの成立は，乳児が保持していた物を手ないしは口で実験者が差し出した手に置くあるいはその近辺に落とすこととした．この行動の判定はブース内にいる実験者とブース外の観察者の2

名が同時に行ない，両者の判断が一致した場合のみを「受け渡しの成立」とした（図5-5-1参照）．

5-5-2 結果

アユムとパルについては，データ数が非常に少ないため，ここでは詳述しない．クレオについては，満19か月齢になった時点から本研究を開始した．それ以前は，「ちょうだい」といってクレオに手を差し出しても，逃げる，差し出した手をはたくなどの行動が優勢であった（図5-5-1左）．このような行動は，アユムとパルの観察においても頻出した．しかし，本観察を開始する少し前から，物を実験者に手渡す，持っている物をとっても怒らない，という行動が少しずつ見られるようになった．

実験的観察の期間中，合計669回クレオに物を手渡した．うち78回は食物を，591回は非食物性の物体を手渡した．表5-5-1にはクレオの観察結果を2か月ごとにまとめたものを示す．図5-5-2には，このうち非食物性の物体を手渡した時の結果を示す．この図から分かるように，手の差し出しによる物の受け渡し

図5-5-1 クレオによる物の受け渡し．左：おもちゃをくわえているところに手を差し出すと，その手をはたく．右：リンゴ片を呈示しながら手を差し出すと，持っていた容器のフタを差し出した手の上に置く．

表5-5-1 月齢ブロック（2か月）ごとの物の受け渡しの結果（クレオ）

	クレオが保持していた物									
	食物					非食物の物体				
月齢ブロック	手の差し出し	こぶし	口の突き出し	物呈示	食物呈示	手の差し出し	こぶし	口の突き出し	物呈示	食物呈示
19-20	1/6	1/1		2/6	10/13	11/58	2/10		11/31	44/99
21-22	1/6		7/18	2/5	6/9	22/77	1/5	7/19	28/66	33/50
23-24	1/2	2/2	3/4		3/6	7/61	10/15	7/12	26/36	56/59
計	3/14	3/3	10/22	4/11	19/28	40/196	13/30	14/31	65/133	133/201

注：各数字は「受け渡しの成立／呈示回数」を示す．

は，月齢ブロック間で変動しながらも20％でほぼ安定していた．しかし，物の呈示，口の突き出し，こぶしの差し出し，食物の呈示については，月齢を経るにつれて受け渡しの成功率が上昇していることが分かる（図5-5-1右参照）．

そこで，非食物性の物体を手渡した時の結果についてχ^2検定（およびBonferroni法による多重比較）を行なった．まず，手の差し出しに対する受け渡しの成功率は月齢ブロック間で有意差が認められた［$\chi^2(2)$=6.23, $p<0.05$］．多重比較の結果，21－22か月齢の方が23－24か月齢よりも受け渡しの成功率が有意に高かった［$\chi^2(1)$=5.99, $p<0.05$］．また，こぶし条件でも月齢ブロック間で有意差が認められたが［$\chi^2(2)$=6.65, $p<0.05$］，多重比較の結果，個々の月齢ブロック間に有意差は認められなかった．次に物呈示条件では月齢ブロック間に有意差が認められ［$\chi^2(2)$=11.18, $p<0.01$］，多重比較では，19－20か月齢と23－24か月齢［$\chi^2(1)$=9.09, $p<0.01$］，21－22か月齢と23－24か月齢の間に有意差が見られた［$\chi^2(1)$=8.30, $p<0.05$］．食物呈示条件でも月齢ブロック間に有意差が見られ［$\chi^2(2)$=35.61, $p<0.001$］，多重比較の結果も物呈示条件同様，19－20か月齢と23－24か月齢［$\chi^2(1)$=33.56, $p<0.001$］，21－22か月齢と23－24か月齢の間に有意差が見られた［$\chi^2(1)$=13.24, $p<0.001$］．また，口突き出し条件は後半の2ブロックでのみ行なったが，月齢間の差は有意ではなかった．

次に各働きかけ（口突き出しは分析から除外した）の間の差について月齢ごとの同様の分析を行なった．その結果，19－20か月齢では働きかけに応じて受け渡

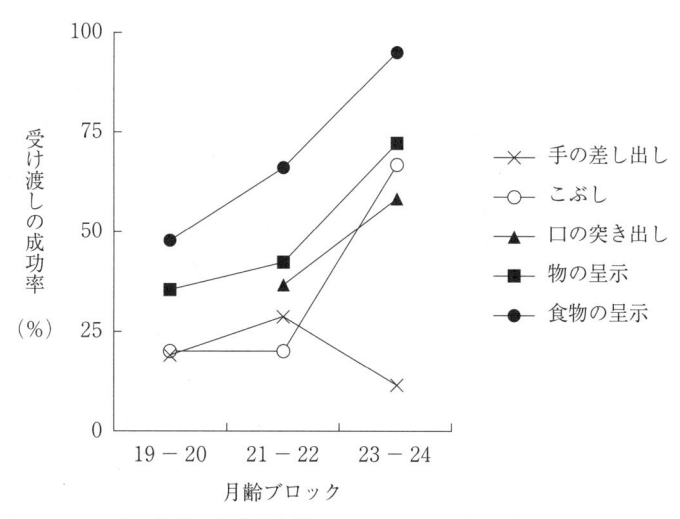

図5-5-2 非食物性の物体を保持していた場合の物の受け渡しの成立の割合

しの成功率に差が見られたものの［$\chi^2(3)$=14.06, $p<0.01$］，多重比較では手の差し出しと食物呈示の間でのみ有意差が見られた［$\chi^2(1)$=12.76, $p<0.01$］．次の21－22か月齢でも働きかけの間に有意差が見られた［$\chi^2(3)$=18.46, $p<0.001$］．多重比較の結果も先のブロック同様手の差し出しと食物呈示の間でのみ有意差が認められた［$\chi^2(1)$=17.30, $p<0.001$］．23－24か月齢でも働きかけの間に差が見られた［$\chi^2(3)$=90.60, $p<0.001$］．多重比較の結果，こぶし呈示と物呈示の比較を除いてすべての組み合わせで有意差が認められた［すべての $\chi^2(1)>7.18$，すべての $p<0.05$］．

5-5-3 考察

クレオは，月齢を経るにつれて，何か物を呈示された場合にそれとの交換という形で保持していた物を実験者に渡すようになっていった．これは発達的変化というよりは，積極的に交換を「強化」した結果による学習の可能性が大きい．ただし興味深いことに，物の交換を行なわない手の差し出しだけの場合でも平均して5回に1回は手にしていた物を実験者に手渡すということをした．

ここで観察された現象は，ヒト乳児における母子間相互作用中に見られるgivingやshowingといったものではなく，Hyatt & Hopkins (1998) のいう「物々交換 (bartering)」であったと考えることができる．実際，クレオの側から保持していた物をこちらに返したり，見せたりするということは一度も観察されなかった．では，この行動が「物々交換」なの

だとすると，クレオは手にしていたものと呈示されたものの間の「価値」を比較していたのだろうか．クレオは交換する物が存在しない場合には20％しか手渡しをしなかった（手の差し出し条件）．これに対して，非食物の呈示の場合は49％，食物呈示の場合は66％の割合で物を実験者に手渡した．また，方法の項で述べた「手→物→食物」という一連の流れの中で観察した事例のみを取り出して分析してみると，全34例中，手の差し出しのみで受け渡しが成立することは一度もなく，続く物の呈示の時点で受け渡しが成立したのは53％であった．また食物呈示により受け渡しが成立したのは80％であった．このように，クレオはより「価値」の高いものとの交換を行なう傾向にあったことは確かである．

ポケットに手を入れた後こぶしを握ってクレオの前に呈示した場合，23－24か月齢において手の差し出しのみよりも高い割合で物を手渡すようになった．それ以前にも，クレオの前にこぶしを呈示した場合，それを開けて中を確認しようとする行動が非常によく観察されていた．この結果は，クレオが握られた手の中に何かがあるかも知れないという推論を行なっている可能性を示唆するものであり，興味深い．

2歳前後の時期に，このような物の交換を学習したという事実は，他のさまざまな知見と関連づけて考察する上でも興味深い．この時期，クレオを含むすべてのチンパンジー乳児において，物を物に対応づける定位操作の頻度が爆発的に増大した（5-2参照）．この時期になると，

それまでは物をつかむだけだっだのが、持っている物を「意図的」に離すということが可能になるのかも知れない．

本研究では2歳前のチンパンジー乳児がヒト実験者との間で物と物との交換が可能であることを示した．この年齢はこれまでの報告に比べてもはるかに若いものである［Lefebvre（1982）では4歳児，Hyatt & Hopkins（1998）では3歳児］．今回の事例は，食物や物の分配（7-3参照），物を介した遊び（7-8参照）など物を介した社会交渉の発達を考える上で，重要な知見であると考えられる．

［友永雅己　林美里］

第5章　参照文献

Celli, M. L., & Tomonaga, M. (2002). Spontaneous object transfer in captive chimpanzees, *Pan troglodytes*. Manuscript submitted for publication.

ギブソン，J.J.（古崎敬，訳）(1985)．生態学的視覚論―ヒトの知覚世界を探る．サイエンス社．

Hay, D. F. (1979). Cooperative interactions and sharing between very young children and their parents. *Developmental Psychology*, 15, 647-653.

Hirata, S., & Morimura, N. (2000). Naive Chimpanzees' (*Pan troglodytes*) Observation of Experienced Conspecifics in a Tool Using Task. *Journal of Comparative Psychology*, 114, 291-296.

Hyatt, C. W., & Hopkins, W. D. (1998). Interspecies object exchange: Bartering in apes? *Behavioural Processes*, 42, 177-187.

生澤雅夫（編）(2000)．新版K式発達検査法―発達検査の考え方と使い方―（第2版）．ナカニシヤ出版．

Inoue-Nakamura, N., & Matsuzawa, T. (1997). Development of stone tool use by wild chimpanzees *(Pan troglodytes)*. *Journal of Comparative Psychology*. 111, 159-173.

Lefebvre, L. (1982). Food exchange strategies in an infant chimpanzee. *Journal of Human Evolution*, 11, 195-204.

Lockman, J. J. (2001). A perception-action perspective on tool use development. *Child Development*, 71, 137-144.

松本信吾（1993）．子どもはなぜ砂遊びに魅きつけられるのか．発達，56, 48-59.

松沢哲郎（1995）．チンパンジーはちんぱんじん：アイとアフリカのなかまたち．岩波書店．

松沢哲郎（1999）．心の進化：比較認知科学の視点から．科学，69 (4): 323-332.

Matsuzawa, T., Biro, D., Humle, T., Inoue-Nakamura, N., Tonooka, R., & Yamakoshi, G. (2001). Emergence of culture in wild chimpanzees: education by master-apprenticeship. In T. Matsuzawa (ed.), *Primate origins of human cognition and behavior*. Springer-Verlag Tokyo, pp. 557-574.

McGrew, W. C. (1992). *Chimpanzee material culture*. Cambridge University Press.

中川織江（1996）．粘土造形の心理学的・行動学的研究．日本女子大学大学院・文学研究科博士論文．

中川織江 (1997). ヒト幼児とチンパンジーにおける粘土作品の形態比較. 美術教育学, 18, 189-199.

中瀬惇・西尾博 (編)(2001). 新版K式発達検査反応実例集. ナカニシヤ出版.

Piaget, J. (1953). *The origins of intelligence in the child*. Routledge & Kegan Paul.

Piaget, J. (1954). *The construction of reality in the child*. Basic Books.

Rheingold, H. L., Hay, D. F., & West, M. J. (1976). Sharing in the second year of life. *Child Development*, 47, 1148-1158.

佐々木正人 (1994). アフォーダンス－新しい認知の理論. 岩波書店.

竹下秀子 (1999) 心とことばの初期発達 ―霊長類の比較行動発達学―. 東京大学出版会.

Takeshita, H., Mizuno, Y., Fragaszy, D., Tomonaga, M., Tanaka, M., & Matsuzawa, T. (2002). Exploring by doing: How young chimpanzees explore surfaces and objects. Paper presented at the XIXth Congress of the International Primatological Society, August 2002, Beijing.

田中昌人・田中杉恵 (1982). 子どもの発達と診断：2 乳児期後半. 大月書店.

Tonooka, R. (2001). Leaf-folding behavior for drinking water by wild chimpanzees (Pan troglodytes) at Bossou, Guinea. *Animal Cognition*, 4, 325-334.

Tonooka, R., Tomonaga, M., & Matsuzawa, T. (1997). Acquisition and transmission of tool making and use for drinking juice in a group of captive chimpanzees. *Japanese Psychological Research*, 39, 253-265.

Whiten, A., Goodall, J., McGrew, W. C., Nishida, T., Reynolds, V., Sugiyama, Y., Tutin, C. E. G., Wrangham, R. W., Boesch, C. (1999). Cultures in chimpanzees. *Nature*, 399, 682-685.

Yamakoshi, G. (2001). Ecology of tool use in wild chimpanzees: Toward reconstruction of early hominid evolution. In T. Matsuzawa (ed.), *Primate origins of human cognition and behavior*. Springer-Verlag Tokyo, pp. 537-556.

Zajonc,R.B(1965). Social facilitation. *Science*, 149,269-274

Zajonc,R.B (1969). Coaction. In R.B. Zajonc(ed.) *Animal social psychology*, Wley. p.10.

第 6 章　乳児期の社会的認知の発達

実験者の音声に音声で反応するアイとアユム（撮影：毎日新聞社）

6-1
総　論

　本章では，今回のプロジェクトの中で行われた社会的事象の知覚と認知の発達に関して行なわれた研究を集めた．このような社会的認知を基盤として発現する他個体との社会的交渉や自らの行動におよぼす他個体の効果に関する研究は次の7章にまとめたのであわせて一読されたい．

　乳児は，彼らの社会で使用される音声をどのように認識し，いつ，どのような段階を経て獲得していくのだろうか．成体と同様の音声を発するようになるのはいつごろか．また，様々な意味合いの異なる音声を聞き分け，それらに対する反応をどのように分化させていくのか．ヒト乳児では，ことばを話せるようになる前からことばを理解するといわれている（Locke & Snow 1997）．新世界ザルの一種であるワタボウシタマリンでも，異なる音声を状況に応じて一貫して用いることができるようになる前から，各々の音声に適切な応答をしたり，状況に応じて発声頻度を変えたりすることが知られている（Castro & Snowdon 2000; Roush 1996）．6-2では，チンパンジー乳児による他個体の発する音声に対する応答の発達的変化が報告されている．

　社会的認知の領域で大きな比重をしめる問題の一つに，他者認知と自己認知の問題がある．いうまでもなく，チンパンジーなどの大型類人猿では，他のヒト以外の霊長類とは異なり，鏡に映った自分の姿を自己として認識できる（Gallup 1970; 板倉 1989）．では，その発達過程はどうなっているのか．また，その前駆的な現象は見られないのか．あるいは，自己認識の成立に伴って（あるいは先立って）他の社会的認知の変容が起きるのか．

　6-3ではまず，新生児期のチンパンジーに見られるルーティング反応を指標に自己知覚の問題について議論している．Rochat（1998）は，乳児が，感覚器官に基づく経験により，自己を取り巻く環境にある他の物体と同じように，自己を客観的に認識するようになることを主張した．すなわち，ある種の自己知識は，自己鏡映像の認知が可能になる前から存在しているという主張である．一方，Neisser（1993）は，Gibson（1966）の生態学的心理学に影響を受けながら，独自の理論を展開し，自己知識を，生態学的自己，対人的自己，時間的拡張自己，概念的自己，そして私的自己の五つに分類した．Rochatら（Rochat & Hespos 1997; Rochat 1998;

2000)は，このうちの視覚・聴覚・内受容感覚などによる物理環境の知覚に基づく自己知識である生態学的自己に注目し，自己知識の個体発生的起源をここに求めた．彼らは，生後18時間以内の新生児におけるルーティング反応の出現を，自分の指で頬や口辺部分に触れた場合と，実験者がその部位に触れた場合とで比較し，後者の方が前者よりも有意に多くルーティングを示すことを示した（Rochat & Hespos 1997）．彼らは，このことから，ヒトは新生児でも自己と外界を区別しており，Neisserのいう生態学的自己の証拠が示されたとの結論を下した．6-3では同様の手続きを用いて，チンパンジー新生児が外界からの触覚刺激と自己が生成した触角刺激を弁別できるか否かを検討している．

続く6-4では，チンパンジー乳児のサッキング反応の自己制御をもとに自己鏡映像認識の成立以前の彼らの自己知識について検討を行なっている．Rochat & Striano (1999) は，ヒト新生児と2か月児を対象に，サッキング反応に対して異なる種類の聴覚刺激のフィードバックを与えたところ，2か月児は，聴覚フィードバック刺激に応じて，サッキングや乳首に対する口唇での探索を調節するということを明らかにし，自分の行為に随伴する刺激を探索することで，異なる知覚-行為のカップリングに従事するようになると結論づけた．6-4では，この実験をチンパンジー乳児に対して行ない，生態学的自己知覚と行為の関連について検討している．

このような，自己認識の前駆的現象を経て，チンパンジー乳児は鏡に映った映像を自分であると認識できるようになっていくのだろう．このような自己鏡映像認知の客観的なテストとしては，Gallup (1970) によるマークテスト（被験体に気づかれないように顔に顔料などでしるしをつけた後，鏡を見せ，そのしるしに対する自己指向性反応の生起を調べる）が有名である．このテストなどを利用した多くの研究から，自己指向性反応が出現するという点で，大型類人猿とその他の霊長類の間に，系統発生的な差異が明瞭に示されている．これまで，チンパンジーでは，各研究によってばらつきが見られるが，およそ1.5歳から4.5歳で自己指向的な反応が出現すると考えられてきた（Lin *et al.* 1992; Povinelli *et al.* 1993; 井上 1994）．6-5では，自己鏡映像認知が成立するとされている年齢よりはるか以前の1か月齢から乳児に鏡を見せ，その時の反応の発達的変化を縦断的に観察している研究の2歳時点までの結果が報告されている．

ヒトでは，1歳8か月頃になると，自己の名前に反応するようになるといわれているが（植村 1979），その発達過程について詳細に調べた研究は非常に少ない．自己の名前は，ヒト乳幼児の発達の過程においては，自己が他者とは独立した存在

であり，自分は一人しかいないのだということを認識する上で重要な刺激であり，自己認識の発達と密接な関連をもつものと思われる．チンパンジー成体でも，特定の社会的な文脈ではない状況下で，ヒトによって恣意的につけられた自己の名前認知が可能であることが示唆されている（10-12参照）．実際，本研究プロジェクトの乳児たちにもアユム，クレオ，パルという名前がつけられている．これらの名前が自分のことを指しているということを彼らはいつどのように理解するのだろうか．この問題は自己鏡映像認知の問題との関連からも興味深い．6-6では，自己の名前認知に関する縦断的研究の経過報告がなされている．

　自己認識の問題と他者認識の問題は密接な関連を持っている．Neisserのいう対人的自己や概念的自己が成立するためにも他者の認識は必須である．ヒトや大型類人猿は，グループ内の他者との交流・経験を通してさまざまな知性，特に社会的知性を身につけていくと考えられる．この発達過程において，特に視覚的に得られる他者の情報は大きな役割を果たしているだろう．このような他者の視覚的モニタリングにおいて，乳児たちは見えるものをただ受動的に見るのではなく，特定の個体・状態に選択的に注目することによって情報を効率的に取捨選択しているのではないだろうか．6-7では，乳児による他者の認識について，特に自己に対する働きかけの理解という観点から行われた実験を報告する．

　4-5，4-7で紹介したように（および7-2も参照のこと），乳児たちにとって最も身近な社会的存在は母親である．乳児たちがいつ頃からどのように母親を認識するようになるのか．4-5に紹介されている結果によると，およそ1か月齢になると乳児たちは母親の顔を他の顔と区別できるようになる．本書では詳しく紹介していないが，この頃になると，母子間での見つめあいの頻度が増加するということも明らかとなった（Bard *et al.* 2002）．ヒトの母子間では「みつめあう」ということが非常に頻繁に起こる．このことは，程度の差こそあれ，チンパンジーでも同じである．Bardらの観察によると，乳児が6−8週齢になると母親との見つめあいが急激に増加し，その頻度は1時間あたり約27回にもなる．この時期は，乳児が母親の顔を選好的に注視し（4週齢），さらに顔そのものへの選好に移行する時期（8週齢）とほぼ対応している（4-5参照）．Bardらはアメリカのヤーキス霊長類研究センターのチンパンジーの母子についても同様の観察を行なったが，霊長研の母子ほど頻繁な見つめあいは見られなかった．Bardらの研究の結果，見つめあいの頻度は身体接触の頻度(抱いている頻度)と高い負の相関を示すことが明らかとなった．この点についてはヒトでも同様の結果が報告されている（Lavelli & Fogel 2002）．類似の結果は，岡本早苗らが実験ブース内でのチンパンジー母子間の交渉

の発達的変化を調べた際にも認められた（岡本ら 2002）．身体が接触していない時ほど母親はよく乳児の方を見，乳児も母親の方を見るということが報告されている．これらの結果は，抱くという接触行為の代償として見つめあいが進化してきた可能性を示唆するのかも知れない．

　母親の顔を認識し，母親と目をあわそうとする．そして，それに引き続いて，顔そのものへの興味が増大し，母親との見つめあいが高頻度で安定する．さらには，反射的な自発的微笑が消失し（3-3 参照），初期模倣反応もなくなる（3-5 参照）．これらがすべて約 2 − 3 か月齢の頃に集中する．そして，この時期に出現するのは社会的微笑と呼ばれる反応である（水野・松沢 2001）．この時期以降，さまざまな場面で外界からの社会的（あるいは非社会的）な働きかけに対してプレイフェイスと呼ばれる「笑い顔」の表出が増大する．そしてそれに伴って母親の方も他のチンパンジーが乳児と接触したり遊んだりすることを少しずつ許容していくようになる．乳児は笑顔を通じて自らの社会を少しずつ広げていくのだろう．

　見つめあいに続いて起こること，それは共同注意である（7-4 も参照）．他個体の視線の先に自らの注意をシフトさせ，他個体と経験を共有する．このような共同注意という現象の基盤には視線の弁別と追従という能力の成立が必須である．動物にとって，「眼」は，顔の特徴を構成する部位の中でも特に重要である．他個体の視線を追従することで，環境内の食物や捕食者のありかを知り，他個体の視線を理解することによって，社会的な交渉が容易となる．このように，他者の視線をすばやく検出する能力は，きわめて重要な適応的意義をもつと考えられる．こうした進化論的観点から，視線に関する情報を処理するための特定の神経システムが脳内に存在する，と主張する研究者は多い．たとえば，Baron-Cohen (1995) は，眼または眼らしい刺激がどこを向いているかを検出する「視線の検出機構 (EDD)」という生得的なモジュールが存在するという説を提唱している．

　他者の視線を検出する能力は，Baron-Cohen のいうように，独立に機能する「モジュール」として生まれながらに備わっているものなのだろうか．それとも，生後の学習経験によって発達していくものなのだろうか．視線を検出する能力の発達に関する系統発生的基盤を探ることは，このような問いに対して有効な示唆を与えてくれるだろう．6-8 では，生後 10 − 32 週齢のチンパンジー乳児における視線の検出能力の発達を検討している．

　6-9 では他者の視線の追従や視線手がかりの理解に関する研究が報告されている．このような能力をヒト以外の霊長類で調べる際には，主に対象選択課題と視線追従課題という二つの基本的な実験パラダイムが用いられてきた．対象選択課

題では，情報提供者（たとえばヒト実験者）が食べ物の隠された不透明の容器のいくつかのうちの一つを見る（あるいは指さして見る）ことによって被験体に選択行動の手がかりを与えるという手続きが標準的に用いられる（Anderson et al. 1995; Itakura & Tanaka 1998 など）．また，視線追従課題では，ヒトないしは同種他個体による，ある方向への頭や目の定位に対する単純な視線追従を指標として測定する（Itakura 1996; Povinelli & Eddy 1996; Tomasello et al. 1998）．これらの手続きを用いた数多くの研究がこれまでに行われてきたが，その結果が実験手続きに左右される傾向が少なからずみられる．6-9では，これら二つの実験手続きを用い，チンパンジーの乳児における他個体の視線や身振りの理解と利用の発達的変化とその課題依存性について検討している．

6-2
音声に対する応答の発達的変化

　チンパンジー乳児における音声の発達的変化についての先行研究はきわめて乏しい (Kojima 2001; Plooij 1984). 野外では，同一個体を持続的に長期で観察することや，対象個体が音声を発した際の文脈を統制することは困難である．そこで本研究では，飼育下の個体を対象として，呈示した音声に対する反応の発達的な変化を実験的に追っていくことを目的とした．そのため，「チンパンジーの音声」と「チンパンジーの音声を模倣したヒトの音声」について，それぞれ乳児から「発声者が見える条件」および「発声者が見えない条件」で実験および観察を行なった（表6-2-1）．

　実験1は，「発声者が見えない」，「チンパンジーの音声」という条件で行なった．実験2, 実験3, 実験4では，「チンパンジーの音声を模倣したヒトの音声」を呈示した．実験2は，「発声者が見える」条件で，実際に音声を発している相手，リアルな表情および音声が存在する．実験4は，「(映像としての) 発声者が見える」条件で，映像としての相手や表情，録音された音声が存在する．実験3は，「発声者が見えない」条件なので，被験児に届く情報は録音された音声のみである．実験2, 実験4, 実験3を比較すると，被験児の取り得る情報は徐々に減少する．それぞれの状況に応じて被験児の反応がどのように異なるかを検証した．

　実験3では，チンパンジーの音声を模倣したヒトの音声および被験児の名前の呼びかけを録音したものをプレイバックした．実験5では，母子ペアで実験室内にいる状況で母親の音声を誘発し，それに対する乳児の反応を記録した．

　観察は，各被験児につき週1回1時間ずつ群れ内での様子をビデオ記録し，また，毎日各母子ペアにつき1.5-3時間の実験室内における状況を記録した．実験3, 実験5および観察については現在結果を分析中である．よって本稿では，実験1, 2, 4の結果についてのみ詳しく述べる．

表6-2-1　研究の概要

	チンパンジーの音声に対する応答	チンパンジーの音声を模倣した人の音声に対する応答
発声者が見える	観察，実験5	実験2, 実験4
発声者が見えない	実験1	実験3

6-2-1 実験1：野生チンパンジーの音声に対する応答

実験1では，野生に生息するチンパンジーの音声をプレイバックし，自種で用いられている音声に対する乳児の反応を調べた．呈示した音声は，パントフート (pant-hoot)，パントグラント (pant-grunt)，フードグラント (food-grunt) の3種類である（図6-2-1；これらの音声については次項6-2-2参照）．各音声のもちいられる状況については，実験2の項に記載する．これらの音声はMDプレーヤー（とスピーカ）を用いて実験ブース内でプレイバックした．アユムは3か月齢，クレオは生後1か月齢，パルは0か月齢より実験を開始した．各音声の呈示を，17か月齢までは基本的に週3回ずつ，18-23か月齢までは2週間で3回，24か月齢以降は1か月に3回ずつ行なった．

ブース内の実験者がもつCCDカメラとブース外の2台以上のビデオカメラにより，乳児の表情や行動を記録した．これらの記録から，反応としてみられた発声や発声以外の応答行動を1-0サンプリングを用いて評価した．いずれの映像でも表情や行動が判定できないものは，分析の対象から除いた．この分析法は以降の実験でも用いた．

表6-2-2に，アユムの実験開始以降より8か月齢までの発声を伴った反応の回数を示す．発声率は，パントフート，パントグラント，フードグラントの順に高かった．8か月齢になると，すべての音声において発声を伴った反応は20%未満となった．音声に対する反応としてみられた壁や床をたたくという行動は，パントフートに対して最も多くみられた．

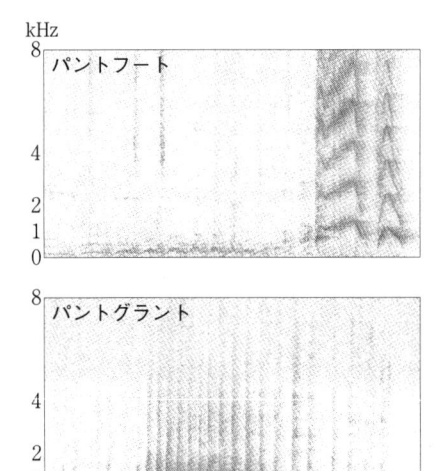

図6-2-1 3種類の音声のソナグラフ．上：パントフート，中：パントグラント，下：フードグラント．

6-2-2 実験2：ヒトによる模倣音声に対する応答

先の実験1では，多様なチンパンジーの音声を用意することは困難であり，発声者の存在や表情といった音声以外の情報が欠けている．そこで，チンパンジーの音声を模倣したヒトの音声の呈示

図6-2-2 実験2の様子.

を，実験者と乳児が同室している場面で行なった（図6-2-2）.

呈示した模倣音声は，チンパンジーのよく発するパントフート（遠距離コミュニケーションやディスプレイの際に発する），パントグラント（挨拶や服従を示すやり取りの中で発する），フードグラント（好物の食物の採食前，採食中に発する），ラフ（laugh，社会的な遊び場面で発する），スクリーム（scream，ストレス，恐怖，欲求不満，興奮といった状況で発する），スタッカート（staccato，様々な音刺激に誘発され，

表6-2-2 実験1における発声を伴った反応.
数値は，各音声の呈示を行なった総数（そのうちの発声を伴った反応の回数）.

月齢	音声の種類		
	パントフート	パントグラント	フードグラント
3	4（3）	3（3）	—
4	5（4）	5（3）	1（1）
5	15（5）	9（1）	8（1）
6	14（7）	14（3）	12（2）
7	7（2）	10（3）	8（0）
8	6（1）	6（0）	6（0）
合計	51（22）	47（13）	35（4）
発声の割合	43%	28%	11%

第6章 乳児期の社会的認知の発達

表6-2-3 実験2における発声を伴った反応．
数値は，各音声の呈示を行なった総数（そのうちの発声を伴った反応の回数）．

月齢	パントフート	パントグラント	フードグラント	ラフ	スクリーム	スタッカート	フーフィンパー	「アユム」
0	4（3）	13（1）	—	—	—	—	—	3（0）
1	47（37）	26（8）	21（2）	—	—	12（3）	9（0）	14（0）
2	48（44）	31（7）	11（0）	13（2）	11（5）	48（20）	19（1）	27（0）
3	25（25）	12（1）	11（2）	11（1）	5（1）	24（7）	9（1）	8（0）
4	11（8）	2（0）	2（0）	4（0）	3（1）	3（0）	3（0）	—
5	18（12）	12（3）	8（0）	14（0）	8（1）	11（0）	11（0）	12（0）
6	14（2）	12（0）	13（0）	20（0）	7（0）	15（0）	11（0）	15（0）
7	26（0）	12（0）	14（0）	16（0）	9（0）	8（0）	12（0）	11（0）
8	10（0）	8（0）	3（0）	8（0）	2（0）	4（0）	4（0）	5（0）
9	13（0）	11（0）	13（0）	29（0）	5（0）	17（0）	12（0）	23（0）
10	7（0）	7（0）	6（0）	21（0）	5（0）	13（0）	13（0）	19（0）
11	9（0）	9（0）	4（0）	19（0）	3（0）	3（0）	9（0）	13（0）
12	6（0）	7（0）	10（0）	17（0）	3（0）	7（0）	8（0）	4（0）
13	10（0）	7（0）	6（0）	9（0）	4（0）	7（0）	3（0）	6（0）
14	8（0）	8（0）	5（0）	10（0）	5（0）	10（0）	5（0）	9（0）
15	4（0）	5（0）	3（0）	5（0）	2（0）	3（0）	5（0）	3（0）
16	7（1）	4（0）	6（0）	10（0）	4（0）	9（0）	7（0）	6（0）
17	5（1）	7（0）	8（0）	10（0）	4（0）	7（0）	7（0）	6（0）

表6-2-4 実験2においてみられた壁や床をたたく反応．
音声を呈示した回数を分母として，反応の観察された割合(%)を示した．

月齢	パントフート	パントグラント	フードグラント	ラフ	スクリーム	スタッカート	フーフィンパー	「アユム」
0-1	0	0	0	—	—	0	0	0
2-3	0	0	0	0	0	0	0	0
4-5	0	0	0	0	0	0	0	0
6-7	3	0	0	0	0	13	0	4
8-9	30	0	0	0	0	0	0	4
10-11	5	0	0	3	0	6	0	0
12-13	0	0	0	0	0	0	0	0
14-15	0	0	0	0	0	0	0	0
16-17	58	0	21	10	25	0	0	8

あかんぼうのみでみられる），フーフィンパー（hoo-whimper，あかんぼうが乳首にたどりつけない時，母親と接触したい時などに発する）およびフィンパー（whimper，苦悩や欲求といった情動を伴って発する）の8種類であった（Goodall 1986; Marler & Tenaza 1977）．またこれらに加え，各乳児の名前の呼びかけ（「アユム」，「クー（クレオの愛称）」，「パル」）を行なった．乳児の名前は，彼らの社会で使用されている音声レパートリーには含まれないものとして用いた．アユムは0か月齢，クレオは5か月齢，パルは4か月齢より開始した．クレオ，パルでは，初期はパントフート，パントグラント，ラフのみ呈示した．フィンパーは，アユムで22か月齢，クレオで20か月齢，パルで18か月齢から呈示した．各音声の呈示を，生後直後は高頻度で，17か月齢までは基本的に週3回ずつ，18－23か月齢までは2週間に3回，24か月齢以降は1か月に3回ずつ行なった．

本研究では，アユムの17か月齢までの結果を報告する．表6-2-3には，呈示された音声に対する発声を伴った反応の回数を示している．発声率は乳児の月齢により大きく異なった．また，呈示した8種類の音声の間でも，反応としての行動とその発達的変化に差がみられた．ヒトの模倣したチンパンジーの音声に対しては，発声率に差があったものの，音声を伴った反応がみられた．特に，パントフートにたいしては発達初期から発声率が高かった．しかし，乳児の名前の呼びかけにはまったく音声を伴った反応を返すことはなかった．6か月になると，すべての音声において発声率は20％未満となった．7－15か月齢では，いずれの音声に対しても発声はみられなかった．しかし16か月齢になると，パントフートに対してのみ再び発声がみられるようになった．

ヒトによる模倣音声の呈示に対して，初期の頃はどの音声に対してもスタッカートとよばれる乳児特有の声で応答することが多かった（付録CD-ROM動画6-2-1）．しかし，生後半年を境に発声率は激減し，音声の呈示に対してそれぞれ特有の動作を伴った反応がみられるようになった．またその反応は，月齢を重ねるごとに固定化していった．パントフートに対して顕著にみられた反応は，体の毛を逆立てる，体をゆらす，壁や床をたたく（表6-2-4）などである．ラフとパントグラントに対して顕著に見られた反応は，プレイフェイスとよばれる口角をあげて口を大きく開いた表情（表6-2-5）と実験者に抱きつく行動（表6-2-6）だった．実験者に抱きつく行動は，スクリームに対してもみられた（表6-2-6）．

6-2-3　実験4：ビデオ映像・音声刺激に対する応答

実験4は，実験2での音声呈示で最も反応が顕著に現れた音声の一つであるラフについてのみ行なった．リアルな発声者が存在する実験2と，映像としての発声者という情報がもたらされる本実験の結果とを比較する．

実験はアユムとパルを対象に行なった．実験者のラフの映像刺激（プレイフェイスをしつつ，音声ラフを伴う）にくわえ，

刺激間での比較のため，実験者の平静な顔（口を閉じた表情），プレイフェイス（発声を伴わない，口角をあげ口を大きく開いた表情）の計3種類のヒトの表情映像刺激と，コントロールとして無地の背景のみの映像を呈示した．アユムは10か月齢，パルは7か月齢より開始した．映像刺激はブース内あるいはブース外に設置されたカラーテレビ（14インチ）に，ビデオあるいはDVDプレイヤーを用いて各30秒間呈示した．14か月齢の第1週までは，4種類の刺激をランダムな順序で呈示し，それ以降は，初めにコントロールの映像を呈示した後，3種類の表情映像刺激をランダムな順序で呈示し，最後に再びコントロールの刺激を呈示した．基本的に週1回実施した．実験1と2で行なった分析に加えて，テレビ画面への注視時間も算出した．

ここでは，アユムの10－21か月齢まで

表6-2-5 実験2においてみられたプレイフェイスを伴った反応．
音声を呈示した回数を分母として，反応の観察された割合(%)を示した．

月齢	音声の種類							
	パントフート	パントグラント	フードグラント	ラフ	スクリーム	スタッカート	フーフィンパー	アユム
0- 1	0	0	0	—	—	0	0	0
2- 3	0	0	0	0	0	0	0	0
4- 5	38	71	10	44	36	21	7	8
6- 7	15	38	15	42	19	17	0	0
8- 9	17	58	50	78	29	19	6	7
10-11	5	38	60	78	25	25	5	16
12-13	0	14	13	58	0	29	0	0
14-15	0	23	0	47	0	8	0	0
16-17	17	36	7	15	0	0	0	8

表6-2-6 実験2においてみられた検査者への抱きつき．
音声を呈示した回数を分母として，反応の観察された割合(%)を示した．

月齢	音声の種類							
	パントフート	パントグラント	フードグラント	ラフ	スクリーム	スタッカート	フーフィンパー	アユム
0- 1	0	0	0	—	—	0	0	0
2- 3	0	0	0	0	0	0	0	0
4- 5	0	0	0	0	0	0	0	0
6- 7	0	0	0	0	0	0	0	0
8- 9	0	0	0	0	0	0	0	0
10-11	0	38	10	18	25	0	0	3
12-13	0	79	19	85	43	7	0	0
14-15	0	71	0	67	43	0	20	0
16-17	0	43	0	25	13	19	14	0

のもののうち1か月につき1セッションを選択して分析した結果を報告する．各映像に対する注視時間を表6-2-7に示す．映像刺激間で注視時間に大きな差はなかったが，月齢を経るにつれ減少する傾向にあった．映像刺激呈示の際にみられた，テレビ画面の前面に触れる，たたく，プレイフェイスといった反応の生起率にも，各映像刺激間で大きな差はなかった(表6-2-8)．反応としての行動の生起率には減少傾向はみられなかった（表6-2-9）．表6-2-7に示したように，プレイフェイスとラフの結果を比較すると注視時間は常にラフの方が長く［$t(11)$=5.325, $p<0.001$］，上記の反応についてもラフにおいて生起率が高かった(表6-2-8)．

6-2-4　結果のまとめ

本研究の結果から，以下の3点があき

表6-2-7　実験4における各映像刺激に対する注視時間(秒)．

	映像の種類			
月齢	コントロール	平静顔	プレイフェイス	ラフ
10	16	24	21	21
11	14	18	13	27
12	14	22	25	27
13	19	26	22	28
14	20	16	16	24
15	25	23	8	16
16	14.5	23	10	19
17	10	16	2	20
18	6	9	2	9
19	6	6	7	11
20	5	26	6	12
21	18.5	9	7	21
平均	14	18.2	11.6	19.9
標準偏差	6.3	7	7.8	6.5

表6-2-8　実験4における各映像刺激に対する反応．
数値は，各映像刺激の呈示を行なった総数（そのうちの各行動がみられた回数）．

	映像の種類			
反応	コントロール	平静顔	プレイフェイス	ラフ
画面に触れる	19（4）	12（5）	12（2）	12（5）
画面をたたく	19（2）	12（3）	12（2）	12（4）
プレイフェイス	19（1）	12（3）	12（0）	12（2）

表6-2-9　実験4における各映像刺激に対する反応の割合の変化(%)

反応の種類	月齢	映像の種類			
		コントロール	平静顔	プレイフェイス	ラフ
画面に触れる	10-15	14.3	33.3	33.3	16.7
	14-21	8.3	50	0	66.7
画面をたたく	10-15	14.3	33.3	16.7	16.7
	14-21	8.3	16.7	16.7	50
プレイフェイス	10-15	0	0	0	0
	14-21	8.3	50	0	33.3

らかになった．まず，実験1および実験2より，チンパンジー乳児は音声刺激に対して生後すぐから発声を伴った反応を示した．ただし音声刺激間で発声率は異なっていた．実験1,2の双方において，パントフートを呈示した場合に最も発声率が高かった．また，実験1,2双方においてパントフート，パントグラント，フードグラント3種類の音声の呈示を行ない，そのうち少なくとも1回発声のみられた4－6か月齢の結果を総合したものを比較した．その結果，両実験においてパントフートに対する発声率が最も高く，続いてパントグラント，フードグラントの順で発声率は減少した．一方，同一人物の音声であるにもかかわらず，実験2における乳児の名前の呼びかけに対してはまったく発声を伴った反応はみられなかった．

また，音声刺激に対する発声応答には著しい発達的な変化が認められた．生後すぐには，実験1,2の双方において，発声を伴った反応が多くみられた．しかし，実験1では8か月齢以降，実験2では6か月齢以降というように多少時期はずれたが，およそ7か月齢前後に野生チンパンジーの音声，ヒトの模倣したチンパンジーの音声双方に対する発声を伴った反応は減少した．

最後に，呈示された音声刺激に対する発声以外の応答行動が，音声ごと，あるいは呈示方法によって異なっていた．壁や床をたたくという行動は，実験1,2ともにパントフートに対して最も多くみられた．実験2でのラフ呈示の際に特徴的な反応であったプレイフェイスは，実験4の表情映像刺激のラフの呈示ではほとんどみられなかった．

6-2-5 考察

音声刺激間で発声率が異なっていたことから，チンパンジーは生後直後からある程度音声の弁別ができているといえる．また，ヒトによる模倣音声に対しては，音声間で頻度に差はあるものの発声を伴った反応がみられたが，乳児の名前の呼びかけに対してはまったくみられなかった．このことより，チンパンジーは乳児のうちから，模倣された自種の音声と自種の音声レパートリーには含まれない音声とを弁別していることが示唆される．パントフートに対して発声率が最も高かった理由として，その音声が遠距離コミュニケーションに用いられるものであるということがあげられる．

発声応答に著しい発達的な変化が認められたことは，乳児の発する音声の質的な違いとも一致すると考えられる．生後まもなくは，乳児の発する音声はスタッカートとよばれる乳児特有のものが多かった．しかし，生後約1年半を過ぎてから再びみられた発声においては，スタッカートはほとんどみられなかった．この音響的な詳細な分析は今後さらに進めていく予定である．

音声刺激に対する発声以外の応答行動が音声間で異なっていたことからも，音声の弁別がなされていることが示唆される．毛を逆立てる，体をゆらす，壁などをたたくといった行動は，成体のチンパンジーにおいてもパントフートを伴ったディスプレイの際にみられる．検査者へ

の抱きつきやプレイフェイスは，親和的な状態を表すと考えられる．これらの反応が多くみられた音声は，遊び場面でみられるラフや挨拶で用いられるパントグラントを呈示した時であり，個体間の緊張関係をほぐす場面と考えられる．また，実験者への抱きつきは，スクリームを呈示した際にもみられた．この時の行動は前述のものとは異なり，相手をなだめるといった意味合いが考えられる．これは，実験者がスクリームを呈示すると，他の音声の場合とは異なり，同室している乳児の母親が実験者に接近し毛づくろいするといった身体接触をもつことと類似しているかも知れない．上記のことから，チンパンジーは乳児のうちから各音声の発せられる状況にみあった反応を示すといえる．また実験4において，平静な顔，プレイフェイス，ラフの映像の順で注視時間や反応の生起率が増加するという予測に反して，両指標ともプレイフェイスでの値が低く，平静な顔の映像に対する値が高かった．この理由の一つとして，自分をとりまく社会的な環境を認識し始めるに伴い，まったく自分に対して働きかけをしてこない「顔」に違和感をおぼえたということが考えられる．また，映像刺激のラフに対する応答行動としてプレイフェイスがほとんどみられなかったことより，テレビ画面に映し出される発声者と実際に対峙している発声者とが1歳の時点で区別して認識されていると考えられる．

なお最後に，本研究で用いた実験的手法の妥当性についてまとめたい．チンパンジーの音声を呈示した場合と，チンパンジーの音声をヒトが模倣した音声を呈示した場合で，音声間の発声率の違いや減少傾向が類似していた．また，音声に対する発声以外の応答行動で同様のものが特徴的であった．このことから，ヒトが模倣したチンパンジーの音声はチンパンジーの音声とよく似た機能を発揮したといえる．実験1-5と，同種個体とすごしている日常場面との整合性でいえば，群れのおとながパントフートを発した際に最も高頻度で乳児らが唱和することが観察されている．

［中島野恵　松沢哲郎］

6-3
ルーティング反応と生態学的自己

「自己に関する知識」の問題は，心理学の中でも最も重要な問題の一つである．特に，自己の個体発生的起源についてはさまざまな論議が行なわれてきた．この問題は，同定化された自己もしくは概念的自己の出現に焦点が絞られており，実験パラダイムとして，鏡に映った自己像を認識できるかどうか（自己鏡映像認知：mirror self-recognition）がクリティカルな課題であった（Gallup 1970; 板倉 1989）．しかし，乳児は，感覚器官に基づく経験により，自己を取り巻く環境にある他の物体と同じように，自己を客観的に認識するようになる，すなわち，ある種の自己知識は，自己鏡映像の認知が可能になる前から存在している可能性も示唆されている（Rochat 1998）．Rochatら（Rochat & Hespos 1997; Rochat 1998; 2000）はNeisser（1993）による自己知識の分類のうち，生態学的自己に自己知識の個体発生的起源を求めた．

Rochat & Hepos（1997）は，生後18時間以内の新生児におけるルーティング反応（新生児の口角を刺激すると乳首を探索するように口がゆがむ反射）の出現を，自分の指で頬や口辺部分に触れた場合と，実験者がその部位に触れた場合とで比較した．その結果，ヒト新生児は外的刺激を受けた場合の方が自己刺激よりも有意に多くルーティングを示し，自己生成刺激と外界からの刺激を区別していることが示唆された．本研究では，比較認知発達科学的な視点から，新生児・乳児期のチンパンジーを対象として，彼らが用いたパラダイムを使用して，外界からの触覚刺激と自己が生成した触角刺激を弁別できるか否かを検討した．

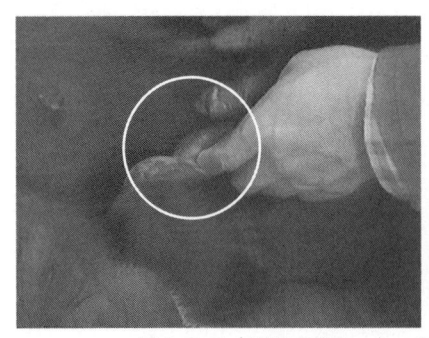

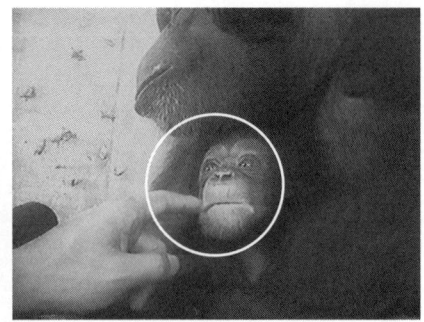

図6-3-1 実験の様子．左：自己刺激条件，右：外的刺激条件．

6-3-1 方法

アユムは16-63日齢,クレオは0-82日齢,パルは8-64日齢の期間,実験を行なった.実験は,基本的にはRochat & Hespos (1997)の方法に準拠して,ブース内で行なった.実験条件は,実験者が新生児の手を取ってその指で軽く口の周辺に触れる自己刺激条件と,実験者が指で同様のことを行なう外的刺激条件の2種類であった(図6-3-1).それぞれの条件をランダムに,毎日の検査時に数回ずつ行なった.実験の様子はすべてビデオに記録し,後の解析に使用した.

Rochat & Hespos (1997) では,それぞれの刺激呈示の際に,覚醒状態,頭部の動き,口周辺の活動,目の活動,手の形態,手の位置などを記録したが,本研究では,最も顕著に現れた頭部の動きと口周辺の活動のみを分析の対象とした.頭部の動きとは,刺激の与えられた方向に顔を向けようとする行動であり,口辺の活動とは,刺激の与えられた方の口を開けることとした.

6-3-2 結果と考察

結果を図6-3-2に示す.チンパンジーごとに,それぞれの条件下でのルーティング反応の出現頻度の割合を示した.いずれの個体においても外的刺激条件の方が,自己刺激条件よりもルーティング反応を誘発した.これは,Rochat & Hespos (1997)がヒト新生児で示した結果と一致している.

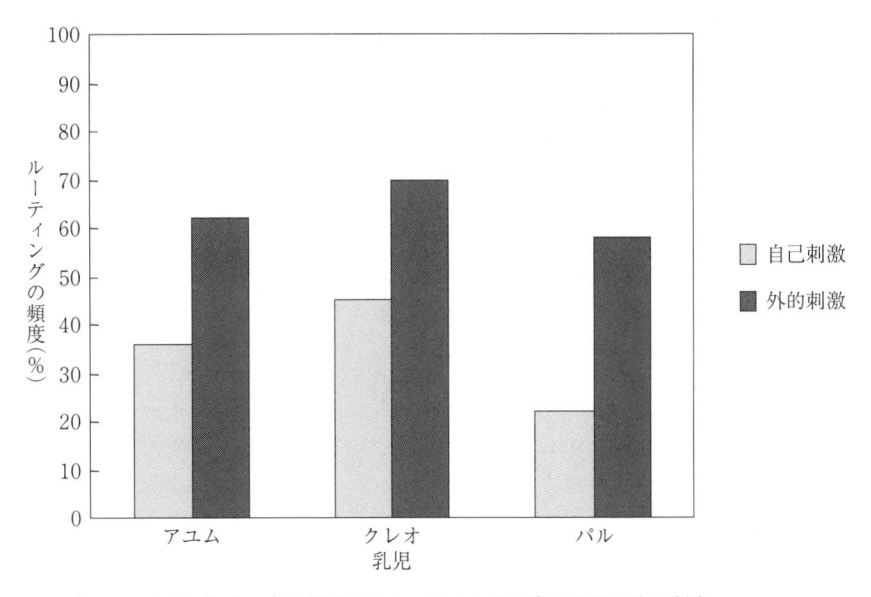

図6-3-2 各条件下でのルーティング反応の出現頻度の割合.

チンパンジー乳児は，口辺部位に与えられた自己もしくは外的な触覚刺激を弁別できるであろうか．このような問いに答えるため，本研究では，Neisser (1993) が提唱した生態学的自己の存在を，Rochat & Hespos (1997) がヒト新生児を対象として行なった実験の手続きを用いて，チンパンジーにもそうしたある種の自己感覚が存在するか否かを検討した．その結果，チンパンジー乳児は，ヒト新生児同様，明らかに自己刺激条件でよりも，外的刺激条件でルーティング反応を数多く出現させた．Gibson (1966) によると，ヒトは生まれながらにして，外界の事物を知覚すると同時に自己をも知覚しているという．このような自己をNeisserは，生態学的自己と呼んだ．生態学的自己はすべての感覚器官を通じて環境と関わることにより知覚される自己である．本研究では，こうした形態の自己がチンパンジーにも存在するらしいことが分かった．すなわち，鏡により自己像を認知するよりもずっと前に，チンパンジーも，自己刺激と外的刺激を区別している証拠を示した．しかしながら，こうした生態学的自己を知覚するための情報はどのようなものであるかは未だ明らかではない．本研究に即していうと，自己刺激のベースになっているものが何かを検討することが必要である．さらに別の観点からすると，ヒトやチンパンジーと同様の感覚器官を有する生物であれば，生態学的自己が認められることは十分考えられる．本研究は，まずは，チンパンジーの自己知識の出発点を，ヒト新生児と同様の観点から押さえた．今後は，Neisserのいう，対人的（対他的）自己や概念的自己などの自己がチンパンジーにも認められるのか，もし認められるとしたら，それはどのような発達経路をたどるのか，といったことも明らかにしていかなければならない．

[板倉昭二　明和（山越）政子　友永雅己　田中正之　松沢哲郎]

6-4
サッキング反応の自己制御

　Rochat & Striano (1999) は，新生児と2か月児を対象に，圧力センサーが装着された人工乳首に対するサッキングを二つの条件下で比較した．一つは，analog+contingent条件で，被験児のサッキングの強さに応じて，コンピューターにより生成されるフィードバック音のピッチ周波数が変動する条件，もう一つはanalog条件で，フィードバック音はサッキングに伴って呈示されるが，ピッチ周波数はサッキングの強さとは無関係にランダムに変動する条件である．結果は，2か月児は，聴覚フィードバック刺激に応じて，サッキングや乳首に対する口唇での探索を調節するというものであった．しかしながら，新生児の結果は2か月児のものとはことなっていた．Rochatらは，ヒト乳児では生後2か月を過ぎるころになると，自分の行為に随伴する刺激を探索することで，異なる知覚－行為のカップリングに従事するようになると結論している．

　本研究では，チンパンジー乳児を対象として，Rochatらの研究で用いられたパラダイムに準じて，異なる聴覚フィードバック刺激のもとでのサッキング行動を分析した．すなわち，これまでRochat (1998; 2000) が主張してきた生態学的自

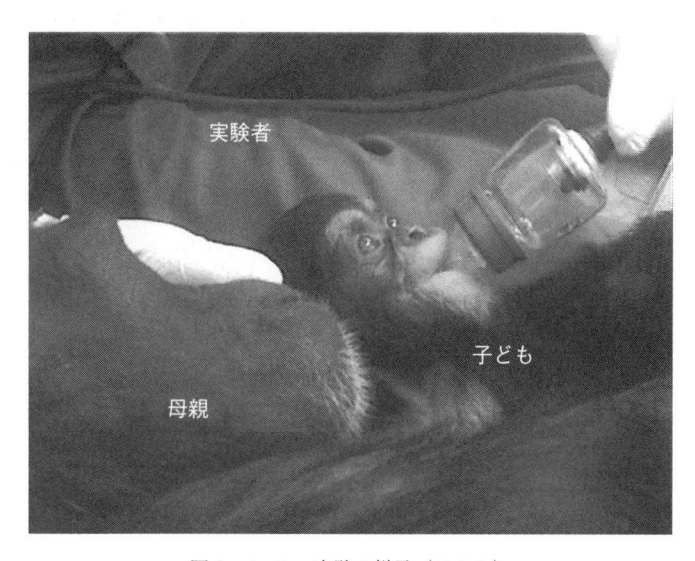

図6-4-1　実験の様子（アユム）．

己感覚は（6-3参照），ヒト乳児において直接的な知覚と行為により成立し得るとの見解を，チンパンジー乳児において検討し，予備的な示唆を得ることを目的とする．

6-4-1 方法

アユムとパルを対象に，それぞれ28-42日齢，42-64日齢の期間，実験を行なった．装置としては，圧力センサーを内蔵した人工乳首を哺乳ビンに装着したものを用いた．サッキング圧の信号は増幅され，100ミリ秒ごとにコンピュータに記録された．また，実験条件に応じて，サッキングに伴うフィードバック音がコンピュータにより生成されスピーカより呈示された．

実験者は哺乳ビンをもち，母親に抱かれたチンパンジー乳児にくわえさせた（図6-4-1）．セッションは，チンパンジー乳児が人工乳首をくわえた時から開始された．乳首の内圧が-230Pa未満であった場合に，サッキング反応が生起したと判断した．音刺激は，六つの倍音からなる複合音だった．4種類のテスト条件を表6-4-1に示した．

それぞれのテストは，ベースライン，条件A，条件Bからなっていた．silent条件は音がフィードバックされない条件，contingent条件は，サッキングが生じた時に音がフィードバックされ，音の周波数はサッキングの圧に伴って変化する条

表6-4-1 各テストにおける刺激条件

		条件	
	ベースライン	A	B
1	silent	contingent	steady
2	contingent	delay: 1 s	delay: 3 s
3	contingent	delay: 6 s	delay: 12 s
4	contingent	efficiency: 1/2	efficiency: 1/4

表6-4-2 サッキング間隔と最低圧の平均値

テスト	乳児	サッキング間隔（ms）			最低圧（Pa）		
		ベースライン	A	B	ベースライン	A	B
1	パル	1429	1350	1357	-368	-374	-350
	アユム	1102	1173	1181	-360	-421*	-376
2	パル	1172	1283	1344*	-400	-361	-380
	アユム	1025	735	632*	-464	-501	-532
3	パル	1290	1447	1333	-436	-428	-457
	アユム	966	1069	1088	-434	-447	-431
4	パル	1539	1209	807	-329	-341	-339
	アユム	1243	1068	1319	-426	-429	-428

* $p<0.05$

件であった．テスト1のsteady条件は，音の周波数が200Hzから743Hzの間でランダムに変動する条件だった．また，テスト2と3のdelay条件では，音のフィードバックはサッキングに応じて現れるが，1秒，3秒，6秒，12秒の遅延を伴って与えられた．テスト4のefficiency条件では，音の周波数はサッキング圧に伴って変動するが，contingent条件よりもより強い圧のサッキングが必要となる．

刺激の呈示順には2種類あり，それぞれをABセッション，BAセッションと呼んだ．ABセッションでは，ベースライン-A-B-A-B-ベースラインの順に，BAセッションでは，ベースライン-B-A-B-A-ベースラインの順にセッションが遂行された．

6-4-2　結果

表6-4-2にそれぞれのチンパンジーの平均サッキングインターバルと平均最低サッキング圧を乳児ごと，条件ごとに示した．サッキングインターバルは，二つのサッキングの時間間隔，最低サッキング圧は，それぞれのサッキング反応の最低圧力であり，最も強くサッキングしたことを示す．

テスト1では，アユムはcontingent条件で，最低圧の減少を示した．しかしながら，パルでは条件による影響はなかった．テスト2では，3秒の遅延条件で，アユム，パルともに，サッキングインターバルにおいて変化が見られた．しかしながら，変化の方向は一致しておらず，アユムはサッキングインターバルがより短くなり，これに対してパルでは，サッキングインターバルが長くなった．テスト3および4においては，刺激条件の影響はどちらの乳児でも見られなかった．

6-4-3　考察

本研究では，チンパンジー乳児が，随伴的な聴覚的フィードバックによってサッキング反応をシスティマティックに変動させるかどうかを検討した．Rochat & Striano (1999) は，ヒトの2か月児が，人工乳首のサッキングの際の聴覚刺激をモニターして，探索的に自分のサッキングを制御することを見出した．本研究の結果では，1頭のチンパンジー乳児が，ヒトの2か月児同様，自分の行為の結果をモニターし，それに基づいて自分の行為の効力を探索する能力をもつ可能性が示唆された．

テスト1において，サッキングに随伴して音のフィードバックが与えられる時，アユムは，より強くサッキングを行なった．また，テスト2において，3秒間の音刺激の遅延が導入された時，アユムではサッキングインターバルが短くなった．1秒の遅延ではそれが見られなかった．こうした一連のアユムの反応は，自分の行為の結果を認識し，さらに探索を試みているものと見なすことができるかも知れない．特に，テスト2では，音フィードバックに3秒の遅延が入ると，直接的には自分の効力感を得られない．したがって，音のフィードバックのされ方を探索するために，より速くサッキングしたのではなかろうか．一方，パルでは，3秒の音刺激フィードバックの遅延が導入された時，アユムとは逆にサッキ

ングインターバルが長くなった．この差異については明確なことはいえないが，パルとアユムの月齢差，個体差などが考えられる．パルは，3秒遅延条件をより効力感を見出せず，反応の動機づけそのものが下がったのかも知れない．ヒト乳児が，サッキングによって音の生成や明るさの変化といった環境の変化が生じるということを学習できることは古くから知られている (Siqueland & DeLucia 1969)．大事なことは，単にそのような学習が可能であるということではなく，Rochat & Striano (1999) がヒト2か月児で示したように，自分自身の行為の結果をより積極的に探索しようとすることである．すなわち，乳児は，自分が生成した行為と知覚的な結果とを対応させているのだといえよう．Rochatらは，こうした注意が発達のきわめて早い時期における自己探索行動や自己感覚の出現の指標になると主張している．本研究のチンパンジー乳児においても，少なくとも，音フィードバックの変化に伴って，サッキング反応を変えるという行為が見られた．このように，その後の発達を推し進めるカギとなるような行動が，チンパンジー乳児においても示唆されたことは大変興味深いことである．今後のさらなる検討が期待される．

［板倉昭二　泉明宏　友永雅己　田中正之　松沢哲郎］

アイの乳首を吸うアユム（撮影：松沢哲郎）

6-5
自己鏡映像認知の発達的変化

　Gallup (1970) がマークテストを考案して以降（6-3参照），ヒトを含むさまざまな霊長類や霊長類以外の種に関して多くの自己鏡映像認知の研究が行なわれてきた．その結果，自己指向性反応が出現するという点で，大型類人猿とその他の霊長類の間に，系統発生的な差異が明瞭に示されている．これまでの研究から，チンパンジーではおよそ1.5歳から4.5歳で自己指向的な反応が出現すると考えられている (Lin *et al.* 1992; Povinelli *et al.* 1993; 井上 1994)．たとえば，井上 (1994) では，生後9週齢から人工保育で育てられたメスのチンパンジー1個体を対象に，76週齢から87週齢まで，1日10分間の鏡呈示を47回行なった．その結果，社会的反応や探索的反応の出現後，77週齢ではじめて協応反応がみられ，その後82週齢を過ぎて頻発するようになった．また，自己指向性反応は82週齢で初出し，85週齢にかけてよく見られるようになった．しかし，このような縦断的観察は非常に少なく，また，1か月齢といった非常に初期の段階から継続してその発達過程を追った研究は行なわれていない．そこで，本研究では，3個体のチンパンジー乳児を対象として自己鏡映像認知の発達過程を縦断的に検討することとした．

6-5-1　方法

　アユム，クレオ，パルに対して，1か月齢から実験を開始した．実験は週1回行なった．まず実験者が白いドーランを乳児の眼窩上隆起に塗布した．この際，指の接触が手がかりとならないよう，可能な限り顔のさまざまな場所も触れるようにした．その後，30cm×45cmの鏡の表側を3分間呈示し，乳児の行動を複数のビデオカメラで記録した．その後，1分ずつ黒に着色された裏側，表側を順に呈示した．この一連の呈示操作が終了した後，鏡の表をブース内あるいはブース外から呈示し，乳児が鏡に注目している時に背後からボールなどの物体を呈示し，被験児の反応を観察した（物体呈示テスト）．

　井上 (1994) によるチンパンジーの鏡に対する行動の目録を参考にして，生起した行動を記録した．ただし，実験状況の違いから井上のリストにはない行動も観察されたため，これらの行動についても逐次記録した．鏡に対する行動型を五つのカテゴリに分類した（表6-5-1）．本研究では，24か月齢までに行なわれた実験の結果を報告する．

6-5-2　結果と考察

　各乳児が鏡に対して示した行動のリストと発達的変化を付録CD-ROM収録の

付表6-5-1に示す．各月齢において当該の行動が一度でも観察された場合，その行動がその月齢で観察されたと見なした．また，表6-5-2にはそのまとめを示す．井上（1994）による行動目録は50の項目からなっていたが，本リストでは，24か月齢までに出現した行動のみを列挙している．今回，協応反応や自己指向性反応のほとんどが見られなかったため，35項目にとどまった．図6-5-1から6-5-3に社会的反応，探索反応，協応反応の例を示す．

表6-5-1　鏡に対する反応の5つのカテゴリー

カテゴリー	定義
1. 社会的反応	鏡映像を他個体とみなしているような反応
2. 探索反応	鏡あるいは鏡映像を探索する反応
3. 協応反応	鏡映像の視覚イメージと，自分の運動感覚とを結びつけていると思われる反応
4. 自己指向性反応	自分の身体に対して向けられた反応
5. 複合反応	自己指向性反応，協応反応あるいは探索反応の2つ以上組み合わせる

表6-5-2　各乳児における各行動カテゴリの出現時期

アユムでは，はじめ社会的反応しか見られなかったが，4か月齢で探索反応が出現し，その後14か月齢ではじめて協応反応が見られた．クレオでは，5か月齢までは鏡に対する反応は見られなかったが，6か月齢で社会的反応と探索反応が出現し，さらに18か月齢で協応反応が見られるようになった．パルでは，2か月齢で既に探索反応が見られた．その後9か月齢で，物体呈示テストにおいて，背後に呈示された物体に対する振り返りが見られ，17か月齢では他の協応反応が見られるようになった．

以上のように，乳児間で各カテゴリの出現時期に関してばらつきが見られたが，まず社会的反応や探索反応が，そして1.5歳頃までには協応反応が出現するようになり，じょじょに協応反応が優位な状態に移行していくのではないかと考えられる．そこで今後，各行動の出現頻度や各カテゴリの行動に従事した時間を算出するなど，さらに詳細な分析を行なうことにより，発達的変化の詳細を明らかにしていきたい．

今回の研究における協応反応の出現時期や自己指向性反応の出現の遅れは，井上（1994）の結果とは異なるものである．その理由として，井上（1994）では，5回目の鏡の呈示以降，1日に1回，10分間鏡にさらされていたのに対し，本実験では，週1回（1回4分程度の呈示）しか行なわれていないことがあげられるだろう．単純な経験量の差も自己指向性反応の出現に影響をおよぼすことは，井上（1994）によって行なわれた横断的研究と縦断的研究の比較からも十分に考えられ

図6-5-1 社会的反応の例．鏡映像にキスをするクレオ（6か月齢）．

図6-5-2 探索反応の例．鏡の裏側を探るアユム（11か月齢）．

図6-5-3 協応反応の例．背後から呈示されたおもちゃに対して振り返るパル（21か月齢）．

る．これまでのところ，各乳児において自己指向性を示す反応は，クレオの19か月齢で一度だけ見られた以外に観察されていない．今後も本実験を継続して実施し，1か月齢よりおよそ週1回の頻度で鏡へさらされた場合，鏡に対する行動がどのように変化していくのか，またいつごろ自己指向性反応が出現するようになるのか，を明らかにしていきたい．
[魚住みどり　友永雅己　松沢哲郎　田中正之]

鏡をのぞきこむアイとアユム（撮影：毎日新聞社）

6-6
自己の名前概念の獲得

　我々人間には個々に名前がつけられている．自己の名前は，ヒト乳幼児の発達の過程においては，自己が他者とは独立した存在であり，自分は一人しかいないのだということを認識する上で重要な刺激であり，アイデンティティの基礎となるとも考えられている．では，その自己の名前に関する概念はいつ頃，どのように獲得されるのだろうか．ヒト乳児を対象として行なわれた研究は数少ないが，Mandel et al. (1995) は，ヘッドターン法と呼ばれる乳児のために開発された実験手続きを用いて，ヒト乳児が4.5か月齢で自分の名前をより長く聞く傾向を示すことを明らかにした．しかしこの実験の結果は，聞きなれた音声刺激の弁別というレベルにとどまっている可能性がある．またヒト乳児は，保育園での出席場面で，保育者に名前を呼ばれると，1歳頃から自分の名前に対して「ハイ」といい始めるが，他の子どもの名前に対しても返事をしたりする時期が1歳8か月頃まで続き，その後，自分の名前だけに返事をするようになるということが示されている (植村1979)．一方で，ヒトと同様にチンパンジー成体でも，特定の（社会的）文脈が存在しない場合でもヒトにつけられた自己の名前の認知が可能であることが示唆されている (10-12参照)．そこで，本研究では，ヒト乳児との比較認知発達の視点から，チンパンジー乳児における音声刺激としての自己の名前認知の獲得過程を縦断的に検討する．

6-6-1　実験1：ブース内での名前呼び実験

　アユム14か月齢，クレオ12か月齢，パル10か月齢の時点から，実験ブース内で呼ばれた自己の名前に対する反応を縦断的に検討した．実験は週1回行なった．まず，ブース外の実験者がおもちゃなどを呈示して，乳児の注意を十分にひきつけた上でおもちゃを取り去った．その後，ブース内にいる実験者が各音声刺激を3回ずつ呈示した．各刺激が呈示された後，15秒間の反応を記録した（図6-6-1）．ビデオ記録などをもとに，音声刺激に対する反応時間と移動場所の同定を行なった．反応の指標としては音源への振り返りを用いた．各試行間の間隔は1分以上とした．

　条件としては，大きく，刺激あり条件と刺激なし条件の2種類を用意した．刺激あり条件では，自分の名前，母親の名前，他の乳児の名前，既知他個体の名前，未知の名前，ベルの音の6種類の刺激を呈示した．1セッションは，刺激あり3，刺激なし3の6試行からなり，ランダムな順序で呈示した．刺激なし条件では，おもちゃの呈示と除去のみを行ない，除去後15秒間の反応を記録した．

　アユムについては24か月齢，クレオで

図6-6-1 実験1の様子．ブース内にいるアユム（①）を，ブース外の実験者が物を呈示してひきつける（②）．十分にひきつけられたところで，物を取り去り，ブース内の実験者が各音声刺激を3回ずつ呈示する（③）．ここでは，音声刺激に対してアユムは音源方向へ振り返り（④），実験者の元へと移動した（⑤，⑥）．

は22か月齢，パルでは20か月齢から，1セッション6試行中4試行で音声刺激あり，2試行で音声刺激なしに変更した．その際，音声刺激は既知の他個体の名前以外の4種類を使用した．

6-6-2 結果と考察

アユム25か月齢，クレオ23か月齢，パル21か月齢までの結果を表6-6-1に示す．いずれの乳児にも共通して，ベル音に対する反応時間が短く，音声刺激なし条件で反応時間が長くなる傾向が見られている．名前刺激に対する反応は，アユムでは，実験期間を通して各音声刺激に対する反応時間は短いところで安定していたが，22－23か月頃から，「母親の名前」への反応時間が長くなる傾向が見られている．クレオでは，実験開始からじょじょに「自分の名前」に対する反応時間が他の音声刺激から分化してくる傾向が見られてきたが，安定したものではない．パルでは，18－19か月頃から，「自分の名前」に対する反応時間が他の音声刺激から分化してくる傾向が見られている．いずれの個体に関しても，反応が安定しているとはまだいえない状況であるが，これまでの結果からは，じょじょに自己の名前に対する反応が他の名前への反応から分化する傾向が現れつつあるといえるだろう．

6-6-3 実験2：屋外サンルームでのプレイバック実験

実験ブース内に比べて，ふだん名前を呼ばれる状況に近く，自由な行動が保障され，また他の名前に該当する個体との同居場面での名前に対する反応を実験1に並行して縦断的に行なった．

表6-6-1　実験1における各刺激に対する平均反応時間(秒).カッコ内は試行数.

		月齢							
	刺激	10-11	12-13	14-15	16-17	18-19	20-21	22-23	24-25
アユム	本人			1.85 (3)	2.60 (4)	3.18 (3)	1.55 (2)	3.43 (4)	1.13 (5)
	母親			2.71 (3)	4.59 (4)	1.55 (3)	1.14 (2)	5.52 (4)	5.14 (5)
	他の乳児			4.39 (3)	1.68 (4)	2.37 (3)	8.10 (2)	2.46 (4)	2.99 (5)
	既知			2.22 (3)	1.17 (4)	2.39 (3)	1.64 (2)	5.60 (4)	—
	未知			2.72 (3)	2.62 (4)	1.63 (3)	3.40 (2)	1.13 (4)	1.63 (5)
	ベル音			0.97 (3)	1.45 (4)	1.23 (3)	1.08 (2)	0.96 (3)	—
	無音			4.59 (18)	8.38 (24)	9.81 (18)	8.02 (12)	8.11 (24)	7.84 (10)
クレオ	本人		6.96 (3)	4.81 (3)	4.27 (4)	4.58 (3)	1.27 (4)	11.00 (7)	
	母親		6.61 (3)	10.58 (3)	5.05 (4)	5.31 (3)	4.23 (4)	10.35 (7)	
	他の乳児		6.63 (3)	7.84 (3)	2.71 (3)	3.21 (3)	8.43 (3)	8.89 (7)	
	既知		2.27 (3)	8.87 (3)	2.08 (4)	1.41 (3)	3.94 (4)	15.00 (1)	
	未知		4.13 (3)	5.42 (3)	5.26 (4)	0.58 (3)	5.76 (4)	9.17 (7)	
	ベル音		5.81 (3)	1.25 (3)	0.89 (3)	1.28 (3)	1.31 (4)	1.00 (1)	
	無音		8.54 (18)	11.13 (18)	3.88 (24)	4.27 (18)	6.97 (24)	11.85 (18)	
パル	本人	8.89 (2)	6.95 (3)	12.59 (5)	15.00 (1)	6.17 (4)	11.44 (5)		
	母親	6.54 (2)	7.39 (3)	9.95 (5)	15.00 (1)	7.30 (3)	12.95 (5)		
	他の乳児	8.65 (2)	13.54 (2)	7.33 (4)	1.98 (1)	15.00 (2)	13.73 (5)		
	既知	9.48 (2)	8.29 (3)	10.57 (5)	15.00 (1)	4.94 (3)	9.02 (2)		
	未知	7.72 (2)	12.73 (3)	12.40 (5)	15.00 (1)	7.39 (3)	13.22 (5)		
	ベル音	4.02 (3)	2.05 (2)	2.86 (5)	2.94 (1)	4.32 (3)	1.50 (2)		
	無音	7.39 (18)	9.22 (18)	12.21 (29)	10.16 (6)	12.26 (18)	12.69 (18)		

　屋外サンルームにおいて2組以上の母子を含む数個体が同居する場面で,すべての個体にとって既知の人物の声をデジタルオーディオテープに録音した刺激をプレイバックし,乳児の反応を観察した.各セッションでは乳児2個体を観察対象とし,対象乳児の反応をそれぞれ1人ずつの観察者がビデオにより記録した.刺激は2名の観察者の位置からランダムに呈示した.

　刺激としては以下の6種類を用意した.(1)および(2):対象乳児の名前,(3):(1)・(2)に該当しない乳児の母親の名前,(4):呼びかけ「おーい,ごはんだよー」,(5):ベル音,(6):無音.これらの刺激をランダムな順で呈示した.刺激呈示後15秒間に生起する音源方向への反応に関して分析を行なった.音源方向への視線の移行や振り返りを反応の指標とした.実験を記録したビデオテープより,これらの反応の生起を分析した.

6-6-4　結果と考察

　乳児ごとの結果を表6-6-2に示す.「無音」条件では,各個体,全月齢において,一貫して音源方向への視線の移行・振り返りといった反応は見られておらず,このことにより,音声プレイバックに対する反応として今回の指標を採用することが妥当であると考えられる.音

声刺激への反応では，全個体において，「自己の名前」に対する反応率が月齢を経るにつれ上昇する傾向が見られている．またそれに対し，「他者の名前」への反応率が60％程度で安定しているかそれ以下に減少している．したがって，試行数が十分ではないものの，自己の名前に対する反応が他の名前への反応から分化する傾向が見られつつあるのかも知れない．

表6-6-2 実験2における月齢ブロックごとの各刺激に対する反応．

		月齢		
		18-22	23-24	25-26
アユム	本人	1/3	3/4	3/3
	他の乳児	2/2	1/4	2/3
	他の母親	1/3	3/5	1/3
	呼びかけ	1/2	2/4	4/4
	ベル音	3/3	3/3	3/4
	無音	0/3	0/1	0/2
		17-20	21-22	23-24
クレオ	本人	0/2	2/5	2/4
	他の乳児	1/3	1/4	1/3
	他の母親	2/2	3/5	0/3
	呼びかけ	2/3	1/4	0/4
	ベル音	1/3	1/2	2/2
	無音	0/1	0/2	0/3
		15-18	19-20	21-22
パル	本人	1/3	4/5	5/5
	他の乳児	1/2	2/5	2/5
	他の母親	0/0	4/5	4/5
	呼びかけ	1/3	4/4	4/6
	ベル音	2/3	3/3	5/5
	無音	0/2	0/3	0/6

注　反応数／試行数

6-6-5 まとめ

実験1，2とも，現時点では，各個体において安定した反応は得られていないが，月齢を経るにつれ，自己の名前に対する反応が分化する傾向が現れつつある．したがって，今後も継続して本実験を実施し，名前概念の獲得までの経過を検討していく．また，実験1での反応が安定した後，その「自己の名前概念」の獲得が安定したものとなっているかを検討するため，呼びかけるヒトを変化させる，録音した音声を用いるなど，条件を変化させて実験を行なっていく必要があるだろう．また，実験1では，乳児に対して実際に呼びかけを行なっているため，反応が安定した後，毎回の音声刺激の音響的分析を行なうことにより，強さやイントネーションの強調といった音響的な差が反応に影響をおよぼしている可能性についての検討をすることも必要だろう．

自己認知の主な研究方法として行なわれてきた自己鏡映像認知研究では，客観的自己の獲得，つまり自己認知の指標と考えられている自己指向的な反応の出現は，ヒト乳児ではおよそ18か月齢，チンパンジーではおよそ2歳から4.5歳で見られるようになると考えられてきた（6-5参照）．ヒト乳児に関しては，この自己指向性反応の出現する時期は，上述したように自己の名前に反応を示すようになると考えられる時期にほぼ一致しているようである．したがって，自己鏡映像認知実験と名前認知実験と平行して行ない，その発達の過程を比較することによ

り，名前認知と自己認知との関連の検討が可能となるだろう．6-5で示したように，2歳時点では今回の乳児たちは未だ明確な自己指向性反応を示していない．今後とも継続して進めていきたい．さらに同様の実験をヒト乳児でも行なっており，比較認知発達の観点から考察を行なう予定である．
［魚住みどり　友永雅己　松沢哲郎　田中正之］

屋外運動場でおとなたちと過ごすパル
（撮影：毎日新聞社）

6-7
画面の中の他者への注視

　他者の状態をモニターすることは，多くの動物にとって重要である．他者の視覚的モニターにおいて，乳児たちは見えるものをただ受動的に見るのではなく，特定の個体・状態に選択的に注目することによって情報を効率的に取捨選択しているのではないだろうか．他者の状態の中でも特に重要なのは，自己に対して働きかけているかどうかであろう．そのような働きかけに素早く気づき，相手をよく見，必要であれば相手に対する働きかけを含めた何らかの行動をとることは，他者との円滑な関係を築いて社会の中でうまく生きていく上で必要である．本研究では，チンパンジー乳児における他者からの働きかけの理解を検討する目的で，自分の方を向いて何らかの働きかけをしている映像と，別の方向に向かって同様の働きかけをしている映像に対する注視反応について検討した．

6-7-1　予備実験

　まず刺激に対する選好を調べる方法を確立するために，チンパンジーの反応に応じて映像を呈示するための3種類の手続きを試みた．対象となったのはパルで，1歳5か月頃からこの予備実験を開始した．
　まず，タッチパネルつきモニターへの接触を検討した．ブース内にタッチパネルつきノート型コンピュータを設置し，パルが画面に接触すると映像を呈示した．接触がない時には画面には何も写されなかった．装置にある程度慣れた後は，モニターを含むコンピュータ本体への接触がみられたが，すぐに興味を失って反応がなくなった．続いて反応がない時に静止画を呈示してパルの注意を引きつけることを試みたが，映像を見つめることはあったがモニター部への接触はまれだった．問題点として，装置自体への自発的な接触頻度が低かった上に，装置の中でモニターに選択的に反応することが難しかったことがあげられた．
　次に，比較的ボタンの大きいワイヤレスマウスをブース内に入れ，パルに自由に触れさせた．マウスのボタンが押し下げられた時に刺激としてチンパンジーの音声を再生した．パルはマウスに興味を持って手に持って遊び，ボタンを押すこともあった．ただ，マウスで遊ぶのに集中しているためか，刺激呈示に対してはほとんど反応を示さなかった（呈示された音声に対して一度だけ鳴き声をあげた：図6-7-1）．また，一定の位置で反応をさせる目的で実験者がマウスを保持している場合，マウスにほとんど触れなかったため，映像を用いた実験には問題があった．
　続いて，再びノート型コンピュータをブース内に設置し，注視がない時は静止画を呈示した．実験者がパルの視線をモ

ニターし, 注視があると判断された時に (パルのかわりに) マウスのボタンを押し, 動画を呈示した (cf. Fujita & Watanabe 1995). パルは長時間 (数十秒) の注視を高頻度で行ない, 動画が呈示されている時にはしばしばモニターに触れた (図6-7-2). パルが約1歳6か月齢の時に3セッションの実験を行なったところ, チンパンジー乳児, チンパンジーのおとなの発声, おとなの食事, おとなが平静に座っているところの四つの刺激カテゴリについて, 注視時間の中央値はそれぞれ26.9秒, 23.2秒, 10.5秒, 10.0秒であった. また, 画面への接触があった試行の割合は, それぞれのカテゴリにおいて58.1%, 31.9%, 8.0%, 22.0%であった. 刺激カテゴリによって注視時間, 接触反応の頻度は統計的に異なっていた [注視時間: $p<0.001$, Kruskal-Wallis検定; 接触反応: $\chi^2(3)=19.11, p<0.001$]. パルは"チンパンジー乳児"と"発声"の映像を他の映像より長く注視した ($p<0.01$, Mann-Whitney検定). また, "チンパンジー乳児"の映像に頻繁に接触した ($p<0.05$, χ^2検定).

前2者の方法に対して, 最後の方法ではパルの注視の有無について実験者の判断が介在することが問題となり得るが, 実際に安定した反応傾向が記録できることが確認できたので, 本実験でもこの方法を用いることにした.

6-7-2 実験

以上の予備実験を踏まえて, パルが1

図6-7-1 マウスのボタンを押し, 再生されたチンパンジーの音声に対して鳴き返すパル.

図6-7-2 チンパンジー乳児の映像を注視しながら第2指で触れるパル.

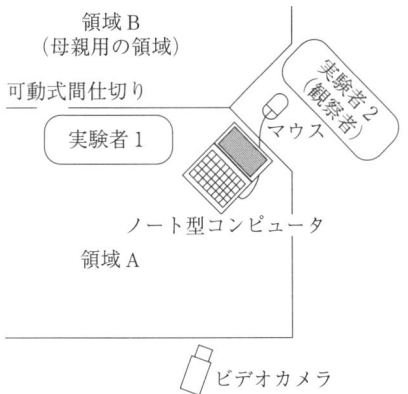

図6-7-3 実験ブースの模式図 (鳥瞰).

第 6 章　乳児期の社会的認知の発達

歳10か月齢の時に本実験を行なった．実験ブースの模式図を図6-7-3に示す．ブースは可動式の間仕切りにより二つの領域に分割され（領域A, B），それらの間はパルのみ通過できる隙間を残して仕切られた．刺激呈示と反応の記録は，領域Aに設置したノート型コンピュータ（画面サイズは14インチ，1024×764ピクセル）により行なった．コンピュータには観察された反応をオンラインで記録するためにマウスが接続されていた．また，実験場面の記録ブース外よりビデオカメラによって記録した．刺激として，霊長類研究所の放飼場でビデオカメラにより撮影したチンパンジーの映像を用いた（図6-7-4：6カテゴリ，計22個）．映像は4−10秒でモニター画面全体に表示された．

パルは母親とともに実験ブースに入っ

	発声	餌ねだり	手まねき（ヒト）
対面条件	19.8 秒	13.1 秒	4.8 秒
非対面条件	14.5 秒	8.0 秒	11.3 秒

図6-7-4　映像の種類と注視時間．実際の映像はカラーの動画．チンパンジーの映像では全画面に1個体のほぼ全身が写されていたが，ヒトの映像は上半身のみであった．ビデオカメラ（撮影者）に向かって何らかの働きかけをしている映像（対面条件）と，別の方向に向かって同様の働きかけをしている映像（非対面条件）から構成された．撮影者に対する発声は，パルの母親であるパン以外の個体では頻度が低かったため，発声刺激としてはパンの映像のみ用いた（対面・非対面条件それぞれ5個づつ）．おとなの餌ねだりでは，パン，クロエ，ゴン，ポポ，プチの映像が用いられた（対面・非対面条件それぞれ5個づつ）．ヒトの手まねきは，白衣を着た1名の男性が，手まねきしながらパルを呼んでいる映像であった（対面・非対面条件それぞれ1個づつ）．非対面条件の手まねきは，カメラから約45度ずれた方向に対して手まねきしているものであった．この男性は普段の給餌にも参加しており，パルにとって既知であると考えられた．すべての映像では音声は再生されなかった．映像の下の値は，それぞれのカテゴリにおける注視時間の中央値である．

た．母親は領域Bに入り，パルはブース内を自由に移動できた．実験はパルが自発的に母親から離れて領域Aに来て，母親がその状態を許している状態で行なわれた．領域Aには1名の実験者がおり，パルを領域Aに呼び込むために必要に応じて食物を与えた．実験ブースの外側に1名の観察者がおり，乳児の反応の有無（モニターへの注視の有無）を判断した．観察者の位置からは乳児の行動は観察できたが，モニター画面は見ることができなかった．1回の試行は静止画呈示期間と動画呈示期間よりなる．パルがコンピュータから離れた場所にいる場合に画面への注意を促進するため，注視のない初期状態では映像の最初のフレームが静止画として呈示されていた．パルが注視すると観察者はマウスのボタンを押した．パルがコンピュータのそば（約1m以内）に近づいてモニターを見ている間を"注視"と定義した．パルが画面を注視し始めてから3秒以上視線を外すまでを動画呈示期間とし，当該の映像を動画として繰り返し呈示した．動画呈示期間が終わると1回の試行は終了し，次の試行の静止画呈示区間が続いた（図6-7-5）．実験セッションは約20分で，1日1セッション，週1または2セッションで計6セッションを行なった．

乳児の注視時間とモニターへの接触頻度について分析した．乳児が画面を注視し始めてから，3秒以上視線をはずすまでを注視時間と定義した．すなわち，注視時間は動画呈示時間から視線を外している最後の3秒を引いた値である．記録された注視時間が短い場合，実際には動画刺激の内容が見えていないと考えられる場合が多かったため，注視時間が1秒以上となる反応のみ分析対象とした．

6-7-3　結果と考察

それぞれの映像カテゴリごとの注視時間を図6-7-4に示す．パルは対面での餌ねだりの映像に対して，非対面の場合

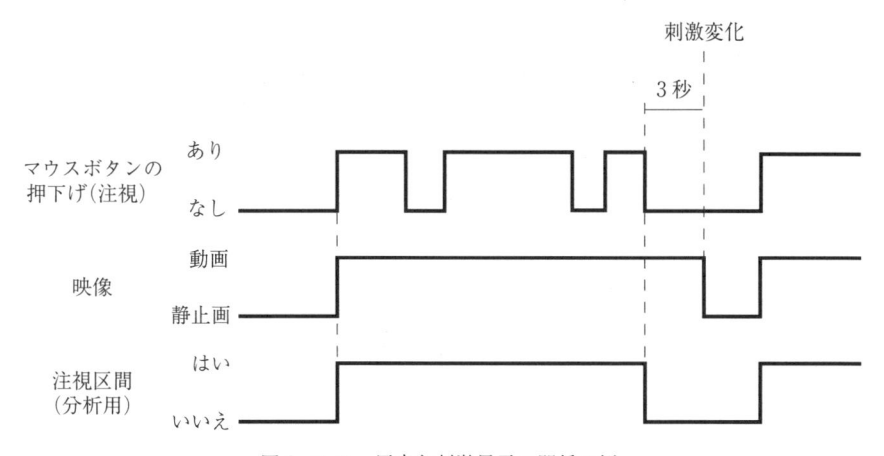

図6-7-5　反応と刺激呈示の関係の例．

と比べてより長く注視した（$p<0.005$, Mann-Whitney検定）. 餌ねだりの非対面場面は，それぞれ発声の対面・非対面場面と比べても注視時間が短かった（$p<0.01$）. 母親の発声の映像に関しては，対面・非対面条件間の差は有意ではないが，餌ねだりと同様の傾向が見られた. ヒトの手まねきに関してはデータ数が少ないので統計的分析を行なわなかったが，他の場合とは逆に対面条件で注視時間が短い傾向が見られた.

餌ねだりの映像において，対面場面に対してより長い注視時間を示すことについては，パルが映っている他者の状態を理解し，自分に対して働きかけてくる個体に対してより注意を払うという説明が可能である. 発声の映像については，映っている個体が常に母親であったこと，動きが他の条件に比べてより大きいことが，対面・非対面にかかわらず注視時間を長くさせたのかも知れない. 対面の餌ねだりの映像では，カメラの方を見つめて手を伸ばしていたが，発声の映像では必ずしもカメラの方を見続けていなかったことから，対面・非対面の映像の違いが小さかった可能性もある.

自己に対する他者の働きかけの検出がどのようしてなされるのか，本研究においては不明である. 手がかりとして顔・体・視線の向きや，体の運動方向などが考えられる. 実際，チンパンジーは生後13か月までにヒトの視線の向きを理解することが示されている（6-9参照; Okamoto et al. 2002）. また, 働きかけの主体が誰かによって反応が異なってくることは十分予測されることであるが，本研究ではこの点についてはほとんど検討できなかった. これらの点については，本実験の方法を用いて統制された刺激セットを用いた実験が可能であろう.

本実験期間中に, パルは他の年長の乳児たちに先がけて手を伸ばして餌ねだりをするようになった（図6-7-6. パルは2002年5月24日（1歳8か月齢）より，アユムは2002年6月3日（2歳1か月）より. 吹浦，私信）. 推測であるが，本実験において他者の餌ねだりを繰り返し観察する機会があったことが，実際場面での行動に結びついたのかも知れない. 観察による行動の獲得，特に他者の自己に対する働きかけの観察を通して，自己から他者への働きかけを獲得することが可能なのか，野生群や放飼場における詳細な観察を通して答えられるかも知れない.

［泉明宏　田中正之］

図6-7-6　パルによる餌ねだり（2002年6月17日，撮影：泉明宏）.

6-8 他者の視線の検出

ヒトは早期から「自分を見つめる眼(direct gaze)」に非常に敏感である．生後3日目には，自分を見つめる眼をもつ顔と，閉じた眼をもつ顔を区別できる(Batki et al. 2000)．また，生後4か月には，他者の視線の方向を区別することができる(Vecera & Johnson 1995; Farroni et al. 2000)．これらの結果は，Baron-Cohen(1995)の主張する，眼または眼らしい刺激がどこを向いているかを検出する「視線の検出機構(EDD)」という生得的なモジュールが存在するという説を支持するものであるといえる．しかしながら，ヒト乳児に正立顔と倒立顔を呈示し，その中に含まれる視線の方向を区別できるか調べたところ，倒立顔では，視線の方向を区別することが難しかったという報告もなされている(Vecera & Johnson 1995)．つまり，視線の検出には，眼以外の口や鼻といった顔部位の配置が影響を与えたことから，眼だけが単独に処理されるわけではないようである．

視線を検出する能力の発達に関して，その系統発生的基盤を探ることは，EDDの機能的独立性や生得性を議論する上で有効な示唆を与えてくれるだろう．これまで，ヒト以外の霊長類における視線の検出能力の発達を調べた研究は一例しかない．Myowa-Yamakoshi & Tomonaga (2001)は，小型類人猿であるテナガザル乳児の視線検出能力を調べたところ，実験を開始した15日齢の時点で，正立，倒立，さらには並べ替え（口と鼻の位置をでたらめに配置した顔）といった顔の配置にかかわらず，自分を見つめる眼を含む顔図形を，視線がそれている顔図形よりも好んで見た．

本研究では，生後10－32週齢のチンパンジー乳児を対象として，視線の検出能力の発達を検討した．もし，顔部位の配置が視線の検出に影響をおよぼすならば，正立顔での視線の検出は，倒立あるいは並べ替え顔での視線の検出よりも容易になると考えられる．反対に，視線検出のモジュール説が正しければ，視線の検出は顔の配置による影響を受けないはずである．

6-8-1 方法

アユムは25－32週齢，クレオは16－27週齢，パルは10－31週齢にかけて，各個体，それぞれ8回の実験を行なった．実験手続きは2選択選好注視法を用いた．ヒト（研究プロジェクトに参加している女性大学院生）の顔を撮影したカラー写真（18×15cm）を加工し，図6-8-1に示す六つの条件で乳児に対呈示した．刺激の呈示位置は，左右でカウンターバランスした．実験は1週間に1回，1セッション［6条件×2位置（左右）＝12試行］行なった．ただしクレオは，条件5・6を実施しなかったため，1セッシ

ョンで8試行行なった．刺激の呈示時間は，乳児が刺激を見た時点から15秒間とした．CCDカメラの上部に刺激を取りつけることにより，乳児の視線をビデオ記録した（図6-8-2）．結果の分析は，一人の評定者が，ビデオ記録した乳児の

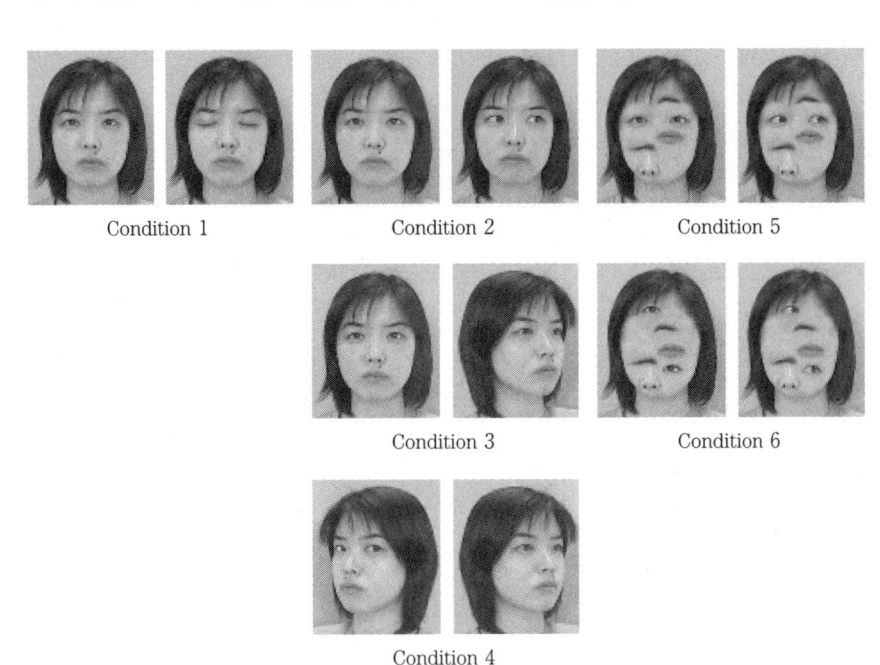

Condition 1

Condition 2

Condition 5

Condition 3

Condition 6

Condition 4

図6-8-1　実験で用いた刺激写真．

（A）

（B）

図6-8-2　実験の様子．（A）パル，（B）アユム．ヒトの実験者が乳児と対面して，二つの顔写真を呈示した．小型CCDカメラを刺激の上部に取りつけ，乳児の反応を記録した．

反応について，0.2秒ごとにどこ（右，左，その他）を見ているかを評定した．次に，実験の目的を知らされていないもう一人の評定者が，各乳児の約12％にあたる反応を独立に評定した．2人の評定者間の一致率は非常に高かった．

6-8-2 結果

対呈示した二つの写真のうち，被験児がどちらの写真を好んで見たかを調べるために，ターゲット写真（正面を凝視した顔）への注視時間を対呈示した二つの写真への総注視時間で割って選好率を算出した．その結果，アユムの条件1でのみ，週齢に伴う有意な増加傾向がみられたものの［$r=0.94, t(6)=6.89, p<0.001$］，選好率の週齢に伴う単調な増加や減少は，六つの条件すべてにおいてみられなかった．

表6-8-1は，六つの条件における各写真への平均注視時間と統計的検定（一対比較のt検定）の結果を，乳児ごとに示したものである．顔を構成する要素の並べ替えを施していない条件1-4では，すべての乳児において，呈示した対刺激間で有意差が認められた．まず，条件1では，自分を「凝視する視線」を含む顔写真を，「閉じた眼」を含む写真よりも有意に好んで見た．条件2-4では，頭部全体の角度（正面，あるいは斜め横向き）にかかわらず，自分を「凝視する視線」を含む顔写真を，「凝視しない視線」を含む写真よりも有意に好んで見た．対照的に，並べ替えを施した顔を用いた条件5と6では，「凝視する視線」と「凝視しない視線」を含む顔写真の間に，有意差はみられなかった．

6-8-3 考察

本研究の結果，チンパンジー乳児は早くとも10週齢の時点で，「自分を凝視する／閉じた」眼，さらには，「凝視する／凝視していない」眼を含む顔を区別でき，かつ「自分を凝視する眼」を含む顔をより好んで見ることが分かった．しかし，眼あるいは眼以外の顔部位の配置をでたらめに並べ替えた顔では，「凝視する／凝視していない」眼を含む顔を区別

表6-8-1　チンパンジー乳児3個体の各条件における平均注視時間

		平均注視時間（秒）					
		条件1	条件2	条件3	条件4	条件5	条件6
アユム	凝視する視線	4.21	4.25	4.92	3.92	2.85	2.83
	凝視しない視線	1.98	2.85	2.67	2.42	3.60	3.13
	t値 $(df=7)$	2.63*	3.49**	2.36*	2.25+	0.87	0.13
クレオ	凝視する視線	1.98	2.42	4.77	5.92		
	凝視しない視線	2.85	3.60	2.54	1.85		
	t値 $(df=7)$	2.57*	6.51**	2.77**	5.44**		
パル	凝視する視線	6.46	7.08	6.15	5.40	3.67	3.67
	凝視しない視線	2.10	2.40	2.56	2.48	4.10	4.21
	t値 $(df=7)$	2.95*	6.22**	4.25**	2.44*	0.42	1.25

** $p<0.01$, * $p<0.05$, + $p<0.10$

することができなかった．これらの結果は，視線の検出には，眼以外の顔部位（鼻や口）の配置が影響を与えていることを示している．つまり，チンパンジー乳児における視線の検出は，「視線」という情報のみが自動的にかつ単独で処理されるのではなく，顔全体の情報が関与していると考えられる．今回の結果では，チンパンジーの視線検出のモジュール説は支持されず，生後受けた顔への視覚経験によって，その能力が発達していく可能性が示唆された．この結果は，テナガザル乳児での結果（Myowa-Yamakoshi & Tomonaga 2001）とは異なっていた．テナガザル乳児では，視線の方向の検出は，顔の配置という文脈による影響を受けなかった．しかし，チンパンジー乳児では，ヒト乳児と同様に，顔部位の配置が視線の検出に影響を与えていた．つまり，ヒト乳児でみられる視線の情報処理メカニズムの進化的起源は，小型類人猿の系統が大型類人猿の系統と分岐した以降までさかのぼる可能性を示唆している．

　ヒトやチンパンジーでは，顔の情報が統合的に処理されているという事実は，これらの種にとって，眼以外にも顔のさまざまな部位を用いた「表情」が，生後重要な役割を果たすことを示していると考えられる．ヒトやチンパンジーは，母子間で対面した形でのコミュニケーションを行なう（6-1参照）．母親は，子どもと眼を合わせ，声をかけて微笑んだり，誇張して驚いてみせたりする．そうした表情では，視線だけでなく，口唇部や眉が巧みに動かされている．子どもの側がみせる表情も，微笑みや驚き，泣きなどさまざまである．顔全体を使った多様な表情を媒介としたコミュニケーションは，養育者の注意を強くひきつけ養育行動を引き出すという適応的意義をもっているのではないだろうか．ヒトやチンパンジーは，他者の顔を観察する際，他者の視線を検出するだけでなく，さらに複雑な他者の表情を検出する能力を進化の過程で獲得してきたと推測できる．

（謝辞：本研究の一部は，日本学術振興会・科学研究費基盤研究（C）（代表・友永雅己，#13610086）および日本学術振興会特別研究員奨励費・No.2867（明和政子）の助成を受けた）
[明和（山越）政子　友永雅己　田中正之　松沢哲郎]

6-9
他者の視線と身振りの理解と利用

本研究では，対象選択課題と視線追従課題という二つの基本的な実験パラダイムを用いて，チンパンジーの乳児を対象に他個体の視線や身振りの理解と利用の発達的変化について縦断的に検証した．まず研究1では，対象選択課題を先行研究では行なわれてこなかった2歳以下の乳児に対して訓練し，ヒト実験者の与える各種の社会的手がかりの利用の発達的変化を調べた．そして研究2では，視線追従課題を1歳未満の時点から乳児に対して行なった．

6-9-1 研究1：チンパンジー乳児における対象選択課題遂行時の社会的手がかりの利用

チンパンジー乳児はいつごろから他者の視線や身振りを理解し，自らの行動のための手がかりとして利用できるようになるのだろうか．Itakura & Tanaka (1998)は，二つの隠し場所から隠された食物を探すのに他者の身振りを利用できるかを調べた結果，18か月以上のヒト乳児やおとなのチンパンジーでは，視線や指さしを手がかりに，隠された食物を得ることができると報告している．しかし，これらの能力について乳児のチンパンジーを対象に調べられたことはなかった．そこで，本研究では，対象選択課題を用いて縦断的に実験を行なうことにより，チンパンジー乳児における他者の視線や身振りの利用の発現時期とその獲得過程を調べた．さらに課題遂行中の乳児の行動を詳細に分析することにより，乳児の認知能力の発達との関連性についても考察した．

6-9-2 方法

アユム，クレオ，パルは8か月齢より本実験に参加した．実験は現在も進行中であり，本節では2002年7月現在までの結果を分析対象とした．

不透明の青色のカップ（高さ5cm，直径6.8cm）を二つ一組で用いた．このカップを取っ手つきの木製の板（15cm×40.5cm）にのせてチンパンジーに呈示した．二つのカップは約30cm離して板の上に置いた．実験の様子はブース外の2台のビデオカメラによって撮影し，後の分析に使用した．

各試行のはじめに実験者がカップの一方にチンパンジーに見えないように食物を隠した．その後カップののった板を乳児の前に呈示し，指さしなどの社会的手がかりで左右いずれかのカップを指示した．乳児は左右いずれかのカップのうち一方のみを選択することを許された．両方のカップを同時に選択した場合は不正解とした．

本研究では社会的手がかりとして，食物の入ったカップを指でたたく「タッ

プ」，カップに指を触れる「タッチ」，カップから約5cm離れて指さす「近距離指さし」，カップから約20cm離れたところから指さす「遠距離指さし」，顔をカップに約10cm近づけてのぞきこむ「近距離からののぞきこみ」，顔を約30cm離してカップを見る「遠距離からののぞきこみ」，顔を約30cm離して顔を動かさずに目だけで見る「視線のみ」，そして，カップの近距離から手を差し出す（指を開いて手のひらを見せた腕の突き出し）「手の差し出し」，の計8種類を使用した（図6-9-1）．このうち，タッチ条件は，タップ条件では少し音がするという問題点から後から追加した（アユムで15か月齢，クレオで14か月齢，パルで12か月齢から導入）．また，手の差し出し条件は，ヒト特有の身振りである「指さし」指示ではなく，チンパンジーが自発的に産出する「手さし（指を開いて手のひらを見せた腕の突き出し）」による指示だと，手がかりとして早く利用することができるかどうかを調べるために後から導入した（アユムでは19か月齢，クレオで16か月齢，パルで16か月齢から導入）．

1セッションは原則8試行とした．各条件・正答の左右はランダムに配置した．透明なカップを用いた予備訓練を6か月齢頃から行ない，8か月齢を過ぎた時点から本実験に移行した．図6-9-2

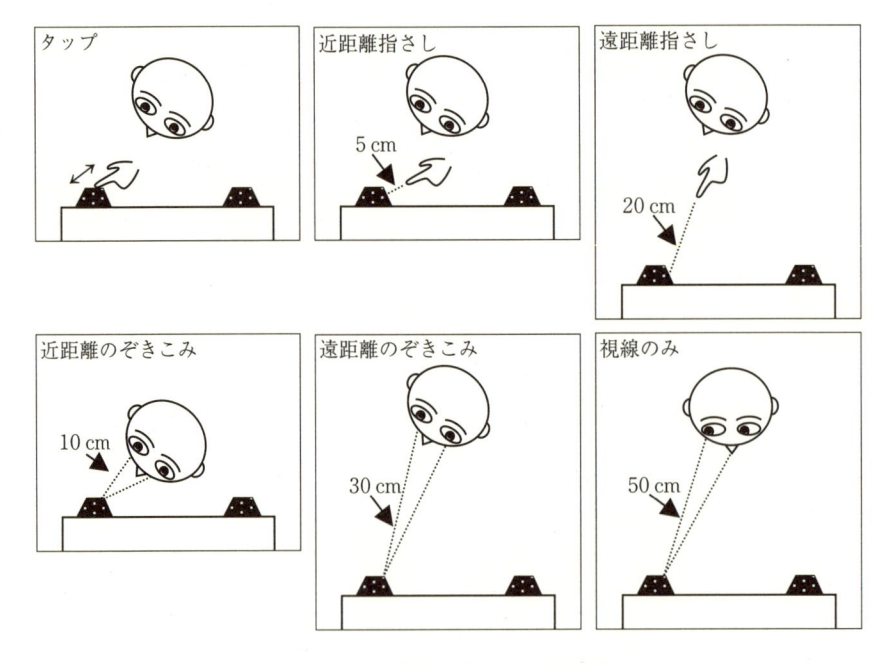

図6-9-1　実験者手がかりの模式図．

は実際の実験場面である．実験は週に1回から2回行なった．1セッションは一つの手がかり条件のみを呈示し，それぞれの条件の学習基準は連続2セッション（16試行）で13試行以上の正答とした．ただし各セッションでの正答は6試行以上とし，2セッションの平均正答率は80%以上とした．各手がかりは，各乳児がタッチ条件学習後からセッションごとにランダムに呈示した．

6-9-3 結果

付録CD-ROMに収録した付表6-9-1に，2002年7月現在までの各乳児の条件ごとの成績を示す．タップ条件はアユムとパルにのみ導入したがともに11か月齢を過ぎた頃に学習基準に到達した（学習基準到達までの試行数は，アユム98試行，パル80試行）．タッチ条件は3個体で導入時期が異なったが（アユム15か月，クレオ13か月，パル12か月齢），各乳児ともに導入後すぐに学習基準に達した．したがって少

図6-9-2 指さし手がかりを利用して隠されたぶどうを見つけるアユム（撮影：中京テレビ）．

表6-9-1 実験者による手がかり呈示からカップ選択までの乳児の行動の変化

月齢	アユム			クレオ			パル		
	手がかりを見てから正解	手がかりを見てから不正解	手がかりを見ずに選択	手がかりを見てから正解	手がかりを見てから不正解	手がかりを見ずに選択	手がかりを見てから正解	手がかりを見てから不正解	手がかりを見ずに選択
8	3	2	3	3	2	3	5	2	1
9	3	2	3	5	2	1	4	2	2
10	6	2	0	5	1	2	4	4	0
11	7	0	1	6	1	1	7	1	0
12	5	1	2	4	3	1	6	2	0
13	6	2	0	7	0	1	4	1	3
14	5	2	1	7	1	0	2	2	4
15	8	0	0	5	0	3	8	0	0
16	8	0	0	7	0	1	7	0	1
17	6	0	2	8	0	0	8	0	0
18	8	0	0	8	0	0	2	0	6
19	2	0	6	4	0	4	4	1	3
20	8	0	0	5	0	3	3	0	5
21	8	0	0	5	0	3	2	0	6
22	5	0	3	4	1	3	4	0	4
23	6	0	2	6	0	2	7	0	1

なくとも12か月齢の時点で学習可能であることが示唆された（アユム16試行，クレオ8試行，パル9試行）．一方，2種類の指さし条件の獲得時期には乳児の間で差が見られた．近距離指さし条件は導入しても成績が安定しない時期が長く続いたが，最終的にアユムで19か月齢（112試行），クレオで17か月齢の時点で（113試行）学習基準に達した．遠距離指さし条件はアユムで21か月齢（32試行），クレオで16か月齢の時（16試行）に基準に達した．パルは22か月齢までに64試行を行なったがまだ学習基準に到達していない．手差し条件は途中で導入したが，各乳児とも比較的容易に学習し，アユムでは18か月（16試行），クレオで17か月齢（32試行），パルで17か月齢（56試行）の時に基準に達した．のぞきこみ条件に関してはアユムでのみ学習基準に達しており，近距離でののぞきこみ条件は25か月齢後半で（65試行），遠距離でののぞきこみ条件は27か月齢の時基準に到達した（24試行）．クレオとパルは22－24か月齢時点までにそれぞれ66試行と24試行を経験したが，まだ学習基準に到達していない．

次に，正答率には現れない行動の変化について検討するため，23か月齢までの各月ごとに各乳児の誕生日に一番近いセッションを選び，そのセッション中の行動をビデオテープから分析した．まず，

表6-9-2　カップを選択した後のカップに対する乳児の行動の変化

月齢	アユム			クレオ		
	カップを取り, カップの操作をする	カップの中/カップを取り除いた後の場所を見る	カップを手放し, 取り除いた後も見ない	カップを取り, カップの操作をする	カップの中/カップを取り除いた後の場所を見る	カップを手放し, 取り除いた後も見ない
8	6	0	2	2	0	6
9	7	0	1	6	0	2
10	8	0	0	2	5	1
11	2	6	0	1	5	2
12	0	8	0	0	8	0
13	0	8	0	0	8	0
14	0	8	0	0	8	0
15	0	8	0	0	8	0
16	0	8	0	0	7	0
17	0	8	0	0	8	0
18	0	8	0	0	8	0
19	0	8	0	0	8	0
20	0	8	0	0	8	0
21	0	8	0	0	8	0
22	0	8	0	0	8	0
23	0	8	0	1	7	0

実験者による手がかり呈示からカップ選択までの乳児の行動については、「手がかりを見てから正解を選択」、「手がかりを見てから不正解を選択」、「手がかりを見ずに選択」、の三つに大きく分類できた。これらの行動カテゴリの生起頻度(試行数)の推移を表6-9-1に示す。分析の結果、課題解決にとって不適切な行動の一つである、手がかりを見てから不正解を選択するというパターンの頻度が16か月齢までにすべての乳児で消失した。また、カップを選択した後のカップに対する行動を「カップを取り、カップの操作のみ行なう」、「カップの中、あるいはカップを取り除いた後の場所を見る」、「カップを手放し、カップにも中身にも定位しない」、の三つに分類した。これらの生起頻度を表6-9-2に示す。興味深いことに、対象の永続性の理解とも関連すると思われる「カップのあった場所を見る」という行動がおよそ12か月齢頃から現れるようになった。

6-9-4 考察

研究1の結果から、個体差はあるものの、チンパンジー乳児は、たたく、触れる、指さす、顔を向けて見るといった他者の身振りを発達に伴い理解できるようになることが分かった。また、「手を差し出す」というチンパンジーの行動レパートリーに近い身振りを導入した後に、それまで学習基準に到達しなかった「指さし」条件の成績が向上した。この結果から、「手さし」の利用が「指さし」の利用を促進した可能性が考えられる。「手さし」の方が「指さし」よりも物理的な刺激の明瞭度も大きい上に、刺激般化の影響も考えられる。しかし、「手さし」はチンパンジーにとって他個体に要求を行なう際の自然な身ぶりであるのに対し(6-7, 7-4参照)、指さしはその生起頻度がそもそも少なく、乳児個体では主として対象の探索の際に利用されることが多い。このようなことが影響をおよぼした可能性もあるだろう。また、本研究では対象選択課題を用いることによって、対象の操作の仕方や、「対象の永続性」の理解など他の認知能力の発達についても多くの示唆が得られる可能性を得た。本研究を今後も継続することにより、各手がかりの学習過程を詳細に分析していきたい。

	パル		
月齢	カップを取り、カップの操作をする	カップの中/カップを取り除いた後の場所を見る	カップを手放し、取り除いた後も見ない
8	8	0	0
9	7	0	1
10	4	0	4
11	0	7	1
12	0	8	0
13	1	7	0
14	0	6	2
15	0	8	0
16	0	8	0
17	0	8	0
18	0	8	0
19	2	6	0
20	0	8	0
21	2	6	0
22	3	5	0
23	2	6	0

6-9-5 研究2：チンパンジー乳児における視線追従能力の発達の検討

他者が何かを見ている（注意している）という様子を見て，その視線を追従し，その方向，対象，事象に注意するという一連の行動をここでは「共同注意」と呼ぶことにする．ヒトでは，生後6か月頃になれば視線を手がかりにして視野内の一般的な方向を見ることができ，12か月頃になると他者が見ている視野内の特定の対象を見ることができるようになる．さらに18か月を過ぎると視野外のものを振り返って見ることができるようになると報告されている（Butterworth & Jarret 1991）．共同注意ないし視線追従はチンパンジーを含むヒト以外の霊長類でも観察されている（Itakura 1996; Vick & Anderson 2000）．しかし，チンパンジーが何歳頃から視線追従できるようになるかについては調べられておらず，向かい合った実験者が空を見あげる行動を呈示し，それを追従するようになるのが3－4歳を過ぎてからであるという報告しかない（Tomasello et al. 2001）．そこで本研究では，生後半年のチンパンジー乳児を対象に，他者の視線を追従する能力がいつごろどのような過程を経て発現するのかを縦断的に検証することを目的とした．

6-9-6 実験1：視線追従課題

アユムが生後5か月齢（155日齢）の時点より実験を開始した．チンパンジー用実験ブースの下部に取りつけられた透明のアクリル製トレイ（12×15×40cm）の上部に半径2cmの穴を左右に二つ開けた（二つの穴の距離は28cm）装置を用いて実験を行なった．刺激は左右同一の対象（おもちゃ）を透明のアクリル棒（28cm）の両端に取りつけたものを45組用意した．実験者が実験ブース外からトレイ越しにアユムと向きあい，まずおもちゃを両端に取りつけた棒を呈示した（図6-9-3参照）．実験者はトレイ前でアユムと十分にアイコンタクトを取り，その後一方のおもちゃに対して3秒間社会的手がかりを呈示した．その後アユムの反応とは関係なく，呈示した側の対象の真上の穴より食物をトレイ内に落とした．

155日齢（5か月齢）より実験場面への馴化のための予備訓練を行ない，211日齢（7か月齢）より本実験を開始した．第1フェーズでは社会的手がかりを順次追加していった（表6-9-3参照）．295日齢（9か月齢）からは，第2フェーズとして，第1フェーズまでに導入したすべての社会的手がかりをベースライン試行として60試行ない，それに加えて目の

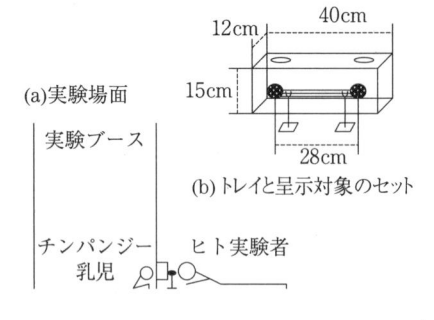

図6-9-3 研究2の実験場面（a）と装置（b）．

みを動かす条件（視線のみ条件）を各セッションに平均8試行挿入した．この条件ではベースライン試行とは異なり，食物の呈示は行わなかった（非強化プローブテスト）．また，これらの試行に加えて，社会的な手がかりを左右いずれの対象にも与えない統制条件（顔を中央に定位して手を握る，瞬きをする，頭を小刻みに左右に振る）も12試行行なった．これらの統制試行ではアユムの行動に関係なく，手がかり呈示後に前もって決めておいた側の穴から食物を与えた．実験は週に1セッション行ない，各セッションは条件，左右ともにランダムに配置した．各条件の獲得基準は80%以上の試行で追従が見られたセッションが2回連続するまでとした．

実験1では，図6-9-4に示すように，対象物をたたく「タップ」，対象物を5cmの距離から指さす「指さし」，対象物から20cm離れたところから顔を向ける「のぞきこみ」，対象物から20cm離れたところで顔を正面に向け目だけで対象を見る「視線のみ」，を社会的手がかりとして用いた．

各試行において，手がかり呈示開始から食物呈示直前までの3秒間のアユムの行動をビデオ記録をもとに評価した．実験者が手がかりを呈示した方向（統制条件の場合は，前もって定められた方向）を見た，定位した場合を「追従あり」（図6-9-5），実験者が手がかりを呈示した方向に食物を呈示後に見た，定位した，実験者の顔を見たままである，どこか他の方向を見た，手がかりを呈示した対象と異なる対象を見た，などをすべて「追従なし」とした．主たる記録者以外に3人の評定者が実験の一部を独立に評価したところ，高い信頼性が認められた（カッパ係数の平均値=0.89）．

6-9-6　結果と考察

表6-9-3は，各条件における追従反応の出現の推移を示す．この表から分かるように，タップ条件，指さし条件は8か月齢の時点で，またのぞきこみ条件は10か月齢の時点で獲得基準に到達した．さらに，プローブテストとして導入した

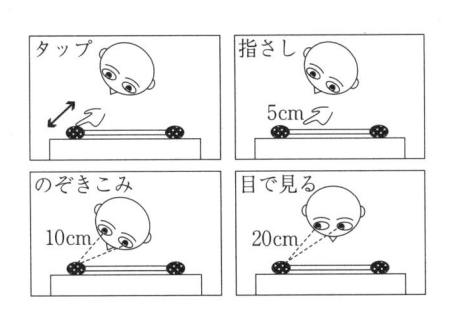

図6-9-4　実験1で使用した実験者手がかりの模式図．

図6-9-5　指さしを追従するアユム（撮影：毎日新聞社）．

視線のみの条件では，最初の5セッションはチャンスレベルに近かった（57%）が，6セッション目（11か月齢）から徐々に追従率が向上し，13か月齢の時点で獲得基準に到達した．一方，統制条件では，アユムはほとんど追従反応をみせず，前もって定められた側を見た割合は平均7.6%であった．

以上の結果から，アユムは，視線追従課題において少なくとも8か月齢の時点で指さしなど他者の社会的手がかりが指し示すものに視線を向けることが明らかとなった．さらに，13か月齢という先行研究と比べてもはるかに若い時期から目の動きのみによって与えられる社会的手がかりにも追従できることが分かった．今回の結果は，チンパンジー乳児がヒトと比べてもそう遅くない時期から他者の視線を追従できるようになることを示唆している．しかし，タップ，指さし，のぞきこみ条件では指や頭の位置が対象物からかなり近いため，いわゆる「局所的強調（local enhancement; Heyes 1993; 7-7参照）」や非社会的な物理的手がかりによる注意のシフトが生じた可能性も否定できない．そこで，実験2では，社会的手

表6-9-3 実験2の結果．視線追従ありと判断された試行数／総試行数．

	日齢	手がかり				
		タップ	指さし	のぞきこみ	目で見る	統制条件
Phase 1	211	17/20				
	217	15/20				
	225	8/12				
	231	17/40				
	238	21/31	5/9			
	249	23/24	4/9			
	260	39/42	24/26			
	266	16/18	14/14			
	274	16/16	13/13			
	281	22/25	14/17	17/21		
	288	12/15	24/27	9/25		
Phase 2	295	9/10	9/10	17/20	3/8	0/12
	302	5/6	8/8	6/14	4/5	2/12
	309	10/10	9/9	16/20	5/10	2/12
	315	9/10	9/10	15/20	6/10	0/12
	322	9/9	8/9	14/17	4/7	1/12
	329	11/11	10/10	17/21	20/23	0/12
	353	10/10	10/10	19/20	16/21	1/12
	365	10/10	10/10	18/20	3/8	1/12
	372	10/10	10/10	20/20	8/8	1/12
	379	9/10	10/10	19/20	5/8	0/12
	386	10/10	10/10	31/33	11/13	0/12
	393	10/10	10/10	20/20	10/11	3/12

がかりと局所的強調手がかりを分離し得る条件を設定し，再度テストを行なった．

6-9-7　実験2：局所的強調課題テスト

実験2はアユムが17か月齢になった時点で開始した．実験手続きは基本的に実験1と同じであった．実験1で使用した手がかりのうち，指さしとのぞきこみ条件を，社会的手がかりと局所的強調手がかりが一致している条件（一致条件）とし，これらに加えて，両手がかりが指示するものが異なるものを不一致条件として新たに導入した（図6-9-6参照）．指さし／不一致条件では，ある対象から1cm離れたところから逆の対象にむかって指さしをした（指先から対象までの距離は20cm）．また，のぞきこみ／不一致条件ではある対象から3cm離れたところから逆に位置する対象の方をのぞきこんだ（顔から対象までの距離は約20cm）．もし，アユムの視線追従が主に局所的強調に影響されていたのならば，指先や顔の向きが指示した方ではなく，それらが近接している対象を見るであろう．1セッションは40試行で，指さし／一致，のぞきこみ／一致条件は各14試行，指さし／不一致，のぞきこみ／不一致条件は各6試行行なった．週に1セッション行ない，合計2セッション行なった．不一致条件はプローブテストとして行ない，アユムの反応にかかわらず食物は呈示しなかった．アユムの行動は実験1と同様に分析し，3人の評定者間の評定も高い信頼性が得られた（カッパ係数の平均値=0.90）．

6-9-8　結果と考察

一致条件では指さし，のぞきこみとも100％に近い正答率だった［指さし：35/35（正答数／試行数），のぞきこみ：31/32］．さらに，プローブテストとして行なった不一致条件でも，2条件ともチャンスレベルよりも有意に高い割合で社会的手がかりに追従した（指さし：12/12, $p<0.01$, のぞきこみ：10/12, $p<0.05$, ともに二項検定）．チンパンジー乳児の追従反応は手がかりと対象物の空間的近接によって生じる局所的強調などによるものではなく，社会的手がかりによるものであることが強く示唆された．

6-9-9　研究2のまとめ

実験1, 2の結果から，アユムは1歳になる前から，ヒトの呈示する社会的な手がかりを，局所的強調などの影響を受けずに追従し，その指示する対象を見ることが確認された．しかし，既に述べたようにTomasello et al. (2001) では，チン

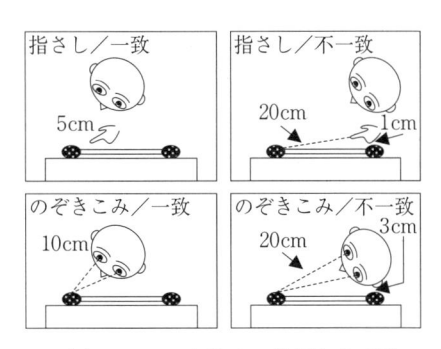

図6-9-6　実験2で使用した実験者手がかりの模式図．

パンジーは3-4歳になるまで上を見あげる行動を追従できないと報告している．この結果の違いの原因としては実験手続きの違いがあげられる．Tomaselloらの研究では，実験者は上を見あげる行動を乳児に呈示している．この手続きは乳児に対して視野外の場所を見る行動を求めることになる．したがってこれは，前述したButterworthらのいう，ヒトで18か月齢以降に現れる行動の検証をしていることになる．一方，本研究では実験者は乳児の視野内にある特定の対象を見る行動を呈示する．これはButterworthらによると12か月齢頃に現れる行動の検証と捉えられる．すなわち，視線追従における異なる発達時期の能力を調べたことによる結果の違いであったと考えられる．

6-9-10 まとめ

対象選択課題を用いた実験（研究1）の結果，チンパンジー乳児は「たたく」，「触れる」といった手がかりは比較的早く利用できるようになることが分かった．「指さし」の獲得には個体差があるが，1.5歳前後で獲得されるようだ．「のぞきこみ」については2歳を越えてもアユムでしか利用できなかった．一方，視線追従課題を用いた実験では（研究2）では，アユムは「たたく」（7か月齢），「指さし」（8か月齢），「のぞきこみ」（10か月齢）などの手がかりを順次利用できるようになり，13か月齢では視線のみでも追従できることが確認された．明らかに，対象選択課題での獲得時期が視線追従課題での獲得時期よりも遅いことが分か

る．対象選択課題では社会的手がかりを理解し利用するだけでなく，目の前にある対象を「操作」することが求められるためかも知れない．

対象選択課題には視線追従課題にはないいくつかの問題点があげられる．それらの問題点を含め，ここではなぜ対象選択課題で獲得が遅れるのかについて考えてみる．まず，チンパンジー乳児は，実験者が示す動作を手がかりとして理解できなかったのかも知れない．これについては，成体のチンパンジーでは手がかりとして利用していることが並行して行なっていた母親を対象にした実験からも確認されている（Itakura & Tanaka 1998）．したがって，ヒトとの交渉の経験を積んでいけば，発達に伴っていつかは利用できるようになるはずである．次に，Bakeman & Adamson（1984）は，実験者が何らかの動きを見せているから，ただ単に動くものに注意がひきつけられているのではないか，という可能性をあげている．そして，カップを操作すること自体が，見えない食物報酬よりも強い強化力を持っていた可能性も指摘できるだろう．

また，運動能力の未熟さによってカップを取りづらいために正解側をうまく取れないということも考えられる．Bower et al.（1970）によると，生後2-3日のヒト乳児でも胴体の周りを適度に支えていれば，視野内にある物体に手を伸ばすことができると報告しており，また，Fontaine & le Bonniec（1988）は，乳児の月齢よりも姿勢の成熟度の方が手伸ばしのよりよい指標となると述べてい

る．これらの知見とあわせて考えると，視覚に導かれた正確なリーチングのためには安定した姿勢の発達が必須であることが分かる．本研究の期間中は，チンパンジー乳児の四足歩行能力の発達段階であった（8-4 参照）．乳児は少し離れた位置から四足歩行で歩み寄ってきてカップを選択するといった行動をよく示したが，次の踏みあげ足（手）から近いカップを選択している可能性が考えられる．

一度始めた行動を修正できないから取れないということも考えられる．Bower (1974) は，乳児の行動は弾道的に行われており，修正するにはもう一度最初からやり直す必要があると述べている．したがって，いったん選択を始めて，途中で手がかりを見ても適切に軌道を修正できなかった可能性が考えられる．最後に，以前の正解位置による位置偏好（win-stay）が考えられる．つまり，Piaget (1952) による「対象の永続性」における段階 4 エラーの可能性（隠されたものを探す課題において，以前の活動が成功した場所を探すことしかできない）である．

以上，考えられる要因をまとめると，対象操作が含まれる分，対象選択課題は視線追従課題よりも難易度が高く，課題を行なうにはより発達した認知能力や身体能力が要求されるものと考えられる．

次に，ヒトでの研究成果との発達時期に関する比較に焦点を当てて考察する．Itakura & Tanaka（1998）は，対象選択課題を用いて，18 か月齢以上のヒト乳児の能力を調べ，本研究と同様の手がかりをすべて利用できることを明らかにしている．本研究ではチンパンジー乳児が約 8 か月齢を過ぎた頃から実験を開始したが，その結果，「指さし」や「のぞきこみ」などの獲得時期の絶対的な月齢がヒトと比較的似ていることが確認された．さらに，研究 2 の視線追従課題では，強化訓練なしでチンパンジー乳児が実験者の視線を 13 か月齢頃から追従することが示された．ヒト乳児では 9 か月齢では目だけの動きは追従できず，12 か月齢を過ぎても半数は追従できない（Lempers 1979）．視線追従の発現時期においても絶対的な月齢がヒトとチンパンジーで似ているといえる．しかし，チンパンジーはヒトの約 1.5 － 2 倍で身体成長および知覚発達が進むといわれている．したがって，チンパンジーにおける他個体の視線や身振りの理解と利用に関する社会的認知能力は単純にヒトの約 1.5 － 2 倍の速さで進むわけではないということが示唆される．

最後に，対象選択課題におけるアユムの獲得の速さを指摘しておきたい．各乳児の実験場面のモチベーションが異なるということも考えられるが，アユムのみが視線追従課題を受けているという経験量の差がこのように表れた可能性は大きい．ヒトの乳児は，母親などから頻繁にアイコンタクトや「指さし」を経験したり，またアイコンタクトや「指さし」を利用して生活するおとなを見る経験に富んでいる．それは，チンパンジーの生活環境とはかなり異なる．少なくともヒトが示す社会的手がかりの理解という点を共有している複数の課題を経験していることがアユムの学習速度に促進的な影響をおよぼしていることは否定できないで

あろう．ただし彼らの母親たちはみな，ヒトのさまざまな身振りを手がかりとして利用できる．したがってチンパンジーは，ヒトと関わる生活の経験の蓄積などから，異種であるヒト特有の身振りやアイコンタクトなどの理解といった社会的認知能力における豊かな可塑性を発揮していくのではないだろうか．このことはチンパンジーにおける「文化化(enculturation)」の問題とも大きく関わっている (Tomasello & Call 1997)．

［岡本早苗　友永雅己　石井澄］

第6章 参照文献

Anderson, J. R., Sallaberry, P., & Barbier, H. (1995). Use of experimenter-given cues during object-choice tasks by capuchin monkeys. *Animal Behavior,* 49, 201-208.

Baron-Cohen, S. (1995). *Mindblindness: An essay on autism and theory of mind.* MIT Press.

Batki, A., Baron-Cohen, S., Wheelwright, S., Connellan, J., & Ahluwalia, J. (2000). Is there an innate gaze module? Evidence from human neonates. *Infant Behavior and Development,* 23, 223-229.

Bower, T. G. R. (1974). *Development in Infancy.* Freeman.

Bower, T. G. R., Broughton, J. M., & Moore, M. K. (1970). Demonstration of intention in the reaching behavior of neonate humans. *Nature,* 228, 649-681.

Butterworth, G., & Jarrett, N. (1991). What minds have in common is space: spatial mechanisms serving joint visual attention in infancy. *British Journal of Developmental Psychology,* 6, 255-262.

Castro, N. A., & Snowdon, C.T. (2000). Development of vocal responses in infant cotton-top tamarins. *Behaviour,* 137, 629-646.

Farroni, T., Johnson, M. H., Brockbank, M., & Simon, F. (2000). Infants' use of gaze direction to cue attention: The importance of perceived motion. *Visual Cognition,* 7, 705-718.

Fontaine, R., & le Bonniec, G. P. (1988). Postural evolution and integration of the prehension gesture in children aged four to ten months. *British Journal of Developmental Psychology,* 6, 223-233.

Fujita, K., & Watanabe, K. (1995). Visual preference for closely related species by Sulawesi macaques. *American Journal of Primatology,* 37, 253-261.

Gallup, G. G., Jr. (1970). Chimpanzees: Self-recognition. *Science,* 167, 86-87.

Gibson, J. J. (1966). *The senses considered as perceptual systems.* Houghton Mifflin.

Goodall, J. (1986). *The chimpanzees of Gombe: Patterns of behavior.* Harvard University Press.［杉山幸丸・松沢哲郎（監訳）(1989). 野生チンパンジーの世界．ミネルヴァ書房］

Heyes C. M. (1993). Imitation, culture and cognition. *Animal Behavior,* 46, 999-1010.

井上徳子 (1994)．チンパンジーにおける自己鏡映像認知―縦断的研究と横断的研究．発達心理学研究, 5, 51-60.

板倉昭二 (1989)．自己と鏡―自己鏡映像認知の再検討．心理学評論, 31, 538-550.

Itakura, S. (1996). An exploratory study of gaze-monitoring in nonhuman primates.

Japanese Psychological Research, 38, 174-180.
Itakura, S., & Tanaka, M. (1998). Use of experimenter-given cues during object-choice tasks by chimpanzees, an orangutan, and human infants. *Journal of Comparative Psychology,* 112, 119-126.
Kojima, S. (2001). Early vocal development in a chimpanzee infant. In T. Matsuzawa (ed.), *Primate origins of human cognition and behavior,* Springer-Verlag Tokyo, pp. 190-196.
Mandel, D. R., Jusczyk, P. W., & Pisoni, D. B. (1995). Infants' recognition of the sound patterns of their own names. *Psychological Science,* 6, 314-317.
Marler, P., & Tenaza, R. (1977). Signaling behavior of apes with special reference to vocalization. In T.A., Sebeok (ed.), *How animals communicate,* Indiana University Press, pp. 965-1033.
Lawelli, M., & Fogel, A. (2002). Developmental changes in mother-infant face-to-face communication. *Developmental Psychology,* 38, 288-305.
Lempers, J. D. (1979). Young children's production and comprehension of nonverbal deictic behaviors. *Journal of Genetic Psychology,* 135, 93-102.
Lin, A. C., Bard, K. M., & Anderson, J. R. (1992). Development of self-recognition in chimpanzees (*Pan troglodytes*). *Journal of Comparative Psychology,* 106, 120-127.
Locke, J. L., & Snow, C. (1997). Social influences on vocal learning in human and nonhuman primates. In C. T. Snowdon & M. Hausberger (eds.), *Social influences on vocal development,* Cambridge University Press, pp. 274-292.
水野友有・松沢哲郎（2001）．チンパンジーの育児―微笑みときずな―．チャイルドヘルス，4, 31-35.
Myowa-Yamakoshi, M., & Tomonaga, M. (2001). Perceiving eye gaze in an infant gibbon (*Hylobates agilis*). *Psychologia,* 44, 24-30.
Neisser, U. (1993). The self perceived. In U. Neisser, (ed.), *The perceived self: Ecological and interpersonal sources of self-knowledge,* Cambridge University Press, pp. 3-21.
岡本早苗・川合伸幸・Cláudia Sousa・田中正之・友永雅己・石井澄・松沢哲郎（2002）．実験室場面におけるチンパンジー母子間の相互交渉．霊長類研究, 18, 394.
Okamoto, S., Tomonaga, M., Ishii, K., Kawai, N., Tanaka, M., & Matsuzawa, T. (2002). An infant chimpanzee (*Pan troglodytes*) follows human gaze. *Animal Cognition,* 5, 107-114.
Peignot, P., & Anderson, J. R. (1999). Use of experimenter-given manual and facial cues by gorillas (*Gorilla gorilla*) in an object-choice task. *Journal of Comparative Psychology,* 113, 253-260.
Piaget, J. (1952). *The Origins of Intelligence in the Child.* Basic Books.
Plooij, F. X. (1984). *The behavioral development of free-living chimpanzee babies and infants.* Ablex.
Povinelli, D., Bierschwale, D., & Cech, C. (1999). Do juvenile chimpanzees understand attention as a mental state? *British Journal of Developmental Psychology,* 17, 37-60.
Povinelli, D. J., & Eddy, T. J. (1996). Chimpanzees: joint visual attention. *Psychological Sciences,* 7, 12-135.

Povinelli, D. J., Rulf, A. B., Landau, K. R., & Bierschwale, D.T. (1993). Self-recognition in chimpanzees (*Pan troglodytes*): Distribution in ontogeny, and patterns of emergence. *Journal of Comparative Psychology*, 108, 74-90.

Rochat, P. (1998). Self perception and action in infancy. *Experimental Brain Research*, 123, 102-109.

Rochat, P. (2001). *The infant's world*. Harvard University Press.

Rochat, P., & Hespos, S. J. (1997). Differential rooting responses by neonate: Evidence for an early sense of self. *Early Development and Parenting*, 6, 105-112.

Rochat, P., & Striano, T. (1999). Emerging self-exploration by 2-momth-old infants. *Developmental Science*, 2, 206-218.

Roush, R. S. (1996). Food-associated calling behavior in cotton-top tamarins (*Saguinus oedipus*): Environmental and developmental factors. Unpublished. PhD dissertation. University of Wisconsin.

Tomasello, M., Call, J., & Gluckman, A. (1997). Comprehension of novel communicative signs by apes and human children. *Child Development*, 68, 1067-1080.

Tomasello, M., Call, J., & Hare, B. (1998). Five primate species follow the visual gaze of conspecifics. *Animal Behaviour*, 55, 1063-1069.

Tomasello, M., Hare, B., & Fogleman, T. (2001). The ontogeny of gaze following in chimpanzees, Pan troglodytes, and rhesus macaques, *Macaca mulatta. Animal Behavior*, 61, 335-343.

植村美民 (1979). 乳幼児期におけるエゴ (ego) の発達について. 心理学評論, 22, 28-44.

Vecera, S. P., & Johnson, M. H. (1995). Gaze detection and the cortical processing of faces: Evidence from infants and adults. *Visual Cognition*, 2, 59-87.

Vick, S. J., & Anderson, J. R. (2000). Learning and limits of use of eye gaze by capuchin monkeys (*Cebus apella*) in an object-choice task. *Journal of Comparative Psychology*, 114, 200-207.

第7章　個体間の相互交渉とその発達

肩を組んで歩くアユムとパル（撮影：松沢哲郎）

7-1 総論

　本章では、6章で紹介した種々の社会的認知能力の発達を背景として発現するチンパンジー乳児たちの豊かな個体間交渉と、そのような社会的な「場」において獲得され発揮される認知能力や知性に関する研究が数多く紹介されている．
　まず7-2では、乳児たちの社会的世界の広がりを示す指標として、ニアレスト・ネイバーズ（最近接個体，nearest neighbors, NN）の発達に伴う変化について紹介されている．NNとは、「当該の個体にとって、空間的に最も近くに位置するのは誰か」という指標である．くっついていても離れていても、またその距離が1mでも5mでも、とにかく一番近くにいるのは誰か、という指標である．定義が明瞭で、即座に容易に判断できて、個体間の親疎の関係を反映する、という点で優れた指標である．霊長類の社会行動、特に個体間関係の親疎を示すものとして、このNNに着目した研究がこれまでに多数行なわれてきた（ボノボ：White 1996; オリーブヒヒ：Castles *et al.* 1999; アカゲザル：Manson 1994; コモンマーモセット：Digby 1995; ワオキツネザル：Gould 1996）．これらの研究が示すように、類人猿、旧世界ザル、新世界ザル、原猿といった多様な分類群でその妥当性が示されている．また霊長類以外の動物種についても、ウマ、ヒツジといった哺乳類、ニワトリ、コゲラといった鳥類、カエルなどの両生類、コオロギ、バッタといった昆虫類の行動研究でも、NNが指標としてもちいられている．この7-2では、乳児が母親から離れ始める満1歳頃から始まった「最も近くにいるのは誰か」に焦点を当てた観察結果の概要について報告する．この基礎資料は、他のさまざまな研究の結果を考察する上でも重要なものである．
　先の6章ではチンパンジー乳児における視線の認識（6-8）と追従（6-9）の発達について紹介したが、ヒト乳児では、これらの成立に続いて「共同注意」が生じ、「自己−他者−物」という3項関係を基盤としたコミュニケーションが成立するようになる．7-3と7-4では、移動場面や新奇物体の探索場面におけるこのような母子間のコミュニケーションに関する研究が紹介されている．
　ヒトを含む多くの霊長類は複数の個体からなる集団を形成し、その中で、多くの個体と交渉をもち、コミュニケーションをとっている．このように、他者との交渉やコミュニケーションにおいて発揮される知性があり、「社会的知性」と呼ば

れる．この社会的知性こそが，ヒトのもつ高度な知性の進化を促した大きな要因だと言われることも多い（Byrne & Whiten 1988; Whiten & Byrne 1997）．7-3 では，母親が乳児を運搬して移動する場面における母子間のコミュニケーションについて調べ，社会的知性との関連で議論している．

7-4 では，新奇物体の動きについての因果性理解を調べるために設定した実験場面において，チンパンジー母子が示す探索行動を詳細に記述・分析するとともに，対象物への共同の関与（joint engagement）あるいは共同注意（joint attention）の出現についても検討している．乳児期のチンパンジーは母親に寄り添っていることが多く，常に母親の反応をモニターできる状態にあることから，社会的参照の出現の可能性についても検討した．他者との共同の関与と社会的参照はともに，ヒト乳児が物理的世界の理解および社会的理解を飛躍的に発達させるとされる生後1年目の終盤において顕著に見られる行為であり（Rochat 2001），それがチンパンジー乳児にも出現するかどうかについては非常に興味深い．7-4 では，チンパンジー母子とヒト母子に類似の場面を設定することにより，この問題を検討している．因果性理解は第4章の知覚・認知発達の領域に属する問題ではあるが，この母子間交渉に着目して，本章に収めることにした．

素朴な印象ではあるが，ヒトとチンパンジーの間には，このような3項関係を基盤としたさまざまなコミュニケーションの広がりという点で大きな差があるように感じられる．実際，Tomasello & Call（1997）は，チンパンジーでは，たとえヒトの手で育てられ，ヒトの社会的認知のスタイルの中で育った個体であっても，他個体と経験を共有しようとしない，あるいはそういう欲求が形成されない，と結論づけている．しかしその一方で，チンパンジーにも社会的参照や（厳密な意味での）共同注意といった現象が存在すると考える研究者もいる．乳児たちが2歳を迎え3歳にいたろうとしている今後，この問題に焦点を絞った縦断的研究が必要であろう．

この第7章での最も重要なトピックは知識の母子間伝播についての研究である．これは研究プロジェクトの根幹をなすものの一つである．乳児たちは母親のもつ食物レパートリーをどのような形で学んでいくのか．長年にわたってコンピュータを介した認知課題に習熟してきた母親たちの技能を乳児たちはいつどのように獲得していくのか．そして，数年前から行われている道具使用獲得実験を通じて身につけた母親たちの道具使用のレパートリーはどのように乳児たちに受けつがれていくのか．いくつかの興味深い縦断的研究がこの章では紹介されている．

まず，7-5と7-6では乳児たちが食物レパートリーを広げていく上で重要な

役割を果たすと考えられる母子間の相互交渉に関する研究が報告されている．これまでの研究により，チンパンジーでは個体間で食物の分配がみられることが知られている．特に母から子への分配は，子どもが多様な食物を口にする機会になるとされ (Hiraiwa-Hasegawa 1990b; 1990c; Lefebvre 1985; Nishida & Turner 1996; Silk 1978; 1979)，ヒトにみられる「教示」に類するものとしても注目されてきた．しかし，このような食物分配場面においてどのような交渉が行なわれているのかについての詳細な観察はほとんどない．7-5では，母親にさまざまな食物を与えることによって起きる，食物分配を含むさまざまな交渉について分析を行なっている．

また，乳児は母親とともに採食することにより，分配のみならず，さまざまな形で母親の影響を受けながら，食物選択を身につけていくと考えられる (Hiraiwa-Hasegawa 1990; Watts 1985; Whitehead 1986)．7-6では，複数の潜在的食物の中から母親が特定の食物のみを食べる状況下で，乳児の食物選択がどのように推移するかを明らかし，食物選択の獲得にたいする母親からの社会的な影響について考察している．

7-7では，母親が行なう特定の物体に対する操作が乳児の対象選択や対象操作にどのような影響をおよぼすのかについて「刺激強調 (stimulus enhancement)」という観点から検討している．チンパンジー乳児が道具使用を獲得するためには長期による他個体の行動の観察と自らによる試行錯誤が必要であることは5-4で述べ，また7-9でも例証されている．このような他個体の観察において働くメカニズムの一つに刺激強調というものがある．これは，モデルとなる個体の行動が，観察個体の注意を特定の刺激または場所にひきつけ，観察個体が自らの行動をそれに向かわせて，試行錯誤によってモデル個体と同じ行動を獲得することを指す．7-7では，母子が種々の対象物を自由に操作できる場面を設定し，母親チンパンジーが特定な対象により注意を向けた時に，チンパンジー乳児がその対象に対してどのような反応を示すかについて分析がなされている．続く7-8でも，複数個体が同居する場面に種々の新奇物体を導入して，そこで生じる対象操作やさらには物を介した個体間交渉の発達的変化を検討している．

野生チンパンジーにおける道具使用の伝播は「長期にわたる他個体の観察」と「自らによる試行錯誤」によっておこると考えられている．これを，Matsuzawaら (2001) は"師弟関係に基づく教育 (education by master-apprenticeship)"と呼んでいる．師匠は弟子にあからさまに技を教えたりはしない．弟子は何年も師匠をそばで観察することで技を学ぶ．師匠は技を実演し続け，弟子が技を盗んでいくのを許す．チンパンジーにおいても，母親が子どもを積極的に教育することはほと

んどない．子どもの側が積極的に母親の道具使用に関わり，至近距離から何度も観察する．母親は，道具使用で得た成果を子どもが時折取っていくのを許す．このような特徴が，野生における長期観察から描き出されている（5-4，7-7参照）．チンパンジーにおける知識の世代間伝播のメカニズムの解明は本プロジェクトの柱の一つとしてあげられている．7-9以下の節では，この問題への直接的なアプローチとして，母親が既に習得している道具使用やコンピュータ課題をいかにして乳児は学んでいくのかについて，実験的な状況を設定して詳しく検討している．7-9では，乳児たちが母親や他のおとな個体と同居する場面で行われてきたハチミツなめという道具使用の実験の結果が報告されている．7-10と7-11では，母子が同室している状況下での乳児におけるコンピュータ課題の獲得過程の分析がなされている．7-10では，ブース内に持ち込んだノート型コンピュータを用いた課題，7-11では，母親が出産前から行なってきたトークン実験と呼ばれる認知課題の獲得の様子を詳細に記述・分析している．

7-2 最も近くにいるのは誰か
「ニアレスト・ネイバーズ」の発達的変化

チンパンジーの乳児が離乳するのは，はやくても約3歳半である．また，その頃まで，夜は必ず母親に抱かれて眠る．現代の人間に比べると非常に長くて緊密な母子関係があるといえるだろう．子どもの世界は母親との関わりから始まるが，やがてその母親を安全基地として外界へ探索にでかけ，他個体との社会的な関係を取り結ぶようになる．

野生チンパンジーに関するこれまでの研究から，社会的な関係の発達の概要が分かっている（たとえばGoodall 1986）．チンパンジーは平均して約5年に一度出産する．つまり，乳児には5歳ほど年上の兄姉のいることが多い．母親以外の個体として乳児の身近にいて，乳児を最初に抱くようになるのはこの兄姉だ．兄姉のいない子どもの場合，母親と親しい個体が乳児にとっても親しい個体となる．

本研究は，2000年に生まれた3児を対象に，チンパンジー乳児の社会的なネットワークが発達とともに広がる様子を客観的に測定しようと試みたものである．その着眼点として，7-1で紹介した「ニアレスト・ネイバーズ（NN）」と呼ばれる指標をもちいた．生後すぐからチンパンジー3児についてビデオによる記録を始め，また，「最も近くにいるのは誰か」に焦点を当てた観察を，乳児が母親から離れ始める満1歳頃から開始し，毎週2回の観察を継続している．本節では，その結果の概要について報告する．

7-2-1 方法

対象個体はアユム，クレオ，パルとその母親である．観察場所は，霊長類研究所内の大放飼場およびサンルームである．群れの構成は基本的にアキラ，アイ，アユム，ペン，マリ，クロエ，クレオ，ポポ，パン，パルの10個体である．直接観察による記録と，ビデオによる記録とを併用した．

直接観察の方法は以下の通りである．フォーカル・アニマル法で各個体1回30分間の観察を，週2回，群れ（パーティー）の構成メンバーが安定していて実験による個体の出入りといった擾乱が比較的少ない土日に行なった．アユムは15か月齢から，クレオは14か月齢から，パルは13か月齢から観察を開始した．観察開始時期は2001年8月である．タイム・サンプリング法は，毎分1回の頻度での瞬間サンプリングとした．「子どもから見て最も近くにいる者」，「親から見て最も近くにいる者」，「その時の親子の行動」を記録した．その他に，「最も近くにいる者までの距離の推定値」，「子どもから見て2番目に近くにいる者」を記入するようにした．さらに，毛づくろいなど，タイム・サンプリング中に起こった事象も記録した．

ビデオ記録とその解析は以下の通りで

ある．フォーカル・アニマル法で各個体1回60分間のビデオ撮影を行なった．原則として週1回，土日のいずれかで行なった．撮影後のビデオを再生して，直接観察の場合と同様の方法で，毎分1回の瞬間サンプリングを行なった．アユムは12か月齢から，クレオは11か月齢から，パルは10か月齢から観察を開始した．NNに関するビデオ観察記録の開始時期は2001年5月である．

7-2-2 結果

本研究で報告する資料は，2001年5月－2002年7月までの14か月間（乳児が約1歳から2歳半にかけて）のものである．ただし2001年5月－2001年7月まではビデオ撮影によるデータのみを使用し，2001年8月以降については直接観察とビデオ記録の双方を合わせたデータを使用した．3母子をあわせた観察時間は合計約300時間である．図7-2-1から7-2-3では，各母子のNNの割合の月齢に伴う変化を示す．

結果の要点を，以下の五つにまとめて列記する．まず第1に，発達的変化について述べる．すべての乳児において，満1歳から2歳半のあいだに，NNが母親である割合が単調に減少して，母親以外の個体が取って代わるようになる傾向が明瞭に示された．逆に，母親から見ても，最も近くにいる者が自分の子どもである割合が減少して，子ども以外の個体の占める割合が増えてくる．ただし，その遅速には親子のペアで差があった．乳児の側から見ると，NNが母親から他個体へとはじめて逆転するのは，パルが15か月，アユムが18か月であり，クレオは25か月の時点でも依然として母親が最も近くにいる割合が高い．一方，母親の側から見ても，最も近くにいるのが自分の子どもでなくなり始めるのは，パンはパル16か月の時点，アイはアユムが27か月の時点であり，クロエは子どもが25か月の時点でもなお子どもが最も近くにいる割合が高かった．以上の結果から，パン／パル，アイ／アユム，クロエ／クレオの母子の順番に「親離れ／子離れ」が早く進行していることが指摘できる．

第2に，NNの発達的変化が，母子間で微妙にずれている点を指摘したい．つまり，母子は「相互に最も近い位置を占める関係（mutual nearest neighbors）」から始まるが，やがて親からみた場合と，子から見た場合での乖離が始まる．たとえば，アイがいて，アユムが離れていってペンデーサにつかまるとしよう．母親アイにとってNNはアユムだが，子のアユムにとってNNはペンデーサになる．図から見て，「子の親離れ」の方が，「親の子離れ」よりも早いことが一般にいえる．子どもは，親から離れていき，急速に他の個体との交わりを深くする．一方で，親の方は，あいかわらず子どもの最も近くに位置していることが示されている．

第3に，それぞれの子どもにとって，親しい関係をとりむすぶおとなの個体がいるという点である．母親の次に，最も近くにいる割合が高い個体で，実際に，母親以外の個体としてはじめて子どもを抱く様子が観察されている．いわば，母親代わりになって子どもの面倒をみる

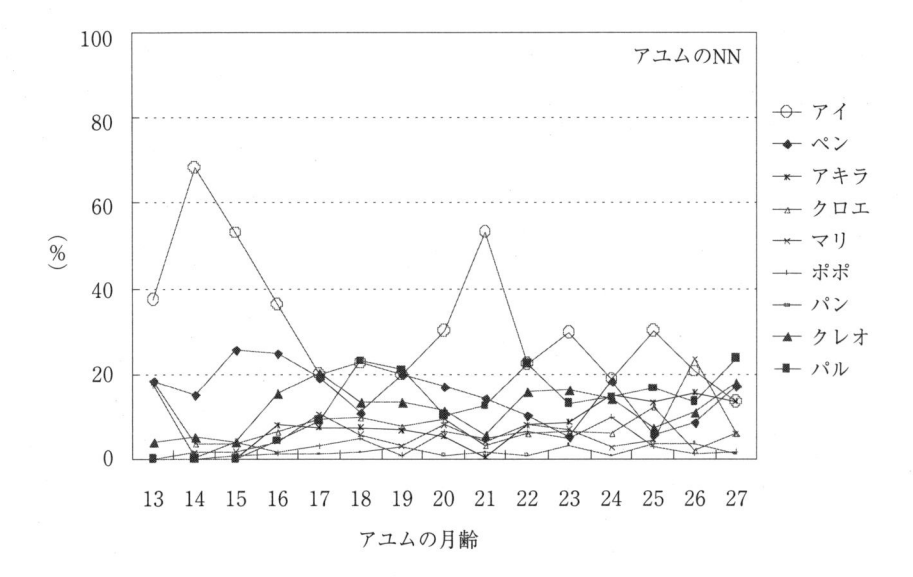

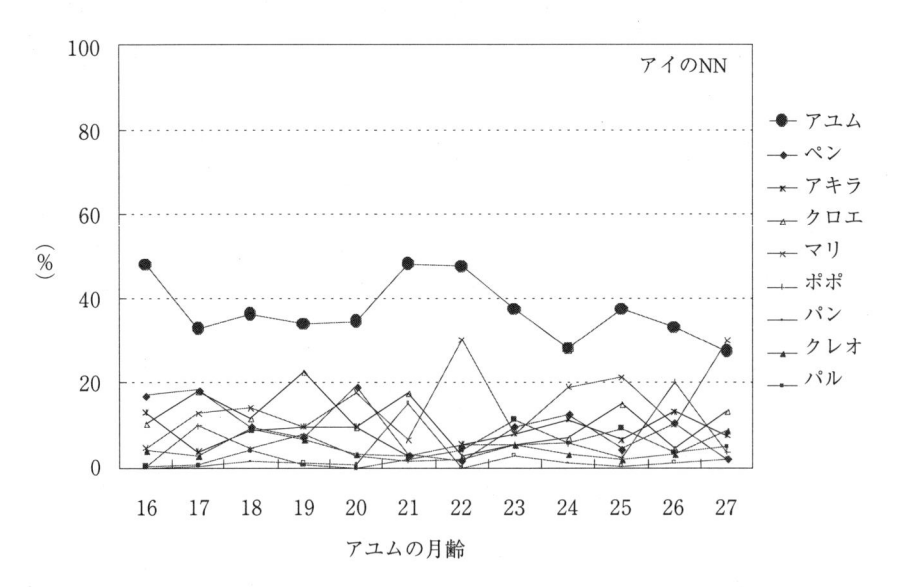

220 | 第7章　個体間の相互交渉とその発達

図7-2-1　アイーアユムにおけるNNの割合の月齢に伴う変化

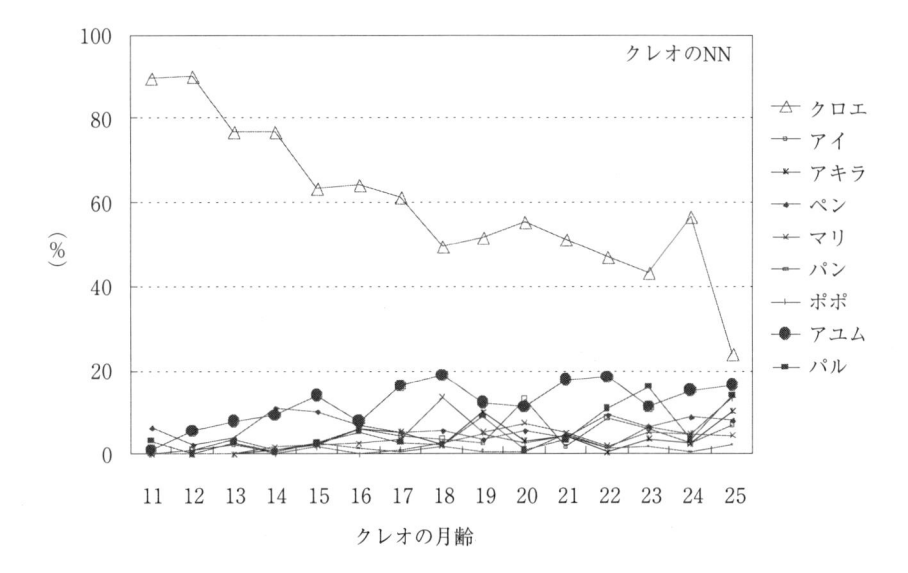

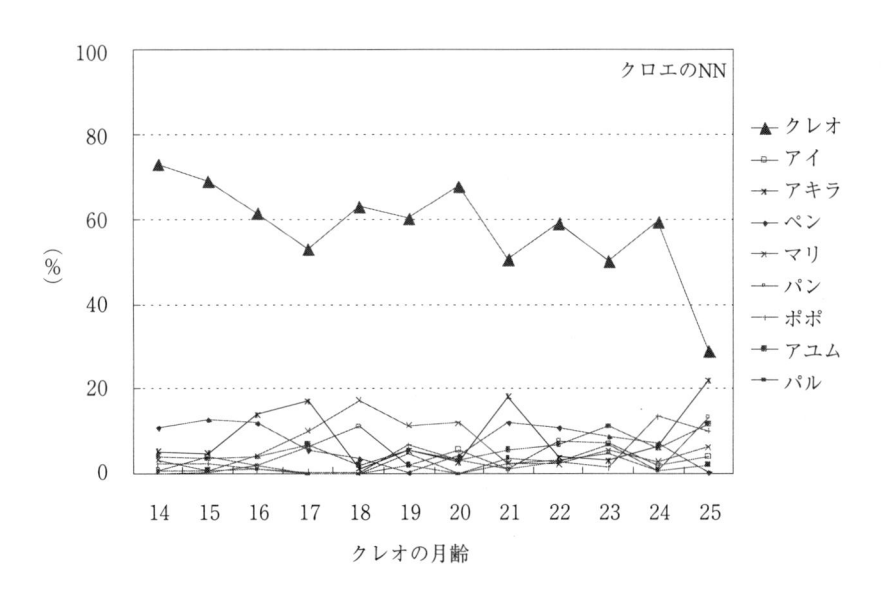

図7-2-2　クロエークレオにおけるNNの割合の月齢に伴う変化

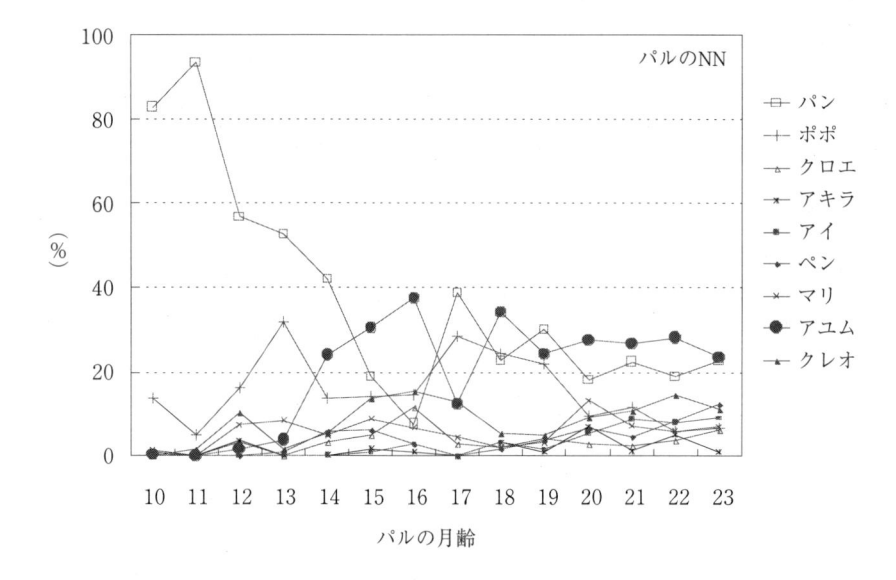

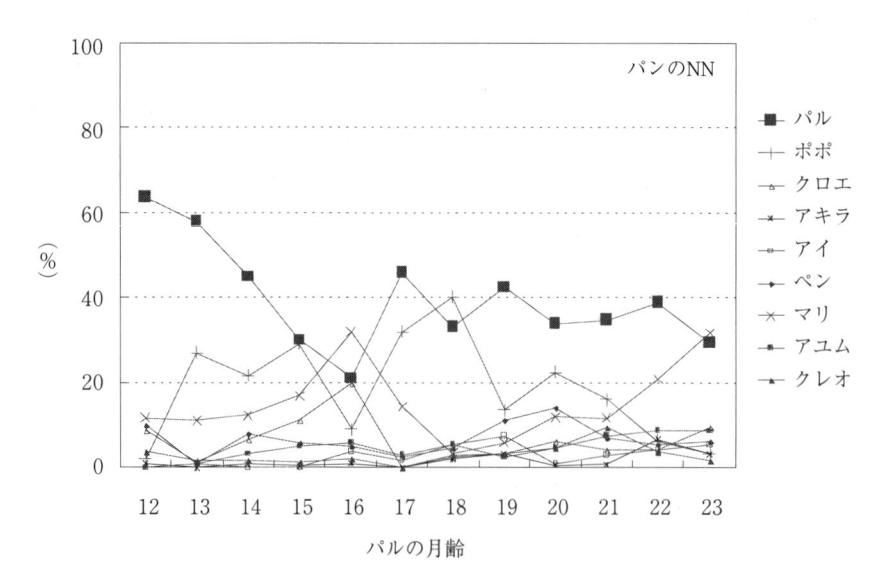

図 7-2-3　パン−パルにおけるNNの割合の月齢に伴う変化

「ベビーシッター」のようなものである．アユムにとってはペンデーサがそれにあたる（図7-2-4）．ペンデーサは，母親アイの小さい頃から一緒に過ごした幼なじみである．パルにとってはポポがそれにあたる．ポポは，母親パンの実姉である．しかし，クレオの場合はそうしたベビーシッターのようなものがなかった．母親クロエは4歳の時に，パリから日本に一人で移送されたので，親しい幼なじみも実姉もいない．観察期間の全体をまとめて，誰が最も近くにいるか，群れのそれぞれの個体で頻度を求めると，母からみた指標と，子からみた指標のあいだで相関が高い．アイとアユムで0.74（0.24），クロエとクレオで0.99（0.54），パンとパルで0.85（0.54）という値になる．いずれも正の相関がある．なおカッコ内は，母子相互の値を除いて他個体のみを対象として相関係数を算出した場合である．

NNに並行して記録した毛づくろいのデータからも同様のことが指摘できる．2001年8月から2002年7月までの12か月間（221時間）に観察された毛づくろいについて，誰と誰が毛づくろいしたかを，毛づくろいする個体と毛づくろいされる個体という方向性を無視してまとめ，その頻度を線の太さで示した（図7-2-5）．一種のソシオグラムである．この毛づくろいの資料が示すように，犬山の10個体からなるサブグループは，それぞれの個体がユニークな位置を占める構造をもっている．たとえば，アキラという最優位の男性とのあいだの毛づくろいの頻度でみると，アイはきわめて親しく，クロエはそこそこ親しく，パンは疎遠で

あることが分かる．また，アイとパンという母親同士のあいだには一度もグルーミングが観察されなかった．両者はきわめて疎遠である．アイは，パンの姉のポポとも疎遠である．基本的には，こうした毛づくろいのデータと，「最も近くにいるのは誰か」の指標とはよく一致している．両者はともに個体間関係の親疎を表す指標といえる．

第4に，子どもにとっては，NNが他の子どもである割合が高くなっていく．アユムの場合，18か月でパルが母親に取って代わった．パルの場合は，15か月でアユムが母親に取って代わった．クレオでは，常に母親が最も近くにいるが，12か月以降はほとんど常にアユムが第2位の位置を占めている．期間全体をまとめ

図7-2-4 アユム（1歳0か月）を抱くペンデーサ．（撮影：松沢哲郎）

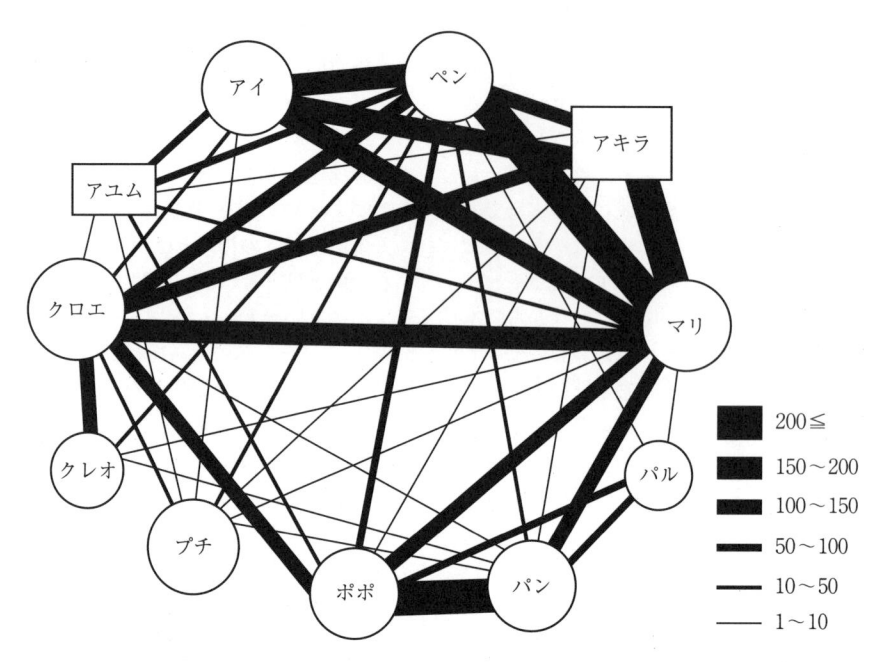

図7-2-5　チンパンジーのあいだの毛づくろいの頻度を線の太さであらわしたソシオグラム．

てみても，最も近くにいる者の個体別の割合は親子で互いによく似ているが，子どもにとっては他の子どもが占める割合が多い．それが母子の間での一番顕著な違いだといえる．アユム（27か月），クレオ（25か月），パル（23か月）の3個体とも，本研究で報告する満約2歳の時点では，もはや母親が最も近くにいる者としての位置を失い，他の「遊び友達」と同程度の割合にまで低下していることが図から読み取れる．

最後に，第5のポイントとして，夜間の資料について言及する．ここまで述べてきたデータは，すべて昼間の行動を観察したものである．夜間の親子の行動について，赤外線モニターカメラ（暗視カメラ）を使って，常時，監視が可能になっている．そうした夜間の行動のアドリブ観察の結果，3母子とも常に夜間は母親が仰向けに寝て，子どもはその胸ないし脇腹に密着して寝ている．すなわち，乳児が2歳になると，昼間は母親が必ずしもNNではなくなるのだが，夜間は必ず母親が100%NNだった．

7-2-3　考察

NNを行動指標として，生後の2歳半までの親子関係の変化を追った．その結果，1) この時期に母子関係の発達的変化が著しい．2)「親離れ」と「子離れ」

の違い，すなわち母子の親疎の関係が，親の側からと子どもの側からとで若干のずれがある．3）「ベビーシッター」のような個体の存在があり，親の社会的なネットワークが子どものそれの形成に大きな影響を与える．4）母親との関係が薄まるのと逆に子ども同士の「遊び友達」関係が深まる．5）そうした昼間の行動とは対照的に夜間の母子は密着して過ごしていることがわかった．

チンパンジーの親子関係を人間のそれと比較すると，長くて緊密な母子の結びつきが指摘できる．それは，2歳半までの時期で見て，まだ乳を吸い，夜はいつも一緒に眠る姿に象徴される．その一方で，昼間には，母親を安全基地として子どもは探索を始め，群れの他個体と社会的な関係を取り結び始める．母親の社会的ネットワークが子どものそれを規定している．つまり，子どもにとって母親の次に親しくなるのは，母親の姉であったり，幼なじみの親しい友人だったりする．ついで，子ども同士が親しくなる．親同士はよそよそしい関係であっても子ども同士が親しくなる．ちょうど人間の場合の「お砂場デビュー」のような感じだ．こうした子ども同士の関係から，逆に，親同士の関係が変質していくといった次のステップの発達的変化が人間の社会では想定される．チンパンジーについてもそうした社会的関係の変質過程があるのだろうか．

今後の展望も含めて，何を，どのように研究すべきか，残された課題について検討したい．「観察の継続」「資料の分析の深化」「新たな視点の付与」である．

第1に，観察をさらに継続する必要がある．チンパンジーにおいて完全な離乳がはたされ，親子が別々に寝るようになるのは，野生での断片的な資料から推測して，はやくても3歳半頃になるだろう．したがって，今後さらに最低1年間，対象児とその母親の観察が必要だ．さらには，平均出産間隔を5年間として，乳児に弟妹が生まれるのが野生チンパンジーでの平均像である．そうした弟妹ができた時に母親と子どもとの関係はどのように変わるか，きょうだい関係はどのようなものができるか．そうした問いに答える作業が重要だろう．

第2に，得られた資料をさらに深く読み解く作業が重要だ．たとえば以下のような視点である．1）母子が「相互に最も近い者である割合」を求め，そこからの逸脱として「子の親離れ」と「親の子離れ」の乖離の実態を，実証的な資料として明瞭に示す．2）「最も近い者までの距離」を元にした分析も重要だろう．すなわち相対的に近いというだけでなく，絶対的な距離として，親子の関係はどのような発達的変化をたどるのかを明らかにする必要がある．観察の印象からは，親と密着して過ごす生後の3か月まで，親から離れ始めるが手の届く範囲にいる生後の6か月まで，それが親の手の届かないところまで遠征する生後1歳頃，というように母子間距離は明らかに増大の方向へと発達する．単純に，距離ゼロの場合を考えてみよう．それは母子が体を接している状態に他ならない．こうした母子の密着が，「最も近くにいる」という関係の極値として，どのような発達的変

化を遂げるのか．それは，屋外運動場，サンルーム，検査室，プレイルーム，といった日常生活の場面ごとにどのように違うか．すなわち，置かれた状況によって母子のあいだの距離は，さらには母子の関わりは，大きく異なるはずだ．3)「最も近くにいる者という指標の日内変化すなわちサーカディアン・リズム」も重要だろう．既に結果で述べたように，昼間と夜間ではニアレスト・ネイバーはまったく異なる．ということは，昼間と一言では括れない日内変化のパターンがあるはずだ．「朝起きてから夜寝るまで」すなわち野外研究における「ネスト・トゥー・ネスト追跡」に相当する研究が必要だ．予備的研究としてアユム（2歳4か月）の1日を朝から晩まで追ってみた（松井，河本，松沢2002）．その結果，まだ1日に8回，合計約10分間，母乳を吸っていることがわかった．一般にチンパンジーでは午前と午後に活動のピークのある二峰性のサーカディアン・リズムがあると考えられる．それはまた発達的にも変化するだろうし，季節による制約も受けるだろう．これまで収集した資料の中にノイズとして埋め込まれている，日内周期，季節性，天候，といったものに逆に光を当てるような解析が可能であると同時に，そうした視点からのデータの収集が望まれる．

第3に，「最も近くにいるのは誰か」という視点にこだわらず，親子関係の発達的変化を見るという本来の問いに立ち戻って新たな視点から親子を見る必要があるだろう．たとえば，最近になって，アユム2歳半は，群れでけんかが起こった時に必ずしも母親の元に戻らなくなった．これまでは，けんかがおこると必ず母親の元に戻っていたのが，一人ぼっちで踏みとどまってけんかを傍観するというシーンが見られるようになった．それは，本来，保護的に振舞うはずの母親の側の変化でもある．空間的な近接関係からだけでは示せない，親子関係の質的な変化が予兆されている．親子関係の複雑な展開を単純化し明晰に示す指標としてNNは有効だった．逆に，親子関係の複雑な様相を，「観察とビデオ記録から行動の詳細を記述するエソロジーの視点で読み解く」といった試みが，今後はさらに重要になるだろう．既に1年以上にわたって行動を毎週定期的に見続けてきたその観察眼と，撮りためられた14か月におよぶビデオと，さらには今後も継続する直接観察とビデオの解析を通じて，そうした新たな視点を加えたい．

［松沢哲郎　兼子明久　小林真人　小野篤史　中山奈美　田中紫乃］

7-3
母親による子どもの運搬

　生まれてきた乳児が最初に経験する他者との交渉の対象は自分の親である．チンパンジーでは，離乳まで3－5年かかり，母子の緊密な関係は長期間持続する．この時母と子のあいだでおこる交渉やコミュニケーションは，子どもが生後最初に経験する社会的な関わりであり，社会的知性が最初に発揮される場面だといえる．野生チンパンジーは，日中の半分を樹上で過ごし，樹から樹へ移動しながら遊動している．子どもは，生後すぐには母親につかまっているが，徐々に母親から離れるようになる．ただし，子どもにとっては単独で移動するのが難しい場合も多く，母親から補助されることもよくある．この時，母親からコミュニケーション的な行動が子どもに向けられ，それに子どもが反応するという例が観察される．オランウータンとゴリラについては，母親が子どもの移動を補助する場面でみられる両者のコミュニケーションや認知的側面についての考察がなされているが（Bard 1992; Whiten 1999），チンパンジーについてこれに類する研究はない Hiraiwa-Hasegawa（1990a）が母子の運搬様式の変化を発達の観点から調べているが，その際の母子間の交渉という側面からの研究はなされていない．チンパンジーにおける母子間のコミュニケーションを，母親が子どもを運搬するという場面を切り口として分析することを目的として，3母子のビデオ観察記録（付録CD-ROM資料参照）を分析した．

7-3-1 方法

　アユム，クレオ，パルについて，各乳児週1回1時間の割合で個体追跡を継続している．観察場所はサンルームと呼ばれる屋外運動場であり，ここでの行動についてビデオカメラで記録している．なお，この記録は本研究のためだけを意図したものではなく，乳児たちの行動，社会的交渉，運動パターン等を多角的な目的で継続観察記録することを目的としたものである（付録CD-ROM資料参照）．分析は，2001年5－8月までのビデオ記録に基づいて行なった（アユム：13－16か月齢，クレオ：11－14か月齢，パル：9－12か月齢）．ビデオ記録の中から，移動を開始する時に母子のあいだで見られる行動を取り出した．具体的には，母親が移動を開始する前，母と子が離れたところにいる．次に，母と子が身体的接触をもち，母が子どもを運搬して移動する，もしくは，母が子どもを運搬せずに単独で移動して停止する．これに基づき，母親が子どもを運搬して移動する回数を母親が移動した回数の合計で割り，母親が運搬して移動する割合を計算した．母が子どもを運搬する場合については，基礎的情報として，運搬様式を，母親が子どもをお腹に抱く（ventral-ventral, VV），母親の背中に

子どもが乗る (dorsal-ventral, DV), 母親の大腿部に子どもがつかまるなど, VVとDV以外の様式の時 (その他), の三つに分けて記録した. また, 母親が移動を開始してから停止するまでの距離, および移動ルートに含まれる高低差の合計を, 0m (高低差の場合のみ), 1m以下, 1－5m, 5m以上, の三つの範囲に分けて測定した.

さらに, 最初離れた状態にある母子が身体的接触をもって運搬するまでに起こることがらを,「子がつかまる」場合 (母親が単独で移動を開始し, 子どもに向かって特に働きかけをしない. 子どもは, 移動を始めた母親に向かって移動し, 母親の体につかまる),「母が引き寄せる」場合 (母子の身体的接触が成立するまでの間に, 子どもから母親に向けられた行動は起こらない. 母親が一方的に子どもを捕まえて引き寄せる), そして,「母子間コミュニケーション」の場合 (たとえば母親が子どもに手を差し延べ, それに子どもが反応してつかまりに行く場合のように, 一方が行動して他方が反応する場合), の三つに分類して記録した. 母子間コミュニケーションについては, そのコミュニケーションの開始となる行動を行なったのが母親と子どものどちらなのかについて記録し, 母先導, 子先導の二つのカテゴリに分けた.

7-3-2 結果

まず, 母親による子どもの運搬様式について表7-3-1に示した. アユムについては, 分析対象期間のはじめの時点で既に1歳を越えており, DVでの運搬の割合が高い状態だった. 残りの2組の母子については, 分析対象期間の前半2か月はVVでの運搬が多くを占めたが, 後半2か月ではDVによる運搬の割合が前半に比べて高くなった.

母親が子どもを運搬する割合について, 母親の移動距離ごとに分けて示したのが表7-3-2である. 観察期間を二つに分けて示した. 3組の母子にほぼ共通して, 移動距離が1m以下と短い場合には, 母親は子どもを運搬することなく単

表7-3-1 母親による子どもの運搬様式 (観察事例数)

	運搬様式		
	VV	DV	その他
アイ・アユム			
2001年5－6月	2	17	0
7－8月	3	6	1
クロエ・クレオ			
2001年5－6月	25	0	0
7－8月	32	3	4
パン・パル			
2001年5－6月	18	9	7
7－8月	7	11	1

表7-3-2 母親による子どもの運搬割合 (運搬した回数／移動した回数の合計) と移動距離

	移動距離		
	<1m	1-5m	>5m
アイ・アユム			
2001年5－6月	2/5	4/13	13/16
7－8月	0/6	5/16	5/8
クロエ・クレオ			
2001年5－6月	1/12	10/22	14/15
7－8月	0/12	28/56	11/22
パン・パル			
2001年5－6月	4/13	6/15	17/17
7－8月	0/7	8/21	11/11

独で移動することが多かった．それに比して，移動距離が1−5m，さらに5m以上と長くなると，母親が子どもを残して単独で移動することは少なくなり，逆に母親が子どもを運搬して一緒に移動することが多くなった．移動する際のルートに含まれる高低差に応じた運搬割合を見てみると（表7-3-3），高低差が0m，つまり完全に平坦な道のりを移動する場合や，1m以下の起伏の少ない道のりを移動する場合には，母親は単独で移動することが多かった．高低差が1−5m，

5m以上と大きくなると，母親は単独で移動することが少なくなり，子どもを運搬して移動する割合が増えた．また，分析対象期間の前半と後半に分けて表7-3-2，7-3-3を見ると，全体的に後半の方が，母親が子どもを運搬する割合が低くなっていることがうかがえる．

離れた状態にある母子が，母親の移動に先立ってコンタクトを取るまでにおこる母子の行動について，表7-3-4に示した．母子間でコミュニケーションが起こる割合が，クロエとクレオの母子の場

表7-3-3 母親による子どもの運搬割合（運搬した回数／移動した回数の合計）と移動距離の垂直成分

	移動距離			
	0 m	<1m	1–5m	>5m
アイ・アユム				
2001年5−6月	1/8	3/8	10/13	5/5
7−8月	0/8	1/6	7/14	2/2
クロエ・クレオ				2/2
2001年5−6月	1/11	3/13	17/20	4/5
7−8月	4/47	3/20	28/49	4/5
パン・パル				4/5
2001年5−6月	2/10	6/16	11/11	8/8
7−8月	2/13	1/9	9/10	7/7

表7-3-4 離れた状態にある母子が母親の移動に先立ってコンタクトを取るまでの両者の行動（観察事例数）

	アイ・アユム	クロエ・クレオ	パン・パル
子がつかまる	7	15	5
母が引き寄せる	4	27	14
母子間コミュニケーション−母先導	16	14	22
母子間コミュニケーション−子先導	2	8	5

表7-3-5 母親が子どもに働きかけて運搬した割合（母親が働きかけて運搬した回数／移動した回数の合計）と移動距離

	移動距離		
	<1 m	1−5m	>5 m
アイ・アユム	2/11	6/29	14/24
クロエ・クレオ	1/24	26/78	16/37
パン・パル	2/20	14/36	20/28

図7-3-1 地上にいるパルに手を差し延べる母親のパン．

合は全体の約1/3，その他の2組の母子の場合は過半数を占めた．母が引き寄せる場合と，母子間コミュニケーションのうち母先導のタイプの場合（図7-3-1）は，まず母親から子どもに働きかけて子どもを運搬するという点で共通しており，まとめることができる．このような，「母親が子どもに働きかけて運搬した割合」について，母親の移動距離との関係を見たのが表7-3-5である．3組の母子に共通して，母親が子どもに働きかけて運搬した割合は，移動距離が長くなるに応じて高くなった．

7-3-3 考察

母子がはじめに少し離れた状態にあり，母親が次に移動を始める前に，たとえば子どもを母親が軽くつつき，これに反応して子どもが母親の背中に乗りにくるというように，母子間でコミュニケーションがなされて母親が子どもを運搬する事例が観察された．母親が子どもの体を軽くつつくのは，母親から子どもに向けられた合図だと考えることができる．それに対して子どもは，母親からの合図に的確に反応しているといえるだろう．チンパンジーに見られるコミュニケーションの能力が，母親が子どもを運搬するという場面において発揮されている．

チンパンジーの乳児は，生後2か月程度までは24時間母親に抱かれているが，それ以降になると徐々に母親から離れていくようになる．この時期になると，母親が場所を移動する時，必ずしも子どもを連れて行くわけではない．子どもを残して，単独で移動することもある．母親が子どもを残して単独で移動するか，あるいは子どもを運搬して一緒に移動するのか，母親はその時の状況に応じて判断しているようである．本研究で分析の対象とした期間のチンパンジーの子どもは，運動能力がまだ完全に発達しておらず，母親が単独で長距離の移動を行なうと，ついて行くことができなくなる．移動距離が長くなると，母親はあらかじめ子どもに働きかけて，子どもを運搬して一緒に移動する割合が増えた．母親は，移動する前から目的地を定めていると推測できる．距離の短い移動の時には，子どもに構わず単独で移動する．しかし，目的地が遠い場合には，まず子どもに対して働きかけ，子どもを運搬して移動する．母親は，自分の子どものことを考慮に入れ，目的地までの距離に応じて，子どもを運搬して一緒に連れて行くべきかどうかを判断していると考えられる．動作によるコミュニケーションをとり，他者のおかれた状況を理解し，他者のことを考慮に入れて自分の行動を計画するという社会的能力が，チンパンジーには備わっている．そしてそれが，母親が子どもの移動を補助する場面で典型的に現れているのではないだろうか．

霊長類の中でも，ヒトや大型類人猿は未熟に生まれて遅く発達する特徴を持っている．シカやウマのような離巣性の動物であれば，生後すぐに立って動くことができ，親が運搬する必要はない．また，鳥類に見られるように，生後しばらく成体のような移動ができない時には，巣の中で保護される．これに対して霊長類の多くは，生後すぐに動けるわけでもなく，

また巣の中で保護されるわけでもない．そのため，子どもが未熟なあいだには親が子どもを運搬して一緒に移動する形式を取っている．中でも，チンパンジーなどの類人猿やヒトは，子どもは特に未熟であり，発達もゆっくりしている．したがって，親が子どもの移動を補助する必要性も増大する．特にチンパンジーは，樹から樹へ渡りながら3次元の空間を移動するため，子どもはなかなか成体のように完全に単独で移動できるようにならない．子どもは親に移動を補助してもらわなければならない．また，親は子どもの移動を補助しなければならない．移動するという状況で，母と子が円滑にコミュニケーションをとり，状況に応じて母親が子どもを運搬することは，母親の繁殖成功にとって重要なことであり，子どもの生き残りにとっても重要なことだと考えられる．動作を介したコミュニケーションが，移動能力の未熟な子どもを母親が運搬する場面において見られるのは，こうした理由によるものではないかと推測できる．

　複雑な社会交渉を可能にし，コミュニケーションを成立させるための社会的知性は，3個体以上が関係するようなおとな同士の順位を巡る闘争や，あざむきなどに代表される「駆け引き」のような場面で発揮されると捉えられてきた．しかし，必ずしもそのような状況に限らず，母子関係という最も基本的な2個体関係の中においても社会的知性は発揮されている．ヒトに至る高度なコミュニケーション能力や社会的知性の進化において，成長の遅い子どもと時間をかけて育てる親という母子の関係が重要な要素になっている可能性が指摘できる．

(謝辞：本研究の一部は文部科学省科学研究費補助金（特別研究員奨励費9773, 2926）の援助を受けた)
［平田聡］

7-4
物体の動きの因果性理解と社会的参照との関連
ヒト乳児との直接比較による検討

　ヒト乳幼児の認知発達，特に発達初期の「対象物のカテゴリ化」や「他者の心の理解」に関する研究において，近年，それらの基盤として注目されているのが，生物－無生物（animate-inanimate objects）の区別である．特に，対象物の動きの因果性に関する知識は，その中核にある知識として位置づけられ，多くの研究がなされている（Rakison & Poulin-Dubois 2001）．

　ヒト乳児では少なくとも生後1年目の終わりまでに，「生物（人間に代表される）は自己推進的(self-propelled)に動く行為主体であり，無生物（物体）は外部からの物理的作用なしには動くことはない」という区別をしている（Kosugi et al., 印刷中; Poulin-Dubois 1999）．たとえば，Poulin-Dubois et al. (1996) は，ヒトの9か月児と12か月児に対して，静止していた見知らぬロボットもしくは見知らぬ女性が外的な原因無しで動き始める事象を呈示した．その結果，両月齢の乳児は，ロボットが動き始めるのを見た時，それが静止しているのを見た時よりも拒否反応を増加させたが，対象物が女性の時にはそのような反応は見られなかった．ロボットの自己推進的動きへのネガティブな反応は，乳児がそのような動きを期待していなかったことを意味する．つまり，対象物の動きをその因果性に基づいて知覚，あるいは推論していることが示唆される．

　本研究において，我々は，比較認知発達の立場から，上述のような知識がチンパンジー，特にチンパンジー乳児にも見られるかについて調べるために実験的観察を行なった．また，同様の手続きを用いて，ヒト乳児とその母親を対象にした観察を行ない，直接的な比較を行なった．以下で紹介する観察では，チンパンジー母子に対し，自己推進的に動き始める物体を呈示し，それに対する反応について検証した．チンパンジー母子においても，Poulin-Dubois et al. (1996) でヒト乳児が見せたようなネガティブな反応が見られるか否か，もしくは，自己推進的動きを作り出す何らかの原因を探索するような反応が見られるか否かが本研究の観察の焦点となった．これに関連して，ヒト幼児では，少なくとも5歳までに，自己推進的に動く物体に対しては，その物体のもつ内的な機構（電気的仕掛けなど）がその動きの原因であるという推論をすることが知られている（Gelman & Gottfried 1996）．

　また，乳児あるいは母親の示す種々の反応に加え，対象物への共同の関与(joint engagement) あるいは共同注意の出現についても検討した．さらに，この時期の乳児は母親に寄り添っていることが多く，常に母親の反応をモニターできる状態にあることから，社会的参照の出現の可能性についても検討した．他者との共

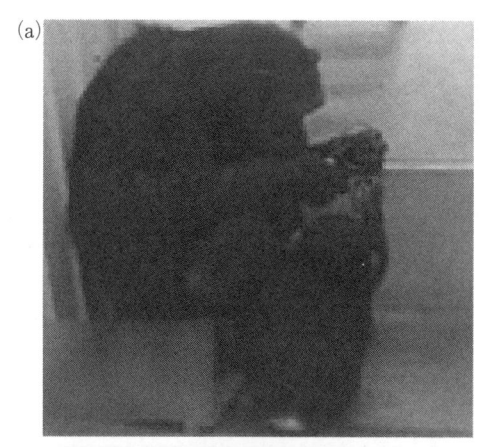

図7-4-1 パン-パル母子へのカエルのおもちゃの呈示場面(2001年6月下旬,パル10か月齢).パルは,(a) パンが対象物を操作すると,それに手を伸ばした(共同の関与).(b) パンとの共同注意が成立していない時には怖がるような素振りを見せた.(c) (b) の後,パンにつかまりながら対象物に手を伸ばした.

同の関与と社会的参照はともに，ヒト乳児が物理的世界の理解および社会的理解を飛躍的に発達させるとされる生後1年目の終盤において顕著に見られる行為であり（Rochat 2001），それが，チンパンジー乳児にも出現するかについては非常に興味深い．

7-4-1 未知の物体の動きに対するチンパンジー母子の反応：事例Ⅰ カエルのおもちゃへの反応

2001年6月下旬から7月上旬にかけて，クロエークレオ（12か月齢），パンーパル（11か月齢）の母子2組を対象に，ポンプとチューブで空気を送ることで飛び跳ねるカエルのおもちゃ（約5×4cm）を呈示した．カエルのおもちゃは，完全体を呈示するか（すべての部分が遮蔽されることなく呈示される），チューブとポンプ，あるいはポンプのみがタオル等で遮蔽されている状態で呈示した．また，カエル部分を実験者が動かして呈示する条件と，静止した状態で呈示する条件があった．表7-4-1（クロエークレオ母子）と表7-4-2（パンーパル母子）に，各母子ペアごとのカエルのおもちゃの呈示条件とそれに対する明示的反応を記した．各母子ペアの反応は，ビデオカメラで録画し，後日，実験者の一人小杉と，本調査の趣旨を知らない大学院生2名の計3名でそのビデオ記録を観察し，3人一致して報告した各個体の明示的反応のみを取りあげた．

7-4-2 結果と考察

クロエとパンは，ポンプを握る反応を一度は見せたものの，その反応が持続しなかったことから，カエル部分の動きとポンプの間に因果関係をみとめたとはいいがたい（表7-4-1の1-①および表7-4-2の1-①）．しかしながら，クロエはカエル部分のみが見えるようにして，それを動かして見せると，静止状態で呈示した時に見られた分解するような操作はすぐには見られず，その動きを注視したり，実験者の顔を見るなど，より探索的な反応を示した（表7-4-1の2-①）．このような反応は，対象物の動きの見えない原因について知ろうとしているかのようである．

一方，クレオとパルについては，対象物への働きかけはあまり見られず，それらを吟味するような操作は皆無だった．ところで，興味深いことに，両乳児ともに，わずかながら見られた対象物への接触の際においても，母親につかまった手を離すことはなかった．つまり，両乳児の対象物への働きかけは，母親との「共同の関与」が成立する時のみであったのである．特にパルについては，先にパンが対象物を操作しているところに手を伸ばし，接触していたにもかかわらず，共同の関与が成立していない状態で対象物を呈示されると，こわがるそぶりを見せた（表7-4-2の1-②および1-③）．これは，生後1年目の終盤から2年目のはじめ頃のチンパンジー乳児において，未知な対象物への働きかけの際には，母親との経験の共有が重要である可能性を示唆

表7-4-1　クロエ-クレオ母子におけるカエルのおもちゃの呈示条件と明示的反応

カエルのおもちゃの呈示条件	被験者	
	クロエ	クレオ
1. 完全体を手渡した.	1-①カエル部分に接触したり，ポンプを咥えたりした後，分解しはじめた.	1-②クロエが操作している対象物に手を伸ばして接触したり，分解した部品(カエルの体幹部分や脚部分など)を操作した.
2. クロエに対し，ブース内の床にカエルのおもちゃを置き，実験者が，チューブとポンプの部分をタオルなどで遮蔽し，被験者から見えないようにしてポンプを握り，カエル部分を動かして見せた.	2-①初めから分解しようとはせず，カエル部分を注視，接触しながら実験者の顔を注視した．その後，1-①と同様の反応が見られた.	

丸囲みの数字の順番は時系列を表す.

表7-4-2　パン-パル母子におけるカエルのおもちゃの呈示条件と明示的反応

カエルのおもちゃの呈示条件	被験者	
	パン	パル
1. 完全体を手渡した.	1-①カエル部分への接触やポンプを咥えたり握ったりする反応が見られたが，すぐに飽きてしまった.	1-②パンが操作しているのをしばらく注視した後，手を伸ばして接触した. 1-③実験者が対象物をパルに手渡そうとすると，怖がって飛び退くようにして，パンの背後に隠れた.
2. パルの近くに，ポンプをタオルで遮蔽し，カエル部分とチューブだけが見えるようにして呈示した．カエル部分は静止したままであった.		2-①カエル部分に数回接触した．その後，しばらくカエル部分を注視した後，それを強く叩いた．この間，パルはパンから手を離すことはなかった.
3. 2の直後，実験者が見えないようにポンプを握り，カエル部分を動かした.		3-①パルはカエル部分の動きを注視した後，それに手を伸ばし，接触した．この間，カエル以外の部分を注視することはなかった．また，パンから手を離すことはなかった.

丸囲みの数字の順番は時系列を表す.

表7-4-3 クロエ―クレオ母子におけるラジコンカーの呈示条件と明示的反応 （2001年8月）

ラジコンカーの呈示条件	被験者	
	クロエ	クレオ
1. 静止した状態で実験ブースの床に置いて呈示した．	1-②クレオが引き寄せた対象物を手に取り，表側と裏側に接触したり，噛んだりした．	1-①クロエの方に一瞬目をやってから，つかまっていた手を離し，その後，対象物に手を伸ばし，引き寄せた．その直後，再びクロエにつかまった． 1-③クロエが対象物を操作するのを注視し，それに手を伸ばした．しかし，接触時間は短かった．
2. 実験者が床に置き，手で前後に動かした．	2-①対象物が近づいてくると，指で接触した．自分の手元に引き寄せようとはしなかった．	2-②クロエに左手でつかまりながら，右手で，クロエと同様に対象物に接触した．対象物の動きをよく追視した．
3. はじめ静止した状態で床に置き，実験ブースの外からリモコンで操作して前後に動かした（リモコンは実験ブース内から見える位置に呈示）．	3-①食べ物を口に運びながら，対象物の動きを注視した．しかし，注視は持続しなかった． 3-③対象物の動きを追視しながら，実験者や実験ブースの外でリモコンを操作している人にも目をやった．	3-②クロエにつかまったまま，対象物が接近してくると注視したが，離れていくと追視することはなかった． 3-④対象物がクレオの近くで一旦停止すると，クロエに左手でつかまりながら，対象物を引き寄せ，その上に座った．その後，操作はみられなかった．

丸囲みの数字の順番は時系列を表す．クロエとクレオの反応が同時に見られた場合，横並びに表示している．

する事例であると考えられる．

7-4-3 事例Ⅱ ラジコンカーへの反応

2001年8月下旬にクロエとクレオ（1歳2か月）のみを対象に青いラジコンカー（約15×10cm，リモコンは実験ブースの外で観察者が操作）を，約1年後の2002年7月中旬にクロエ―クレオ（2歳1か月），パン―パル（23か月齢）を対象に緑のラジコンカーを呈示した．

ラジコンカーの呈示条件として，静止した状態で床に置く，あるいは手渡しする条件，床に置いて実験者が手で動かす条件，リモコンで車輪を動かす条件を設定した．また，リモコンで動かす条件は，さらに，リモコンがチンパンジーから見

第7章 個体間の相互交渉とその発達 | 237

表7-4-4 クロエークレオ母子におけるラジコンカーの呈示条件と明示的反応 （2002年7月）

ラジコンカーの呈示条件	被験者	
	クロエ	クレオ
1. 静止した状態でラジコンカーをクロエに手渡した．	1-①はじめに対象物の表側を，続いて裏側を操作した．	1-②クロエが操作するのをしばらく注視した後，手を伸ばして対象物に接触した．
2. ラジコンカーはクロエが保持．はじめ静止した状態で呈示し，実験ブースの外からリモコンで操作してタイヤを動した（リモコンは実験ブース内からは見えない位置で操作）．	2-①主に車輪部分を操作していた．	2-②はじめは対象物を注視していなかったが，車輪の動く音に反応し，クロエが操作している対象物に近づき，接触した．
3. 2と同様であるが，リモコンが実験ブース内から見えるように呈示した．	3-①すぐにリモコンに気づき，しばらく注視した．	3-②リモコンに注視することはなく，クロエが実験ブースの外を注視している隙に，対象物を独りで操作していた．
4. はじめ静止した状態で床に置き，実験ブースの外からリモコンで操作して前後に動かした（リモコンは実験ブース内から見える位置に呈示）．	4-②クレオと対象物の動きを注視していた．近づいてくるクレオに目をやった． 4-④クレオが対象物に接触しようとしている様子を注視していたが，短い間リモコンを注視した．	4-①はじめ独りで対象物に近づき，その動きを注視していたが，怖がるように飛び退き，クロエの方に近づいた． 4-③左手でクロエの傍のアクリル板に接触しつつ，右手で対象物に時々手を伸ばし，接触した．しかし，手にとって操作することはなかった．

丸囲みの数字の順番は時系列を表す．クロエとクレオの反応が同時に見られた場合，横並びに表示している．

えないように操作する条件と，見えるように操作する条件に分けられた．表7-4-3，7-4-4（クロエークレオ母子）および表7-4-5（パンーパル母子）に，各母子ペアごとのラジコンカーの呈示条件とそれに対する明示的反応を記した．分析方法は事例Ⅰと同じ．

7-4-4 結果と考察

クロエ，パンともに，リモコンが見える位置に呈示されると，対象物の動きを追視した後，リモコンを注視した（表7-4-3の3-③，表7-4-4の3-①，および表7-4-5の3-④）．また，リモコンが見えていない時には，ラジコンカーの裏側の操作が多く見られた（表7-4-4の2-①，表7-4-5の2-③）．このような反応は，ラジコンカーの動きの原因をその構造に帰属させたり，外的な原因を探索したかのようであった．しかしながら，こ

表 7-4-5　パン-パル母子におけるラジコンカーの呈示条件と明示的反応（2002 年 7 月）

ラジコンカーの呈示条件	被験者	
	パン	パル
1. 静止した状態でパンに手渡した．	1-①ラジコンカーを手にとって操作し，特に裏側を注視した．	1-②パンが操作するのをしばらく注視した後，手を伸ばして対象物に接触した．
2. 初め静止した状態で呈示し，実験ブースの外からリモコンで操作して前後に動かした（リモコンは実験ブース内からは見えない位置で操作）．		2-①静止しているラジコンカーに指で接触していたところで，それが動き始めると，驚いて飛び退くような素振りを見せた．
		2-②動く対象物をしばらく注視した後，強く叩いた．
	2-③パルの様子を見ていたパンが，対象物を手に取り，特に裏側を操作し，しばらくすると裏側にあるスイッチを切った．	2-④パルは，パンが対象物を操作している間，最初は手を出さなかったが，しばらくその様子を注視した後，指で少し接触した．
		2-⑤実験者（田中）が，パンから対象物を受け取り，それを床に置いた．対象物が再び動きはじめると，パルはそれを追いかけ，叩き続けた．
	2-⑥パルの様子を見ていたパンが再び対象物を手に取り，③と同様に操作しはじめた．	2-⑦パルは，パンが対象物を操作しているところに，手を伸ばし，対象物を操作しようとした．
3. 2と同様であるが，リモコンが実験ブース内から見えるように呈示した．		3-①パルは動く対象物を追い続け，叩き続けた．
	3-②パンが対象物を手に取り，操作しはじめた．	3-③パルはリモコンの側に近づき，注視したが，すぐに離れて行き，再び注視することはなかった．
	3-④実験者が対象物を床に置き，それが動き始めると，パンはリモコンの方をしばらく注視した．	

丸囲みの数字の順番は時系列を表す．パンとパルの反応が同時に見られている場合，横並びに表示している．

の点に関しては今回の観察結果からは結論づけられない．

　一方，クレオとパルは，ラジコンカーへの接触は見られたものの，母親が見せたような吟味的な操作は見られなかった．リモコンへの注視もまったく見られず，対象物の動きの原因を探索している様子はなかった．

　クロエ-クレオ母子については，同様の調査を 1 年の間隔をおいて 2 度行なっているが，クレオの反応には明白な変化が見られた．1 歳 2 か月時では，カエル

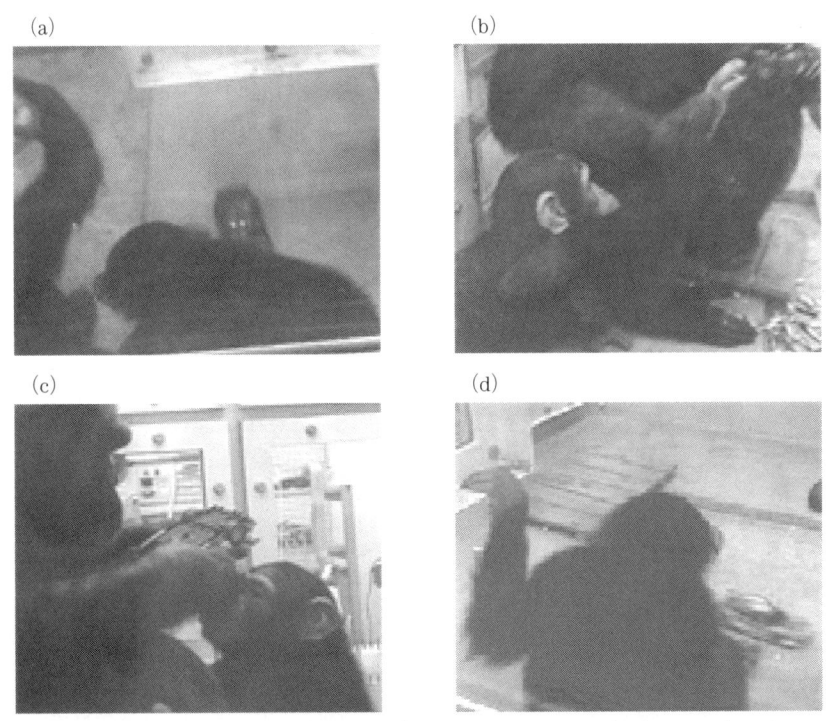

図7-4-2 クロエークレオ母子へのラジコンカーの呈示場面（上段：2001年8月下旬，クレオ14か月齢，下段：2002年7月中旬，クレオ25か月齢）．14か月齢のクレオは，(a) クロエとの共同注意が成立していない時には，対象物に手を伸ばすものの，それは一瞬で，そばにいたクロエにすぐにつかまった．(b) クロエが対象物を操作すると，それに盛んに手を伸ばした（共同の関与）．25か月齢のクレオは，(c) クロエとの共同の関与をする時間が長かった．しかし，(d) ひとりで対象物に近づき，それに手を伸ばす行為も見られた．

のおもちゃの時と同様，対象物への働きかけは，クロエの傍らでのみ行なわれていたのに対し，2歳1か月時には，クロエから離れた状態での対象物への働きかけ（表7-4-4の4-①），あるいはクロエとの共同の関与の形をとらない対象操作が見られた（表7-4-4の3-②）．これは，パルについても同様であり，上述のように，生後11か月時において，カエルのお

もちゃを呈示した時（事例I）には，パンから離れて対象物に接触することはなかったのに対し，1歳11か月時でラジコンカーを呈示されると，パンから離れ，ひとりで対象物を追いかけたり，叩いたりした（表7-4-5の2-⑤）．

このように，母親から離れての対象操作が見られるものの，反応全体としては，母親との共同の関与が占める割合が多か

った．共同の関与は，乳児が母親の対象操作に注意を向けることによって始まるケースがほとんどであるが，パン-パル母子については，パルが注意を向けている対象物にパンが手を伸ばすことによって開始するケースも見られた（表7-4-5の2-③および3-②）．またクレオは，床を動くラジコンカーの動きに対し，こわがって飛びのくような反応を見せた後には，母親の方に再び近づいている（表7-4-4の4-①）．一方パルも，ラジコンカーの動きに対し，こわがって飛びのくような反応を見せたが，その後，パンが対象物を手に取ると，そこに手を伸ばした．さらにパルは，その直後に，再び対象物が床に戻され，動き始めた時には，それを追いかけ続け，叩き続けた（表7-4-5の2-①から2-⑤）．これらの反応は，チンパンジー乳児が，対象物への働きかけの可否について，母親の反応を参照している（社会的参照）ように見える．

ところで，床の上を動き始めたラジコンカーへのネガティブな反応は，ラジコンカーが動く際に出る音に対する驚きを示す可能性もあるが，この対象物の自発的な動きを予期していなかったためであるという可能性も否定できない．1年前の調査においてはこのようなネガティブな反応は見られなかったこととあわせて考えると，対象物の動きについての何らかの予期，たとえば，無生物の動きは外因的であるという予期，が発達した可能性もうかがい知れる．

7-4-5 未知の動きに対するヒト乳児の反応

ヒト乳児（平均月齢24か月：月齢のレンジ20か月-27か月，男児3名，女児7名）とその母親10組を対象に観察を行なった．

観察は，明るい小部屋（約5×8 m）で行なわれた．小部屋には，被験児とその母親に加え，被験児がはじめて会った見知らぬ実験者2人が入った．母親は，部屋内に置かれたイスに座り，被験児はそのイスから約2 m離れたソファに座った．実験者のうちひとり（女性）は被験児が座ったのと同じソファに座り，もうひとり（男性）は約2 m離れた床に座った．

はじめに，母親が被験児に背を向けていて共同注意が成立していない状況を作り，被験児の目の前の床の上に刺激対象物を置いた．今回用いた対象物は，うさぎのぬいぐるみの下部に外からは見えないように車輪をつけ，リモコンにより遠隔操作できるようにしたものであった（約15×10×25cm）．また，この観察に先立って，被験児が，ラジコンカーを取りつけておらず，したがって自発運動しない同じぬいぐるみで遊ぶ時間（5-10分）を設けた．リモコンの操作は，被験児から離れて座った実験者が行なった．

まず，被験児が静止した対象物に注視したのを確認したところで，対象物をリモコン操作により約1分間，前後約1 mの範囲を動かした．この時，リモコンは被験児から見えないようにした．続いて，対象物を被験児の目の前で約30秒間停止させた．最後に，リモコンを被験児か

ら見えるようにして，はじめと同様に約1分間動かした．母親には，被験児の反応（発声など）に対して，振り返るなどの反応をするべきか否かについては特に教示しなかった．また，被験児のそばに座った女性の実験者は，被験者の反応に対し笑顔を見せることで反応した．

被験児の反応の分析方法はチンパンジー母子の場合と同じだった．被験児の明示的な反応を母親への注視，そばに座った見知らぬ他者への注視，リモコン操作者への注視，対象物への単なる接触，対象物の吟味的操作の五つのカテゴリに分け，これらの行為の有無について評定した．この他，被験児の発声や，母親との共同注意の成立についてもその生起数を数えた．

7-4-6　結果と考察

上述の5種類の明示的反応が現れた人数は，母親への注視9人，そばに座った見知らぬ他者への注視7人，リモコン操作者への注視6人，対象物への単なる接触7人，対象物の吟味的操作4人であった．母親が背中を向けており，共同注意が成立していなかったにもかかわらず，10人中9名がその母親に視線を向けた．典型的な反応として，対象物が動き始めるとその動きを注視し，対象物が静止したところで接触するという一連の行為が見られた．この流れの中で，母親を注視する反応の他，対象物を母親のそばに運ぶという反応（4名），そばに座っている他者への注視（7名），および発声（6名）が見られた．7名に見られた対象物への接触の多くは，叩いたり，持ちあげたりという単純なものであったが，そのうち4名については，チンパンジーのクロエやパンが見せたような，対象物の裏側を念入りに探索するような操作が見られた．さらに，リモコンを被験児から見えるように呈示すると，6名がリモコンおよびその操作者を注視した．今回の調査では，母親に対し，被験児の反応にいかに応じるかについては教示しなかったが，6名の被験児が，発声や対象物を母親のそばに運ぶ行為によって，共同注意を成立させた．

外力なしに動き出すぬいぐるみは不自然なため，被験児の困惑をまねき，社会的参照が観察されると予想した．被験児たちは，母親への注視を顕著に見せていたものの，共同注意が成立しておらず，母親の反応を参照できない場合が多かった．しかしながら，このような場合でも，被験児は，対象物に接触していた．これは，乳児の傍に座った他者（実験者）が，笑顔で乳児や対象物を注視していたのを参照したためであると考えられる．実際，この実験者への注視は，10名中7名において顕著に見られた．ただし，発声や対象物を母親のそばに運ぶことは，社会的参照への志向性の現れ，もしくは，動きの原因を知ろうとする探索的行為の一つとも考えられる．また，自ら対象物の裏側を探索した被験児もいるなど，この時期の乳児において，対象物の動きの原因を知ろうとする積極的な行動が見られることが示唆された．

7-4-7　まとめ

本研究で明らかになったことは，以下

の通りである．まず，母親チンパンジーは，未知の物体の自己推進的動きを見ると，その原因を探索するような行為を見せた．しかし，チンパンジー乳児では，このような積極的な行為は見られなかった．特に1歳前後のチンパンジー乳児では，物体の操作において，母親との共同の関与が顕著であり，2歳前後のチンパンジー乳児は，母親から離れて，ひとりで物体を操作するが，依然，母親との共同の関与が優勢であり，社会的参照をする可能性がある．また，ちょうど2歳頃のヒト乳児は，新奇な物体の自己推進的動きを呈示されると母親との共同注意（あるいは社会的参照）を成立させようとするが，それに加え，自らもその物体を探索的に操作するなど，積極的にその動きの原因を探索する．

チンパンジー乳児が物体の動きの原因を知ろうとする志向性が低いように見えるのは，物体の動き自体のもつ見かけの顕著性にとらわれ，その追従に固執するあまり，母親チンパンジーやヒト乳児がするような吟味的操作が見られないためであると考えられる．この点については，同様の観察を継続して行なうことにより発達変化について検証する必要があろう．世界の事象をその原因と結果に注意しながら認識することにより，たとえば，ある対象物の動きは，他の対象物の作用に関連づけられるようになり，身の回りで起こる事象がつながりを帯びていく．つまり，ある事象を因果性を踏まえて知覚したり，推論することによって，認識世界が広がっていくと考えられるのである．今回の調査において，生後2年目の終盤から3年目のはじめの時期のチンパンジー乳児では，1年前には見られなかった，母親から離れてひとりで対象物に働きかけるという行為が出現していた．またこの行為は，ヒト乳児では，より積極的かつ盛んに行なわれていた．このように，母親から離れ外界により積極的に働きかけることにより，チンパンジー乳児も，ヒト乳児と同様に，自らの力で認識世界を広げ，事象間のつながりを形成させていくと考えられる．

（謝辞：本研究の一部は，総務省情報通信ブレークスルー基礎研究21（代表：板倉昭二）の補助を受けて行なわれた）
［小杉大輔　村井千寿子　友永雅己　田中正之　石田開　板倉昭二］

7-5
母子間における食物を介した相互交渉と食物の分配

　チンパンジーでは個体間で食物の分配がみられることが知られている．おとな個体間で分配されるものの大半が肉に限られるのにたいし，母子間では，肉のみならず幅広い種類の植物性食物が頻繁に配される．このため母子間でみられる分配は，親から子への投資として捉えられ（McGrew 1975; Silk 1978; 1979)，その機能として，子どもが多種多様な食物について学ぶのを促すことが指摘されてきた（Hiraiwa-Hasegawa 1990; Lefebvre 1985; Nishida & Turner 1996)．分配の機能を検討する上で，どのような交渉をへて，何が分配させるかを知ることは重要である．しかし，それらの点に着目した研究はほとんどなされていない（Nissen & Crawford 1936)．本研究では，飼育下のチンパンジー母子を対象に，さまざまな種類の植物性食物を実験的に母親に渡し，そこでみられる母子間の相互交渉について観察を行なった．それらの交渉をへておこる分配について，どのように，何が分配されるのかの詳細を明らかにすることで，その機能について検討することを目的とする．

7-5-1 方法

　実験は3組の母子ペアを対象に，各乳児が8－10か月齢の時に開始し，現在も継続している．本研究では，アユム10－23か月齢，クレオ10－21か月齢，パル8－20か月齢の期間の結果を報告する．

　実験者が，食物を乳児と母親に見せた後，母親に渡した．その後みられる母親と乳児の行動をビデオカメラで記録した．用いた食物は，乳児にとって新奇な品目を含む，野菜類と果実類の計58品目であった．1回の試行につき1種類の食物を与え，いずれの品目についても体積がほぼ同じになるよう（母親が掌一つで制御できる量)，一つの野菜・果実が小さいものについては複数個を一度に与えた．1試行あたりに用いられた食物は，重量にして50－300gであった．乳児にとって既知な品目についてはそれぞれ繰り返して観察を行ない，新奇な品目については1回のみ観察した．乳児の発達に沿って既知な品目と新奇な品目が均等に配置されるよう考慮し，1日1回，週に2回以上観察を行なった．

　渡された食物を母親が自ら手にもち，咀嚼・嚥下した試行のみを分析対象とした．分析対象となった食物は，アユム母子では野菜類16品目と果実類25品目の計41品目であり（表7-5-1)，そのうち22品目は乳児にとって新奇な食物であった．既知な品目は36試行，新奇な品目は21試行であり，それぞれ野菜類は15試行，8試行，果物類は21試行，13試行であった．アユム母子に比べて，クレオ母子とパル母子では母親が食物を受け取らない，または咀嚼・嚥下しない試行が多

表7-5-1　実験者から母親へ渡された食物品目リスト

既知品目		新奇品目	
野菜類	果実類	野菜類	果実類
ニンジン	ブドウ	パプリカ	パイン
ナス	イチゴ	アスパラ	マンゴ
キュウリ	リンゴ	スイカ	いちじく
オクラ	ナシ	スウィーティム	サンクランボ
シシトウ	バナナ	トウガン	ライチ
トマト	グミ	ペコロス	ビワ
タマネギ	ユスラウメ	ラディシュ	プラム
ピーマン	モモ	ベビーコーン	赤洋ナシ
	カキ		マスカット
	ミカン		レモン
	グレープフルーツ		カボス
	キウイ		パパイヤ
			スターフルーツ
8	11	8	13

アユム母子で用いられた食物品目をしるす．数字は各食物カテゴリーの合計品目数をあらわす

く，分析対象となったのはクレオ母子で18試行（18品目），パル母子では26試行（19品目）のみであった．このため，既知品目と新奇品目を分けての分析は，アユム母子での記録のみを対象とした．

食物が母親の手に渡ってから，母親の手と口に物がなくなるまでを1試行とし，それまでにみられる母子の行動と食物の移動を記載した．記載した行動のうち，欲求（乳児が母親のもつ食物にたいして30cm以内に接近し，手を伸ばしたり口をあけて近づける行動），拒否（乳児ののばした手や乳児の顔を外方向へ押しのける，乳児から離れる方向へ食物を動かす，食物をもつ手を閉じる，食物をもつ手の甲を外側にむけて食物を隠すなど，乳児から母親へむけられた行動を阻むような行動），差し出し（母親の視線または顔が乳児にむけられた状態で，母親が乳児の方へ食物の一部を近づけて3秒以上静止する行動），受け取り（差し出された物を口または手で取る行動），分配（母親のもつ食物の一部が直接乳児へ受け渡された場合），の5種類を定義した．なお，差し出しについては，動かされた食物の一部にたいして乳児の欲求行動がみられた場合には，3秒以上静止しなくても，それにたいする拒否がみられなければ差し出しと定義した．また，分配をさらに，消極的分配（乳児からの欲求行動にたいして，母親が拒否をしない，または拒否はするが阻みきれずに乳児へ食物の一部が受け渡される場合；付録CD-ROM動画7-5-1）と，積極的分配（分配のおこる前10秒以内に乳児の欲求行動がみられず，母親が食物の一部を差し出し，それを乳児が受け取ることで乳児へ食物の一部が受け渡される場合；付録CD-ROM動画7-5-2）の2種類に分けた．

7-5-2　結果

母親に食物が渡されると，乳児は母親のもつ食物や口元を至近距離で注視した

(図7-5-1)．乳児から母親へ向けられた行動として，食物をもつ母親の手をつかむ，食物に手をのばす，食物にあけた口を近づける，母親の口に手や口を近づけるといった行動が観察された．母親のもつ食物を取ろうとする，または口にしようとする欲求行動は，本研究の分析対象期間の最後まで消失することなく一貫してみられた．母親から乳児へ向けられた行動としては，乳児の欲求行動にたいする拒否や乳児に食物の一部を差し出すといった行動がみられた．差し出された物は，食物の種や芯，柄，皮，しがみカスのいずれかに限られていた（付録CD-ROM動画7-5-1）．

また乳児にみられた表情として，アユムでは15か月齢時の1試行，パルでは12か月齢時以降の3試行で，口角が引きあがり上下唇が外方向に開いて歯茎がみえるという表情が観察された．パルでみられた3試行において，その表情が表出されるのは乳児の欲求行動にたいして母親が拒否をした後であり，表情表出後は，母親から乳児へ食物の一部が分配された．そのいずれもが，消極的分配であった．クレオでは同様の表情は観察されなかった．

食物の一部が母親から乳児へ直接渡ることが（図7-5-2），アユム母子では31例（15品目），クレオ母子では4例（4品目），パル母子では18例（12品目），計53例観察された．それらのうち，消極的分配は37例（アユム母子；19，クレオ母子；2，パル母子；16），積極的分配は16例（アユム母子；12，クレオ母子；2，パル母子；2）だった．分配のパターンにより，乳

図7-5-1 各母子における交渉の様子．アユム母子（1），クレオ母子（2），パル母子（3）それぞれにおける，食物が母親に渡された後の交渉の様子．（アユム19か月齢，クレオ17か月齢，パル15か月齢時）

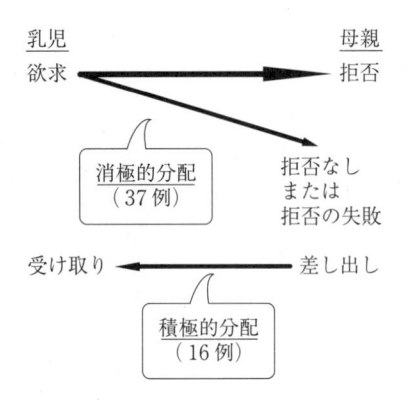

```
        乳児                      母親
        欲求  ─────────────────→  拒否
                  ╲
                   ╲
                    ╲
          ┌─────┐    ╲→  拒否なし
          │消極的分配│       または
          │(37例)│       拒否の失敗
          └─────┘

        受け取り  ←─────────────  差し出し
                  ┌─────┐
                  │積極的分配│
                  │(16例) │
                  └─────┘
```

図7-5-2 母子間でみられた交渉パターンと分配の分類
左縦列に乳児から母親へ向けられた行動，右縦列に母親から乳児へ向けられた行動の概要をしめす．母子間でみられた交渉パターンは，乳児が欲求行動をしめしたのにたいして母親が拒否をする場合，母親が拒否をしない，または拒否はするが失敗におわる場合，母親が食物の一部を差し出しそれを乳児が受け取る場合に大別された．母親のもつ食物の一部が乳児へ直接受け渡されたのは，乳児の欲求にいして母親が拒否をしない，または拒否をするが失敗におわった場合（消極的分配）と，母親が乳児に食物の一部を差し出し，乳児がそれを受け取った場合（積極的分配）であった．数字は，母子3ペアで観察された各分配の合計例数をあらわす．

児が口にした物の質を比較したところ，消極的分配37例中35例において，乳児は母親が食べるのと同じ食物部位を口にしていたのにたいし，積極的分配16例で乳児が口にしたものは，母親の食べない部位に限られていた．すなわち，分配のパターンにより乳児が口にした物の質は有意に異なっていた（Fisherの両側正確確率検定，$p<0.01$）．

アユム母子において，食物が母親の手に渡ってから，母親の手に物がなくなるまでの時間は，全試行平均して2分9秒だった．乳児が母親の食べる物と同じ食物部位を口にするには，まず母親のもつ食物へ乳児の行動が向けられることが重要と考えられる．アユムは57試行中36試行において，母親のもつ食物への欲求行動をしめした．既知な品目と新奇な品目それぞれにたいする欲求行動の出現頻度を比較すると，既知な品目を用いた試行では，36試行中18試行（50.5%）で，新奇な品目を用いた試行では，21試行中18試行（85.7%）で欲求行動をしめした．アユムは，既知な品目に比べて新奇な品目にたいしてより母親のもつ食物への欲求行動をしめした（Fisherの両側正確確率検定，$p<0.05$）．さらに，消極的分配がおきた頻度について比較したところ，既知な品目にたいしては11.1%，新奇な品目にたいしては28.6%と，統計的に有意ではないものの，既知な品目に比べて新奇な品目でより消極的分配がおこる傾向がみ

られた．これにたいし，母親の差し出しがみられた頻度は，既知な品目にたいしては22.2%，新奇な品目にたいしては19.0%と，既知な品目と新奇な品目の間で違いはみられなかった．

7-5-3 考察

観察された母子間の分配は，乳児から母親への行動と母親から乳児への行動，どちらが先行するかにより，消極的分配と積極的分配にわけられた．そのいずれのパターンをとるかにより，乳児が口にするものの質は異なっていたことから，両者の機能は異なることが示唆される．

乳児は，消極的分配によってのみ，母親が食べるのと同じ食物部位を口にすることができた．乳児が母親の食べるのと同じ食物部位を口にするためには，乳児からの働きかけが重要といえる．乳児の働きかけがみられる頻度は，既知な品目に比べて新奇な品目でより高かった．すなわち，乳児は既知な品目と新奇な品目を区別し，品目によって異なる行動をしめした．結果として，有意ではないものの，消極的分配は既知な品目に比べて新奇な品目でよりおこる傾向がみられた．一方，積極的分配により乳児が口にしたものは，食物の芯や種など，栄養的にも食物の風味という意味でも価値のないものに限られており，また品目が既知か新奇かにより差し出しのおこる頻度に違いはなかった．これまでの野外研究では，母子間の食物分配は既知な品目に比べて新奇な品目でより頻繁にみられることが指摘されている（Hiraiwa-Hasegawa 1990c）．本研究の結果は，分配の中でも，消極的分配によって乳児は母親の食べる幅広い食物について学ぶ機会を得ている可能性をしめす．これまでひとくくりにして考えられてきた食物分配を，分配がおこるパターンごとに捉えることで，その機能について示唆がえられた．

アユムとパルでは，母親に食物が渡されたあとの表情動作として，口角が引きあがり歯茎がみえるといった表情が発達に伴って表出されるようになった．パル母子における3例のみではあるが，その表情が表出されるのは，乳児の働きかけが拒否された後であり，また表情が表出された後には必ず消極的分配がみられた．こうした表情動作がコミュニケーションシグナルとして働いているかということも，今後検討されるべき興味深い点といえる．

［上野有理　松沢哲郎］

7-6 母子の食物選択性の推移と相関

乳児にとって，身の回りにあるさまざまな潜在的食物の中から適切な食物を選択することは，生存に関わる必須の課題である．霊長類では食物選択の獲得に，個々の経験と他個体からの社会的影響の両者が関わると考えられている．どのように食物選択が獲得されるのかを知るためには，他個体との関わりの中で，乳児の採食行動がどのように発達するかを明らかにすることが重要である (Watts 1985; Whitehead 1986)．チンパンジー乳児は生後4－5か月齢から固形物を食べ始める (Hiraiwa-Hasegawa 1990c)．離乳が完了するはるか以前から固形物を食べ始め，その間乳児は，母親と近接して長い時間を過ごす．乳児が多様な食物資源について学び，食物選択を獲得する上で，母親の存在は大きいと考えられる．本研究では飼育下のチンパンジー母子において，複数の潜在的食物の中から母親が特定の食物のみを食べる状況下で，乳児の食物選択が，母親との関わりの中でどのように推移するかを明らかにする．それにより，食物選択の獲得にたいする母親からの社会的影響について検討する．

7-6-1 方法

アユム（5－15か月齢），クレオ（4－14か月齢），パル（4－13か月齢）とその母親3組が実験に参加した．道家・松沢 (2000) の資料を参考に，アユムとクレオ母子にたいしては，リンゴ，ナス，固形飼料，カボチャ，レンコンの5品目を用いた．これらのうち，リンゴ，ナス，固形飼料の3種は母親が食べる品目（日常の給餌や実験で与えられていた），残りの2種は母親が食べない品目と予測した．パル母子にたいしては，固形飼料のかわりにブドウを用いた．カボチャとレンコンは乳児にとって新奇な食物だった．それぞれ1.5cm角に切った食物片を40片，計200片の食物片を用意した．プレイルーム（4×3m）の床に，食物片全種を混合し一様に分布するようにばらまいた．そこへ1ペアの母子を入室させ，母子の摂食行動，および母子間の相互交渉についてビデオカメラで記録した．母親が最後に摂食行動をみせてから5分経過した時点でセッションを終了した．実験セッションは1－2週間に1回の間隔で継続して行なった．実験終了後，ビデオ記録をもとに，母子間の距離，母子それぞれが口にした品目とその時系列，母子間の交渉について分析を行なった．母子間の距離については，0m（乳児と母親との間に身体接触がある），＞0m（乳児と母親は離れているがその距離は1m以内である），＞1m（乳児と母親の間は1mよりも離れている），の三つのカテゴリに分類し，10秒間隔のポイントサンプリングをもとにして，各カテゴリの割合をセッションごとに算出した．母子それぞれが口にした

品目は逐次記載し，乳児については食物片を口に入れる行動がみられた場合，それが嚥下されたか否かにかかわらず摂食行動と見なした．また母子間の交渉として，一方の鼻先30cm以内に顔を近づけて3秒以上注視する行動を「のぞきこみ」と定義し，逐次記載した．実験期間に行なわれたすべてのセッションのうち，各月齢付近の2セッションについて分析を行なった．

7-6-2 結果

母親からの独立性の推移をしめす指標として，発達に伴う母子間の距離の変化を表7-6-1に示す．アユムは，5か月齢の時点で既に母親から離れ，その相対時間は発達に伴い増加した．12か月齢からは，実験室への入室も母親から離れて行なうようになった(図7-6-1)．それにたいしてクレオとパルは，それぞれ13か月齢，10か月齢に至るまで母親から離れることはなく，14か月齢，13か月齢の時点でまだ母親から離れてひとりで実験室へ入室することはなかった．クレオは13か月齢以降平均60.3%，パルは10か月齢以降平均43.5%の時間を母親から離れて過ごすようになった．

いずれの母子ペアにおいても，母親は一貫して明瞭な選択性をしめした（表7-6-2）．これにたいし，乳児では観察開始当初，明瞭な選択性はみられず，乳児は母親が食べない品目も含めて5品目すべてを繰り返し口にした．パル母子では，10か月齢時までパルは抱かれたまま母親から離れることはなく，母親のパンは食物片を手に集めては実験室内にある棚の上にあがって食べるということをくり返した．このためパルはこの時期まで，

表7-6-1 各母子ペアにおける母子間の距離の推移
数値は，各月2セッションの平均割合(%)をあらわす．
いずれの母子ペアにおいても，コドモが母親から離れて過ごす相対時間は発達に伴い増加した．

	アユム			クレオ			パル		
月齢	0 m	>0 m	>1 m	0 m	>0 m	>1 m	0 m	>0 m	>1 m
4				100	0	0	100	0	0
5	53	24	22	100	0	0	100	0	0
6	48	24	28	100	0	0	100	0	0
7	50	21	30	100	0	0	100	0	0
8	43	57	0	100	0	0	100	0	0
9	2	78	19	100	0	0	100	0	0
10	1	49	50	100	0	0	75	23	3
11	5	31	64	100	0	0	41	43	16
12	4	37	59	100	0	0	71	14	14
13	0	12	88	49	32	19	39	58	3
14	0	37	63	31	30	39			
15	0	37	63						

クレオは13か月齢，パルは10か月齢ではじめて母親から離れた．それ以前は母親に抱かれるかしがみついて実験室内を移動した．

図 7-6-1　アユム母子の実験場面．アユム母子が実験室へ入室し，床にばら撒かれた食物片を口にする様子．1) 生後 5 か月齢時，2) 生後15か月齢時．観察開始当初，アユムは母親にしがみついていることが多かったが，発達に伴い，より母親からの独立性を増した．生後12か月齢からは，実験室への入室も母親から離れて自身で行なうようになった．実験室入室時から母親から離れて自身で移動し，床にある食物片を口にした．

実験室内にばらまかれた食物片を自身で取り口にする機会をもたなかった．10か月齢までの間，パンが特定の品目のみを取り食べる様子をパルはくり返し見てきたが，自身で食物片を取り口にする機会を得た際，パルは母親の食べない品目も含めて5品目すべてをくり返し口にした．アユムでは，13か月齢以降，2個以上の食物片を口にした品目は，リンゴ，ナス，固形飼料に限られていた．

アユム母子において，アユムが13か月齢時から，母親はそれまで食べたことのなかったカボチャを食べるようになった．母親はそれ以前と同様に，まずリンゴ，ナス，固形飼料を食べ，それら3品目の食物片がなくなった時点でカボチャを食べ始めた．よって，母親がカボチャを食べる際，実験室内に残っている食物片はカボチャとレンコンのみとなる．母親の選択が変化する前後でアユムの選択が変化したかを検討するため，リンゴ，ナス，固形飼料がなくなった後の5分間，または母親がカボチャを食べ始めてから食べ終わるまでの間にアユムが口にした品目について，母親がカボチャを食べ始める前と後各5セッションを比較した．母親の選択が変化する前5セッションでアユムが口にした食物片の総数は，カボチャが5個，レンコンが13個であったのにたいし，母親の選択が変化した後5セッションでは，カボチャが13個，レンコンが5個となった．すなわち，母親がそれまで食べなかったカボチャを食べ始めると，それ以前に比べてアユムもカボチャをより口にするようになった(Fisherの両側正確確率検定，$p<0.05$)．また，カボチャを口にしていた平均相対時間は，母親の選択が変化する前では37.0%だったのにたいし，変化後では71.7%と増加した．母親がカボチャを食べ始めた際，アユムは母親へ近づき至近距離からののぞきこみをくり返した．

7-6-3 考察

母子間における食物選択の相関は，「相手が食べる品目を食べる」ということと，「相手が食べない品目は食べない」という二つの側面により決まる．乳児は母親が食べない品目は食べないのか，という点に着目すると，いずれの母子ペアにおいても，乳児は母親が食べない新奇な食物品目を自ら口にした．いずれの母子ペアにおいても，乳児が母親から離れて過ごす相対時間は発達に伴い増加した．アユムにおいては生後10か月齢以降，大半の時間を母親から離れて過ごすようになり，実験室内を自身で移動した．乳児は，母親から離れて自身で移動し，ばらまかれた食物片を取り口にするようになっても，母親が食べない品目をくり返し口にし続けた．すなわち，乳児は母親が食べない品目でも注意をはらうことなく，身の回りにある潜在的食物を自ら試していくと考えられる．Hikami et al. (1990)は，ニホンザル母子ペアを対象にした実験において，乳児は母親の食物選択に影響を受け，乳児の食物選択が母親のそれと収斂する形で変化することを明らかにした．本実験場面において，母親が食べる品目の食物片数は，母親が食べ進むことでセッション内の時間経過に伴い減少していく．それにもかかわらず，

表7-6-2 母子それぞれが口にした品目の推移

母子	品目	月齢											
		4	5	6	7	8	9	10	11	12	13	14	15
母：アイ	リンゴ	●	●	●	●	●	●	●	●	●	●	●	●
	固形飼料	●	●	●	●	●	●	●	●	●	●	●	●
	ナス	●	●	●	●	●	●	●	●	●	●	●	●
	カボチャ										*	* *	*
	レンコン												
子：アユム	リンゴ			○	●	●	○	●	●	●	●	●	●
	固形飼料		●		○	○	○	●	●		○	○	○ ○
	ナス		●	● ○			●	●	○	●	●	●	●
	カボチャ		●	●	○	○	○	●	●	○	○		
	レンコン		●	● ○	●	○ ○		●	○	●	○ ○ ○		
母：クロエ	リンゴ	●	●	●	●	●	●	●	●	●	●	●	●
	固形飼料	●	●	●	●	●	●	●	●	●	●	●	●
	ナス	●	●				●	●			●		
	カボチャ												
	レンコン												
子：クレオ	リンゴ					●		○	●	●	●		○
	固形飼料					○	●	●	●	●	○		
	ナス			○ ○ ○		●	●		●	○	●	●	●
	カボチャ		○ ○			●		●		○	●	●	●
	レンコン			●		●		● ●		○		●	○
母：パン	リンゴ	●	●	●	●	●	●	●	●	●	●	●	●
	ブドウ	●	●	●	●	●	●	●	●	●	●	●	●
	ナス												
	カボチャ												
	レンコン												
子：パル	リンゴ							● ●		● ●			
	ブドウ							○ ○ ○		○			
	ナス							○ ● ○		●			
	カボチャ							●		○ ●			
	レンコン							○ ○		● ●			

各セッションにおいて，母子それぞれが1度でも口にした品目をしめす（1個：○，2個以上：●）．どの母子ペアにおいても母親は明瞭な選択性をしめしたが，子どもが口にした品目は母親に比べて多種にわたる．子どもは，母親の口にした品目のみならず，母親が口にしたことのない品目も繰り返し口にした．

注）アユム母子において，アユムが生後13か月齢のときから母親はそれまで食べなかったカボチャを食べ始めた（*で記す）．アユムに関し，表には，リンゴ，ナス，固形飼料の3品目がなくなるまでの間に口にした品目のみをしめした．

リンゴ，ナス，固形飼料がある状況下では，アユムが13か月齢以降，2個以上口にした品目は，リンゴ，ナス，固形飼料に限られていた．本研究において，母親が食べる品目は乳児にとっても慣れ親しんだ品目であり，また母親と同様，その食物品目にたいする個々の嗜好度がもともと高い可能性が考えられる．よって，母親が食べる品目を食べるのか，という点については検討範囲を越えるが，アユム母子でみられた事例はその点に関して示唆を与えるものといえる．アユム母子において，母親がそれまで食べなかったカボチャを食べ始めると，アユムは母親に近づき，覗き込むことを繰り返した．母親の選択が変化すると，アユムは母親の食べるカボチャをより口にするようになり，アユムの選択は母親のそれに収斂する形で変化することが示唆された．

Visalberghi（1994）は，他個体が食べるものについては，他個体がそれを食べることで関心がひきつけられ，その食物について学ぶ機会につながるのにたいし，他個体が食べないものについては，その食物が触れられずにおかれることのみからは，他個体をとおしては学ばれないとしている．今回得られた結果は，乳児は母親が食べないものについては母親をとおして学ばず，自ら試行錯誤的に学んでいくことを示唆している．一方，母親が食べるものについては，母親がそれを食べることで関心がひきつけられ，ひいては乳児の食物選択が母親の選択に影響を受けて変化する可能性がしめされたといえるだろう．

［上野有理　松沢哲郎］

7-7
母子における対象物の好みにおよぼす刺激強調の効果

　道具使用を獲得する際，社会的学習は非常に重要な役割を担うと考えられている．Thorpe (1956) によると，社会的学習には，社会的促進（モデル個体の行動が，観察個体に同じ行動を解発させる刺激としてはたらくこと），刺激／局所強調（モデル個体の行動が，観察個体の注意を特定の刺激または場所にひきつけ，観察個体が自らの行動をそれに向かわせて，試行錯誤によってモデル個体と同じ行動を獲得すること），真の模倣（モデル個体の行動を，観察個体が試行錯誤なしで忠実に再現すること）の三つのタイプがあるという．

　チンパンジー乳児が道具使用行動，たとえばヤシの種子割り行動を獲得する際に一番大切なことは，外界に無数に存在する対象の中から，特にアブラヤシの種子と一対の石に注意を向けることである．チンパンジー乳児は，母親や他個体がアブラヤシをつまんで一対の石を手にとることを観察して，自らも同じ対象に注意を向けるはずである．そこで本研究では，チンパンジー母子を対象に，社会的学習の一種である刺激強調に関する実験を行ない，母親が特定な対象により注意を向けた時に，乳児がその対象に対してどのような反応を示すかを分析した．

7-7-1　方法

　母子3組を対象に，1試行30分間の実験を，乳児が1－12か月齢の間，2－3週間に1回の割合で行なった．12種類の対象物（三脚，電話，ホウキ，チリトリ，ブラシ，フラフープ，はめ子，プラスチック製ケース，ボール，笛，タンバリン，アルファベット文字板）をプレイルーム内に配置し，チンパンジー母子を入室させた．食餌報酬等は与えず，チンパンジー母子が自由に行動する様子を，直接記録するとともにビデオカメラで録画した．これらのデータ記録をもとに，母親と乳児が，それぞれの対象物に触れた回数をすべてカウントした．また乳児の対象物に対する接触頻度については，不随意な接触とリーチング等による随意なものとに区別してカウントした．

7-7-2　結果

　付録CD-ROM収録の付表7-7-1は，それぞれのチンパンジー母子が，試行中に接触した対象物をワンゼロサンプリング法によって調べて示したものである．○印は母親チンパンジーが接触した対象物を示し，◎印は母親と乳児の両者が接触した対象物を示している．チンパンジー乳児が触った対象物は，必ず母親チンパンジーが触れたものだったことが分かる（図7-7-1）．

　図7-7-2は，それぞれのチンパンジー母子が，全試行において各対象物に接触した頻度を調べて示したものである．母子の間でSpearmanの順位相関係数を

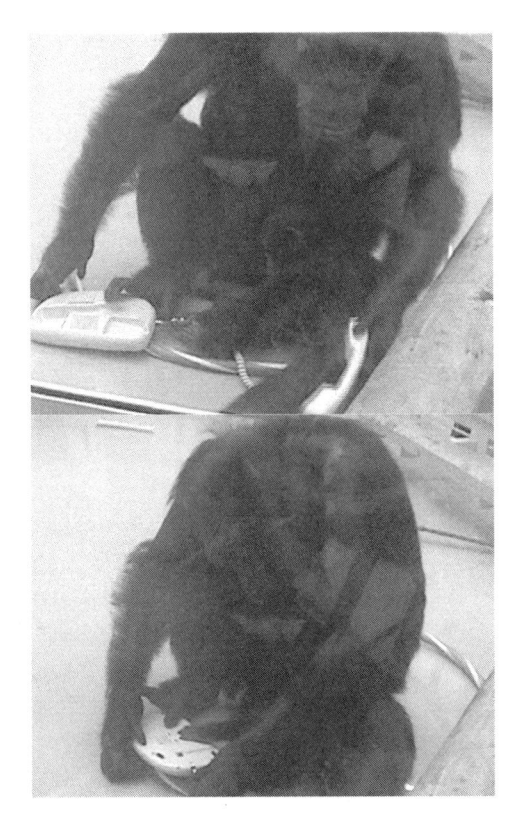

図7-7-1 アイが触れていた電話を触れるアユム．

求めた結果，母親とその乳児が対象物に接触した頻度には正の相関がみられた（アイとアユム，$r=0.87, p<0.01$；クロエとクレオ，$r=0.68, p<0.05$；パンとパル$r=0.81, p<0.01$）．

7-7-3 考察

生後約1か月から1年までのチンパンジー乳児が，母親が注意を向ける対象物に対して，どのような反応を示すかを調べた．その結果，乳児は母親が興味を示して接触している対象物をよく観察して，積極的に手を伸ばした．また，母親が高頻度で触れる対象物には，乳児も高頻度で触れることが分かった．

この時期の乳児は基本的に母親からほとんど離れないので，同じ対象物に接触する頻度が高くなった可能性がある．しかしながら，チンパンジー母子の周囲には，母親が触っている対象物の他にも，乳児が手を伸ばせる範囲に別の対象物が存在していることが多かった．にもかかわらず，やはり乳児は母親が触っている対象物に触れようとした．乳児の注意が，母親が操作している対象物に向けられた可能性が高いことが示唆されるだろう．

もっとも上記のような問題を解決するためにも，今後はプレイルーム内で透明アクリル壁越しにチンパンジー母子を短時間分離して同様の実験を行なう予定である．各部屋にまったく同じ対象物をそれぞれ置いて，母親が対象を操作する場面をアクリル壁越しに観察した時，チンパンジー乳児がどのような行動をとるか

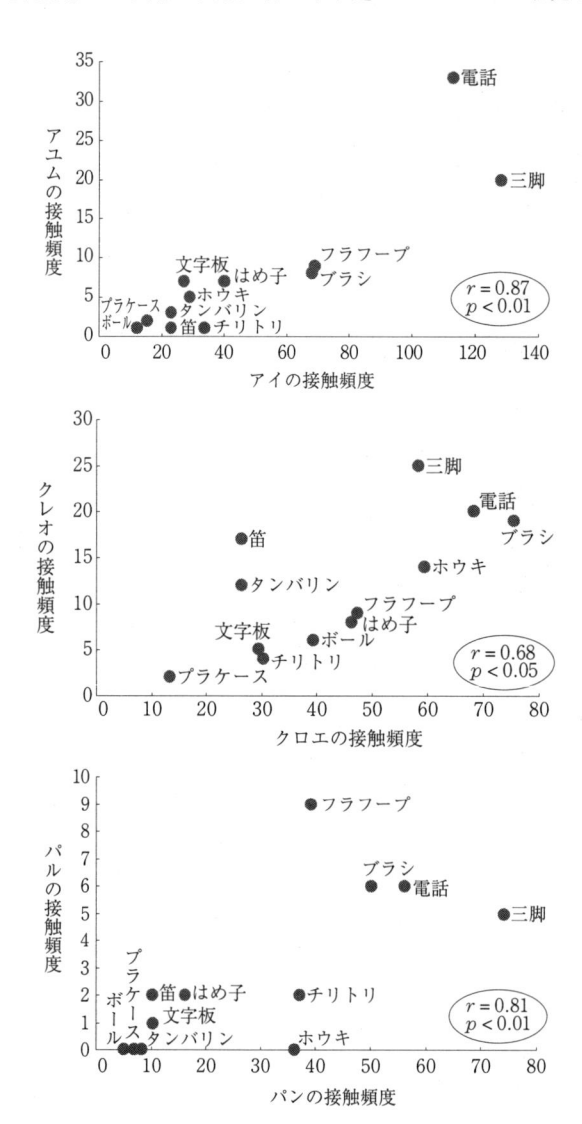

図7-7-2 各チンパンジー母子における各対象物に接触した頻度の相関関係．上：アイ－アユム母子，中：クロエ－クレオ母子，下：パン－パル母子．

を観察したい．

　また今後注目すべき点として，母親が対象を操作する方法がそれぞれの乳児に与える影響を比較したい．たとえばアイやパンは笛にあまり興味を示さないが，クロエは吹くことができる．クレオのみが笛の吹き方を観察していることになる．乳児の中で誰が笛という道具の使い方を習得するのか．またパンは積極的にホウキとチリトリを同時に使って「掃除」をする行動を示す(図7-7-3)．これに対してアイはホウキやチリトリに触れることすらほとんどない．クロエはホウキやブラシに触れるが，床を掃除するよりも自分の顔や身体をブラッシングすることが非常に多い(図7-7-4)．このように同じ対象物でも，それぞれの母親によって使い方が違うことが分かってきた．今後，乳児たちがそれぞれの対象物をどのように使用していくのかに注目したい．

(謝辞：本研究は，文部科学省科研費(#07102010，#11710035)および科学技術振興事業団，さきがけ研究21の補助を受けて行なわれた)
［井上（中村）徳子　明和（山越）政子　林美里　松沢哲郎］

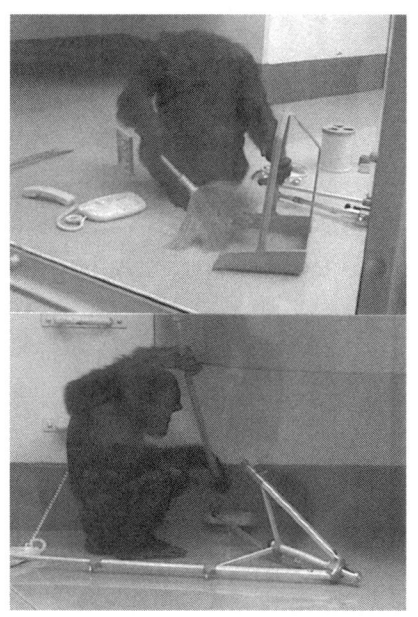

図7-7-3　ホウキやブラシで「掃除」をするパン．

図7-7-4　ホウキやブラシで身体をブラッシングするクロエ．

7-8 物の操作と相互交渉
複数母子同居場面への遊具の導入

ヒトの乳幼児では，12か月齢頃までは物の性質を調べるような探索的な行動が主で，その後15か月齢頃にフタと入れ物を結び合わせるなどの「機能的な関係づけ」遊びが出現する．また，相手のある遊びについては，1歳頃までにおとなの先導によってやり取り遊びが可能になるが，2歳を過ぎるころに同年齢児との遊びが増加する．そして同年齢児同士の関わりでは，相手の手中にある玩具に興味をひかれてその物をとりあう，同じ物に二人以上の子が同時に関心を示し関わる，といった形で物がそのやり取りの契機となることが少なくない．

では1歳前後のチンパンジー乳児では，物との関わりや物を介した他個体との関わりがどのように行なわれるのか（5-3参照）．本研究では2組の母子が同居する場面に種々の遊具を導入して乳児の物の操作を誘発し，そこで観察された遊具の操作と個体間交渉を分析した．

7-8-1 方法

アイ―アユム母子とパン―パル母子の2組が実験に参加した（表7-8-1）．母子2組を居室に同室させ，属性の異なる3種類の遊具を導入した．遊具は木製ブロック（5×5×5cm），木製棒（長さ37cm，断面2.5×2.5cm），綿タオル（35×35cm）で，それぞれの遊具について1セッション約60分間乳児の行動を追跡し，各乳児の行動をビデオカメラで録画した．これを月1回，3か月間でそれぞれの遊具につき3回ずつ実施した．録画したビデオ記録から，「追跡個体が遊具と関わるバウト」を分析した．このバウトには，「追跡個体が遊具に接触している場合」と「追跡個体の交渉相手が遊具と接触している場合」が含まれる．バウトの開始は，追跡個体が遊具または遊具と接触している他個体に接触した時，バウトの終了は，追跡個体の遊具または遊具と接触している他個体との接触が終わった時，とした．まず，遊具との関わりがひとりで行なわれたか他個体との交渉時に行なわれたかを分析した．ひとりでの接触に引き続いて他個体との接触が起こった場合は，そのバウトを「他個体との交渉時の接触」にカウントした．他個体との交渉時の接触については，交渉相手が誰か（母親／

表7-8-1　追跡個体と追跡時間，分析したバウト数

個体名	性別	年齢	総追跡時間（分）	分析したバウト数			
				木製ブロック	木製棒	綿タオル	合計
アユム	オス	1:1～1:3	190	7	54	23	84
パル	メス	0:10～1:0	191	21	28	24	73

他児の母親／乳児）を分析した．さらに，母親との交渉については，交渉を開始したのが乳児か母親か（乳児が開始／母親が開始／同時に開始／不明），また，遊具が交渉中に共有されたか，一方の個体が保持していたのみか（両者が遊具に接触／1個体が遊具に接触）を分析した．

7-8-2 結果

遊具に対してひとりで接触したのは67バウトで全体の42％，他個体との交渉時に接触したのは91バウトで全体の58％だった．次に，交渉時の接触について交渉の相手が誰であったかをみてみると，母親との交渉が87バウト（97％）で圧倒的に多かった．他児との交渉はわずか3バウト（3％）で，他児との交渉と母親との交渉との両方を含むものは1バウト（1％）だった．他児の母親との交渉はみられなかった（表7-8-2）．次に，相互交渉のほとんどを占めた母子交渉について，交渉を開始した個体を分析した．交渉を開始したのが乳児からの場合が48バウト（55％），母親からの場合が35バウト（31％）であった．母子ペアごとにみると，アイーアユム母子ではアユムが

表7-8-2　遊具がかかわる相互交渉の相手

「他個体との交渉時の接触」のバウト	木製ブロック	木製棒	綿タオル	合計
	21 (100)	34 (100)	36 (100)	91 (100)
相手が母親の場合	21 (100)	30 (88)	36 (100)	87 (97)
相手が他児の母親の場合	0 (0)	0 (0)	0 (0)	0 (0)
相手が他児の場合	0 (0)	3 (9)	0 (0)	3 (3)
相手が母親の場合と相手が他児の場合の両方が含まれる	0 (0)	1 (3)	0 (0)	1 (1)

＊数字はバウト数．括弧内は「他個体との交渉時の接触」のバウト数を100％としたときの割合．

表7-8-3　母子交渉のうち交渉を開始した個体

	木製ブロック	木製棒	綿タオル	合計
母子交渉のバウト	21 (100)	31 (100)	36 (100)	88 (100)
子どもから交渉を開始	14 (67)	13 (42)	21 (58)	48 (55)
アユム→アイ	1 (5)	1 (2)	4 (11)	6 (7)
パル→パン	13 (62)	12 (39)	17 (47)	42 (48)
母親から交渉を開始	5 (24)	14 (45)	12 (33)	31 (35)
アイ→アユム	2 (10)	7 (23)	8 (22)	17 (19)
パン→パル	3 (14)	7 (23)	4 (11)	14 (16)
子どもから開始する場合と母親から開始する場合の両方が含まれるバウト	0 (0)	0 (0)	2 (6)	2 (2)
同時に開始	0 (0)	1 (3)	0 (0)	1 (1)
不明	2 (10)	3 (10)	1 (3)	6 (7)

＊数字はバウト数．カッコ内は「母子交渉のバウト数」を100％としたときの割合．

開始する場合（6バウト）よりも，アイが交渉を開始する場合（17バウト）の方が多かった．他方パン－パル母子ではパルが開始する場合（42バウト）の方が，パン（母）が開始する場合（14バウト）よりも多く，2母子間で異なる傾向が見られた（表7-8-3）．さらに，母子交渉の時に，同じ一つの遊具に両者が接触したか，どちらか一方の個体が接触していただけかを分析した（図7-8-1，7-8-2）．今回の観察では，交渉中に両者が別々の遊具を操作するという例はなかった．両者が同じ一つの遊具に接触している交渉はタオル，木製棒，木製ブロックの順に多かった（83％，61％，33％）．1個体のみが遊具に接触している交渉は，木製ブロックが最も多かった（76％）．

7-8-3 考察

チンパンジー乳児が手指によって物を操作する行動それ自体の初期発達は，そのレパートリーや出現の順序性においておおよそヒトと比肩し得るものであり，生後約9か月には，「片手に持ったものを他方の指先でつつく」など，両手の機能分化使用的な行動もみられるようになる（竹下1999）．しかし，他者との関わりという視点で物の操作の発達を眺めてみれば，チンパンジーとヒトではやや異なった状況が見えてくる．すなわち，ヒトの場合，乳児期前半から「持っているものを引っ張られると相手の目を見る，笑いかける」など，物と他者とに同時に関わるような行動が既に見られる．生後9，10か月頃には，相手に物を見せたり，渡したり，相手との間で第三者たる物を共有する行動が出現し，以後，物を介した他者との関わりは活発に繰り広げられるようになる（5-5参照）．さらに，直接の物のやり取りだけではなく，指示や応答など指さしでの物の共有も見られるようになる．

本研究では，チンパンジーの母子ペアにおいて，乳児が1歳前後の頃，母親が物を操作している時や，自らが物を操作している時に互いの交渉が生じることが

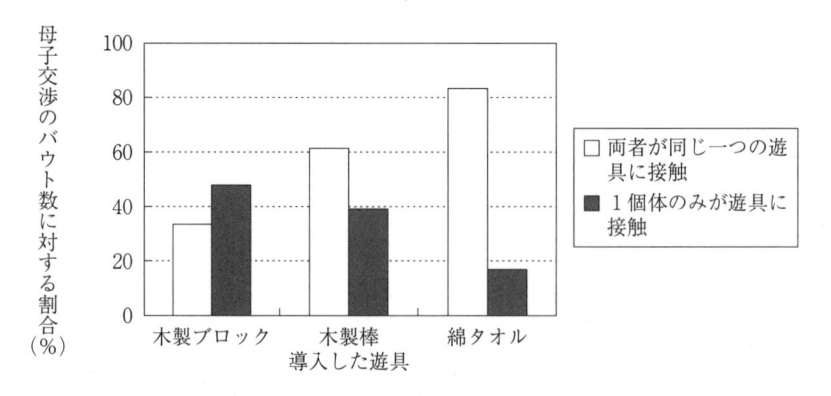

図7-8-1 母子交渉時の遊具との接触.

図7-8-2　パルがパンの保持するタオルを触っている.

分かった．具体的には，遊具を保持している母親にしがみつく，母親が遊具を保持している乳児の身体をくすぐるといった交渉がみられた．さらに，両者が同時に同じ一つのものを操作する行動も見られた．具体的には，相手の保持するものに触れる，さらにそれを相手と引っぱりあうという形での交渉が多かった．行動の詳細については，現在分析中であるが，物を保持している母親に接触する場合，母親の保持している物に触れることもあったが，物に注意が向かずに母親と接触することのみのことも多かった．また，母親と同じ一つのものを引っぱりあう場合も，物にひかれて交渉が開始されたような場合が多かった．つまり，自分と他者と物が関わる交渉をしていても，乳児が注意をひかれ接触をしているのはどちらか一方で，必ずしも物と他者に同時に関わっているわけではなかった．いずれにしても，自分と他者と物が関わる交渉はひとりでの接触とは異なり，他者と物への関わりが同時的に生じる契機を含んでいる．本研究でチンパンジー母子に観察された行動は，ヒトが生後9－10か月以降に出現させるような，他者と物に同時に関わりさらに他者と物を共有する行動に認知的に比肩するものではない．しかし，その原初的形態であるという位置づけは可能であると考える．

野生チンパンジーでは，本研究で用いたと同じ遊離した物（環境表面から切り離された単独の物体）が社会的遊びの中に含まれるようになるのは3－4歳からで，同様の行動は0－1歳では見られないという（明和2000）．本研究で対象とした1歳前後のチンパンジーでも，他児との交渉においては物が含まれることはほとんどなかった．母親との交渉が，物を他者と共有する行動の発達においても重要な基盤だといえる．また，本研究で観察した両者が同じ一つの遊具に接触している交渉には，前述の他，相手の身体に物を定位する行動が含まれる．今回，この行動は母親から乳児に向かってのみ出現した．年長の乳児（4－6歳児）を対象とした筆者の観察（関根2001）では，同輩同士でもこの行動が出現していた．したがって，物を他者に定位する行動は3－4歳以降に出現すると推察できる．物を含んだ相互交渉で，母親など年長の個体から自己の身体への定位的操作を受ける経験を経ることで，その後に，他者の身体が自ら操作する物の定位先になっていくのだろう．

［関根すみれな　水野友有　竹下秀子］

7-9
道具使用の母子間伝播

　チンパンジーにおける道具使用の母子間伝播について，Matsuzawa et al. (2001) は"師弟関係に基づく教育"と呼んでいる．しかしながら，チンパンジーの乳児が母親や他のおとなと関わりながら道具使用を学習する過程について，定量的に表した研究はない．本研究は，チンパンジーにおける"師弟関係に基づく教育"を評価することを目的としたものである．研究の題材として，Hirata & Morimura (2000) が行なった「ハチミツなめ」という道具使用課題を用いた．本研究では，既にハチミツなめ道具使用を獲得した母親とその乳児が同居した場面において，乳児の学習の過程に生じる母子間の関わりに注目した．乳児3個体が同道具使用にはじめて成功するまでの期間を分析対象とし，その過程で生じたことがらについて報告する．

7-9-1　方法

　3組の母子を対象に，プレイルームと呼ばれる実験室で実験を行なった．この実験室の壁面の透明なパネルの4か所に，直径5 mmの穴をあけ，それぞれハチミツの入った容器を外側に設置した．室内の床には，20種類の物を，1種類につき8個ランダムに配置した．この20種類の物は，ゴムチューブ，プラスチックひも，針金4種類，ひも各種5種類，ピン，鎖2種類，袋，ボルト，スプーン，ブラシ2種類，木棒である（Hirata & Morimura 2000）．このうち12種類はハチミツ穴に挿入することができるが，残りの8種類は穴より大きいために挿入することができず，道具として使えない．この実験室に2組の母子を同居させ，1セッション40分の観察を行なった．アイーアユムとクロエークレオの母子については，2000年11月に開始し（アユム6か月齢，クレオ4か月齢），2001年1月（アユム9か月齢，クレオ7か月齢）までに6セッション行なった．2001年1月以降は，3組の母子から2組を抽出するすべての組み合わせについて，1か月につき2セッションずつ行なった．

　実験中に見られた乳児の行動を以下のように分類した．乳児が他個体の道具使用を，その個体に腕の届く範囲内にて1秒以上の時間でみた場合を「観察」とし，視線が道具使用に向けられた瞬間をもって「観察バウト」の開始とした．乳児がその個体の腕の届く範囲内から離れた場合，観察されている個体が道具使用を止めた場合，そして乳児が視線を3秒以上外した場合に観察バウトの終了とした．次に，乳児が，他個体の使っている道具の3 cm以内に手を伸ばす，もしくは口を近づけた場合を「リーチング」と定義した．手や口を近づけた結果として道具に手や唇で触った場合，口に含んでなめた場合，道具を持ち去った場合，および

道具に直接の接触がなかった場合をすべて含めてリーチングとした．乳児が，道具を手もしくは口に保持して，ハチミツ穴の 5 cm 以内のパネルに接触させた場合を「定位」と定義した．道具がパネルから離れる時間が 1 秒未満で次々に一連の行動が続く場合には，それをひとまとまりの定位とし，道具がパネルから 1 秒以上離れたところで定位の終了と見なした．乳児が道具を穴に挿入し，ハチミツに浸すことができた場合を「成功」とした．

母親の行動については以下の 4 種類に分類した．まず，使用中の道具に乳児がリーチングした際に，乳児の手，口，顔，頭を抑えて逆に押しのける動作を行なった場合を「拒否」とした．また，使用中の道具に乳児がリーチングした際に，道具を持っている手の動きを止める，もしくは手を放すことによって，その後乳児が道具に触ったり口にくわえたりするのを容易にした場合は「許可」と分類した．使用中の道具の先端もしくは全部を，乳児の顔の前，口元，もしくは手元に差し出した場合は「渡す」とした．

乳児のリーチングや母親の渡す行動が，母親がハチミツに浸したあと，ついたハチミツをなめ取る前に起こった場合，「ハチミツつき」の道具に対する行動とした．乳児のリーチングや母親の渡す行動が，母親がハチミツをなめ取った直後，もしくは次にハチミツに挿入する前に起こった場合には，「ハチミツなし」の道具に対する行動とした．

7-9-2　結果

アイとクロエは実施したセッションすべてにおいて道具を用いてハチミツをなめた．アユムとクレオは，自分の母親およびもう一方の母親を至近距離から観察した（図 7-9-1）．パンについては，初期の 2 セッションに道具使用を行なったのみで，他のセッションは遠く離れた場所にとどまり何もしなかった．このため，パルは他個体の道具使用を観察する機会が少なかった．しかし，発達に伴ってパル単独で母親から離れて他の個体の道具使用を観察するようになった．表 7-9-1 に，各乳児が他個体の道具使用を観察したバウト数と総観察時間を示した．

表 7-9-2 は，乳児が観察している時に，観察された個体が使用した道具の種類について示したものである．乳児にとって主に観察の対象となったのはアイとクロエであり，これら 2 個体はともにほとんどの場合においてプラスチックひもとゴムチューブを選択して使用した．したがって，乳児はこの 2 種類の道具が使

図 7-9-1　母親（アイ）の道具使用を見るアユム．

表7-9-1 各乳児が他個体を観察したバウト数(上段)と総観察時間(下段,単位：秒)

観察者	観察相手 アイ	クロエ	パン	アユム	クレオ	計
アユム	484	146				630
	8245	3143				11388
クレオ	16	353				369
	491	5619				6110
パル	7	30	5	7	1	50
	65	516	110	64	27	782

表7-9-2 乳児が観察している際に観察対象の個体が使用していた道具の頻度

	プラスチックひも	ゴムチューブ	その他
アイ	87%	7%	6%
クロエ	24%	70%	6%
パン	45%	55%	0%
アユム	64%	0%	0%
クレオ	0%	100%	0%

表7-9-3 それぞれの道具が使用されるのを各乳児が観察した総時間(秒)と割合

	プラスチックひも	ゴムチューブ	その他
アユム	7724(68%)	2982(26%)	682(6%)
クレオ	1906(31%)	3988(65%)	216(4%)
パル	513(66%)	246(31%)	23(3%)

表7-9-4 初成功に至るまでに道具を穴に定位した回数の月齢変化

	月齢										
	12	13	14	15	16	17	18	19	20	21	22
アユム	4							7	18	55	
クレオ				8	1	11	8				
パル			1	1						84	3

表7-9-5 初成功にいたるまでに穴に定位した回数と使用した道具

	アユム	クレオ	パル
定位した回数の合計	84	28	89
プラスチックひも	25	9	12
ゴムチューブ	59	4	67
その他	0	15	10
使用した道具の種類	2	8	8
使用した道具ののべ数	20	21	38
プラスチックひも	7	4	7
ゴムチューブ	13	3	25
その他	0	14	6

用されるのを最も頻繁に観察した（表7-9-3）．

アユムは21か月齢，クレオは20か月齢，パルは22か月齢ではじめて道具使用に成功した．初成功に至るまでに出現した道具の定位回数を月齢ごとに見たものが表7-9-4である．3個体に共通して，初成功の数か月前に定位が出現し，初成功の約1か月前に定位回数の急な上昇がみられる．表7-9-5は，各乳児が定位に使った道具の種類についてまとめたものである．アユムはプラスチックひもとゴムチューブのみを選んだ．クレオは8種類の物を幅広く選んだ．パルも8種類の物を使ったが，ほとんどの場合はプラスチックひもとゴムチューブだった．

表7-9-6は，アユムとクレオによるリーチングと，それに対するおとなの反応を示している．パルについては1度クロエにリーチングしたのみなので省略す

表7-9-6 オトナが使用している道具に乳児がリーチングした際のオトナの反応

	使用者			
	アイ		クロエ	
	ハチミツつき道具	ハチミツなし道具	ハチミツつき道具	ハチミツなし道具
アユム				
拒否	12% (16/131)	18% (30/164)	43% (17/40)	16% (1/6)
許可	2% (2/131)	23% (37/164)	0% (0/40)	33% (2/6)
クレオ				
拒否	23% (11/47)	8% (2/23)	57% (164/289)	55% (117/214)
許可	2% (1/47)	43% (10/23)	7% (19/289)	8% (18/214)

表7-9-7 使用している道具をコドモにわたした回数

	ハチミツつき道具	ハチミツなし道具
アイからアユム	1	15
アイからクレオ	0	7
クロエからアユム	0	3
クロエからクレオ	0	10

る．アイもクロエも，ハチミツなしの道具の場合には，乳児がなめるのを許可する事例がくり返し観察されたが，ハチミツつきの道具を許可する頻度はそれに比べて低かった．道具を乳児に渡すという行動が，アイ，アユム，クロエ，クレオのあいだのすべての組み合わせで見られた（表7-9-7）．これは，1例をのぞいてすべて，ハチミツなし道具に関して生じたものだった（7-5参照）．つまり，おとなが自分でハチミツをなめた直後，もしくはそのあと次に挿入する前に起こった行動だった．

アイとクロエについて，自分の子どもに対する反応と，非血縁の子どもに対する反応を比較してみた．自分の子どもに対してより寛容である（許可の割合が高い）という一貫した傾向は認められなかった．また，非血縁の子どもに対してより拒否が多いという一貫した傾向も認められなかった．

7-9-3 考察

チンパンジー乳児たちは，20－22か月齢のあいだにこの道具使用行動にはじめて成功した．この課題と同類の，細い物を穴に挿入するという道具使用について，マハレのチンパンジーが行なうオオアリ釣りがある．Nishida & Hiraiwa (1982) によると，2歳以下のチンパンジーがオオアリ釣りをするのを観察したことはなく，最も若い年齢でオオアリ釣りを行なったのは32か月齢だった．それに比して本研究の乳児が早く獲得したことについて，本研究の課題の方が簡単であった，母親を継続的に観察することで促進された，飼育下の環境で様々な物体を操作した経験によって促進された，野生

での観察が不十分である，などいくつかの可能性が指摘できる．野生においてのさらなる観察を待って比較する必要があるだろう．少なくとも，本研究からは，2歳以前の段階で穴に物を挿入するという道具使用行動が発達することが明確に示された．

アユムとパルは20種類の道具のうち2種類を選択的に用いて使用した．これらの道具は，母親が選択的に用いる道具であり，乳児たちが継続的に観察してきた道具である．本研究では，各乳児の初成功の前までの行動を分析した．したがって，これらの道具の選択のいずれも実際にハチミツをなめる結果につながってはいない．それにもかかわらず，2種類の道具を選択し続けたことは注目すべきであろう．Tonooka (2001) が，ギニア，ボッソウのチンパンジーが水を飲むために葉を使う行動について調査している．それによると，おとなも乳児（おとなほど強くはないが）も，使用する葉の種には選択性があることが示されている．道具に用いる材料についても，集団内で伝播している可能性がある（McGrew 1992）．

乳児がリーチングをした際，おとなは拒否することもあり，許可することもあった．許可するのは，ハチミツなしの道具である場合が多かった．したがって，乳児に積極的に直接の利益をもたらすような行動はおこっていないと捉えてよいだろう（7-5参照）．その他，ゆっくり見本を見せる，乳児の手に道具をもたせて穴に入れる，など「積極的教育（active teaching）」を示す事例は起こらなかった．チンパンジーは一般的に教えることはないというこれまでの見識と一致する（Matsuzawa et al. 2001）．

ハチミツのついていない道具ではあるものの，おとなが乳児に道具を差し出す行動もくり返し観察された（7-5参照）．特に自分の子どもに対して限ったことではなく，非血縁の子どもに対しても出現した．このような行動の解釈について断定的なことはいえないが，ヒトに見られる「教育」や，教育場面での利他的行動などの萌芽的な要素がチンパンジーにも備わっているのかも知れない．

（謝辞：本研究は文部科学省科学研究費補助金（特別研究員奨励費9773, 2926）の援助を受けた.）

［平田聡　Maura Celli］

7-10
タッチパネル課題の獲得

　本研究では，親の世代から子の世代への知識の獲得過程を詳細に記述・分析することを目的として，タッチパネルの操作を習得している母親と同室する乳児が，タッチパネルへの反応を獲得していく過程を縦断的に調べている．本報告ではその一部として，チンパンジー乳児にタッチパネルをはじめて呈示した時以降の反応の記録を報告する．

7-10-1　方法

　チンパンジー母子とヒト実験者が同室する実験ブースにタッチパネルつきノート型コンピュータ（画面サイズ10.4インチ，解像度は800×600ピクセル）を持ち込んで実験を行なった．ブースの外には給餌器を置き，ブースの外の観察者が作動させ，チンパンジーにリンゴ片やレーズンなどを食物報酬として与えた．

　チンパンジーに与えた課題は，画面に呈示された写真を何回か押せば報酬が得られるというものであった．各試行は画面右下に白い円を呈示することで始まった．画面の他の部分を触っても何も起こらないが，円内の領域に触れると「ポーン」と音がして，食物の写真（リンゴ，バナナ，ミカン，カキ，イチジクのうちのいずれか，3.8×3.8cm）が呈示された（図7-10-1）．写真以外の他の部分に触れても何も起こらないが，写真に触れると再び音がして，写真は画面の別の場所にランダムに移動した．移動した写真を5回連続して触ると，「ホロホロ」と音がして，コンピュータの後ろにある餌受け箱に食物報酬が一つ落とされた．20試行を1セッションとして，1日に1セッションか

図7-10-1　実験風景．写真左：課題を行なっているアユム（右）を座って見ているアイ（左）．写真右：課題を行なうアユム．左手をかけているのはリンゴが落ちてくる餌受け箱．（撮影：毎日新聞社）

2セッション行なわれた．セッション中のチンパンジー母子は行動に制約を受けなかった．母子のどちらが反応してもよかった．セッション中の様子はビデオカメラで録画するとともに，観察者がノートに記録した．

7-10-2　結果と考察

はじめて画面（タッチパネル）に触れるまでの過程は，すべての乳児とも同様だった．はじめて装置を呈示した時には，どの個体も母親の後ろに隠れ，自分からは装置に触ることはなかった．そこで，実験者がチンパンジー乳児の母親に課題を行なうように指示した．母親はいずれもタッチパネルを使った実験経験を豊富にもっており，すぐに課題を理解し報酬を得た．チンパンジー乳児はいずれも，母親の身体に接触しながら，母親が課題を解く様子を見ていた．はじめてタッチパネルに触れるまでに要した時間には個体差が見られたが，やがていずれの個体

も自発的にタッチパネルに触れた．

図7-10-2には，各乳児における1セッションの反応数（棒グラフ）と，累積の反応数（折れ線グラフ）を示す．また表7-10-1に，はじめてタッチパネルをさわった時，はじめて1試行を完遂した時，はじめて1セッションを完遂した時のそれぞれのセッション数と年月日，生後の日齢，およびそのセッションの前までの累積の反応数を示した．パルとクレオについては，1セッション完遂にまで至らなかったために，訓練を行なった総セッション数と，総反応数を記した．

タッチパネルへの反応を始めた頃は，いずれの個体においても，母親の課題遂行に割り込むように，1回，または2回程度の反応を行なった．また，1試行完遂に至る過程についても，徐々に1試行内における連続反応数や，1セッション中の総反応を増していったのではなかった．突然に1試行すべての反応を行ない，しかもアユムとパルの場合には同じ

表7-10-1　チンパンジー乳児におけるそれぞれの項目の初出

	第1反応	1試行完遂	1セッション完遂
アユム			
何セッション目か	3セッション目	76セッション目	214セッション目
年月日	2000.12.04	2001.02.20	2001.06.20
日齢	224日齢	302日齢	422日齢
累積反応数	0	86	325
クレオ			
何セッション目か	1セッション目	64セッション目	＊90セッション終了後
年月日	2001.03.04	2001.07.16	実験中断
日齢	260日齢	392日齢	総反応数137
累積反応数	0	92	
パル			
何セッション目か	13セッション目	19セッション目	＊354セッション終了後
年月日	2001.04.09	2001.04.23	実験中断
日齢	243日齢	257日齢	総反応数728
累積反応数	0	3	

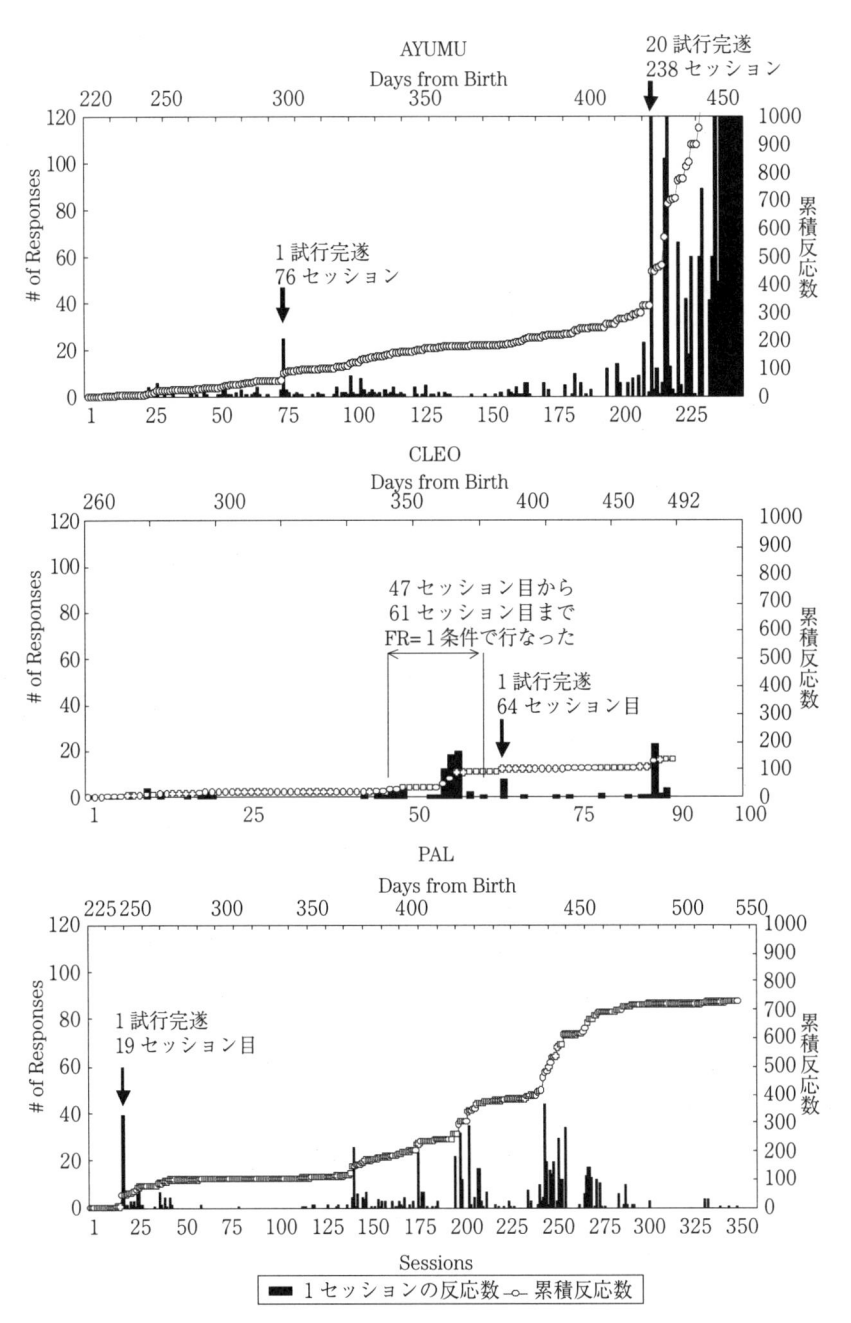

第 7 章　個体間の相互交渉とその発達 | 269

図 7-10-2　各乳児における 1 セッションの反応数（棒グラフ）と，累積の反応数（折れ線グラフ）．上：アユム，中：クレオ，下：パル．

セッションにおいて複数の試行を完遂している（図7-10-2の矢印の部分）．1試行完遂までの一連の反応を学習する際に，試行錯誤的に学習を行なったわけではなく，母親の行動の観察を通じて何らかの知識を獲得したと考えられる．

次節の7-11で報告されているように，アユムは2001年2月16日，298日齢の時に，母親のアイが行なっている課題を自発的に行なった．この時にはスタートキーから選択刺激への反応までの一連の反応をすべて行なった．それ以前に，母親の課題遂行を見ることはあったが，装置への反応はまったく見られておらず，突然の反応開始だった（付録CD-ROM動画7-11-1参照）．同様に，パルにおいても，2001年7月26日，335日齢の時に，母親のパンが行なっている課題にたいしてはじめて反応した．この時は選択刺激への反応のみであったが，画面をランダムに触るのではなく，刺激へまっすぐにリーチングをし，反応を行なった（付録CD-ROM動画7-10-1参照）．

さらに，5-2で報告されているように，手や口に把持した物体を他の物体に定位する「定位的操作」が，パルでは8か月齢から，アユムでは9か月齢から見られるようになった．定位的操作についても，それ以前には母親の操作を見るばかりで自発的な反応はほとんど見られていなかった状態から，突然に急激に増加している．

これらの結果から，チンパンジー乳児における学習は，母親の行動をくり返し見ることにより，たとえ外的な行動としては現れなくとも，個体内で潜在的に進んでいることが示唆される．今後，ビデオ記録をもとにより詳細に分析していくことにより，チンパンジー乳児たちが母親から何をどのようにして学習したのかという点について解明していきたい．

なお，今回行なった訓練において，最終的な段階（ひとりでセッションすべてをやり終える）まで達成したのはアユムのみであった．この結果は，チンパンジー乳児自身の問題以上に，母親の振る舞いが大きく影響していると考えられる（田中2002）．

（謝辞：本研究は日本学術振興会・科学研究費補助金（#12301006）の援助を受けて行なわれた．）
［田中正之　友永雅己　松沢哲郎
　川合伸幸］

7-11
トークン実験における乳児の課題獲得過程

　本研究では，アイが出産前から行なってきたトークン使用実験（Sousa & Matsuzawa 2001）場面において，その子アユムがどのような過程を経てこの課題を獲得していくかを縦断的に調べている．

　母親の行なう課題は，たがいに関連をもちながら離散的に生起する事象で構成されている．そのため，乳児がそれぞれの事象を理解できるようになるのがいつかということを正確に知ることができる．本研究では，データ収集中は乳児は母親以外の個体とは同居していなかった．したがって，母親以外の者から彼の知識が獲得される可能性を排除できた．本研究の目的はトークンの使用に関係するそれぞれの行動の構成要素がいつ生起し，またどのような順序で起こるのかを正確に示すことにある．

7-11-1　方法

　アイとアユム母子を対象に，アイが実験ブースでトークン課題を行なっている間のアユムの行動の発達的変化を観察した．ブースには，2台のタッチパネルつきモニターを異なる壁面にとりつけてあり，一方のモニターのそばには硬貨投入器と2台の自動給餌器を設置した．もう一方のモニターのそばには1台の自動給餌器が設置されており，ここからトークンとして100円硬貨がトレイに呈示された．トークン課題の1試行の流れは以下の通りである．まず，アイかアユムのどちらかがタッチパネルつきモニター画面下部に現れる白丸に触れることによって第1試行が始まった．1試行は見本あわせフェーズと交換フェーズに分かれている．見本あわせフェーズでは，チンパンジーは10色の色とそれに対応する図形文字，漢字の間の見本あわせ課題を行ない，正解した場合に，トークンを受け取る．そして交換フェーズでは，硬貨投入器にトークンを投入すると別のモニター画面に2種類の写真が現れる．いずれかの写真を選択すると，それに対応する食物報酬がトレイに落とされた．食物の種類はセッションごとに異なり，リンゴ，バナナ，ブルーベリー，ニンジンなど10種類の食物から2種類を選んだ．1セッションは40試行（トークン40個）とし，1日に数セッションを連続して行なった．セッション中は実験者とチンパンジーはいっさい関わらないようにした．ただし，セッションとセッションの間には，実験者はブースの外からチンパンジーと交渉を行ない，他の食べ物を与えた．

7-11-2　結果

　表7-11-1に，アユムの行動の発達的変化をまとめて示す．アイのトークン実験はアユムの生後数日から再開された．最初の頃，アユムはひとりでは移動できなかったので，実験中も見本あわせ

表7-11-1　トークン実験におけるアユムの主な達成事項

年　齢	達　成　事　項
9か月3週齢	見本あわせ課題を初めて行ない，正解した．
11か月齢	フードトレイの側でほとんどの時間を過ごし始めた．
1年3か月齢	見本あわせ課題に再び強い興味を示し始めた．
1年4か月齢	うまく成功する食物報酬を取ろうとする行動が徐々に増えていった．
1年10か月齢	見本あわせ課題を数試行行ない，コインを得て，初めて硬貨投入器の水平投入口に手で入れようとした．
1年11か月齢	アイがコインを入れた後に，交換手続きのモニターで食物選択を行なった．
2年2か月3週齢	見本あわせを数試行行ない，コインを得て，初めて投入器にコインを入れた．この日，アユムは20個のトークンを入れ，食物報酬と交換した．

図7-11-1　アユムが「漢字－色」の見本あわせ課題を行なう母親アイを見ている．

フェーズの場所から交換フェーズの場所への移動の時には抱いて運んでいた．アユムがひとりで移動できるようになると，自分で実験ブースにきてブース内を歩き回るようになった．また，母親が使用しているモニターの近くで過ごすこともあった．アユムは母親が使用している2台のモニターの場所の両方に同じくらいの時間滞在し始めた．この間，彼は母親が行なっている多くのことを観察できた（図7-11-1）．アユムは母親のそばに立ち，母親の動きや行動のすべてを観察すること以外は何も行なわなかった．

しかし，2001年2月16日，アユムが9か月3週齢の時，彼ははじめてタッチスクリーンに触れようと試み，見本あわせ試行をやり遂げたのである（図7-11-2；付録CD-ROM動画7-11-1）．アユムは生まれてからほとんど毎日母親が見本あわせ試行を行なうのを見てきた．その日もアユムはアイが見本あわせ試行を行なう様子を見ていたのだが，アイがトークンを食べ物に交換するために硬貨投入器の方に移動した時，アユムは見本あわせ用モニターの前に留まり，立ち上がってタッチスクリーンの白い丸に触れた．白い丸が消えて漢字の「茶」という文字が見本刺激として現れると，しばらくその漢字を見つめ，そして触れた．漢字に触れた後，それぞれ桃色と茶色の色のついた正

図7-11-2 アユムによる見本あわせ課題の初試行（2001年2月16日，アユム9か月3週齢）．1) アユムが見本あわせ課題を行なうアイを見ている．2) アイが得たコインを交換するために硬貨投入器の方に移動した時，アユムはスクリーンの白丸に触れた．3) スクリーンの右端にある桃色の上の茶色の正方形に触れようと試みるがうまくいかない．4) 2回茶色の正方形に触れようとする．5) 最終的にフードトレイの上に立ち，茶色の正方形に触れる．6) 正解したのでコインが出てきた．

図7-11-3 アユムがはじめてトークンを投入器に入れ，一粒のブルーベリーと交換した（2002年7月20日，アユム2歳2か月3週齢）．1) 壁に上り，2) 投入器に口でコインを入れる．3) 白塗りの丸を見て，4) それに触ったあと，5) ブルーベリーの写真を触る．6) 出てきたブルーベリーを得たアユム．

方形が二つ画面に現れた．茶色の正方形は桃色の真上にあり，床に立ったアユムからは届かないところにあった．彼は茶色の正方形に触れようと2回試みたがうまくいかなかった．3回目の時，彼はモニターの下にあるトレイの上にのぼり，体と左手を伸ばして茶色の正方形に触れることができた．この反応は正解だったので100円硬貨が一つ出てきた．アユムはそれを手で取りあげ，口に入れたり手で持ったりしてセッションの残りの時間を過ごした．

それからの数か月，アユムは時々画面に触れようとした．アユムは母親がトークンと交換して得た食物など他のものに興味をもつようになった．11か月齢になると彼は食物が出てくるトレイのそばで多くの時間を過ごし始めるようになり，そこで母親が得た食物報酬を取ろうとしていた．16か月2週齢頃から彼はしつこく食物報酬を取ろうとし，取ろうと試みる回数が増えたのみならず食物報酬を実際に取る回数も増えた．たとえば，76週齢の時に彼は240個のうち127個の食物報酬を取ろうとして，90個取るのに成功した（全食物報酬のうちの38%，試みた全回数のうちの71%）．同時にアユムは母親が得た食物を以前よりうまく取ろうとするようになり，また，見本あわせ課題への興味も再び増加し始め（15か月齢），何試行かを一人でやり遂げ，時にはトークンを得た．この週以来，アユムは見本あわせ課題に挑戦し続け再び止めることはなかった．彼は日に平均5試行（標準偏差5.6）を行なうようになったが，最初の見本あわせ課題で正解したにもかかわら

ず，その後の成績はチャンスレベル（50%）であった．

22か月齢でアユムははじめて硬貨投入器にトークンを入れようと試み始めた．彼はトークンを手で垂直にもち，水平な投入口に入れようと試みた．同じようなやり方でトークンを入れようとし続けたが，決して入ることはなかった．1か月後，アイがトークンを入れると，彼はトレイのすぐそばで食物が出てくるのを待っていた．アイはアユムに近づき，トレイから遠ざけるように遊びかけた．アユムはアイを追いかけたがすぐに戻り，モニターにかけよって白丸に触れた．白丸は消え，食物の写真が二つ呈示され，アユムはその一つに触れた．この行動は次の週も何度かくり返された．2002年7月20日，2歳2か月3週齢の時，アユムははじめに見本あわせ課題を何試行か行ない，いくつかトークンを手に入れた．突然，見本あわせ課題の正解試行の後，アユムは口でトークンをもち，硬貨投入器の方に移動し，左手の人差し指で水平に開いた投入口を触り，よじのぼって口でトークンを投入したのである．トークンを入れた後，アユムは床面に降り立ち，モニターに向かって一連の反応をしてブルーベリーを一つ得た（付録CD-ROM動画7-11-2）．そして再び口で投入口に触れ，次に左手人差し指で触れ，また口で触れた．彼は給餌器に並んでいるブルーベリーを見に行き，投入器の方に戻ってきて，再び壁をのぼり，また口で投入口を触り，指で触った．それから彼は見本あわせ課題を行なうためにもう一方のモニターの方へ行った．トークンが得られると毎回，

硬貨投入器の方に走っていき，トークンを入れ，食物を得た．彼は同じセッション中に何度も行ったり来たりして，20個のトークンを投入することができた．

7-11-3　考察

本研究はおよそ9か月2週齢のチンパンジー乳児が見本あわせ課題の完全な1試行が要求する反応の連鎖を正確に行なうことができることを示した．アユムは最も遠くにあるのに茶色の正方形を触ろうとしたことは明らかである．15か月齢よりアユムが完全に行なった試行数は増加した．この自発的な行動は強い内的な動機づけによるものである．それは，正解しても食物報酬は得られずに，使い方がまだ分からないトークンしか得られないということからもいえる．見本あわせ課題に対してみられたアユムの強い動機づけは，ナッツを割ろうと試みる野生のチンパンジー乳児のものとよく似ている(Matsuzawa et al. 2001)．アユムの見本あわせの課題における成績がチャンスレベル（50%）であることから，アユムが課題における刺激間の関係を学習したとはいえない．しかし，彼が1試行の流れを学習したことは確かであろう．彼はまた，1試行を完成させるとトークンを一つ得ることができることも理解している．アユムは，トークンと硬貨投入器の近くに出てくる食物との関係を理解する前に，食物がどこからくるのかを理解した．このことははじめて11か月齢で食物報酬を取ろうと試みたことのみならず，その後の食物報酬を得ることに成功した数の増加からも示唆される．アユムは22か月齢の時にトークンで何をすべきかを既に知っていたが，見本あわせ課題で得たトークンを使って最終的にはトークンを投入できたおよそ2歳3か月齢の時にはじめて，どうやってトークンを入れればよいかを完全に理解したのである．

ヒト実験者はアユムの学習過程にまったく影響を与えなかった．アユムは母親からすべての過程を学んだ．はじめて見本あわせ課題を行なった9か月3週齢まで，アユムは一度もタッチスクリーンに触れようとはしなかった．彼は長い期間，母親をごく近距離から注意深く見て過ごした．タイの森でのヤシの実割りにおける母親チンパンジーの「積極的教育」のエピソード（Boesch 1991）とは対照的に，母親のアイはアユムの学習に対して積極的に介入するということはなかった．しかしアイは，野生のチンパンジーの母親と同様，息子の行動に対して非常に寛容であった．

本研究におけるアユムの学習過程の特徴である，行動の自発性と強い動機づけや母親からの非常に寛容な態度の伴う長期間にわたる近距離からの観察は，「師弟関係に基づく教育」と名づけた野生チンパンジーにおける学習過程（Matsuzawa et al. 2001）と非常に類似したものであるといえる．

（本節はC. Sousaが英語で執筆した原稿を岡本が翻訳したものである．）
[Cláudia Sousa　岡本早苗　松沢哲郎]

第7章 参照文献

Bard, K. (1992). Intentional behavior and intentional communication in young free-ranging orangutans. *Child Development*, 63, 1186-1197.

Boesch, C. (1991). Teaching among wild chimpanzees. *Animal Behaviour*, 41, 530-532.

Byrne, R. W., & Whiten, A. (eds.) (1988). *Machiavellian intelligence: Social expertise and the evolution of intellect in monkeys, apes, and humans*. Oxford University Press.

Castles, D., Whiten, A., & Aurelli, F (1999). Social anxiety, relationships and self-directed behavior among wild female olive baboon. *Animal Behaviour*, 58, 1207-1215.

Digby, L. (1995). Social organization in a wild population of *Callithrix jaccus*: II. Intragroup social behavior. *Primates*, 36, 361-375.

道家千聡・松沢哲郎 (2000). 飼育チンパンジーの食べ物の好み: 100品目の嗜好テスト. 動物心理学研究, 50, 258.

Galef, B. J., & Whiskin, E. (1998). Limits on social influence on food choices of Norway rats. *Animal Behavior*, 56, 1015-1020.

Gelman, S. A., & Gottfried, G. M. (1996). Children's causal explanations of animate and inanimate motion. *Child Development*, 67, 1970-1987.

Goodall, J. (1986). *The chimpanzees of Gombe: Patterns of behavior*. Harvard University Press. [杉山幸丸・松沢哲郎（監訳）(1989). 野生チンパンジーの世界. ミネルヴァ書房]

Gould, L. (1996). Male-female affiliative relationships in naturally occurring ringtailed lemur (*Lemur catta*) at the Beza-Mahafaly Reserve, Madagascar. *American Journal of Primatology*, 39, 63-78.

Hikami, K., Hasegawa, Y., & Matsuzawa, T. (1990). Social transmission of food preferences in Japanese monkeys (*Macaca fuscata*) after mere exposure or aversion training. *Journal of Comparative Psychology*, 104, 233-237.

Hiraiwa-Hasegawa, M. (1990a). Maternal investment before weaning. In T. Nishida (ed.), *The Chimpanzees of Mahale Mountains*, University of Tokyo Press, pp. 257-266.

Hiraiwa-Hasegawa, M. (1990b). Role of food sharing between mother and infant in the ontogeny of feeding behavior. In T. Nishida (ed.), *The Chimpanzees of Mahale Mountains*, University of Tokyo Press, pp. 267-275.

Hiraiwa-Hasegawa, M. (1990c). A note on the ontogeny of feeding. In T. Nishida (ed.), *The Chimpanzees of Mahale Mountains*, University of Tokyo Press, pp. 279-283.

Hirata, S., & Morimura, N. (2000). Naive chimpanzees' (*Pan troglodytes*) observation of experienced conspecifics in a tool using task. *Journal of Comparative Psychology*, 114, 291-296.

Humphrey, N. K. (1976). The social function of intellect. In P. P. G. Bateson & R. A. Hinde (eds.), *Growing points in ethology*, Cambridge University. Press, pp. 451-479.

Kosugi, D., Ishida, H. & Fujita, K. (2003). Ten-month-old infants' inference of invisible agent: distinction between causality in object motion and human action. *Japanese Psychological Research*, 45, 15-24.

Lefebvre, L. (1985). Parent-offspring food sharing: A statistical test of the early

weaning hypothesis. *Journal of Human Evolution*, 14, 255-261.
Manson, J. (1994). Male aggression: A cost of female mate choice in Cayo Santiago rhesus macaques. *Animal Behaviour*, 48, 473-475.
松井響子・河本新平・松沢哲郎（2002）．アユムの一日：チンパンジー幼児の行動の終日追跡記録．第5回サガシンポジウム．2002年11月．愛知県犬山市
Matsuzawa, T., Biro, D., Humle, T., Inoue-Nakamura, N., Tonooka, R., & Yamakoshi, G. (2001). Emergence of culture in wild chimpanzees: education by master-apprenticeship. In T. Matsuzawa (ed.), *Primate origins of human cognition and behavior*, Springer-Verlag Tokyo, pp. 557-574.
McGrew, W. C. (1975). Patterns of plant food sharing by wild chimpanzees. In S. Kondo, M. Kawai & A. Ehara (eds.), *Contemporary primatology*, Karger, pp. 304-309.
McGrew, W. C. (1992). *Chimpanzee material culture*. Cambridge University Press.
明和政子（2000）．遊ぶこと・学ぶこと－野生チンパンジーにおけるものを使った遊びの発達．エコソフィア, 5, 81-86.
Nishida, T., & Hiraiwa, M. (1982). Natural history of a tool-using behavior by wild chimpanzees in feeding upon wood-boring ants. *Journal of Human Evolution*, 11, 73-99.
Nishida, T., & Turner, L. A. (1996). Food transfer between mother and infant chimpanzees of the Mahale mountains national park, Tanzania. *International Journal of Primatology*, 17, 947-968.
Nissen, H., & Crawford, M. (1936). A preliminary study of food-sharing behavior in young chimpanzees. *Journal of Comparative Psychology*, 22, 383-419.
Poulin-Dubois, D. (1999). Infants' distinction between animate and inanimate objects: the origins of naive psychology. In P. Rochat (ed.), *Early social cognition: Understanding others in the first months of life*, Erlbaum, pp. 257-280.
Poulin-Dubois, D., Lepage, A., & Ferland, D. (1996). Infants' concept of animacy. *Cognitive Development*, 11, 19-36.
Rakison, D. H., & Poulin-Dubois, D. (2001). Developmental origin of the animate-inanimate distinction. *Psychological Bulletin*, 127, 209-228.
Rochat, P. (2001). *The infant's world*. Harvard University Press.
関根すみれな（2001）．コドモチンパンジーにおける遊びの発達．滋賀県立大学大学院修士論文．
Silk, J. B. (1978). Patterns of food sharing among mother and infant chimpanzee at Gombe National Park, Tanzania. *Folia Primatologica*, 29, 129-141.
Silk, J. B. (1979). Feeding, foraging, and food sharing behavior of immature chimpanzees. *Folia Primatologica*, 31, 123-142.
Sousa, C., & Matsuzawa, T. (2001). The use of tokens as rewards and tools by chimpanzees (*Pan troglodytes*). *Animal Cognition*, 4, 213-221.
竹下秀子（1999）．　心とことばの初期発達－霊長類の比較行動発達学．東京大学出版会．
田中正之（2002）．ちびっこチンパンジー9：親子でコンピュータの勉強．科学, 72, 930-931.
Thorpe, W. H. (1956). *Learning and instinct in animals*. Methuen.
Tomasello, M., & Call, J. (1997). *Primate cognition*. Oxford University Press.
Tonooka, R. (2001). Leaf-folding behavior for drinking water by wild chimpanzees

(*Pan troglodytes*) at Bossou, Guinea. *Animal Cognition*, 4, 325-334.
Visalberghi, E. (1994). Learning process and feeding behavior in monkeys. In B. G. Galef, M. Mainardi, & P. Valsecchi (eds.), *Behavioral aspects of feeding: Basic and applied research on mammals*, Harwood, pp. 257-270.
Watts, D. P. (1985). Observation on the ontogeny of feeding behavior in mountain gorillas (*Gorilla gorilla beringei*). *American Journal of Primatology*, 8, 1-10.
White, F. (1996). Comparative socio-ecology of *Pan paniscus*. In: W. McGrew & L. Marchant (eds.), *Great ape societies*, Cambridge University Press, pp.29-41.
Whitehead, M. J. (1986). Development of feeding selectivity in mantled howling monkeys, *Alouatta palliata*. In J. G. Alse & P. C. Lee (eds.), *Primate ontogeny, cognition and social behavior*, Cambridge University Press, pp. 105-117.
Whiten, A. (1999) Parental encouragement in Gorilla in comparative perspective: Implications for social cognition and the evolution of teaching. In S. T. Parker, R. W. Mitchell, & H. L. Miles (eds.), *The mentalities of gorillas and orangutans*, Cambridge University Press, pp. 342-366.
Whiten, A., & Byrne, R. W. (eds.) (1997). *Machiavellian intelligence II: Extensions and evaluations*. Cambridge University Press.

第8章 身体成長と運動機能の発達

ロープをわたっていく3人のこどもたち（撮影：毎日新聞社）

8-1 総論

　知覚や認知の発達は，身体器官の成長に依存していることはいうまでもない．認知能力の発達を反映する運動機能の一側面として，第5章において対象操作能力の問題を取りあげたが，本章では，新生児期から乳児期にかけての，運動機能の発達と身体成長に関する縦断的研究を紹介する．本章で取りあげたトピックは，チンパンジーとヒトを含む他の霊長類の間の類似性（一般性）と特異性を浮き彫りにするものであり，人類進化を考える上でも興味深いものが多い．

　8-2では，胎児期から頻繁に観察される手足や体幹を含む全身の自発運動（ジェネラルムーブメント，general movements，GM）の種間比較が報告されている．新生児は出生直後から頻繁に四肢を動かしている．これまで小児神経学では，胎児・新生児の行動は原始反射を中心に理解されており，長い間，出生後の自発運動は意味のない動きと解釈されてきた．しかし近年，胎動や出生直後の自発運動にも，さまざまな意味があることが分かり，あらためて初期発達過程に大きな関心が寄せられるようになってきた．Prechtl (1986) は，胎児期から新生児期におけるヒトの運動発達の連続性を確認するため，胎児期から頻繁に観察されるGMに着目し，GMがどのように変化するのかを縦断的に観察した．その結果，出生直後のGMのレパートリーは胎児期と変わらないこと，胎児・新生児のGMが質的に変化するのは出産予定日後2か月末頃になるという二つの理由から，乳児期の運動発達の非連続点は，出産予定日後2－3か月頃にあると結論づけた．8-2では，このGMに注目して，チンパンジー，テナガザル，ヒトについて，GMの縦断的な観察と運動解析を行ない，比較行動発達学的観点から考察している．

　8-3では，姿勢反応（postural reaction）の発達的変化の種間比較が行なわれている．姿勢反応とは，身体を傾けたり，いろいろな格好に抱きあげたりなど，急激な姿勢変化を与えた時に，乳児が不安定な姿勢から脱しようとして示す姿勢あるいは運動をいう．Vojta (1976) によれば，発達しつつある乳児の脳が，その時々の最高レベルの機能を発揮して姿勢変化という事態に対応する様式が姿勢反応である．これまでの研究から（竹下・田中・松沢 1983；1989），ヒトを含む各種霊長類で，姿勢反応における四つの発達段階（前肢・後肢屈曲の段階，前肢伸展・後肢屈曲の段階，前肢・後肢伸展の段階，前肢・後肢の伸展と後肢の踏み出し反応の段階）が存

在することが明らかになっている．8-3では，今回のチンパンジー乳児に対して姿勢反応検査を縦断的に行なうとともに，新世界ザルのフサオマキザル乳児についても同様の検査を行なって，その結果を報告している．

　チンパンジーを含む霊長類は一般的な地上性哺乳類とは異なった四足歩行歩様（gait）を示す．また二足歩行を時折行なうことも特徴といえよう．地上歩行の歩様や速度の発達は，脳神経系や身体プロポーション，筋骨格系の発達等と深く関わっている．チンパンジーはナックルウォークと呼ばれる四足歩行で長距離遊動するので，彼らにとって四足歩行は最も重要な移動様式の一つと考えられる．その歩様発達や高速度化は，幼少個体にとって母親などの保護者から離れ，単独にさまざまな活動を行なう上で必要不可欠である．したがって，四足歩行発達の分析は認知・行動の発達という見地からも非常に重要なテーマである．また彼らが時折示す二足歩行もヒトの進化や上下肢の機能分化を考える上で大変興味深い．8-4では，乳児たちが床の上を移動する際の歩行様式の発達的変化について縦断的観察結果が報告されている．

　これまでチンパンジーの成長・発達に関しては，いくつかの横断的・縦断的研究があるが(Gavan 1971; Hamada et al. 1996; 1998; Leigh & Shea 1996; Marzke et al. 1996; Smith et al. 1975; Watts 1971)，十分な知見であるとはいえない．乳児期は，すべての成長期間の中で最も変化の著しい時期であり，個体差の著しい時期でもある．個体差要因は多様で，それらの関与を検討する必要がある．チンパンジーの成長期間は，乳児期・コドモ期・思春期に分割され，それらの期間比率はヒトのそれとは異なり，乳児期が約3分の1を占めるほど長い（濱田 1999）．したがって，ヒトの成長・発達と単純に比較することはできない．そこで成長・発達の，種類に共通する，あるいは同種個体間で成長発達の遅速を表す相対的年齢軸として，暦年齢ではなく"生物学的年齢"もしくは"生理学的年齢"が望まれる．生物学的年齢としてはさまざまな指標が用いられる．8-5では，それらの指標の中でもよく用いられている骨格成熟がチンパンジー乳児期に"生物学的年齢"としての適性をもつかどうかを検討している．

　チンパンジーは，我々ヒトとは異なり，一息の中で連続的に多様な音素を発話することが形態学的に不可能であるといわれている．ヒトでは，声道を構成する口腔（声道の横の空間）と咽頭腔（縦の空間）がほぼ同じ長さで，これら両腔の形状を舌の動きにより半独立的に変えることができる（Du Brul 1976; Lieberman 1984; 図8-6-1参照）．この声道の二重共鳴管構造（double resonator system）は，乳幼児期に声門を内包する喉頭が下降して，咽頭腔が長くなることで完成される．この喉

頭下降現象の進化を探るためには，ヒトと類人猿の発達を比較分析することが必要である．8-6では，MRI（磁気共鳴画像法）を用いて定期的にチンパンジーの声道形状を観察し，その成長変化を縦断的に追跡した結果が報告されている．

　以上のように本章に収められているトピックは，新生児期・乳児期の脳神経系の成熟の指標である諸反応と，ヒトを特徴づける二足歩行と音声言語の比較形態学的検討，そして，異種間の発達を比較する上で常に問題となる時間軸の問題と，チンパンジーの認知と行動の発達を議論する上で避けることのできない，重要なものばかりであるといえよう．

8-2
乳児のジェネラルムーブメント

　新生児は出生直後から頻繁に四肢を動かしている．このような，胎児期から頻繁に観察される手足や体幹を含む全身の自発運動をジェネラルムーブメント（General Movements：GM）と呼ぶ．Prechtl（1986）は，このGMが発達に応じてどのように変化するのかを縦断的に観察した．その結果，出生直後のGMのレパートリーは胎児期と変わらないこと，胎児・新生児のGMが質的に変化するのは出産予定日後2か月末頃になるとことを見いだし，新生児・乳児期の運動発達の非連続点は，出産予定日後2−3か月頃にあると結論づけた．早産児を対象にした場合でも，出生後週齢に関係なく，出産予定日後2−3か月に相当する時期にそれまで観察されていた運動の頻度が一時的に減少するというU字型の発達的変化が認められる（図8-2-1右，高谷1999）．

　ヒトの発達初期において観察されるこれらの自発運動の変化は，ヒト以外の動物にもあるだろうか．ヒトの発達の特殊性を明らかにするためには，初期発達における自発運動が近縁の種でどのように出現し，変容していくのかを，同じものさしで客観的に比較検討する必要がある．大型類人猿のチンパンジーや小型類人猿のテナガザルの新生児は，運動機能が未熟で，寝返りができないため，仰向けの姿勢で自発運動が見られる．一方，旧世界ザルのニホンザルは，生後数日で寝返ってしまい，移動運動などの発達も速いために，仰向けでの自発運動は生起しにくい（付録CD-ROM動画8-2-1）．そこで，テナガザル，チンパンジー，ヒトについて，自発運動の縦断的な観察と運動解析を行ない，比較行動発達学的観点から考察した．

8-2-1　方法

　本研究では，人工哺育のテナガザル乳児1例（生後2・4・6・7・8週），人工哺育のチンパンジー乳児3例（パン：生後1−8週まで1週齢ごと，ユウコ：0・1・3・6・8週，ツトム：6・8週）および母子哺育のチンパンジー乳児3例（アユム，パル，クレオ：各生後1−3か月まで1月齢ごと），ヒトの乳児4例（生後1−6か月まで1月齢ごと）を研究対象とした．

　各乳児の仰向け姿勢での自発運動の観察した．VTR記録から出現した運動の有無を記録し，アクトグラムを作成した．運動項目は，Cioni(1989)の作成したアクトグラムの運動項目に，7項目を加えて筆者らが作成した．持続した四肢の全身運動が観察されたチンパンジーとヒトの自発運動については，ビデオカメラの映像をコンピューターに取りこんで動作解析を行なった．覚醒して機嫌のよい状態で，できるだけ連続した運動の見られる2分30秒間を選び，手足4か所に貼った

反射マーカーの2次元軌跡を1／30秒のサンプリング時間で抽出した．位置座標を差分した8変数の時系列に対して，時間遅れ3，埋め込み次元3の多変数埋め込みを行なった (Taga et al. 1999)．状態空間での軌跡について非線形予測を行ない，予測された軌跡と実データの軌跡との相関計数を求めた．4ステップ先の予測の相関係数を運動パターンの複雑さに関する指標とした．複雑さに関する指標の算出は，四肢全体としてみた場合に加えて，上肢と下肢に分けた場合についても行なった．

8-2-2　結果

■テナガザルの自発運動

テナガザルのアクトグラムを図8-2-1左に示す．生後2週齢時にテナガザルを仰向けにすると，頻繁に頭を回転させ手足も激しく動かすが，四肢すべてを同時に動かすことは少なく，ヒトのGMに類似した運動はほんのわずかしか観察されなかった．一方，体を触る動きは多く，特に手でもう片方の腕をつかんだまま動かしている時間が長かった．7週齢になると粗大運動が少なくなり，おしゃぶり (hand-mouth contact) をしながらじっとしている場面が長くなった．また自発運動とともにtremorなどの痙攣様の運動も観察されるが，生後7週齢では見られなくなった．(付録CD-ROM動画8-2-2)．

■チンパンジーの自発運動

生後8週齢までの間，チンパンジーを仰向けにすると，ヒトのGMと類似した自発運動が見られた．また自発運動とともにtremorなどの痙攣様の運動も観察されたが，4週齢前後を境に消失した (図8-2-2)．図8-2-1中には，1週齢ごとに観察することができた唯一のチンパンジーであるパンのアクトグラムを示す．このアクトグラムからは，生後1週で観察される接触系の動きの多くが，生後3週になると見られなくなり，生後6週に再び出現することが分かる (付録CD-ROM動画8-2-3)．さらにGMにおける手足の運動軌跡について上述の解析を行なった結果，ヒトと同様，四肢全体のパターンの複雑さは，線形相関をもったノイズとは区別されることが分かった．しかし，人工哺育のチンパンジーと母子哺育のチンパンジーともに，週齢に伴う共通した傾向は見られず，ヒトのような一時的なパターンの単純化も見られなかった．また，上肢と下肢の軌跡の複雑さには差が見られなかった (図8-2-3，8-2-5；付録CD-ROM動画8-2-3，動画8-2-4)．

■ヒトの自発運動

四肢全体のパターンの指標については，2か月齢 (または3か月齢) 時に増加した後，再び減少する傾向が見られた (図8-2-4)．複雑さの指標の一時的な増加，すなわちパターンの単純化に寄与しているのは，左右交代性のキッキングなどによる足部の運動の顕著な単純化であり，生後2か月では下肢の軌跡が上肢の軌跡より単純になった (図8-2-5)．

8-2-3　考察

ヒトとヒト以外の近縁種では，臥位から直立位獲得へという姿勢運動発達の方

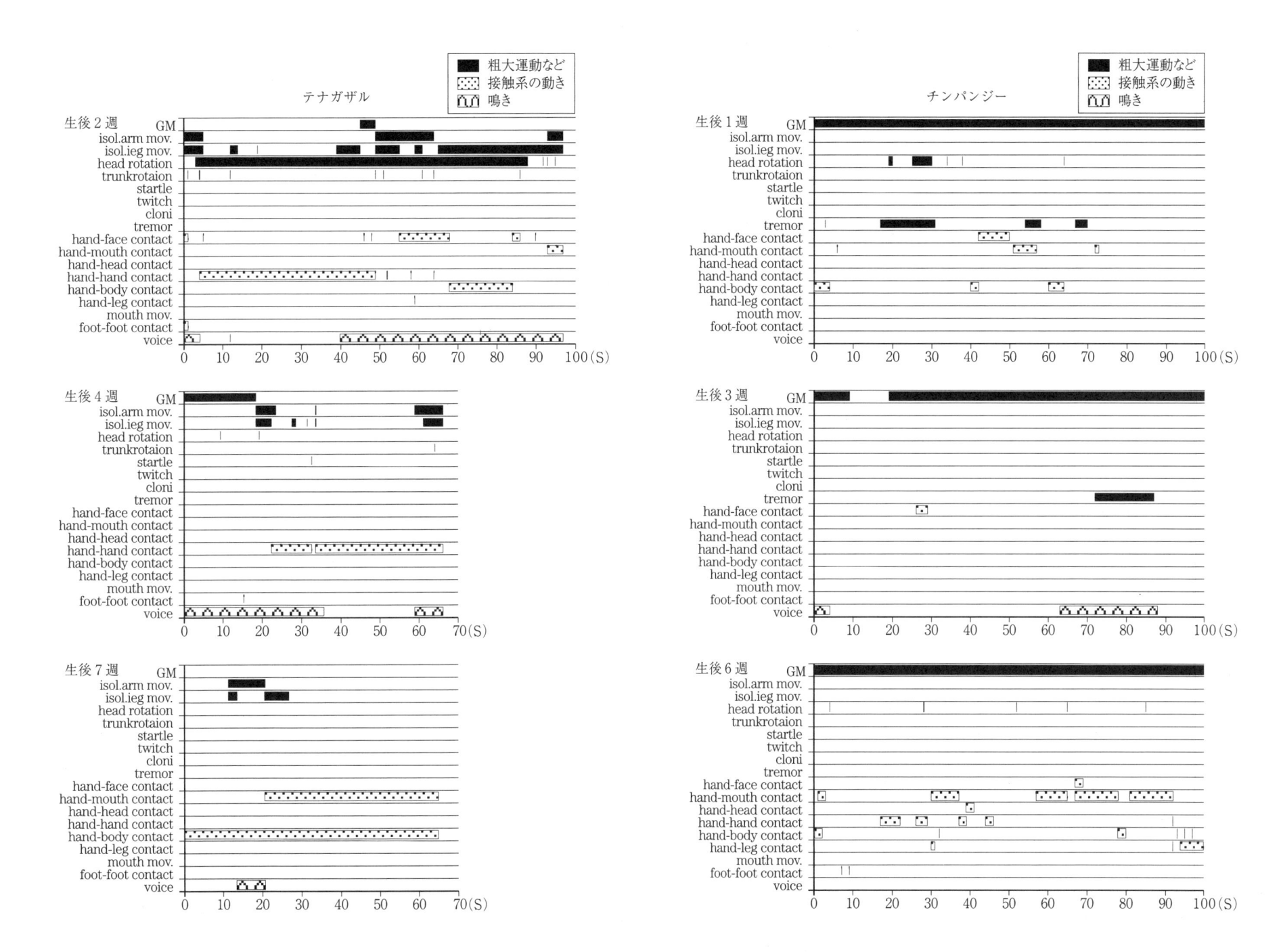

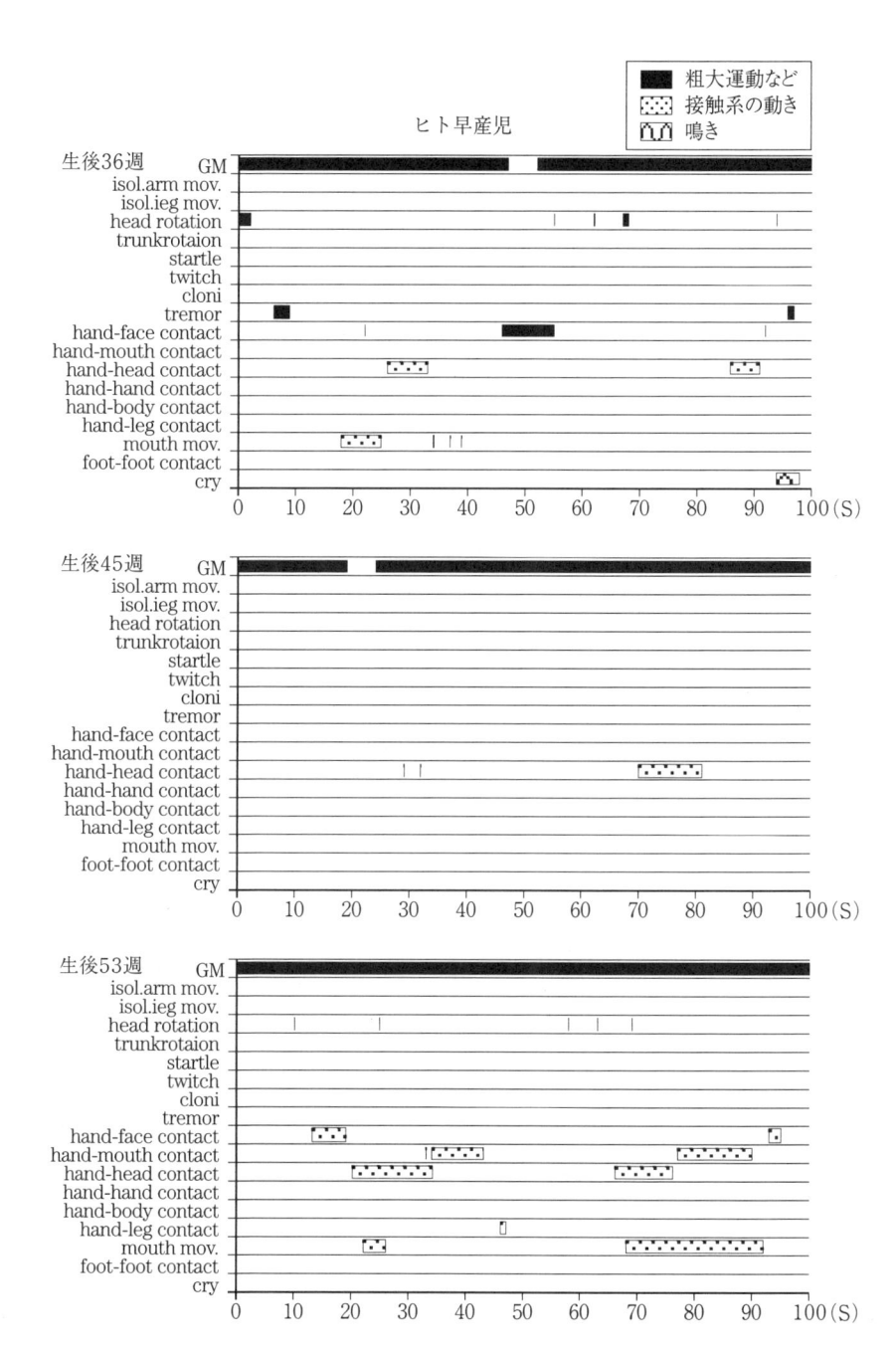

図 8-2-1 テナガザル(左), チンパンジー(中), ヒト早産児(右, 高谷 1999 より改変)のアクトグラム.

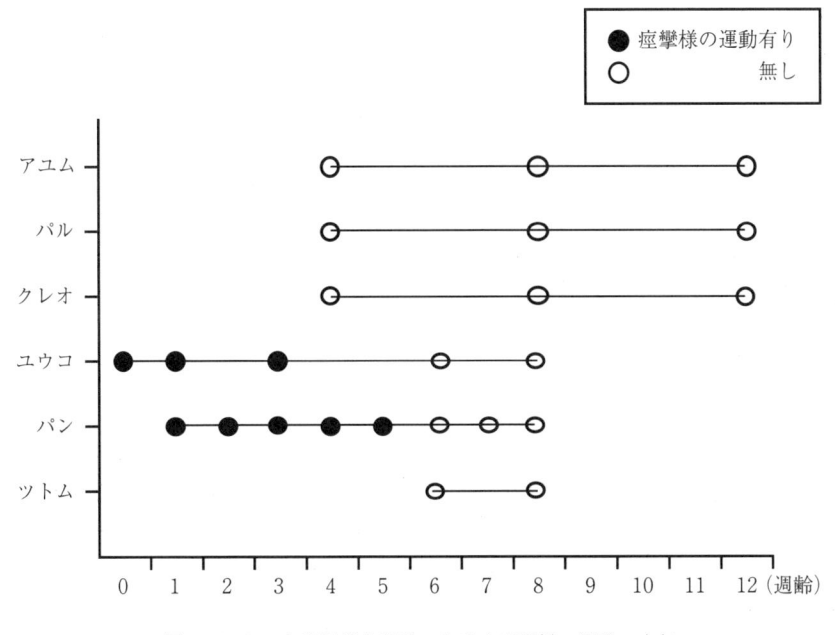

第 8 章　身体成長と運動機能の発達 | 289

図 8-2-2　自発運動出現時における痙攣様の運動の有無.

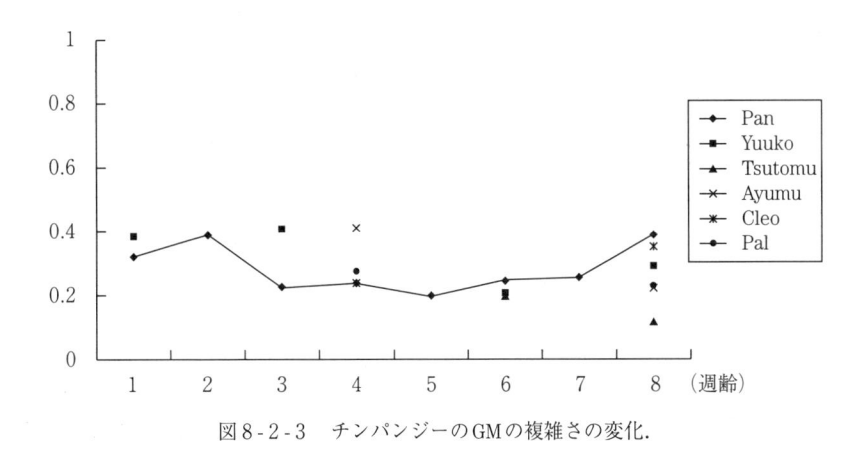

図 8-2-3　チンパンジーの GM の複雑さの変化.

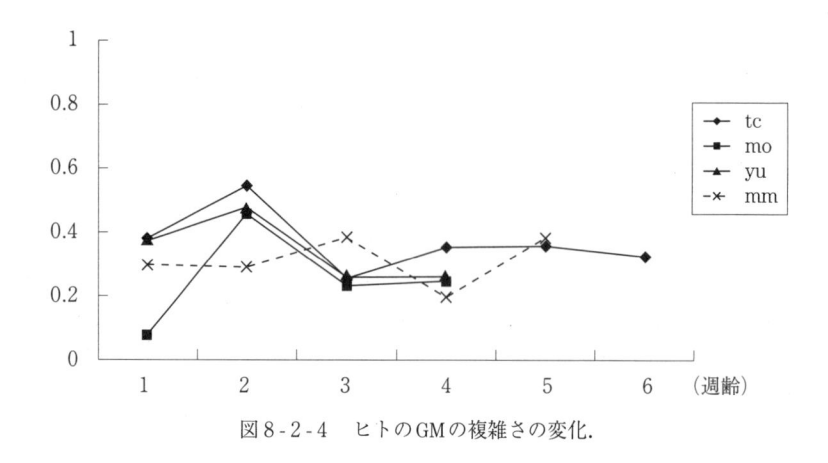

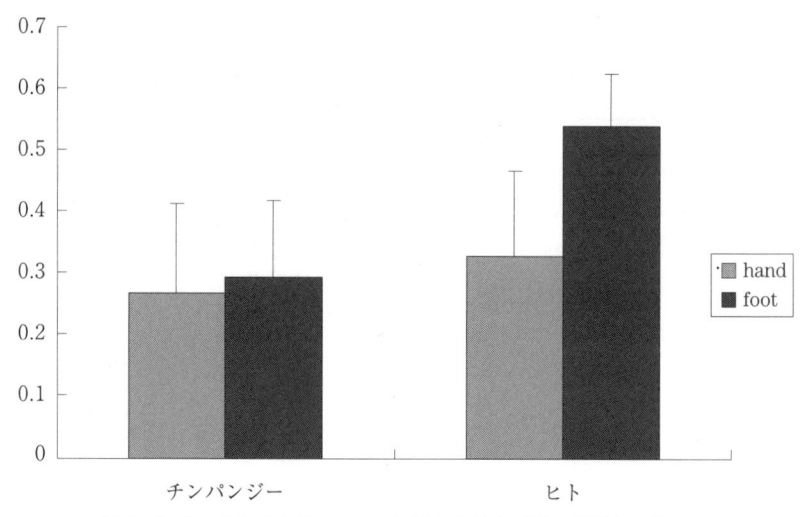

図 8-2-4　ヒトのGMの複雑さの変化.

図 8-2-5　生後2か月のGMにおける上肢と下肢の複雑さの違い.

向性は基本的に共通している（竹下 1999; 8-3 参照）. 今回の観察でも, テナガザル, チンパンジー, ヒトは, 新生児期から乳児期初期に仰向けの姿勢をとることができるという点で共通していた. またテナガザルとチンパンジーを仰向けにすると, 生後しばらくの間は痙攣様の運動が観察されるが, ヒトと同様, 生後1か月前後で完全に消失する. ヒトの場合, 胎児期・新生児期に観察される痙攣様の運動が, 神経系の成熟に伴って生後1か月頃に抑制されるようになるといわれており, 1か月を過ぎても痙攣様の運動が出現し続ける場合は, 発達障害を伴う可能

性が強く示唆される．痙攣様の運動が抑制される過程については，テナガザル，チンパンジー，ヒトで共通したメカニズムが働いているのかも知れない．

しかし四肢の動きに注目すると，種によって少しずつ違いが見られた．テナガザルは仰向けになると腕をつかむことが多く，GMに類似した四肢の動きは少ない．チンパンジーについては，持続したGMが観察され，1週間ごとに観察したパンのアクトグラムではヒトと同様のU字型発達的変化が認められる，という2点から，発達初期における自発運動がヒトと共通している可能性が示された．しかしそのGMについても，運動のパターンをより詳細に解析すると，ヒトとチンパンジーは異なる点が認められた．ヒトでは下肢が上肢より単純な動きのパターンを示すが，チンパンジーでは上肢と下肢の運動の複雑さに違いは見出されなかった．これはヒトの足が二足歩行に特異的に使われるのに対して，チンパンジーでは手足の機能的な役割の差がヒトほど顕著ではないということを反映しているのかも知れない（8-4参照）．

ヒトとチンパンジーの仰向けでのGM出現の進化的基盤は，テナガザルも含めたホミノイドに共通の姿勢運動発達の遅滞にある．ヒトとチンパンジーのGMの差異は，両種の四肢の運動機能発達の反映であり，脳機能の発達の差異を示すものと考えることができる．ヒトのGMの運動発達上の意義を明らかにするために，チンパンジーでの追加資料の収集も含め，その他の大型類人猿の場合についても比較検討していく必要がある．

（謝辞：本研究の一部は，日本学術振興会科学研究費補助金基盤研究（C）「ヒトおよび大型類人猿の初期運動発達と母子相互交渉（研究代表者：竹下秀子，課題番号：13610096）」の補助を受けた）
[高谷理恵子　多賀厳太郎　小西行郎　竹下秀子　水野友有　板倉昭二]

8-3 姿勢反応の発達

　姿勢反応は，ヒトの姿勢−運動発達の程度を示すものとして，従来さまざまな誘発手技が考案され，乳幼児健診などで利用されてきた（家森・神田・弓削 1985）．特に，脳性マヒの早期発見，早期治療に効果をあげてきたボイタ（Vojta）法では，障害の発見や訓練効果の診断に欠かせないものとして七つの姿勢反応誘発手技が選定されている．これらの誘発手技によって得られる反応は，新生児期から直立二足歩行獲得に至るまでそれぞれ規則的に変化する．したがって，姿勢運動機能が正常に発達しているかどうか，運動障害や発達の遅れがないかどうかを診断する時，この姿勢反応が大きな手がかりとなる．筆者らは，この七つの誘発手技（トラクション試行［背臥位から両手首を持って体幹を引き起こす］，ランドウ試行［腹臥位から腹を支えて水平に持ちあげる］，アキシラール試行［腹臥位から両腋を支えて垂直に持ちあげる］，ボイタ試行［両腋を支えて垂直に持ちあげたあと，横に傾けて水平にする］，コリス水平試行［側臥位から上側の上腕と大腿を持って水平に持ちあげる］，コリス垂直試行［背臥位から片側大腿を持って逆さ吊りにする］，パイパー試行［腹臥位から両側大腿を持って逆さ吊りにする］）にくわえて，側方，下方，後方の各パラシュート試行とホッピング試行の計11試行からなる独自の姿勢反応検査を考案し，マカクザル，大型類人猿を対象に縦断的観察を行なってきた（竹下・田中・松沢 1983; 1989）．その結果，誘発される反応は発達段階的な変化を示し，ヒトと同様，姿勢反応における以下のような四つの発達段階を区分することができた．(1)前肢・後肢屈曲の段階：前肢・後肢は基本的に屈曲・外旋・回外位を示し，重力に抗して身体を支えるための反応は誘発されない．(2)前肢伸展・後肢屈曲の段階：傾斜した，あるいは空中にある身体を支えるために，前肢の伸展支持反応が生じる．(3)前肢・後肢伸展の段階：前肢にくわえ，後肢の伸展および伸展支持反応が生じる．(4)前肢・後肢の伸展と後肢の踏み出し反応の段階：前肢・後肢の伸展反応にくわえて，ホッピング試行においては，後肢の踏み出し反応が生じる．

　マカクザルでは，生後2−3か月で，また，大型類人猿やヒトでは生後11−12か月で，姿勢反応は(1)から(4)まで変化していくことが分かっている（竹下・田中・松沢 1989）．本研究では，アユム，クレオ，パルを対象として，同様の姿勢反応検査を実施し，チンパンジーにおける姿勢反応発達についての追加資料を得ることができた．今回は，同時期に行なった，フサオマキザルについての結果も合わせて報告する．

8-3-1　方法

　チンパンジー乳児，アユム，クレオ，

パルとフサオマキザル乳児のジーニャ（京都大学文学部で飼育）を対象として検査を行なった．いずれも日常は母親が哺育しており，検査時には母親に麻酔をかけて乳児を分離した．アユム，クレオ，パルについては1, 2, 3, 4, 6, 9, 12か月齢時に行なわれた健診の時に，また，ジーニャについては1, 2, 3, 4, 6か月齢時の健診の時に，11試行からなる姿勢反応検査（竹下・田中・松沢1989）を実施した．生じた反応について，四肢の屈伸に着目し，上述の段階評価をした．

8-3-2　結果

先行研究とほぼ同様，四肢の屈伸に関して発達的な変化がみられた．上述の対象児の他，フサオマキザル1個体，チンパンジー5個体，ヒト2個体についてこれまで実施したものも含めて個体ごとの結果を図8-3-1に示す．また，アユムについては，11試行のうち6試行についての反応の変化を図8-3-2に示す．アユム，クレオ，パルは，1か月齢では第1段階，2-3か月齢で第2段階に，4か月齢では第3段階に移行した．その後，今回の対象児では，アユムのみ9か月齢で第4段階に移行した．クレオ，パルについては，12か月齢時にも第4段階への移行を確認できなかった．段階移行の時期を，母親哺育個体と人工哺育個体とで比較すると，第1-2段階（母親哺育個体：11.1週，人工哺育個体：13週），第2-3段階（母親哺育個体：16.7週，人工哺育個体：20週）への移行のいずれにおいても，母親哺育個体の方が早かった．

また，段階移行の時期をチンパンジーとヒトで比較すると，チンパンジーの方が，第1-2段階（チンパンジー：12.1週, ヒト：20週），第2-3段階（チンパンジー：18.3週, ヒト：34週）への移行が，その

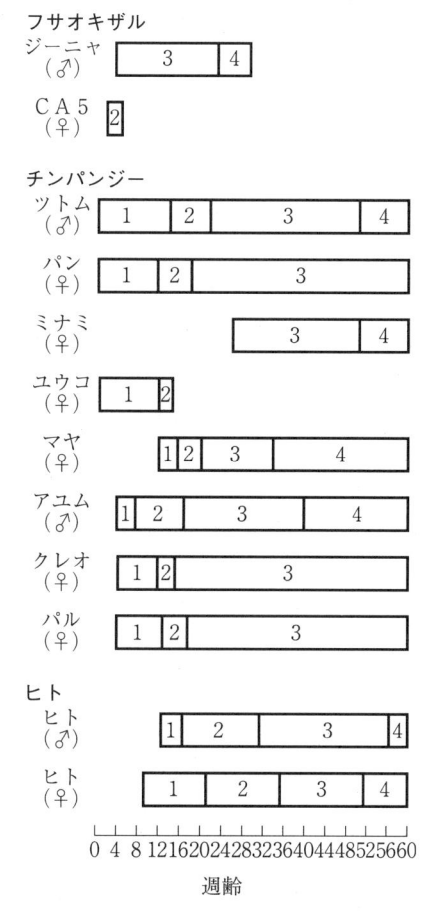

図8-3-1　フサオマキザル，チンパンジー，ヒトの姿勢反応の発達段階変化（1：前肢・後肢屈曲，2：前肢伸展・後肢屈曲，3：前肢・後肢伸展，4：前肢・後肢伸展と後肢の踏み出し）．

第8章 身体成長と運動機能の発達

ずれにおいてもヒトよりも早かった．また，アユムも含め，第4段階までの移行を確認できたチンパンジー3例とヒトの2例を，第4段階への移行までというスパンで比較すると，チンパンジーでは，第2段階の占める期間の相対的割合が小さかった（チンパンジー：18.7%，ヒト：26.0%）．

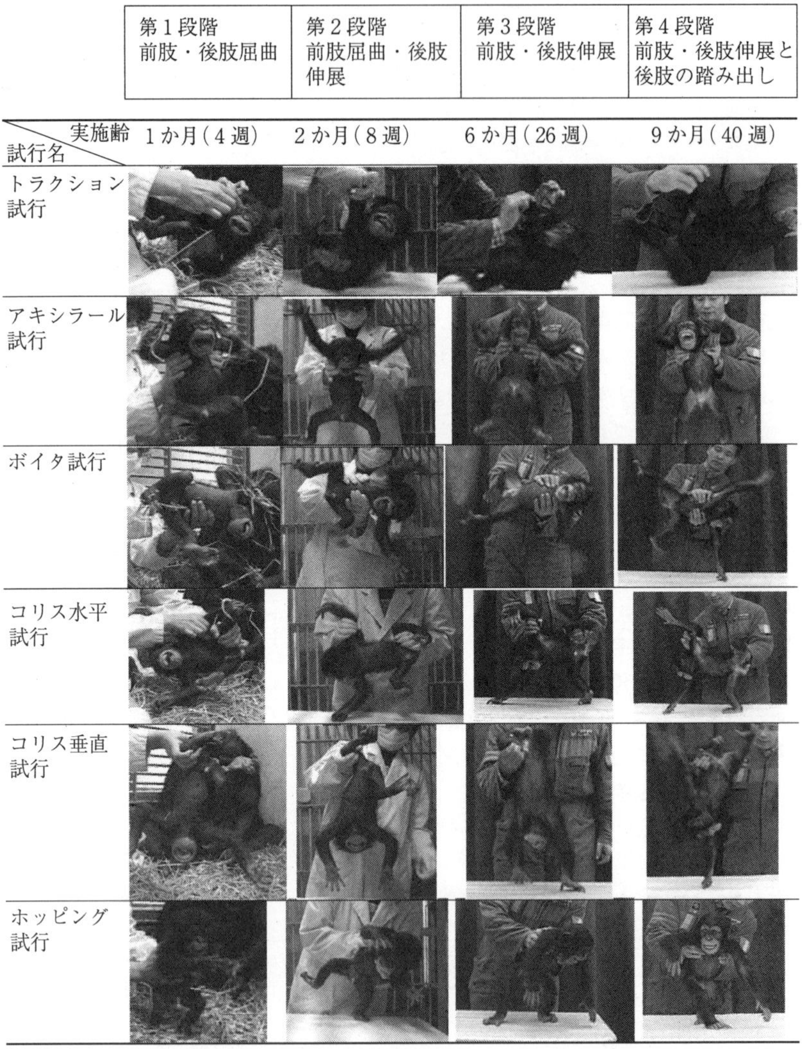

試行名 \ 実施齢	第1段階 前肢・後肢屈曲 1か月（4週）	第2段階 前肢屈曲・後肢伸展 2か月（8週）	第3段階 前肢・後肢伸展 6か月（26週）	第4段階 前肢・後肢伸展と後肢の踏み出し 9か月（40週）
トラクション試行				
アキシラール試行				
ボイタ試行				
コリス水平試行				
コリス垂直試行				
ホッピング試行				

図8-3-2　姿勢反応の発達的変化（アユム）．

フサオマキザルのジーニャは1か月齢で既に第3段階に達していた．その後，四足姿勢では後肢の伸展は明瞭なものの，二足姿勢にすると（アキシラール試行，ホッピング試行），後肢の屈曲傾向が強まる時期を経て，6か月齢に第4段階に移行した．

8-3-3 考察

今回実施した母親哺育のチンパンジー乳児の縦断的観察で得られた姿勢反応は，四肢の屈伸に関して段階的，順序的に変化し，これまで対象としてきた人工哺育のチンパンジー乳児での結果を補完するものだった．母親哺育個体と人工哺育個体を比較すると，段階移行について前者がより早いという結果が得られた．母親とのあいだで「しがみつき－抱き」という姿勢運動的相互作用を日常的に経験していることが初期運動発達に促進的な影響を与えると考えてよいだろう．また，チンパンジーとヒトを比較すると，チンパンジーでは，段階移行がヒトよりも短い期間で起こり，とりわけ，第2段階の占める期間の相対的割合が小さかった．第2段階（前肢伸展・後肢屈曲）への移行は前肢による身体支持機能の発達，第3段階（前肢・後肢伸展）への移行は後肢による身体支持機能の発達を反映すると考えられる．チンパンジーもヒトも前肢による身体支持機能の発達が後肢による身体支持機能の発達にさきだつが，ヒトよりチンパンジーでそのタイムラグが少ないということである．ヒトに比べて，チンパンジーの四肢はより同時的にその姿勢保持機能を発達させ始めるといえる（8-2参照）．

フサオマキザルでは，今回の対象個体で第4段階の出現を確認できた．この個体の場合，生後1か月齢で既に第3段階に至っていた．もう1例のフサオマキザルの結果（図8-3-1）とあわせると，フサオマキザルの場合，第3段階までの発達はマカクザルと同じく出生後のほぼ1か月間で遂げられると推察できる．しかし，その後第4段階に至るのは6か月齢であり，マカクザルやチンパンジー，ヒトと比べて相対的にはるかに長い期間を要する．マカクザルやチンパンジー，ヒトでは，第4段階は，二足姿勢の発達や四肢の身体支持機能の分化（後肢の独立的運動）と関わると考えられる．フサオマキザルの場合，尾の運動も身体保持において重要な機能を果たす．今回の対象個体の姿勢反応検査場面では，3か月齢以降，とりわけ尾が複雑に動き，四肢も含めた身体全体のバランス調整に寄与しているような印象を与えた．フサオマキザルでみられた第4段階の出現の相対的遅滞は，「第5の肢」としての尾の運動発達と関連しているかも知れない．

（謝辞：フサオマキザルの母子哺育個体の検査にご協力いただいた京都大学大学院文学研究科藤田和生氏はじめ研究室の皆様に深く感謝する．）

[竹下秀子　水野友有　松沢哲郎]

8-4 床上移動様式の発達

チンパンジー歩行の歩様発達パターンは Kimura (1987; 1990; 1991) による実験室での四足歩行と二足歩行の発達研究や Hopkins ら (1997) の先行肢の左右差の研究以外は知られていない．そこで，本研究ではチンパンジーの自発的運動場面での地上歩行の発達を縦断的に観察し，分析した．

8-4-1 方法

居室において自由に行動しているチンパンジー母子の様子を，遠隔制御可能なカメラによりビデオ記録し，その映像を分析した．Hildebrand (1965; 1967) と Kimura (1987; 1990; 1991) の分析方法を踏襲し，乳児と母親たちの水平床面上の移動運動を比較した．分析項目は，1完歩持続時間（ある特定の1足が着地後，離陸後，再び着地するまで），手足の接地時間割合（1完歩持続時間を1として算出），同側手－足着地の間隔割合（1完歩持続時間を1として算出），1完歩の距離と速度（胴長比距離／時間），二足歩行の1完歩の速度（胴長比距離／時間）である．

8-4-2 結果

各分析項目の発達的変化を図8-4-1に示す．対称的四足歩行（同側の前・後肢の接地・離陸タイミングや接地持続時間が左右同じである歩様；図8-4-2）は，チンパンジーでは乳児でもおとなでも基本的にトロット型歩行（同側の後肢と前肢の接地間隔が1完歩時間の約50%である対称型歩行）が中心で，ばらつきが大きいものの乳児から成体までの質的変化が少ない．四足歩行の手接地時間割合，足接地時間割合，1完歩の持続時間が少なくとも1歳頃まで減少し続けている．四足歩行の1完歩の距離，速度（対胴長比），二足歩行の速度，は少なくとも1歳頃まで増加し続ける．乳児では通常の対称的四足歩行より二足歩行の方が速い．これらの点は Kimura (1987; 1990; 1991) の報告と合致する．また，チンパンジー乳児は，二足歩行時にしばしば上肢を高く挙上する（図8-4-3）．この時，乳児の目標物（視線が向く対象）が高い位置にある場合も多い．二足歩行は半歩もしくは1歩程度で終了し，あまり持続しない．また，通常の対称的歩様ではない四足歩行がしばしば認められる．この非対称歩行はクラッチ型歩行とバウンド型歩行（両者をCB歩行と略記．両上肢をほぼ同時に床に接地させて身体を支え，その後両足を離陸させ，前方に下肢を進める歩行；図8-4-4），あるいは「ぞうきんがけ」型の四足歩行である（図8-4-5）．これらは通常の対称的四足歩行よりも速く，二足歩行よりも持続する．

8-4-2 考察

上記のように，今回の自発的運動場面での地上歩行の分析結果は，Kimura

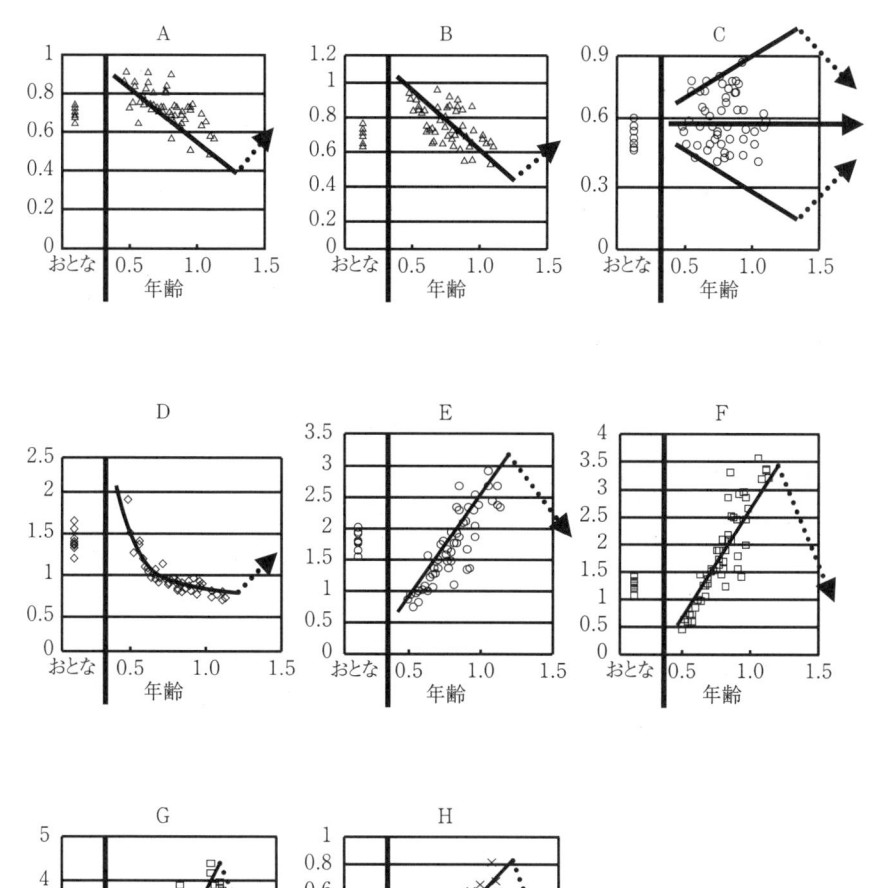

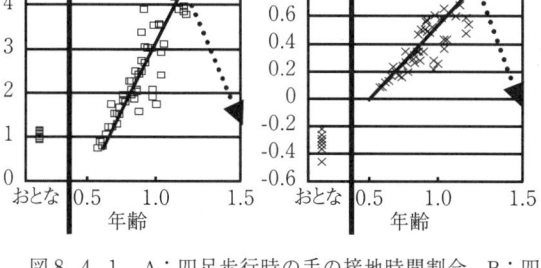

第 8 章　身体成長と運動機能の発達　297

図 8-4-1　A：四足歩行時の手の接地時間割合，B：四足歩行の足の接地時間割合，C：四足歩行時の同側手－足接地間隔割合，D：四足歩行の1周期の長さ（単位は秒），E：四足歩行時の1完歩距（胴長比），F：四足歩行速度（胴長比／秒），G：二足歩行速度（胴長比），H：二足と四足の速度差（胴長比）．乳児の発達は各グラフの鉛直の太線で区切られた右側に，おとなはその左端に示してある．グラフ中の線は発達傾向を，点線矢印は Kimura（1987）の結果から予想される今後の発達傾向を示している．

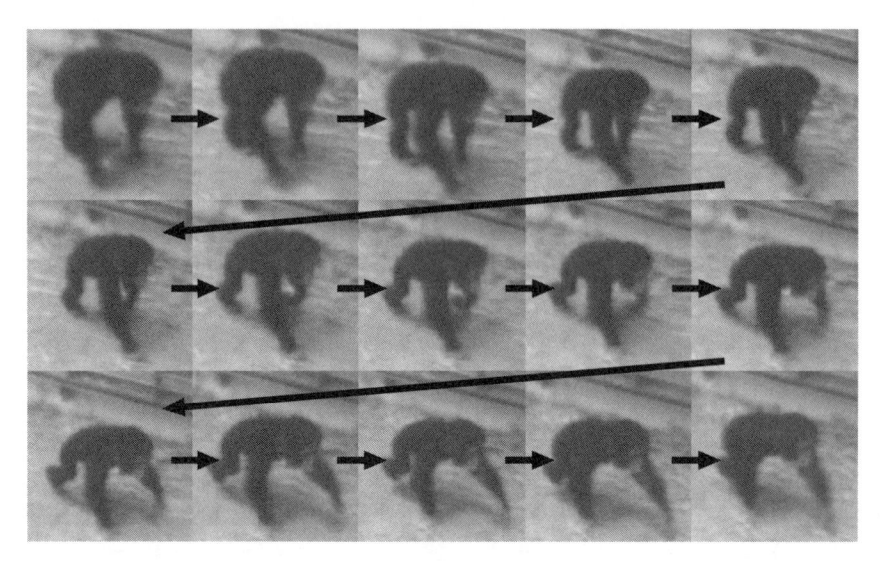

図8-4-2 対称的四足歩行．写真はアユム．

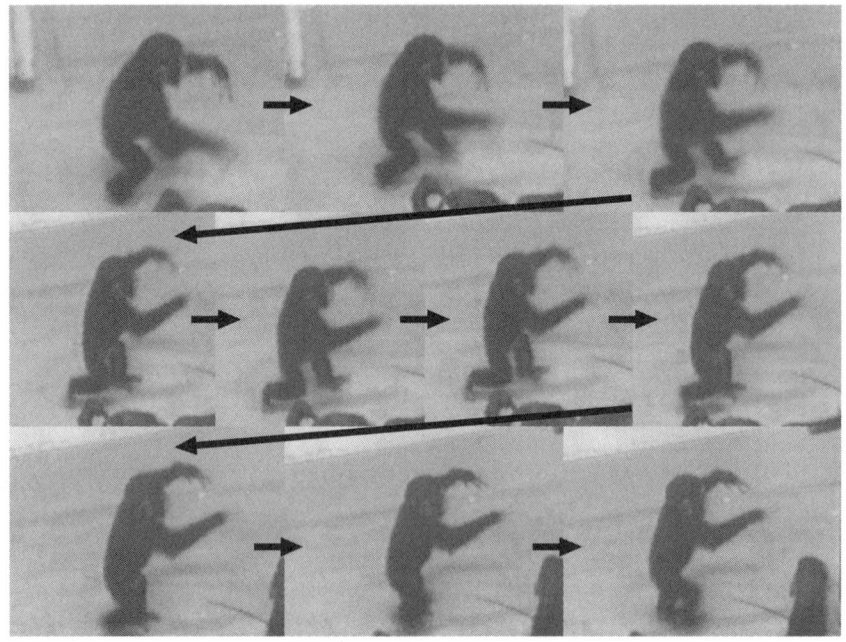

図8-4-3 二足歩行．四足立位姿勢から二足で立ち上がって歩く様子を示した．両上肢を前方に傾けて挙上している．写真はパル．

図8-4-4 非対称的四足歩行（クラッチ型，バウンド型歩行両者を併せてCB歩行と略す）．両手をほぼ同時に着地させ，その後両足をほぼ同時に離陸させる．両上肢で身体を支えている間に，両足を前方に出し，着地させて前進する．この写真ではきれいに両足が，両手の間を抜け，手よりも前方に着地しているクラッチ型である．しかし時には足が手の前方に出ない場合もある．それをバウンド型と呼ぶ．写真はパル．

(1987; 1990; 1991) の先行研究と矛盾なく合致した．HildebrandとNakanoによるマカク属2種の歩様分析と比較し，対称的四足歩行歩様発達におけるチンパンジーの特徴を考察してみる．チンパンジーの対称的四足歩行はトロット型を中心とした歩様であり，ばらつきの大きさ以外に乳児期とおとなの差は明確ではない．これは，Kimura (1987) が指摘するように，はっきりとした歩様発達傾向が見られるマカク属のアカゲザル（Hildebrand 1967）やニホンザル（Nakano 1996）とは異なる発達パターンである．

また，チンパンジー乳児の特筆すべき二足歩行の特徴は，両上肢を前上方に高くあげたまま歩くことが多いことだ．目標物が高い位置にあるから手が挙上されるという理由以外にも運動学的意義がある．比較的大きな上肢が挙上されれば重心は高くなり安定性は悪くなる．ただ，その分，前下方への力がはたらくことによって，チンパンジー乳児の前方への移動速度を上昇させる効果があると考えられる．つまり，手を挙上することによって，効率的に前進することができるのだ．

次に非対称的四足歩行について考察する．チンパンジー乳児はCB歩行や，ぞうきんがけ型による高速度四足歩行をしばしば行なう．前者はKimura (1987) やその他の野外研究者も報告しているよう

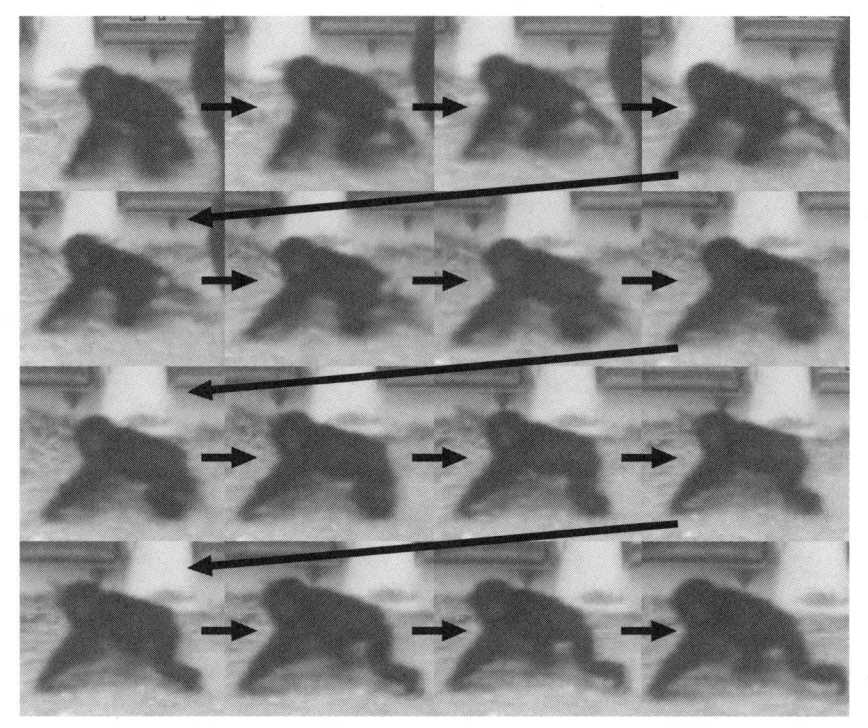

図8-4-5 非対称的四足歩行（ぞうきんがけ型四足歩行）．日本で床掃除の際に行なう「ぞうきんがけ」のように，手を床に接地させたまま，後ろ足で床を蹴ることによって，身体全体を前方に押し出す推進力を得る．写真はアユム．

に，おとなのチンパンジーが一般的に行なうクラッチ歩行とほぼ同じ歩様のものである．これらの歩行は不安定な二足歩行と異なり，長距離を安定して進むことができる上に，対称的四足歩行よりも速度が高い．前者は後肢の推進力が小さくとも移動できる．一般に乳児の後肢は前肢よりも発達が遅れるので，この意味でも乳児にとって重要な移動様式であろう．また，後者は居室の床が滑らかであるため使われている，特別な要件が揃った時になされる移動様式と考えられる．

つまり，チンパンジー乳児には支持基体材質によって移動様式を変化させる「柔軟性」が備わっているともいえよう．またこの二つの非対称的四足歩行は前肢のリズムと後肢のリズムを協調させずに速度を確保できる移動型ともいえる．これは未熟な運動制御系や後肢の機能を補う移動様式ともいえよう．また，これらの特殊な非対称的歩行は，アカゲザル，カニクイザル，ニホンザルやパタスモンキーでは乳児期にもおとなになっても認められず（茶谷の観察による），チンパンジー

の，しかも乳児期から発揮される，特徴的移動様式だと考えられる．

　全体的に見れば，チンパンジーはさまざまな四足歩行や二足歩行を自発的に行なう．Kimura（1987）も述べているように，チンパンジーは水平面での移動様式が多様であること自体が特徴的であるといえよう．しかも，なめらかですべりやすいという支持基体の特質を生かしてぞうきんがけ歩行を行なうなど，この傾向は乳児期から顕著なようである．つまり，チンパンジーは乳児期から，マカクザルとは異なり，支持基体や身体機能に応じて柔軟に歩様を変える能力が備わっているとも考えられる．しかも，この柔軟性がチンパンジーの発達の早い時期から認められる点が非常に興味深い．

　今後さらなる観察と分析を継続し，縦断的発達，個体差，性差などを明らかにしていく予定である．また，他の運動（たとえばブラキエーションなど）と比較し，樹上と地上の運動発達パターンの比較を行ないたい．さらにこれらをチンパンジーの野外研究や，飼育下や野外の他種での研究と比較することによって，霊長類の運動発達の詳細を明らかにしていきたい．

（謝辞：本研究の遂行にあたり，大阪大学人間科学研究科中野良彦，平崎鋭矢両氏，東京大学理学系研究科木村賛氏から貴重なご示唆をいただいた）

［茶谷薫　水野友有　落合（大平）知美　友永雅己　濱田穣］

8-5
乳児期の成長と生物学的年齢

　チンパンジーの長さサイズの成長終了，および骨格成熟は約12歳である（飼育下個体で，Watts 1971）．この成長期間は，乳児期・コドモ期・思春期に分割され，それらの期間比率はヒトのそれとは異なり，乳児期が約3分の1を占めるほど長い（濱田 1999）．したがって，ヒトの成長・発達と単純に対照することはできない．そこで成長・発達の種間に共通する，あるいは同種個体間で成長発達の遅速を表す相対的年齢軸として，暦年齢ではなく"生物学的年齢"もしくは"生理学的年齢"が望まれる．生物学的年齢としてはさまざまな指標が用いられる（たとえば，成熟時サイズに対する比率や歯牙萌出など）．そういった指標の中で，注目されるものが骨格成熟である．哺乳類の多くの種では，成長期間中，長骨には骨端と骨幹の二つの部分が存在し，それらの形態変化と骨端癒合を指標として，骨格成熟が評価できる．レントゲン写真の発達に伴い，骨格成熟は生物学的年齢として注目されてきており，TW法（Tanner et al. 1983）による評価がヒトでは最も一般的である．TW法は，手と手首の骨格の各骨化点の形態変化に注目して，骨格成熟程度をそれぞれに評価し，それらを総合することで個体の骨格成熟指標とする．

　本研究の目的はTW法に基づく骨格成熟がチンパンジー乳児期に"生物学的年齢"としての適性をもつかどうかを検討することである．骨格成熟は生物学的年齢の要件を多く満たすが，他の成長・発達における変異と相関するかどうかが検討課題である．ここでは前胴長成長と関連性を示すかどうか検討した．本研究のもう一つの目的は，研究対象の発達の基準軸として，身体成長・発達の指標を示すことである．分析に用いた前胴長と手と手首の骨格（X線写真）の他に，DXA装置（Double Energy X-ray Absorptiometry）を用いた体組成値についても原データを呈示し，今後の比較研究に供したい．特に体組成パラメータについては，たとえばヒト乳児ではひじょうに高い体脂肪率を示すが（半年で約25%），脂肪量は計測が困難であるため，ヒト以外の霊長類に関する報告はまだ少ない．

8-5-1　方法

　アユム，クレオ，パルに対して，生後1-6か月おきに行なわれた健診の際に計測を行なった．いずれも母親哺育であり，これまでの多くの乳児研究対象が人工哺育であることとよい対照となる．哺育の違いによる成長・発達の比較は，別稿で行なう（Hamada et al., in press）．ただし，参考までに霊長研の人工哺育個体（パン，ポポ，レオ）の結果を図には含めている．

　以下の項目について，観察と計測を縦

断的に行なった．(1)生体計測：これまでに行なっている通常の生体計測項目に関して，状態の許す範囲において計測を行なった．代表的項目（体重，座高，前胴長，四肢各節の長さ，頭長，皮厚，胸囲）を付録CD-ROMに収録の付表8-5-1に示す．これらの計測には生体計測器具を用いた．(2)X線写真撮影：手首関節，足首関節以遠の手と足のX線写真を撮影した．撮影には通常型X線装置を用いた．管球－フィルム間距離は1－1.2m，管球電圧・電流は60kv・20mA，露出時間は0.2－0.4秒である．(3)体組成パラメータ：DXA装置を用いて全身スキャンを行ない，骨塩量・軟部組織重量（soft tissue mass）および脂肪量（fat mass）について計測した．この計測では，身体を上肢・胴体部分・下肢・腰椎部分などの部分に分けて，体組成パラメータを求めているので，今後の詳細な分析のデータベースとして供されよう．

本研究では，身体長さサイズとして前胴長を，骨格成熟程度としてTW法のRUS系骨格成熟スコアを分析した．前胴長は，胸骨柄の頭方端と恥骨結節頭方端の間をミリメートル単位で計測した胴体部分の長さである．RUS系とは橈骨（Radius）と尺端骨（Ulna）の遠位骨端部，第1・3・5中手骨，第1・3・5基節骨，第3・5中節骨，および第1・3・5末節骨（Short bones）の各骨端部の13か所についての成熟程度を評価するものである．評価においてはTW法（Tanner, et al. 1983）に基づいて成熟程度を段階づけした（尺骨以外については，段階はA（骨端が未出現）からI（骨端が骨幹端（endophysis）

と完全に癒合）までの9段階に，尺骨はAからHまでの8段階）．TW教科書では各骨端部，各段階，各性についてポイントが与えられており，そのポイントを合計して骨格成熟指標（RUSスコア）を求めた．このスコアシステムは，ヒトの大規模データに基づいており，ヒト以外の霊長類への安易な適用は控えるべきである．そこで予備的にA=0点，B=1点，…I=8点とする単純スコアシステムを検討したが，年齢変化パターンはほとんど変わらない．そこでヒトとの比較の意味で，ここではTWスコアシステムに従ったスコアを用いた．

これまでに収集されている横断的データを用いて，チンパンジーの成長と骨格成熟のノルムが求められている（Hamada et al., in press.）．ノルムはデータを性別に年齢クラスにわけ，それぞれのクラスでメディアン，10thパーセンタイルと90thパーセンタイルを求め，それら三つについて年齢クラス間でプロットし，Loess平滑化関数を用いて描いた曲線で示される．まだ基本となる横断的データは多くないので，充分な変異幅が得られてはいないかも知れないが，本研究ではそれを用いた．

8-5-2　結果

図8-5-1と8-5-2に前胴長の成長変化を示した．パルはメディアンの近くかあるいは，いくらか小さい値で推移している．クレオは0.5歳までは10thパーセンタイル曲線の近くであるが，その後パル程度（メディアンより少しだけ小さい）に成長している．パンは出生直後には10th

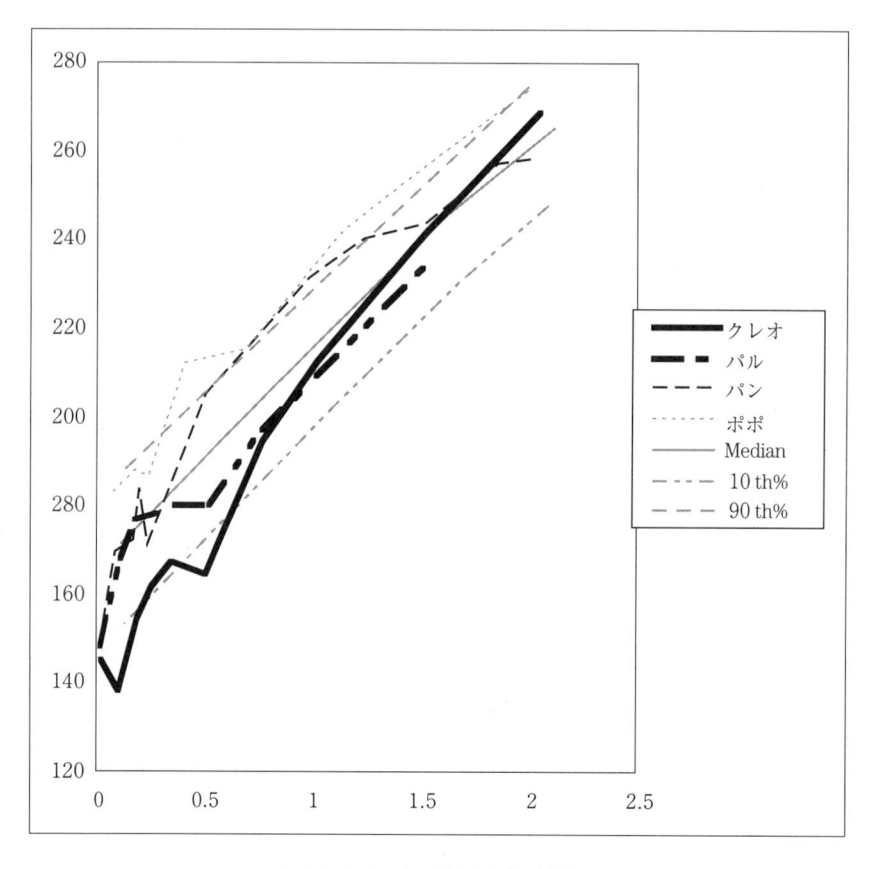

図8-5-1 前胴長の成長（女）．

パーセンタイルかそれ以下であったが，0.5歳まで急速に成長して，90thパーセンタイル曲線上にくる．そのまま90thパーセンタイル曲線近傍を推移するが，1歳3か月から徐々にメディアン曲線に近づき，2歳ではメディアン曲線上にある．ポポ（人工哺育）は生後1か月から既に90thパーセンタイル曲線上にあり，それから外れずに2才まで早めの成長を続ける．アユムは生後3か月まではかなり小さかったが，その後急速に成長して，メディアンと90thパーセンタイルの間を推移している．レオの計測値は，1歳までかなり変動があるが，おおよそメディアン近傍にある．1歳3か月令以降は，90thパーセンタイル曲線の上を推移する．他の生体計測項目については，付録CD-ROMに収録の付表8-5-1に示した．付表8-5-2には体組成値の年齢変化を示した．

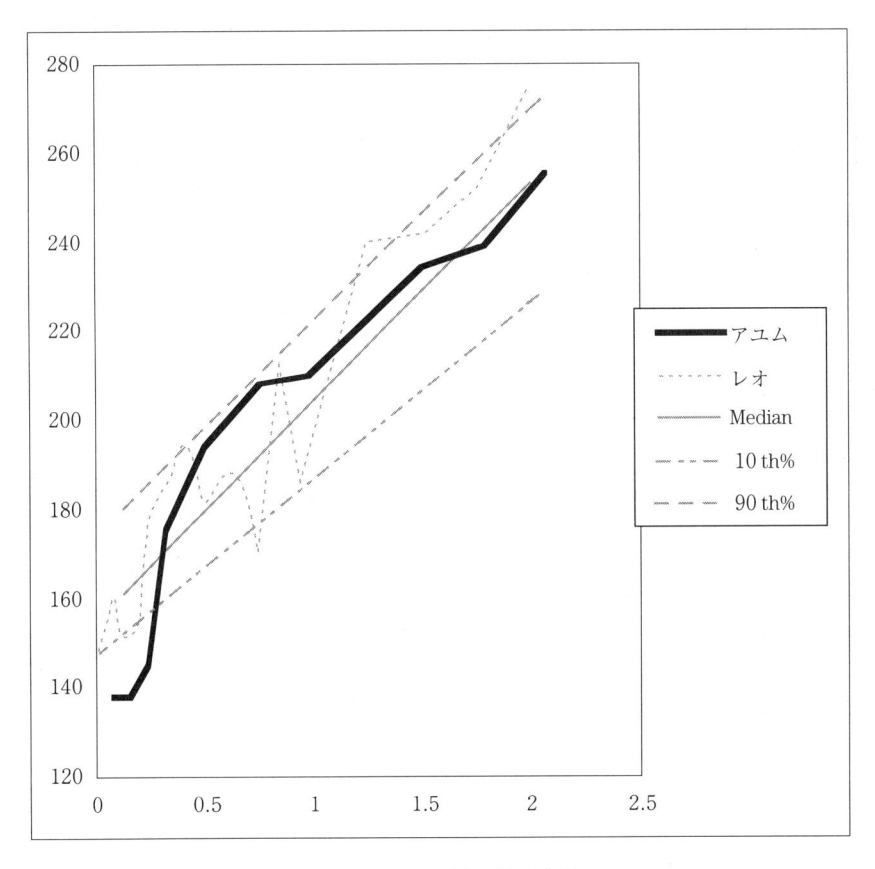

図8-5-2 前胴長の成長（男）．

　図8-5-3，8-5-4，CD-ROMに収録の付表8-5-3，8-5-4に，RUS系骨格成熟スコアに基づく骨成熟年齢変化を示した．パルは1歳と1.5歳の時の骨格成熟スコアが得られている．1歳の時には10thパーセンタイル近くであるが，1.5歳では90thパーセンタイルの近くへと増加している．クレオでは0.5歳から1.5歳までの4枚のX線写真から得られたスコアは，常に90thパーセンタイル曲線近傍にある．すなわち，骨格成熟においては，早熟気味であるといえる．パンは生後2年間，スコアは変動しているが，ほぼメディアンと90thパーセンタイルの間にある．ポポは1.2歳と2.0歳の二回スコアが得られていて，パンと同じくメディアンと90thパーセンタイルの間にある．アユムは生後0.5歳まではメディアン程度であったが，0.67歳からは90thパーセンタイル曲線近傍を推移する．比較のレオ

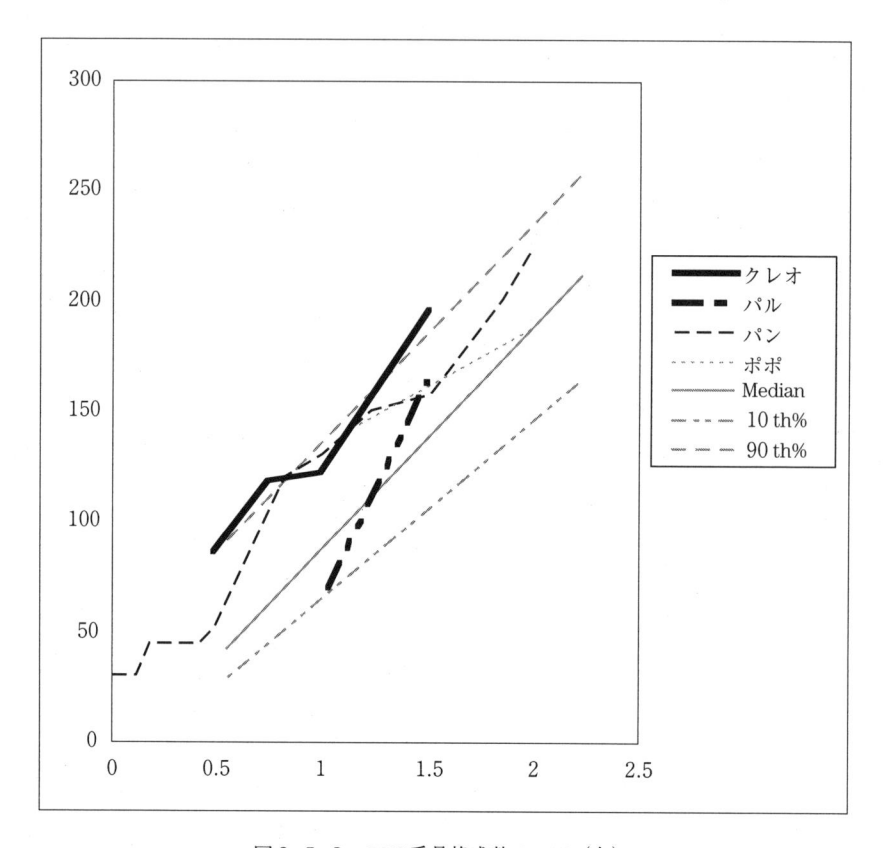

図8-5-3　RUS系骨格成熟スコア（女）．

は0.18か月齢以降，常に90thパーセンタイル曲線の近傍もしくはそれを上回っている．

　次に，前胴長成長と骨格成熟スコアの関連性について検討した．まず，前胴長の成長は，到達サイズによって個体間で基準化する必要があるが，ここでは到達サイズはないので，そのままのサイズで成長と骨格成熟スコアの関連性を見る．パルでは関連性は明確ではない．クレオでは骨格の方は早熟気味であるのに，前胴長成長はメディアン程度であり，関連性は強くない．パンについては，出生直後かなり小さかった前胴長が骨格成熟の早い進行と同期するように，メディアンまでに回復している．ポポの成長は順調であり，骨格スコアの方でも，早い方である．一方，男性では，アユムに関しては，出生直後に見られる成長のいくらかの遅れと，その後の回復は，骨格成熟スコアにも平行して見られるようである．レオでは骨格成熟の方では早いのに, 生

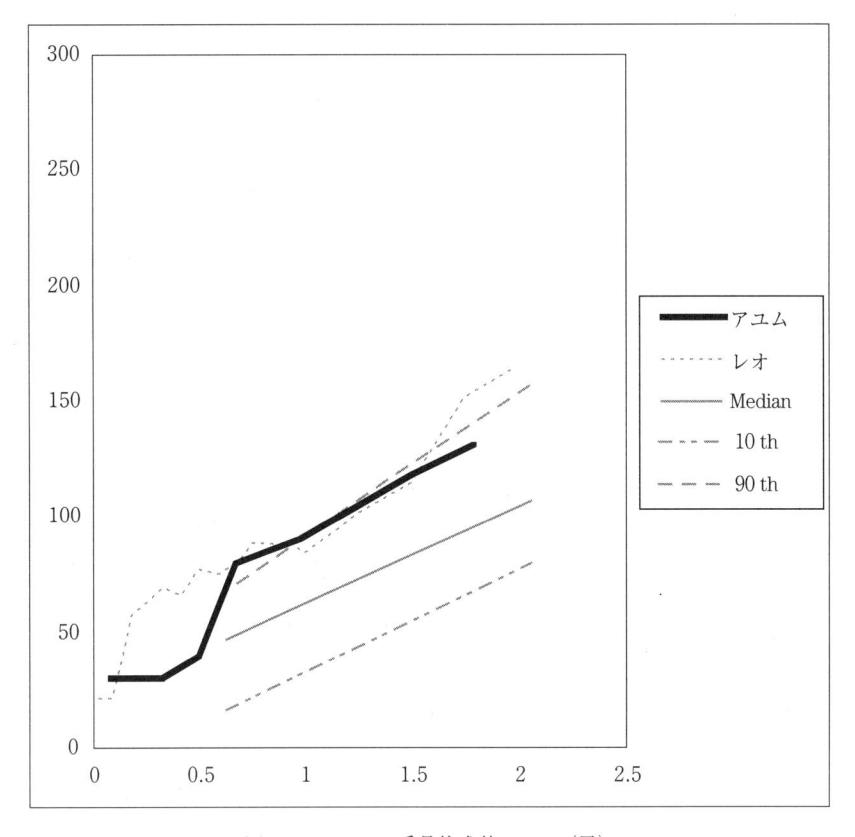

図8-5-4　RUS系骨格成熟スコア（男）.

後の1年間は必ずしも成長が進んでいるわけではない．以上のように，関連性の認められる個体もあるが，その関連性は必ずしも強いとはいえない．関連性の認められる個体では，成長のかなりの遅滞が見られる場合などであり，平均的な成長からある程度外れていない限り，その遅速は骨格成熟進行には反映されないようである．

8-5-3　考察

約12年というチンパンジーの成長期間は，同様の身体サイズをもつ他の哺乳類よりも長く，その点でヒトに近い特徴である．この期間はおおまかに最初の4年間が乳児期に，次の4年間がコドモ期に，そして最終の4年間が思春期に分けられる（濱田 1999）．このように離乳までの乳児期間が相対的に長いのがチンパンジーの特徴である．すなわち母親の密接

な養育を必要とする期間が長い．これはヒトの場合，乳児期は相対的に短く，急速に成長するとともに認知発達の著しく早いことと好対照となっている．このチンパンジーの生活史上の特徴が成長・発達とどう関係するのか，興味がもたれる．

　乳児期の成長・発達は，他の時期と比べると，次のような特徴がある．すなわち成長・発達が急速に進むこと（徐々に減速しつつ），および多くの要因によって成長発達の進行速度が変化させられることである（たとえば，栄養・ストレス・疾病）．研究施設などで飼育されているチンパンジー乳児では，母親哺育の乳児と人工哺育で生後1年間程度，差が大きい．これは，母乳と人工乳といった栄養の点が要因となっていると考えられる．また，野生チンパンジーと施設飼育チンパンジーでは，それがさらに強調されているようである（Hamada *et al.* 1996）．このように，成長・発達過程において，さまざまな要因の関与によって成長・発達項目はそれぞれ独自の変動をきたすが，その要因の働く機序は，まだ定量的に明らかになっていない．個体の成長・発達が遅れたり，あるいは早められたりしていると推測されても，それを評価する基準はアプリオリには存在しない．同年齢個体の平均よりもサイズが大きいから成長が早いとは必ずしも断言できない．なぜならば，その個体がおとなになった際の到達サイズが大きければ，相対的に言って成長が早いとはいえないからである．そういった点から，"生物学的年齢"あるいは"生理学的年齢"と呼ばれるような，個体の成長・発達の遅い・速いの指標が期待される．"生物学的年齢"の候補としてあげられる成長・発達特徴はいくつかある．その要件としては，多くの他の成長・発達の進行変異を説明し得ること（関連性が強い，あるいは特定の要因による特定の項目のみの変化ではなく，全身的変動を代表し得る），始まりと終わり，少なくとも終わりの状態が個体によらず不変であること，規準となる形態的（あるいは生理的）変化が成長期間中に満遍なくあること，評価（観察や計測）が容易であること，などがあげられる．歯牙年齢は，乳歯列が完成した後，最初の永久歯が萌出するまでにかなり長い期間が存在するので，形態的変化が成長期間中に満遍なくあるという要件に抵触する．ここでは，そういった"生物学的年齢"の中でヒト研究で最も評価されている手と手首の骨格成熟が，チンパンジー乳児に適用できるかどうかを検討した．骨格成熟は，骨端の形状や骨幹端との癒合過程などの質的変化を客観的規準に基づいて段階づけする．各骨端部では，ほとんどすべての個体でこの段階順に，成熟過程が進行する．そして始まり（骨端の出現）から終わり（骨端の完全癒合）まで，ほとんどすべての個体で見られ，成長終了とともに最終段階に達する．たとえば，アユムの例では，出生直後は橈骨骨端のみがD段階で，他のRUS系骨端は出現しておらず，生後成長とともに，変化が見られる．Watts (1971) および濱田ら (Hamada *et al.*, in press.) が示したように，チンパンジーにおける手と手首の骨格 (RUS系) 成熟は約12歳で，前胴長成長終了と同年齢である．このように骨格成熟は，生物学的年

齢の要件を多く満たしているが，他の成長・発達の進行変異を説明し得るか，という点については検討の余地がある．

本研究では乳児期における前胴長成長とRUS系骨格成熟の間の関連性について，検討を試みた．結果に記したように，関連性は顕著ではないが存在する．それはかなり成長が遅れている場合に認められ，平均的あるいは10thから90thパーセンタイルの間にあるような場合には，相関的な変化は認められないようである．そういった何らかの原因による成長の遅れを示す個体を多く研究することによっ

て，骨格成熟の"生物学的年齢"としての適性を検討できるであろう．ヒトの場合では，ホルモン治療を必要とするような成長遅滞を示す個体が例としてあげられる．野生個体では，母親の社会的順位がかなり著しくそのコドモの成長に影響することが知られており(Pusey *et al.* 1997)，施設飼育の場合であっても複数のおとな個体の存在する社会群が形成されているような場合には，そのような影響が成長・成熟過程に反映されるであろう．
[濱田穰　茶谷薫　早川清治]

鉄棒を上っていく3人の子どもたち（撮影：毎日新聞社）

8-6
声道形状の成長変化

　ヒトでは，声道を構成する口腔（声道の横の空間）と咽頭腔（縦の空間）がほぼ同じ長さで，これら両腔の形状を舌の動きにより半独立的に変えることができる（Du Brul 1976; Lieberman 1984; 図8-6-1）．この声道の二共鳴管構造（double resonator system）により，ヒトは一息の中で多様な音素を連続的に発話して，有節言語を操作できると考えられている（Fant 1960; Lieberman 1984）．ヒトでは，乳幼児期および小児期に声門を内包する喉頭が下降して，咽頭腔が長くなってこの構造が完成する（Lieberman 1984; Lieberman et al. 2001）．しかし，他の哺乳類では，このような喉頭下降現象がないので，おとなになっても咽頭腔が短かく，口腔のみが共鳴管として機能する（Lieberman 1984; Negus 1945; 図8-6-1）．

　喉頭は軟骨を骨格とする器官であり，舌骨の下に筋や靭帯で吊り下げられている．さらに，その舌骨は下顎や頭蓋底と筋や靭帯などつながっており，他の骨格とは直接間節していない（Williams 1995; 図8-6-2）．つまり，喉頭の位置は，筋や靭帯といった軟組織の成長により変わるので，喉頭下降現象の個体発生ならび

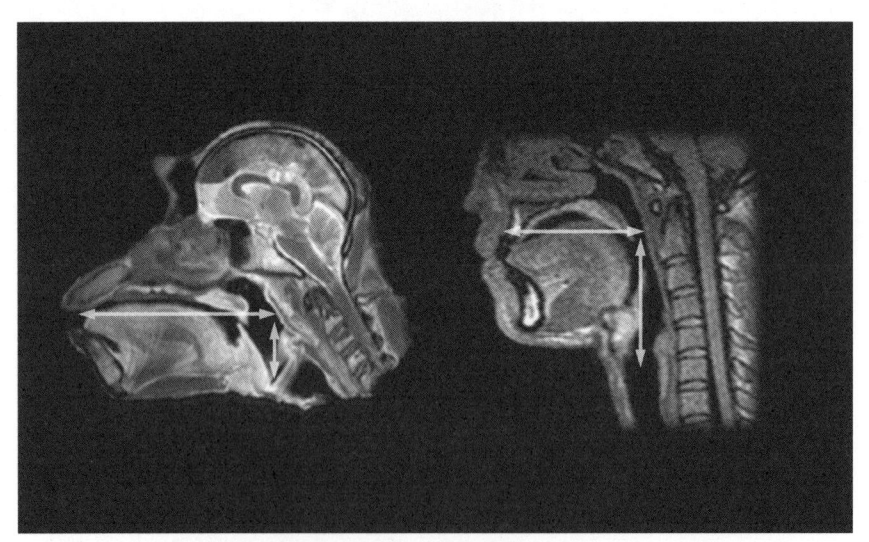

図8-6-1　チンパンジー（左）とヒト（右）のおとなの頭部正中矢状断MRI画像．チンパンジーでは口腔に対して咽頭腔が短いが，ヒトではほぼ同程度の長さになっている．

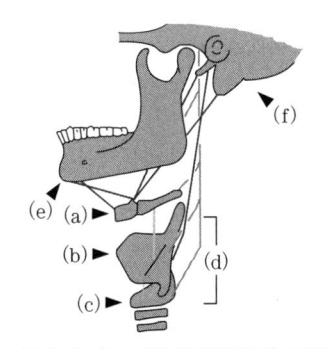

図8-6-2　舌骨喉頭器官系の構造．舌骨（a）は他の骨格と関節せず，下顎骨（e）や頭蓋底（f）から筋や靭帯（図中では直線）で吊り下げられている．さらに，甲状軟骨（b）や輪状軟骨（c）などからなる喉頭（d）は舌骨（a）から同様に吊り下げられている．

に系統発生の研究は，観察技術等の問題によりひじょうに難しかった（Fitch & Giedd 1999; 西村ら 1999; Vorperian *et al.* 1999）．しかし，近年，X線CTやMRIなどの医療画像技術の飛躍的な進歩により，非侵襲的に体内器官の形状を把握できるようになった（西村ら 1999）．このような機器を使って，ヒトの声道形状や音声器官の成長変化が詳しく調べられている（Fitch & Giedd 1999; Lieberman *et al.* 2001; Vorperian *et al.* 1999）．

喉頭下降現象の系統発生（進化）を探るためには，それらヒトでの研究で得られたデータを，ヒト以外の哺乳類，特に系統発生学的に近縁な類人猿のものと比較分析する必要がある．現在，著者らは，MRIを用いて定期的にチンパンジーの声道形状を観察し，その成長変化を縦断的に追跡している．本稿では，主に乳児期の成長変化について概説し，ヒトと比較分析する．

8-6-1　方法

アユム，パル，クレオに対して定期的に行なわれている健診時に，麻酔下で仰臥位に置いてMRIにより矢状方向に連続断層画像を撮像した（4, 6, 9, 12, 18, 25か月齢時，ただしパルのみ18か月齢まで）．撮像された正中矢状断面画像上で声道形状を観察，計測した．本研究では，声道長を計測するために，Fitch & Giedd（1999）を参考に基準点を定義し，それらを結んだ線分長を合計する方法で声道長を計算した．声門位置の変化を調べるために，各頸椎を上中下に3分割し，それらと椎間円板部を指標に相対位置を記録するとともに，口腔長と咽頭腔長を計測し，それらの比から声道の縦横プロポーションを計算した．また，声門から軟口蓋後端，喉頭蓋先端，舌骨，甲状軟骨前交連までの咽頭後壁面投影距離を計測し，それらと咽頭腔長との比を算出して，咽頭腔に対する各器官の配置の変化を調べた．各計測基準点および面，計測項目の定義については表8-6-1および図8-6-3を参照のこと．

8-6-2　結果

アユムの4, 6か月齢時の撮像を除いたすべてのMR画像は，鮮明かつコントラストがはっきりしており，観察，計測に適したものであった（図8-6-4）．チンパンジーの声道長は，生後4か月齢で約7.5cmに達する．その後，アユムとクレオでは，4－6か月齢の間に急激な伸びが認められるが，おおよそ25か月齢まで

表8-6-1　計測に関する定義.

	記号*	定義
計測基準点		
唇間点	a	上下唇の輪郭の最も腹側の点の中点
歯槽間点	b	上下第一切歯間の歯槽の最も腹側の点の中点
切歯管孔	c	硬口蓋の切歯間孔の背側点
後鼻棘	d	硬口蓋と軟口蓋の境目
軟口蓋後端	e	口蓋垂を除く軟口蓋の背側先端
喉頭蓋先端	f	喉頭蓋の頭側先端
舌骨	g	オトガイ舌骨筋と舌骨舌筋の舌骨上の付着部位の境目
声門	h	声帯の中点，もしくは甲状軟骨前交連と披裂軟骨の中間点
甲状軟骨前交連	i	甲状軟骨前交連，もしくは喉頭蓋の根部
計測基準面		
硬口蓋面		切歯間孔と後鼻棘を結んだ線からもっとも頭側にある硬口蓋上の点を通るその平行線
咽頭後壁面		咽頭腔の後壁に沿った直線
測長項目		
声道長		唇間点 (a)，歯槽間点 (b)，切歯管孔 (c)，後鼻棘 (d)，軟口蓋後端 (e)，声門 (h) を結んだ線の全長
口腔長		歯槽間点 (b) から咽頭後壁面までの硬口蓋面に平行な直線の線分長
咽頭腔長		声門 (g) から硬口蓋面までの咽頭腔後壁面に平行な直線の線分長

*図8-6-3での記号

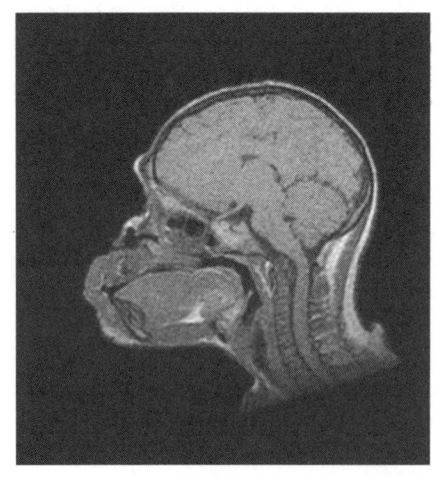

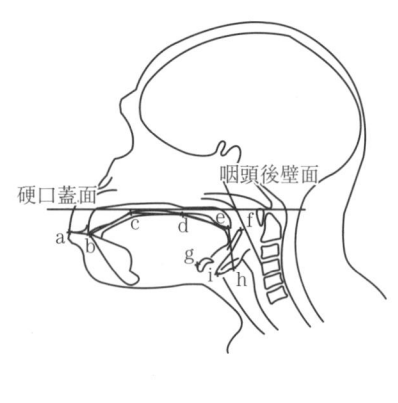

図8-6-3　計測に関する定義．MR画像（左）とそれをもとにした描画（右）．図中のアルファベット（表8-6-1を参照）は計測基準点を示している．

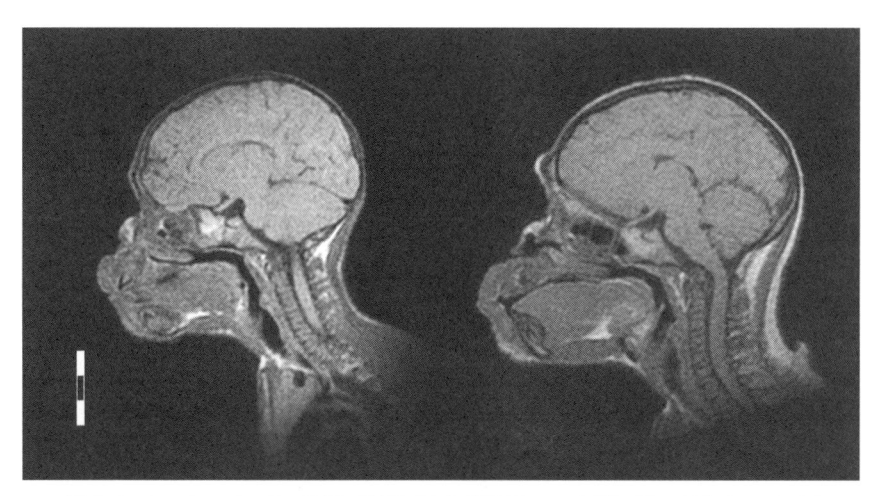

図8-6-4　チンパンジー乳児の頭部正中矢状断面のMR画像．同一個体チンパンジーにおける4か月齢（左）と12か月齢（右）時の画像（単位=cm）．

ほぼ単調に成長し，約11.0cmに達する（図8-6-5）．この時期には顕著な性差はみられない．声門の位置は，4－25か月齢の間に頚椎レベルで第3頚椎から第4頚椎の間で，頚椎約一つ分の下降がみられる（図8-6-6a）．口腔／咽頭腔長比は，アユムでは，4－6か月齢の間に，クレオとパルでは6－9か月齢の間に増加し，それぞれ6－9か月齢，9－12か月齢の間に，増加前の値にまで減少する．（図8-6-6b）．比が増加する時期には，口腔長は単調に増加しているが，咽頭腔長は減少している（図8-6-7）．乳児期初期には，硬口蓋に哺乳窩が形成されて硬口蓋が上に凸に膨らんでいるが，アユムでは4－6か月齢，クレオとパルでは6－9か月齢の間になくなる（図8-6-4）．そのために，咽頭腔長が減少し，比が増加したと考えられる．比の減少の時期には，口腔長が依然として単調に増加して

いるのに対して，咽頭腔長の成長スピードが加速している（図8-6-7）．これは，声道のプロポーションから見ると，喉頭が下降していることを示している．

本研究で咽頭腔と定義している声道の縦腔は，機能部位として，硬口蓋面から軟口蓋後端までの軟口蓋部と，そこから喉頭蓋の間の口腔咽頭，喉頭蓋から声門にかけての喉頭咽頭の三つに分けられる．軟口蓋後端は，いずれの個体でも生後4か月齢から上昇しており，成長に伴って咽頭腔に占める軟口蓋部の割合が減少している（図8-6-8）．軟口蓋と喉頭蓋は，アユムとパルでは，観察の始まった4か月齢以前に既に分離したと考えられる（図8-6-8a, c）．またクレオでも，9か月齢までに分離が完了する（図8-6-8b）．その後も，咽頭腔に閉める口腔咽頭の割合は一定か増加する傾向があり（図8-6-8），さらに分離が進んで口腔咽頭

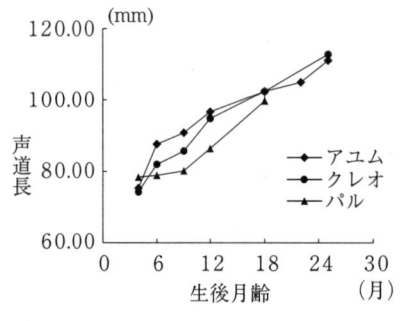

314 | 第8章 身体成長と運動機能の発達

図8-6-5 チンパンジー乳児3個体の声道長の成長変化.

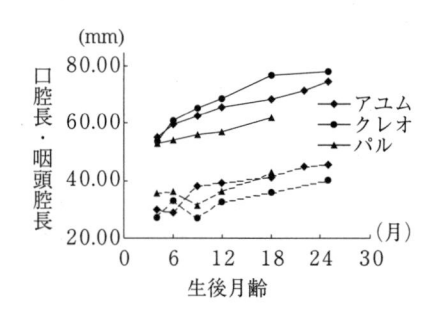

図8-6-7 チンパンジー乳児3個体における口腔長と咽頭腔長の成長変化. 実線は口腔長, 破線は咽頭腔長を表す.

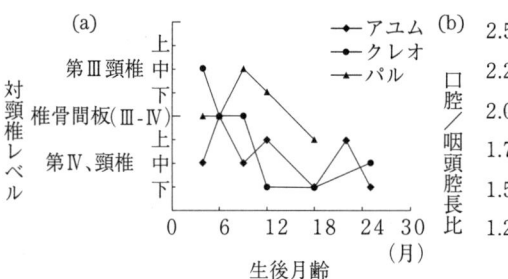

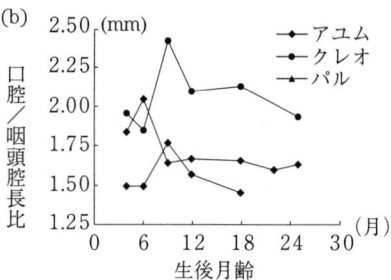

図8-6-6 チンパンジー乳児3個体の声門位置の成長変化. 声門の位置を, 対頚対レベル (a) と口腔／咽頭腔長比 (b) で表した.

が広がっていることを示している. 喉頭蓋先端の相対的位置も, いずれの個体でも生後4か月から上昇しており (図8-6-8), 喉頭咽頭の成長を示唆している.

8-6-3 考察

ヒトの声道長は約7.0cmから17.0cm程度まで成長する (Fitch & Giedd 1999). 本研究でも, 乳児期のチンパンジーの声道長は, ヒトと同様の成長過程をたどることが示されている (図8-6-5). しかし, 声道のプロポーションは大きく異なる.

チンパンジーの乳児では, 個体差が大きいが, 哺乳窩の影響を除けば, 平均して口腔長は咽頭腔長の2倍程度である (図8-6-6b). しかし, ヒトでは, 平均して1.5倍程度である. (Lieberman et al. 2001). このような差異は, 顔面頭蓋の構造の系統間差異によるものと考えられる. このような生得的な種間差はあるが, 乳児期に咽頭腔が口腔よりも成長のスピードが速く, 口腔／咽頭腔長比が減少する成長パターンは両者に共通している. ヒトでは, 乳児期と小児期の二つの時期

の相対成長などの問題があり，種間比較には向かない（Fitch & Giedd 1999）．また，ヒトでも，喉頭器官の対脊椎レベルは生後成長の間にほとんど変化しないことが報告されている（Carlsöö & Leijon 1960; King 1952; Laitman & Crelin 1980; Roche & Barkla 1965; Westhorpe 1987）．喉頭下降現象の研究にとっては，発話機能と機能的関連性がある声道形状の変化が重要である．近年，ヒトの声道形状の成長研究でも，このことに留意して声道形状のプロポーションの変化により喉頭下降現象を記述している（Fitch & Giedd 1999; Vorperian et al. 1999; Lieberman et al. 2001）．つまり，本研究の結果は，声道形状から見ると，チンパンジーでもヒトと同様に乳児期の"喉頭下降現象"が存在することを示している．

咽頭腔の構成では，軟口蓋部の減少に対して，口腔咽頭，喉頭咽頭の増大が著しい（図8-6-8）．軟口蓋部の減少は，軟口蓋が主として腹背側方向へ成長していることによっていると考えられる．よって，チンパンジー乳児期の咽頭腔の成長には，軟口蓋部はほとんど寄与せずに，口腔咽頭と喉頭咽頭腔の上下への成長が大きく影響しているといえる．ヒトの乳児期にでも同様の傾向が見られ，ヒトでは小児期もこれら両咽頭腔がともに長くなる（Lieberman et al. 2001; Sasaki et al 1977）．特に，口腔咽頭の成長が続くので，軟口蓋と喉頭蓋とは完全に分離する（Laitman & Crelin 1980; Sasaki et al. 1977）．しかし，チンパンジーの成体では，ヒトに比べて口腔咽頭はひじょうに短かい（Lieberman 1984; Negus 1945; 西村ら 1999）.

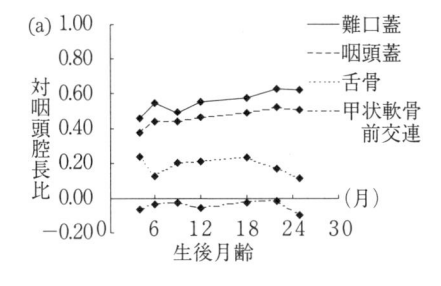

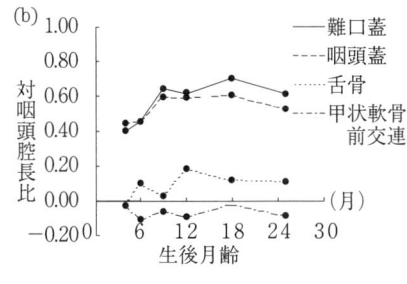

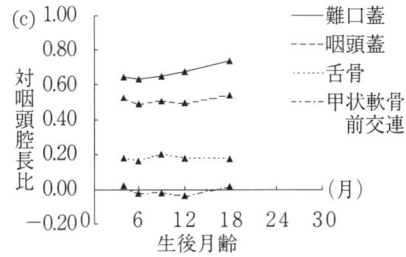

図8-6-8　チンパンジー乳児3個体における軟口蓋，喉頭蓋，舌骨，甲状軟骨前交連の咽頭腔に対する相対位置の成長変化．(a) アユム，(b) クレオ，(c) パル．対咽頭腔長比で1.0は硬口蓋面，0.0は声門位置を表す．実線は軟口蓋先端，破線は喉頭蓋先端，点線は舌骨，一点破線は甲状軟骨前交連の位置の成長変化を表す．

に急激にその比が減少する（Lieberman et al. 2001）．従来，喉頭下降現象は，喉頭の対頸椎レベルの成長変化で記述されてきた（Negus 1945; Lieberman 1984;　）．しかし，この記述法は，頸椎と頸部軟組織と

よって，今後，乳児期後期から小児期にかけて口腔咽頭腔の成長が鈍ると予測される．今後の観察により，ヒトとチンパンジーとの咽頭腔の成長の差異がいつごろ現れるのか，それに伴う機能的差異の出現などが明らかできると考えられる．これらの研究により，喉頭下降現象の進化要因など，音声言語が進化してきた背景についての機能形態学的考察が期待される．

[西村剛　三上章允　鈴木樹理
加藤朗野　熊崎清則　前田典彦
田中正之　友永雅己　松沢哲郎]

第4章　参照文献

Carlsöö, S., & Leijon, G. (1960). A radiographic study of the position of the hyolaryngeal complex in relation to the skull and the cervical column in man. *Transactions of the Royal Schools of Dentistry, Stockholm and Umea*, 5, 13-35.

Cioni, G. (1989). Posture and spontaneous motility in fullterm infants. *Early Human Development*, 18, 247-262.

Fant, G. (1960). *Acoustic theory of speech production: With calculations based on X-ray studies of Russian articulations.* Mouton.

Fitch, W. T., & Giedd, J. (1999). Morphology and development of the human vocal tract: A study using magnetic resonance imaging. *Journal of the Acoustical Society of America*, 106, 1511-1522.

Gavan, J. A. (1971). Longitudinal, postnatal growth in chimpanzee. In *The chimpanzee* 4, Karger, pp. 46-102.

Du Brul, E. L. (1976). Biomechanics of speech sounds. *Annals of New York Academy of Sciences*, 280, 631-642.

濱田　穣 (1999)．コドモ期が長いというヒトの特徴－成長パターンからみた霊長類の進化．科学, 69, 350-358.

Hamada, Y., Chatani, K., Udono, T., Kikuchi, Y., & Gunji, H. (in press). Longitudinal study on the hand and wrist skeletal maturation in chimpanzees (Pan troglodytes), with a special interest to the growth in linear dimension. *Primates*.

Hamada Y., Udono, T. Teramoto, M., & Hayasaka, I. (1998). Development of the hand and wrist bones in chimpanzees. *Primates*, 39, 157-169.

Hamada, Y., Udono, T., Teramoto, M., & Sugawara, T. (1996). The growth pattern of chimpanzees: somatic growth and reproductive maturation in *Pan troglodytes*. *Primates*, 37, 277-293.

Hildebrand, M. (1965). Symmetrical gaits of horses. *Science*, 150, 701-708.

Hildebrand, M. (1967). Symmetrical gait of primates. *American Journal of Physical Anthropology*, 26, 119-130.

Hopkins, W. D., Bard, K. A., & Griner, K. M. (1997). Locomotor adaptation and leading limb asymmetries in neonatal chimpanzees (*Pan troglodytes*). *International Journal of Primatology*, 18, 105-114.

家森百合子・神田豊子・弓削マリ子 (1985). コドモの姿勢運動発達. 別冊発達 3, ミネルヴァ書房.
Kimura, T. (1987). Development of chimpanzee locomotion on level surface. *Human Evolution*, 2, 107-119.
Kimura, T. (1990). Voluntary bipedal walking of infant chimpanzees. In: F. K. Jouffroy, M. H. Stack, & C. Niemitz (eds.). *Gravity, posture and locomotion in primates*, II Sedicesiom, pp. 237-251.
Kimura, T. (1991). Voluntary bipedal walking of infant chimpanzees. *Human Evolution*, 6, 377-390.
King, E. W. (1952). A roentgenographic study of pharyngeal growth. *Angle Orthodontist*, 22, 23-37.
Laitman, J. T., & Crelin E. S. (1980). Developmental change in the upper respiratory system of human infants. *Perinatology-Neonatology*, 4, 15-22.
Leigh, S. R., & Shea, B. T. (1996). Ontogeny of body size variation in African apes. *American Journal of Physical Anthropology*, 99, 430-65.
Lieberman, D. E., McCarthy, R. C., Hiiemae, K. M., & Palmer, J. B. (2001). Ontogeny of postnatal hyoid and larynx descent in humans. *Archives of Oral Biology*, 46, 117-128.
Lieberman, P. (1984). *The biology and evolution of language*. Harvard University Press.
Marzke, M. W., Young, D. L., Hawkey, D. E., Fritz, S. U. J., & Alford, P. L. (1996). Comparative analysis of weight gain, hand/wrist maturation, and dental emergence rates in chimpanzees aged 0-24 months from varying captive environments. *American Journal of Physical Anthropology*, 99, 175-190.
Nakano, Y. (1996). Footfall patterns in the early development of the quadrupedal walking of Japanese macaques. *Folia Primatologica*, 66, 113-125.
Negus, V. E. (1949). *The comparative anatomy and physiology of the larynx*. William Heinemann Medical Books.
西村剛・菊池泰弘・清水大輔・濱田穣 (1999). 類人猿に関する形態学的研究 −侵襲性を極力減らす方法−. 霊長類研究, 15, 259-266.
Prechtl, H. F. R. (1986). New perspectives in early human development. *European Journal of Obstetrics, Gynecology, and Reproductive Biology*, 21, 347-355.
Roche, A. F., & Barkla, D. H. (1965). The level of the larynx during childhood. *Annals of Otology Rhinology and Laryngology* 74, 645-654.
Sasaki, C. T., Levine, P. A., Laitman, J. T., & Crelin, E. S. (1977). Postnatal descent of the epiglottis in man: a preliminary report. *Archives of Otolaryngology*, 103, 169-171.
Smith, A. H., Butler, T. M., Pace, N. (1975). Weight growth of colony-reared chimpanzees. *Folia Primatologica*, 24, 29-59.
Taga, G., Takaya, R., & Konishi, T. (1999). Analysis of general movements towards understanding of developmental principle. *Proceedings of IEEE Systems, Man and Cybernetics Society*, V678-683.
高谷理恵子 (1999). ヒトの初期運動発達におけるU字現象. 金沢大学社会環境科学研究科社会環境研究, 4, 49-60.
竹下秀子 (1999). 心とことばの初期発達−霊長類の比較行動発達学−. 東京大学出

版会
竹下秀子・田中昌人・松沢哲郎 (1983). ニホンザル乳児の姿勢反応の発達. 動物心理学年報, 33, 71-83.
竹下秀子・田中昌人・松沢哲郎 (1989). 霊長類乳児の姿勢反応の発達と対象操作行動. 霊長類研究, 5, 111-120.
Tanner, J. M., Whitehouse, R. H., Cameron, N., Healy, M. J. R., & Goldstein, H. (1983). *Assessment of skeletal maturity and prediction of adult height*, 2 nd ed. Academic Press.
Vojta, V. (1976). 富雅雄, 深瀬広 (訳) (1978). 乳児の脳性運動障害. 医歯薬出版.
Vorperian, H. K., Kent, R. D., Gentry, L. R., Yandell, B. S. (1999). Magnetic resonance imaging procedures to study the concurrent anatomic development of vocal tract structures: preliminary results. *International Journal of Pediatric Otorhinolaryngology,* 49, 197-206.
Watts, E. (1971). A comparative study of skeletal maturation in the chimpanzee and rhesus monkey and its relationship to growth and sexual maturity. PhD. dissertation, University of Pennsylvania.
Westhrope, R. N. (1987). The position of the larynx in children and its relationship to the ease of intubation. *Anaesthesia and Intensive Care,* 15, 384-388.
Williams, P. L. (ed.) (1995). *Gray's anatomy (38th ed.).* Churchill Livingstone.
Wind, J. (1970). *On the phylogeny and the ontogeny of the human larynx.* Wolters-Noordhoff.

第 9 章　新生児・乳児の比較認知発達研究

ニホンザルの子どもたち（撮影：友永雅己）

9-1
総　論

　チンパンジーの認知と行動の発達を比較認知発達という枠組みの中で捉える時，我々の比較の視点はいきおいヒトの方に向かいがちである．しかしながら，ある認知機能・行動がいかに進化してきたか，その進化史を明らかにするためには2種間の比較のみでは不十分である．少なくとも3種（あるいは三つの系統群）以上での比較を行なってはじめて最適な進化のストーリーを描くことが可能となる（藤田1996;友永・松沢2001）．そのため，我々はチンパンジーのみならず，霊長類の他の系統群——チンパンジー以外の大型類人猿，小型類人猿，旧世界ザル，新世界ザル——の新生児・乳児を対象とした比較認知発達研究を並行して進め，ヒトでの研究についても他の研究機関と協力して行なってきた．本章では，これまでの章で紹介してきたいくつかの研究と同じトピックや関連するトピックについてチンパンジー以外の種で行なわれた研究を紹介する．
　9-2では，3-3で紹介されている自発的微笑についてニホンザル新生児での観察例を報告する．これまで，ヒト以外の霊長類では存在しないとされていた新生児期の自発的微笑が旧世界ザルにも認められる可能性が指摘され，今後のさらなる比較研究が期待される．9-3では，3-5で報告されている初期模倣を小型類人猿，旧世界ザル，新世界ザルで検討している．大型類人猿以前に分岐した系統群との間の質的な差異が指摘され，初期模倣の進化的起源を考察する上で興味深い．9-4では生物運動の知覚（4-2参照）をマカクザルで検討している．これまで皆無であった生物運動の知覚に関する比較発達研究について，経験の効果を軸にした興味深い検討がなされている．9-5から9-7は顔の知覚に関する比較発達研究が報告されている．9-5，9-6は4-4で報告されている顔図形の知覚，9-7では4-5で報告されている母親の顔の認識の問題について，マカクザル，テナガザル，ヒトの新生児・乳児を対象とした研究がなされている．9-8では，4-9で報告されている発達初期のカテゴリ化能力についてニホンザル幼児を対象とした研究が報告されている．
　視覚と聴覚など複数の感覚様相の刺激を統合して認識する能力は，ヒトの音声言語にとっても必須のものである．感覚様相間の相互作用や統合（感覚統合）は，近年，知覚心理学・脳神経科学においても重要なトピックとなっている（Driver

1996; Partan & Marler 1999; Shams et al. 2000).ヒト乳幼児の感覚統合能力に関する実験的研究も1970年代後半から行なわれてきた（Lewkowicz & Lickliter 1994).9-9では，ニホンザルとヒト乳児を対象とした，視聴覚統合に関する研究が報告されている．

9-10では，小型類人猿の一種であるアジルテナガザルの生後約4年にわたる行動発達の縦断的観察が報告されている．小型類人猿は大型類人猿と旧世界ザルなどの真猿類をつなぐ重要な系統群であるが，認知能力やその発達に関する研究は非常に少ない（打越・松沢 印刷中).本報告は，基礎資料として重要であるだけでなく，小型類人猿の比較認知発達研究に向けての第一歩となるものである．最後9-11は対象操作能力の発達をチンパンジー以外の大型類人猿であるボノボとゴリラで検討した報告である．大型類人猿の種間比較研究は研究環境の制約などにより，日本では散発的に行なわれているのみで，体系的に行なわれた研究は世界を見渡しても多いとはいえない（Parker et al. 1999).本報告は，ボノボとゴリラの乳児の対象操作についての詳細な行動目録が紹介されており（付録CD-ROM資料参照)，今後の進展が期待される．

本章で紹介した以外にも，本プロジェクトに参加した研究者は，ヒトを含む他の種での比較についても直接比較が可能なデータを収集する努力を続けており，その成果の一部は，他の章においても報告されている（4-9, 5-2, 7-4, 8-2, 8-3).今後，このような努力を一層推し進め，チンパンジーの認知と行動の発達を進化的な視点から総合的に理解していきたいと考えている．

9-2
ニホンザル新生児における自発的微笑

3-3においてチンパンジーの新生児における"自発的微笑"の存在が報告されている．この結果は，自発的微笑の進化的起源を調べることの重要性を我々に示唆してくれる．本研究の目的は，チンパンジーよりも以前にヒトとの共通祖先から分岐し現在に至っている旧世界ザルの一種であるニホンザルの新生児における"自発的微笑"の観察報告をすることである．

9-2-1 方法

対象は，京都大学霊長類研究所で生まれたニホンザルのメスの新生児である．母親に抱かれ育てられていたが，生後7日目と11日目に別の実験（Kawakami et al. 2002）のために母親から短時間分離して観察を行なった．各観察日の体重は，590g，633gであった．2日とも実験者の手の中で眠り，その様子をビデオで記録した．このビデオ資料をもとに，子の覚醒状態を分析し，自発的微笑の分析を行なった．覚醒状態の評価にはPrechtl (1974)の基準を用い（3-3参照），自発的微笑の定義は島田(1969)などに準じた．

9-2-2 結果

図9-2-1は，2回の観察における自発的微笑出現時の覚醒レベルを示したものである．レベル2は，不規則睡眠期を，白丸は自発的微笑の生起を示す．自発的微笑は計7回観察され，うち2回は二つの反応が連続して生起した．覚醒レベルについて2名のビデオ分析者間で一致率を算出したところ93.1%だった．また自発的微笑の生起については94.1%の一致率が得られた．図9-2-1をみても明らかなように，自発的微笑は不規則睡眠期に出現していることが分かる．このことは，ヒトおよびチンパンジーでの知見と一致する．

図9-2-2は，観察2日目の第1反応の200ms（6フレーム）ごとの連続静止画である．顔の右側のみが動いていることが明らかであり，島田(1969)のいうhalf smileに相当するといえる（付録CD-ROM動画9-2-1）．自発的微笑の持続時間などを数量的に分析するために，画像解析を試みた．図9-2-3Aは，その模式図である．微笑が生起する直前の無表情顔の画像（F0，任意のフレームを設定）を基準として，その画像と各フレームの画像（Fn）の各ピクセルの輝度の差分を2値化画像として保存した（|F0-Fn|）．この差分画像をもとに，任意に定義した口周辺領域（画像内に四角で示す）内の差分ピクセル数の割合を変化量とした．図9-2-3Aに示した方法により，図9-2-2の反応を解析した例が図9-2-3Bの左図である．点線は口の左半分，実線は右半分の変化量（3フレームごとの移動平均値，

各点は実測値）を示している．グラフの上の左端の写真は，基準として使用した無表情時の顔（横軸の原点にあたる）を示す．図9-2-3B左図と同じ方法で，ヒト新生児（生後1か月）の自発的微笑を解析したのが図9-2-3B右図である．これは顔の左側のhalf smileであるが，表情がニホンザルに比べて大きいのと，持続時間も長いことが分かる．

そこで，試みにサルとヒトの自発的微笑の持続時間を比較してみることにした．微笑持続時間は，差分画像解析にお

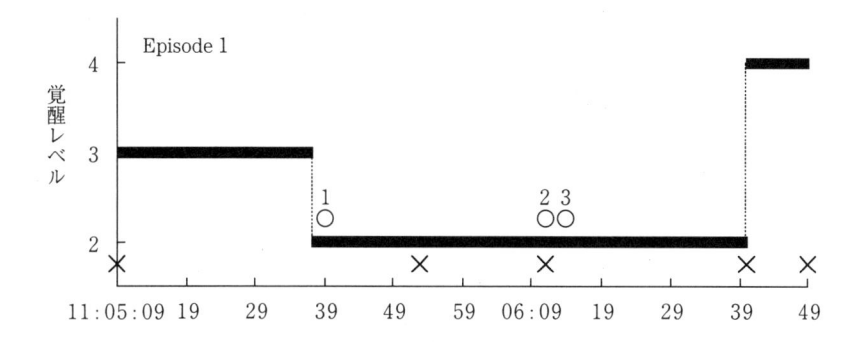

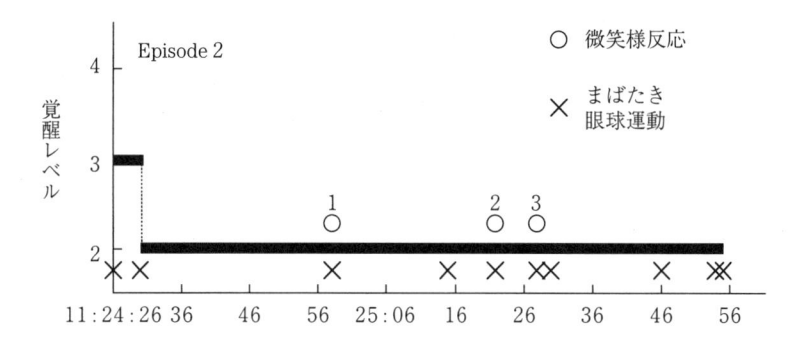

図9-2-1 観察期間中のニホンザル新生児の覚醒状態．Prechtlの基準に基づいて評価した（3-2参照）．レベル1は規則性睡眠期（今回は未出現），2は不規則睡眠期，3は身体運動のない覚醒状態，4は身体運動がみられる覚醒状態．×は状態評価に用いた指標のうち目に関する反応（まばたき，眼球運動など）が生起した時点を示す．また〇は自発的微笑の生起と判断された時点を示す．それぞれの反応に番号を付した．なお，Episode 1のResponse 2は自発的微笑が連続して生起した．したがって観察された自発的微笑は計7回である．

いて変化量の絶対値が極大になった時点（反応開始）から次に極大値に達するまでの時間（反応終了）とした（図9-2-3Bのグラフの横軸に付した線分）。サルは計7例、ヒトは手元にある複数のビデオより計10例をサンプルして持続時間を算出した。図9-2-4にはその結果を示す。図から分かるように、ニホンザル（0.36秒）の方がヒト（1.24秒）に比べて持続時間が明らかに短い（U検定, Z=2.537, $p<0.05$）。ただし興味深いことに、ヒトでは持続時間の長い反応とサルなみに短い反応の2種類が存在するようである。ヒトでは週齢を経るにつれて反応持続時間が長くなることが知られており（Kohyama & Iwakawa 1990; 島田 1969）、その点からも興味深い。

9-2-3 考察

ニホンザルの7－11日齢の新生児にも自発的微笑が観察された。マカクザルの成長はヒトのほぼ4倍に相当すると考えられる（Boothe *et al.* 1985）。したがって、ヒトでいえば約1か月齢に相当する個体が自発的微笑を示したことになる。自発的微笑は新生児期の脳幹の成熟と関連するといわれている（Kohyama & Iwakawa 1990）。もしそうならば、十分に複雑な中枢神経系をもち、REM睡眠（不規則睡眠）などが確認されている種では新生児期の自発的微笑が確認される可能性がある。であれば、この反応はきわめて生物学的な起源をもつものであると考えられ、自発的微笑とその後の社会的微笑などの微笑行動の発達との間には、こ

Episode 2 , Response 1

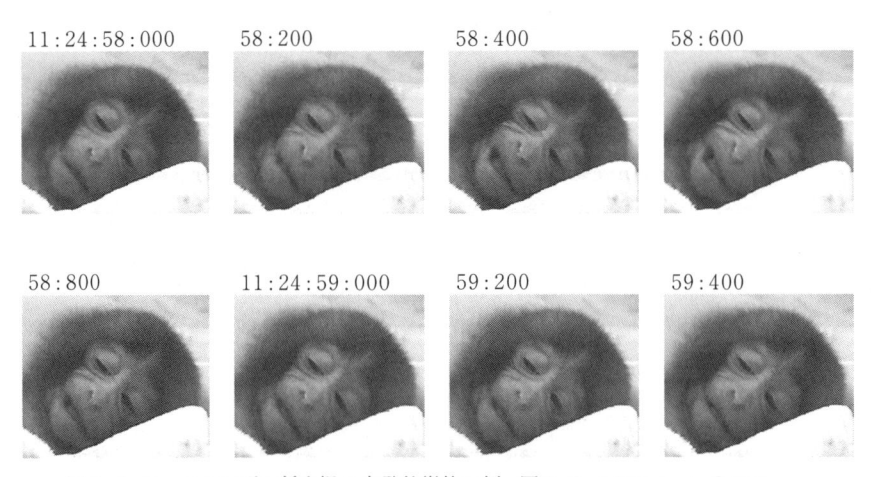

図9-2-2　ニホンザル新生児の自発的微笑の例。図9-2-1のEpisode 2のResponse 1を200ms（6フレーム）ごとにキャプチャしたもの。高井が撮影したビデオより作成した。

れまで主張されているほどの連続性はない可能性も示唆される (cf. 高橋 1973). この点については今後のさらなる検討と議論が必要である.

ただ, 島田 (1969) は, ヒトの生後2年8か月の男児に3秒前後継続した half smile を観察したと報告しており, また,

実験者の一人川上もかつて, 生後40週齢近いヒト女児で自発的微笑を観察している (川上 1989). さらに, 2か月齢以降のチンパンジー乳児にも, 反応型が異なる「微笑」が不規則睡眠期にみられる (水野, 未発表データ). これらの反応は, 3か月を過ぎる頃にヒトやチンパンジーに現れ

(A)

平静顔　　　　微笑様反応　　　2値化した差分画像
(F0)　　　　　(Fn)　　　　　　|F0-Fn|

(B)

Episode 2
Response 1

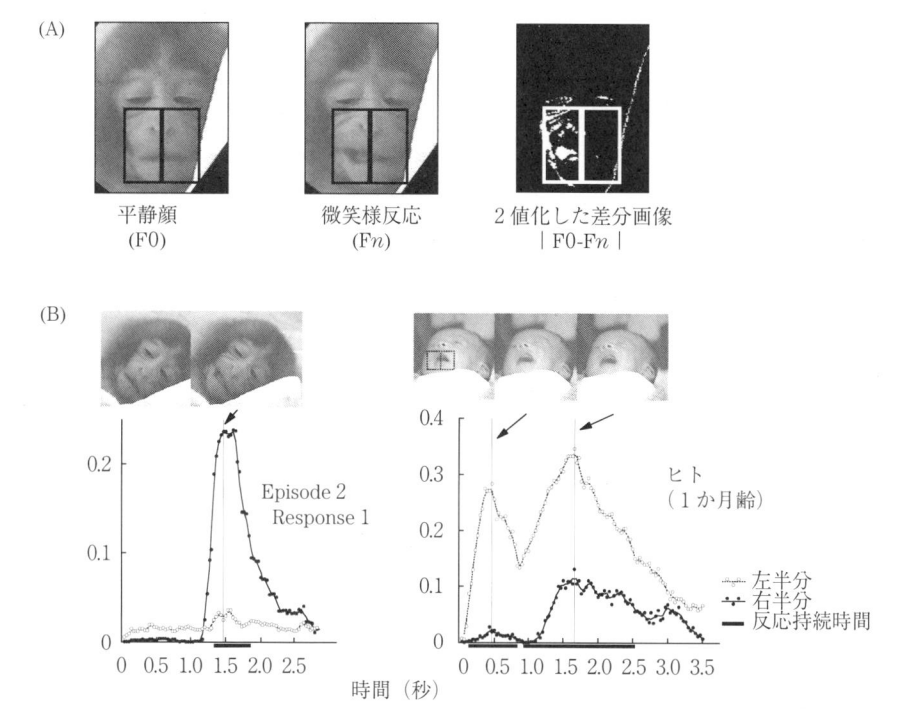

ヒト
(1か月齢)

左半分
右半分
反応持続時間

時間 (秒)

図 9-2-3 (A) 微笑反応の画像解析の模式図. 自発的微笑が生起する直前の無表情の顔の画像 (F0, 任意に設定) を基準として, その画像と各フレームの画像 (Fn) の各ピクセルの輝度の差分を2値化画像として保存した (|F0-Fn|). この差分画像を元に, 任意に定義した口周辺領域 (画像内の四角で示す) 内の差分ピクセル数の割合を変化量とした. (B) ニホンザル新生児 (左) とヒト新生児 (右) の自発的微笑の時間的変化の例. 点線は口の左半分, 実線は右半分の変化量を示す (3フレームごとの移動平均値, 各点は画像解析による実測値). 各グラフの上のそれぞれ左端の写真は基準として使用した無表情時の顔 (各横軸の原点にあたる) を示す. その他の写真は矢印で示した時点での表情を示す. 横軸下部に付した線分は, 変化量の極大値に基づいて定義した反応持続時間.

る社会的微笑と新生児期の自発的微笑をつなぐものなのかも知れない．また，マカクザルの乳児では「微笑」と相同であるといわれているグリメイスが1か月齢以降には安定して出現するようになることが報告されている (Kenney et al. 1979)．こういったこれまでの知見と今回の結果を包括的に論ずる必要がある．

今後は，今回の事例の一般性を確認するために例数を増やす必要がある．また，他の霊長類種でも新生児期に自発的微笑が存在するのかを検討していきたい．

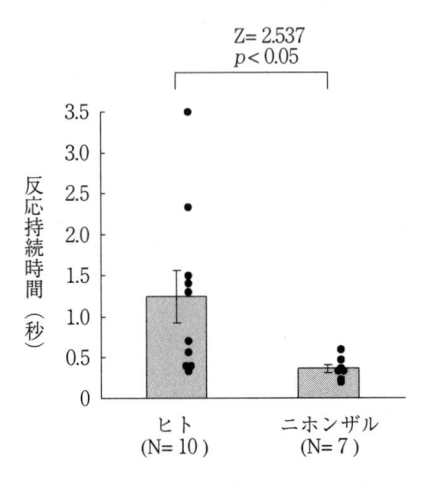

図9-2-4 ヒト10例とニホンザル7例の自発的微笑の持続時間の比較．柱はそれぞれの平均値，エラーバーはSEM，各点は各事例での持続時間を示す．各反応をそれぞれ独立なものと見なして行なった平均値の差のU検定の結果をグラフ上部に付す．

(謝辞：本節をニホンザル自発的微笑の第一発見者であり，図9-2-3Bのヒト微笑のモデルでもある，川上文人に贈る)
［川上清文　友永雅己　高井清子　水野友有　鈴木樹理］

9-3
霊長類における新生児期の表情模倣
ヒト，チンパンジーとの比較

　本研究では，3-5で報告されている初期模倣について，比較認知発達の視点から種間比較研究を行なった．霊長類の各系統群からそれぞれ1種を選択して新生児・乳児期における表情模倣の有無を先行研究の手続きをほぼ踏襲する形で検討した．実験1では8個体のニホンザル(旧世界ザル)を対象に実験を行ない，実験2ではアジルテナガザル(小型類人猿)，コモンリスザル(新世界ザル)新生児各1個体に対して実験を行なった．

9-3-1　実験1：ニホンザル新生児における初期模倣

　被験児はニホンザルの新生児8個体．このうち，3個体は人工哺育個体である．彼らは出生直後母親から引き離されたが，他の乳幼児個体とグループで飼育されていた．さらに生後1年頃までは，ヒト養育者によって朝7時から夜7時までの約12時間の集中的な養育を受けた．この12時間のほぼ3／4はヒト養育者に抱かれるか，ヒト養育者と同じエリア内で自由に過ごしていた．残りの5個体は個別飼育されている母親に抱かれていた．実験は0日齢から11日齢の間にかけて行なわれ，8個体のうち3個体はこの期間中複数回テストされた．したがって，総実験回数は12回となった．なお，飼育管理と実験は京都大学霊長類研究所の「サル類の飼育と使用に関する指針」(2002)に準拠して行ない，実験については同サル委員会によって動物実験計画の承認を得て行なわれた．

　実験はサル用実験室において行なわれた．母子飼育個体については，実験時のみ母親を麻酔して新生児を短時間分離した．覚醒時に子がいないことによる育児拒否の発生を防ぐため，実験終了後，子を母親に戻した上で母親に拮抗剤を投与して覚醒させた．人工哺育個体については，養育者が保定し，母子飼育個体については実験者が保定した．

　実験は，まず90秒間の安静状態からスタートした（動作呈示前期）．その後，実験者が被験児の顔の前30-50cmのところで，あらかじめ決められていた動作を15秒間の間に4回，一定のペースで呈示した（動作呈示期）．その後20秒間は無表情のまま被験児との距離を維持した（動作呈示後期）．被験児の状態に応じて，動作呈示と動作呈示後期の35秒間の操作を最大で3回まで繰り返した．その後，再び安静期を取り（70秒），次の試行へと移行した．

　被験児に呈示した動作は，口開け，舌出し，唇突き出し，手の開閉の4種類で（3-5参照），これらを個体間で順序をカウンターバランスして呈示した．実験はビデオカメラによって記録し，このビデオをもとに分析を行なった．それぞれの

動作呈示の直前15秒，呈示中15秒，そして呈示後15秒について，1秒ごとに被験児の行動を評価した．行動のカテゴリは，口を大きく開ける（口開け，図9-3-1上），口の開閉にかかわらず舌が唇から出ている（舌出し，図9-3-1下），口を閉じて唇を突き出す（唇突き出し），口をもぐもぐさせる，表情変化なし，などの計8種類であった．評定したデータをもとに，各期間におけるそれぞれの行動の相対生起率を算出した．8個体のうち3個体については複数回日齢の異なる時期にテストを行なったが，12回のテストすべてを独立と見なして以後のデータ分析を行なった．各動作呈示において反復呈示を行なった場合は最後の反復時のデータを使用した．

9-3-2 結果と考察

表9-3-1には12回のテストを平均した結果（各期間における各行動の相対生起率）を示す．日齢に11日の幅があるが，日齢間で反応パターンに大きな変化は認められなかったため，すべての結果をプールした．また表情表出のうち，生起頻度が少なかった唇突き出しと，今回の分析では関連のない口をもぐもぐさせる反応については以後分析を行なわなかった．この表から分かるように，ニホンザル新生児では，呈示された動作に対応する動作の出現頻度が他の動作に比べて呈示中・呈示後に増加するということは認められなかった．しかし，表情動作を呈示した場合（口開け，舌出し，唇突き出し），そうでない動作（手の開閉）に比べて，

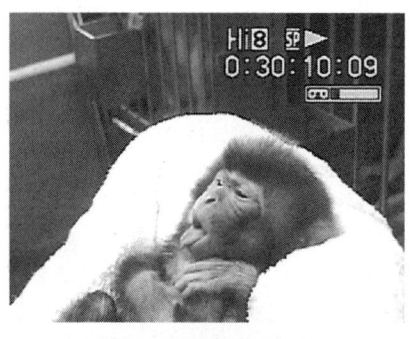

図9-3-1 実験中に見られたニホンザル新生児の表情反応．上：舌出し，下：口開け．

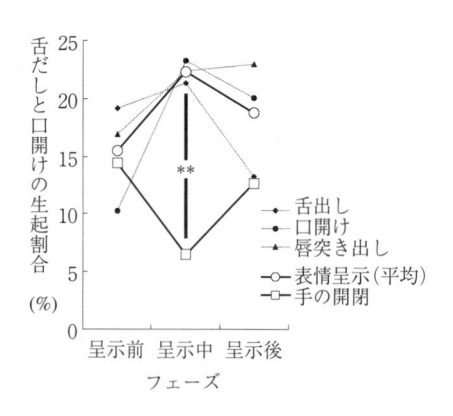

図9-3-2 ニホンザル新生児における，動作呈示前・呈示中・呈示後における舌出しと口開けの生起割合．

表9-3-1　ニホンザル新生児における各期間ごとの各行動の相対生起率(%)

呈示動作		被験児の行動								舌出し+口開け
		舌出し	口開け	唇突き出し	口をもぐもぐさせる	表情変化なし	嫌がる・泣く	目を閉じて眠る	判別不能	
舌出し	呈示前	7.8	11.4	1.4	7.8	48.1	1.7	21.1	0.8	19.2
	呈示中	6.9	14.4	1.6	7.1	59.6	1.5	7.8	1.1	21.3
	呈示後	5.4	7.9	1	6.9	63.7	3	10.3	1.9	13.3
口開け	呈示前	2.8	7.5	3.3	9.7	63.9	2.2	7.8	2.8	10.3
	呈示中	6.8	16.5	1.1	6.7	57.8	3.7	5.5	1.9	23.3
	呈示後	7.3	12.8	2.5	3.6	60.6	2.2	7	3.9	20.1
唇突き出し	呈示前	4.4	12.5	1.1	3.3	59.2	7.8	10.6	1.1	16.9
	呈示中	13.4	9	2.5	1.6	59.9	5.6	7.5	0.6	22.4
	呈示後	12.7	10.3	2.2	8.6	52.8	4.8	8.3	0.3	23
手の開閉	呈示前	3.9	10.6	1.7	4.4	56.7	3.3	16.7	2.8	14.5
	呈示中	2.2	4.3	0.6	4.7	71.2	5	7.9	4.2	6.5
	呈示後	5.1	7.6	0.6	5.2	60.1	7.8	9.3	4.4	12.7
表情動作(平均)	呈示前	5	10.5	1.9	6.9	57	3.9	13.1	1.6	15.5
	呈示中	9	13.3	1.7	5.1	59.1	3.6	6.9	1.2	22.3
	呈示後	8.5	10.3	1.9	6.4	59	3.3	8.5	2	18.8

動作呈示中の被験児の表情反応（口開けと舌出し）が頻出することが分かった（図9-3-2）．そこで，動作の呈示を大きく表情と手の運動に分け，新生児の反応のうち口開けと舌出しをプールした数値について，期間（呈示前・呈示中・呈示後）×呈示した動作（表情・手の開閉）の2要因分散分析を行なった．その結果，呈示した動作の主効果が有意であり $[F(1,11)=5.37, p<0.05]$，かつ2要因の交互作用に有意傾向が認められた $[F(2,22)=3.20, p=0.060]$．そこで下位検定として，単純主効果の検定を行なったところ，動作呈示中における被験児の表情反応の生起率が，呈示した動作の種類の間で有意に異なっていたことが明らかとなった［表情呈示時24.1%，手の開閉呈示時7.0%；$F(1,33)=10.81, p<0.01$］．

つまり，ニホンザル新生児では，他者の呈示する表情動作に対応する反応は認められなかったものの，表情動作呈示中には表情以外の動作の呈示時に比べて，より頻繁に口開けや舌出し等の表情反応を示すことが明らかとなった．

9-3-3　実験2：テナガザルおよびリスザルにおける初期模倣

被験児はアジルテナガザルのオス新生児ラジャと，コモンリスザルのオス新生児チャタロー．母親の育児拒否により，それぞれ生後12日齢および0日齢の時点から人工哺育に移行した．初期模倣のテストは，ラジャで13－37日齢の間に，チャタローでは4－50日齢の間にそれ

図9-3-3 リスザル（上）とテナガザル（下）において見られた舌出し反応.

ぞれ16回反復して行なった．実験は，それぞれの飼育エリアで行ない，手続きは実験1と同じであった．実験2では1秒ごとのデータ分析ではなく，呈示中と呈示後の各15秒間に生起した最も優勢な反応を記録した．各個体ともすべての期間のデータをプールして分析し，また，反復呈示時のデータもすべて分析対象とした．

9-3-4 結果と考察

図9-3-3には，テストにおいて見られた各新生児の舌出し反応の例を示す．実験2についても実験1同様，被験児の唇突き出し反応はほとんど見られなかったので分析から除外した．図9-3-4の上にはテナガザルの，下にはリスザルの各動作呈示に対する動作呈示中および呈示後の口開けおよび舌出しの生起率を示す．各反応の生起率は，それぞれの期間において各反応が生起したと判断された回数を各動作の全呈示回数で割ったものである．テナガザル新生児では，すべての動作呈示に対して舌出し反応の方が口開け反応よりも優位であった．しかし，動作呈示中および呈示後ともに，舌出しに対して舌出し反応が有意に出現した [χ^2検定，呈示中：$\chi^2(1)=5.32, p<0.05$，呈示後：$\chi^2(1)=5.50, p<0.05$]．また，舌出し反応と口開け反応をまとめて表情反応とし，この表情反応の生起率を呈示動作ごとに比較してみると（図中の○），動作呈示中において，口開け・舌出し動作呈示時の方が手の開閉動作の呈示に比べて表情反応の出現が有意に多かった [$\chi^2(2)=7.65, p<0.05$]．一方リスザルでは，テナガザルと比べて口開け・舌出し反応は全般的に少なかった．動作呈示中において，口開けに対して舌出し反応が有意に出現した [$\chi^2(1)=7.66, p<0.05$]．また，テナガザル同様，動作呈示中の表情反応の生起率は表情動作呈示時の方が手の開閉動作呈示時に比べて高くなる傾向が認められた [$\chi^2(2)=5.11, p=0.078$]．

以上の結果をまとめると，テナガザルでは，舌出し動作呈示に対してのみ対応する舌出し反応の頻度が増加することが示唆されたが，リスザルではそのような傾向は認められなかった．ただし両個体

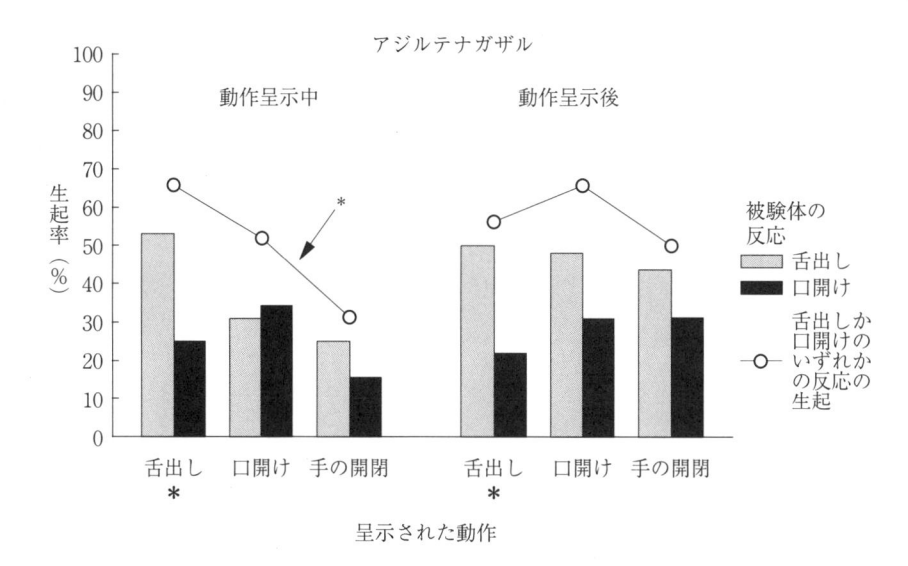

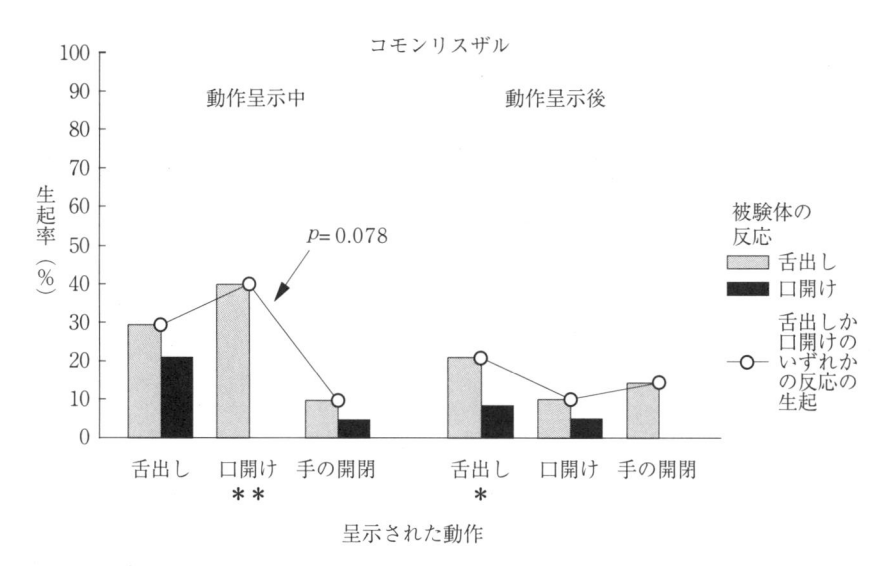

図 9-3-4　テナガザル（上）とリスザル（下）における，各期間における各動作の生起率．

とも，表情動作呈示中における表情反応が手の開閉動作呈示中に比べて増加する傾向が認められた．

9-3-5 まとめ

今回の一連の実験からは，ヒトやチンパンジーの新生児のように表情動作に対応する表情反応が増加するという新生児期の表情模倣を示唆する明瞭な結果はテナガザル，リスザル，ニホンザルでは認められなかった．ただし，その中でも，テナガザルでは舌出しについては対応する反応が増加する傾向が動作呈示中および呈示後ともに認められた．Anisfeld (1991; 1996) も指摘するように，ヒトにおいても最も明瞭に出現する表情模倣は舌出しであることが知られている．テナガザルにおいても舌出しにおいてのみ動作呈示と反応表出の対応関係が見られたことは，Anisfeldらの指摘する生得的解発機構による誘発反応 (3-5 参照) の可能性が強く，その萌芽はテナガザルにおいて既に認められる可能性がある．また，すべての種に共通の傾向として，眼前で呈示された他者の表情動作に対して，各被験児は何らかの表情反応 (口や舌) の動きを示す，ということである．この結果も，誘発反応説を支持するように思われる．テナガザル以下の系統群に属する霊長類では，他者の口の動きが自らの口の動きを誘発する．ただし，ヒトやチンパンジーのように，明確に分化した対応関係は認められない．彼らの誘発反応メカニズムはそこまで明瞭に分化していないのかも知れない．

今回の結果は，ヒト，大型類人猿以外の霊長類においては，新生児期に，未分化ながらも他個体の表情動作によって表情反応を誘発するメカニズムが存在する可能性を強く示唆している．このメカニズムがサルからヒトへと向かう人類進化の中でより洗練された形に変化していったのだろうか．それとも，チンパンジーないしはヒトが分岐していった時点でメカニズムの質的変化が起こったのだろうか．今後，さらに例数を増やすとともに，さまざまな霊長類種において検討を行ない，より包括的な議論を行なっていく必要がある．

(謝辞：本研究の一部は，文部科学省科研費奨励研究A（代表：友永雅己, #11710035）の補助を得て行なわれた．)

[友永雅己　明和（山越）政子
橋彌和秀　茶谷薫]

9-4 マカクザル乳児における生物的運動の知覚

本研究では，4-2で報告した生物的運動の知覚についてマカクザル乳児を対象に検討を行なった．特に，生育環境の異なる2群の被験児を用いて，結果を比較した．1群は野外放飼場で飼育されている集団飼育群であり，もう1群は個別ケージで母親と一緒に飼育されている個別飼育群であった．これら2群では，同種あるいは異種他個体の実際の運動を見る機会が著しく異なると考えられ，生後経験が生物的運動の認識に与える影響を同定するのに適するものと考えられる．

9-4-1 実験1

実験1では，ニホンザル（19頭），アカゲザル（20頭）の2種のマカクザルが，生後1-184日齢までの期間，複数回実験に参加した．集団飼育群は霊長研内の屋外放飼場で飼育されており，定期的に行なわれる健康診断のための捕獲調査の際に，母親を麻酔して子を短時間分離して実験を行なった．また，個別飼育群については，実験の際，母親を麻酔した上で子を分離し，実験を行なった（9-3-1参照）．基本的なセッティングはチンパンジー乳児での実験と同じであった（4-2参照）．刺激としては，右方向へ移動するヒトの2足歩行とマカクザルの4足歩行の光点動画像を用いた．作成法は4-2と同じ（図9-4-1）．チンパンジー乳児での実験同様，「正規正立運動」，「ランダム正立運動」，「正規倒立運動」，「ランダム倒立運動」を作成した．

実験手続きも基本的には4-2と同じであった．詳細は4-2を参照のこと．各試行で呈示される刺激対は同一動物種の「正立画像」と「倒立画像」より構成されており，それぞれ「ヒト正規正立運動」－「ヒト正規倒立運動」／「ヒトランダム正立運動」－「ヒトランダム倒立運動」／「マカクザル正規正立運動」－「マカクザル正規倒立運動」／「マカクザルランダム正立運動」－「マカクザルランダム倒立運動」であった．1セッションは16試行で構成し，上記の4種類の刺激対を，左右の呈示位置のバランスを取りながら4試行ずつ呈示した．実験終了後，記録したビデオ画像より，左右のディスプレイに対する被験体の注視時間を計測した．

図9-4-1 「マカクザル正規正立運動」の作成に用いられた歩行運動（図4-2-2参照）．

9-4-2 結果と考察

各試行における正立画像および倒立画像に対する注視時間を算出し，8週齢ごとのブロックにまとめ，刺激ごとに注視時間について，週齢（0－7週齢，8－15週齢，16－23週齢）×方向（正立，倒立）の2要因分散分析を行なった．なお，8週齢ごとのブロックにまとめる際に，期間中複数回参加した個体については，平均値をそのブロックの代表値とした．

集団飼育群では，ヒトランダム運動において正立よりも倒立を長く $[F(1, 19)=3.110, p<0.1]$，サル正規運動では倒立よりも正立の方を長く見る傾向があった $[F(1, 19)=3.982, p<0.1]$．どの刺激対においても週齢×方向の交互作用はみられず，週齢に伴う変化はみとめられなかった．個別ケージ飼育群では，どの刺激においても，方向の主効果は見られなかった．ただし，週齢×方向の交互作用が，ヒト正規運動において見られた $[F(2,20)=5.569, p<0.05]$．そこでヒト正規運動について，週齢ごとに方向の主効果を調べた．その結果，8－15週齢においてのみ正立運動を倒立運動よりも有意に長く注視していたことが示された $[F(1,8)=6.992, p<0.05]$．

以上の結果から，マカクの乳児では，生育された環境という生後の経験によって偏好される刺激の種類が異なり，視覚経験量が多い生物運動に対しては正立刺激への偏好反応を示す傾向がみとめられた．また，集団ケージで飼育されている個体の偏好は全週齢を通して見られるのに対し，個別ケージで育った乳児におけるヒト運動への偏好は，生後8－15週においてのみであった．これは集団飼育群では，同種であるマカクザルの正規運動に対する偏好が早く発達することを示唆しているのかも知れない．また，個別飼育群において16週齢以降に偏好が見られなくなったことは，個別飼育群がヒト正規正立運動に対して示した偏好が，集団飼育群がマカクザル正規正立運動に対して示した偏好よりも弱いことを意味しているのかも知れない．この点に関しては，今後さらに検討する必要があろう．しかし，ヒトランダム運動という無意味な運動光点群に対しても，正立―倒立間で有意な差が見られた（集団飼育群）．この理由として，個別の光点の動きに注意をむけていた可能性も考えられる．そこで，実験2では，この点を考慮して刺激を作成し，実験を行なった．

9-4-3 実験2

実験2では，実験1で用いた各刺激に，ランダムに運動する白色光点を背景として加えた．ヒトでは，このような刺激を用いると，生物運動として知覚されるような光点運動は，ランダムに運動する背景からポップアウトして知覚・認識されるが，生物的運動して知覚されないような光点運動では，ランダムに運動する背景と融合してしまい，全体として意味のあるまとまりを作る光点の集合を検出することはできなくなる．このような刺激を用いることで，実験1で見られた，生物的運動以外の要因が被験児の偏好を左右してしまう可能性を避けることができ，より直接的に生物的運動の認識を検

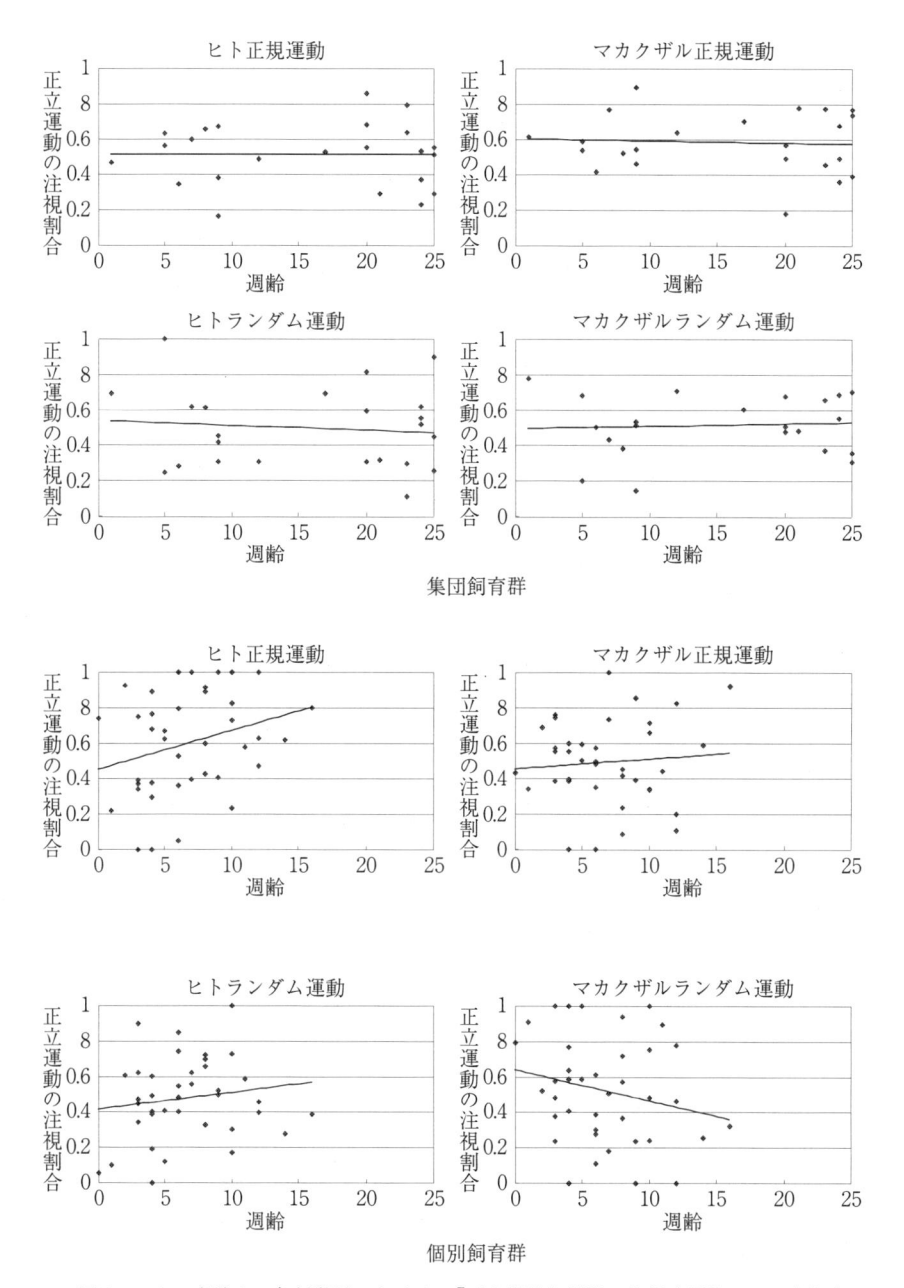

図9-4-2 実験2の各刺激対における,「正立運動」刺激の注視時間比.50％を超えると「倒立運動」よりも「正立運動」刺激への注視時間の方が大きくなる.上:集団飼育群,下:個別飼育群.

実験2では、ニホンザル（15頭），アカゲザル（1頭），カニクイザル（5頭）の3種のマカクザルが生後1－177日齢までの期間，複数回実験に参加した．被験体の飼育状況，母親からの分離等については実験1と同じであった．実験1で用いた8種類の刺激に，ランダムに動く11個の白色光点を背景として加えた画像を刺激に用いて，実験1と同じ手続きで実験を行なった．

9-4-4　結果と考察

各群の各刺激対において正立刺激を注視した割合とその近似曲線を図9-4-2に示す．このデータについて実験1同様の2要因分散分析を行なった．集団飼育群では，マカクザル正規運動に関して正立画像を倒立画像よりも長く注視する傾向が見られた $[F(1, 19)=3.304, p<0.1]$．また，週齢×方向の交互作用は見られず，発達的な変化は見られなかった．また，それ以外の刺激対においては正立画像と倒立画像の間に有意な差は見られなかった．個別飼育群では，ヒト正規運動に関して正立画像を倒立画像よりも長く注視する傾向が見られた $[F(1.9)=3.642, p<0.1]$．さらに，週齢×方向の交互作用も有意傾向を示した $[F(2.9)=3.283, p<0.1]$．そこで，ヒト正規運動について各週齢ごとに方向の主効果を調べた．その結果，8－15週齢においてのみ正立運動を倒立運動よりも有意に長く注視していたことが示された $[F(1,4)=12.930, p<0.05]$．

実験2では，ヒト，マカクザルのランダム運動には両群とも偏好が見られなかった．この上で，正規運動に対して正立運動への偏好が示されれば，それはすなわち，生物的運動をなす光点の集合が背景からポップアウトして認識された結果であるといえる．正規運動については実験1と一致した結果が得られた．すなわちマカクザル乳児においても，正立した生物的運動への偏好が見られることが示された．またその偏好反応は，生後の視覚経験量が多い生物の動きに対して，より明瞭に示されることが示唆された．さらに，集団飼育群の偏好は全週齢を通して見られるのに対し，個別ケージ群のヒト運動への偏好は，やはり生後8－15週においてのみ見られる．つまり，マカクザルの生物的運動の認識に関して，少なくとも両群において発達速度が異なることが示唆される結果となった．ただし，本実験においては個別飼育群において16週齢以降の結果はデータ数が少な過ぎるため（被験児数1），実験1同様に，16週齢以降に個別飼育群の偏好が見られなくなるか否かについては，今後さらにデータを収集する必要がある．

（謝辞：本実験は，文部省科学研究費補助金，基盤研究（C）（2）No.10610072，特定領域研究（A）（2）No.11111213，12011209，基盤研究（B）（2）No.13410026（いずれも代表・藤田和生）の補助を受けた．コザルの利用をご快諾してくださった京都大学霊長類研究所の淺岡一雄先生，清水慶子先生に感謝の意を述べたい．）

[足立幾磨　藤田和生　桑畑裕子　石川悟]

9-5 マカクザル乳児における顔図形の認識

4-4では，チンパンジー乳児における顔図形の認識の発達的変化を検討した．しかし，ヒトと類人猿以外の霊長類における顔図形偏好に関しては，これまではとんど研究がなされていない．そこで，本研究では旧世界ザルのマカクザル乳児における顔図形認識を調べるために一連の研究を行なった．まず，実験1においては，「顔図形」「対称非顔図形」「非対称非顔図形」の3種の刺激を用い，マカクザルにおいて「顔図形」への偏好反応が存在するかを調べた．また，対称性の異なる二つの非顔図形を用いることで，図形のもつ対称性が被験体の偏好反応におよぼす影響を検討した．次に実験2では，刺激に含まれる全体的配置，あるいは部分的形状がマカクザル乳児の顔図形偏好におよぼす影響を調べた．

9-5-1 実験1

実験1では生後0－17週齢のマカクザル乳児（ニホンザル18，アカゲザル7，カニクイザル1，ボンネットザル1個体）計27個体を対象に実験を行なった．そのうち7個体については縦断的に複数回実験を行ない，のべ42セッション分のデータをとった．ニホンザルのうち4個体は人工哺育，12個体は放飼場で集団飼育されていた．その他の個体は，母親とともにケージで個別に飼育されていた．集団飼育の個体は，定期的に行なわれる健康診断のための捕獲調査の際に，母親を麻酔して子を短時間分離して実験を行なった．また，母親と個別飼育されている個体について，実験の際，母親を麻酔した上で子を分離して実験を行なった（9-3-1参照）．

刺激は，「顔図形」，「対称非顔図形」，「非対称非顔図形」の合計3種類（図9-5-1）を対で呈示した．「非顔図形」のうち，顔部品の配列が左右対称なものを「対称

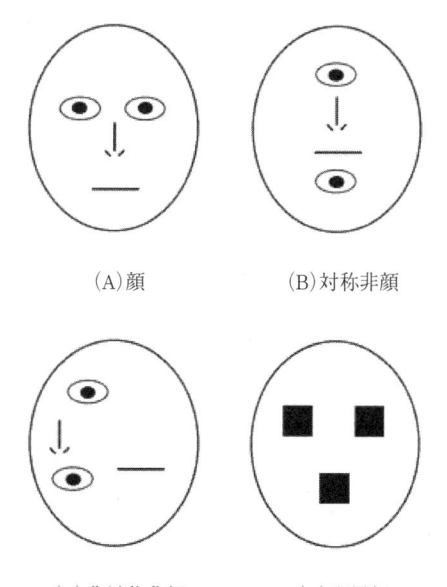

(A)顔　　　　　　(B)対称非顔

(C)非対称非顔　　(D)配置顔

図9-5-1　実験1および2で用いた刺激．実験1ではA，B，Cを実験2ではA，B，Dを用いた．

「非顔図形」，非対称をなしているものを「非対称非顔図形」とした．サイズなどはチンパンジー乳児の実験と同じ（4-4-1参照）．実験は2人の実験者が行なった．実験者Aはイスに座り，膝の上に乳児を座らせ，乳児の肩を保定した．実験者Bは実験者Aの背後に立ち，刺激を取りつけた棒の上部を持って，乳児の顔の正面から約20cm離した位置に二つの刺激を隣接して呈示した．その時点では乳児側には刺激の裏面が向けられていた．サルの顔が正面に向いた瞬間，実験者Bが両刺激を同時に180°反転させて表に向け，被験体を中心として円弧を描くようにゆっくりと左，もしくは右に等速度で動かした．各刺激が被験体の正面から左右90°の位置まで動いた時点で，1試行が終了した．0°から90°の位置に到達するまでの時間は約3秒であった．1セッションは12試行で構成され，各刺激対が4回ずつ呈示された．被験体の反応をビデオカメラで記録し，チンパンジー乳児の実験と同じ方法で評定した（4-4-1参照）．すべてのデータは，一人の評定者によって得点化され，その評定値の信頼度を測るため，独立した別の評定者1名が5セッション分のデータを解析した．各セッションの一致度の平均値は0.79であった．また，全試行の合計得点が10点未満であった被験体のデータは，分析から除外した．分析には各呈示ペア（「顔」―「対称非顔」,「顔」―「非対称非顔」,「対称非顔」―「非対称非顔」）における各刺激への平均得点を分析に用いた．

9-5-2 結果と考察

全実験データのうち，総得点が10点以上であった37個体分のデータについて分析を行なった（0-3週齢が9個体，4-7週齢が14個体，8-11週齢が9個体，12-15週齢が3個体，16-17週齢が2個体）．図9-5-2に各刺激ペアにおける各刺激

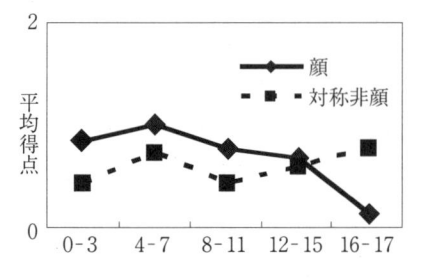

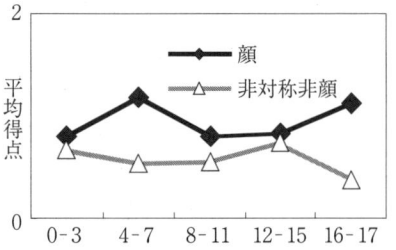

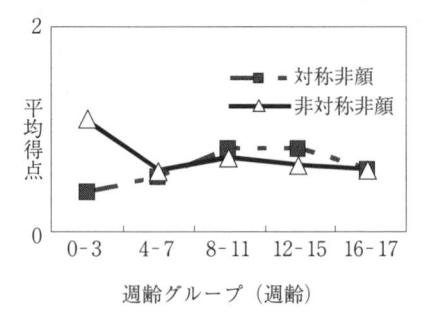

図9-5-2 実験1の各呈示ペアにおける各刺激に対する4週齢ごとの平均得点．

への4週齢ごとの平均得点を示す．各刺激呈示ペア内で全週齢を通じた各刺激への得点についてWilcoxonの符号順位検定を行なったところ，「顔」—「対称非顔」（Z=2.32, $p<0.05$），「顔」—「非対称非顔」（Z=3.017, $p<0.005$）で有意な差が見られた．次に，各刺激ペアにおけるそれぞれの刺激への4週齢ごとの平均得点について検討した．「顔」—「対称非顔」のペアにおいては，生後0－11週齢までは「顔」への偏好が見られるが，12週齢を境に「顔」偏好は消えた．一方，「顔」—「非対称非顔」のペアにおいても，やはり一貫して顔図形の方を非顔図形よりもよく追視していた．しかし，「対称非顔」—「非対称非顔」のペア内の比較では，どちらかの刺激に対する一貫した偏好反応は見られなかった．さらに，各刺激の4週齢ごとの平均得点をWilcoxonの符号順位検定を用いて比較したところ，4－7週齢において「顔」—「非対称非顔」で差が見られた（Z=2.42, $p<0.05$）．

以上，0－17週齢のマカクザル乳児は非顔図形よりも顔図形の方をよく追視し，マカクザルにおいても顔図形への偏好があることが明らかになった．二つの非顔図形間に差は見られなかったことから，被験体は単に対称性をもつ図形を好んだのではなく，顔のような配置をもつ刺激に対して選択的に反応していたことが示唆された．また，顔図形への偏好は生後4－7週齢において，最も顕著であった．マカクザルの視覚や身体の発達速度はヒトの約4倍であると考えられていることから（Boothe, et al. 1985），4週齢のマカクザルはヒトの4か月児に相当すると考えられる．ヒトの乳児の場合にも，顔図形に対する偏好が最も強くなるのが生後4か月頃である（Maurer 1985）．したがって，本実験の結果は，マカクザルとヒトの乳児が顔図形認識に関して，時期的に類似した発達を遂げることを示唆しているといえるだろう．また，今回の結果は，マカクザルの乳児においてもコンラーンのようなメカニズムがあり（4-1参照），生後の経験から学習された「顔のような刺激」に対して選択的な反応を示すことを示唆している．しかし，本実験では，0－1週齢の新生児が2頭と少なかったため，生後間もない時期の顔図形偏好と，それに関わる生得的メカニズム（コンスペック）の存在の有無は明らかにはできなかった．

実験1の結果から，マカクザル乳児の偏好反応が，各構成要素の形状という部分的情報ではなく，それらの配列という全体的構造の影響を受けていることが明らかとなった．それでは，マカクザル乳児は全体的な顔配置のみを持っている図形に対しても偏好反応を示すのであろうか．それとも，全体的情報のみならず，部分的にも顔情報を持っている必要があるのだろうか．以上の点を検討するために，実験2では顔図形偏好におよぼす全体／部分的情報の影響を調べた．

9-5-3 実験2

実験2では生後0－21週齢のマカク19個体（ニホンザル15，アカゲザル4）を対象とした．14個体については縦断的に複数回実験を行ない，計37セッションのデータを収集した．ニホンザルのうち3

個体は母親とともにケージで個別に飼育されており，12個体は放飼場で集団飼育されていた．また，アカゲザルの2個体は人工哺育で，残る2個体は，母子で飼育されていた．実験2では「顔図形」，「対称非顔図形」，「顔配置図形」の3種類の刺激を用いた（図9-5-1）．顔配置は三つの正方形（1.7cm×1.7cm）が，それぞれ目と口の位置に置かれ，各部品の形状は顔様ではないが，全体的配列が顔様をなしている図形であった．実験手続き，分析方法は実験1と同じ．2名の評定者間の一致度の平均値は0.80であった．

9-5-4　結果と考察

全データのうち，総得点が10点以上であった26個体分のデータを分析に用いた（0－3週齢が7個体，4－7週齢が9個体，8－11週齢が3個体，12－15週齢が3個体，16－19週齢が4個体）．図9-5-3に各刺激ペアにおける各刺激への4週齢ごとの平均得点を示す．全週齢を通じて，各刺激ペアにおけるそれぞれの刺激への平均得点についてWilcoxonの符号順位検定を行なった．その結果，どの刺激間にも有意な差は見られなかった．次に各刺激ペアにおけるそれぞれの刺激への4週齢ごとの平均得点について分析を行なった．「顔」―「対称非顔」のペアにおいては，生後4－7週齢で「顔」よりも「対称非顔」をよく見ていたが，8週齢頃から「顔」を偏好するようになった．そして16週齢以降になると再び「顔図形」への偏好が弱まった．全個体のデータについて4週齢ごとに各刺激への得点を比較したところ，4－7週齢において「顔」―「対称非顔」で差が見られた（$Z=-2.12, p<0.05$）．この差は「対称非顔図形」を「顔図形」よりも好んで見ていたことを示している．また，0－3週齢においては，「顔配置」と他の2刺激との間に有意な差が見られ，「顔配置」への偏好が確認された（「顔」―「顔配置」：$Z=1.38, p<0.1$；「顔」

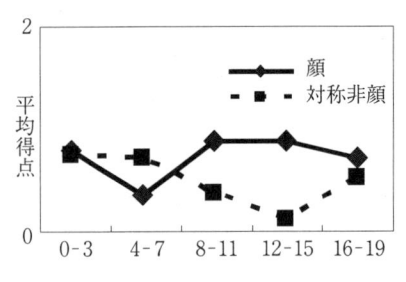

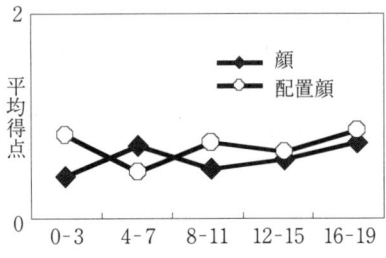

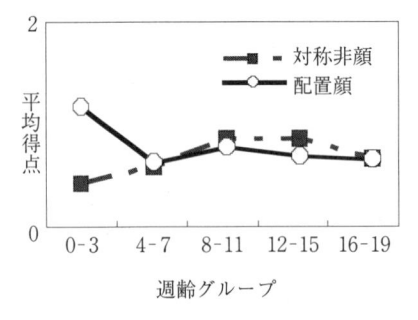

図9-5-3　実験2の各呈示ペアにおける各刺激に対する4週齢ごとの平均得点．

−「顔配置」，Z = 1.80, p<0.05；片側検定)．「顔」―「配置顔」，「対称非顔」―「配置顔」のペアにおいて，生後0−3週齢期に「配置顔」への偏好が存在することが確認された．この解釈として，コンスペック期のヒト乳児と同様に，配置顔に含まれる全体的顔配置が被験児の偏好反応を引き起こしたという可能性が考えられる．しかし，配置顔と同じく全体的な顔の配列をもつ顔図形に対する偏好は見られなかったことから，0−3週齢のマカクザル乳児における配置顔への偏好を「顔らしい図形」に対する反応であるとは考えにくい．むしろ，4-4でも述べたように，「配置顔」に含まれる物理的特性（例，空間周波数成分，黒色部分の面積）が被験体の追視反応に影響を与えたという解釈が妥当であろう．

実験2では，生後4−7週齢の時期に「顔図形」よりも「対称非顔図形」の方をよく追視するという結果が得られた．しかし，実験1では，同じ週齢のマカクが「顔図形」を「非対称非顔図形」よりも，よく追視したという結果が得られている．このような矛盾した結果が得られた原因の一つとして，実験に参加した被験児の違いがあげられる．実験1と2の被験体を比較すると，実験1ではニホンザルとアカゲザルがほぼ半数ずつであったのに対し（10頭中ニホンザル5頭，アカゲザル4頭），実験2では，ニホンザルの比率が高かった（10頭中8頭）．また，実験2では放飼場で集団飼育されていた個体が多い（10頭中7頭）という2点があげられる．今回行なった実験だけではデータ数が少ないため，種差や生育環境の違いが顔図形認識の発達におよぼす影響について，一般的な傾向を導くことはできないが，今後，例数を増やすことで，生得的な要因（種差）と，生後の経験的な要因（生育環境）が顔図形認識の発達におよぼす影響を分離できるのではないだろうか．

さらに，実験2では，実験1と異なり，統計的には全般的な「顔図形」への偏好は見られなかった．しかし，「顔」―「対称非顔」ペアにおいては，8週齢以降の「顔図形」への得点は「非顔図形」の得点よりも一貫して高く，今回の実験で有意な差が得られなかったのは，8−15週齢における被験体数の少なさが原因であったと考えられる．つまり，実験1と実験2を考え合わせると，ヒト以外の霊長類においても顔図形への偏好が存在することを支持している結果と解釈することができるだろう．

以上，実験2の結果から，実験1と同じくマカクザルにおいてコンスペックのような新生児期の顔図形偏好が存在しているという証拠は得られなかった．むしろ，発達初期には刺激の物理的特性の影響を大きく受けていたようであった．一方，生後8週齢以降というコンラーン期に相当する時期には，「顔図形」を「非顔図形」よりもよく追視する傾向が示唆された．この時期においては，「配置顔」―「対称非顔」ペアにおいては差異が見られないことから，コンラーンが駆動している時期のマカク乳児に偏好反応を起こさせるには，全体的配列のみならず，各構成要素の形状も「顔らしい」刺激である必要があるのだろう．

9-5-5 まとめ

本研究の結果から，マカクザル乳児において，少なくとも生後2か月以降にコンラーンに相当するような顔図形偏好が存在することが示唆された．また，実験2の結果からは，顔図形偏好が出現するのに先立ち，顔図形と非顔図形を弁別できるようになることが分かった．ヒトの乳児においても，コンラーン期には顔を弁別することが可能になり，その結果として顔図形への偏好が見られると言われている．つまり，顔図形と非顔図形を弁別することはコンラーン期の顔図形偏好にとって必要不可欠な要因であるといえよう．だが，弁別した刺激間のどちらを偏好するかという点においては，種や経験による差があるのかも知れない．また，マカクザルではコンスペックに相当する時期に顔図形偏好が見られなかった．類人猿では，生後15日齢のテナガザルにおいても顔図形偏好の存在が確認されている（Myowa-Yamakoshi & Tomonaga 2001; 9-6参照）ことから，コンスペックのような出生直後から駆動する顔情報処理メカニズムは，ヒト，類人猿とそれ以外の霊長類の間で異なっている可能性があるのかも知れない．今後，他の霊長類種においても同様の実験を行なうことで，顔情報処理の生得的側面の進化的基盤が明らかになると考えられる．

最後に，本研究の実験2の問題点として，刺激間で物理的特性の統制がとれていなかったことがあげられる．実験2では物理的特性に基づいた反応と「顔らしさ」という特性に基づいた反応が混在したため，実験1と比べて刺激間に明瞭な差異が見られなかったのかも知れない．その問題を解消するために，現在，物理的特性を統制した刺激間（「顔図形」と「対称非顔図形」の間，「顔配置図形」と「縦配置図形（黒い四角形三つを縦一列に配置）」の間）をそれぞれ比較する研究を行なっている．その実験の結果から，マカクザル乳児における顔図形偏好とそれにおよぼす部分／全体的情報の影響がさらに明らかにされるだろう．

（謝辞：本実験は，文部省科学研究費補助金，特別研究員奨励費 No.3674（代表・桑畑裕子），基盤研究（C）（2）No.10610072, 特定領域研究（A）（2）No.11111213, 12011209, 基盤研究（B）（2）No.13410026（いずれも代表・藤田和生）の補助を受けた．コザルの利用をご快諾してくださった日本福祉大学の久保田競先生，京都大学霊長類研究所の淺岡一雄先生，清水慶子先生に感謝の意を述べたい．）
［桑畑裕子　藤田和生　石川悟
　足立幾磨　友永雅己　加藤朗野
　松林伸子　釜中慶朗　松沢哲郎］

9-6
テナガザル乳児における顔の認識の発達

本研究では，人工哺育のアジルテナガザル1個体を対象に，発達初期の顔の認識の発達を検討した．実験1では，4-4，9-5同様に，顔図形への選好反応について検討し，実験2では4-5，9-7と同じく最も既知の個体（主たるヒト養育者）の顔の認識について検討した．

9-6-1 実験1：顔らしい刺激をいつ頃から好むのか

母親の養育拒否により，生後13日齢よりヒトが養育した，オスのアジルテナガザル，ラジャを対象に実験を行なった（9-10参照）．実験は，15-22日齢の間，毎日1回行なわれた．刺激としてJohnson & Morton（1991）で用いられた四つの顔図形刺激（13.0×10.0cm）を呈示した（図9-6-1；図4-4-1，図9-5-1も参照）．ラジャは，実験者Aの大腿上にあお向けの状態で抱かれた．実験者Bが，実験者Aの背後に立ち，一つの刺激をラジャの正面から約20cm離れた位置に呈示した．実験者Bは，ラジャが刺激を注視したと同時に，刺激を左あるいは右方向へゆっくりと弧を描くように動かした．ラジャの正面から90°まで一つの刺激を動かすまでを1試行とし，左右それぞれ6回，1日計12回行なった．刺激を小型CCDカメラの上部に取りつけることにより，ラジャの刺激への追視反応を随時ビデオ記録した．刺激呈示の順序と左右方向は，毎日ランダムに選択された．ラジャが刺激を約60°以上追視した場合のみを，注視反応としてカウントした．

9-6-2 結果と考察

図9-6-2は，それぞれの刺激への注視反応の割合を，日齢ごとに示したものである．実験期間を通して，ラジャは，

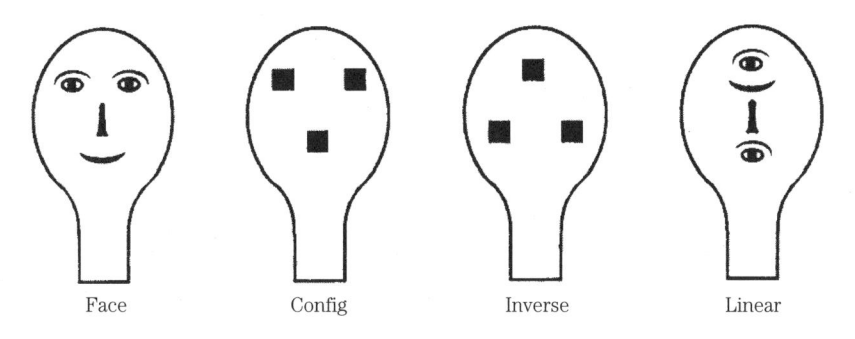

図9-6-1 実験1で用いた四つの刺激（Johnson&Morton 1991より）．

FaceとConfigをInverseとLinearよりも好んで注視した．図9-6-3は，それぞれの刺激に対する注視反応の割合を総合し，その平均を表したものである．注視反応には，四つの刺激間で有意差がみられた［Kruskal-Wallis検定,H(3)=17.65, $p<0.001$］．Bonferroni法による下位検定の結果，FaceとInverse, FaceとLinear, ConfigとInverse, ConfigとLinearの間に有意差が認められた($ps<0.05$)．テナガザル乳児は生後15日齢の時点で既に，顔らしい図形とそうでない図形を区別し，顔らしい図形を好んで見ることが分かった．この結果は，ヒト乳児を対象とした結果と類似していた．しかし，テナガザルの発達速度は，ヒトの約3倍である点を考慮すると，テナガザルの生後15日齢は，ヒトの生後1.5か月齢に相当する．

Johnson & Morton（1991）によれば，コンスペックが機能するのは生後1か月未満であり，本研究で対象としたテナガザルは，その新生児期を越えていることになる．この点については結論を導くのに注意を要するであろう（9-5参照）．

9-6-3 実験2：養育者の顔をいつ頃から学習するのか

生後4週齢から5週齢の間，毎週4日間実験を行なった．刺激としては，養育者であるヒト（女性）の顔，見知らぬヒト（女性）の顔，同種個体である見知らぬテナガザル（メス）の顔の白黒写真（18×15cm）を使用した．手続きは「2選択選好注視法」を用いた．実験1とは異なり，二つの刺激（3種類から二つを選択）

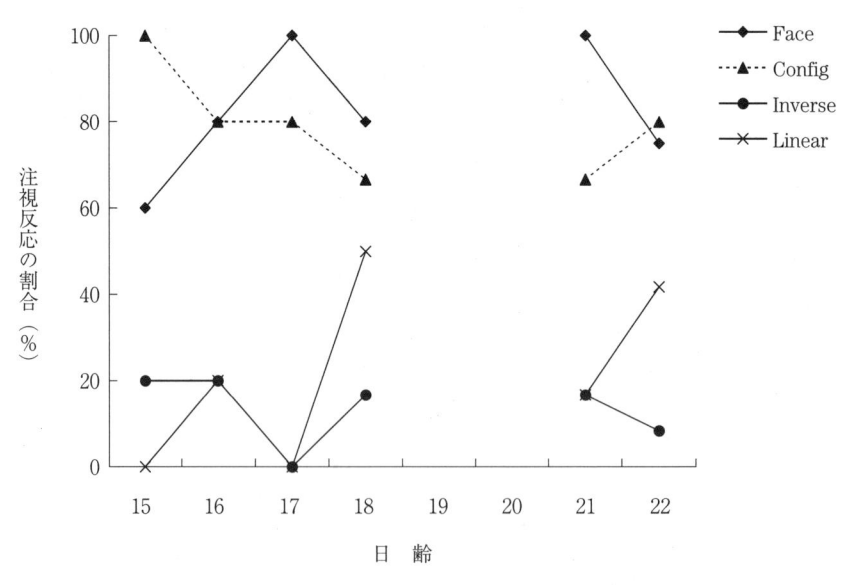

図9-6-2 各日齢での，四つの刺激に対する注視反応の割合．

を，ラジャの正面から約20cm離れた位置に呈示してそれぞれを左右方向にゆっくりと弧を描くように動かした．被験児の正面から左右90°まで二つの刺激を動かすまでを1試行とし，左右それぞれ5回の対呈示により，1日計15回を1セッションとして行なった．実験1同様，ラジャが刺激を約60°以上追視した場合のみを，注視反応としてカウントした．

9-6-4 結果と考察

実験期間を通して，三つの刺激対間で注視反応の割合に有意な変化は見られなかった．図9-6-4は，三つの刺激対それぞれに関して，注視反応の割合を総合し，その平均を表したものである．ラジ

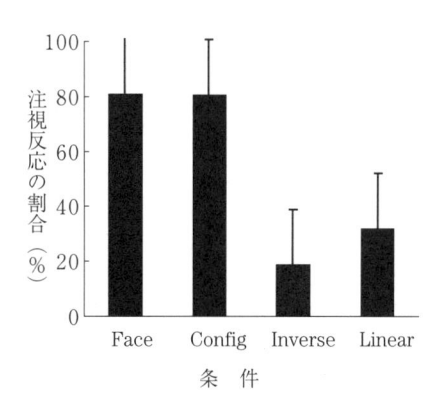

図9-6-3 実験期間を通してみられた，各刺激に対する注視反応の割合の平均．

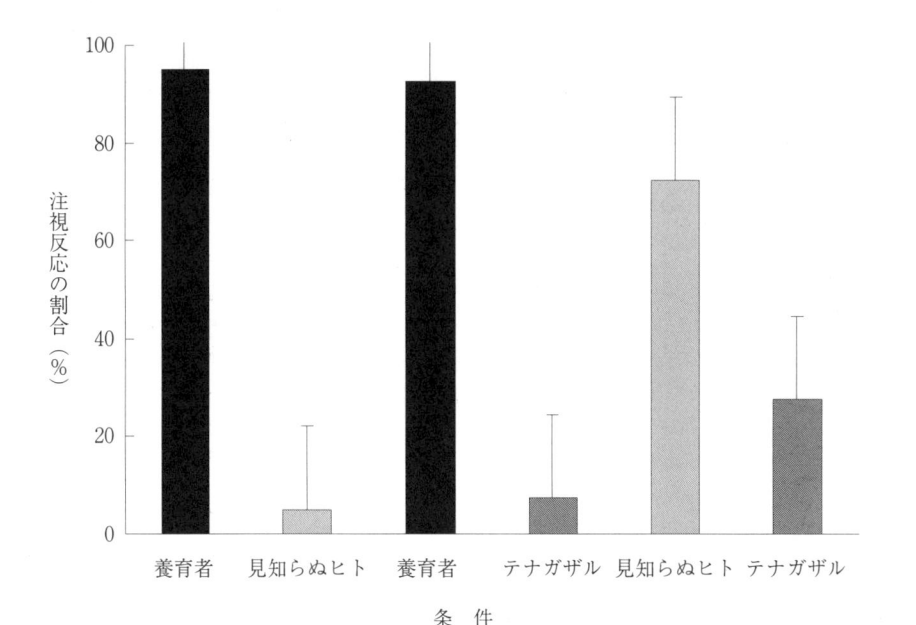

図9-6-4 実験期間を通してみられた，三つの刺激対それぞれに関する注視反応の割合の平均．

ャは,養育者であるヒトの顔を,見知らぬヒトの顔(2項検定,$p<0.0001$),およびテナガザルの顔($p<0.0001$)よりも,有意に好んで見た.さらに,見知らぬヒトの顔を,テナガザルの顔よりも好んで見た($p<0.05$).テナガザル乳児は,生後4週までには,養育者の顔を,見知らぬ個体の顔よりも好んで見ることが明らかとなった.さらに,このテナガザルは,ヒトの顔を,同種個体のテナガザルの顔よりも好むことが分かり,個別の顔を区別できていることが分かった.ヒトの乳児では,生後2か月頃より,髪型などの外部情報にたよらなくても,個別の顔を認識できるようになることが指摘されている.先述のように,テナガザルの発達速度は,ヒトの約3倍である点を考慮すると,この時期のテナガザルは,ヒトの3か月齢に相当するため,同様のメカニズムにより顔の認識が発達した可能性が考えられる.

9-6-5 まとめ

本研究の結果,テナガザル乳児は,生後15日齢までには,顔らしい図形を顔らしくない図形よりも好んで見ることが分かった.生後すぐに顔らしい刺激に注意を向ける特性は,ヒトの乳児だけでなく,小型類人猿の乳児でも共通してみられることが示された.他者の顔へ注意を向ける行動によって,乳児は養育者の関心をひき,養育行動を引き出すと考えられる.また,ヒトからの養育を受けたテナガザル乳児は,なじみのある/ないにかかわらず,ヒトの顔を同種個体の顔よりも好んで見た.これにより,テナガザルにおける顔の認識の発達は,生後受ける視覚的な学習経験に強く依存していることが分かった(4-5,9-7参照).ラジャは,生後すぐにヒト的な養育行動を受けてきた.ヒトである養育者は,テナガザルと顔と顔をつきあわせた形でのコミュニケーションを頻繁に行なってきた.そのため,養育者の顔を見る機会が頻繁に与えられてきたはずである.テナガザルが養育したテナガザルの顔の認識能力に比べて,ヒトが養育したテナガザルでは,顔を認識する能力の発達が促進された可能性も考えられるだろう.同じ種であっても,受けてきた養育経験によって,顔認識の発達に違いが見られる可能性も十分考えられる.

(謝辞:本研究は文部科学省奨励研究(A)(代表・友永雅己,課題番号1171003,日本学術振興会特別研究員奨励費・No.2867)の助成を受けた.)

[明和(山越)政子 友永雅己]

9-7
ヒトおよびニホンザル乳児における母親顔の認識の発達

ヒトの顔知覚の発達初期過程では，生後間もない新生児が顔模式図形を好んで見ること，生後数日の乳児が母親顔を好んで見ること，などの現象が知られ，今まで，これらの現象は別のものとして考えられてきた．本研究では，ヒトとニホンザルでの比較発達実験を概観しながら，これら発達初期の顔知覚の現象を，統一的な視点で考える試みを行なう．

生まれて間もないヒト新生児が顔模式図形を好むことは古くから知られている (Johnson & Morton 1991)．その一方で，生まれて間もない新生児が母親の顔を好むことも知られている．成人と同じように，顔の内部情報を用いて，顔の角度の変化にもかかわらず母親顔を認識するためには生後3か月を要するものの (de Schonen et al. 1998)，外部情報がある場合生後2-4日程度で母親顔を好むことが報告されている (Bushnell et al. 1989; Pascalis et al. 1995)．この発達メカニズムをより詳細に検討するため，Bushnell (1998) は生後2日までの新生児の全行動をビデオ撮影しながら，4時間おきに母親顔の好みを調べる実験を行なった．その結果，11時間の母親顔の視覚情報の蓄積が母親顔の好みの基礎にあることを解明した．

では，顔模式図形の好みと母親顔の好みは，どのようにつながるのだろうか．これらの現象をつなぐものとして，顔のプロトタイプ形成の実験結果が役にたつ．Walton & Bower (1993) の実験で，乳児が事前に呈示された未知の顔を平均化した顔を，まったくの未知の顔よりもよく見ることが実証され，乳児の段階で顔のプロトタイプが形成されることが示唆された．彼らの研究は，実験的な状況で乳児が顔のプロトタイプを形成し，それを好むことを示しているが，同様な状況が実際の生活でおきている可能性も十分考えられる．本研究では，彼らの実験で見られた顔のプロトタイプ形成が，乳児の現実生活でも見られるのかを調べる目的で実験を行なう．現実生活で作り出される顔のプロトタイプとしては，乳児が目にすることの多い同居家族の平均顔を用い，この顔を好むか検証する．さらに，今までの母親の顔を好むという研究成果の背後に，プロトタイプ顔を好む現象が隠されている可能性を検討するため，平均顔と母親顔の好みを比較する．

9-7-1　実験1：ヒト乳児

ヒト女児3名に対して，生後1-10か月まで縦断実験を行なった．まずそれぞれの被験者の同居家族の正面顔写真から，家族の平均顔 (Average) を作成し，次に主たる養育者である母親 (M100) と平均顔の間で画像合成を行なうことにより刺激を作成した．図9-7-1に示すように，母親顔と平均顔の間と同じ距離だ

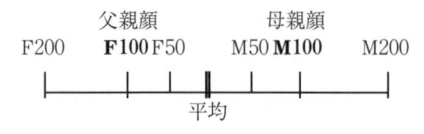

図9-7-1　各実験刺激の物理的位置関係.

け母親顔方向に強調した母親の強調顔（M200）を作成し，さらに母親顔と平均顔の中間点に母親の非強調顔（M50）を作成した．副たる養育者の強調顔（F200）と非強調顔（F50）も同様の比率で合成した．

実験は，生後1か月から10か月までの間月1回行なった．実験では，各顔刺激写真を被験児の顔から10cmの位置で周辺視野から中心視野へとゆっくり動かし，被験者が注視し始めたら3秒以上視線をそらすまで呈示し続けた．各刺激はそれぞれランダムな順番で2回ずつ呈示し，顔刺激に対する被験児の反応をビデオカメラで撮影した．それぞれの刺激において2回の試行のうち注視時間の長いデータを採用した．

9-7-2　結果と考察

図9-7-2に，平均顔，母親非強調顔，母親顔，母親強調顔を好んだ比率を被験児ごとに示す．全体的に平均顔への好みが目立つが，被験児ごとに1要因の分散分析を行なったところ，Y.S.で有意な差がみられ $[F(3,10)=4.34, p<0.001]$，下位検定を行なったところ，母親顔や母親の非強調顔よりも平均顔が好まれた．さらにS.T.では有意傾向がみられ $[F(3,10)=2.39, p<0.1]$，下位検定を行なったところ，母親の非強調顔が特に好まれないこ

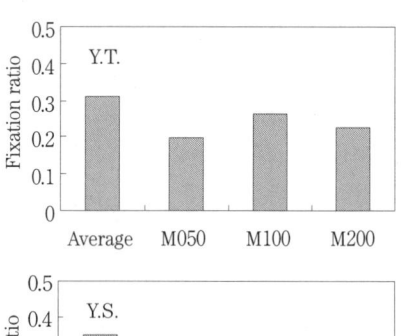

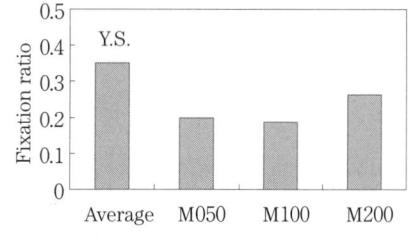

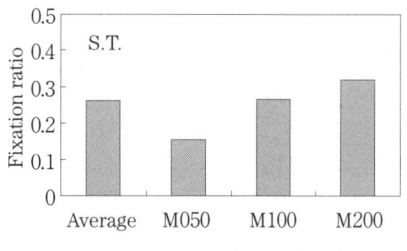

図9-7-2　ヒト乳児での顔の好みの結果．

とが判明した．これらの結果から，ヒトの乳児では平均顔を好む可能性があることが考えられる．

9-7-3　実験2：人工哺育ニホンザル

人工哺育されていたニホンザル2頭に対して，生まれてから生後54時間まで実験を行なった（9-3-1参照）．刺激はヒトの実験と同様の方法で作成した．同居家族は養育スタッフからなる養育者集団と

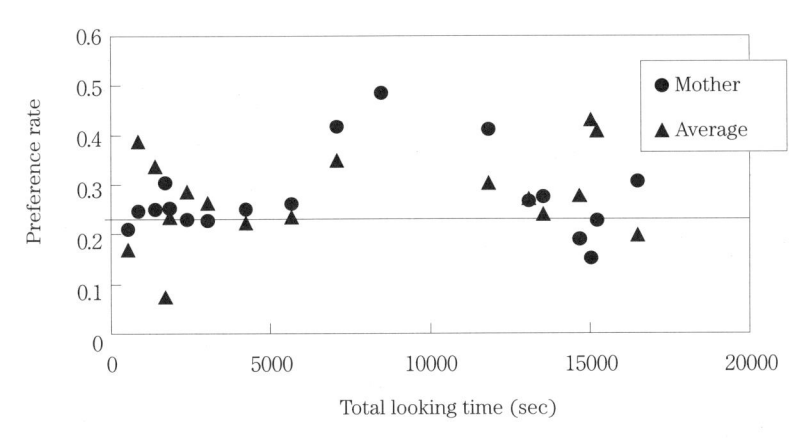

図 9-7-3　ニホンザル乳児における視覚経験と母親顔・平均顔への好み率の関係.

して養育者集団の平均顔（Average）を作成し，さらに養育リーダー（K100）を母親，サブリーダー（M100）を副たる養育者とした．発達初期の実験であるため，養育スタッフのオリジナルの顔であるK100，M100と養育者集団の平均顔と，コントロール刺激（Control）のみを使用した．コントロール刺激は，ヒトの顔をもとに顔の内部情報をスクランブルしたものと，周波数成分はそのままで目や鼻などの個別情報を見えないように処理したものの2種類を併用した．実験は出生直後から54時間まで，6時間おきに行なわれた．これに並行して，全行動の記録から顔の視覚経験時間を記録した．刺激呈示は実験者が被験児の両肩を保定した状態でヒトと同様に行なったが，注視時間が短かくばらつきがあるため，各刺激の注視時間を呈示時間で割った比率をデータとして用いることとした．

9-7-4　結果と考察

図 9-7-3 に，横軸に顔視覚時間の合計，縦軸に母親顔（養育リーダーの顔），平均顔を選んだ比率を示す．使用した顔が四つであるため，0.25 をチャンスレベルとすると，図に示すように，おおよそ10000秒（約2.8時間）で，母親顔や平均顔に対する好みが成立する可能性が示唆される．これは，Bushnell（1998）の11時間で母親顔の好みが成立するとするヒトの結果よりも，ニホンザルは約4倍速い速度で顔の好みが形成されることを示唆するものである．なお，ニホンザルにおいては生後3日までの顔に対する総視覚経験量が，人工哺育で7500秒（2時間）から20000秒（約5.5時間），母子哺育で18000秒（約5時間）から34000秒（約9.4時間）と，ヒトと比べて非常に短いことから推測するに，ニホンザルでは少ない量で顔の視覚学習が済む可能性も考えられる．次に，図 9-7-4 に，それぞれの顔

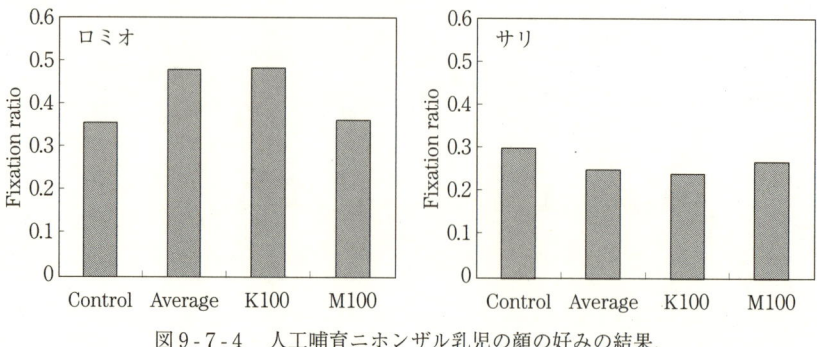

図9-7-4　人工哺育ニホンザル乳児の顔の好みの結果．

の好みを示した．平均顔（Average）への好みはヒトよりも少ないものの，母親顔と同じ程度であることが分かる．

9-7-5　実験3：母子哺育サル

個別ケージにおいて母子哺育されていたニホンザル乳児2頭に対して，生後1-20週齢までの間実験を行なった．実験刺激は，ヒト／人工哺育サルの実験と同様の方法で作られた．養育者集団は母親サルの集団とし，母親サル集団の平均顔を作成し，主たる養育者は母親サル（A100/B100）とした．母親サル集団の平均顔と母親サル（A100/B100）の間で画像合成を行ない，人工哺育サルと同様の方法でサルの顔をもとにコントロール刺激を作成した．使用した刺激は，コントロール刺激，平均顔，母親の顔，母親の強調顔，母親の非強調顔，別の母親の顔，別の母親の非強調顔である．

実験は，生後1週から20週まで週に1回の頻度で行なった（9-4-1参照）．人工哺育サルと同様に，ヒトが乳児を保定して実験を行なった．

9-7-6　結果と考察

図9-7-5に，各刺激に対する注視率を示す．母子哺育サルは，それぞれの母親顔に対する好みは見られるものの，平均顔への好みが圧倒的に低いことが判明した．これまでの結果から，平均顔への好みは，ヒト，人工哺育サル，母子哺育サルの順に低いことが示唆された．ヒトでは，他者弁別における顔情報への依存性の強さという種の特異性から，平均顔が形成されることが推測される．これに対して，同じ種であるニホンザルにおいて，人工哺育と母子哺育という哺育形態の違いから平均顔への好みが異なった理由としては，人工哺育と母子哺育の哺育形態の違い，すなわち，ヒトが介在する人工哺育は母子哺育と比べ対面的に接触する頻度が高いことが影響した，あるいは，人工哺育で示された母親顔が自種と別形態であることから，視覚学習の必要性が高まったためであると考えられる．以上の結果は，ニホンザルの顔認識の自種の枠組みを考える上で興味深い．

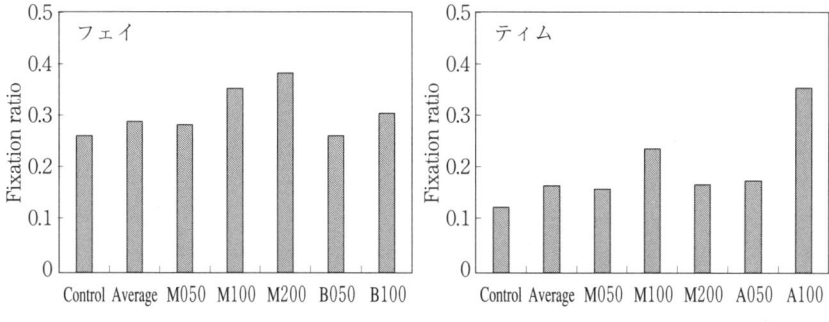

図9-7-5 母子哺育ニホンザル乳児の顔の好みの結果.

9-7-7 まとめ

　以上,ヒトとニホンザルを対象に行なった既知顔認知の比較発達実験から判明したことを列挙し検討する.まず,人工哺育のニホンザルの発達初期の実験結果から,ニホンザルではヒトに比べて(約11時間),生後約3時間という非常に短い時間で母親顔の好みが形成されることが示唆された.しかしながらこの差は,ヒトとニホンザルの知覚運動機能の発達速度の違い(ニホンザルはヒトの発達速度の約3-4倍)や,ニホンザルはヒトよりも基本的な顔の視覚経験が短いことなどから,十分納得できるものであると考えられる.次に,ヒトの実験から,ヒトの乳児は母親顔よりも平均顔を好むことが示唆され,今まで検証されてきた母親顔の好みの背後には,平均顔への好みが隠されていた可能性が示唆された.平均顔への好みはある種ヒト特有であり,顔認識がプロトタイプを中心とした座標表現に沿って行なわれるという方略は,ヒトの種特有なものであることも推測される(ただし,4-5のチンパンジー乳児の結果も参照のこと).

　一方,人工哺育のニホンザル乳児では非常に速い段階で母親顔の好みとともに平均顔の好みが形成され,母親顔と平均顔の好みがほぼ同等であった.これに対し,母子哺育のニホンザルでは,平均顔への好みが見られなかった.母子哺育のニホンザルと人工哺育のニホンザルの間の平均顔の好みの違いは,人工哺育のニホンザルが特殊な環境下で養育されたことによる可能性が強いと考えられる.すなわち,人工哺育のニホンザルは通常の哺育と比べ,母親役のヒトが主導の哺育環境になるため,対面的な場面が多くなり,その結果対面的な視覚経験が多くなっており,また,母親役のヒトの顔が自種の顔と別形態であることから,視覚学習の必要性が高まった,という二つの違いがあると考えられる.ところで,人工哺育と母子哺育の生後3日間の顔の視覚経験量を比べると,人工哺育の方が顔の視覚経験が特に多いという可能性は少ないものであった.ただしこれらのデータは,母子哺育の母親が常に一緒にいるのに対し,人工哺育の母親は常に一緒にい

るわけではない状態で記録されたことなどから，視覚経験の総計もこれらの要因を考慮する必要がある．さらに，顔の視覚経験の量的な側面だけではなく，母親が子どもの顔を注視しながらミルクを与えるというヒト特有の哺育形態という質的側面が顔認知に影響を与えている可能性も考えられる（6-1参照）．

最後に，ヒトがなぜプロトタイプ顔を好むようになるかについて仮説的な話をしてまとめたい．乳児が顔を注視することの機能的側面から考えると，乳児は顔らしきものを見ると追視することにより，母親の興味をひいて養育行動を引き出し，かつ顔の視覚学習を成立しやすくする，というはたらきをしているのではないだろうか．この機能を成立させるため，乳児はまず顔模式図形といったラフな形状を他の物体から検出するという機能を生得的にもち，顔全般に興味をもって追視する．そしてこの機能から必然的に顔の視覚経験がストックされ，現実生活に沿ったプロトタイプを急速に形成できるようになると考える．ここで最初に述べた，母親の興味を引いて養育行動を引き出すという機能的意味に注目すると，発達最初期は顔一般に興味を示すものの，母親の興味を引くためには，注視する顔のターゲットを母親顔にしぼる必要がでてくる．そういった中でこの時期，生得的に存在したラフな顔のプロトタイプから，視覚経験から作成されたより現実に沿った顔のプロトタイプへと好みが移行するようになると考える．これらの流れを現象的な側面から見ると，生後すぐに顔の模式図形を好み，顔のプロトタイプを好む段階になるとプロトタイプに類似した母親顔を好むように変化して見えるのではないかと推測する（4-5も参照）．しかしながら，この裏で顔のプロトタイプを注視するという機能は変化せず，顔のプロトタイプ自体が模式図形から現実に沿った顔へと変化していると考えるのである．発達的にいつ頃プロトタイプへの好みが減少し成人の顔認識メカニズムと同じになるのか，さらには人見知りや離乳などの社会的発達と認知機能の変化がどの程度結びついているのか，などこの後の発達過程については検討すべき課題が残されている．

以上，本研究では，ヒトやニホンザルといった様々な種の様々な哺育形態における，母親顔，平均顔の実験から，顔認知の種固有性について検討した．それぞれの種固有性をより深く検討するためにも今後より詳細なデータの検討が必要であろう．

（謝辞：本研究のニホンザルの実験は，科学研究費奨励研究A（代表：友永雅己，#11710035）の補助を受けた．また，ヒトの乳児の実験は科学研究費奨励A（代表：山口真美，#11710038）の補助を受けた）
[山口真美　金沢創　友永雅己　村井千寿子]

9-8
ニホンザル幼児におけるカテゴリ弁別
回避反応テストを用いて

4-9においてチンパンジー乳児のカテゴリ化能力についてヒト乳児と同じ手続きを用いて検討した．しかしそれ以外の霊長類乳児についてはカテゴリ形成についての研究がほとんど行なわれていないのが現状である．そこで本研究では，ニホンザル幼児を対象に，彼らが自発的に示す回避反応を利用して明示的な訓練を伴わないカテゴリ弁別実験を行なった．

9-8-1　実験1

人工哺育で育てられたニホンザル2個体，アンヘル(15か月齢，オス)とシンゴ(39か月齢,オス)を対象に実験を行なった(9-3-1参照)．「動物」・「家具」・「乗り物」の三つのカテゴリからなるミニチュア模型を刺激として用いた(図9-8-1；4-9参照)．

日常の観察において，彼らがある種の対象物（ミニカーなど）に対しては，接近・リーチング・把握・口や手による操作などの積極的な探索な反応を示すのに対し，別の種類の対象物（動物のおもちゃなど）に対しては，回避や驚愕・グリメイスなどの反応を示すことが分かっていた．そこで，彼らの対象物弁別をより詳細に実験的に検討するため，対象物に対するこれらの反応を指標とした「回避反応テスト」を考案してカテゴリ弁別実験を行なった．実験は，普段彼らが暮らしている飼育室内のグループケージで行なった．実験時のみ彼らのうち1頭を分離し，落ち着いた状態を選んで，普段彼らの飼育をしている養育者2名で実験を行なった．実験者の1人が刺激を呈示し，もう1人がビデオカメラによる実験の記録と呈示時間の計測を行なった．セッションごとに「動物」・「乗り物」・「家具」の各カテゴリからそれぞれ4個,計12個の刺激をランダムに選んで用いた．各刺激はそれぞれ3回ずつ重複して使用した．刺激は，一つずつ被験体の視野に入っている状態を保った上で30秒間呈示した．試行間間隔は原則90秒としたが，被験体が強い回避反応を示した場合には状態が落ち着くまで延長した．また，刺激呈示の際の刺激へのリーチング，接触行為は被験体の自由とした．実験は12試行を1セッションとして，両被験体ともに計6セッションを行なった．

ビデオ記録をもとに，普段ニホンザルと接する機会があり，その行動様式や表情の表出に関して知識のある5名が刺激に対する被験体の反応を独立に評定した．彼らは，被験体の示す刺激からの逃避・発声（スクリーム）・驚愕・グリメイスなどの行動の出現頻度や潜時・継続時間・強さを総合的に評価して，被験体の刺激への回避反応を，「1：まったく恐がっていない」から「5：とても恐がっている」の5段階で評定した．5人全員

がアンヘルの結果を評定し，5人のうち3人がシンゴの結果を評定した．評定値に関してピアソンの積率相関係数を算出したところ高い相関が得られた（アンヘル：範囲0.904 − 0.952，シンゴ：0.915 − 0.923）．

（家具）

（乗り物）

（動物）

図9-8-1　実験1で用いた刺激の例．

9-8-2　結果と考察

両個体における評定の結果（評定者間の評定値の平均と標準誤差）を図9-8-2に示す．この図から明らかなように，両個体とも「動物」刺激に対しては強い回避反応を示した．また個体ごとに，カテゴリ（3）×刺激呈示回数（3）の2要因分散分析を行なったところ，アンヘルでは，カテゴリの主効果が有意であった[$F(2, 14)$=54.73, p<0.01]．LSD法による下位検定の結果，「乗り物（2.41）」と「家具（1.58）」よりも「動物（4.64）」に対して有意に強い回避反応を示していたことが分かった（ps<0.05）．呈示回数の主効果と交互作用には有意差は見られなかった．これは，刺激を重複して呈示しても「動物」刺激に対する回避反応が低減せずに持続していたことを意味する．また，シンゴにおいても同様の分析を行なったところ，アンヘル同様，カテゴリの主効果が有意であった[$F(2, 14)$=182.01, p<0.01]．LSD法による下位検定の結果，「乗り物（1.72）」と「家具（1.30）」よりも「動物（4.13）」に対して有意に強い回避反応を示していたことが分かった（ps<0.05）．呈示回数の主効果ならびに交互作用はアンヘル同様見られなかった．

以上の結果から，両個体が他の2カテゴリよりも，「動物」カテゴリに対して有意に強い回避反応を示すことが分かった．この結果は，ニホンザル幼児が，「動物」対象物がもつ何らかの共通した特性に応じて他のカテゴリとの弁別を行なっていた可能性を示唆するものである．し

かしながら，実験1の結果のみでは，被験体が「動物」対象物のどのような特性に基づいてカテゴリ弁別を行なっていたかは不明である．そこで，この点を検討するために実験2を行なった．また，実験1の結果から，「回避反応テスト」が被

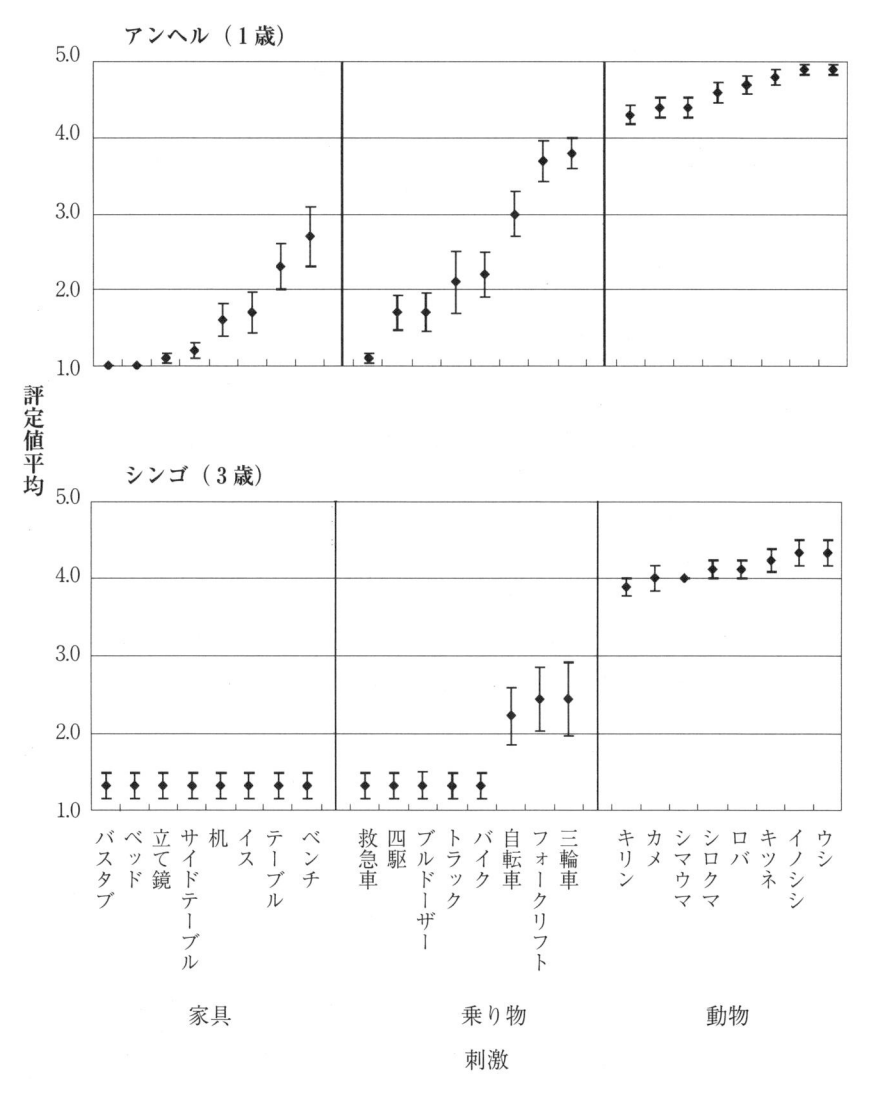

図9-8-2 実験1における各刺激に対する回避反応の評定結果．上：アンヘル，下：シンゴ．

験体の自発的なカテゴリ弁別を検証する上で妥当な手続きであることが明らかとなった．この結果を受け，続く実験2でも同様の手続きで実験を行なった．

9-8-3　実験2

アンヘルのみが実験2に参加した．実験2では，「動物」カテゴリ刺激と「家具」カテゴリ刺激のみを用いた．「家具」刺激はコントロール刺激として用いた．実験2では，足部分を取り除いた「足なし動物」刺激を含む「足なし条件」と，頭部を取り除いた「頭なし動物」刺激を含む「頭なし条件」との2条件を行なった（図9-8-3）．「足なし条件」では，「足」部分を取り除いた四つの「動物」刺激と完全体の四つの「動物」刺激，そしてコントロールの四つの「家具」刺激を用いた．また，「頭なし条件」では，「頭」部分を取り除いた四つの「動物」刺激と完全体の四つの「動物」刺激，そして四つの「家具」刺激を用いた．毎セッションごとに各刺激対象物からそれぞれ4個，計12個の刺激をランダムに選んで用いた．各刺激はそれぞれ3回ずつ重複して使用した．その他の条件は実験1と同じである．実験は12試行を1セッションとして，各条件を交互にそれぞれ3セッションずつ行なった．評定法は実験1と同じ．評定者間の相関も実験1同様高かった（範囲：0.875 − 0.964）．

9-8-4　結果と考察

もし，「動物」の「足」部分が「動物」を弁別する際の顕著な特性であるならば，「足」部分を取り除いた「動物」刺激に対する回避反応は，完全体の「動物」刺激に比べて低下すると考えられる．また，「頭」部分についても同様である．

各条件における評定の結果を図9-8-4に示す．「足なし条件」の結果について刺激(3)×刺激呈示回数(3)の2要因分散分析を行なったところ，刺激の主効果が有意であった［$F(2, 6) = 97.12, p < 0.01$］．また下位検定の結果，「足なし動物（4.25）」と「完全体動物（4.56）」に対する評定値に差は見られなかったが，これらの評定値は，「家具（1.05）」に対する評定値よりも有意に高いものであった（$ps < 0.05$）．呈示回数の主効果ならびに交互作用は見られなかった．さらに，「頭な

（足なし動物）

（顔なし動物）

図9-8-3　実験2で用いた刺激の例．

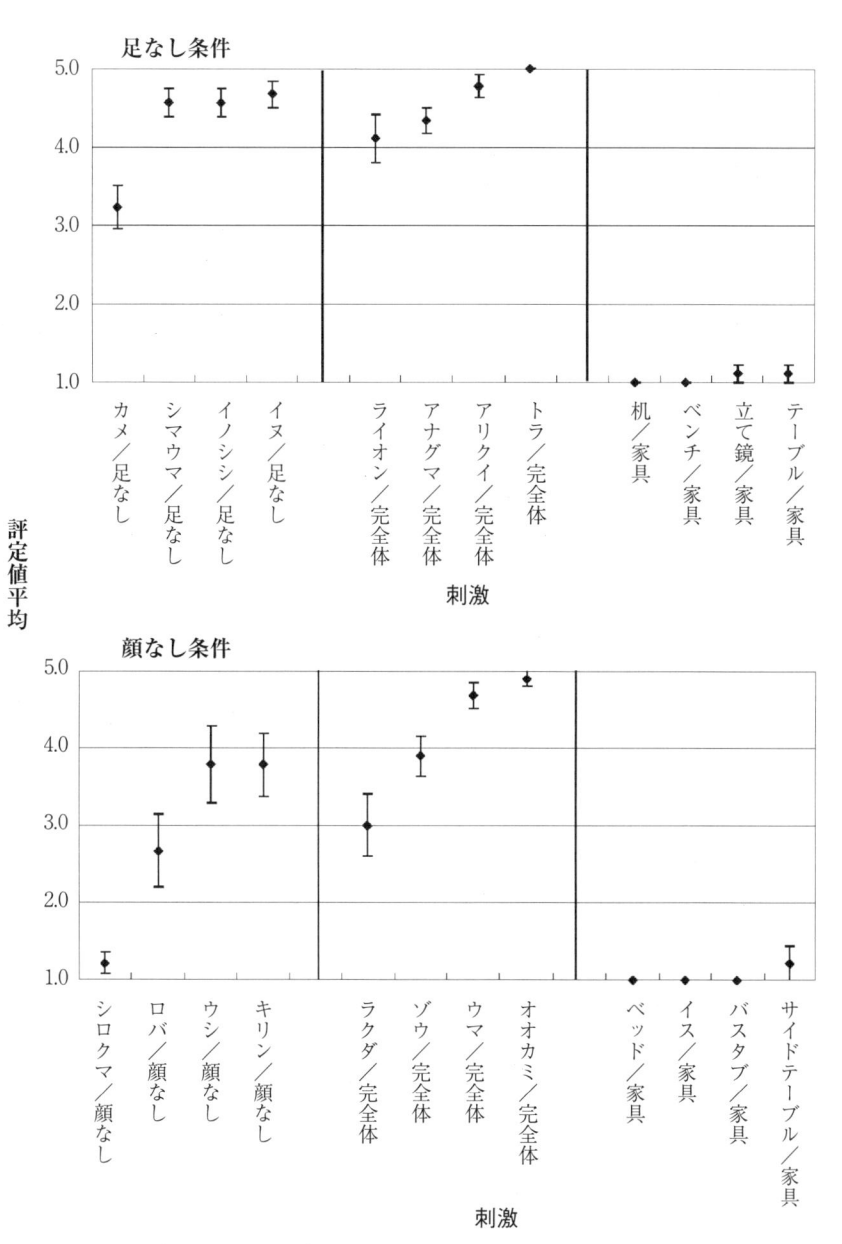

第 9 章 新生児・乳児の比較認知発達研究 | 357

図 9-8-4 実験 2 における各刺激に対する回避反応の評定結果．上：足なし条件，下：顔なし条件．

し条件」においても同様の分析を行なった結果，刺激の主効果が有意であった［$F(2, 6)=12.18, p<0.01$］．下位検定の結果，「完全体動物（4.11）」に対する評定値は「家具（1.06）」に対するものよりも有意に高く（$p<0.01$），また，「頭なし動物（2.86）」に対する評定値と「家具」に対する評定値の違いには傾向のみが見られた（$p=0.053$）．さらに，呈示回数の主効果が有意であり［$F(2, 6)=6.08, p<0.05$］，刺激×呈示回数の交互作用に有意傾向が見られた［$F(4,12)=2.63, p=0.087$］．アンヘルの「頭なし動物」に対する回避反応は，呈示回数を重ねるにつれ減少していた（1回目3.92から3回目2.0に減少）．下位検定の結果，「頭なし動物」においてのみ呈示回数の単純主効果に有意傾向が見られた［$F(2, 6)=4.66, p=0.060$］

以上の結果から，「足」部分を取り除いた「動物」刺激に対する被験体の回避反応は低減しなかったのに対して，「頭」部分を取り除いた「動物」刺激に対しては被験体の回避反応が低減したといえる．これは，「動物」の頭部が足部分よりも顕著な特性である可能性を示唆する．またこの結果は，「動物」刺激を弁別する際，被験体が対象物の知覚的な特性に応じて反応していたことを意味しており，アンヘルが対象物に対してでたらめに反応していたわけではなく，「動物」刺激の共通した特性に注意して回避反応を示していたという実験1の結果を支持するものである．

また，「頭なし」動物に対するアンヘルの回避反応は，呈示回数を経ることによって低減していったが，1回目の呈示においては強い回避反応が示されていた．これはおそらく，「頭なし動物」がまだ「動物」としての特性，たとえば，足や尾や輪郭などを維持していたためと思われる．よって1回目の刺激呈示において被験体は，その残された特性に対して回避反応を示したが，呈示回数を重ねるにつれ，回避反応を引き起こす最も顕著な特性である頭部が欠如していることに気づき，次第に反応を示さなくなっていったのではないかと考えられる．

本研究から，ニホンザル幼児が対象物の特性に応じて，カテゴリ弁別を行なうということが示唆された．これは，チンパンジー乳児ならびにヒト乳児が，対象物の知覚特性に基づいてカテゴリ化を行なうという報告（4-9参照）と矛盾するものではない．今後さらなる研究によって，マカクザル，チンパンジー，ヒトがカテゴリ化の基礎的な能力を共有する証拠を蓄積し，霊長類におけるカテゴリ化能力の進化的・発達的起源を探ることが重要であると考える．

（謝辞：本研究は，文部科学省科学研究費補助金奨励研究（A）（代表：友永雅己 #11710035）の補助を受けて行なわれた．）
［村井千寿子　友永雅己　山口真美］

9-9
ヒトおよびニホンザル乳児における視聴覚情報に関する「初期知識」

　ヒト乳幼児は，視覚的な運動と随伴する音声刺激とが時間的に「一致する場合」と「一致しない場合」とを発達のごく初期から弁別可能であることが報告されている（Spelke et al. 1983; Kuhl & Melztoff 1982; 1984）．ヒト乳幼児は，左右二つの画面に対呈示された動画のうち，中央のスピーカーから呈示される音声と時間的に同期して動く映像をより長く注視するのである．このような視聴覚情報を統合する能力は，「初期知識（initial / early knowledge）」と総称される，生後のごく初期から発現し，外界の物理法則や因果性に関する乳幼児の認識能力の一部と見なすことができる（Spelke 1994）．一方で，感覚統合能力という「初期知識」がヒトという生物にどの程度固有なのかといった問題については，ほとんど研究がなかった．Tomasello (1999) は基礎的な認知能力に関して，ヒトとヒト以外の霊長類との間に大きな相違は見られないだろうと主張しているが，特に認知発達に関しては，実証的な研究はまだ少ない．そこで本研究では，視聴覚の時間的な情報統合に関する乳児の「初期知識」について，ヒトとニホンザルとを対象に，同一の装置・同一の刺激をもちいた比較を行なった．

9-9-1　方法

　ヒト乳児の実験は5－6か月齢の6名のボランティアを対象に行なった．概要を事前に保護者に説明し了解を得た上で実験を行なった．ニホンザル乳児は8－14日齢の4個体を対象とし，母親から一時的に分離して実験を行なった（9-3-1参照）．刺激としては，以下の2条件のビデオ映像をもちいた．「同期」条件では，棒で木箱をランダムなタイミングで叩いている映像を音声つきで呈示した（図9-9-1参照）．「非同期」条件では，「同期」条件と同様に木箱を叩いているが，映像と音とがまったく同期しない刺激をビデオ編集によって作成し呈示した．視覚的な運動および音声の頻度は「同期」条件と等しくなるよう調整した．各条件とも，各映像の呈示時間は20秒であった．図9-9-1に実験装置の概念図と実験風景を示す．被験児は静かな実験室内で母親あるいは養育者に支えられて座り，1m前方正面の25インチモニターに刺激が呈示された．刺激呈示にはビデオデッキをもちいた．映像に対する被験児の反応は画面下方正面に設置したビデオカメラで記録した．実験は注視時間法をもちいて行なった．被験児が安静な状態で正面を向いていることを確認した上で映像を呈示した．各被験児につき「同期」・「非同期」条件をランダムな順でそれぞれ2回呈示した（試行間間隔は20－30秒）．全体の実験時間は5分程度であった．被験児に対して前もっての訓練等は行なわなかった．

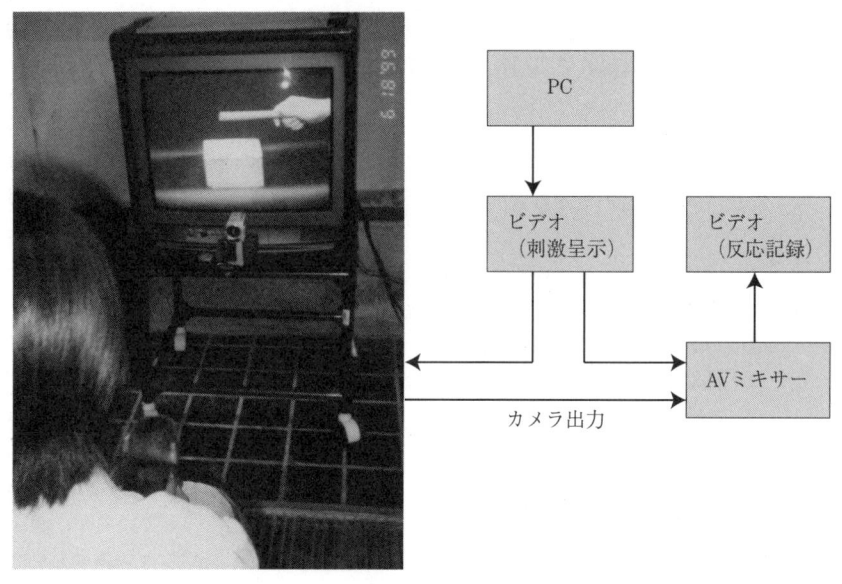

図9-9-1 実験風景（ニホンザル）および実験装置の概念図．被験児は養育者に支えられ，画面に向かっている．刺激となるビデオ映像の呈示はコンピューターで制御され，ビデオ呈示中の被験児の反応は画面真下のビデオカメラで記録した．反応は，呈示したビデオ映像と同期させて合成し，分析の素材とした．

9-9-2 注視時間の分析

録画した映像について15フレーム（500ms）ごとに被験児の注視の有無を記録した．これに基づいて，それぞれの条件での総注視時間を算出した．「注視の有無」の判断は，実験開始前にモニターの四隅にそれぞれ呈示された刺激を注視する被験児をビデオカメラで録画したものを基準にして行なった．なお，分析者はどの条件を評定しているのか分からないように配慮した（ブラインド・テスト）．

分析の結果，ヒト，ニホンザルともに「同期」条件の刺激をより長時間注視する傾向が示された（ヒト，$t(11)=2.51$, $p<0.05$；サル，$t(10)=2.41$, $p<0.05$；図9-9-2）．ヒトにおけるこの結果は先行研究を追認するものであるが，生後10日前後のニホンザルでも同一の結果が得られたことから，視聴覚の時間的情報統合に関する「初期知識」はヒト固有の属性ではなく，少なくともマカク属と共通の進化的基盤をもつものであることが示唆され，また，非常に限られた感覚経験しかもたない発達のごく初期においても発現する属性であることが示された．

しかし，「同期」／「非同期」刺激を順に1条件づつ呈示した今回の実験結果は，従来の（2刺激を同時に呈示する）選好注視法と異なり，条件間の注視時間の差を「誤った音源定位」によって説明することが困難である．音刺激に対応する

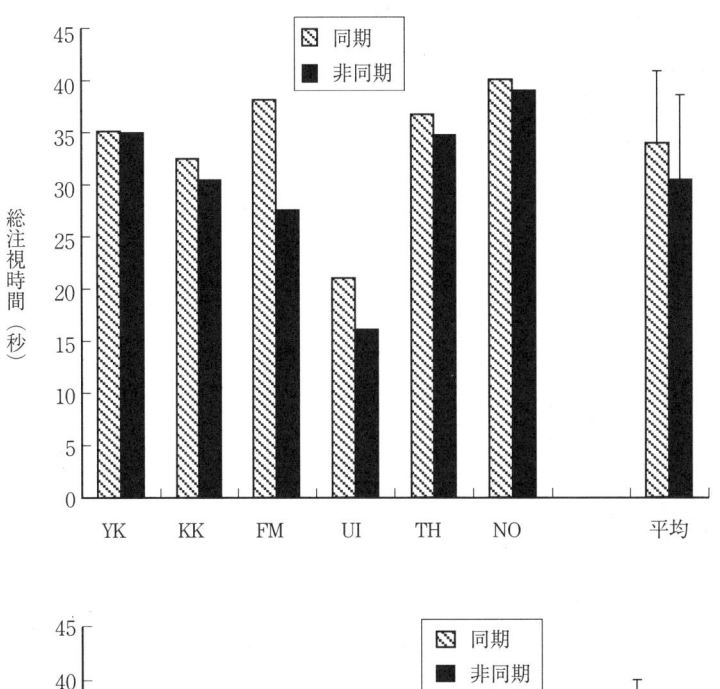

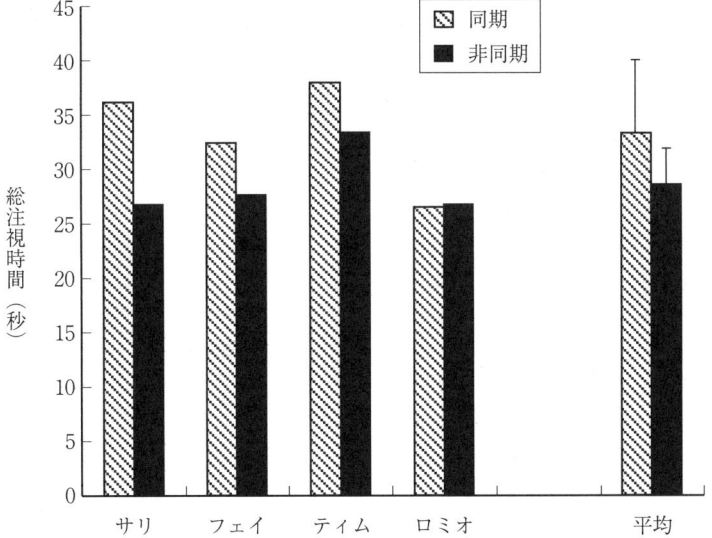

図9-9-2　総刺激呈示時間（40秒）中の総注視時間．上：ヒト，下：ニホンザル．各パネルとも右端が平均値を示す．

視覚運動を（実際には空間的に異なる場所で起こっている事象であるにもかかわらず）音源であると錯誤して注視するようなメカニズムだけでは，「非同期」という不自然な刺激条件での注視時間が低下する原因を説明できない．そこで，刺激呈示中の被験児の視線変更頻度に注目し，注視時間の差を生み出すような要因をさらに検討した．

9-9-3　視線変更頻度の分析

録画された実験中の映像をスロー再生し，眼球運動・頭部運動による視線変更の頻度をカウントした（小林 2002）．分析はブラインド・テストで行なった．その結果，ヒト，ニホンザルともに，視線変更の頻度は「非同期」条件でより高かった（ヒト，$t(11)=3.08, p<0.05$；サル，$t(10)=3.45, p<0.05$；図 9-9-3）．すなわち「非同期」条件下での被験児は，画面の注視と視線移動をくり返す傾向が顕著であった．音が同期しない映像の呈示中はいわば「キョロキョロしていた」のである．観察中の印象では，音声刺激と同期した「音源」を探していると解釈できるような行動であった．同様の行動は，同一刺激を呈示した際の成体ニホンザルでも観察されている（橋彌，未発表データ）．行動の解釈についてはさらに慎重な分析を重ねる必要はあるが，「非同期」条件での視線変更頻度増加という現象は，従来の対呈示・選好注視パラダイムでは示されてこなかった知見であり，「視聴覚情報が時間的に同期しない時には，別の音源の存在が推定され，探索が行なわれる」という規則（初期知識）の存在が示唆される．

9-9-4　まとめ

注視時間課題をもちいたヒト，ニホンザル乳幼児の比較から，視聴覚情報の時間的同期性を両種が共通して検出可能であることがあきらかになった．さらに，視線変更頻度の分析結果から，どちらの種についても，視聴覚情報が時間的に同期しない場合に別の音源を探索する行動が生じている可能性が示唆された．さらに検討は必要であるが，これらの能力はヒトにとどまらず，多くの霊長類に共有されるものである可能性が高い．また，生後10日前後のニホンザル乳児でもこのような結果が見いだされたことから，この「初期知識」が出現するのに必要な外部からの感覚入力経験は，あったとしてもきわめて少ないものであると考えられる．ただし，胎生期における視聴覚系の成熟（Clancy & Finlay 2001）を考慮すると胎内での経験学習が可能である可能性も高く（Blass 1999; 2-6 参照），本研究の結果は「初期知識」が単純な意味で「プログラムされたもの」であることを支持しているわけではない．

ヒト以外の霊長類を対象とした感覚様相間統合の研究は，その重要性が指摘されているにもかかわらず，それほど多くはない（Hashiya & Kojima 2001）．今回扱ったのは，最も単純な「視覚的な打撃動作と音声刺激の時間的同期」についてであったが，Spelkeらの詳細な実験から，ヒト乳児が検出しているのは（成人と異なり）「打撃と音」という自然文脈で随伴する関係ではなく，「視覚的に呈示され

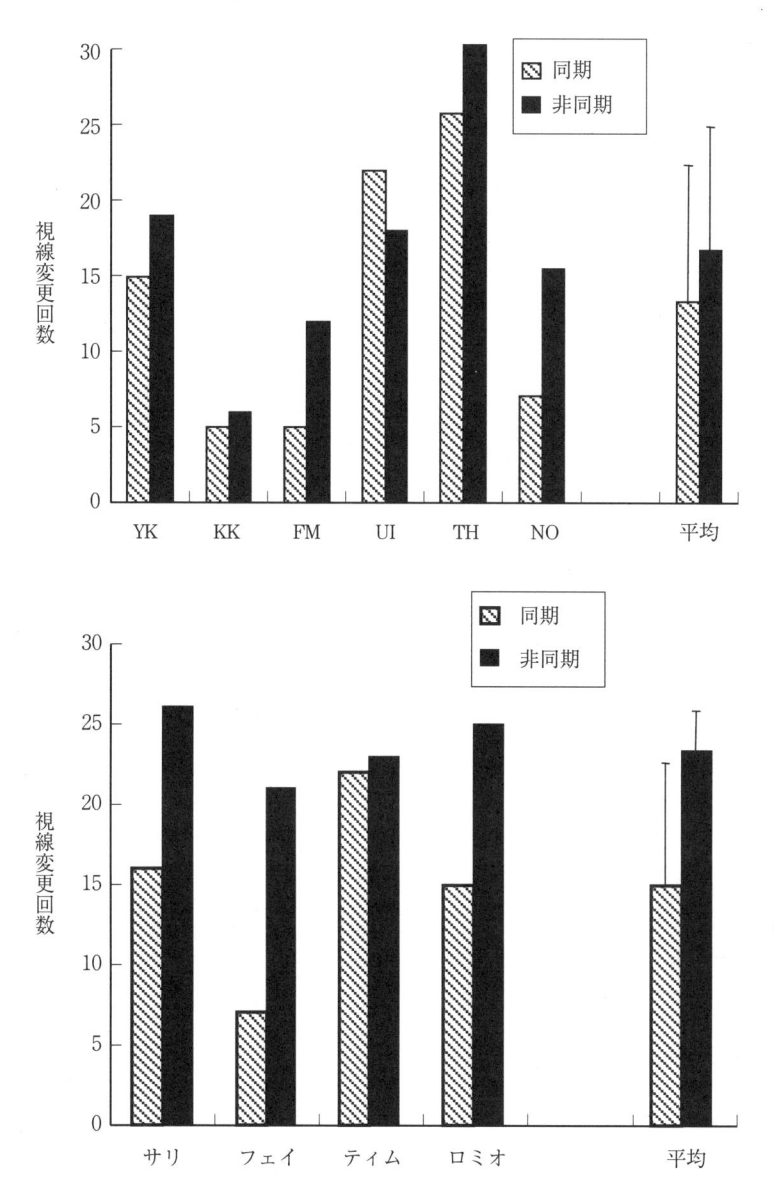

図9-9-3　総刺激呈示時間中の視線変更回数の合計．上：ヒト，下：ニホンザル．各パネルとも右端が平均値を示す．

た運動パターンの変化と同期する音」のように，時間的同期に基づく特殊な規則性らしいことが分かっている (Spelke et al. 1983)．ニホンザル乳児でも，同様な検出が行なわれているのかどうかについては，今後検証が必要である．また「単一物体／複数物体の同期した運動」とそれぞれに対応する音刺激との関係 (Bahrick 1992) など，さらに多様な感覚統合能力についても検討を行ないたい．

また，ヒトに特異的な音声言語に関わる特性として，たとえば5か月齢のヒト乳児に，母音を発声する顔動画像を対呈示し（たとえば一方は [a]，もう一方は [I]），どちらか一方の音声だけを呈示すると，対応する画像をより長く注視すること (Kuhl & Melztoff 1982; 1984) が知られているが，ヒト以外の霊長類の感覚統合能力が，このような場面でも見られるのか検証することは，今後の方向として非常に興味深い．子音のカテゴリカル知覚のような，一見ヒトの言語に特殊化しているように見える能力がヒト以外の種でも広く見いだされていること (Kuhl 1981) を踏まえると，検証の価値は十分にあるだろう．

(謝辞：ヒト乳児での実験にご参加いただいた東京学芸大学「赤ちゃん研究員」とその保護者の方々，被験児の募集に協力頂いた麦谷綾子氏（東京大学）に感謝する）
[橋彌和秀　小林洋美　石川悟　　　藤田和生　林安紀子]

9-10
テナガザルにおける認知・行動発達

　テナガザルはテナガザル科に属し、系統的にはニホンザルなどの旧世界ザルとチンパンジーなどの大型類人猿との中間に位置している。また、身体が比較的小柄であることから小型類人猿とよばれる。その生息域は東南アジア、中国南部、およびインドである。野生テナガザルを対象にした先行研究より、テナガザルが凝った長い歌を歌うこと、その社会が長期的なオス・メスのペアとその子どもからなる核家族の構造をもつこと、高さ30mほどの樹冠部に住み腕渡り（ブラキエーション）により移動することなどが知られている。しかしながら、テナガザルの心理学的研究は数が非常にとぼしく（Abordo 1976; Ujhelyi et al. 2000）、発達に関する知見も少ない（荒木ら，1989; Dal Pra & Geissmann 1994; Myowa-Yamakoshi & Tomonaga 2001a,b）。そこで、本研究では、テナガザルの発達について詳細な記述を行ない、その特性を明らかにすることを目的とした。

9-10-1　方法

　研究の対象となったのは、ツヨシ（1998年6月9日生まれ）とラジャ（1999年6月

人工保育されているテナガザルのきょうだい（左：ラジャ、右：ツヨシ）（撮影：田中正之）

2日生まれ）と名づけられた2個体のオスのアジルテナガザル（*Hylobates agilis*）である（2-2, 9-3, 9-6参照）．2個体は同じ父母から生まれた1歳違いのきょうだいである．ツヨシとラジャ2個体の母親は，乳児を下方へ押しやり乳を吸うのを妨げる，正しい位置に抱かないなどの不適切な行動を示した．その結果，乳児が衰弱してしまったので，それぞれ生後8日目と12日目に人工哺育に移行した．なお，ラジャは生後96日齢に父親テナガザルとケージ越しに面会している時に上腕をかまれた．重傷だったが，ケガの縫合と治療を受けてその後治癒した．食事については，両個体ともヒト乳児用のミルクを与えた．1日6回から0回へと段階的にミルクの回数を減らし離乳食を与え，2歳頃までに完全に離乳させた．離乳後の食事はバナナ，りんご，その他さまざまな果物や野菜と，サル用の固形飼料が中心である．ツヨシは1歳頃からラジャと同室ですごした．ツヨシとラジャは，人工哺育に移されてからもほぼ毎日，母親のアジルテナガザルや，シロテテナガザルの雌雄に，毎日10分間程度ケージ越しに面会させた．次に，母親との直接の出会わせを行なった．その時間を徐々に長くし，ツヨシは2歳半から，ラジャは1歳半から，母親と同じケージ内で過ごすことが可能になった．

人工哺育開始以前は，母親が抱く乳児を観察した．人工哺育に移されてからは，「日常の場所（インキュベーターやケージ室など）」「あそび場所（研究所の建物内および屋外の果樹園）」「実験の場所（防音室）」の3か所を設定し観察を行なった．防音室では自発的行動や位置移動などの観察・実験を行ない，その様子をビデオカメラにより記録した．

現在も観察を継続しているが，本研究では，ツヨシについて4歳2か月まで，ラジャについては3歳2か月までの結果を報告する．以下に観察した項目ごとにその方法を記す．

（1）**身体成長**：乳歯の萌出については基本的に毎日，口を開けさせて各歯の萌出をしらべ，その萌出開始齢を記録した．永久歯の萌出については，成長につれ口を開くことを拒否するようになったが，発声時や採食時にできるだけ注意深く観察した．体重変化については基本的に毎日測定した．

（2）**行動発達**：本節の第一著者（打越）はツヨシとラジャの母親代わりとして養育を行なった．1日に3回程度養育と観察を行ない，その都度日誌を記録した．1日の合計観察時間は約5時間だった．姿勢，位置移動，対象操作行動，表情，発声五つの領域の自発的な行動について観察し，新しく出現したと思われる行動型については特に詳しく記述した．加えて，1日15分間程度のビデオカメラによる記録を行なった．これらの資料をもとにおもな行動型の初出齢を特定した．また，ツヨシを対象にヒト乳幼児用の認知発達検査を週に1回程度行なったが，特に音源定位と物の永続性に関わる検査項目を実施した．音源定位についての検査は，ツヨシの視界外かつ頭部との距離を30cm以上とって鐘の音を呈示した．その際のツヨシの反応を観察したが，鐘の方への振り向きが繰り返し安定して見られ

右上　　　　　　　　　　　　　　　　　　　　　　左上

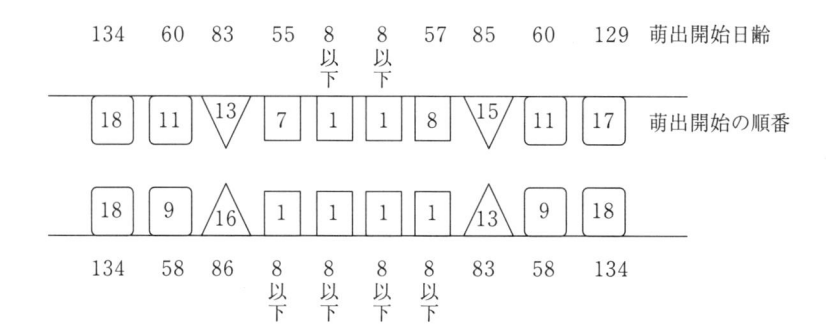

| 134 | 60 | 83 | 55 | 8以下 | 8以下 | 57 | 85 | 60 | 129 | 萌出開始日齢 |

| 18 | 11 | 13 | 7 | 1 | 1 | 8 | 15 | 11 | 17 | 萌出開始の順番 |
| 18 | 9 | 16 | 1 | 1 | 1 | 1 | 13 | 9 | 18 | |

| 134 | 58 | 86 | 8以下 | 8以下 | 8以下 | 8以下 | 83 | 58 | 134 | |

右下　　　　　　　　　　　　　　　　　　　　　　左下

図9-10-1　ツヨシの乳歯列完成まで．個体の口中を観察者側から覗きこんだ様子であり，個体側からの左右上下を図の4隅にしめした．四角形は乳切歯を三角形は乳犬歯を，そして角の丸い四角形は乳臼歯を表す．各乳歯の萌出開始日齢を歯ぐき側に記した．また，萌出開始の順番を歯を表している図形の中に記した．左右上下の乳中切歯と下顎左右の乳側切歯との合わせて6本の歯は個体が母親と分離された8日齢に既に萌出開始していた．

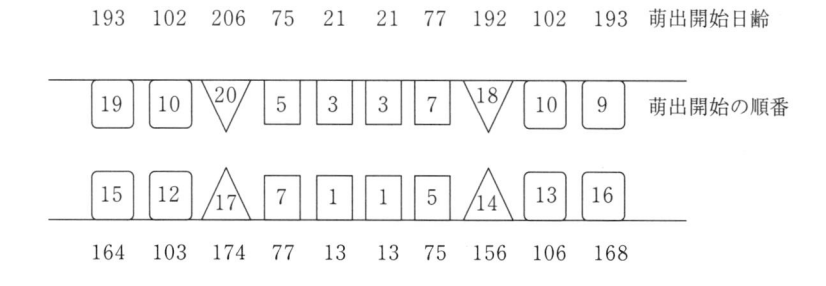

右上　　　　　　　　　　　　　　　　　　　　　　左上

| 193 | 102 | 206 | 75 | 21 | 21 | 77 | 192 | 102 | 193 | 萌出開始日齢 |

| 19 | 10 | 20 | 5 | 3 | 3 | 7 | 18 | 10 | 9 | 萌出開始の順番 |
| 15 | 12 | 17 | 7 | 1 | 1 | 5 | 14 | 13 | 16 | |

| 164 | 103 | 174 | 77 | 13 | 13 | 75 | 156 | 106 | 168 | |

右下　　　　　　　　　　　　　　　　　　　　　　左下

図9-10-2　ラジャの乳歯列完成まで．模式図の表し方は図9-10-1と同様である．ラジャの各乳歯の萌出開始日齢と萌出開始の順番を示した．

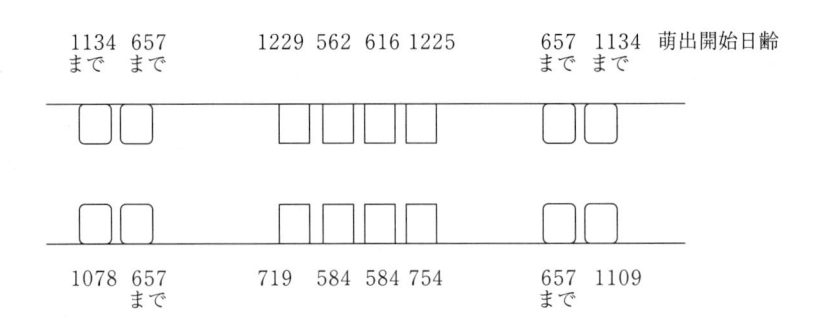

右上   左上

```
        1134 657           1229 562 616 1225         657 1134   萌出開始日齢
        まで  まで                                    まで まで
        ┌─┐┌─┐          ┌─┐┌─┐┌─┐┌─┐        ┌─┐┌─┐
        └─┘└─┘          └─┘└─┘└─┘└─┘        └─┘└─┘

        ┌─┐┌─┐          ┌─┐┌─┐┌─┐┌─┐        ┌─┐┌─┐
        └─┘└─┘          └─┘└─┘└─┘└─┘        └─┘└─┘
        1078 657           719  584 584 754          657 1109
             まで                                     まで
```

右下   左下

図 9-10-3　ツヨシの永久歯の萌出．個体の口中を観察者側から覗きこんだ様子であり，個体側からの左右上下を図の 4 隅にしめした．四角形は切歯を表す．また，角の丸い四角形は大臼歯を表し，中心から第 1 大臼歯，第 2 大臼歯の順である．ツヨシの 3 歳 11 か月齢までに，犬歯，小臼歯，および第 3 大臼歯は萌出していない．4 本の第 1 大臼歯の萌出開始は見落とされた．それらは 657 日齢には既に萌出していた．

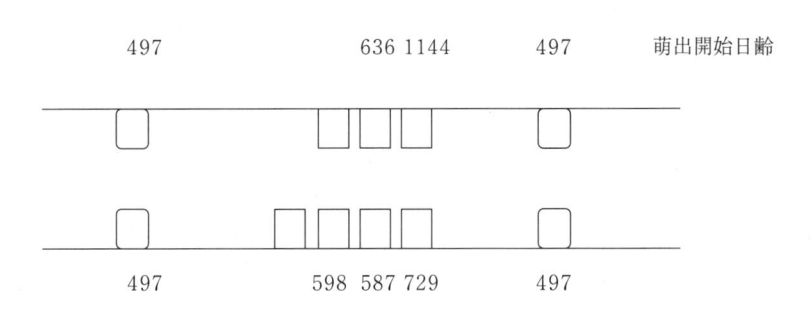

右上   左上

```
            497                  636 1144              497      萌出開始日齢
          ┌─┐                 ┌─┐┌─┐             ┌─┐
          └─┘                 └─┘└─┘             └─┘

          ┌─┐              ┌─┐┌─┐┌─┐           ┌─┐
          └─┘              └─┘└─┘└─┘           └─┘
            497                598 587 729              497
```

右下   左下

図 9-10-4　ラジャの永久歯の萌出．模式図の表し方は図 9-10-3 と同様である．ラジャの各永久歯の萌出開始日齢を示した．ラジャの 2 歳 11 か月齢までに，上顎右側の側切歯，犬歯，小臼歯，第 2 大臼歯および第 3 大臼歯は萌出していない．上顎右側の中切歯と下顎右側の側切歯についてはその萌出開始齢を特定できていない．

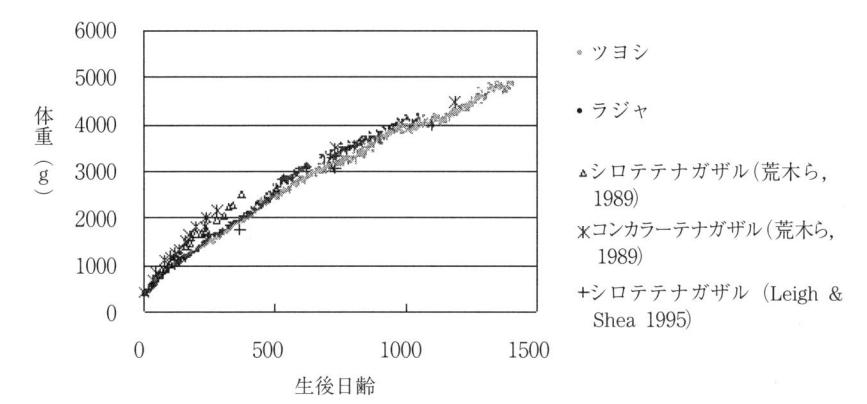

第 9 章　新生児・乳児の比較認知発達研究 | 369

図 9-10-5　体重変化．ツヨシ，ラジャの生後からそれぞれ 2 歳 11 か月齢までと 3 歳 11 か月齢までの測定値である．荒木ら（1989）のシロテテナガザルとコンカラーテナガザルのデータ，および Leigh & Shea（1995）のシロテテナガザルのデータを併載した．

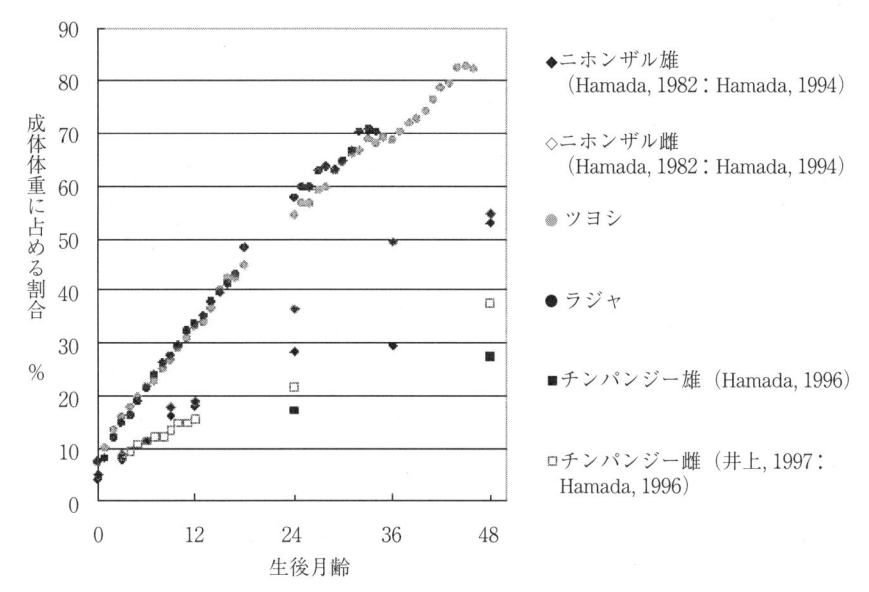

図 9-10-6　成体体重に占める割合．各月齢の体重を成体の平均体重で割った値である．ツヨシとラジャの値をテナガザルの代表に用いた．ニホンザルについては，生後 1 歳までを Hamada（1982）に，2–4 歳の体重を Hamada（1994）に寄った．またチンパンジーの体重は，生後 1 歳までは井上（1997）の雌 2 個体の記録を，2 歳と 4 歳については Hamada（1996）を用いた．

るようになった場合，音源定位の能力を獲得したと見なした．また，物の永続性についての検査は，対象児が追視しているおもちゃをタオルにより部分的に隠した場合と全体を隠した場合のツヨシの反応を観察した．追視がとぎれず，タオルから部分もしくは全体が隠されたおもちゃの車をとりだすことがいつごろできるようになるかを調べた．レーズンをカップで隠した際の反応も観察した．

9-10-2　結果

■身体成長

　ツヨシ，ラジャの乳歯の萌出開始齢とその萌出の順序を図9-10-1，9-10-2に示す．乳歯の萌出開始は両個体とも生後1週齢までに始まっていた．また，乳歯列の完成はツヨシでは134日齢，ラジャでは206日齢であり，個体間に2か月の差があった．これをSmithら (1994) がまとめた他の霊長類の乳歯萌出と比較すると，テナガザルの乳歯の萌出はチンパンジーなどの大型類人猿よりも早く，どちらかといえばマカクザル，ヒヒなどの旧世界ザルのものに近かった．同様に，永久歯についてもツヨシの3歳11か月齢，ラジャの2歳11か月齢時点までの萌出開始日齢を示した（図9-10-3，9-10-4）．永久歯は生後1歳4か月頃から生え始めた．この生え始めの齢をテナガザルと他の霊長類とで比較してみると，テナガザルのものは大型類人猿のものよりも，どちらかといえば旧世界ザルのものに近かった．

　図9-10-5はツヨシとラジャの体重変化を示す．誕生時は約420gであり，それ以降顕著なピークも無く単調な増加を続けている．先行研究のシロテテナガザルとコンカラーテナガザルの体重変化も同じグラフ上に表した．図9-10-6は各月齢での体重の成体平均体重に占める割合をしめしている．ツヨシ，ラジャのものに，ニホンザル，チンパンジーのものも加えた．これを見るとテナガザルは生後4歳にはその体重が成体の80%となっているように，成体体重に到達する齢がニホンザルよりもチンパンジーよりも早かった．

■行動発達

　1歳までに初出した主な行動型についてその初出週齢を個体ごとに表9-10-1，9-10-2に示す．特徴的な行動および音声については付録CD-ROMに，動画，音声として収めた．これまでの研究で，ヒトに独自の発達として捉えられている，位置移動がきわめて未熟な時期からの把握行動や定位的操作の始まり（竹下1999）は，テナガザルでは認められず，寝返りやはいはいができる時期に物への到達・把握行動がおこったという点でチンパンジーと似ていた．また，歯の成長とあわせて考えると，テナガザルでは乳歯列の完成する時期になっても主な位置移動の行動型が出揃っていないという点で，ニホンザル，チンパンジーおよびヒトと異なっていた．表9-10-3はアジルテナガザルの乳幼児で確認された発声のレパートリーとその文脈を表している（付録CD-ROM音声ファイル参照）．

　好みの食べ物を見た際に発する声は両個体において1歳7か月頃に初出した．

表9-10-1　ツヨシの主な行動の初出週齢

週齢	姿勢	位置移動	対象操作	表情	発声	その他
0					不満・不快の声 [付録音声ファイル1]	
1					歌の素音 [付録音声ファイル2]	
7	ねがえり [付録動画1]		口による物へ到達		「キャアキャア」 [付録音声ファイル4]	
8	四足立位 6点接地座位 投足座位 [付録写真1]		手による物への到達		呼びかけの声	
9	つかまり座り [付録写真2]		物に手をのばしつかむ [付録動画2, 4]			中央で打ち合わされ左右にひらいて呈示された積み木の一方を追視した後もう一方も追視する.(対追視)
10			手に持たされた物を口へ運ぶ	プレイフェイス [付録写真3] 笑いの表情 [付録写真4]		
12	つかまり立ち [付録写真5,6]	登上行動	口を介したもちかえ			
13		這い這い [付録動画5]				目の前で一部が隠されて呈示されたおもちゃの車を取り出す.
15			両手それぞれに手をのばし物体保持		笑い声 [付録音声ファイル5]	
16			手把握優先			視界外で振られた鐘の方に顔を向ける（音源定位）
18			とう側把握			
20						目の前でカップに隠されたレーズンを取る.
22		四足歩行				
24			第1指－第2指での把握 片手からもう一方の手へ積み木を持ちかえる.			目の前で全体が隠されたおもちゃの車を取り出す.
25	2足立位	ジャンプ [付録動画3]				
27		腕渡り				
31	2足座位 [付録写真7]	2足歩行 [付録写真8]				

表9-10-2　ラジャの主な行動の初出週齢

週齢	姿勢	位置移動	対象操作	表情	発声	その他
0					不満・不快の声 [付録音声ファイル1]	
2					歌の素音 [付録音声ファイル2]	
7			口による物への到達行動 不完全な手によるリーチングの始まり			自身の手をみつめる. （ハンド・リガード）
8			手による物への到達 [付録動画2,4] 自発的な掌把握			
9	ねがえり [付録動画1]					
10	6点接地座位		手に持った物を口へ運ぶ			
11	つかまり座り [付録写真2] 投足座位 [付録写真1]				呼びかけの声	
12			両手それぞれに手をのばし物体保持			
13	四足立位つかまり立ち [付録写真5,6]	這い這い [付録動画5]				
15				プレイフェイス [付録写真3] 笑いの表情 [付録写真4] 威嚇の表情		
17		登上行動				
22			第1指-第2指での把握		笑い声 [付録音声ファイル5]	
27		ジャンプ [付録動画3]				
36		腕渡り				

表9-10-3　アジルテナガザルで3歳11か月齢までに確認された発声のレパートリー

分類	カタカナ表記	付録音声ファイルの番号
不満，不快の声である．	「ウー」「ウワー」	1
歌の素音となる．	「ホワッ」「ホー」	2
Grimaceに伴う声である．	「イッイッ」	3
文脈は不明である．あいさつをするときなど．いろいろな状況でなく．	「キャアキャア」	4
呼びかけの声．養育者らを呼びかけるような声である．	「フィ」「クィ」	
警戒の声である．新奇物や見知らぬ人を見た際などに鳴く．	「オッ‥」	
笑いの声である．あそび状況で発せられる．	「ア゜，ア゜ー」	5
ご飯の声．好みの食べ物を見たときに鳴く．	「ホッ，ホッ」	

対象操作については，第2指のみによる物への到達行動は2歳以降になって初出した．定位的操作はツヨシで2歳9か月齢，ラジャで2歳5か月齢に初出した．ツヨシでは両手の第2指のみを同時にもちいて物を操作する行動が3歳11か月齢までに確認された．道具使用行動は3歳11か月齢までに確認されなかった．

9-10-3　考察

アジルテナガザルを生後4年間観察した結果，以下の三つの特徴が明らかとなった．第1にテナガザルの身体成長は歯の萌出齢においてチンパンジーなどの大型類人猿のものよりもむしろニホンザルのものに近かった．体重の成長はチンパンジーよりも，またニホンザルよりも早かった．第2に，テナガザルの行動発達は，行動を全般的にみて，その初出齢はニホンザルのものとチンパンジーのものの中間だった（打越・松沢2003）．詳しくみると，対象操作行動の領域において，定位的操作行動および第2指による物への到達行動の初出がヒトやチンパンジーよりもおそかった．第3に，生後まもなくから歌の発達がはじまったことにあげられるようなテナガザルに独自の行動発達があった．

以上，テナガザルの行動発達について縦断的参与観察研究の結果の概略を示した．今後さらに，縦断的観察を継続することにより，未知な部分の多いテナガザルの認知や行動の発達について研究を積み重ねたい．

（謝辞：本実験の企画と実施にあたり，水谷俊明氏と井上陽一氏からもご協力とご示唆を得た）

［打越万喜子　前田典彦　加藤朗野　勝田ちひろ］

9-11
ボノボとゴリラ乳児の対象操作の発達

　野生チンパンジーは，道具としての物と目的である食べ物などを関係づける道具使用を日常的に行なっている．しかし，同じアフリカ大型類人猿でも，ボノボやゴリラでは野生での道具使用の観察例がほとんどない．一方，飼育下ではボノボやゴリラでも道具使用が報告されている（van Elsacker & Walraven 1994, Nakamichi 1999）．今回は，積木をどのように取り扱うかに注目して，今まではほとんど報告のないボノボとゴリラの幼児の対象操作について報告する．積木は，対象操作をひきだす場面として広く利用されている．ヒトでは，自分の持っている積木を他の積木にくっつける行動が生後10か月頃から現れ，1歳を過ぎるとしっかりと他の積木の上に置いて手をはなし，2個の塔を作ることができるようになる．積木を3個以上続けて積んで，高い積木の塔が作れるようになるのは1歳半ば以降である（田中・田中 1982）．チンパンジーでも，積木つみに着目した研究が行なわれてきた（松沢 1987, Takeshita 2000, 竹下 2001）．積木を積む，並べるという定位操作に着目し，それを認知的な発達の指標として用いる研究が行なわれてきた一方，積木を積む，並べる以外にどのような操作があるか，行動の多様性に注目するという研究方法をとることも重要だろう．チンパンジーが生活全般の中でどのような行動を行なうのかを記述し，分類したGoodall（1989）の行動目録は，チンパンジーの行動レパートリーを知る上で貴重な資料である．同様の視点から，今回の報告は，ボノボとゴリラにおいて，積木の自由な操作場面で観察された積木の操作の種類について行動目録を作成した．また同時に，付録CD-ROMというメディアを利用して，行動目録を映像として呈示するという新たな手法を試みた．なお，行動の量的な分析については別稿を参照していただきたい（林・竹下 2002）．

9-11-1　方法

　対象としたのは，ドイツのヴィルヘルマ動物園で人工飼育されていたボノボ2個体と，ゴリラ3個体だった．各被験児の名前と性別，観察時の年齢は以下の通りだった．ボノボ：リンブコ（オス，4.9歳），クーノ（オス，3.8歳），ゴリラ：ルエナ（メス，3.7歳），クンブカ（オス，2.8歳），イリンガ（メス，2.6歳）．ボノボは2個体，ゴリラは3個体が同じ部屋で種ごとに集団飼育されていた．部屋の中には木組みの足場や木製の台など三次元的に空間を利用するための構造物や，ホースを編んで作られたハンモックなどが設置されていた．天井は金網状になっていて指をかけて移動することができた．水のはいったたらいや，葉のついた枝，ボール，シュレッダーにかけられた紙などの遊具も多数与えられていた．飼育係は

日に3－5回，毎回30分程度部屋に入って対象個体と遊んだ．

観察期間中に，積木，入れ子のカップ，はめ輪という3種類の操作対象物を与えた．今回の報告では，このうち，積木を与えたセッションにのみ注目して分析を行なった．形が2種類，色が4種類ある木製の積木を使用した．一辺5cmの立方体と，高さと直径が5cmの円柱を用いた．円柱積木は積木の方向をあわせなければ積みあげられず，積むという操作の難易度が立方体とは異なる．色を変化させたのは積木操作への関心を長引かせるためだった．1回のセッションでは，青・黄色の立方体，赤・白色の立方体，赤・白色の円柱という3種類のセットのうちいずれか1種類を各色8個，合計16個与えた．

1回のセッションは30分間を基本とし，午前と午後に各1回設けた時間枠の中で行なった．対象個体が普段からグループで生活している昼間の飼育展示用の部屋に積木を与え，観察を行なった．観察セッションでは，飼育係が操作対象物を与えて退室し，約30分後に再び入室して積木を回収した．モデル呈示セッションでは，操作対象物を与えた後も飼育係が対象個体と同室し，モデルを適宜呈示した．約30分後に積木を回収した．モデルとして呈示したのはボノボでは積木を積みあげて塔を作る操作だった．ゴリラでは，他にも，積木を床の上で一列に並べるモデルも呈示した．室内に普段からある遊具はそのまま放置した．ガラスを隔てた観客エリアから，1台のデジタルビデオカメラで記録した．

ビデオに記録された画像の中から，積木の操作に関する映像を抜粋して，ボノボ，ゴリラそれぞれについて映像による行動目録を作成した．この行動目録に基づいて，誰が，どのような身体部位を使って，どのような操作を行なったのかを文章として記述した．また，行動を次にあげる10のカテゴリに分類して整理した．(1)保持：積木を保持する行動，(2)運搬：積木を持って移動する行動，(3)動作：積木を積極的な動作を含んで操作する行動，(4)同期：積木を保持した状態で行なった行動，(5)身体への定位：保持した積木を自分の身体と関係づけて操作した行動，(6)他個体への定位：保持した積木を他個体と関係づけて操作した行動，(7)物体への定位：保持した積木を他の物体と関係づけて操作した行動，(8)二物体の結合：保持した二つの積木を互いに関係づけて操作した行動，(9)積む：積木を積む際に観察された行動，もしくはその先駆的行動，(10)社会的交流：積木の操作に他個体が関わっていた行動．今回は映像資料の提供と紙幅の関係から，手や口による一つの物体の保持など非常に基本的な行動は項目として取りあげなかった．また，複数の身体部位が複合して操作に関わっていた場合，各身体部位の組み合わせによる違いなどは別項目として取りあげなかった．項目の中で身体部位が「手」と表示されているものは片手，両手のどちらとも使われたことがある項目で，別項目としては扱わず一つの項目とした．

9-11-2 結果

積木についてボノボ，ゴリラ，それぞれ計16セッションを実施した．付録CD-ROMに収録の付表9-11-1，9-11-2に示すように，ボノボで76，ゴリラで72の行動を識別できた．行動の詳細はこれらの表を参照されたい．また，付録CD-ROMには行動の静止画および動画も収録した．ここでは，ボノボとゴリラの行動目録を比較した結果を簡単に述べる．ボノボとゴリラに共通して観察された行動は31種類だった．行動の細部について違いはあるが，類似している行動は7種類だった．ボノボで38，ゴリラで34の行動はそれぞれの種でしか観察されなかった行動だった．チンパンジーやヒトと同様，ボノボやゴリラの幼児も，積木を積む行動を含めて物と物を関係づける定位操作を行なった．また，積木をいろいろな形で運搬したり，身体全体を使って積木に関連した多様な操作を行なった．

それぞれの種に見られた行動の特徴として次のようなものがあげられる．ボノボは足を操作に用いる行動が多く観察された．ボノボは保持や移動の際に，足で積木をもつ，鼠径部の窪みにはさむ，両脚の間にはさむなど，手と同じように足で多様な操作を行なった．ゴリラは，足で積木に触れる，足の裏で積木を押さえるなどの行動は観察されたが，足で積木を持ちあげる行動はまれにしか見られなかった．ゴリラの積木の扱い方を見てみると，持っている積木で何かを叩くあるいはこすりつけるという行動が特徴的だった．また，両手に積木を持って床を叩く，両手に持った積木を打ち合わせる，というように両手に積木を保持して行なう行動が観察された．

ボノボもゴリラも観察期間中に積木を積んだ．ゴリラのルエナは以前から積木を積むことができた（Scharpf，私信）．ボノボのリンブコと，ゴリラのイリンガは本研究の観察期間中に積木を積むことができるようになった．リンブコとルエナは積木を高く積みあげることができた．ルエナは円柱の積木も方向を合わせて積みあげ，高い塔を作った．リンブコとイリンガは，2個の積木を同時に積もうとする，円柱積木の丸い面で積もうとするなどの行動が見られた．

9-11-3 考察

今回の報告では，ボノボとゴリラの積木の操作について，映像資料（動画あるいは静止画）を付した行動目録を作成した．行動目録のリストが示すように，ボノボ，ゴリラの幼児は，多様な積木の操作を行なった．また，本研究から，ボノボやゴリラが，チンパンジーやヒトで報告されているのとほぼ同様に多様な定位操作を行なうことが明らかになった．対象とした個体の数が少なく，年齢などの条件が厳密には統制がとれていないため，今回の報告からだけでは，ボノボやゴリラの種としての違いなどについて結論づけることはできない．しかし，ボノボとゴリラの間に興味深い差異も見られた．ボノボは足を使った操作を多く行なった（図9-11-1）．ゴリラは積木で物を叩く，両手で積木を操作するという行動がよく見られるなどの点で特徴的な操作を

第 9 章　新生児・乳児の比較認知発達研究 | 377

図 9-11-1　床の上から足で積木 1 個をつかんで持ちあげるボノボのリンブコ．

図 9-11-2　両手に持った 2 個の積木を床に交互に叩きつけるゴリラのクンブカ．

行なっていた（図9-11-2）．今後，チンパンジーやヒトなど，発達の過程がよく調べられている種と比較していく必要がある．

（謝辞：本研究は滋賀県立大学平成12年度特別研究費（研究代表者・竹下秀子）および短期海外研修旅費の助成を受けた．本研究の遂行にあたり，ヴィルヘルマ動物園の副園長Marianne Holtkoetter博士，類人猿保育部門主任Gundi Scharpfさんをはじめ，類人猿飼育部門のスタッフの方々より多くのご協力とご支援を得た．）

［林美里　竹下秀子　松沢哲郎］

第9章　参照文献

Abordo, E. J. (1976). The learning skills of gibbons. In D. M. Rumbaugh (ed.), *Gibbons and siamangs 4*, Karger, pp. 106-134.

Anisfeld, M. (1991). Neonatal imitation. *Developmental Review*, 11, 60-97.

Anisfeld, M. (1996). Only tongue protrusion modeling is matched by neonates. *Developmental Review*, 16, 149-161.

荒木薫・鮫川哲郎・古川典子・望月義勝・西泰司 (1989). シロテテナガザルとコンカラーテナガザルの繁殖と人工哺育. 動物園水族館雑誌, 31, 41-46.

Bahrick, L. E. (1992). Infants' perceptual differentiation of amodal and modality-specific audio-visual relations. *Journal of Experimental Child Psychology*, 53, 180-199.

Blass, E. (1999). The ontogeny of human infant face recognition: Orogustatory, visual and social influences. In P. Rochat (ed.), *Early social cognition*, Erlbaum, pp. 35-66.

Boothe, R. G., Dobson, V., & Teller, D. Y. (1985). Postnatal development of vision in human and nonhuman primates. *Annual Review of Neuroscience*, 8, 495-545.

Bushnell, I. W. R. (1998). The origins of face perception. In F. Simon & G. Butterworth (eds.) *The development of sensory, motor and cognitive capacities in early infancy*, Psychology Press, pp. 69-86.

Bushnell, I. W., Sai, F., & Mullin, J. T., (1989). Neonatal recognition of the mother's face. *British Journal of Developmental Psychology*, 7, 3-15.

Clancy, B., & Finlay, B. (2001). Neural correlates of early language learning. In M. Tomasello & E. Bates (eds.), *Language development*, Erlbaum, pp. 307-330.

Dal Pra, G., & Geissmann, T. (1994). Behavioral development of twin siamangs (*Hylobates syndactylus*). *Primates*, 35, 325-342.

Driver, J. (1996). Enhancement of selective listening by illusory mislocation of speech sounds due to lip-reading. *Nature*, 381, 66-68.

van Elsacker, L., & Walraven, V. (1994). The spontaneous use of a pineapple as a recipient by a captive bonobo. *Mammalia*, 58, 159-162.

藤田和生 (1996). 比較認知科学への招待. ナカニシヤ出版.

Goodall, J. (1989). Glossary of chimpanzee behaviors. Jane Goodall Institute. [田中正之・松沢哲郎（訳）(1992). チンパンジーの行動目録. 霊長類研究, 8, 123-152.]

Hashiya, K., & Kojima, S. (2001). Hearing and auditory-visual intermodal recognition in the chimpanzee. In T. Matsuzawa (ed.), *Primate origins of human cognition and behavior*, Springer-Verlag Tokyo, pp. 155-189.

林美里・竹下秀子 (2002). ボノボとゴリラのコドモの「物遊び」. 動物心理学研究, 52, 73-80

Johnson, M. H., & Morton, J. (1991). *Biology and cognitive development: The case of face recognition*. Blackwell.

川上清文 (1989). 乳児期の対人関係. 川島書店.

Kawakami, K., Tomonaga, M., & Suzuki, J. (2002). The calming effect of stimuli presentation on infant Japanese macaques (*Macaca fuscata*) under stress situation: A preliminary study. Primates, 43, 73-86.

Kenney, M. D., Mason, W. A., & Hill, S. D. (1979). Effects of age, objects, and visual experience on affective responses of rhesus monkeys to strangers. *Developmental Psychology*, 15, 176-184.

小林洋美 (2002). 「見る目」から「見せる目」へ 一ヒトの目の外部形態の進化一. 生物科学, 54, 1-11.

Kohyama, J., & Iwakawa, Y. (1990). Developmental changes in phasic sleep parameters as reflections of the brain-stem maturation: Polysomnographical examinations of infants, including premature neonates. *Electroencephalography and Clinical Neurophysiology*, 76, 325-330.

Kuhl, P. K. (1981). Discrimination of speech by nonhuman animals: basic auditory sensitivities conductive to the perception of speech-sound categories. *Journal of the Acoustical Society of America*, 70, 340-349.

Kuhl, P. K., & Meltzoff, A. N. (1982). The bimodal speech perception in infancy. *Science*, 218, 1138-1141.

Kuhl, P. K., & Meltzoff, A. N. (1984). The intermodal representation of speech in infants. *Infant Behavior and Development*, 7, 361-381.

Lewkowicz, D. J., & Lickliter, R. (eds.) (1994). *The development of intersensory perception*. Erlbaum.

Maurer, D. (1985). Infants' perception of facedness. In T. N. Field & N. Fox (eds.) *Social perception in infants*. Ablex, pp.73-100.

Myowa-Yamakoshi, M., & Tomonaga, M. (2001a). Development of face recognition in an infant gibbon (*Hylobates agilis*). *Infant Behavior and Development*, 24, 215-227.

Myowa-Yamakoshi, M., & Tomonaga, M. (2001b). Perceiving eye gaze in an infant gibbon (*Hylobates agilis*). *Psychologia*, 44, 24-30.

Nakamichi, M. (1999). Spontaneous use of sticks as tools by captive gorillas (*Gorilla gorilla gorilla*). *Primates*, 40, 487-498.

Parker, S. T., Mitchell, R. W., & Miles, H. L. (eds.)(1999). *The mentalities of gorillas and orangutans: Comparative perspectives*. Cambridge University Press

Partan, S., & Marler, P. (1999). Communication goes multimodal. *Science*, 283, 1272-1273.

Pascalis, O., de Schonen, S., Morton, J., Deruelle, C., & Fabre-Grenet, M. (1995). Mother's face recognition in neonates: A replication and an extension. *Infant Behavior and Development*, 18, 79-85.

Prechtl, H.F.R. (1974). The behavioral states of the newborn infants: A review. *Brain Research*, 76, 184-212.

van Schaik, C. P., Deaner, R. O., & Merrill, M. Y. (1999). The conditions for tool use in primates: Implications for the evolution of material culture. *Journal of Human Evolution*, 36, 719-741.

de Schonen, S., Mancini, J., & Liegeois, F. (1998). About functional cortical specialization: The development of face recognition. In F. Simion & G. Butterworth (eds.), *The development of sensory, motor and cognitive capacities in early infancy: From perception to cognition*, Psychology Press, pp. 103-120.

Shams, L., Kamitani, Y., & Shimojo, S. (2000). What you see is what you hear. *Nature*, 408, 788.

島田照三 (1969). 新生児期, 乳児期における微笑反応とその発達的意義. 精神神経学雑誌, 71, 741-756

Smith, B. H., Crummett, T. L., & Brandt, K. L. (1994) Ages of eruption of primate teeth: a compendium for aging individuals and comparing life histories. *Yearbook of Physical Anthropology*, 37, 177-231.

Spelke, E. S. (1994). Initial knowledge: Six suggestions. *Cognition*, 50, 431-445.

Spelke, E. S., Born, W. S., & Chu, F. (1983). Perception of moving, sounding objects by 4-month-old infants. *Perception*, 12, 719-732.

高橋道子 (1973). 新生児の微笑反応と覚醒水準・自発的運動・触刺激との関係. 心理学研究, 44, 46-50.

竹下秀子 (1999). 心とことばの初期発達. 霊長類の比較行動発達学. 東京大学出版会.

Takeshita, H. (2001). Development of combinatory manipulation in chimpanzee infants (*Pan troglodytes*). *Animal Cognition*, 4, 335-345.

田中昌人・田中杉恵 (1982). コドモの発達と診断: 2 乳児期後半. 大月書店.

Tomasello, M. (1999). *The cultural origins of human cognition*. Harvard University Press.

友永雅己・松沢哲郎 (2001). 認知システムの進化. 乾敏郎・安西祐一郎 (編), 認知発達と進化 (認知科学の新展開1), 岩波書店, pp. 1-36.

打越万喜子・松沢哲郎 (2003). アジルテナガザルの行動発達—最初の4年間. 心理学評論. 印刷中.

Ujhelyi, M., Merker, B., Buk, P., & Geissmann, T. (2000). Observations on the behavior of gibbons (*Hylobates leucogenys, H. gabriellae,* and *H. lar*) in the presence of mirrors. *Journal of Comparative Psychology*, 114, 253-262.

Walton, G. E., & Bower, T. G. (1993). Newborns form "prototype" in less than 1 minute. *Psychological Science*, 4, 203-205.

第10章　成体チンパンジーにおける比較認知研究

数の問題を解くアイ（撮影：松沢哲郎）

10-1 総論

　比較認知発達という観点からチンパンジー乳児の研究を行なう場合，その比較対象は他の霊長類種の乳児個体に限られるわけではない．さまざまな種のさまざまな年齢の個体との包括的な比較が必要であることはいうまでもない．その中でも，同種の成熟個体との比較は「チンパンジーの発達」を理解する上でも重要である．また，成熟個体を対象とした研究は，それ自体が比較認知研究として重要な価値をもつといえるだろう．本章では，チンパンジー成体を対象とした比較認知研究のここ数年の成果を収録した．

　10-2では，主としてヒトの視覚認知機能との比較を目的として行なわれた実験的研究を総括している．さらに，チンパンジーで得られた知見をヒトでの最新の知見と関連づける試みがなされている．10-3では，チンパンジーの色知覚についての実験が報告されている．これまでにも図形文字を用いて色に命名する課題が行なわれてきたが (Matsuzawa 1985)，このようなラベルを用いた色の知覚は一対比較のような手法を用いた場合と異なるのであろうか．10-3では，色名シンボルを習得した個体とそうでない個体の比較を通して，チンパンジーの色知覚特性をあらためて検証している．

　10-4ではチンパンジーにおける推移律の理解についての実験が報告されている．たとえば，「1」という数字が1個の物を意味し，「2」と「3」がそれぞれ2個，3個を表したとする．ここで1＜2と2＜3であることが分かっている時，ヒトは1と3を直接比較しなくても，1＜3であることを推論する．このような推論を推移的推論あるいは推移律という．このような現象はリスザルにおいてもみられるため (McGonigle & Chalmers 1977)，推移的推論にはかならずしも言語的な命題が必要でないことが示唆される．しかし，「言語的な」すなわち「シンボリックな」表象が介在した場合には，その「言語」シンボルを媒介して別のクラスにも推移律が般化するであろうか．10-4では，このような問題について検討がなされている．

　推論と関連する問題として，10-5と10-6では数字の序列化における認知方略が検討されている．ヒトとチンパンジーは，シンボルの操作や数の理解など，さまざまな認知過程において類似性が認められることが示されてきた (川合 2000)．た

とえば，モニター上に呈示された1から9までの数個の数字を，小さいものから順番に選んでいく課題（数字の序列化課題）では，両種の反応パターンはともに最初の項目への反応時間だけが長く，残りは短く一定になる．そのことは，両種がともに，まずすべての数字を認識し，それらを序列化し，その位置を記憶してから，最初の反応をする，という一括処理を行なっていることを示唆している（川合 2000; Kawai & Matsuzawa 2000a; 2000b; 2001）．複数のシンボルに対し，系列的に反応していくこのような課題において，ヒトとチンパンジーは，その処理過程やエラーのパターン，記憶できる容量までもが共通していることが示されてきた（川合 2000; Kawai & Matsuzawa 2000a; 2000b; 2001）．10-5では，記憶容量に関する実験の報告が紹介されている．

しかし，この課題において試行中に同じ数字が含まれた場合には，両種間であきらかな違いが見られる（川合 2002a; 2002b）．数字の序列化課題における第一項目への反応時間は，呈示された数字がすべて異なっている場合には，ヒトとチンパンジーでまったく同じになる．しかしチンパンジーは，試行中に同じ数字（たとえば1－2－3－3－4）が含まれた時には，すべての数字が異なる時に比べて反応時間が長くなる（図10-6-1参照）．さらに，試行中に含まれた同じ数字が多くなるほど，その傾向が顕著になる（Kawai 2001）．それは，同じ順序の項目はどちらから選んでもよいため，反応するルートが増えるので，どの順序で反応するかを「迷った」ためだと考えられる（川合 2002a）．10-6では，この点について検討した実験の結果が報告されている．

私たちは，日常生活の中で様々な光景を目にし，それを記憶する．同様に，チンパンジーも普段の生活において様々なものを見て，記憶しているはずである．10-7では，一連の場面の集合から構成されている動画の記憶について検討がなされている．項目リストの記憶過程は，ヒトを含む様々な種でよく似ていることが分かっている（Wright *et al.* 1985）．しかし，動画は，相互にきわめて類似した項目（フレーム）の羅列から成っている．従来の記憶研究が対象としてきたような，離散的な項目リストのように，項目相互に明確な区切りはない．逆に，動画の区切りとなる場所は見る側の主観によって決まると考えられ，ヒトは動画中の連続した変化に一定の方向性やパターンを知覚し，動画に区切りがあると認識する．こうした動画の特性を考えれば，動画の記憶過程は項目リストの記憶過程と必ずしも同じではないと予想される．

視覚的な「好み」は誰しもがもっているものだが，それは遺伝的にプログラムされたものだろうか，それとも生後の経験により獲得されたものだろうか．より

複雑な中枢神経系をもつ動物，特にヒトを含む霊長類においては，後天的な学習によって獲得する行動が多いと考えられるが，「好み」についてはどうだろうか．10-8では，近縁な霊長類の各分類群に対するチンパンジーの視覚的な好みを調べ，この好みに対する社会的経験の効果について検討している．

10-9から10-11の3節では，チンパンジーの造形能力についての検討がなされている．これまで描画などの造形能力についてはいくつかの研究が行なわれてきたが（4-10，10-11参照），砂や粘土といった個体物を操作する造形についてはほとんど行なわれてこなかった（5-3，10-10参照）．造形は表されるものの空間次元で分けることができる．描画とは，3次元の現実世界を2次元に転換して平面に軌跡を残したものをいう．そしてペンなどの道具を使うのが一般的である．すなわち，描画は，具体的イメージを抽象イメージに転換する能力と道具を操作する技術を必要とする．このようなことが未熟な幼児にとっては困難な問題になる．いっぽう，粘土遊びは現実世界を3次元のまま表現する造形である．また，一般的には，道具を必要とせず直接手でさわって造形する．この点で，粘土遊びには描画の困難さがない．このため，ヒト幼児では粘土造形が描画より早く発達する（浜本1988；伊藤1965；木村1961）．チンパンジーの場合にも，粘土造形は描画より早く発達し，高度なレベルにまで到達するだろうか．この点についてはチンパンジー乳児を対象とした研究が進行中であるが，10-9では成体のチンパンジーを対象に粘土造形能力の検討を行なっている．10-10では，5-3で報告されている砂に対する操作を成体チンパンジーで行なった研究が報告されている．

ヒトは1歳前後になるとなぐり描き（scribble）を始める．3歳を過ぎるころには人物画などの具象画を描くようになる．Kellogg (1955) は，なぐり描きから具象画までの五つの発達段階を提唱した（ただし，Alland 1983; Gardner 1980; Golomb 1981 も参照）．しかし，ヒトの幼児における描画の研究のほとんどは，具象的な絵を書くようになってからの幼児を対象としたもので，それ以前の段階の研究は少ない．一方，大型類人猿でも自発的になぐり描きを始めることは多くの研究から知られている（Boysen, et al. 1987; Kellogg & Kellogg 1933; Ladygina-Kohts 1935; 松沢 1995; Morris 1962; Schiller 1951; Smith 1973）．これまでチンパンジーは，自発的に「お絵かき」をする，他者が見て認識できるような具象的な絵は描かない，既に描かれている「しるし」に対して，何らかの描き込みをする，ことなどが報告されている．さらにSchillerやMorrisは，中心から外れて描かれた図形には反対側にバランスをとるように描き込む，一部が欠けたように配置された図形には欠けた部分に書き込んで図形を「完成」させるなど，ヒトの描画能力と共通する要素を持っている

と主張しているが，異論も多い．10-11では，チンパンジーのなぐり描きについてさらに詳細な検討を加えるとともに，ヒトにおいて知られている他者の存在が描画行動におよぼす影響（山形1988）について検討している．

10-12では，6-6で検討されている自己の名前の認知の問題について成体のチンパンジーで検討がなされている．

野生チンパンジーの観察から，分業と食物分配がチンパンジーにおいても見られることが示唆されている（Boesch & Boesch-Achermann 2000）．分業と分配は，ヒトの進化において非常に重要な役割を果たしたと考えられる．10-13では，認知課題遂行中の成体間での役割分担について検討がなされている．

本章で紹介されている研究の多くは，チンパンジー乳児を対象とした比較発達研究が並行して行なわれているものが多い（10-8－13）．また，それ以外の研究についても，コンピュータ課題を習得しつつある彼らに対して十分検討可能なものが多い．今後，乳児期以降の認知発達を検討していく上で，母子が同居する「社会的」な場でのこういった比較認知発達研究が一つの柱になっていくことを期待したい．そのためにも成体チンパンジーでの研究の進展が今後とも重要である．

10-2 視覚認知への比較認知科学的アプローチの可能性

10-2-1 視覚認知の比較研究

我々を取り巻く環境にはさまざまな情報が数多く存在している．これらの情報の中から，我々は，特定の情報をピックアップし，統合して，そこに事物の存在や事象の生起などを知覚・認識する．その知覚や認識の方法は，生息する環境が異なる各動物種の間で異なりうることは論を待たない．しかしながら，そのような能力は，身体部位の形態などと同様に，環境からの選択圧によって進化してきたはずである．したがって核となる部分には種を越えた共通項が存在するに違いない．あるいは，異なる道筋を経て類似した環境への適応を果した種の間にも共通項は存在する可能性がある．

現在，さまざまな動物種に存在する多様な認知の起源や進化を科学的に研究するためには，現生種の間での認知能力の「比較」という手法が用いられる．このような研究領域は近年「比較認知科学」という名で認識されるようになってきた．藤田（1998）は，人間を「生物としてのヒト」として捉え，我々の持っている認知能力が他の形質同様進化の産物であるという前提に立って，このような認知能力がどのように進化してきたのか，その系統発生を探ろうとする学問として比較認知科学を定義している．この目的のために，比較認知科学では，ヒト以外の動物の認知能力を調べ，「比較」することによって，ヒトのもつ能力のうちの何が他の動物と共通で，何がヒトやそれぞれの動物独自のものであるかを明らかにし，ヒトの認知機能の進化を跡づけていくという作業を行なうことになる．

したがって比較認知科学では，動物を研究対象とする際の捉え方が他の学問領域とは若干異なる．すなわち，比較認知科学では動物を単純に外挿可能なヒトのモデルとしては捉えない．というよりも，先に述べたように動物も進化の産物であるというあたりまえの前提に立ち，彼らを知覚・認知過程の「進化のモデル」として捉えるのである．

比較認知科学が解明すべき問題は多岐にわたるが，大きくは，ヒトの認知能力がいかに進化してきたかを明らかにしようとする流れと，動物界に存在する認知の多様性とその原因を解明しようとする流れの二つに分けることができる．ただし，言うまでもなくこれら二つの流れは相互に排他的なものではなく，相補的なものである．

筆者の一人である友永は，これまで主として前者の立場から，ヒトに最も近縁な種であるチンパンジー（*Pan troglodytes*）を対象として彼らの視覚認知の諸相について実験心理学的な手法を用いた比較研究を行ってきた．本節では，それらの研究の流れを大きく「視覚的注意」と「社会

的認知」にわけて概観するとともに，その背景にあるヒトでの研究との関連性，さらには，ヒトでの研究への比較認知的視点の導入の可能性について議論していきたい．

10-2-2 「注意」の比較研究：探索非対称性，注意の補足，プライミング効果

心理学では，注意は情報処理のいくつかの側面を指す語として用いられている．大まかにいって注意の機能は，不要な情報を捨て去り，有用な情報を獲得する「情報選択」の機能として整理することができる（横澤 1995）．このような「情報選択機能」としての注意の研究は，ヒト以外の動物でも広く行なわれるようになってきた．

友永は注意を研究する際に多用される課題である視覚探索や先行手がかり課題などをチンパンジーに訓練して，ヒトと直接比較可能な形での「注意」の研究を行なってきた（Tomonaga 2001c）．ここでは，それらのうちのいくつかの知見を紹介する．

注意に関するいくつかの理論やモデルの中で最も有名なもの一つにTreismanらによる「特徴統合理論」(Treisman & Gelade 1980) をあげることができる．この理論では，視覚情報処理過程は継続する二つの段階に分けられる．最初の段階では視野内のすべての特徴に対して並列的にマッピングがなされる．そして，続く段階では視野内の個々の対象において系列的に特徴の統合が行なわれる．この特徴の統合を可能にしているのが「選択的注意」と呼ばれているものである．近年，特徴統合理論はその大幅な改訂を迫られつつあるが，視覚探索などの実験において報告されている基本的な現象である，ポップアウト，探索非対称性，結合探索，結合錯誤などの諸現象をかなりうまく説明することができる．

視覚情報処理過程における注意の役割をかなりうまく説明する特徴統合理論は他の動物種の視覚情報処理をも説明できるのだろうか？このような問いは，理論やモデルの「系統発生的妥当性」，あるいは「生物学的一般性」に関わるものである（藤田 1998）．友永は，チンパンジーに対し視覚探索課題を訓練した上で，まず探索非対称性の検証を行なった．たとえば探索画面中の複数個のOの中からQを見つけだすことに比べて，逆に複数個のQの中からOを見つけだすことが格段に難しいことがある．このような現象を探索非対称性と呼ぶ．前者の条件の場合，呈示された刺激の個数（画面サイズと呼ぶ）に関係なく正答率は高く反応時間も速くかつ一定であるのに対し，後者の場合には，画面サイズが大きくなるにつれて正答率が低下し，何よりも反応時間が一次関数的に増大する．Qが容易に見つけられるのは，Oと＼の交差によって視知覚処理の基本単位である「特徴 (feature)」が生成されるためであると考えられている．

Tomonaga (1993a) は図10-2-1にあるような幾何学図形を用いて探索非対称性を検証した．その結果，ヒトと同様チンパンジーでも，線分の交差による特徴を含む刺激が標的刺激の場合，逆の場合に

比べて探索時間が速くかつ刺激個数の影響を受けないことを明らかにした（図10-2-1の条件aとc）。このような結果は，線分の傾きを用いた実験でも認められた（Tomonaga 2001c）。さらに，テクスチャ弁別課題においても同様の現象が認められている（Tomonaga 1999a）。

並列処理によって同定された特徴は選択的注意によって統合され，物体認識へといたる。では，選択的注意は視野内をランダムに動き回るのだろうか？最近の誘導探索モデルなどでは選択的注意は特定の刺激の間をトップダウン的に誘導されながら移動すると考えられている。その一方で，視野内に目立つ（salient）刺激が存在する場合，注意は自動的にそのよ

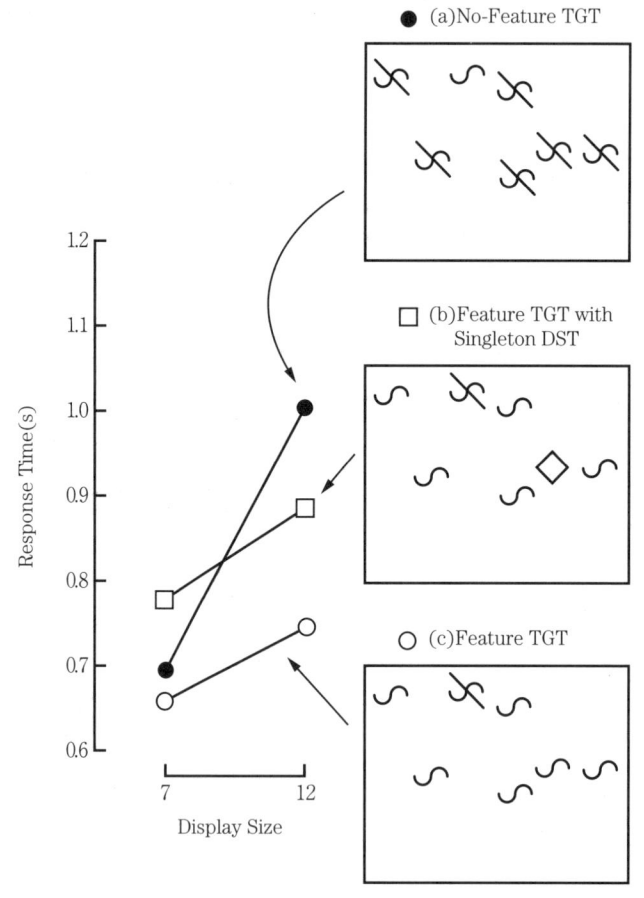

図10-2-1 チンパンジーによる視覚探索における探索非対称性と刺激駆動型の注意の捕捉現象．

うな刺激に捕捉されることがある．このように，注意の捕捉にはトップダウン的な制御とボトムアップ的な制御が存在する．ボトムアップ的な刺激駆動型の注意の捕捉はチンパンジーにおいても認められる．Tomonaga (in press) は，先の探索課題において図10-2-1bのような条件を導入した．この条件では，妨害刺激の一つが他の妨害刺激とは明瞭に異なるもの (singleton) に置き換えられている．このような課題を与えた場合，刺激の個数の影響は受けないものの（並列探索），singletonの存在しない条件に比べて約100msほど反応時間が長くなった．この結果は，singletonによって注意が自動的に捕捉されたことを示唆している．

選択的注意のもう一つの大きな側面は，注意を向けた対象の処理の促進と向けなかった対象の処理の抑制であろう．こういった問題は，ヒトではプライミング課題のような先行手がかりの呈示による後続課題の遂行の促進／抑制というかたちで研究が行なわれてきた．その一方で，動物ではこの種の研究の数は非常に少ない．Tomonaga (1997) は，チンパンジーを対象に，視覚探索課題において探索画面を呈示する前に標的刺激の位置を予告する刺激を先行呈示してその効果を調べた．その結果，予告刺激が標的刺激の位置を正しく指示する確率（一致率）が高い場合，一致した場合の促進効果と不一致の場合の抑制効果が見られたのに対し，一致率が低い場合には一致した場合の促進効果のみが認められた．

一方，1試行ごとに明示的に情報を与えるかわりに，実験セッション内での刺激の出現頻度などを操作することによって促進／抑制効果が生じることがチンパンジーでも認められる．たとえば，Tomonaga (1993b) は，1セッションを複数の試行ブロックに分割してそのブロック内での標的刺激呈示位置をある領域に固定し，次のブロックでは別の領域に移すということを繰り返した．その結果，試行ブロックの後半になるほど反応時間は速くなり，試行ブロックが切り替わると反応時間が増加するという現象が見られた．また，単純な文字の同時弁別を複数セット訓練した後，連続する2試行の間での正刺激の反復，正解位置の反復する頻度を増加させたところ，同じ刺激や同じ正解位置が反復する場合には反応時間が短くなるという現象が認められた．これらの現象は動物の注意の研究では「系列プライミング」と呼ばれており，暗黙的に操作された情報からのトップダウン的な注意の制御の存在を示唆しているといえる．

選択的注意を向けられた対象はその処理が促進される．では，その時，注意を向けていなかった対象は無視されていたのだろうか？ ヒトにおける負のプライミング研究では，そのような刺激は無視されるのではなく，積極的に抑制されていることが分かってきた．では，同様の抑制メカニズムはチンパンジーにおいても認められるのだろうか？ Tomonaga (2001c) は単純同時弁別課題を2試行連続して与えるという課題において，先行する試行における負刺激の位置に後続試行において正刺激が呈示された場合，統制条件に比べて反応時間が増加するとい

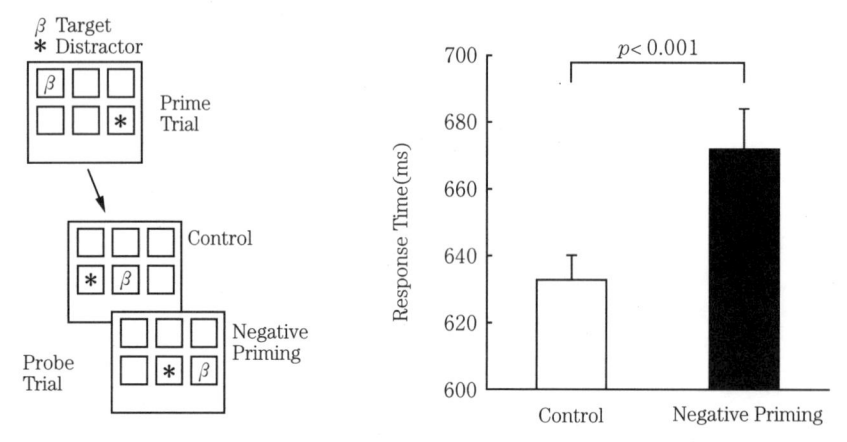

図10-2-2 チンパンジーによる文字弁別課題における空間位置についての負のプライミング効果．二つの試行がプライム試行，プローブ試行というかたちで連続して呈示される．

う，空間位置に関する負のプライミング効果をチンパンジーにおいて見出した（図10-2-2）．

また，呈示位置ではなく刺激そのものについても負のプライミング効果を調べた（Tomonaga 2001c）．図10-2-3左に示すように，プローブ課題である視覚探索課題に先行して色弁別，文字弁別，孤立項弁別といった難易度の異なる（したがって要求される注意の程度が異なる）プライム課題を呈示した．その結果，比較的弁別の容易な色弁別，文字弁別課題が先行する場合は，その課題における負刺激に対して負のプライミング効果ではなく正のプライミング効果（促進効果）が認められた（図10-2-3右）．負のプライミング効果が生起するためには，ある程度の選択的注意がプライム課題においてはたらくことが必要であることが示唆されたのである．この結果は，低一致率条件においても先行手がかりの一致効果が認

められたTomonaga (1997)の実験と対をなすものであると考えられる．つまり，注意を要さない並列的に処理が可能な場合には，正刺激も負刺激も自動的に活性化され，後続の課題での促進効果をもたらす，と考えることができる．

10-2-3 社会的刺激の認知：顔，生物の運動，視線

我々は，視野内に存在する基本的な特徴を並列的に処理した上で，それらを系列的・注意的処理によって統合して物体を認識する．物体を認識するためには，記憶などのトップダウン的な要因が影響をおよぼすことはいうまでもない．特に，我々にとって「意味のある」刺激については，意味のある文脈から切り離されて呈示された場合でもトップダウンからの情報による影響を強く受けるものと思われる．このような現象は特に社会的な刺激において顕著なのではないだろう

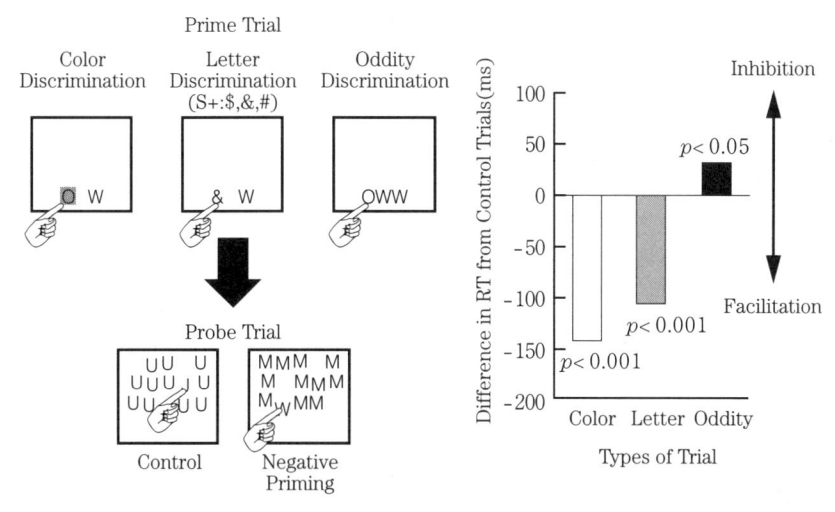

図10-2-3　チンパンジーの視覚探索におけるプライミング効果．プローブ試行としての視覚探索課題に先行して3種類の弁別課題がプライム試行として呈示される．グラフの縦軸は2種類のプローブ試行の反応時間の差分．

か？　あるいは逆に社会的認知においてどの程度基本的な視覚情報処理が関与し，どの程度個別の社会認知に固有な処理というものが存在するのか？そしてそこには種差が存在するのか？チンパンジーにおける物体認識の研究を進める上で，このような点，つまり「社会的認知の知覚的基盤」に焦点をあてることにした．

顔の認知において最もよく知られている現象は「倒立効果」であろう．ヒトのみならず，チンパンジーでも倒立した顔の認識が正立した顔の認識よりも難しいことが知られている（Tomonaga 1999b）．では，このような方向に特異化した処理というものが，探索行動にも影響を及ぼすのであろうか？視覚探索では先にも述べたように標的刺激と妨害刺激の組み合わせによって探索効率が大きく変化する

という探索非対称性と呼ばれる現象がある．この現象を利用して，正立した顔と倒立した顔の処理過程の違いをチンパンジーで検討した．ヒトの顔写真を用いて実験を行った結果，正立顔が標的刺激の場合，その逆の正立顔が妨害刺激である場合に比べて探索反応時間が長くなることが分かった（友永 1999）．この現象は，ヒトの顔写真のみならず，似顔絵やチンパンジーの顔，イヌの顔を用いても認められたのに対し，手の写真や椅子の写真，家の写真を用いた場合には認められなかった（Tomonaga 2001a，図10-2-4）．この顔刺激に特異的な正立刺激の優位効果は，極端に情報を減じた（^_^）のような図式的な顔図形を用いても認められた．

相貌認知における倒立効果は，我々が正立した顔を全体的に処理しているため

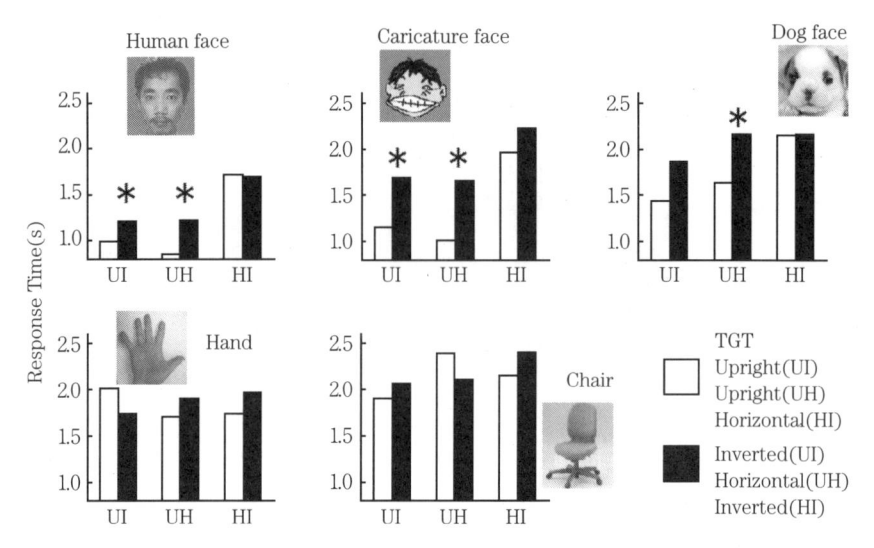

図10-2-4　チンパンジーにおける刺激の方向に関する視覚探索．横軸は組み合わされた方向．正立した顔刺激を用いた場合のみ有意差（*）が認められる．

に起きると考えられている．では，今回の視覚探索における正立顔優位効果も同様の処理様式がその源にあるのだろうか？そこで，顔を構成する目や口などのパーツを単独で呈示した場合と組み合わせて呈示した場合で探索反応時間を比較してみた．その結果，パーツの単独呈示では正立刺激優位効果は認められなかったのに対し，目と口などを組み合わせて呈示した場合には顔全体を呈示した場合と同じような効果が認められた（図10-2-5）．正立顔優位効果は顔の全体的な処理によって引き起こされている可能性が強く示唆される．このことは，顔の同定を必要としない方向の視覚探索においてもチンパンジーは顔写真を「顔」として処理している可能性を強く示唆するものであるといえる．

チンパンジーにとって意味のある刺激として，次に，生物の運動をとりあげた（Tomonaga 2001b）．複数の光点の動きによってチンパンジーの四足歩行パターンを作成し，この刺激とランダムな点の動きのパターンを組み合わせて視覚探索課題を構成した．顔の方向の視覚探索では普段見慣れている正立像を見つける方が容易であったのに対し，生物運動パターンの場合には正常な歩行パターンから逸脱した動きを見つけ出す方が容易であった（図10-2-6A）．この結果は，正常な歩行パターンが，チンパンジーの視覚情報処理系では「基準値」として機能している可能性を示唆しているかも知れない（cf. Treisman & Gormican 1988）．しかしながら，続く実験の結果は，この可能性に疑問を呈するものであった．この実験で

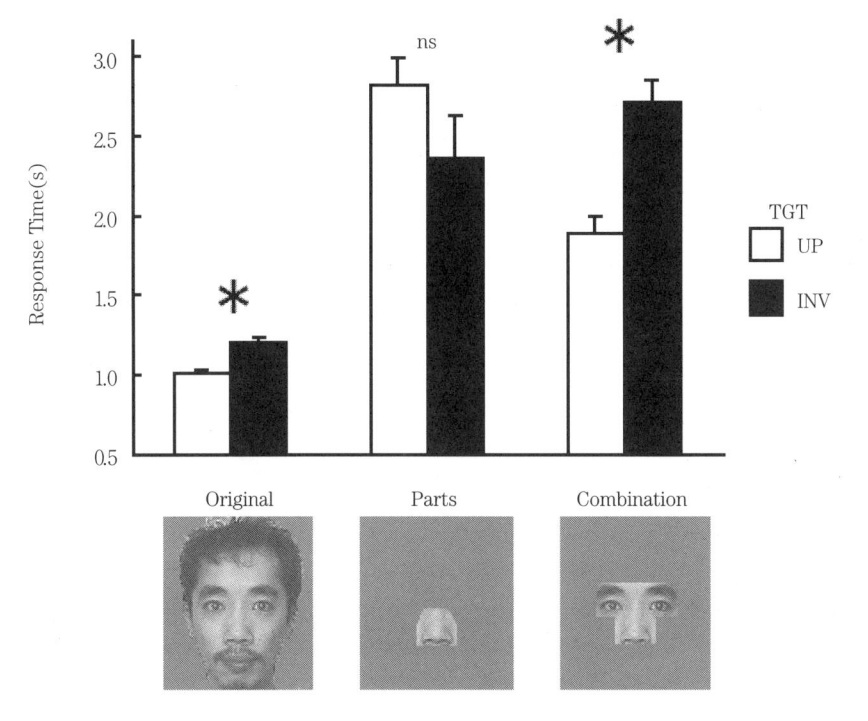

図10-2-5 刺激の方向に関する視覚探索における全体的処理の効果．顔の構成要素の単独呈示では正立刺激優位効果は生じない．

は，正常パターンとランダムパターンに対して各点の位置をランダムにいれかえるという操作を行ない，これと元のパターンを組み合わせて再度実験を行なった（図10-2-6 B）．その結果，正常パターンを用いた場合は，先の実験同様，位置がでたらめなパターンを見つける方が容易であった．ところが，ランダムパターンを用いた場合にも位置がでたらめなパターンの方が見つけやすかったのである（正答率は正常パターンに比べてはるかに悪いが）．元のランダムパターンはここまでの実験で何万回にもわたって呈示されてきたものである．このような反復呈示はその刺激の既知性を高める．実験文脈の下で形成された既知性であっても，そこからの逸脱が効率的な視覚探索を引き起こす可能性を，この実験は示唆しているのかも知れない．

本節のはじめに紹介した顔の認識の問題は，より複雑な社会的認知の基盤となるものである．次に，視線の認知に関連する問題を視覚認知の問題と関連づけて論じていきたい．

我々は，他者の視線や顔の向きなどを利用して自らの注意を適切な方向に定位

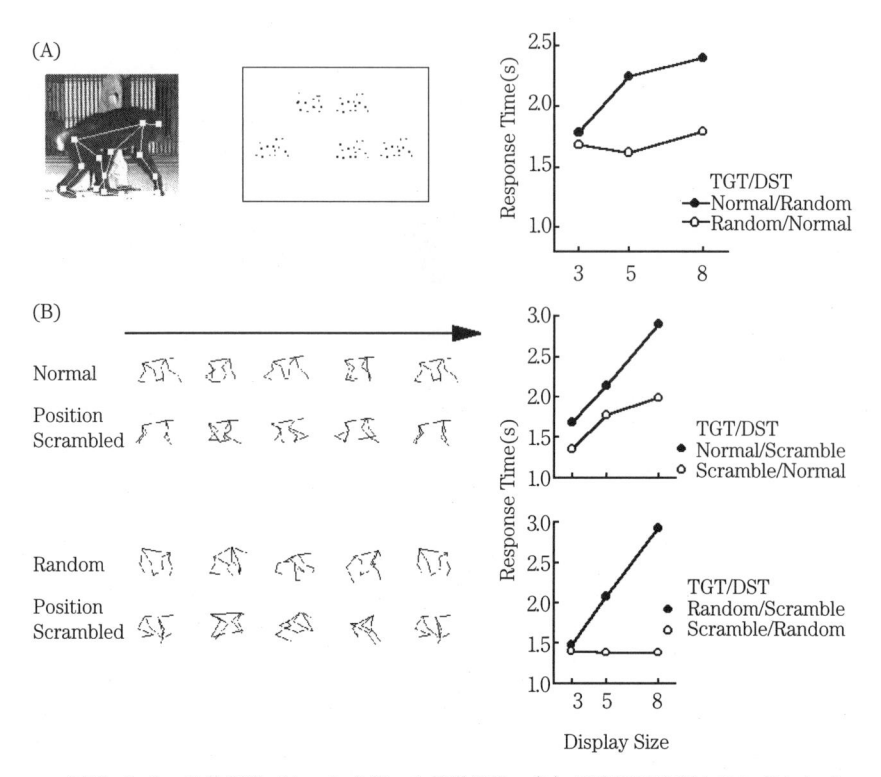

図10-2-6 生物運動パターンを用いた視覚探索．(A) 正常四足歩行とランダムなパターンを用いた場合．正常四足歩行のパターンはビデオ映像から作成した．(B) 正常およびランダムパターンの各点の位置を並べ替えたパターンでの実験結果．いずれの場合も並べ替える前のパターンが妨害刺激の場合の方が探索が容易であった．

させることができる．このような現象は発達心理学では「視覚的共同注意」と呼ばれている．ここで言う「注意」は，本稿で議論している視覚情報処理としての「注意」とは異なるニュアンスでこれまで議論されてきたが，近年この両者をつなぎ合わせる試みが数多くなされるようになってきた．その代表例は，10-2-2で述べたような先行手がかり課題を利用した社会的な注意の定位課題である．他者の視線によってシフトする注意の特性は，周辺手がかりや矢印などの非社会的な刺激によって引き起こされる注意とは異なるのか？このような問いに答えるための知見が少しずつではあるが蓄積されてきている．

視線の認知の問題は「他者の心の理解」ともつながるとされており，その点で発達心理学や発達障害学のみならず，近年では認知神経科学や比較認知科学においても重要なトピックとして認識されるようになってきた．しかしながら，視覚的

共同注意の背後にある基礎的な視覚情報処理過程についての比較研究はほとんど行なわれていない．そこで，友永 (2001) はチンパンジーを被験体として，文字弁別課題に先行する手がかりとして横を向いた顔や視線を横に向けている正面顔を呈示して，このような社会的刺激による先行手がかりの課題促進／抑制効果を検討した (図10-2-7参照)．ヒトでは，短いSOAであっても，視線方向と一致した位置に標的刺激が呈示されると反応時間が速くなるという結果が得られており，視線によって自動的に (reflexive) 注意がシフトする可能性が示唆されている．ところがチンパンジーでの実験では促進効果がほとんど見られなかった．この結果はヒトの顔写真ではなくチンパンジーの顔写真を用いた場合にも同様であった．

そこで，顔の向きと非社会的な周辺手がかりを用いて，標的刺激の出現位置と先行手がかりの一致率を20％，50％，80％と体系的に操作して再度実験を行ったところ，顔の向き条件，周辺手がかり条件ともに，一致率が高いほど促進／抑制効果が強く生じた．特に，予測性のまったくない50％条件の場合，周辺手がかりに比べて視線手がかりの場合には促進効果がほとんど見られなかった (図10-2-7)．これらの結果は，チンパンジーでは，視線手がかりは自動的に注意をシフトさせるというよりも，予測性の高さなどのトップダウン的な情報によってはじめてその効果が出現するという可能性が強く示唆された (10-2-10参照)．

では，視線といった比較的微妙な手がかりではなく，指さしや体の向きといっ

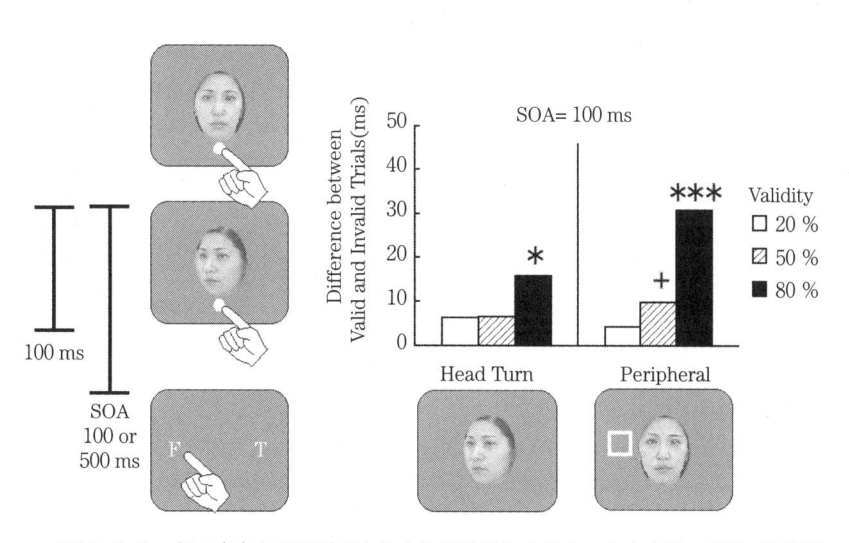

図10-2-7 顔の向きと周辺手がかりを先行呈示した場合の文字弁別の促進／抑制効果．縦軸は不一致試行の反応時間から一致試行の反応時間を引いたもの．手がかりと標的刺激の位置の一致率が高いほど促進／抑制効果が大きい．

たより明瞭な社会的手がかりを用いた場合はどうであろうか？先述の文字弁別課題に対して，先行手がかりとして顔刺激ではなく半身像を呈示し，身体の一部を用いて標的刺激の呈示位置を示した．用いた先行手がかりは，顔を近づけ対象をつかむ，顔は近づけずに対象をつかむ，対象を見つつ指さし，対象を見る，そして非社会的な周辺手がかりであった（図10-2-8参照）．ここで用意した社会的手がかりは対面場面での実験者手がかりの理解に関する実験で多用されているものである．これらの手がかりはチンパンジーの成体や乳幼児でも対象を正しく選択するために利用することが可能であることが知られている．そのような社会的手がかりが，社会的でない文脈において注意の定位をもたらし，促進／抑制を引き起こすのであろうか．実験の結果，周辺手がかり条件では強い手がかり効果が認められた．また，社会的手がかりを先行呈示した場合にも促進／抑制効果が認められる場合があった（図10-2-8）．

これらの実験は実験室という非社会的な文脈における視覚情報処理において社会的な刺激からのトップダウン的な影響がどのような形で影響をおよぼすのか（あるいはおよぼさないのか）を調べたものである．今後さらに検討を重ねていく必要がある．

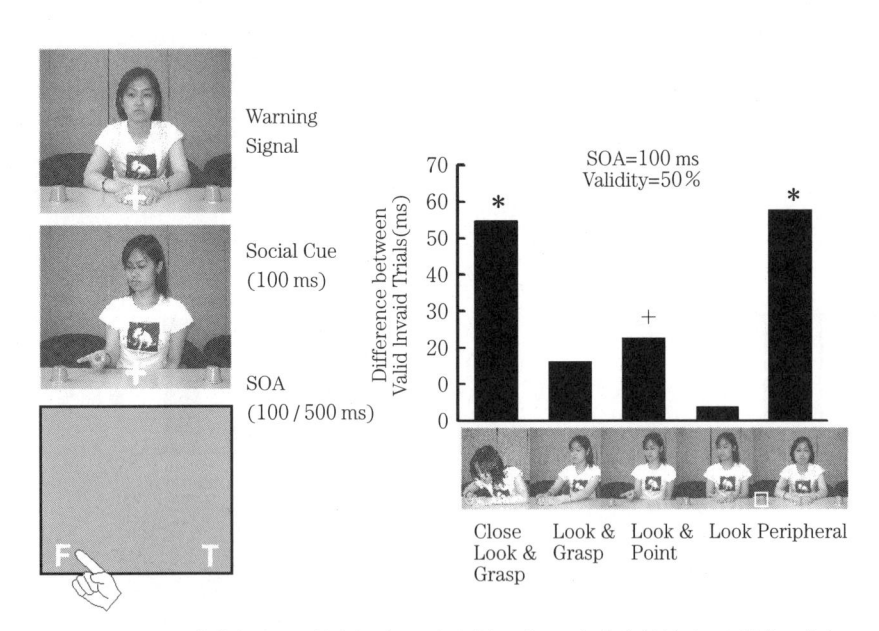

図10-2-8 身体を用いた社会的手がかりと周辺手がかりを先行呈示した場合の文字弁別の促進／抑制効果．縦軸は不一致試行の反応時間から一致試行の反応時間を引いたもの．

10-2-4 注意のモデルの系統発生的妥当性の検討にむけて

本項では，ここまで述べられたチンパンジーの注意や視覚認知に関する研究が最近の注意研究の枠組みにどのように当てはまるのかを検討してみたい．また，同時に，チンパンジーとヒトの比較をはじめとする比較認知科学的研究の可能性を明らかにするために，ヒトの中でも異なるポピュレーション（若齢者と高齢者）を被験者とした注意の研究例を紹介し，ポピュレーション間の比較認知科学がもたらした成果を紹介する．これらをもとに，注意の比較認知科学の可能性について議論する．

「注意」についての現代的な心理学的説明は，「初期視覚で表現された情報の中から，その時点での行動目的に合ったものを選択し，それらを統合する機能」となる．その進化適応的な意義を考察する上では，なぜ我々生体には注意機能が必要か，という問いを考えることが重要であろう．実は，これには非常に多様な回答が考えられるが，現在の理解に基づけば，大きくは以下の二つであろう．

(a) 環境条件，適応条件

自然界においては，生物は外敵や捕食者から身を守る必要がある．そのためには，外敵を見つけ出すための一種のフィルターが必要であろう．他にも，餌を探すことや交配相手を見つけることなど，種々の情報選択行動が，個体や種の保存と密接に関連していることが分かる．このような個体の生存や種の保存にとって重要な行動を実現するため注意機能が進化してきた可能性が考えられる．

(b) 生物学的制約の条件

情報処理論的な心理学では，生体にとって注意が必要な理由の一つとして，脳の情報処理容量の限界が考えられてきている．我々の感覚器官は絶えず感覚信号を脳に送り続けているが，脳の情報処理容量には限界があるため，同時に大量の情報について高次の処理を施すことは不可能であると考えられる．そのため，情報処理にさまざまな段階で，情報を制限し，脳のシステムに対する負荷を低減するための機構が必要となる．このような考え方を，「知覚のための選択（selection for perception）」と呼ぶ．

また，運動出力系の制約への対策が注意の機能の本質であるとする考え方もある．たとえば，リーチング，発声，サッカードなど，顕在的な行動の多くは同時遂行が不可能である．たとえば，ある時点では同時に二つの異なる対象にサッカードをすることはできないし，また，同時に複数の音声を発生することも不可能である．したがって，生体は，正確な運動を行なうために，膨大な感覚情報を行動にとって重要な情報に限定する必要がある．このような考え方を「行為のための選択（selection for action）と呼ぶ．

ヒト以外の種に注意はあるか，という問いには，上記の諸条件から敷衍すると，適応的な行動をとり，有限の脳の情報処理容量と，限られた運動出力系を有している生物には，注意機能が備わっている

可能性が高いと考えられる．したがって，逆に，「注意がない生物」を現在，地球上に実在する高等な生物の中に見つけることは難しいかも知れない．そのような生物が突然変異によって出現したとしても，直ちに絶滅してしまうであろう．

10-2-5 ヒトを対象とした注意研究の進展

ヒトを対象とした実験心理学の分野では，注意の機能を解明するためにさまざまな実験パラダイムが考案されてきた．その中の代表的なものが，前章でも取りあげた視覚探索である．

視覚探索を注意機能解明のための実験パラダイムとして確立したのはTreisman & Gelade（1980）である．その後，Wolfeの広範な実験によって，視覚探索の基本特性がかなり明らかになってきた（レビューとして，Wolfe（1998）がある）．その成果の一つは，探索関数の傾きが，当初，Treisman & Geladeが考えていたような，並列探索と逐次探索の2区分に分類されるわけではなく，非常に高速の探索から低速の探索にまでわたる連続性を持っていることを示したことにある．初期視覚特徴で定義された目標刺激であっても，妨害刺激との類似性が高い場合には，探索関数の傾きが大きくなることがあるし，逆に，複数の特徴の結合であっても，特定の刺激条件下では高速に探索できることなどが示されてきた．Wolfe（1994）は，このような探索関数の傾きの連続性は，刺激駆動的なボトムアップ処理の結果と，知識駆動的なトップダウン処理の結果の加算によって決まる

と考えた．このような基本設計のもと，誘導探索モデルが提案された．つまり，誘導探索モデルは，注意を誘導する要因としてトップダウン要因とボトムアップ要因を仮定している．

視覚探索におけるトップダウン処理の中心的な機能は，目標についてのテンプレートを作り，目標関連次元を重みづけることである．これまでの研究から，単一の初期特徴で目標が定義されている場合（特徴探索）でも，特徴次元に関する先行情報が視覚探索を促進することが知られている（Treisman 1988；Müller, Heller, & Ziegler 1995）．このような効果を次元内促進効果（Within-dimension facilitation：WDF）と呼ぶ．これまで，次元内促進効果を調べた研究では，一つの特徴で定義された目標のみが提示されるブロック（特徴固定条件）と，複数の特徴のうちのいずれか一つの特徴で定義された目標が提示されブロック（特徴変化条件）での探索時間を比較し，前者の探索時間が短縮されることが明らかになってきた．特徴固定条件では，直前の試行で提示された目標と同じ特徴で定義された目標が現試行でも提示されるため，被験者は直前の試行で用いた特徴に対する重みづけを維持することによって，全体として次元内促進効果が得られると考えられた（Found & Muuller 1996）．つまり，この説では，連続する2試行間での目標定義特徴の繰り返し効果（試行間促進効果, Inter-trial facilitation；ITF）と次元内促進効果は同じ，次元加重という一つの機構によって生じることになる．

最近，Kumada（2001）は，特徴探索課

題，テクスチャ分離課題，目標計数課題などを用いて，次元内促進効果を試行間促進効果には異なる機構が関与していることを示した．この研究では，ある特定の実験条件下では，どちらか一方の効果しか得られないことが明らかとなった．特に，次元内促進効果には，課題が注意の移動を伴うか否かが重要で，試行間促進効果には反応の複雑さの要因が重要であることが明らかとなった．この結果から，Kumadaは，次元内促進効果には目標についての知識の利用の側面が関与し，試行間促進効果には一種の反応プライミングのような，より反応系に近い処理過程が関与していると示唆した．つまり，従来のトップダウン要因は，次元内促進効果に反映されることが明らかとなった．

ポピュレーションの比較は，認知過程の理解にとって有効な情報をもたらす．たとえば，脳損傷に伴う認知機能の変化に関する研究によって，我々の認知機能について多くのことが明らかになってきた．ここでは，次元内促進効果と試行間促進効果が，健常な高齢者でも，若齢者とは異なる結果を示した研究（Kumada & Hibi 2001；熊田・日比 2001）を紹介する．

一般に加齢に伴うトップダウン処理の機能の低下が報告されている．次元内促進効果と試行間促進効果が異なるメカニズムによるならば，しかも，次元内促進効果のみがトップダウン処理の機能と関連しているならば，加齢に伴って次元内促進効果のみが低下することが予想された．Kumada & Hibi（2001）では，高齢者（65歳以上）と若齢者（20歳代）に同様の視覚探索課題を実施し，その成績を比較した．その結果，若齢者では，先行研究と同様に次元内促進効果と試行間促進効果の両方が観察されたが，高齢者では試行間促進効果のみが有意であった（図10-2-9）．この結果は，次元内促進効果と試行間促進効果がまったく同一の機構によっているのではないことを支持する．特に，加齢に伴うトップダウン機能の一般的な低下という知見と対応して，次元内促進効果が消失したことは，次元内促進効果がトップダウンに関する処理過程によるものであることを示唆していると考えられる．一方，試行間促進効果に関連した処理過程は，加齢による機能変化を生じないらしい．

視覚探索を用いた注意研究の結果から，注意を誘導する要因として，トップダウン要因とボトムアップ要因が存在すること，さらに，トップダウン要因として考えられていた先行知識の効果が2種類の要因に区分できることが明らかになってきた．ここでは，それぞれを目標志向的要因と履歴要因と呼ぶことにする．

10-2-6 注意の比較認知科学の可能性

これまでの研究から，注意を誘導する要因として，目標志向的選択と履歴に基づく選択が別の機構として存在することが示されてきた．前項で紹介されたチンパンジーの視覚探索実験では，この両者の要因に対応すると思われる結果も得られている．たとえば，各試行ごとに目標位置を予告する，あるいはブロック内での確率を変化させることで目標位置に関

する先行情報を与えるなど，目標志向的選択に対応する注意誘導の要因がチンパンジーにも存在することが明らかとなっている．また，負のプライミング効果がチンパンジーでも見られることから，履歴に基づく注意誘導も行なわれていることが示唆される．さらに，ヒトとチンパンジーには初期特徴の処理(ボトムアップ処理)での共通性も存在する．たとえば，ヒトとチンパンジーではいずれも探索非対称性が認められる．また，注意の自動的な捕捉現象にもヒトとチンパンジーの共通性が認められている．全体として，チンパンジーとヒトには，注意の機能について，高い共通性が示された．つまり注意を誘導する要因が類似していることが明らかとなった．一方，ヒトではあまり明らかになっていない注意誘導要因もチンパンジーにはある．その多くは社会的刺激の認知といった側面で報告されている．それらについては次項以降で詳しく議論する．

これまでのヒトとチンパンジーの注意機能に関する研究から，両者の間には多くの類似した機能的側面があることが分かった．では，どうして両者が類似した注意機能を有するに至ったのであろうか？一つの考え方は，ヒトとチンパンジーの共通の祖先から受け継いだものであるというものであろう．また，もう一つの考え方は，ヒトとチンパンジーが個別に注意機能を進化させてきたが，環境条件と生物学的制約などが類似していたため，結果的に類似した機能をもつに至った，というものである．この両者のうち，いずれが正しいかを，現時点で断定することは不可能である．しかしながら，もしも後者のような経過によって，両者が類似した注意機能を有しているとすると，現在，ヒトが有している注意機能は，諸制約の上で一定の適応的機能を実現するために最適な方法である可能性を示唆していると考えられるかも知れない．

それでは，ヒトとチンパンジーが異なる注意機能の側面を有する可能性はあるのであろうか？前項で，生態学的要因について，チンパンジーとヒトとが異なっている可能性があることを示唆した．このことは，注意の生物学的制約からも予測される．特に，我々の注意機能が「行為のための選択」を実現していることを考えると，チンパンジーとヒトとの行為，あるいは行動における差異が，異なる注意機能を生じさせている可能性は高い．たとえば，ヒトとチンパンジーでは，行動空間が異なる（地上vs樹上）し，また，運動能力も異なる．チンパンジーはヒトよりもはるかに高い運動能力とパワーを有しているが，一方では，微細な運動は不得手である．また，チンパンジーには，ヒトにはみられる特定の動作が見られない（たとえば，指さし行動など）．これらの結果は，注意制御の生態学的要因に違いが見られる可能性を示唆している．ヒトの注意に関しては，生態学的要因を検討する目的で行なわれた研究は少ない．しかしながら，視覚探索の空間的異方性などの実験では，結果の解釈として生態学的要因による説明が上手く適用できる例がある（森田・熊田 2001）．今後は，生態学的要因を実験的にコントロールした研究が重要である．

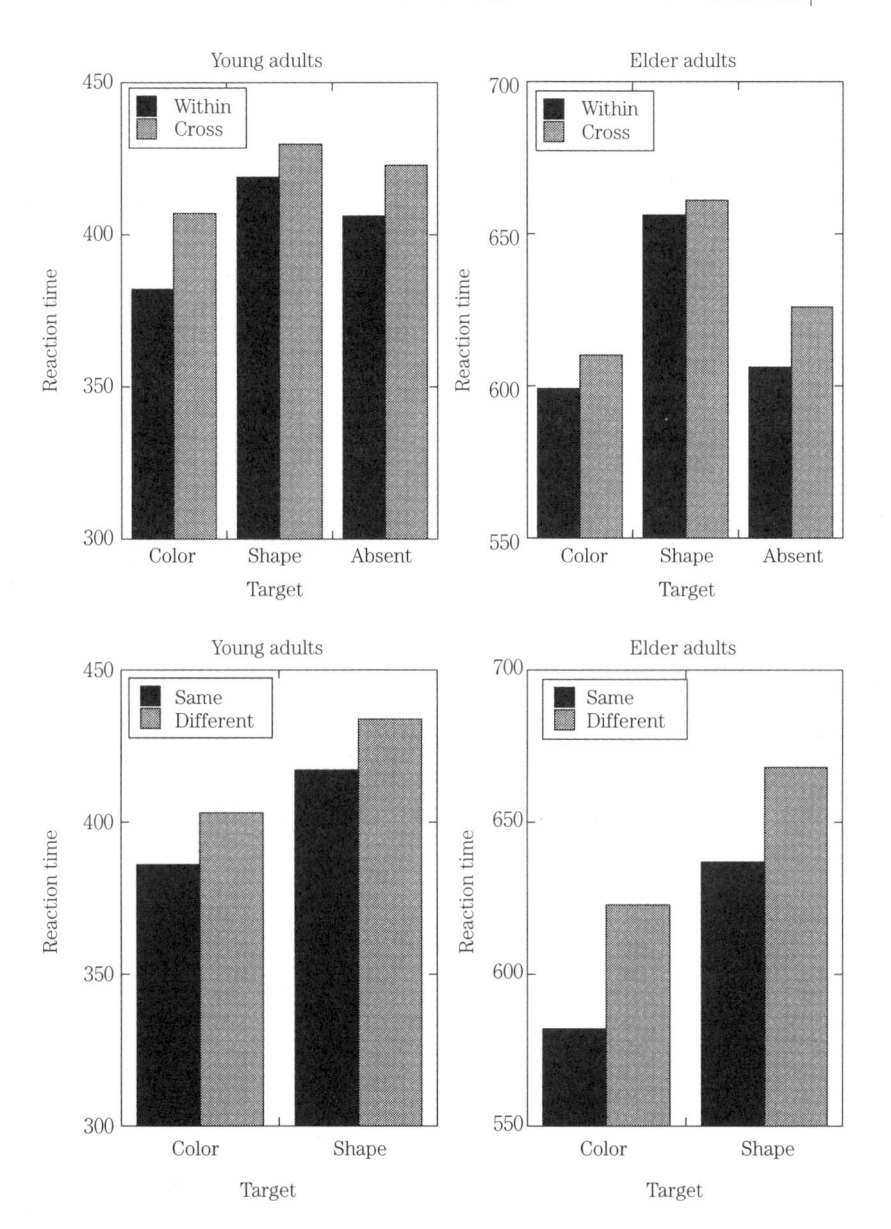

図10-2-9 (a) 次元内促進効果．若齢者では，提示されるターゲットの定義次元が固定である条件 (within) の方が，ターゲットが変化する条件 (cross) よりも反応時間が短い．しかし，高齢者では両条件間で差が見られない．(b) 試行間促進効果．ターゲット定義次元がランダムに変化するブロックで直前の試行の定義次元が現試行の定義次元と同じ場合の方が，異なる場合より反応時間が短い．この効果は，若齢者，高齢者ともに認められた．

ヒトとチンパンジーの最大の違いは，「言語」の機能の有無かも知れない．最近，Logan & Zbrodoff (1999) は，注意のもう一つの重要な機能は「認知のための選択 (selection for cognition)」を行なうことであるという主張をしている．つまり，人間の日常的な行動場面では，認知過程全般で注意機能が用いられていると考えられるが，知覚や行為以外の認知過程での注意の働きについてはほとんど解明されていない．そこで，特に彼らは，言語と思考と注意との関係を解明することの重要性を強調している．「認知のための選択」に関する具体的な研究事例がまだ蓄積されてきてはいないため，これらの研究が比較認知研究にどのようなインパクトをもたらすかは，現時点で判断することはできないが，今後，注目に値する主張であると思われる．

最近の注意のモデルでは，注意が単一の機構ではなく，脳全体に分散されているというイメージを提案している (e.g.Duncan 1996 ; Treisman 1998)．複雑なシステムの全貌を理解する上では，個々の注意の機能を明らかにする従来のアプローチに加え，注意機能を適応などの生物としてのより基本的な機能と結びつけ，なぜ，そのような機能が必要かという問いかけが重要であると考えられる．そのような意味から，進化的な視点をもった比較認知的アプローチの重要性がますます高くなることが予想される．

10-2-7 ヒトを対象とする社会的知覚・認知研究の最近の進展

社会的知覚・認知とは，他個体（他者）の相貌，体躯，姿勢，行動等の知覚や，それらを手がかりとした他個体の内的状態（感情，意図，注意等）の認知を総体的に指す語である．これらは他個体との相互作用やコミュニケーションの基盤となる認知機構である．

ヒトを対象とする社会的知覚・認知研究において，これまでに数多くの研究が蓄積されているのは，顔・表情・視線知覚に関する研究である．これらはヒト以外の霊長類においても個体間コミュニケーションに利用される社会的信号であり，生態学的に重要な視覚情報である．さらに幸いなことに，これらの研究で用いられている知覚課題は，10-2-2でみてきたような視覚探索課題を含め，見本照合課題，先行手がかり課題など，ヒト以外の霊長類にも適用可能なものが多い．その意味でも比較認知科学的研究に適した領域であるといえる．ここでは，顔の倒立効果や視覚探索，視線方向への注意の自動定位をとりあげ，これらの研究の現状について紹介する．

10-2-8 顔知覚の特殊性：顔の倒立効果研究を巡って

顔の倒立効果は，1960年代の終わりにYin (1969) が再認課題を用いてこの現象を報告して以来，数多くの心理実験が行なわれてきた (e.g.Farah, Tanaka, & Darin 1995 ; Farah, Wilson, Darin, & Tanaka 1998 ;

Leder & Bruce 2000；Valentine 1988）．

なぜ顔を倒立提示すると，認知が困難になるのだろうか．顔の認知が，目鼻口といった個々の特徴よりむしろ，それらの空間的関係情報（全体布置configuration）に依存していること，そして倒立提示ではこうした関係情報の認知が著しく困難になることが明らかにされている（e.g.Leder & Bruce 2000）．一方，顔以外の事物では，家や飛行機のように通常は一方向から見ている対象であっても，部分情報の知覚に依存しているため倒立による知覚精度の低下は顔に比べるとずっと小さい（Tanaka & Farah 1993）．

このように，顔の倒立効果は，新生児が示す顔様パターンへの選好注視や，顔の認知が固有に障害される視覚失認症の存在などと並んで，顔認知の特殊性を示す現象として注目されてきた．

最近，顔を知覚している時のヒトの脳活動をfMRIで記録した研究から，顔知覚に密接に関わる神経機構（紡錘状回）の存在が明らかになってきた（Kanwisher, McDermott, & Chun 1997）．この部位は，他の事物の写真に対してよりも，顔写真に対して特に強く活性化する．さらにこの部位は，ヒトの顔だけでなく動物の顔や単純な図顔に対しても活性化することが分かった．一方，同一カテゴリー内の識別を要する，顔以外の事物の識別課題を行った場合には強い活性化は生じない．このような結果から，紡錘状回は主として「一般的な顔様のパターン」の処理を担う部位と考えられている（Tong, Nakayama, Moscovitch, Weinrib, & Kanwisher 2000）．

倒立効果と神経機構の活動に関して興味深いのは，顔を倒立提示すると，正立の顔ではあまり活性化しない，事物知覚にかかわる脳部位の活性化が高まることである（Haxby, Ungerlider, Clark, Schouten, Hoffman, & Maerin 1999）．この事実は，倒立提示によって顔の全体布置の知覚が困難になり，より部分に依存した知覚に移行することを示す行動実験の結果と呼応している（Leder & Bruce 2000）．

興味深いことに，こうした顔知覚の特性は，ヒト以外の霊長類（特にチンパンジー）のそれともきわめて類似している．10-2-3で紹介したチンパンジーの視覚探索課題で，顔刺激に特異的な正立刺激の優位効果がヒトの顔，イヌの顔，図顔など，一般的な顔刺激におしなべて観察されたことも，その一例である．このことは，ヒトを含む霊長類では，「顔様パターン」を効率的に処理する，機能的に（おそらく構造的にも）類似性の高い心的機構が存在することを示唆している．

10-2-9 視覚探索課題と顔知覚 ─怒り表情優位性と自己顔優位性─

10-2-3で示したように，チンパンジーを対象に顔刺激を用いて行った視覚探索課題では正立刺激の優位効果が認められた．この現象は何を意味するのだろうか．特定の向きに熟達化した刺激（顔）の知覚は一般に効率的に行なわれる，といったことなのだろうか．この問いに答えを出すには，顔向き以外の要因を操作して同様の課題を行った研究に着目し，その結果を比較することが手がかりとな

ここではヒトを対象とした社会的知覚に関わる最近の視覚探索研究として，表情図顔を用いた研究（Öhman, Lundqvist, & Esteves 2001）と被験者自身の顔写真を用いた自己顔の研究（Tong & Nakayama 1999）を取りあげよう．

Öhman et al. (2001) は，図10-2-10に示すような単純な線画刺激を用いて視覚探索課題を行っている．その結果，怒り表情を表す図顔の探索時間が友好顔の探索時間よりも速くなることを示し，怒り表情の知覚優位性を示した．彼らの研究では，怒りと友好性を表す表情図顔の眉，目，口はいずれも同じ形態であり，それらの向きだけを変えて作成してあるために，知覚的な要因は厳密に統制されていた．

Öhman et al. (2001) はさらに，怒りの図顔の要素の向きを変えて構成した，悲しみや狡猾さを表す表情図顔を用いて視覚探索課題を行い，怒り表情の知覚優位性が不快表情一般について生起するのか，他個体からの脅威を伝える社会的信号である怒りに対して，固有にみられる現象かを検討している．その結果，怒り顔は他の不快情動を表す表情の図顔よりも正答率が高く，反応時間が短いことが分かった．この研究で得られた怒り顔の知覚優位性は，刺激の視覚特性の違いや固有の情動表情の熟知性の高さといった要因では説明できない．

これらの結果から，Öhman et al. (2001) は，ヒトの知覚機構が他個体（他者）からの脅威を伝える社会的信号を効率よく発見できる「テンプレート」を備えており，そうした信号に対する個体の適応的な行動反応を支えているのではないかと論じている．視覚探索課題において，怒り表情は，探索非対称性を示すことも分かった．つまり，怒り表情はターゲットとして提示されると検出が速く，妨害刺激として提示されるとターゲットの検出を遅らせるのである（Fox, Lester, Russo, Bowles, Pichler, & Dutton 2000; Öhman et al. 2001）．この点で，怒り表情はヒトにとって視覚的顕著性（saliency）の高い刺激であり，こうした社会的信号の知覚には，何らかの生得的な知覚検出機構が関与しているのかも知れない．

怒り表情の知覚優位性は，視覚探索以外の課題で，図顔ではなく実際の顔写真を刺激として用いた研究でも示されている．佐藤・吉川（1999）は，怒り，喜び，中性の表情写真を周辺視野に短時間（100ms）提示するという知覚的制約の厳しい条件を設定して見本照合課題を行い，情動を表出した顔，特に怒り表情の知覚精度は中性表情よりもきわめて高いことを見いだした．さらに，こうした怒り表情の知覚優位性は，顔が知覚者の方向を向いている場合に特に顕著であることも示されている（吉川・佐藤 2000）．

一方，Tong & Nakayama (1999) は，自

図10-2-10 Öhman et al. (2000) の表情図形．

己の顔写真を刺激とした視覚探索課題について報告している．ヒトにとって自己の顔は，高度に過剰学習された，ある種特別な意味をもった視覚刺激である．Tong & Nakayama (1999) は自己顔を刺激とした視覚探索課題において安定した知覚優位性がみられることを示し，それはヒトが自己の顔について「頑健な表象 (robust representation) をもっているためであると主張している．彼らによると，頑健な表象は，迅速な視覚処理を可能にし，長期にわたる学習によって獲得され，向きに普遍な抽象的情報を含み，種々の視覚処理や決定過程を促進し，処理にはより少ない注意資源しか必要としない．

Tong & Nakayama (1999) の研究で興味深いのは，自己顔の視覚探索課題の結果は先に述べた表情刺激の視覚探索課題とは異なる特徴がみられることである．すなわち，自己顔の検出は他者の顔の検出よりも常に迅速であるだけでなく，妨害刺激として提示された時には，他者の顔よりも妨害効果は小さい．つまり注意の捕捉が弱いのである．これは，妨害刺激で提示されると自動的な注意の捕捉を示す，怒り表情の視覚探索とはかなり異なる性質といえる．

ヒトにおける自己顔のように，長期にわたる過剰学習によって形成された頑健な視覚表象は，迅速な検出が可能という意味で知覚的促進がみられるだけでなく，課題に必要なければ他の処理を妨害しないという柔軟な特性を有しているのである．

以上のように，表情刺激と自己顔という社会的刺激を用いたヒトの視覚探索課題の結果は，それぞれの対象のもつ生態学的な意味や表象の特性，さらにそれらの処理を実現する知覚機構の特性に関して有用な示唆を与えるものである．これらの成果をヒト以外の霊長類の遂行結果と比較することによって，社会的刺激に対する異なる種に共通の，あるいはそれぞれの種に固有の表象や知覚機構の特徴が明らかになるのではないだろうか．

10-2-10 視線・顔向き手がかりによる注意の自動シフト

顔の表情がその個体の内的な状態を表す社会的信号であるとすると，視線や顔向きは，その個体が環境内のどの方向に注意を向けているかを示す信号である．他個体が注意を向ける方向は，環境内にある重要な情報（食物，捕食者等）の在処を知るための手がかりを提供する．この意味で，他個体が注意を向ける方向を示す視線を鋭敏に検出する知覚機構をもつことは，適応的な価値をもっている．

10-2-3 でも述べたように，ヒトを対象に行った実験では，ある方向に視線を向けた顔を見ると，見る側の注意は自動的に，視線の向いた方向にシフトすることが報告されている (Friesen & Kingstone 1998；Driver, Davis, Ricciardelli, Kidd, Maxwell, & Baron-Cohen 1999；Langton & Bruce 1999)．この注意シフトは，視線刺激が提示されてから100msという短い時間内で生起し，視線が向いた方向に提示されたターゲット（通常はドットなどの単純刺激）に対する知覚判断が促進される．この現象は，視線手がかりが顔向きを含

む場合も，視線方向のみの場合も，また単純な図顔を用いて視線手がかりを出した場合も同様にみられる．このように視線手がかり課題を用いた研究では，ヒトの知覚機構が，こうした社会的手がかりを鋭敏に検出し，それによって自己の注意方向を移動させる仕組みをもっていることを示している．

ところで，顔知覚に関する最近の脳神経科学研究から，視線と表情，口の動きといったコミュニケーションに関わる社会的信号の処理には，共通の神経機構が関与していることが分かってきた（Haxby, Hoffman, & Gobbini 2000）．これまで，ヒトを対象とした顔知覚研究は，顔に含まれる個々の信号を個別に取りあげて検討してきたため，視線や表情のような社会的信号が相互にどのように影響を及ぼしあうのか，という点に関する検討はほとんど行なわれていない．吉川・佐藤（2001）は，この点に注目して，視線による注意の自動定位が，表情の違いによってどのような影響を受けるかを検討した．視線方向が，環境内に存在する重要な情報の在処を指示する信号であるとすれば，それとともに表出されている表情は，その情報がどんな性質のものか（危険なもの，意外なもの，など）を示す信号となるだろう．

左右いずれかの方向を向く驚きと怒り表情の顔写真を手がかり刺激として用い（図10-2-11），中性表情の手がかりを提示した場合と比べた結果，驚き表情とともに視線がある方向に向かう時，その方向に表れたターゲットの検出時間は中性表情が手がかりの時よりも速くなった．一方，怒り表情の場合には視線方向と一致するターゲットに対する促進はみられなかったが，不一致の場合にターゲットの検出時間は遅くなるという結果が得られた（図10-2-12）．このように，視線方向による注意の自動定位には，顔の表情が影響を及ぼしており，その影響の仕方は

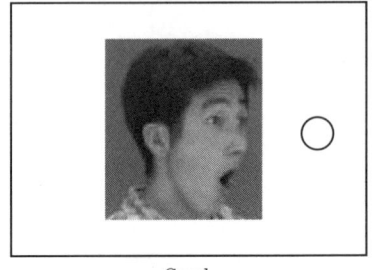

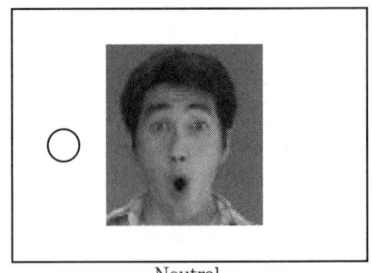

図10-2-11 吉川・佐藤（2001）の実験におけるターゲットと顔写真の関係．

表情によって異なっていることが示された.

注意方向を知らせる信号と情動状態を知らせる信号という2種の情報を統合して処理する仕組みが, ヒト同士の社会的相互作用にとってどのような適応的意味をもつのかを明らかにすることが今後の課題である. さらに, 適応的意味という観点からみると, こうした社会的信号の知覚やそれによる注意の移動に関与する知覚機構の種間普遍性, 種内固有性の検討が不可欠となるだろう.

10-2-11 社会的知覚の比較認知科学—今後の課題

社会的知覚・認知に関する比較認知科学的研究の目的は, それぞれの種が利用しうる社会的信号を同定し, 同じ課題の遂行成績の種間比較という方法によって, そうした信号を処理する認知機構の機能的類同性, 相違性を明らかにすることである. こうした観点からのヒトの社会的知覚に関する研究は, まだその端緒についたばかりの段階であり, 今後, 多方面での研究の蓄積が期待される.

生物の長い進化の過程の中で, チンパンジーにはチンパンジーの, ヒトにはヒトの社会的相互作用やコミュニケーションを可能にする認知機構が獲得されてきた. そうした機構には, たとえば自分と同じ種の個体を見分けるといった基本的な特性と, 種に固有の社会的相互作用を反映した特性の両方が備わっているはずである. そしてそれぞれの特性を明らかにするには, 種間比較, 特に相互に比肩しうる社会的知性をもった種との比較と

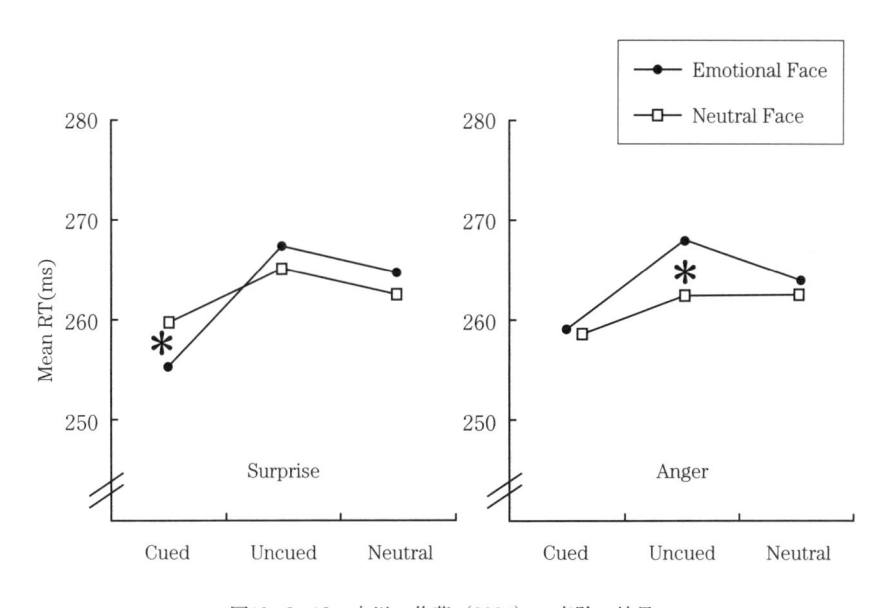

図10-2-12 吉川・佐藤 (2001) の実験の結果.

いう方法はきわめて有効だろう．

ヒトや他の霊長類の社会的知覚研究は，種々の知覚課題の行動データを蓄積し，その知見を，一方ではそれを実現している脳神経機構と，他方では自然環境のもとで観察される社会行動の特性と関連づけることによって進展すると考えられる．

10-2-12 おわりに—whyの解明に向けて—

本稿では，視覚認知を比較認知科学という視点から捉えることによって，この領域の研究の今後の新たな展開を探ることを目的として，まず筆者の一人である友永が，チンパンジーを対象にして基礎的な視覚情報処理からより高次な物体認知，社会的認知へといたる視覚認知の比較研究を紹介した．続いて，これらのテーマについてのヒトでの研究の現状と比較認知的な視点の導入の可能性について熊田と吉川が論じた．後半を見れば分かるように，前半で紹介したトピックはヒトの視覚認知研究において精力的に行なわれているものばかりである．ヒトの知見のみを見ていては，我々の視覚認知がどのような道筋で進化してきたのかという比較認知的な問いには答えることができない．まず，他の動物種においてヒトで認められている諸現象がどのような形で見出されるかを明らかにし，その詳細な認知過程をヒトでの研究と機能的に同様の手続きでもって検証する必要がある．その上で，はじめてこれらの現象がもつそれぞれの種にとっての適応的意義（あるいは生態学的妥当性）について考察することが可能となるはずである．

視覚認知の諸現象が「どのような（how）」メカニズムのもとで生じ，「なぜ（why）」そのようなことが起こるのか（永井・横澤 2001）？ 研究を進めていくためにはこの二つの問いを常にリンクさせなくてはならない．もし，whyの問いかけが重要であると視覚認知研究者が考えるのであれば，これまでwhyの問いの中で軽視されがちであった「進化」という視点をより積極的に導入していくことが必要である．そのためにも，認知心理学などの基礎的研究と比較認知科学がこれまで以上にそれぞれの研究の進展に目を配り，互いに手を携えて研究を進めていくことが大切である．

(本稿は，2001年度日本動物心理学会第61回大会と日本基礎心理学会第20会大会の合同大会における融合講演の内容をまとめて掲載したものである)

[友永雅己　熊田孝恒　吉川左紀子]
　(『動物心理学研究』第52巻1号，2002，pp.29-44，および『基礎心理学研究』第20巻2号，2002，pp.193-208より転載)

10-3
チンパンジーにおける色の知覚

　本研究では，色名シンボルを学習したチンパンジーと (Matsuzawa 1985)，色名シンボルに関する訓練経験の浅いチンパンジーの2個体を対象とし，それぞれの色カテゴリを比較することによって，チンパンジーの色カテゴリに関する知覚特性をあらためて検証することを目的とした．

10-3-1　方法

　対象としたのはチンパンジー2個体（アイとペンデーサ）であった．ともに，実験当時23歳だった．アイは2歳よりシンボル使用の訓練を開始し，色に関しては，図形文字（レキシグラム），漢字の2種類をシンボルとして使用することを学習していた．また，Matsuzawa (1985)の行なった色の命名テストにおいて，ヒトときわめて類似した色のカテゴリ化を示した．一方ペンデーサは，21歳ではじめて色名シンボルを用いた見本合わせ課題の訓練を行ない，（赤，黄，緑），（橙，紫，灰），あるいは（青，茶，桃）の3色を用いた象徴見本合わせ課題において，二肢選択で75％前後の正答を示していた（Sousa & Matsuzawa 2001）．

　実験で用いた色刺激は，タッチセンサーパネルつきの21インチカラーモニターの黒色背景上の正方形領域（5.2×5.2cm）とした．色はパーソナルコンピュータによってRGB各16階調で制御でき，そのRGB値の比を違えることで，色名シンボルに対応する10色（付録CD-ROM収録の付表10-3-1：以下基本色と呼ぶ）を含む134色を使用した．色刺激の輝度およびCIE1931 (x,y) 色度座標は色彩色差計を用いて蛍光灯光下で実験開始前に一度の測定を行なった．

　チンパンジーはブース内に設置されたモニターの前に座り，呈示された刺激に直接触れることで各試行に対する反応を行なった．正答に対してはチャイム音とともに食物片一粒を自動給餌器で呈示し，誤答に対してはブザー音および次試行に進む前の5秒間のタイムアウトを与えた．二肢選択の色対色遅延見本合わせ課題（遅延0秒）をチンパンジーに行なわせた．テストに先だって，見本刺激，選択刺激ともに基本色10色を用いた同一見本合わせ課題（訓練試行）を行なった．90試行の訓練をアイは14セッション，ペンデーサは34セッション行なった．両者ともに訓練初期から高い正答率を示した（訓練の平均正答率：アイ96.9％，ペンデーサ98.6％）．

　テストでは，訓練試行（90試行）に，プローブ試行（12試行）を加えた，合計102試行を1セッションとした．訓練試行は強化，プローブ試行は非強化試行である．非強化試行では，選択刺激に反応した直後に次の試行へと進んだ．12試行のプローブ試行のうち2試行は，訓練試

表10-3-1 安定した反応とその被験者間での比較

基本色	テスト色数	安定した反応		被験者間比較		
		アイ	ペンデーサ	アイ and ペンデーサ	アイ or ペンデーサ	一致度
青	38	8	2	0	10	0.00
茶	41	12	1	0	13	0.00
橙	13	3	3	1	5	0.20
紫	45	16	11	6	21	0.29
黄	39	7	10	4	13	0.31
緑	50	20	11	9	23	0.39
桃	52	10	14	7	17	0.41
赤	23	5	4	3	6	0.50
合計		81	56	30	108	0.28

各基本色が選択刺激として呈示されたテスト色の数,そのうち各被験者が安定した反応を示したテスト色の数,および,安定した反応を示したテスト色数を両被験者で比較した結果を示す.一致度は両被験者が安定した反応を示したテスト色の数(アイ and ペンデーサ)に対する,どちらかの被験者が安定した反応を示したテスト色の数(アイ or ペンデーサ)の比を表す.

行と同じ刺激を用いた.残る10試行のプローブ試行が色のカテゴリを判定するためのテスト試行だった.アイとペンデーサのそれぞれにテストを41セッション行なった.

テスト試行では,選択刺激には特定の8色(基本色から白,灰色を除いた8色)から2色を選び,見本刺激には基本色とは異なる124色のテスト色(図10-3-1,付表10-3-1参照)のうちから1色を選んだ.各テスト色に対して選択肢として呈示した基本色の組み合わせを図10-3-1に示す.菱形以外のシンボルで示したテスト色は,図上に示した基本色の組み合わせに各シンボルで表した基本色を加えてテストした.各テスト色は同じ選択刺激のペアで2試行ずつテストし,その反応の安定度から,そのテスト色がどの基本色のカテゴリにあるかを判定した.また,反応時間を測定し基本色のカテゴリの領域に属する色,属さない色の判断に要する時間も分析した.

10-3-2 結果

各個体ごとのテスト試行における反応の安定度をCIE1931色度図上にプロットした(図10-3-2 a,b).図では,各テスト色を,ある基本色が選択刺激として呈示されたすべての試行で選ばれた(安定した反応)場合にはその基本色に対応するシンボルで,試行ごとに異なる色の選択刺激が選ばれた場合は+で表した.また,基本色をそれぞれのシンボルと中抜きの白丸で示した.両個体とも,安定した反応の得られたテスト色は色度図上でそれぞれの基本色ごとにまとまりを見せ,またその分布の様子は個体間で比較的類似していた.その一方で,個体間の相違も見られた.たとえば,アイでは青,茶色などの基本色でも安定した反応が見られたのに対して,ペンデーサではこれらの色ではほとんど安定した反応が見られな

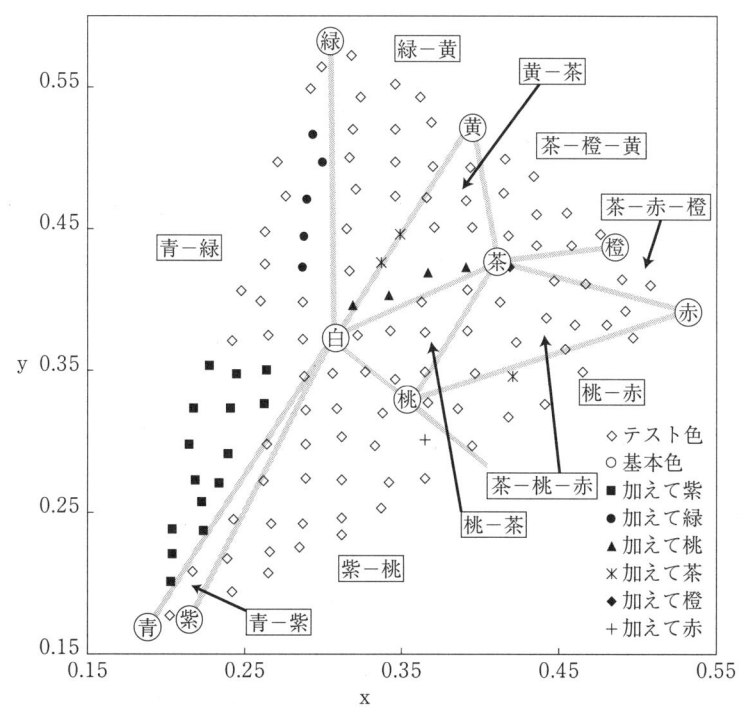

図10-3-1　各色刺激のCIE1931（x, y）色度座標測定値と選択刺激のペア．各テスト色はそれぞれ図上の線分と色名で示された基本色のペアを選択刺激としてテストされた．菱形以外のシンボルで表されたテスト色は線分と色名で示されたペアに，各シンボルが示す基本色を加えてテストされた．

かった．また，全体で安定した反応が得られたテスト色は，アイでは81色（全体の65%）だったのに対し，ペンデーサでは56色（45%）と，アイの方が高い安定度を示した［$\chi^2(1)=9.39, p<0.01$］．表10-3-1にテスト色に対する反応の安定度を個体間で比較した結果を示す．表中の一致度（0.0-1.0）は，1.0の時にはその基本色を安定して用いたテスト色が両個体間で完全に一致していたことを，0.0の時には完全に不一致であったことを表している．赤，桃，緑，黄などの色では個体間で比較的高い一致度を示している一方で，青，茶色では両者間での一致は見られなかった．この青，茶色における低い一致度は，図10-3-2bに示されているようにペンデーサにおいてそれらの色での安定した反応が見られなかったことが一因であると考えられる．図10-3-2cには，各個体で安定した反応の得られたテスト色の色度図上での重心を各基本色ごとに示し，個体間で対応する重心を線分で結んだ．また，両個体が同一の基本色で安定した反応を示したテスト色を対応

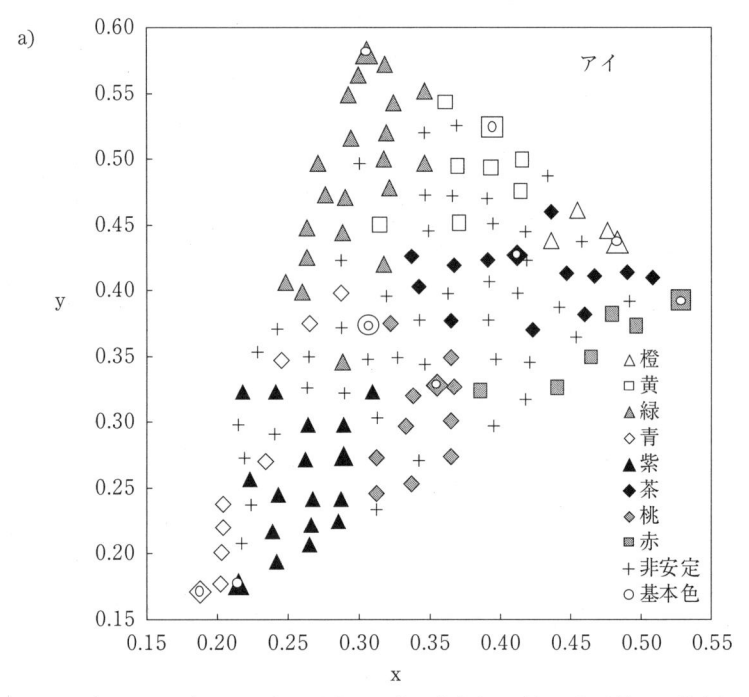

図10-3-2a) アイの各テスト色に対する反応の安定度．試行ごとに異なる基本色が選択されたテスト色は＋で，一貫して同一の基本色で反応したテスト色を対応するシンボルで示した．また，基本色は中抜きの白丸と各色のシンボルで示す．

するシンボルで示した．両個体での一致が見られなかった青，茶色を除いて，重心の位置は互いに近接していた．このことは，安定度において両個体で差が見られ，また全体での一致度が低いにもかかわらず，個体間で色カテゴリの領域そのものは類似しているということを示唆している．

安定した反応の得られたテスト色と得られなかったテスト色それぞれの試行における平均反応時間をみると，アイでは安定した反応の得られた場合（583（±118）ミリ秒，カッコ内は標準偏差）の方が，そうでない場合（682（±181）ミリ秒）と比べて有意に反応時間が短かった $[t(122)=3.69, p<0.01]$．これは，呈示されたテスト色がどちらかの選択刺激に明確にカテゴリ分けできない場合，反応に迷ったためだと考えられる．ペンデーサではそれら平均反応時間の間に有意な差は見られなかった（安定した反応：544（±69）ミリ秒，安定していない反応：573（±164）ミリ秒）．

10-3-3 考察

本実験の結果は，幼少より長期間にわ

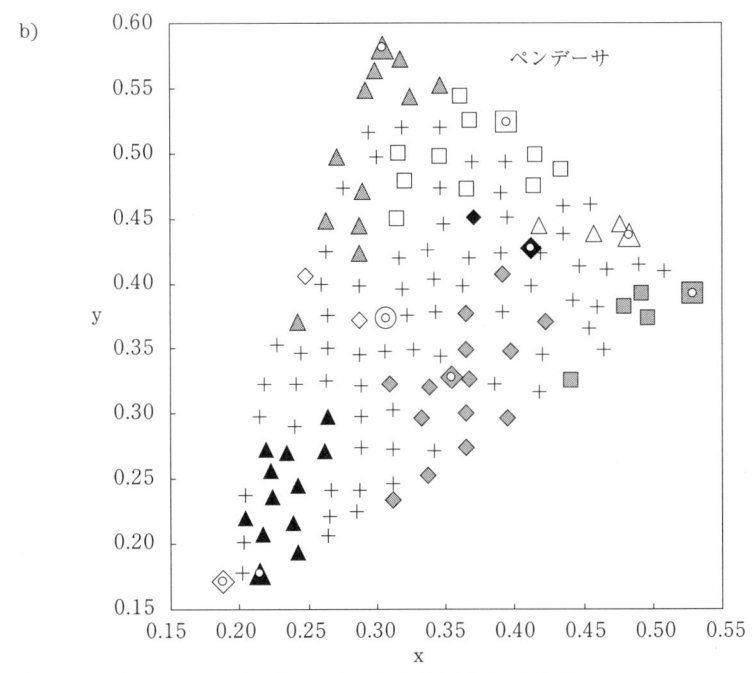

図10-3-2 b) ペンデーサの各テスト色に対する反応の安定度.

たって色名を含むシンボル使用の訓練を受けた個体と，色名のシンボルに未習熟の個体の，色のカテゴリカルな知覚に関する類似点と相違点を明らかにした．図10-3-2に示した反応の分布の様子，安定した反応を示したテスト色の重心の位置の関係から，色名未習熟個体（ペンデーサ）においても色名習熟個体（アイ）と類似した色の知覚がなされていることが示唆された．一方で，アイと比べた場合のペンデーサの反応の安定度の低さや，アイでは安定した反応を示した試行が，そうでない試行よりも反応時間が短かったのに対し，ペンデーサではそのような反応時間の差が見られなかったことは，個体間で色カテゴリの明瞭さに違いがあることを示唆している．またペンデーサで，安定度が低くかつアイの結果との一致度が低い色と，そうでない色が見られたことに関しては，ヒトにおいても言語によって色名の数が異なることが知られているように（Berlin & Kay 1969），ペンデーサにとって，今回基本色として用いた8色の選択刺激の中でもより知覚的な色のまとまりに即したものと，他の基本色によって代表される色カテゴリと区別のつきにくいものが存在した可能性があることを示唆している．アイとペンデーサがこれまでに得た色に関連する訓練経験の差を考えると，このような色カテゴ

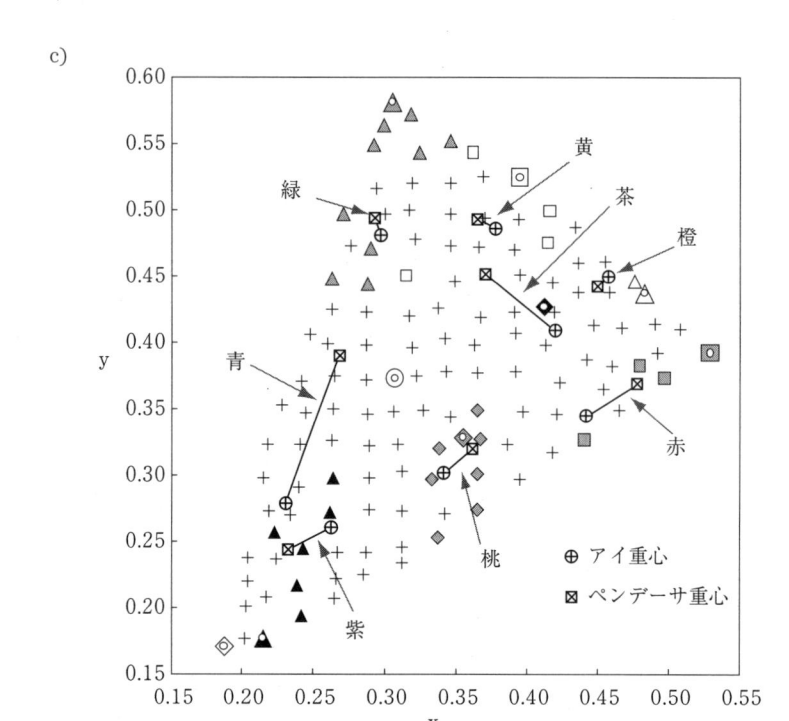

図10-3-2c) 安定した反応の得られたテスト色の色度図上での重心を各基本色ごとに示す．同時に，両個体が同じ基本色にて安定した反応を示したテスト色を対応するシンボルで示す．

リの明瞭さの差異は，色名の学習，あるいは色に関係する弁別学習訓練の経験量の差によってもたらされたものではないかと推測できる．

ヒトを対象とした色カテゴリの実験においても，色名を獲得していない幼児が知覚的にはおとなと同様の色カテゴリを有していること (Bornstein et al. 1976) や，カテゴリの境界は発達に伴い洗練されること (Mervis et al. 1975) などが報告されている．本研究の結果は，ヒトと同様の色カテゴリを示すことが知られている色名習熟個体と，色名未習熟個体で，明瞭さに差はあるものの同様のカテゴリカルな色知覚がなされていることを示し，そのような色のカテゴリカルな知覚のメカニズムがヒトとチンパンジーで共通している可能性があることを示した．

[松野響　川合伸幸　松沢哲郎]

10-4
チンパンジーの推移律とその般化について

　ヒトは，1＜2，2＜3という情報が与えられれば，1＜3であると推論する．さらに，ヒトは，1＜2，2＜3という情報と，1＝一，2＝二，3＝三という情報を与えられれば，一＜二＜三であると推論する．つまり，個別の系列を一つの全体的な表象に統合するだけでなく，その系列表象を別の刺激クラスにも適用する．はたして，チンパンジーは，色の系列表象をそのシンボルにも適用するだろうか．いわば，「推論の推論」ともいうべきメタ・レベルの推論を行なうかどうかを，色とシンボルの関係を学習したチンパンジー，アイを対象にして調べた．

　具体的には，アイに任意の色の順序を教え，それらの間で推移律がみられるか，また，それらのシンボルに対しても，序列関係や，それに基づく推移律が示されるかを調べた（川合2000）．

10-4-1　実験1

　まず，アイに色の順序を教え，その後に色とそのシンボルである図形文字の象徴見本合わせを双方向に訓練した．その後に，図形文字にも序列関係が転移されるかを調べた．

　従来の推移律の研究と同じように，色刺激を使って推移律をテストした．しかし，実験はすべてコンピュータを使って制御した．反応時間も自動的に記録した．刺激はアイが既にカテゴリ化している五つの色を用いた．それらの色に任意の順序をつけて（赤→黄→緑→桃→灰），隣接する組み合わせを一つのセットとし，合計4セットの組み合わせ（赤→黄，黄→緑，緑→桃，桃→灰）をランダムな順で呈示した．それらを正しい順序で選択できるようになるまで訓練した．実験では，色の異なる二つの四角形が，タッチセンサーつきのモニター上のランダムな位置に呈示された．要求された課題は，それらを上記の順序で選ぶことであった．刺激を指で触ると，その刺激はモニターから消失した．正しい順序で二つの刺激を消失させると，チャイムが鳴り，食物が自動的に呈示された．間違った順序で選択すれば，直ちに刺激が消失し，ブザーが鳴って，5秒間は次の試行に進めなかった．このような手続きで，四つの組み合わせの関係を十分に習得させた後に，これまでになかったすべての組み合わせ（テスト試行，6組）と四つの原訓練の隣接項目のセットについてテストした．テスト試行ではどの順序で選択しても，第一反応で誤答となることはなく，また正誤のフィードバックはいっさい与えられなかった．

　表10-4-1上段は，それぞれの組み合わせにおける正答率を示している（実際には正誤のフィードバックを与えなかったが，赤から始まる系列の順序の通り選べば「正答」と見なした）．アイはこれまでに呈

表10-4-1　実験1における各組み合わせでの正答率と反応時間

	隣接項目				非隣接項目					
	赤·黄	黄·緑	緑·桃	桃·灰	赤·緑	赤·桃	赤·灰	黄·桃	黄·灰	緑·灰
正答率	100	90	80	80	100	100	100	100	80	100
反応時間(ミリ秒)	715.1	736.6	716.5	551	507.4	629.8	549.7	573.7	658.5	591.9

示されたことのない6通りすべての非隣接項目の選択において，有意に高い確率で赤から始まる系列に従って選択した．つまり，推移律が示された．このことは，アイが部分的な系列を組み合わせて，直線的な系列の表象を形成したことを示唆している．同様の手続きで行なわれたBoysen et al. (1993) では，アイと同じように数の系列化の訓練を受けたチンパンジー，シバが，最もクリティカルなテストである2番目と4番目の組み合わせで，2番目から選んだ確率は83%であった．それに対して，アイが2番目(黄色)と4番目(桃色)の組み合わせで2番目から選んだ確率は100%であった．Boysenら (1993) は，数の系列化の訓練を受けたシバの方が，その訓練を受けていない他の個体よりも成績がよいことから，数の系列化の訓練が推移律に促進的な影響を与えているのではないか，と考察している．アイの正答率の方がシバよりも高いのは，アイの方がより大きな範囲の数(0から9)を系列化する訓練を受けていたことと関連しているのかも知れない．

表10-4-1下段は，すべての組み合わせにおける反応時間を示している．原訓練の隣接項目(平均680 ms) よりも，訓練されなかった非隣接項目の反応時間の方が有意に短い(平均585 ms)．このことは，象徴距離効果を示唆している (cf.川合2002a). このことも，アイが直線的な系列の表象を形成していたことを示唆している．

10-4-2　実験2

実験1から，部分的な色の順序関係を教えられれば，アイはそれに基づいて推移律を示すことがあきらかになった．そこで実験2では，色とそのシンボルである図形文字の象徴見本合わせを双方向に行なえば，色の順序関係が図形文字に転移し，それに基づいて推移律が示されるかを調べた (川合 2000; 川合・松沢 2000).

まず，先の五つの色とそれらのシンボルである図形文字（各5色を表す記号）の象徴見本合わせを訓練した．各試行の最初に，ある色（たとえば赤）の四角形が呈示され，それを触ると五つの図形文字が呈示された．その色と対応した図形文字（[赤]と表現する）を選択すれば正解である．そのような，色に対応したシンボルを選択させる象徴見本合わせと，逆に図形文字に対応した色を選択させる象徴見本合わせ（赤い色片→[赤]）の両方を訓練した．どちらの象徴見本合わせも比較刺激として5種類の刺激を呈示した．これらの双方向の象徴見本合わせを十分に訓練した後に，次に述べるようなテストを行なった．また，これらの訓練の期間中，色の系列化課題の訓練も継続して行なった．

先の推移律のテストと同じように，通

常の色の序列化課題を背景試行として，フィードバックを与えないプローブ試行を挿入してテストを行なった．図形文字は二つ1組にして可能な10組すべての組み合わせを呈示した．またテストで強化子を呈示しない消去プローブに慣れさせるために，色片の組み合わせにおいても，正誤のフィードバックを与えないプローブ試行を挿入した．

その結果，全体としては，訓練された隣接項目の組み合わせは図形文字の組み合わせでも，色の系列の順序で選ばれた．つまり，赤→黄，黄→緑…という，訓練された個々の部分系列は，その関係が図形文字においても保たれていた．しかし，図形文字では推移律は示されなかった．つまり，その転移した個別の系列表象をさらに組み合わせて直線的な系列が作られることはなかったといえる．

10-4-5 実験3

実験2では，チンパンジーは色の順序関係をそのシンボル同士の組み合わせにも転移させることが示された．しかし，それらに基づいて，隣接していない図形文字同士の関係を推論することはなかった．そこで実験3では，実験2でテストした図形文字も隣接する項目の順序を訓練し，色と図形文字の2系統の系列を訓練した後に，それぞれ色と図形文字から，

さらに別のシンボルである漢字に対して，色や図形文字の序列関係が転移するかを調べた（川合・松沢2001）．

五つの色片を4組の組み合わせ（赤→黄，黄→緑，緑→桃，桃→灰）で訓練することに加え，別のセッションで図形文字も同じように隣接する順序関係の訓練を行なった（［赤］→［黄］，［黄］→［緑］，［緑］→［桃］，［桃］→［灰］）．さらに，それらの序列関係だけでなく，実験2で行なった，色片から図形文字，図形文字から色片，の象徴見本合わせに加え，色片から漢字，漢字から色片，図形文字から漢字，漢字から図形文字，の合計6種類の象徴見本合わせを，それぞれ平均の正答率が95％以上になるまで訓練した．その後に，色片や図形文字と同じ順序で漢字の組み合わせを選択するかテストした．テストは実験2と同様に，背景試行を組み合わせたものも含め，まったく正誤のフィードバックを与えないプローブ試行を背景訓練の中に挿入して行なった．

表10-4-2上段左側は，訓練された色片の組み合わせの選択順序を示している．これらはいずれも，100％正しい順序で選択されている．しかし，漢字の組み合わせでは，それに比べて正答率は低い．特に，漢字の隣接項目の組み合わせの正答率が低い（表10-4-2上段中列）．むしろ，

表10-4-2 実験3の結果

テスト	訓練項目（色片）				非訓練項目（テスト）									
	隣接項目				隣接項目				非隣接項目					
	赤·黄	黄·緑	緑·桃	桃·灰	赤·黄	黄·緑	緑·桃	桃·灰	赤·緑	赤·桃	赤·灰	黄·桃	黄·灰	緑·灰
漢字	100	100	100	100	36	45	91	9	64	82	64	45	45	73
図形文字	100	100	100	100	64	64	82	18	45	82	18	91	9	55

非隣接項目（表10-4-2上段右列）の正答率の方が高いが，それでも平均すれば62%であり，チャンスレベルよりは高いが有意ではない．これらのことは，色片や図形文字の個々の関係が，漢字に転移しなかったことを示している．

表10-4-2下段左側は，訓練された図形文字の組み合わせでのアイの選択順序を示している．これらは色片の場合と同様に，すべての組み合わせにおいて正しい順序で選んでいる．しかし，この表の漢字の組み合わせでの選択順序を見ると（中列，右列），隣接項目，非隣接項目をそれぞれまとめてみれば，全体として50%以上の確率で正しく選んではいるが，統計的に有意ではない．個々の組み合わせで見れば，安定して正しい順序で選んでいる組み合わせもあるが，逆の順序で選ぶことの方が多い組み合わせもある．隣接項目，非隣接項目，10組すべての組み合わせ，の三つのまとまりとして見れば，図形文字での順序関係が漢字の組み合わせに般化した，とはいえない．特に，全体の系列としては最後尾にあたる灰色の効果が強く，灰色とペアになった項目では，ほとんど灰色から選択されていた．この効果は実験2のテストでも見られた．

本実験は，どちらか一方の色を選択させる従来の推移律の研究とは異なり，順番に二つの刺激を選択させた．推移的推論に対する連合論的な説明である価値転移説（von Fersen et al. 1991）を逆に考えれば，最後尾の「桃→灰」の組み合わせで，「桃」を選んだ後に「灰」を選ぶことで強化されるので，「灰」の価値が最も高くなる．そのため，灰色に最も強い表象が形成され，多くの組み合わせで「灰」から選ばれたのかも知れない．また，系列の最終項目であるために，何らかの系列効果（Kawai & Matsuzawa 2001）が影響をおよぼしたのかも知れない．実際に灰色を除いてみれば，本実験の結果は図形文字から漢字に対して強い転移が見られたと見なせる．特に，推移律のテストで最も重要な第2項目と第4項目の組み合わせ（表10-4-2下段右列の黄・桃）では，はっきりとした推移律の転移が見られている．今後，最終項目を含めるかどうかなども含めて，テストの方法などを検討する必要がある．

［川合伸幸　松沢哲郎］

10-5
チンパンジーの短期記憶

　ヒトにとって記憶は非常に重要である．記憶がなければ，家に帰れないし，知り合いの顔が分からない．心理学の実験が行なわれるようになった時に，記憶の研究がまず行なわれたのは偶然ではない．記憶はヒトのあらゆる認知活動の基盤である．

　ひとくちに記憶といってもさまざまで，心理学では大きく二つに分類している．短期記憶と長期記憶である．私たちが一般にイメージする記憶とは後者のことで，自分の名前や電話番号のように何年経っても忘れないものを指す．しかし，もっと短期間で消失してしまう一過性の記憶もある．たとえば電話番号でも，はじめてかけた時など，電話をかけ終わったころには，もう電話番号を忘れている．短期記憶は長期記憶に比べて記憶の保持時間が短い．それだけでなく，おぼえられる容量にも制限がある．ヒトの場合，その容量は数や文字に限らず，7±2項目といわれ，「マジカル・ナンバー7」として知られている．

　ところで，ヒトと最も近縁な種であるチンパンジーの短期記憶の容量はどれくらいだろう？　チンパンジー，アイ（メス　実験時22歳）で調べてみた．ヒト以外の動物を対象とした記憶研究も歴史は長いが，動物が一度にどれだけの項目を記憶できるかを調べた研究はない．というのも「あれとこれとそれがあった」と（たとえば7項目）答えるためには，「ことば」で報告させねばならず，動物にはそのように答えることはできないからだ．そのため，たとえば多くの写真を連続して動物に見せて，その後に「この写真はありましたか？」というように，イエス／ノーで答えさせる方式で間接的に動物の記憶容量を調べていた．

　しかしアイは，日常に存在する物（リンゴやハブラシなど）を記号で表現し，色を漢字で答え，特定の人物をアルファベットで表現することができる．また，実際に見た物の数をアラビア数字で答えることや，0から9までの数字を小さいものから順に選ぶこともできる．アラビア数字を用いてアイの記憶容量を測定した．実験は，いつものようにコンピューターを使って行なった．コンピュータのモニター上に，0から9までの数字が呈示される．呈示される数字やその画面上での位置は毎回異なる．たとえば，1－3－4－6－9という五つの数字が呈示される．アイは一番小さな数字から大きなものへと指で順番に選んでいく．一つ正しく触るたびに，その数字は画面から消えていく．最後の数字（9）まで正しく消し終えると正解の音が鳴り，一かけらのリンゴが自動的に与えられる．もし途中で間違えたら，そこで間違えを知らせるブザーが鳴り，画面がすべて消えて，5秒間は次の問題に進めなくなる．

第10章 成体チンパンジーにおける比較認知研究

このような実験を毎日繰り返す(図10-5-1)．

数字を小さい方から選んでいくのはアイにとって難しいことではなく，ほとんど間違えない．記憶力をテストするために行なった実験では，最初に一番小さな数字を選んだ瞬間に，残りの数字を白い四角で隠した．最後まで正しく順番通り

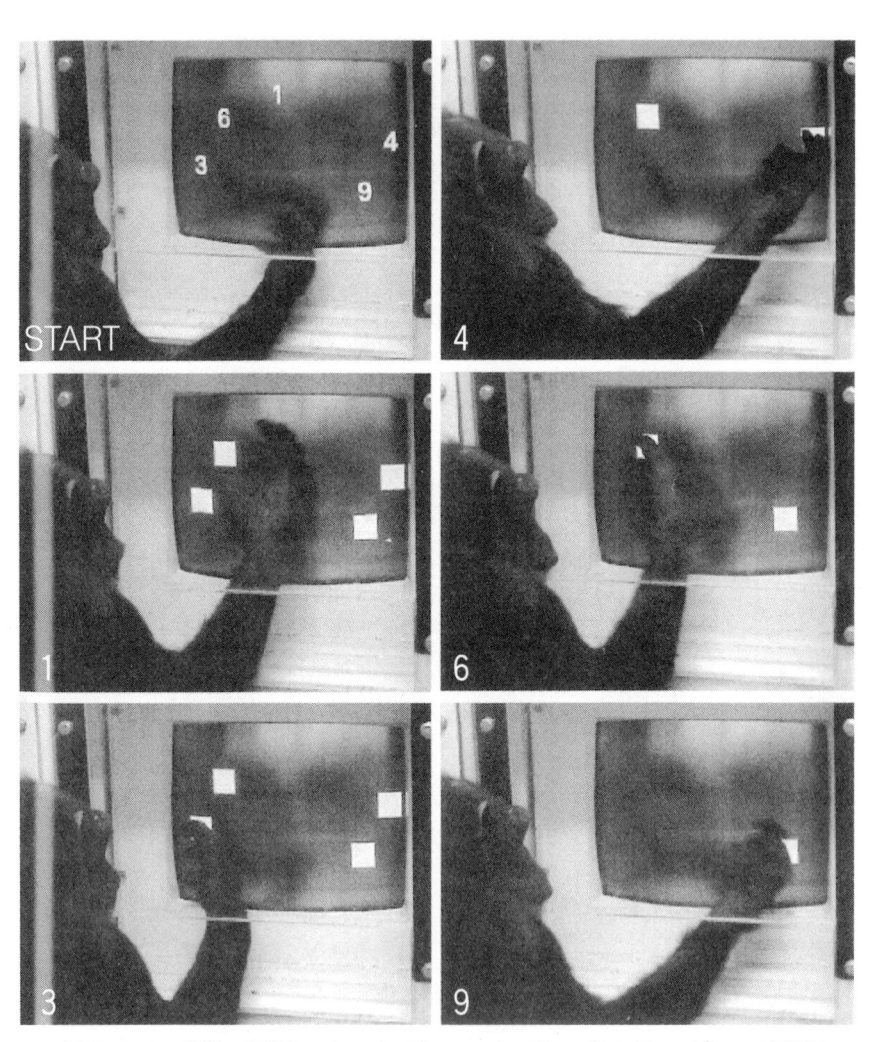

図10-5-1　記憶の実験中のチンパンジー・アイ．五つの数字がコンピュータ画面上に映しだされる．最初の写真でアイが最も小さな数字（1）を選択した瞬間に残りの数字が白い四角形で覆い隠された（2枚目の写真）．しかしアイは残りの数字（各写真の左下にしめす）すべてを小さいほうから順に選んだ (Kawai & Matsuzawa 2000b より)．

に選んでいくためには，どの数字がどこにあったかを正確におぼえていなければならない．三つの数字と四つの数字が現れた場合のアイの正答率は95％を超えた．五つの数字の場合でさえ65％で，これはデタラメに選んで正解する場合の4％よりもはるかに高い値であった．

この記憶容量は，ヒトと比べると就学前後のコドモとほぼ同等になる．またアイは，正しくおぼえるために最初の数字を選択するまでの時間を長くとる，というような「ずる」はしなかった．大学生に五つの数字を見せた場合，最初の数字を選ぶまでに1.2秒かかる．アイは平均0.7秒で最初の反応をし，これは数字を隠さない場合と同じ早さだった．

短期記憶は，単に「少しだけものをおぼえておく」ためのものではない．それは，暗算などの計算や，話す，一連の行動を行なう，などのあらゆる認知的な能力の基盤となるものだ．この能力がなければ，およそあらゆる日常生活に支障をきたす．そのような短期記憶の能力がヒトとチンパンジーで大差ないということは，他の認知的な能力でも両者の差がこれまで考えられていたよりもずっと小さいのではないか．こう推測することができる．認知的には，ヒトとヒト以外の動物はどのように違うのか，という根元的な問いに答えるために，短期記憶についての比較研究は今後ますます必要となるであろう．

［川合伸幸］

(『遺伝』Vol. 54, No. 5, 2000, pp. 8 - 9 . より転載)

10-6 ヒトとチンパンジーの数字の序列化課題における認知方略

これまでに，数字の認識，数字の序列化，記憶容量(Kawai & Matsuzawa 2000)，などを調べたところ，数字の序列化課題においてヒトとチンパンジーの間に違いはみられない．しかし，一括処理方略に含まれる行動の計画という認知プロセスについては，まだ検討されていない．そこで，ヒトでもチンパンジーと同様に，試行の中に同じ数字が含まれれば，第1項目への反応速度が増加するかを調べた．

10-6-1 全般的な方法

各試行の最初に，画面下方の中央に小さな円が呈示され，それをタッチすれば0-9までのアラビア数字が，1-5項目，タッチセンサーつきモニターのランダムな位置に呈示されるようにした．被験者は，小さな数字から順に選んでいくことが求められた．選択された刺激は，そのたびに消失した．すべての項目を正しく消せば正答とした．途中で誤った反応をすればブザーが鳴り，その時点で試行が終了し試行間間隔へ移行した．この課題には，すべての数字が異なる試行（たとえば1-2-3-5-7）と，同じ数字を含んだ試行（たとえば1-2-3-3-4），試行中の数字がすべて同じである試行（4-4-4など）が各項目数ごとにあり，それらはランダムな順で呈示された（図10-6-1参照）．

10-6-2 実験1

チンパンジー，アイおよび大学院生6名が被験者として参加した．チンパンジーは正答すれば強化子が与えられたことを除けば，チンパンジーと成人はまったく同じ手続きで実験が行なわれた．1セッションは，ともに320試行であった．

Kawai (2001)では，チンパンジー，ア

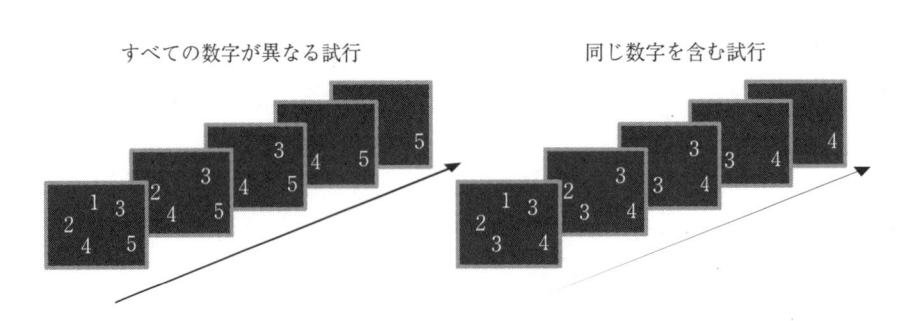

図10-6-1 実験で呈示した2種類の試行の模式図．

イの反応時間のパターンが，ともに第1項目に対するものだけが長く，それ以降は短く互いに差のないL字型となった．成人の反応パターンも，第1項目に対するものだけが長いL字型になった．つまり，ヒトとチンパンジーはともに一括処理方略を行なっていることが示唆される．また，ヒトとチンパンジーは，ともに呈示された数字の項目数が増えるにつれて第1項目での反応時間が増加した（図10-6-2の黒丸）．しかしチンパンジーでは，試行内に同じ数字が含まれた時に，呈示された数字の項目が増えるほど第1項目に対する反応時間が増加したが（Kawai 2001），ヒトの成人ではむしろ減少する効果がみられた．特に，すべての数字が同じ試行の時に，その違いが顕著になった（図10-6-2）．ヒトの成人は（1－2－3－4－5）よりも，（1－1－1－1－1）の方が早く選択できるが（図10-6-2白丸の方が平坦），チンパンジーでは後者の方がより時間を要した（白丸の方が急峻）．すなわち，序列化課題で同じ数字がある場合に，ヒトはそれらを「チャンク」し，全体として項目数を減らして処理するが，チンパンジーはそのようなことを行なわないことが示唆される．

10-6-3　実験2

実験1では，チンパンジーは試行内に同じ項目が含まれれば第1項目への反応時間が長くなったが，ヒトの成人の場合はむしろ逆で，呈示された数字列に同じ項目を多く含むほど，第1項目への反応時間は短くなった（図10-6-2の左二つ）．これは，成人が複数の同じ数字を一体のものと認識することで，序列化の負荷を減らしているからだと考えられる．このように同一項目を一体のものと認知する「チャンク」を，ヒトはいつから，どのように行なうのだろうか．そのことを調べるために，実験2では5－10歳の幼児を対象に，数字の序列化課題を用いて，どの年齢から同一項目を含む系列に対して反応時間が短くなるか（すなわち「チャンク」が行なわれるか）を検討した．

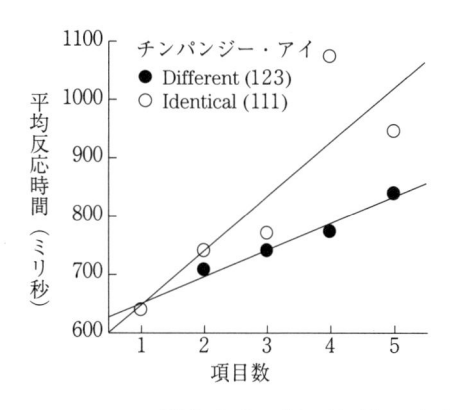

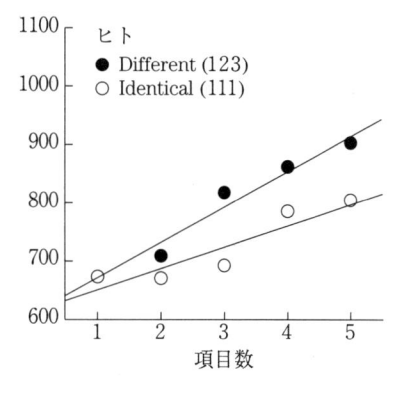

図10-6-2　チンパンジー，ヒト成人の第一項目への反応時間．

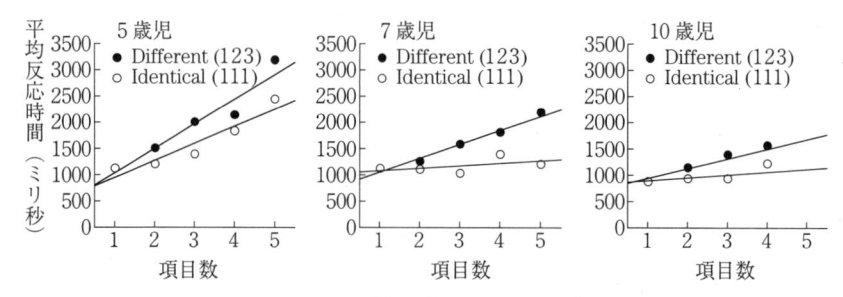

図10-6-3 ヒト幼児の第一項目への反応時間.

ヒト5歳児1名，7歳児2名，10歳児1名が実験に参加した．実験1と同じサイズのタッチパネルつきモニターを用いたが，1セッションは20試行とした．それぞれの幼児が，日を分けて合計12-30セッション行なった．

実験の結果，すべての年齢において，第1項目への反応時間だけが長く，それ以降は短く互いに差のないL字型となった．つまり，ヒトは5歳では既に一括処理をしていることが示唆される．

また，チンパンジーや成人と同様に，5歳以上の幼児の第1項目に対する反応時間も，呈示された数字の項目数が増えるにつれて増加した（図10-6-3の黒丸）．また，試行内に同じ数字が含まれた時に，呈示された数字の項目が増えるほど第1項目に対する反応時間が短縮された．特に，すべての数字が同じ試行の時に，その効果が顕著であった．しかしその効果は，5歳ではそれほど顕著ではなく，最も反応時間が短縮される，すべて数字が同じ試行においても，すべての数字が異なる場合に比べてわずかに早くなっているに過ぎない（図10-6-3左）．それに対して7歳以降では，すべての数字が同じ試行では，呈示された数字の数が増加しても，第1項目への反応時間は変化しない（図10-6-3）．つまり「チャンク」は，6歳頃に行なわれるようになると考えられる．

また，年齢が高くなるほど項目数が増えた時の反応時間が短くなっており（図10-6-3の黒丸が平坦に），10歳児で，ほぼ成人並みになるが，その過程は同じ数字の試行において先に見られた．このことから，チャンクの形成は序列化の処理の精緻化に先行することが示唆される（川合 2002a; 2002b）．

（謝辞：本研究の一部は平成14年度科学研究費若手研究（B）（14710042）および，中島記念国際交流財団の援助を受けた）

［川合伸幸］

10-7 チンパンジーにおける動画の記憶

本研究では，チンパンジー成体を対象に動画の記憶過程を検討した（Morimura & Matsuzawa 2001）．実験1では，見本合わせ課題を用いて動画と動画の弁別を行ない，動画を識別する能力を検討した．実験2では，動画呈示後，二つの静止画を呈示し，最初に見た動画に含まれる静止画を選択する再認課題を行なった．また，動画に含まれる静止画の再認の難易を，構図が一定な動画を呈示する条件と急激な構図の変化を含む動画を呈示する条件とで比較した．

10-7-1 実験1：動画−動画見本合わせ

実験1には，チンパンジーの成体4個体が参加した（アイ21歳；ペンデーサ21歳；クロエ17歳；パン14歳）．この実験の前に，すべての個体は見本合わせ課題を含む様々な認知実験の経験があり，アイについては動画刺激を用いた実験の経験があった（Itakura & Matsuzawa 1993）．

実験刺激は，タンザニアのマハレ山塊国立公園に生息する野生チンパンジーの映像から作成した（Nishida 1990）．構図に大きな変化がないこと，場面の重複がないことの2点に配慮し，5秒間の映像を10種類選択し，動画ファイルとして使用した．一つの動画の大きさは，画面上で幅6.5cm，高さ5cmとした．作成した動画の刺激は背景が黒の画面に呈示した．

実験の制御とデータ記録のためにコンピュータを使用し，刺激はタッチセンサーつきの21インチモニターを用いて呈示した（図10-7-1）．各試行が始まると，画面の右下に直径およそ4cmの白い丸（スタートキー）が現れた．スタートキーに触れると，スタートキーが消失して見本刺激の動画が画面の下部中央に現れた．見本の動画はすぐに再生された．動画再生の終了後，見本刺激をタッチすると，画面の上部，左右の位置に二つの比較刺激の動画が現れた．動画はすぐに再生を開始した．見本刺激と同じ映像の比較刺激をタッチすると「正解」となり，チャイムとともに食物報酬が与えられた．逆に，見本刺激と異なる映像の比較刺激にタッチすると「不正解」となり，すぐに

図10-7-1 動画課題を解くチンパンジー（アイ）．

スタートキーが呈示され，次の試行が始まった．呈示する二つの比較刺激の組み合わせ（10×9＝90パターン）と左右の位置効果を考慮し，1セッション90試行を2セッション，計180試行行なった．

10-7-2　結果と考察

図10-7-2に，4個体の累積正答率を示した．累積正答率は，前半は大きく変動したが，後半は比較的安定した．この変動の減衰は，チンパンジーが動画弁別を学習していく過程を示している．特に，アイは第1試行から第7試行まで連続して正答しており，最初から動画−動画見本合わせ課題を弁別することができた．2項検定によって5％で有意になることを統計的な課題習得の基準とすると，アイは第6試行以降，クロエは17試行以降，パンは88試行以降，ペンデーサは99試行以降，有意に正解の比較刺激を選択するようになり，この課題を習得した．動画見本合わせの最終的な平均正答率は，アイが83.3％，クロエが78.9％，パンが65.0％，ペンデーサが66.7％であり，すべての個体でチャンスレベルよりも有意に高かった［アイ, $\chi^2(1) = 45.00, p<0.001$；クロエ, $\chi^2(1) = 32.78, p<0.001$；パン, $\chi^2(1) = 11.75, p<0.001$；ペンデーサ, $\chi^2(1) = 10.29, p<0.001$］．以上から，はじめて動画を呈示された場合でも，チンパンジーはすぐに学習し，弁別できることが明らかとなった．

10-7-3　実験2：動画−静止画見本合わせ

実験2では，チンパンジーがどのように動画を記憶しているのかを検討するために，動画−静止画の見本合わせ課題を用いて再認テストを行なった．再認テストでは，最初に見本刺激として動画を呈示した．その後，比較刺激として静止画を二つ呈示した．一つは，呈示した動画の中の場面であり，もう一つは別の動画からの場面とした．動画を完全に記憶していれば，どの場面についても正答できるはずであり，再認の正答率からチンパンジーがどの程度動画の内容を記憶しているのかを検討した．

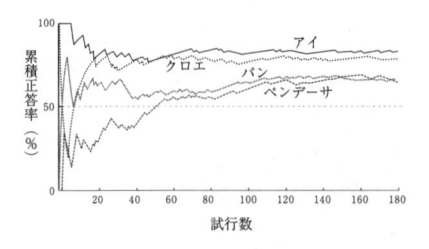

また，一つの動画の中で動画の構図がさまざまに変化する場合，それを記憶する負荷は増大すると予想される．そこで，構図の特性が記憶に与える影響を検討するために，連続構図動画条件（連続条件）と断続構図動画条件（断続条件）の2条件を設けた．連続条件では，一つの動画の中で構図の変化がほとんどない連続的な場面の動画を刺激として用いた．一方，断続条件では，一つの動画の中で構図が大きく変化する動画を刺激として用いた．この二つの条件間の比較を通じ，動画の属性が記憶に与える影響を調べた．

見本刺激は，実験1と同様に動画ファ

図10-7-2　動画−動画見本合わせ課題の習得過程．

イルを使用した．連続条件では，実験1と同一の10種類の動画刺激を使用した．どの動画刺激も，構図は一つの動画の中で連続的に変化した．断続条件では，同じ野生チンパンジーの映像から，各動画で場面の重複のないまったく新しい10種類の動画刺激を作成した．構図は一つの動画の中で1回大きく変化した．その他の条件は，実験1に準拠した．比較刺激は，カラー静止画像とした（図10-7-3）．比較刺激は，各条件で使用する10種類の動画刺激から作成した．一つの動画の0秒目から5秒目まで1秒ごとに六つの場面を取り出し静止画を作成した．1条件につき60種類の静止画を比較刺激として作成した．

基本的な手順は，以下の点を除いて実験1に従った．見本刺激は動画とし，比較刺激を静止画とした．すべての試行で見本刺激を5秒間呈示し，チンパンジーがこれにタッチすると，二つの比較刺激が現れた．比較刺激の一つは見本刺激の動画の1場面であった（正解刺激）．もう一つは残る9タイプの動画の場面であった．二つの条件のうち，連続条件を最初に行ない，次に断続条件を行なった．一つのセッションでは再認するフレームを固定した．たとえば，あるセッションでは比較刺激として10種類の動画の第5秒フレームのみが呈示された．各フレームについて，二つの比較刺激の組み合わせ（10×9＝90パターン）と左右の位置効果を考慮し，180試行行なった．1セッション90試行とし，1フレームについて2セッション，6フレームすべて行なうのに1個体あたり12セッション行なった．テストするフレームの順番は，個体，条件によってランダムに変化した．

10-7-4　結果と考察

断続条件のみで，チンパンジーの動画記憶に系列位置効果が現れた．図10-7-4に，各個体について2条件の正答率をフレームごとに示した．2条件を比較す

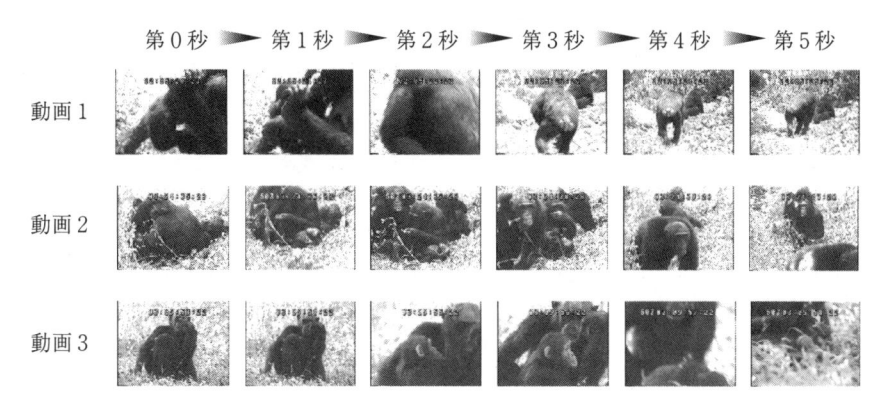

図10-7-3　比較刺激として用いた静止画（断続条件）．"The Wild Chimpanzees at Mahale Mountains"（アニカプロダクション制作）より，許可を得て作成した．

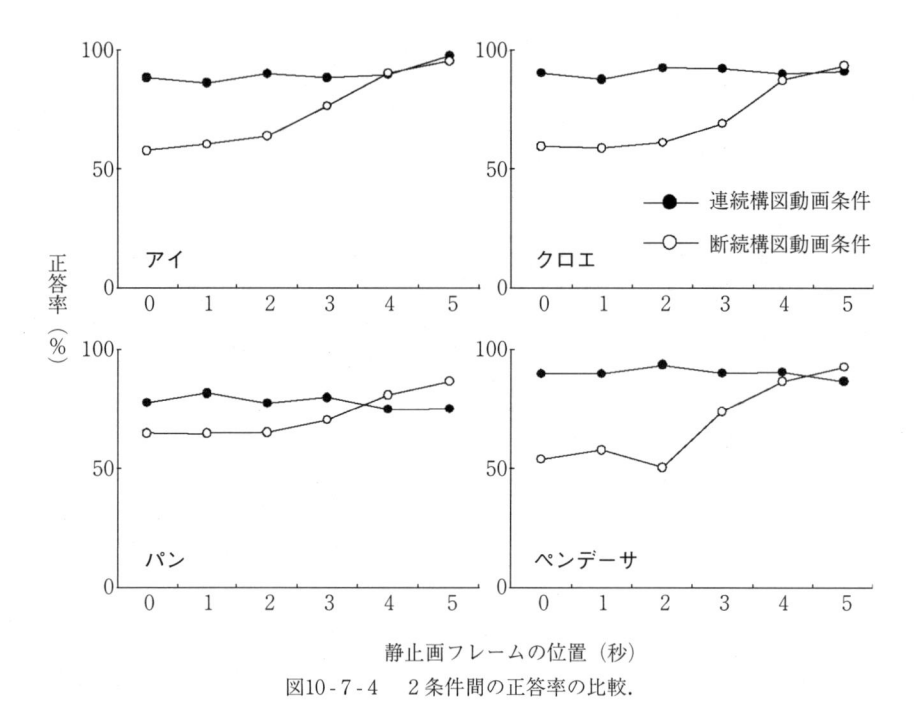

図10-7-4 2条件間の正答率の比較.

ると，系列位置曲線のグラフは大きく異なっている．連続条件では，成績は高く，どのフレームでも有意な変化はなかった．一方，断続条件では，系列位置曲線は，後半のフレームで正答率が増加し，新近性効果が現れた $[F(5,18)=44.46, p<0.0001]$．また，二つの条件の正答率は有意に異なっていた $[F(1,30)=21.62, p<0.01]$．以上から，断続条件においてのみ系列位置効果が現れることが統計的に示された．この傾向は，4個体で一致していた．

2条件間の結果の差異は構図の特性が動画の記憶に影響を与えることを示唆している．前半と後半とで構図が大きく異なる断続条件では，前半のフレームで正答率が低下した．一方，連続条件では各動画の構図の変化はほとんどなく，正答率もフレーム間で差はなかった．また，断続条件であっても，最後の2フレーム間，つまり第4秒と第5秒フレームの間では構図の変化は少なく，正答率も高かった．このように，構図の変化が少ないことが連続条件の6フレームすべてと断続条件の最後の2フレーム（第4秒と第5秒）において正答率がどの個体でもほぼ同じであることの理由と考えられる．

10-7-5 まとめ

今回の実験から，二つのことが明らかになった．まず，チンパンジーは訓練なしに動画を弁別できること，そして構図

の属性が動画記憶に影響を与える．実験2の断続条件のみで新近性効果が出現したことは，動画の構図が大きく変化する場合には，リスト項目の記憶と類似した方法で記憶していることを示唆している．Wrightら（1985）によれば，リストを呈示した後，0秒遅延で再認を求めると，ハトとサルとヒトで共通して新近性効果が現れる．今回の実験でも，動画呈示の直後に静止画を呈示し，再認テストを行なった．断続条件で見られた新近性効果は，リスト記憶で見られる現象と類似しており，チンパンジーが動画の時系列的順序に従って記憶している可能性を示している．

また，実験2の連続条件で，6フレームすべてにおいて一貫して正答率が高いことは，チンパンジーが構図を手がかりにして弁別を行なっている可能性を強く示唆している．連続条件では構図の変化が小さい動画を刺激とした．断続条件と同様，動画の後半（第4秒と第5秒フレーム）のみを記憶していたとしても，構図を手がかりにすることで前半部分（第0秒－第3秒フレーム）の再認テストを高い確率で正答することができるはずである．これらのことから，チンパンジーは時系列的順序と動画の構図を手がかりとして，動画を記憶していたと考えられる．

今回の実験からは，動画の記憶とリストの記憶の差異について言及することはできなかった．しかしチンパンジーは，人物Aが人物Bに近づく場面を見て，これを図形文字を用いて記述することができる（Itakura & Matsuzawa 1993）．チンパンジーが，日常の光景をいかに捉え，記憶しているのかを明らかにするために，どのような動画の属性を手がかりとして動画の内容を記憶するのか，動画の属性と記憶の関係をさらに検討していく必要があるだろう．

［森村成樹　松沢哲郎］

10-8
感覚性強化手続きを用いたチンパンジーにおける視覚的好みの検討

本節では，感覚性強化手続き (Fujita 1987; 1990; Fujita & Matsuzawa 1986) を用いて，近縁な霊長類の各分類群に対する成体チンパンジーの視覚的な好みを調べた．本研究に用いたチンパンジーはいずれも，乳児期より (もしくは生後すぐから) ヒトによる養育を受けた個体である．そのような社会的経験が視覚的好みにどのように影響するのかを調べた．

10-8-1 方法

成体チンパンジー 5 頭 (アイ，マリ，ペンデーサ，パン，ポポ；実験当時 17 − 22 歳) を対象に実験を行なった．アイとマリは野生由来で 1 歳の時に京都大学霊長類研究所に来所，ペンデーサは日本モンキーセンター生まれで人工保育され，2 歳の時に来所，パンとポポは霊長類研究所で人工授精により誕生し，2 頭とも生後すぐより人工保育された．実験当時は 5 頭とも他の 6 頭のチンパンジーとともに集団で暮らしていた．いずれも過去にさまざまな認知研究に参加している (Kawai & Matsuzawa 2000b; Tanaka 2001 等)．

刺激の呈示，反応の検出は実験ブースに設置されたタッチパネルつきモニターを通して行なった．食物報酬は自動給餌器を用いて与えた．実験の制御はコンピュータにより行なった．刺激は 5.6 × 5.6 cm のカラー画像ファイルを用いた．本研究では，以下の三つの刺激セットを設定した．各刺激セットは，霊長類の分類学上のカテゴリに基づき，それぞれのセットが四つづつの下位カテゴリで構成される構造とした．それぞれの下位カテゴリについて 10 種類の写真を用意した (ただし，セット 3 については，ヒト上科の三つの下位カテゴリであるオランウータン科，ヒト科，テナガザル科について，それぞれ 10 種類づつ用意した)．一つの刺激セットで用いた写真は，他の刺激セットでは用いなかった．

セット 1 (大型類人猿とヒト)：チンパンジー属，ヒト属，ゴリラ属，オランウータン属．

セット 2 (狭鼻猿下目)：オランウータン科，ヒト科，テナガザル科，オナガザル科．

セット 3 (霊長目)：ヒト上科 (ヒト科とオランウータン科とテナガザル科を含む)，オナガザル上科，オマキザル上科，原猿 (キツネザル上科とロリス上科)．

実験が開始されると，モニター上部に白線の長方形が呈示され，続いて長方形より下のランダムな位置にスタート刺激として，1 辺約 4 cm の灰色の正方形が呈示された．チンパンジーが正方形に触ると，刺激は消え，3 段×5 列のマトリクス中の 12 か所に画像刺激が呈示された．刺激に触ると，触った刺激の種類に関係なくチャイム音が鳴り，約 67% の確率で

リンゴ片が与えられた．チンパンジーが触った刺激はマトリクス上から消え，モニター上部の長方形の中に左詰めで呈示された．1試行は被験体が三つの刺激に反応すると画面上のすべての写真刺激が消され，再びスタート刺激が長方形下のランダムな位置に呈示され，次試行が開始された．各刺激の呈示位置は毎試行ランダムに変えられた．1セッションは10試行とし，各被験体について，10セッション行なった．セッション内では単一の刺激セットのみ使用した．1試行内では，各刺激セットについて，各下位カテゴリから三つづつ，計12の画像が15セルのうちでランダムな位置に呈示された．セット3については，ヒト上科の三つの下位カテゴリ（ヒト科，オランウータン科，テナガザル科）から各一つづつ，他の三つのカテゴリから三つづつの計12の刺激が呈示された．刺激の組み合わせは毎セッション，毎試行，ランダムに変えられた．実験は各刺激セットについて12セッション行なわれ，それぞれの下位カテゴリの刺激が36回ずつ呈示された．セット3のヒト上科については，三つの下位カテゴリの各刺激が12回ずつ呈示された．セッションの進行は各刺激セットで同じになるようにした．また各刺激セットのセッションの順序はチンパンジーごとに変えた．

チンパンジーは好みの順に画像を選択すると仮定し，1試行内で最初に選択した刺激のカテゴリに3点，2番目に選択したカテゴリに2点，3番目に選択したカテゴリに1点を与え，各セットの各カテゴリごとに得点を集計し分析を行なった．

10-8-2 結果

表10-8-1には，各セットにおけるカテゴリ別の得点分布を示した．セット1では，マリを除く4個体でヒト属の得点が最も高かった．一元配置の分散分析の結果，カテゴリの主効果が有意 [$F(3, 16)=12.7, p<0.001$] であり，下位検定の結果，ヒト属の得点は他の3カテゴリよりも有意に高かった（TukeyのHSD法；対チンパンジー属：$p<0.05$, 対ゴリラ属：$p<0.001$, 対オランウータン属：$p<0.01$）．また，チンパンジー属の得点は，ゴリラ属よりも有意に高かった（$p<0.05$）．

セット2では，すべての個体において，ヒト科の得点が他の3カテゴリに比べて際立って高かった．分散分析の結果，カテゴリの主効果が有意 [$F(3, 16)=16.9, p<0.0001$] であり，下位検定の結果，ヒト科の得点は他の3カテゴリよりも有意に高かった（対オランウータン科：$p<0.001$, 対テナガザル科：$p<0.0001$, 対オナガザル科：$p<0.01$）．他の3カテゴリ間では得点に有意差は見られなかった．

セット3では，被験者によって選択傾向に違いが見られたが，分散分析ではカテゴリの主効果が有意となった[$F(3, 16)=7.23, p<0.01$]．下位検定の結果，ヒト上科の得点はオナガザル上科とは有意な差はなかったが，オマキザル上科とは有意傾向が見られ（$p<0.08$），原猿との比較では有意に高かった（$p<0.01$）．また，オナガザル上科の得点は，ヒト上科，オマキザル上科とは有意な差はなかったが，原猿よりは有意に高かった（$p<0.01$）．

表10-8-1　各セットにおける各被験者の得点分布

セット1：大型類人猿とヒト

被験者	（カテゴリー）チンパンジー	ヒト	ゴリラ	オランウータン
アイ	193	253	142	132
マリ	228	175	153	164
ペンデーサ	149	309	79	183
ポポ	187	252	114	167
パン	178	249	131	162

セット2：狭鼻猿下目

被験者	（カテゴリー）オランウータン科	ヒト科	テナガザル科	オナガザル科
アイ	128	247	142	203
マリ	176	230	117	197
ペンデーサ	185	271	111	153
ポポ	149	295	127	149
パン	95	387	107	131

セット3：霊長類

被験者	（カテゴリー）ヒト上科	オナガザル上科	オマキザル上科	原猿
アイ	168	199	193	160
マリ	199	199	154	168
ペンデーサ	213	173	191	143
ポポ	221	197	155	147
パン	193	223	146	158
期待値	180	180	180	180

10-8-3　考察

　結果から，チンパンジー5個体は，霊長類の各分類群に対して，異なる視覚的な好みを持っていることが示された．特にセット1と2の結果から，マリを除く他の4個体については，ヒトに対する好みが一貫して高いことが示された．また，ヒトと近縁であっても，ゴリラやオランウータンの得点は，ヒトに比べて有意に低く，自種であるチンパンジーはヒトと，他の大型類人猿2属の中間に位置する結果となった．これらの結果から，系統的近縁さが視覚的な好みに効果をもつわけではないことが示唆された．特にチンパンジーとゴリラとは得点に有意な差があった．これら2属はヒトにとっては外見的に類似して見えるが，チンパンジーにとってはまったく異なるカテゴリとして知覚されていることが示された．

　また，セット3の結果から，系統関係が遠く離れているオマキザルや原猿に対する視覚的な好みは，より近縁なヒト上科やオナガザル上科よりも低いことが示され，分類レベルによっては視覚的な好みと系統的な距離との関連性も示唆され

自種ではなく，ヒトに対する視覚的な好みの高さには，Fujita（1990; 1993）が示唆しているように，特に乳児期の社会経験が影響していると考えられる．いずれの個体も乳児期からヒトによって育てられ，17年以上飼育下にあった個体である．本研究に参加したチンパンジーは，知覚・認知研究などで特にヒトとの接触経験が多い個体であった．ヒトは食物や社会的な賞賛を与えてくれる存在であり，そのような経験が視覚的な好みにプラスの影響を与えたのではないかと考えられる．今後，母親に育てられているチンパンジー乳児を対象として，養育経験の効果について検討していく予定である．

（謝辞：本研究の一部は，日本学術振興会・科学研究費補助金（12710037）の補助を受けて行なわれた）

［田中正之］

コンピュータの問題にとりくむパル（撮影：田中正之）

10-9 チンパンジーの粘土遊び
彼らの造形能力

本節では，成体チンパンジーを対象に粘土遊び実験を行ない，そこで見られる対象操作能力を調べるとともに，チンパンジーの粘土遊びを通して彼らの造形能力を評定する．一般的に，チンパンジーの造形能力はヒト幼児の3歳程度あるいはそれ以下であると考えられている．しかし，この結論はチンパンジーとヒト幼児の描画だけの比較から得られたものである．ヒト幼児では，最初に粘土を与えられた時，未知のモノに興味を示し，触る，なめる，かじるなどする．そして次の段階として，繰り返し接触しながら，可塑性がある，変形できる，分割できる（ちぎれる）など材料の特性を学ぶ．そして，分割された粘土片を作品の要素として，これらを組み合わせていくことによって「作品」を作りあげる．チンパンジーの粘土造形能力もヒト幼児と同じような過程をたどって進展するのだろうか．この点に特に焦点をあて分析を行なう．

10-9-1 方法

本研究には最終的にパン，クロエ，ペンデーサ，アイの4個体が参加した（実験時10-17歳）．これらの個体は，これまで粘土に触れた経験はなかった．4か月の間に30分のセッションをそれぞれ14回行なった．

ヒト実験者が1kgの粘土のかたまりをもってチンパンジーのいるブースに入り，それを床に置いた時点から実験はスタートした．原則として，チンパンジーに自由に操作させたが，実験がはじまって10分間粘土に触らなかった場合，実験者は分割などの基本操作を行なって個体の操作を誘発しようとした．ブースの外にビデオカメラを設置して，粘土に関わる個体の行動をすべて撮影するとともに直接観察を行なった．

実験後，ビデオ記録から粘土に関わる詳細な行動を記述し分析を行なった．時間的な変化をみるために，第1-5セッションの初期，第6-10セッションの中期，第11-14セッションの後期の3段階に分けて分析を行なった．

10-9-2 粘土に対する接触頻度

チンパンジーが粘土に興味を持っているか否かを，1-0サンプリングによる接触頻度を計ることによって調べた．1セッションを30秒ごとに区切り，その間に一度でも粘土に触れた時を接触数1とした．したがって，最大値は1セッションで60である．個体ごとのセッションあたりの接触頻度は全セッションの平均でパンが51.2，クロエが30.9，ペンデーサが39.0，アイが30.6だった．パンが4個体の中で最も接触頻度が多く，最も粘土遊びに興味を持ったことが分かる．クロエはセッションの進行に伴って次第に接触数が減少し，彼女の興味は実験者に粘土

遊びをさせることに移行していった．興味深いのはペンデーサである．初期から中期にかけては接触数は低かったが，後期になるととつぜんパンと同じ程度まで接触数が増えている．また，アイの接触数は全試行を通して低かった．

10-9-3　粘土の操作

次に，操作という視点で分析を行なった．チンパンジーが粘土と関わる一連の行動を「エピソード」と定義した．体が粘土に触れた時をエピソードの始まり，粘土が体から離れた時をエピソードの終わりとした．また，連続した繰り返し行動の場合は，その行動の終わりをもって1エピソードとした．すべてのセッションでのエピソードの総数は，パンが355，クロエが264，ペンデーサが230，アイが217であった．多くの場合，1エピソードには複数の操作が組み合わされている．このような操作を様式や形式に従って50の「項目」にまとめた．各個体が示した項目数は，パンが35，クロエが18，ペンデーサが34，アイが18である．各個体の項目に対する好みや熟練の尺度となる1項目当たりの操作数は，パンが4.6，クロエが3.2，ペンデーサが3.2，アイが3.2で，パンだけが高い数値を示した．操作の発達に関していえば，項目の大部分は初期で現れている．ただし，ペンデーサだけは後期に項目数が増加している．この増加は，ペンデーサの接触数が後期にとつぜん増えたことと関係している．後期に何らかの変化がおきた可能性が大きい．

次に，操作技術のレベルを評価するために以下の分析を行なった．各チンパンジーが示した全項目からヒト幼児に現れた項目と同じものを抽出して，それらがヒトの何歳で現れたかを調べ，その年齢をもって項目の年齢とした．チンパンジーが示した項目の最高年齢は，ペンデーサが後期で示した項目の5歳である．各段階での平均年齢を調べると，最高はペンデーサの後期の平均で，2.5歳である．全セッションを通した平均年齢はパンが2.1，クロエが1.7，ペンデーサが2.0，アイが1.9歳であった．したがって，ペンデーサは後期で非常に高い水準の操作を行なっていたことになる．

以上から，パンとペンデーサが他の2個体よりも粘土遊びに強い関心を示したといえる．したがって，「作品」がつくられるとすれば，それは当然パンとペンデーサによるであろうと推測できる．

10-9-4　粘土作品

ヒト幼児における粘土遊びの最終点は「作品」の製作である．しかし，本実験では，すべてのチンパンジーが作品をつくったというわけではなかった．作品製作に至る分岐点はどこにあり，何がそれを決めるのであろうか．以下では，この問題について考える．

作品は，ちぎられた片，オダンゴ形，ヒモ形など「作品の要素」のいくつかの組み合わせ，あるいは「作品の要素」に加えられるより巧みな操作によって出来上がる．一般に，作品が出来上がるための操作には「作品の要素」をつくる以外に三つの型がある．第一の型は，二つのオダンゴを重ねて雪だるまをつくるよう

な「二つの面を接触させる」操作である．第二の型は，粘土という材料の性質を理解したことを示す重要な操作として知られている「ひねり出し」である．第三の型は，かたまりを指で強く押して穴をつくったり，ヒモをねじってねじり棒にするなどの「二つの面を接しつつ動かしてスライドさせる」操作である．凹形はこの過程で出現する．最も高度な作品は，作者の意図（アイデア）を表現するために目的的にこれらの操作を組み合わせることによって出来上がる．

　かたまりを複数の片にちぎる操作は第2セッションまでに全個体に現れた．つまり，最初期から各個体は基本的な操作を行なっていた．セッションが進むに従い，パン，ペンデーサ，アイの各個体は作品をつくるようになった．最も洗練された作品はペンデーサの第11セッションに現れた「凹形」である（図10-9-1）．実験で最も熱心だったのはパンだったから，これは我々の予想に反した驚きであった．さらに驚いたことに，ペンデーサはあたかも器に何かを入れるように，凹みの中に六つの小片を入れたのである．この小片の出し入れを10分間に20回繰り返した．これにより，ペンデーサが凹形の作品を「器」と認知したと見なしてよい．以降，ペンデーサがつくった凹形の作品を「器」と呼ぶことにする．

図10-9-1　つくった形態の凹みに小片を出し入れしているペンデーサ．

ペンデーサは目的的に「器」をつくったのであろうか．これに答えるために，「器」の製作に至る操作の発達過程をたどってみよう．初期に実験者がかたまりに穴を開ける操作を示した時，ペンデーサはその穴の中に小片を入れた．その後，この操作は，少しへこんだくぼみに複数の小片をのせる操作に発展していった．この操作は，第3セッションと第8セッションをのぞき，第2セッションから第10セッションまで継続的に続いた．そしてついに第11セッションで彼女は「器」をつくり，中に小片を出し入れしたのである．

実験者は初期に，ペンデーサにもパンにも同じように穴を開ける操作を行なってみせた．しかしながら，パンの粘土遊びは，ペンデーサのように高度な作品を造形する方向には発展せず，実験者が行なった操作を何回も繰り返しながら，その操作を洗練させる方向にむかった．穴開け操作についやした時間を調べると，パンが他個体よりもはるかに穴開けに熱心であったことが分かる．また，オダンゴ造りやヒモ造り操作についやした時間を調べると，パンには一つの操作に固執する傾向のあることが分かった．

このように，実験者がパンとペンデーサの前で粘土に穴を開けて見せて以降，ペンデーサはいわば創作者，パンはいわば技術者の道へ進んだ．その分岐点は何であろうか．それを決定する要因があるに違いない．ペンデーサは器やカップから何かを出し入れするのをどこかで見たことがあり，彼女にはその印象が非常に強かったに違いない．そして実験者が開けた穴を見た瞬間，ペンデーサはこのことを思い出したのであろう．これを確認するためには，彼女が霊長研に来てからの記録を詳細にたどらなければならない．しかし，これ以上は本研究の範囲外であり，後の課題としたい．

10-9-5 粘土造形におけるチンパンジーの能力

チンパンジーの粘土造形能力を調べるために，以下の分析を行なった．チンパンジーのほとんどの操作はヒト幼児に共通してみられる（田中・田中1981, 1982, 1984, 1986, 1988）．それらを典型的な三つの例で示す．最初の例はパンに現れた行動である．パンはしばしば粘土の小片を口に入れた．この種の行動はヒトの乳幼児にみられるが，通常は2－3歳（Gesell & Ilg 1943）または1.5－2歳（Bruner 1969; 斉藤・松村1980）で消失する．第2の例はアイにみられた．アイは，ちぎる操作を続け，第5セッションでは1 kgのかたまりをちぎって最大21個の小片にした．これは2－3歳のヒト幼児にみられる操作である（斉藤・松村1980）．3番目の例は，クロエ，アイ，ペンデーサに現れた興味深い操作である．彼女たちは第5, 8, 9セッションで粘土の一部を指でねじって引っぱり出して，ドアの取っ手のような形に変形させる操作を行なった．「ひねり出し」と呼ばれるこの操作は，「新技術の発見」とされており，粘土の性質，すなわち，弾性と塑性を理解したしるしと見なされる．このひねり出し操作は，4歳頃のヒト幼児に現れる（Lowenfeld 1957; 中川1996b; 高山1975）．こ

のように，粘土造形に関して，チンパンジーの能力はおそらく4歳くらいのヒト幼児と同程度であると思われる．

ヒト幼児は発達の初期段階の2-3歳でオダンゴやヒモ形をつくることが知られている（たとえば，Gesell & Ilg 1943; Lowenfeld 1957; Lowenfeld & Brittain 1975; 高山 1975）．一方，中川の観察研究(1996b)によれば，器のような凹形はヒト幼児の5歳で初出する．描画研究をもとにした研究では，チンパンジーの造形能力は3歳のヒト幼児よりも低いとされている．したがって，ペンデーサが凹形をつくったという事実は，チンパンジーの造形能力がこれよりも高いということを示している．

我々はペンデーサがつくった凹形は「器」であると仮定した．これが間違っていないことを示すため，ペンデーサの「器」に対して，多肢選択法を使った以下のテストを行なった．最初に，2歳から6歳までの未就学児83名に対して，与えられた粘土だけを使って器(カップ)をつくるよう課題を与えた．その後，これらの作品とペンデーサがつくった凹形を混ぜて，計84個の作品を評価者19名に見せた．評価者にはあらかじめ10個の選択肢（カップ，ザリガニ，カタツムリ，自動車，家，木，人，カメ，ゾウ，サカナ）を与え，個々の作品が何に見えるか10個の中から選ぶよう指示した．作者の年齢が高くなればなるほど，当然，作品が器（カップ）という正答を得る割合は高くなるであろう．ペンデーサがつくった凹形に対して，評価者19名のうち14名が器（カップ）を選択した．この割合(74%)はヒト5歳児の作品の正答率(75%)とほとんど同じである．

このように，本研究から，チンパンジーの造形能力はヒト幼児の3歳程度とするこれまでの研究評価よりも高いという結果が得られた．これを再確認するような研究が行なわれるまでは，本実験の被験体以外のチンパンジーにまでこの結論を一般化すべきではない．種々の観点から，チンパンジーによる粘土造形をヒト幼児の粘土造形と比較検討するさらなる研究が必要である．

(謝辞：本研究を遂行するにあたり，井上（中村）徳子，外岡（友永）利佳子，鈴木修司らの協力を得た)

［中川織江　松沢哲郎］

10-10
チンパンジーにおける砂の対象操作の実験的分析

　砂は固体であるが，粘土ほどの形態的安定性はなく，また水ほどには不定形でもない．"かたち"という点にだけ注目すれば，砂は粘土と水の中間的物質であるといえる．水分含有率が高ければ粘土の性質に近づき，低ければ水の性質に近づく．

　このように，多義的性質を有する砂は，ヒトの幼児であれば，象徴遊びの具体的な形である"ごっこ遊び"の格好の材料となる．チンパンジーの精神世界は，ヒトの幼児のそれにかなり近いものだと考えられる．また上述のような性質をもつ砂は，チンパンジーのもっている認知機能を，自発的な遊びというコンテクストの中で引き出す格好の素材として位置づけられる．

　ヒトを含めて，いわゆる霊長類の対象操作の研究の主たる目的は，二つに分類される．一つは，Piaget（1953，1954）に代表される知性の発達研究である．もう一方は，操作する身体器官の形態や運動機能の系統発生的研究である．本研究においては，前者の視点から，チンパンジーが，自身の身体・砂・道具という複数の対象を関係づける操作過程を実験的に観察することを通じて，チンパンジーの精神世界あるいは"こころ"の可視化を目指し，そのための基礎的資料を得るために，まずチンパンジーが自発的に発現させる砂操作の行動目録を作成すること

を目的とした．つまり，砂は存在しているが，それを操作することを強制されず，また砂を操作をしてみせることもない自由遊び場面において，チンパンジーは自発的に砂にかかわるのかどうか，またかかわるとすれば，どのように砂を操作するのかを，道具の有無，実験者の存在の有無という条件を設定することにより，自発的な砂操作の行動観察・分析を行なった．

10-10-1　方法

　本研究の実験・観察の対象となった被験者は，京都大学霊長類研究所のアイ（実験時の満年齢21歳），パン（同14歳），ペンデーサ（同20歳），クロエ（同17歳）のメス4個体である．本研究と類似の実験経験として，すべての被験者が，本研究に先行して1994年から1997年までの期間行なわれた粘土遊び実験（中川 1996a, 1997）の被験者となっていることがあげられる．

　京都大学霊長類研究所（類人猿行動実験研究棟地下）の実験ブース内（180×180×210 cm）で，個体場面の砂の操作について実験を行った．実験は，表10-10-1に示してある四つの条件を設定して行なった．チンパンジーの自発的な砂の操作を観察することを目的としたため，ブース内に同室する実験者は，被験者に積極的に関わることをせず，ブースの角に座っ

表10 - 10 - 1　実験条件

	条件			
	実験者同室＋道具なし	実験者同室＋道具16種	実験者同室＋道具7種	実験者不在＋道具7種
砂	珪砂5号 10kg	珪砂5号 10kg	珪砂5号 10kg	珪砂5号 10kg
実験者	同室	同室	同室	同室
砂以外の対象物	無	（16種類21ピース）ザル レーキ スコップ 皿 コップ ペットボトル（蓋付）ビニールの砂袋 アイスクリーマー 計量ザル 小タッパー（蓋付）スプン フォーク ☆の型抜き ゾウの型抜き 筒型おしぼり入れ（おしぼり，蓋付）おにぎり入れ（蓋付）	（7種類8ピース）ザル レーキ スコップ 皿 コップ ペットボトル（蓋付）ビニールの砂袋	（7種類8ピース）ザル レーキ スコップ 皿 コップ ペットボトル（蓋付）ビニールの砂袋

ているという条件を設定した．ただし，被験者からの関わりかけをまったく無視するのではなく，受動的にその関わりかけに反応することはした．

いずれの条件においても，30分間の実験を各被験者1セッションずつ行なった．また砂は，珪砂（10kg）を水分の含有率の低い状態で用いた．

「実験者同室＋道具なし」条件は1998年9月25日に，「実験者同室＋道具16種」条件は1998年9月26日に，「実験者同室＋道具7種」条件は1998年10月29日に，「実験者不在＋道具7種」条件は1998年10月30日に，それぞれ実施した．

各条件ごとの各被験者の砂の操作を，10秒1コマの1-0サンプリング法（Altmann 1974）により記録し，その時間的割合を求めた．また各被験者の具体的な砂の操作行動については，連続記録法（Altmann 1974）により行動の内容を記録した．記録された操作行動において，ある操作から次の操作への行動間間隔が10秒以内に生じた場合を1バウト（一続きの砂の操作行動）とし，それ以上離れた場合は別々のバウトとして取り扱い，行動目録を作成した．

表10-10-2　行動及び砂と身体・道具との関係の定義

行　動	定　義
足で踏み固める	後肢で砂を踏んで固める．足型が残る．
入れる	身体ないし道具で，道具の中に砂を移動させる．
受ける	こぼれる砂を手で受けとめる．
移す	歩行等の身体の位置移動を伴わず，身体ないし道具で砂を別の場所に移動させる．
運搬	歩行等の身体の位置移動を伴い，身体ないし道具で砂を別の場所に移動させる．
押す	身体ないし道具で，砂を押す．
音を出す	砂の入っている道具を揺すり，砂と道具のぶつかることによる音を出す．
かく	身体ないし道具で，砂をかく．
かき寄せる	身体ないし道具で，砂をかき，寄せ集める．
口に入れる	砂を唇より中に入れる．
口に（を）近づける	砂に唇を近づけるが，砂とは接触しない．
こすり合わせる	両手のひらで，砂をこすり合わせる．
こする	手ないし道具で，砂を床等にこすりつける．
こぼす	手に持っているないし道具に入っている砂をこぼす．
差し出す	手に持っているないし道具に入っている砂を，実験者に向かって差し出す．
さわる	身体ないし道具で，砂に接触する．
すくう	手ないし道具で，砂をすくい上げる．
たたく	手ないし道具で砂をたたいて固める．手型を押す動作は含めない．
つまむ	指で，砂をつまむ．
手型を押す	手のひらないしナックルで，砂を押し固めて，手型を残す．たたく動作は含めない．
投げる	手に持っているないし道具に入っている砂を，実験者に向けて投げる．
なでる	手のひらないし道具で，砂を平らにする．
握る	手ですくった砂を指ですぼめて握る．
はさむ	2つの道具であるいは道具と手で，砂をはさみこむ．
鼻を近づける	砂に鼻を近づけて，においをかぐ．
払う	手，指ないし道具で，砂を軽く払い飛ばす．
見つめる	道具に入っている砂，あるいは手や道具からこぼす砂に対する視線定位．
指さす	床にある砂との身体接触なしに，砂のある方向を指さす．
渡す	手ですくった砂を，実験者に受け取らせる．
砂と身体・道具との関係	
身体のみで砂を操作	観察された砂操作バウトにおいて，身体のみを用いて操作したバウト
身体と道具で砂を操作	観察された砂操作バウトにおいて，身体および道具を用いて操作したバウト
道具のみで砂を操作	観察された砂操作バウトにおいて，身体のみを用いて操作したバウト

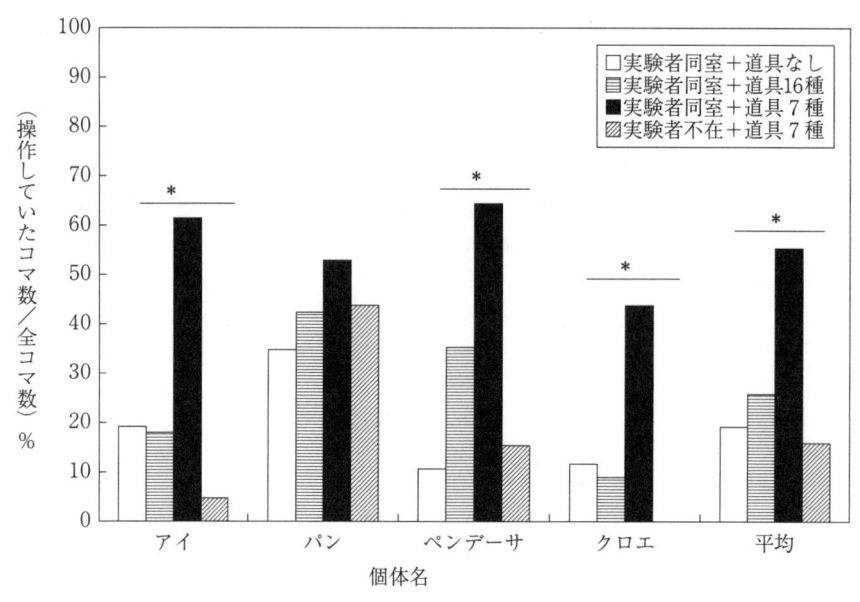

図10-10-1　砂を操作していた時間的割合
＊；p<.001, χ^2検定

行動目録は，表10-10-2に定義された行動の組み合わせによる操作行動パタンと砂と身体・道具との関係に従って，観察された砂の操作行動バウトを分類して作成した．

10-10-2　結果

図10-10-1は，各被験者が砂を操作していた時間的割合を示したものである．パンは，どの条件でも，あまり変化無く安定的に砂を操作する傾向が示された［$\chi^2(3) = 6.629$, ns］．パン以外の被験者においては，「実験者同室＋道具7種」条件で，各被験者の砂を操作する時間的割合を最も増加させる傾向があった［アイ；$\chi^2(3) = 127.826$, $p<.001$，ペンデーサ；$\chi^2(3) = 47.524$, $p<.001$, クロエ；$\chi^2(3) = 123.241$, $p<.001$］．

各条件において観察された砂の操作行動バウト数（表10-10-3）についてみると，どの被験者も「実験者同室＋道具7種」条件で，操作バウト数が最も多い傾向がみられた．また全般的に，道具がある条件の方がない条件より，操作バウト数は増加し，実験者がいる条件の方がいない条件より，操作行動数は多い傾向にあったといえる．

付録CD-ROMに収録した付表10-10-1は，観察された砂の操作行動を，表10-10-2に定義された行動の組み合わせとしての操作行動パタンと身体・道具との関係とに従って分類し，各被験者がどの条件

表10-10-3　各条件毎に観察された砂の操作バウト数

条　件	アイ	パン	ペンデーサ	クロエ
実験者同室＋道具なし	7	6	9	7
実験者同室＋道具16種	16	34	21	5
実験者同室＋道具7種	30	40	29	22
実験者不在＋道具7種	7	33	18	0

でそれら操作行動を発現させたかをまとめた形で示した砂の操作の行動目録である．

　得られた操作行動パタンは，全部で61パタンであった．これらのうち，"すくう"を初発行動とする操作行動パタンが最も多く16パタンみられた．以下比較的多く見られたものとして，"こぼす"を初発行動とするものが7パタン，"握る"を初発行動とするものが6パタン，"かき寄せる"を初発行動とするものが4パタン，"さわる"を初発行動とするものが3パタンみられた．合計36パタンとなり，全体の約2/3は，これらの操作行動パタンで構成されていたことになる．

　得られた操作行動パタンのうち，三つの身体・道具との関係についてみると，「身体のみで操作」が33パタン，「身体と道具とで操作」が21パタン，「道具のみで操作」が19パタンとなった．砂を「身体のみで操作」する場合が最も多様な操作パタンが示された．

　また，すべての関係に共通してみられる操作行動パタンは得られなかった．少なくとも二つにおいて共通するものを拾い出すと，「身体のみで操作」と「道具のみで操作」とでは，"すくう"，"すくう・投げる"，"かく"，"さわる"，"払う"，"押す"，"こする"，"なでる"の8パタン，「身体と道具とで操作」と「道具のみで操作」とでは，"すくう・入れる"と"はさむ・すくう"の2パタン，「身体のみで操作」と「身体と道具とで操作」とでは，"すくう・こぼす・見つめる"のみであった．身体・道具との関係で砂の操作行動をみると，「身体のみで操作」と「道具のみで操作」との間では比較的重複がみられたものの，砂との関係づけ特異的な操作行動パタンがあるといえる．

　各被験者において観察された操作行動についてみると，すべての被験者に共通して観察された操作は，"道具ですくう"，"道具ですくい，別の道具に入れる"，"道具に入っている砂をこぼす"，"手（手の甲/指）でさわる"，"手（指）で払う"，"鼻を近づける"の6パタンであった．

　3者に共通するものは全部で7パタンあり，そのうちアイとパンとペンデーサの間では，"手（両手）ですくう"，"手（両手）ですくい，道具に入れる"，"手で握り，道具に入れる"，"手（手の甲/両手/指）でかき寄せる"，"手（指）でかく"の5パタンで，パンとペンデーサとクロエの間では，"道具でさわる"と"道具でかく"の2パタンであった．

　2者で共通するものは全部で10パタ

ンあり，そのうちアイとパンとの間では，"手で握り，こぼすことを繰り返す"，"道具でなでる"，"道具に入っている砂を，別の道具に入れる"の3パタン，アイとペンデーサの間では，"手ですくい，実験者に渡す"のみ，パンとペンデーサとの間では，"道具に入っている砂をこぼして，手で受ける"，"道具で押す"，"手(指)でこする"，"両手で砂をこすり合わせる"，"手型を押す(手のひら／ナックル)"，"指で摘んで，道具に入れる"の6パタンであった．

各被験者にみられた具体的な砂の操作行動について以下に示して行く．

まず，実験者の手をとって砂を操作するというクレーン行動がクロエにのみ特異的にみられたことが特徴的な操作としてあげられる．

次に，"ごっこ遊び"的なものとして以下のような事例が得られた．

アイ：「砂を手ですくい，コップに入れ，コップを口の近くに近づけ，再び床に置く」
パン：「両手で皿の砂をこすり合わせて手洗いのような動作をする」
ペンデーサ：「袋を口に当てて砂を口に注ぎ，口から砂を出す」
クロエ：「実験者から砂入りコップを受け取り，口にくわえ砂を口に入れる」，「実験者から砂入りコップを受け取り，実験者の口に当てる」，「ペットボトルで砂をすくい，実験者のもつコップに砂を入れる」

さらに，砂の操作を介して実験者に対して積極的に社会的相互作用をもとうする行動，あるいは他者と経験を共有しようとする三項関係的行動として，「手ですくい，実験者に渡す」(アイ・ペンデーサ)，「手(スコップ)ですくい，実験者に投げる」(ペンデーサ)，「手ですくい，実験者に差し出す」(ペンデーサ)，「ペットボトルで砂をすくい，実験者のもつコップに砂を入れる」(クロエ)，「実験者から砂入りコップを受け取り，実験者の口に当てる」(クロエ)，「砂を指さす」(クロエ)などが観察された．ただし，パンには，このような行動はみられなかった．

砂の操作行動がどこまで展開するのかという段階についてみると，最大で2段階であった．つまり，[手(道具)ですくう→別の位置(道具)に移す→口(道具)に移す]といった操作までしか確認されなかった．ただ，基本的には，砂は操作の対象物として，身体や道具はそのためのメディアとして正しく機能させていたとはいえる．

本研究において得られたチンパンジーの砂の操作行動とヒトの2－5歳児の砂と土の操作行動（松本1993）とを比較する（表10-10-4），ヒト幼児の全部で29の行動項目の内20項目は，本実験におけるチンパンジーでも観察され，チンパンジーはヒト幼児とかなりの程度重複する砂の操作行動を示したといえる．

"握る，丸める"の"丸める"と"こねる"は，粘土遊び（中川1996a, 1997）で，すべての被験者において観察されている．"こす"に関しては，本実験では"こす"機能をもつ道具としてザルを提示していたが，チンパンジーはザルのもつ

表10-10-4 ヒト幼児（2〜5歳児）の砂（土）に対する操作行動とチンパンジーの操作行動との比較（ヒト幼児のカテゴリー・行動項目は，松本（1993）をそのまま引用）

ヒト幼児	チンパンジー*)
感触を楽しむもの	
なでる	＋（なでる）
すくい上げる	＋（すくう）
握る	＋（握る）
ポンポンと触れる	＋（さわる）
指の間から落とす	＋（こぼす）
こする	＋（こする，こすり合わせる）
手の指を突っ込む	＋（押す）
踏む	＋（足で踏み固める）
砂の上を足を引きずるようにして歩く	－
寝っ転がる	－
砂に変化を求めるもの	
集める	＋（かき寄せる）
握る，丸める	＋（握る）
容器に入れる	＋（入れる）
ならす	＋（なでる）
詰める	＋（入れる）
たたく	＋（たたく）
投げる	＋（投げる）
切る	＋（かく）
落とす	＋（こぼす）
踏む	＋（足で踏み固める）
押す	＋（押す）
かく	＋（かく）
掘る	－
こねる	－
こす	－
穴を掘る，隠す	－
蹴る	－
吹く	－
刺す	－

*) ＋；チンパンジーで確認された行動（具体的行動），－；チンパンジーでは確認されず．

"こす"機能を用いた操作はしなかった．

10-10-3　考察

　チンパンジーの自発的な砂の操作行動において，実験者は積極的には砂の操作に介入しなかったにもかかわらず，砂の操作が促進されたことは，単に他者の存在があるだけで覚醒水準や動機水準を高め，そのことがある刺戟に対する反応を促進するという"社会的促進（social facilitation）"（Zajonc 1965, 1969）をもたらしたといえる．実験者が不在の条件で，パンを除くすべての被験者の砂の操作の時間的割合が極端に減少しているという点も，この促進効果を逆に裏づける事例として見逃してはならない．

　行動目録としては，61の操作行動パタンが得られたが，その主たる操作は"すくう"，"こぼす"，"握る"，"かき寄せる"，"さわる"を初発行動とする操作であり，比較的限定された操作を中心に構成されていたといえる．また，砂を操作する際，身体のみか，道具のみか，あるいはそのどちらとも関係づけて操作するのかで，操作行動パタンは異なり，そのような関係性を文脈として理解すれば，文脈特異的に砂の操作は発現・展開されることが示唆された．

　クロエに特異的にみられたクレーン行動は，ヒトの「幼児期の自閉症児でよく見られる行動（山口 1995, p.167）」である．クロエのクレーン行動は今回の実験だけでなく，"粘土遊び"（中川 1996a, 1997）においても観察されており，クロエの対象操作行動を特徴づける行動だといえる．一方，クロエの砂操作行動がクレーン行動のみで構成されているのではなく，他の被験者と同様に自身で砂や道具を操作するものも多く含まれているし，実験者に対して積極的に社会的相互作用をもとうとする三項関係的行動も見られた．クロエのクレーン行動には，どちらかというと実験者と一緒に何かしたいという側面が強調されていると考えられる．と言うのも，クロエは実験者不在の条件では，まったく砂の操作をしなくなったからである（図10-10-1）．砂それ自体に対する興味よりも，実験者に対する興味の方が強いようであった．

　何かを別の何かに見立てて操作する「ごっこ遊び」にみられる象徴機能を明確には確認できなかったが，本実験で得られた事例は，何れも砂を水に見立てている，つまり象徴機能の現れだと解釈することも可能な事例だった．松沢（1999）によれば，チンパンジーは基本的には"ごっこ遊び"はしないが例外的な報告はある．事例的な報告としては（松沢 1995），アイが5歳になる少し前に，カップで土をすくい，中の土をこぼし，下唇だけを前に突き出して受け皿のようなかたちにして，流れ落ちる土を受け止めようとするが，実際には，もうあと少しという手前で唇をとめて，土を口の中に入れないことを繰り返すことを「水飲みごっこ」として報告している．また中川（1996a, 1997）は，「ごっこ遊び」とは明言していないが，ペンデーサが，自発的に粘土で器状の「凹形態」を造り，その凹みの中に，やはり粘土で造った小片数個を出し入れしたことを報告している．

　本実験でみられた事例を含めて，ヒト

的環境で生育したチンパンジーならではといえなくもないが，環境さえ整えばそのような能力も発現させることができる潜在的に高度な知性を有していると解釈することが妥当であろう．

ヒト幼児との比較においては，チンパンジーの砂の操作行動はヒトの2-5歳児のそれとかなり近いものであることが示唆された．一方で，道具の持っている特殊な機能をうまく使っての砂の操作はみられなかったし，物操作の階層性（松沢1991）も2段階にとどまった．これら確認されなかった操作の可能性については，今後の課題として残されている．今後は，先行する「粘土遊び」（中川1996a, 1997）で設定されたモデリングの導入や，実験者が積極的に操作に介入する社会的場面の設定によっては，社会的な遊びの場での，砂の操作について分析を進め，類似場面でのヒト幼児の観察も併せて，チンパンジーとヒト幼児の砂遊びの系統発生的比較を進めて行くことで，チンパンジーの"こころ"の可視化を目指していきたい．

［武田庄平　筒井紀久子　松沢哲郎］
（『霊長類研究』Vol. 15, No. 2, 1999, pp. 207-214. より転載）

砂遊びをするクレオと離れてみているクロエ
（撮影：毎日新聞社）

10-11
他者の介在がチンパンジーの描画行動に与える効果

　ヒトにおいては，なぐり描き開始期において，他者の役割が重要だとする研究がある．山形（1988）によると，なぐり描きの始まる1歳代で既に，母子対面場面において母親の描いたものに対する命名が見られ，母親に描画テーマを与えて描かせたり，母の描いた後に描き込み，再び母に描かせるといった役割交代が起こる．このことは，子どもの描画の技能が，たんに試行錯誤によって発達するのではなく，他者との相互交渉の中で発達していくことを示唆している．そこで，本節では，チンパンジーの描画場面における他者が介在する効果を調べ，ヒトの子どもとの比較を試みた．比較する条件として，あらかじめ図形が描き込まれた上に描く条件（刺激図法）と，目前で実験者が図形を描くヒトの子どもの場面に近似させた条件を設定した．これにより，チンパンジーの行動が自由描画場面と比較してどのように変化するかを比較する．

10-11-1　方法

　パンを対象に実験を行なった．パンは描画の経験を豊富にもっていた（松沢1995）．実験は2000年12月から2001年6月15日まで，1週間に約1回の割合で行なった．実験には自分の子であるパルも参加していた．
　ブース内で高さ21cm，幅30cm，奥行き20cmの台をはさんでパンと実験者が向き合い，台の上に6号（縦24.5cm，横33.5cm）のスケッチブックを置いた．実験者は12色の色鉛筆を呈示し，1色をパンに選ばせ，描画を自由に行なわせた．描画はチンパンジーが自発的に色鉛筆を返すまで続けられた．色鉛筆を箱に返した後，少量の食物が与えられた．その後にチンパンジーが色鉛筆を要求した場合には，1回目と同様の方法で描画をさせた．画用紙にほぼいっぱいに描き込んだ場合には，別の画用紙を与えた．色鉛筆を与えた後，数秒程度で返すことが連続して2回続いた場合，もしくはチンパンジーが色鉛筆を要求しなかった場合，その日のセッションは終了とした．実験の様子はすべてビデオカメラで記録した（図10-11-1）．
　描画条件としては，自由描画（画用紙には何も描かれていない），刺激図形（画用紙にあらかじめ幾何学図形が描かれている），先行描画（実験者が初めに，チンパンジーの目前で幾何学図形を描く）の3条件を設定した．
　録画したビデオテープをもとに，描画時間，使用色，構成要素について分析を行なった．描画時間については，1本の色鉛筆を取って描き始めてから返すまでの時間を1バウトとした．色鉛筆を持ったまま授乳やグルーミングなどの他の行動を始めた場合も，バウトの終了とした．

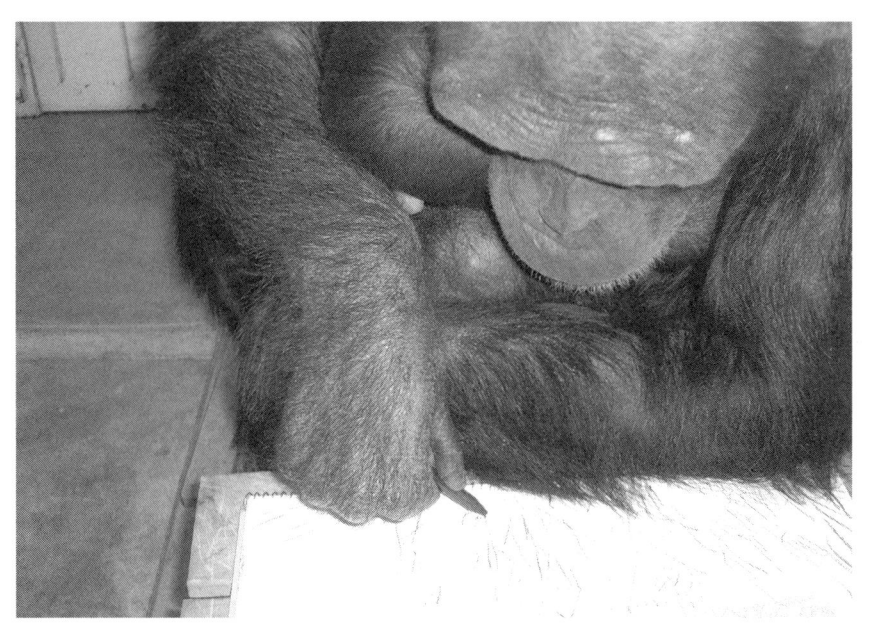

図10-11-1　画用紙に描画をするパン（刺激図形条件：右下の四角が刺激図形）.

色鉛筆を返した後，新たに要求して描き始めた場合は別のバウトとして計測した．6バウトを最大として，セッションを終了した．構成要素についてはKellogg (1955)によるなぐり描きの20分類を試みた．この他に，母親が描画中の乳児の行動についても記録した．

10-11-2　結果と考察

自由描画条件で10枚，刺激図形条件9枚，先行描画条件10枚の描画事例が得られた．1セッションの総時間の平均は，自由描画で290秒，刺激図形条件で192秒，先行描画条件で405秒だった．図10-11-2には，条件ごとに1回の描画時間の変化を示した．自由描画条件では，最初にとったペンによる描き込みが最も長く，その後は単調に減少している．一方，画用紙に図形が描かれている2条件では，4回目の描き込みまでは大きな減少傾向は見られなかった．条件(3)×描き込み回数(6)の2要因の分散分析による検定を行なったところ，描き込み回数の主効果 $[F(5, 145)=6.32, p<0.001]$ と，条件と描き込み回数の交互作用 $[F(10, 145)=2.01, p<0.05]$ が見られた．TukeyのHSD検定の結果，6回目の描き込み時間は，1，2，4回目よりも有意に短く，5回目の描き込み時間は1回目よりも有意に短いことが分かった．また，対比による検定の結果からは，先行描画条件の方が刺激図形条件よりも有意に長いことが分かった $[F(1,29)=4.32, p<0.05]$．

これらの結果から，以下のことが考え

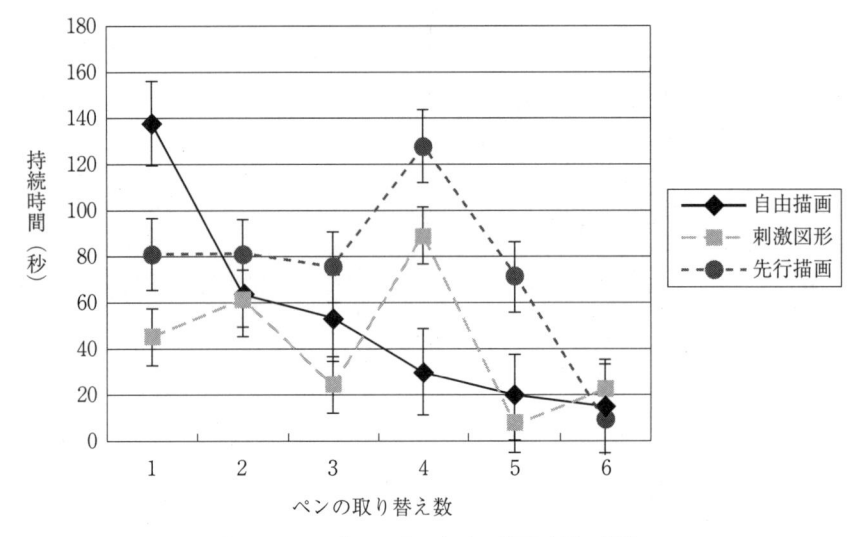

図10-11-2　各バウトにおける描画時間の推移.

表10-11-1　使用回数でみた各色の使用比率（単位は%）

条件（例数）	黒	紫	黄	青	水色	緑	茶	桃	赤	黄緑	橙	白
自由描画（10）	22.2	20.0	4.4	4.4	13.3	4.4	0.0	0.0	0.1	0.1	0.0	0.1
刺激図形（9）	15.9	25.0	6.8	13.6	0.0	6.8	0.1	0.0	0.1	0.1	0.0	0.0
先行描画（10）	24.5	9.4	13.2	5.7	9.4	9.4	0.1	0.1	0.1	0.0	0.0	0.0
計	21.1	17.6	8.5	7.7	7.7	7.0	0.1	0.1	0.1	0.1	0.0	0.0

られる．パンの描画時間は初回をピークとして，ペンを変える度に減少する傾向がある．条件が違っても，全体の描画時間には差は見られない．ただし，パンが描き始める時点で何も描かれていない場合と，既に図形が描かれている場合では，描画時間の減少の程度が異なり，あらかじめ何らかの図形が描かれている方が描画時間の減少が少ない傾向があった．また，パンが描き始める時点での条件は同じでも，目前で他者が描き込む先行描画条件の方が，描画は長くなる傾向も見られた．このことは，描画場面への他者の介入が，描画を促進させる効果があることを示唆している．

次に，使用色について検討を行なった．チンパンジーが1回あたりに使用する平均色数は，自由描画条件で3.20，刺激図形条件で3.29，先行描画条件で3.63と，条件間で差は見られなかった．各色の使用比率（選択の回数による比率）については表10-11-1に示した．黒と紫の使用率が際立って高く，白と橙の使用率が最も低かった．刺激図形条件と先行描画条件において，刺激図形で用いられた色と使用色との対応も見られなかった．

単一の線　　　線の往復

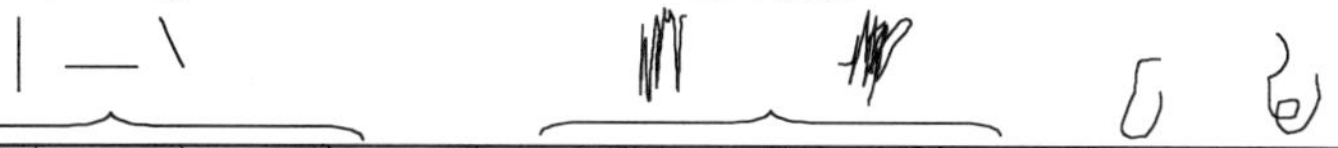

セッション↓

点	垂直線	水平線	対角線	曲線	複合垂直	複合水平	複合対角	複合曲線	自由開放	自由閉鎖
–		–		◎	○	○	◎	◎	◎	○
		–	○				◎	○	–	
–				○	–	◎	○		○	
			◎	◎		–	◎		○	○
	–	–			–	–	◎	–		
		–		○			◎			–
				◎	○	○	○	○		○
			○	◎	◎		◎			○
	◎	–	◎	○	◎		◎		○	○
	◎		◎	○			◎			
	◎	○	◎	○		◎			○	
	◎		◎	◎		–	○		–	–
–	○		○	○	○		○			○
–	◎		◎	◎	–	–	○	○		–
–			◎				○		–	○
	◎		○	○		–				○
–	◎		○	◎		–	–	–	○	○
	◎		◎	◎	◎	–	○			
–	◎	–	◎	◎	◎		○		○	–
–	○			◎				◎	–	–
	◎		◎	○		–	○			
	◎		◎	◎		–			○	
–	○	○	○	◎	○				–	–
○	○		○	○	○	–	–	–	–	
	○		○	◎	○			○	–	
–	○		○	○	○	–	○			–
–				○	–		○		–	
			○		–		○		–	
		–	◎	◎			○			○
–			◎	○			○		–	–

円の素数を含むもの

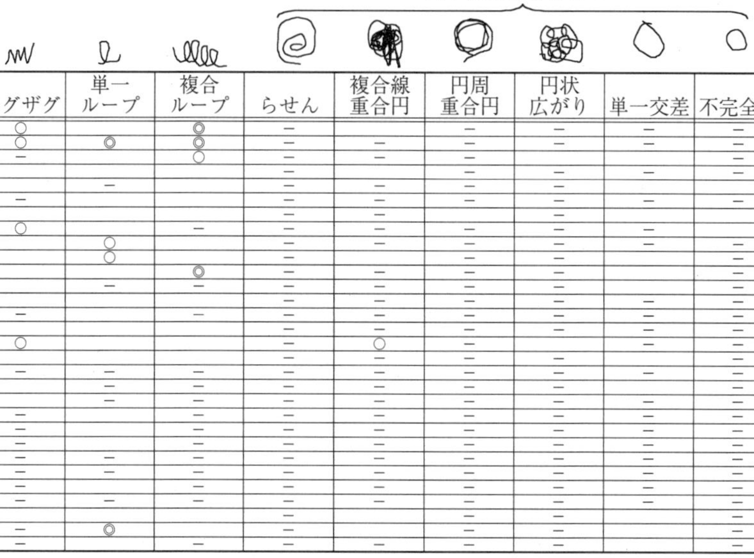

セッション↓

ジグザグ	単一ループ	複合ループ	らせん	複合線重合円	円周重合円	円状広がり	単一交差	不完全円
○		◎	–		–	–	–	–
○	◎	◎	–	–	–	–	–	–
–		○	–	–	–			–
			–		–	–	–	–
	–		–	–	–	–		
–			–	–	–	–	–	–
			–	–		–		
○		–	–	–	–	–	–	
	○		–	–	–	–	–	–
	○		–		–	–		–
		◎	–	–	–	–		–
	–	–	–	–	–	–		–
			–	–	–	–	–	–
–		–	–	–	–	–	–	–
			–	–	–	–	–	–
○			–	○	–		–	–
			–	–	–	–		–
–	–	–	–	–	–	–	–	–
	–	–	–	–	–	–		–
	–	–	–	–	–	–	–	–
–		–	–	–	–	–	–	–
–		–	–	–	–	–	–	–
–		–	–	–	–	–	–	–
–	–	–	–	–	–	–	–	–
–	–	–	–	–	–	–	–	–
–		–	–	–	–	–	–	–
–	–	–	–	–	–	–	–	–
			–		–	–		–
–	◎		–		–	–		–
–		–	–	–	–	–		–

◎：4人の評定者全員が一致してあると認めた要素
○：3人の評定者があると認めた要素
–：全員が一致して，無かったとした要素

図10-11-3　チンパンジーのなぐり描きにみられた構成要素.

構成要素の分析については，Kellogg (1955)によるなぐり描きの基本要素20のうちどの要素が含まれていたかを，4名が評定した．その結果を図10-11-3に示す．初期の描画では，複合線と呼ばれる，線の往復がほぼ毎回見られていた．これは一筆で描かれる時間の長さを反映している．一方，実験後半になると，垂直線，水平線，対角線，曲線といった，短い一本の線による描き込みが主となっている．6か月ほどの間に描き方が変わったことを示している．

刺激図形への描き込みは頻繁に見られたが，刺激図形の部分に限局されることはなかった．また，左右に偏った位置に刺激図形が描かれた時と中央に描かれた時とを比べても，描き込みに差は見られなかった．描画中には使用する手の交代が何度も見られた．ただしペンの握り方は左右で異なっていた．右手で握る場合は，図10-11-1のように親指をペン先に添えるような持ち方が典型的で，筆圧も比較的弱めだった．左手で握る場合は，図10-11-4のように小指をペン先の側にして強く握り，画用紙に強く押しつけるような描き方をする場合がほとんどであった．これはチンパンジーの「利き手」と関連しているかも知れない．Morris (1962)にも，同様の記述があり，パンに限定されるものではないと考えられる．

チンパンジーは呈示された画用紙だけではなく，台や壁，床などさまざまな場

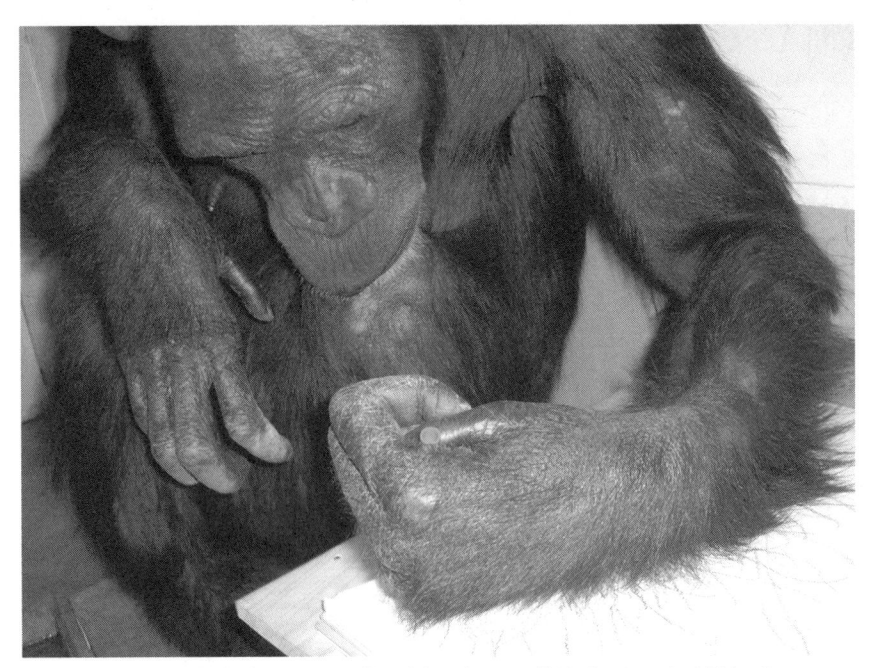

図10-11-4　左手で画用紙に描画を行なうパン（握り方が図1とは異なる）．

所に「落書き」をした．パルの顔に描こうとしたこともあった．落書きの描画パターンは，画用紙に描かれたものとほとんど変わりない「なぐり描き」であった．

本研究中に，パンの娘であるパルは4か月齢から10か月齢に成長した．最近ではパンの描画場面にパルが介入する場面が多く見られるようになった．本研究期間中に見られた介入の仕方としては，画用紙の端を噛む，画用紙に描き込まれた線を指先で触る（または噛みつく），母親のペンを奪おうとする（実際に奪い取ることも時々ある），母親の腕にしがみつくなどの遊びかけなどである．ペンを奪った場合には，指先によるペンに対する探索行動，ペンを噛むなどの行動に終始した．この乳児の，ペンを用いた「お絵かき」の出現はこの実験終了後の20か月齢の時だった（4-10参照）．

10-11-3 まとめ

今回の結果は，先行研究の結果と一致するものだった．つまり，(1)チンパンジーは自発的に描画をした，(2)具象的な絵は描かなかった，(3)刺激図形に対して描き込みをした，(4)刺激図形を見本として同色の色鉛筆を選んだり，同形の描き込みをするといった反応は見られなかった．

しかし，本研究の結果から，刺激図形がまえもって呈示されている場合，チンパンジーの描画に対する時間の配分パターンが変わることが示唆された．つまり，チンパンジーにとっては，刺激が描き込まれていることで，第1筆目の描き込みが，自由描画場面の第2筆目のような場面となるのかも知れない．また，実験者が目前で描き込む場合と，あらかじめ描き込んである場合は，前者の方が描画時間が長かったことから，他者の介入による促進的効果が描画場面にはあることが示唆された．ただし，ヒト幼児で報告があったような，チンパンジーからの描画を要求する場面は一度もなかった．これは，本研究では交互に描き込むような条件を設定しなかったことも影響していると考えられる．ヒト幼児で見られたような役割交代が見られるかどうかは，今後の課題である．

本研究では，色鉛筆を返した際に少量の食物を与え，色鉛筆の返却を強化する手続きをとった．セッションの後半になるほど1回の描画時間が短くなったのは，食物の影響も強いと考えられる．ただし，第1筆目の平均描画時間は自由描画条件では2分を超えている．第1筆目で長い時間描き込む傾向は実験期間中を通して維持された．このことから，描画そのものがチンパンジーにとって「楽しい」作業だったと考えられる．これについてはMorris（1962）にも記述がある．また，描画を大型類人猿の飼育環境エンリッチメントの一環として取り入れている動物園もある．大型類人猿たちにとっての描画行動のもつ意味は今後も検討していきたい．

（謝辞：本研究の一部は日本学術振興会・科学研究費補助金（# 12301006）の援助を受けて行なわれた）
［田中正之］

10-12 チンパンジー成体における名前認知

　6-6では，チンパンジー乳児の自己の名前の獲得過程についての中間報告を紹介したが，成体のチンパンジーたちでは，たとえば，実験室への移動や給餌の時などに，人間がつけた名前で呼ばれた時，呼ばれた名前に該当する個体が指示に従って実験ブースへと移動したり，餌をもらいに来たりといった反応が観察されてきた．そこで，本節では，チンパンジー成体を対象として，実験ブースへの移動や給餌といった特定の文脈のない状況で自己の名前に対する反応を観察し，チンパンジー成体における自己の名前認知に関して検討を行なう．

10-12-1　実験1

　霊長研のチンパンジー成体11個体（オス3個体，メス8個体）を対象に実験を行なった．各個体には名前がつけられており，10年以上集団で生活している．

　チンパンジーが2個体以上で，屋外放飼場あるいはサンルームにいる状況で，全個体にとって既知なヒトが姿を見せて，さまざまな場所からランダムな順序

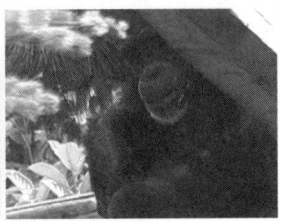

「プチ！」

「プチ！」

図10-12-1　呼びかけに対する反応の例（プチ）．上段：顔を音源方向へ向ける，下段：目を音源方向へ向ける．

第10章 成体チンパンジーにおける比較認知研究 | 455

表10-12-1 実験1における各個体の名前に対する反応.

		呼ばれた名前										該当名	全他個体	$\chi^2(1)$
		ゴン	レイコ	プチ	アキラ	マリ	アイ	ペン	クロエ	ポポ	レオ	パン			
個体	ゴン	9/12	1/10			1/6					0/13		9/12	2/29	16.73***
	レイコ	2/8	14/15	0/1	0/1	5/8		0/1			7/12		14/15	14/31	7.93**
	プチ			8/12	0/1	1/3	0/4					0/1	8/12	1/9	4.41*
	アキラ		0/3	0/1	14/18		1/5	0/7	7/7	1/10		3/4	14/18	12/37	8.25**
	マリ	1/4	2/7	1/2		8/12				0/7	2/2		8/12	6/22	3.48
	アイ		0/4	1/5	0/2	12/14	3/11		0/5			0/1	12/14	4/28	17.28***
	ペン		0/2	0/6	2/11	1/2	1/12	19/21		4/12			19/21	8/45	28.37***
	クロエ				0/2		0/2		9/12	0/2		1/8	9/12	1/14	9.87**
	ポポ		0/1	2/4	1/16	0/1	1/4	4/16	1/7	13/15		0/7	13/15	9/56	24.37***
	レオ	0/9	3/10			0/5					7/13		7/13	3/24	5.36*
	パン		3/3	0/2	2/2			1/12	0/2		7/12		7/12	6/21	1.72

注：反応数／試行数　　　　　　　　　　　　*** $p<0.001$, ** $p<0.01$, * $p<0.05$

で実際に名前を呼びかけた．この時，視線は名前に該当する個体に向けられていた．2-3名の実験者が，名前が呼ばれた時の名前の該当個体および同じ場所にいる他個体の反応・行動を観察するとともに，ビデオカメラにより記録した．実験は3日間にわたって行なわれた．

録画されたビデオ記録をもとに分析を行なった．まず反応の指標として，眼の動き（眼を音源の方へ向ける，眉をあげるなど），頭部の動き（顔を音源の方へ向ける，顔をあげるなど），身体の動き（身体ごと音源の方へ向くなど）の三つを設定し（図10-12-1），各名前を呼びかけた試行数，および該当個体および他個体の反応数を記録した（図10-12-1）．これをもとに，各個体の該当名および他個体名に対する反応率，全他個体名に対する平均反応率を算出した（表10-12-1）．該当名と他個体名に対する全個体での平均反応率はそれぞれ76.9%，20.9%で，自己の名前に対する反応率の方が他個体の名前に対する反応率よりも有意に高かった［$t(10)$=11.96, $p<0.05$］．また個体ごとにみると，マリとパンの2個体を除いて，該当名に対する反応率が他個体に対する反応率よりも有意に高かった（表10-12-1参照）．以上，実験1の結果から，呼びかける者の姿が見える条件では，チンパンジーは自己の名前を認知していることが示唆された．

10-12-2　実験2

実験1で，チンパンジー成体は自己の名前を認知していることが示唆された．しかし，呼びかける者が姿を見せて呼びかけたため，その者のもつ視覚的な情報が名前認知に影響を与えていた可能性がある．名前認知が音声刺激のみにより達成されているのか，それとも呼びかける

者の存在という視覚的な情報に依存するものであるかを検討することを目的として呼びかける者の姿が見えない状況で再び実験を行なった．

実験2では，呼びかける者の視覚的な情報をチンパンジーにまったく与えないようにするため，呼びかける人間は姿を見せずに名前を呼びかけた．実験は2回に分け，合計4日間にわたって行なわれた．表10-12-2に実験結果を示す．該当名と他個体名に対する全個体での平均反応率はそれぞれ75.9%，38.8%で，実験1同様，自己の名前に対する反応率の方が他個体の名前に対する反応率よりも有意に高かった [$t(10)=5.84, p<0.05$]．しかし，個体ごとの該当名および他個体名に対する反応率に関して個別に検定を行なったところ，反応率に有意な差が見られたのは，11個体中4個体であった．したがってチンパンジーは，呼びかける者の姿が見えない時は見える時ほどには明瞭な反応を示さなかったといえる．

そこで，条件間の比較をさらに行なうため，実験1（姿あり条件）と，実験2（姿なし条件）の2条件の結果をもとに2要因の分散分析を行なった．その結果，名前の主効果が見られ [$F(1,10)=99.65, p<0.01$]，また2個体を除いて，他個体名への反応率に，姿なし条件＞姿あり条件，という傾向が見られた．次に，ヒット率（該当する名前に対する反応率）とフォールスアラーム率（他個体名への反応率）の関係を検討したところ，「姿あり条件」から「姿なし条件」へとヒット率が低下し，フォールスアラーム率が上昇する傾向が見られた．また信号検出理論に基づいて弁別の指標となるd'を算出したところ，姿なし条件より姿あり条件で値が高くなる傾向が見られた．この結果は，呼びかける者の姿が見える時に，より自己の名

表10-12-2　実験2における各個体の名前に対する反応．

		呼ばれた名前									該当名	全他個体	$\chi^2(1)$
		ゴン	レイコ	プチ	アキラ	マリ	アイ	ペン	クロエ	ポポ	レオ	パン			
個体	ゴン	9/12	0/4	0/1		0/2			1/2	2/5	1/4		9/12	4/18	6.16*
	レイコ	2/4	11/12	1/7		0/1			0/2		1/6		11/12	4/20	12.72***
	プチ	1/2	38	9/13		0/1					1/2		9/13	5/13	1.39
	アキラ				7/12	0/3	3/6	4/8	3/3	4/6		2/8	7/12	16/34	0.11
	マリ	1/6	0/1	0/1	1/2	10/15	2/2	2/2	3/5	3/6	5/6		10/15	17/31	0.20
	アイ				1/4	1/3	10/12	2/5	4/6	2/3		3/7	10/12	13/28	3.29
	ペン				1/1	1/1	0/5	7/12	1/2	1/2		1/5	7/12	5/16	1.10
	クロエ				0/1	4/5	1/3	0/1	11/13		4/5	3/4	11/13	12/19	0.86
	ポポ	1/3			0/4	0/2	1/2	0/4		11/14		0/3	11/14	2/18	12.71***
	レオ	1/3	1/4	0/4		2/6			2/5		13/14		13/14	6/22	12.25***
	パン			2/5	2/3	0/2		1/3	0/1	3/4		9/12	9/12	8/18	1.63

注：反応数／試行数　　　　　　　　　　　　　　　*** $p<0.001$，** $p<0.01$，* $p<0.05$

前と他個体の名前を弁別しやすいということを示唆している．

10-12-3　まとめ

本研究から，チンパンジー成体は実験ブースへの移動や給餌といった特定の文脈のない状況下でも，呼びかける者の姿の有無にかかわらず，自己の名前認知が可能であることが示唆された．しかし一方で，呼びかける者の視覚的な情報がその認知に影響を与えている可能性が示唆された．実験1では，呼びかける者が名前の該当個体に対して視線を向けて実際に呼びかけていた．そのため，特に呼びかける者の視線が結果に影響を与えていた可能性が考えられる（6章参照）．よって今後，呼びかける者が姿を見せているが後ろ向きで呼びかけたり，呼びかける者が姿を見せて他個体の方を向いて呼びかける，などの条件を設定し，同様の手続きで実験を行なうことにより，さらに検討を加えていく必要があるだろう．

また非常に興味深い事例として，該当する名前を呼ばれた個体の方を他個体が見るという反応が数例（全297試行中6例）見られている．この事例は，チンパンジーが自己の名前を弁別しているだけでなく，他の名前による他個体の指示を認知している，つまり他者の名前をも含めて「名前」を認知していることを示唆するものである．今後，この点をさらに実験的に検討していくことにより，自己の名前認知を他者認知との関連で論じていくことが可能となるだろう．

（謝辞：本研究の遂行にあたって，直井望の協力を得た．）

［魚住みどり　山崎由美子　渡辺茂　小嶋祥三］

10-13
チンパンジー個体間の役割分担

本節では，2個体のチンパンジーが一つの課題の役割分担をするような場面を設定し，その際にみられる行動特性を分析する．分業，役割分担，分配については野生チンパンジーの狩猟行動に関する報告があるものの，未だ明確になっていない点も多い．実験状況においても，2個体の協力行動についてわずかに研究があるのみである (Chalmeau 1994; Crawford 1937)．そこで，本節ではチンパンジーにおける役割分担と資源の分担について，コイン（トークン）を用いた課題（7-11参照）によって実験的に再現した．

10-13-1 方法

クロエとペンデーサの2個体を対象に実験を行なった．実験室の1か所にコイン投入器を設置し，これと約5m離れた別の場所にタッチパネルを設置した．さらに，コイン投入器に隣接して給餌器を設置し，同じくタッチパネルに隣接して給餌器を設置した．コイン投入器とタッチパネルは，コンピュータで制御した．コイン投入器にコインを投入すると，タッチパネルに白丸が一つ現れる設定とした．この白丸をタッチすると，タッチパネル側およびコイン投入器側の両方の給餌器からそれぞれ食物片を供給した．

まず予備訓練として，クロエとペンデーサのそれぞれを1個体の場面でテストした．コインを投入器に入れ，タッチパネルの白丸をタッチし，2か所の給餌器から食物を得るという行動パターンが両者ともに十分確立したのを確認した上で，クロエとペンデーサをペアにして同じ状況にした．

クロエとペンデーサをペアにした場面については，さらに下位条件として，実験者がコインを実験室に任意に置く場合，実験者がコインをクロエに与える場合，そして，コイン以外に食べ物と石をクロエに与える場合，の三つを設けた．課題に関係のあるコイン，直接食べることのできる資源としての食物，課題に関係なく食べることもできない石の三つに関わって2個体がどのように交渉するのか確かめる目的である．コインを実験室に任意に置く条件については，50枚のコインを実験室の床に山状に置いた．コインをクロエに与える条件については，50枚のコインを1枚の袋にまとめて入れ，それを実験者がクロエに手渡した．コイン以外に食べ物と石をクロエに与える条件については，袋入りの50枚のコイン，袋入りの50個のリンゴ片，袋入りの50個の小石，の3種類をランダムな順で実験者がクロエに手渡した．

記録はビデオカメラ3台を用いて行なった．ビデオ記録をもとに，コイン，食物，石についてクロエとペンデーサが関わった行動を次のように分類した．「拒否」：ペンデーサがクロエに向けて手を

伸ばして要求し，それに対して，クロエは持っている物を相手から遠ざけるように動かす．「床に置く」：クロエが持っている物を床において手放す．それをペンデーサが回収するという行動に続く．「取るのを許す」：ペンデーサがクロエに向けて手を伸ばして要求し，それに対してクロエは拒否しない．ペンデーサがその物を取る行動に続く．「取るのを補助する」：ペンデーサがクロエに向けて手を伸ばして要求し，その物をつかむ．クロエはそれがペンデーサの手に渡るのを補助するように動かす．「渡す」：クロエがペンデーサに向かって持っている物を差し出す．

10-13-2　結果

実験者がコインを実験室に任意に置く条件では，ペンデーサが先にコインを集めてコイン投入器に入れ，クロエがタッチパネルの前に位置して白丸をタッチし，両者それぞれが食物を得るという結果になった．次に，実験者がコインをクロエに与える条件では，まずペンデーサがクロエにコインを要求する行動を行なった．初発の反応として，クロエはそれを拒否した．しかしそのセッションの最終段階ではクロエがコインを床に置いて手放し，ペンデーサがそれを回収するという形でコインが渡った．この条件を繰り返すにつれて，クロエは次第に積極的

図10-13-1　ペンデーサ（右）にコインを渡すクロエ（左）．

表10-13-1 クロエによる「わたす」行動の出現

	\multicolumn{10}{c}{Session}									
	1	2	3	4	5	6	7	8	9	10
拒否	2									
床に置く	2	2	1	1			1	2		2
取るのを許す			2		1	1				
取るのを補助する								1	1	1
わたす									1	

にペンデーサにコインを渡すようになった（図10-13-1）．「拒否」「床に置く」「取るのを許す」「取るのを補助する」「渡す」というそれぞれの行動パターンが起こった回数について，セッションごとに表10-13-1にまとめた．コイン以外に食べ物と石をクロエに与える条件について，食物片をクロエに与えた場合には，これをペンデーサに渡す行動は1度も見られなかった（20回中0回）．一方，課題に関係ない「小石」をクロエに与えた場合，ペンデーサにこれを渡す行動が見られた（16回中11回）．コインの場合は，前2条件と同様，渡す行動が見られた（17回中16回）．

さらに，渡した後の行動について分析すると，コインの場合には，クロエはペンデーサに渡して，そのあと自らはタッチパネルの前に移動した（15回中15回）．ペンデーサがコインを投入すると，すぐにクロエは白丸をタッチした．一方，小石の場合，ペンデーサに渡した後にタッチパネル前に移動することは10回中1回しかおこらなかった．

10-13-3 考察

本研究では，課題の一部分を一方のチンパンジーが行ない，課題の残りの部分を他方のチンパンジーが行なうという役割分担が成立した．コイン投入器とタッチパネルの距離が約5 m離れていることで，どちらか片方が両方の場所を同時に独占することができず，2個体が別々の場所で別々のことがらを行なうことが容易になったことも一因としてあげられる．また，両方の場所から食物片が得られることで，両者が競合的にならなかったことも指摘しておくべきであろう．両者が互いに相手の役割のことをどのように理解しているのかについて，さらに調べてみる価値がある．

実験的に状況を操作することで，課題の達成に必要なコインを一方のチンパンジーが他方に渡すという行動が自発的に出現した．積極的に物を相手に渡すという行動は，野生においては非常にまれにしか観察されない（cf. 7-5 ; Celli & et al. 2001）．渡すという行動が出現し，さらに定着しておこるようになる過程をすべて記録することができた．その過程について見てみると，まずはいったん床において手放したものを相手が回収するという間接的なパターンが出現し，次に取るのを許す，取るのを補助する，さらには渡すという順序で，徐々に直接的かつ積極的にクロエからペンデーサに渡るようになった．過去の研究から，チンパンジーが食物などを分配する／他個体に渡す場合について，主に三つの仮説がある（de Waal 1989）．1）他個体からの圧力を避けるため，2）分配することによって自らの地位をあげるため，3）互恵性のため，この三つである．本研究と照らし合わせてみると，1）は食物を渡さないことを説明できない．2）については

両個体が直線的な順位を築いているわけではないことから十分な説明とはいえない．3)は「小石」を渡すことを説明できない．むしろ，渡すことによって自ら損失をこうむらないことが第1の背景となっているように考えられる．チンパンジーが相手に物を渡すという行動について，本研究のように実験的な操作を加えることで，野生での観察だけでは分からない新たな側面が見えてきたといえるだろう．その上で，コインと石を渡したあとの行動が違うことや，石とコインを渡す率が異なることから，渡した後に何が起こるのかを十分予測して行動していることが示唆される．

（謝辞：本研究の一部は文部科学省科学研究費補助金（特別研究員奨励費 9773, 2926）の援助を受けた．）

［平田聡　Cláudia Sousa］

第10章　参照文献

Alland, A. (1983). *Playing with form.* Columbia University Press.

Altmann, J. (1974). Observational study of behavior：Sampling methods. *Behaviour,* 49, 227-267.

Berlin, B., & Kay, P. (1969). *Basic color terms: Their universality and evolution.* University of California Press.

Boesch, C., & Boesch-Achermann, H. (2000). *The chimpanzees of the Taï forest: behavioral ecology and evolution.* Oxford University Press.

Bornstein, M., Kessen, W., & Weiskopf, S. (1976). Color vision and hue categorization in young human infants. *Journal of Experimental Psychology: Human Perception and Performance,* 2, 115-129.

Boysen, S. T., Berntson, G. G., & Prentice, J. (1987). Simian scribbles: A reappraisal of drawing in the chimpanzee (*Pan troglodytes*). *Journal of Comparative Psychology,* 101, 82-89.

Boysen, S. T., Berntson, G. G., Shreyer, T. A., & Quigley, K. S. (1993). Processing of ordinality and transitivity by chimpanzees (*Pan troglodytes*). *Journal of Comparative Psychology,* 107, 208-215.

Bruner, J. S. (1969). Eye, hand and mind. In D. Elkind & J. H. Flavell (eds.), *Studies in cognitive development,* Oxford University Press, pp.223-235.

Celli, M. L., Tomonaga, M., Udono, T., Teramoto, M., & Nagano, K. (2001). Learning processes in the acquisition of a tool using task by captive chimpanzees. *Psychologia,* 44, 70-81.

Chalmeau, R. (1994). Do chimpanzees cooperate in a learning task? *Primates,* 35, 385-392.

Crawford, M. (1937). The cooperative solving of problems by young chimpanzees. *Comparative Psychology Monographs,* 14, 1-88.

Driver, J., Davis, G., Ricciardelli, P., Kidd, P., Maxwell, E., & Baron-Cohen, S. (1999). Gaze perception triggers reflexive visuospatial orienting. *Visual Cognition,* 6, 509-540.

Duncan, J. (1996). Cooperating brain systems in selective perception and action. In T. Inui & J. L. McClelland (eds.), *Attention and Performance XVI*, MIT Press, pp.549-578.

Farah, M. J., Tanaka, J. W., & Drain, H. M. (1995). What causes the face inversion effect? *Journal of Experimental Psychology：Human Perception and Performance,* 21, 628-634.

Farah, M. J., Wilson, K. D., Drain, H. M., & Tanaka, J. W. (1998). What is "special" about face perception? *Psychological Review,* 105, 482-498.

Found A., & Muller, H. J. (1996). Searching for unknown feature targets on more than one dimension：Further evidence for a "dimension weighting"account. *Perception and Psychophysics,* 58, 88-101.

Fox, E., Lester, V., Russo, R., Bowles, R. J., Pichler, A., & Dutton, K. (2000). Facial expressions of emotion：Are angry faces detected more efficiently? *Cognition and Emotion,* 14, 61-92.

Friesen, C. K., & Kingstone, A. (1998). The eyes have it! Reflexive orienting is triggered by nonpredictive gaze. *Psychonomic Bulletin and Review,* 5, 490-495.

Fujita, K. (1987). Species recognition by five macaque monkeys. *Primates,* 28, 353-366.

Fujita, K. (1990). Species preference by infant macaques with controlled social experience. *International Journal of Primatology,* 11, 553-573.

Fujita, K. (1993). Development of visual preference for closely related species by infant and juvenile macaques with restricted social experience. *Primates,* 34, 141-150.

藤田和生（1998）．比較認知科学への招待．ナカニシヤ．

Fujita, K. & Matsuzawa, T. (1986). A new procedure to study the perceptual world of animals with sensory reinforcement: Recognition of humans by a chimpanzee. *Primates,* 27, 283-291.

Gardner, H. (1980). *Artful scribbles: The significance of children's drawings.* Jill Norman.

Gesell, A., & Ilg, F. (1943). *Infant and child in the culture of today.* Harper & Row.

Golomb, C. (1981). *Representation and reality: the origins and determinants of young children's drawings.* Review of Research in Visual Art Education, 14, 36-48.

Haxby, J. V., Hoffman, E. A., & Gobbini, M. I. (2000). The distributed human neural system for face perception. *Trends in Cognitive Sciences,* 4, 223-233.

Haxby, J. V., Ungerleider, L. G., Clark, V. P. Schouten, J. L., Hoffman, E. A., & Martin, A. (1999). The effect of face inversion on activity in human neural systems for face and object perception. *Neuron,* 22, 189-199.

Itakura, S., & Matsuzawa, T. (1993). Acquisition of personal pronouns by a chimpanzee. In H. Roitblat, L. Herman, & P. Nachtigall (eds.), *Language and communication: comparative perspectives,* Erlbaum, pp. 347-363.

Kanwisher, N., McDermott, J., & Chun, M. M. (1997). The fusiform face area：A module in human extrastriate cortex specialized for face perception. *Journal of Neuroscience,* 17, 4302-4311.

川合伸幸（2000）．チンパンジーによる数系列の理解と推移律の関係．認知科学, 7,

202-209.

Kawai, N. (2001). Ordering and planning in sequential responding to Arabic numbers by a chimpanzee. *Psychologia,* 44, 60-69.

川合伸幸 (2002a). シンボル操作の進化と発達．動物心理学研究, 52, 97-104.

川合伸幸 (2002b). 数字の序列化課題におけるチャンク化 －おとなと幼児とチンパンジーの認知について－．日本認知科学会第19回大会発表論文集, pp.46-47.

Kawai, N., & Matsuzawa, T. (2000a). A conventional approach to chimpanzee cognition. *Trends in Cognitive Science,* 4, 128-129.

Kawai, N., & Matsuzawa, T. (2000b). Numerical memory span in a chimpanzee. *Nature,* 403, 39-40.

川合伸幸・松沢哲郎 (2000)．チンパンジーの推移律とその転移について．日本動物心理学会第60回大会発表, p. 273.

Kawai, N., & Matsuzawa, T. (2001). "Magical number 5" in a chimpanzee, *Behavioral and Brain Sciences,* 24, 127-128.

川合伸幸・松沢哲郎 (2001)．チンパンジーの推移律とその転移について II. 日本動物心理学会第61回大会発表 p. 93

Kellogg, R. (1955). What children scribble and Why. Author's edition, San Francisco.

Kellogg, W. N., & Kellogg, L. A. (1933). *The ape and the child: A study of environmental influence upon early behavior.* McGraw-Hill. [Rev. ed. (1967). Hafner]

Kumada, T. (2001). Feature-based control of attention：Evidence for two forms of dimension weighting. *Perception and Psychophysics,* 63, 698-708.

Kumada, T. & Hibi, Y. (2001). Age differences in top-down control of visual search for feature-defined targets. *Paper presented at the International Workshop on Gerontechnology,* March 2000.

熊田孝恒・日比優子 (2001)．視覚探索における目標特徴次元の加重に及ぼす加齢の効果．日本心理学会第65回大会発表論文集, p.123.

Ladygina-Kohts, N. N. (1935). *Infant chimpanzee and human child.* Meuseum Darwinianum (Moscow). [de Waal, F. B. M. (ed.) (2002). *Infant chimpanzee and human child: A classic 1935 comparative study of ape emotion and intelligence.* Oxford University Press.]

Langton, S. R. H., & Bruce, V. (1999). Reflexive visual orienting in response to the social attention of others. *Visual Cognition,* 6, 541-567.

Leder, H., & Bruce, V. (2000). When inverted faces are recognized：The role of configural information in face recognition. *Quarterly Journal of Experimental Psychology,* 53A, 513-536.

Logan, G. D., & Zbrodoff, N. J. (1999). Selection for cognition：Cognitive constraints on visual spatial attention. *Visual Cognition,* 6, 55-81.

Lowenfeld, V. (1957). *Creative and mental growth* 3 th.ed. Mcmillan.

Lowenfeld, V., & Brittain, W.L. (1975). *Creative and mental growth* 6 th.ed. Mcmillan.

松本信吾 (1993)．子どもはなぜ砂遊びに魅きつけられるのか．発達, 56, 48-59.

松沢哲郎 (1991)．チンパンジー・マインド．岩波書店．

松沢哲郎 (1995)．チンパンジーはちんぱんじん：アイとアフリカのなかまたち．岩波書店．

松沢哲郎（1999）．心の進化：比較認知科学の視点から．科学, 69, 323-332.
Matsuzawa, T. (1985). Colour naming and classification in a chimpanzee (*Pan troglodytes*). *Journal of Human Evolution*, 14, 283-291
McGonigle, B., & Chalmers, M. (1977). Are monkeys logical ? *Nature*, 267, 694-696.
Mervis, C. B., Catlin, J., & Rosch, E. (1975). Development of the structure of color categories. *Developmental Psychology*, 11, 54-60.
Morimura, N., & Matsuzawa, T. (2001). Memory of movies by chimpanzees (*Pan troglodytes*). *Journal of Comparative Psychology*, 115, 152-158.
森田ひろみ・熊田孝恒（2001）．絵画的手がかりに基づく面の形成が色特徴の探索に与える影響．日本心理学会第65回大会発表論文集, p.183.
Morris, D. (1962). *The biology of art.* Methuen.
Muller, H. M., Heller, D., & Ziegler, J. (1995). Visual search for singleton feature targets within and across feature dimensions. *Perception and Psychophysics*, 57, 1-17.
永井淳一・横澤一彦（2001）．負のプライミング—現象の合目的性と生起メカニズム—．心理学評論, 44, 289-306.
中川織江（1996a）．粘土造形の心理学的・行動学的研究．日本女子大学大学院文学研究科博士論文.
中川織江（1996b）．粘土遊びから造形への発達過程：2-6歳までの縦断的研究．美術教育学, 17, 189-198.
中川織江（1997）．ヒト幼児とチンパンジーにおける粘土作品の形態比較．美術教育学, 18, 189-199.
Nishida, T.(1990). *The chimpanzees of the Mahale Mauntains : Sexual and life history strategies.* Tokyo : University of Tokyo Press.
Öhman, A., Lundqvist, D., & Esteves, F. (2001). The face in the crowd revisited：A threat advantage with schematic stimuli. *Journal of Personality and Social Psychology*, 80, 381-396.
Piaget, J. (1953). *The origins of intelligence in the child.* Routledge & Kegan Paul.
Piaget, J. (1954). *The construction of reality in the child.* Basic Books.
斉藤顕治・松村容子（1980）．ねんどあそび．サクラクレパス出版部.
佐藤弥・吉川左紀子（1999）．情動的表情による顔知覚促進効果．電子情報通信学会技術研究報告, HCS 99-26, 19-26.
Schiller, P. (1951). Figural preference in the drawing of a chimpanzee. *Journal of Comparative and Physiological Psychology*, 44, 101-111.
Smith, D. A. (1973). Systematic study of chimpanzee drawing. *Journal of Comparative and Physiological Psychology*, 82, 406-414.
Sousa, C., & Matsuzawa, T. (2001). The use of tokens as rewards and tools by chimpanzees (*Pan troglodytes*). *Animal Cognition*, 4, 213-221.
高山正喜久（1975）．図画工作．日本女子大学通信教育部.
田中昌人・田中杉恵（1981-1988）．コドモの発達と診断1～5．大月書店.
Tanaka, J. W., & Farah, M. J. (1993). Parts and wholes in face recognition. *Quarterly Journal of Experimental Psychology*, 46A, 225-245.
Tomonaga, M. (1993a). A search for search asymmetry in chimpanzees (*Pan troglodytes*). *Perceptual and Motor Skills*, 76, 1287-1295.
Tomonaga, M. (1993b). Facilitatory and inhibitory effects of blocked-trial fixation of the target location on a chimpanzee's (*Pan troglodytes*) visual search performance.

Primates, 34, 161-168.

Tomonaga, M. (1997). Precuing the target location in visual searching by a chimpanzee (*Pan troglodytes*): Effects of precue validity. *Japanese Psychological Research*, 39, 200-211.

Tomonaga, M. (1999a). Visual texture segregation by the chimpanzee (*Pan troglodytes*). *Behavioural Brain Research*, 99, 209-218.

Tomonaga, M. (1999b). Inversion effect in perception of human faces in a chimpanzee (*Pan troglodytes*). *Primates*, 40, 417-438.

友永雅己(1999). チンパンジーにおける顔の方向の知覚―視覚探索課題を用いて―. 霊長類研究, 15, 215-229.

Tomonaga, M. (2001a). Visual search for the orientations of faces by a chimpanzee (*Pan troglodytes*). *Paper presented at the XVIIth congress of the International Primatological Society.* January 2001, Adelaide, Australia.

Tomonaga, M. (2001b). Visual search for biological motion patterns in chimpanzees (*Pan troglodytes*). *Psychologia*, 44, 46-59.

Tomonaga, M. (2001c). Investigating visual perception and cognition in chimpanzees (*Pan troglodytes*) through visual search and related tasks: From basic to complex processes. In T. Matsuzawa (ed.), *Primate origin of human cognition and behavior,* Springer-Verlag Tokyo, pp. 55-86.

友永雅己 (2001). チンパンジーにおける視線プライミング. 動物心理学研究, 51, 104.

Tomonaga, M. (in press). Attentional capture in chimpanzees (*Pan troglodytes*): Effects of the singleton distractor on visual search performances. *Current Psychology Letters.*

Tong, F., & Nakayama, K. (1999). Robust representations for faces: Evidence from visual search. *Journal of Experimental Psychology : Human Perception and Performance,* 25, 1016-1035.

Tong, F., Nakayama, K., Moscovitch, M., Weinrib, O., & Kanwisher, N. (1997). Responsive properties of the human fusiform face area. *Cognitive Neuropsychology,* 17, 257-279.

Treisman, A. (1988). Features and objects: The 14th Bartlett memorial lecture. *Quarterly Journal of Experimental Psychology,* 40A, 201-237.

Treisman, A. (1998). The perception of features and objects. In R. D. Wright (ed.), *Visual Attention,* Oxford University Press, pp.26-54.

Treisman, A., & Gelade, G. (1980). A feature-integration theory of attention. *Cognitive Psychology,* 12, 97-136.

Treisman A., & Gormican, S. (1988). Feature analysis in early vision: Evidence from search asymmetries. *Psychological Review,* 95, 15-48.

Valentine, T. (1988). Upside-down faces: A review of the effect of inversion upon face recognition. *British Journal of Psychology,* 79, 471-491.

de Waal, F. B. M. (1989). Food sharing and reciprocal obligations among chimpanzees. *Journal of Human Evolution,* 18, 433-459.

Wolfe, J. M. (1994). Guided Search 2.0: A revised model of visual search. *Psychonomic Bulletin and Review,* 1, 202-238.

Wolfe, J. M. (1998). Visual search. In H. Pashlar (ed.), *Attention,* Psychology Press, pp.13-73.

Wright, A. A., Santiago, H. C., Sands, S. F., Kendrick, D. F., & Cook, R. G. (1985). Memory processing of serial lists by pigeons, monkeys, and people. *Science*, 229, 287-289.

山形恭子(1988). 0～3歳の描画における表象活動の分析. 教育心理学研究, 36, 201-209.

山口俊郎（1995）．クレーン現象. 岡本夏木・清水御代明・村井潤一（監修），発達心理学辞典，ミネルヴァ書房, p.167.

Yin, R. K. (1969). Looking at upside-down faces. *Journal of Experimental Psychology*, 81, 141-145.

横澤一彦（1995）．視覚的注意．乾敏郎（編），認知心理学1 知覚と運動，東京大学出版会, pp. 169-192.

吉川左紀子・佐藤弥（2000）．表情の初期知覚過程における顔向き依存性．日本認知科学会第17回大会発表論文集, pp. 46-47.

吉川左紀子・佐藤弥（2001）．視線方向による注意シフトにおよぼす表情の影響．日本心理学会第65回大会発表論文集, p.266.

Zajonc, R. B. (1965). Social facilitation. *Science*, 149, 269-274.

Zajonc, R. B. (1969). Coaction. In R. B. Zajonc (ed.), *Animal social psychology*, Wiley, p.10.

Zentall, T. R. (1996). An analysis of imitative learning in animals. In C. M. Heyes & B. G. Galef Jr. (eds.), *Social learning in animals : The roots of culture,* Academic Press, pp.221-243.

第11章 飼育環境とその利用
環境エンリッチメントの試み

市街が見渡せるトリプルタワーの上に座るアイ（撮影：毎日新聞社）

11-1
総 論

　豊かな知性の発現のためには，豊かな環境が必要である．このことは昔からいわれてきたことであり，ラットなどの動物実験においても証明されてきた(Rosenzweig 1966)．しかし，実験や研究に使用される目的で飼育されている動物の暮らす環境は十分に豊かなものであるとはいいがたい．ある種の研究においては，ある程度飼育環境に制限を加える必要があるのは事実である．しかし，そのような制限のもとで，可能な範囲で豊かな環境を構築することは十分可能である．ましてや，知性の発現やその発達過程を調べようとする我々にとって，対象たるチンパンジーたちに物理的にも生態的にも社会的にも，そして心理的にも豊かな環境を構築することは必須である．

　本章では，京都大学霊長類研究所におけるチンパンジーの飼育環境の改善(環境エンリッチメント environmental enrichment)の試みについて紹介している．研究者としての我々の目的は，単にチンパンジーがよりよく暮らせる環境を作り出すことにあるのではない．上にも述べたように，それは研究の目的上欠くべからざるものであり，そのような環境の中にいる個体こそが研究の対象となり得るのである．

　11-2と11-4では，実際に霊長研のチンパンジー飼育施設の環境エンリッチメントに携わった者がそれぞれの視点でその作業を総括している．また11-3では，このような環境の中で育っていくチンパンジー乳児たちにとってどのような環境エンリッチメントが必要であるかを探索するための行動観察が報告されている．

　環境エンリッチメントとは，動物福祉(animal welfare)という視点に立って，飼育個体の心理学的幸福(psychological well-being)を実現するための実践作業である．これについての理論的側面からの考察は他書に譲ることにするが(松沢1999)，本章はその実際の一端を十分に示している．日本に環境エンリッチメントいう考え方が導入されてまだ10年程度しか経っていない．このような黎明期には「まずやってみる」という姿勢が力強い原動力になることは事実である．しかし，次の10年，20年を考えた場合，このような探索的なアプローチのみならず，万人が納得し得る成果に基づくいわゆる"evidence-based"のアプローチの重要性が高まっていくだろう．さらに，環境エンリッチメントそのものを対象とした基礎研究や環境エンリッチメントを独立変数とした研究の進展が今後とも期待される．

11-2
チンパンジー飼育施設の環境エンリッチメント

　野生のチンパンジーは，樹木が作り出す複雑な三次元空間の中で生活している．チンパンジーは日中の活動時間の約半分を樹上で過ごし（Wrangham 1977），樹上では，そこでの生活に適した身体的特徴をいかして，腕わたりやぶら下がりなどの行動を行なう（Doran 1996 ; Dran & Hunt 1994）．一方飼育環境では，野生と同様の環境を作り出すことが非常に困難であるため，これらの行動ができない場合が多い（de Waal 1982）．しかし，飼育動物に配慮し環境エンリッチメントを考えるのなら，チンパンジーがゆっくりと滞在でき，野生と同じ行動が発現できる空間を与えることが大切だろう．樹木の生育が不可能ならば，コンクリートの擬木や鉄骨の構築物など，人工的なものを利用して三次元空間を作り出すという代替手段も利用できる．

　霊長研では，チンパンジーがよりよく暮らせる環境作りを目指して飼育環境のエンリッチメントに取り組んできた．1991年5月には，当時チンパンジーが暮らしていた第2放飼場に高さ5～6mの鉄パイプ3本を組んだ2組の止まり木を作った．その後，小川を作り，魚を入れ，止まり木にロープをはり，植樹を行なうなど，チンパンジー放飼場の整備を試みた．1995年，新しいチンパンジー放飼場を作る際には，これらの取り組みにより得たノウハウを利用して，飼育動物の福祉に配慮した飼育環境を作りあげるのに成功した．以下，これら施設の詳細について報告する．

11-2-1　屋外放飼場

　新しいチンパンジー放飼場は1995年3月に設立された．屋外放飼場の面積は695m^2で，その他二つのサンルーム（面積各約130m^2）と八つの居室（2002年7月には居室を一つ増築）からなる（図11-2-1）．これらの空間は，実験室などが入った4階建ての建物に隣接しているため，チンパンジー用シュート扉などを通じて実験室などへの移動が可能である．また，居室やサンルーム，放飼場を仕切るチンパンジー用扉を開け閉めしておくことで，チンパンジーの生活空間を自由にアレンジすることができる．屋外放飼場の中央には，鉄骨とロープ，丸太からなる複雑な三次元構築物がある．擁壁は高さ4～4.5mで内側には電気柵が取りつけられている．地上には還流式の小川が流れ，63種390本以上の植物が生育している（図11-2-2，11-2-3，表11-2-1，付録CD-ROM収録の付表11-2-1）．

　三次元構築物として，直径165mm溶融亜鉛メッキ鋼管23本を3m間隔で建て，その間に50×125mmの角パイプを渡した．基本的に三角パターンの連続構造にして耐久性をもたせてある．鋼管の高さは，地上2－8mであり，放飼場の中心

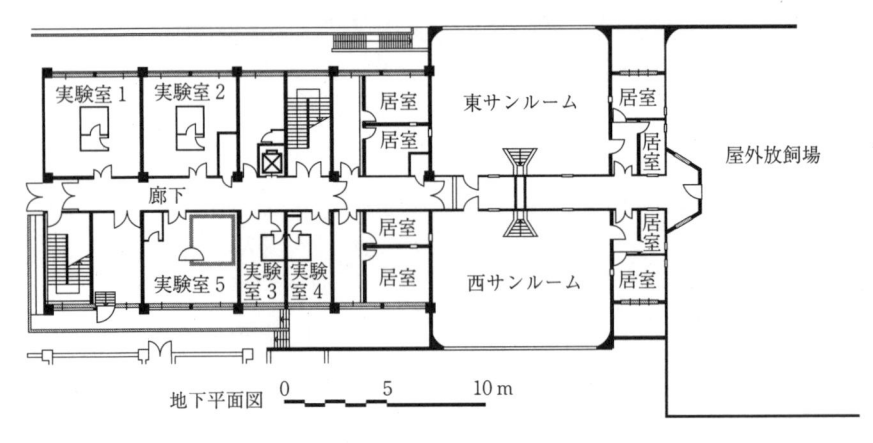

第11章　飼育環境とその利用：環境エンリッチメントの試み

図11-2-1　チンパンジー施設の概要．

図11-2-2　研究棟4階よりみるチンパンジー屋外放飼場の様子（2002年5月7日）．

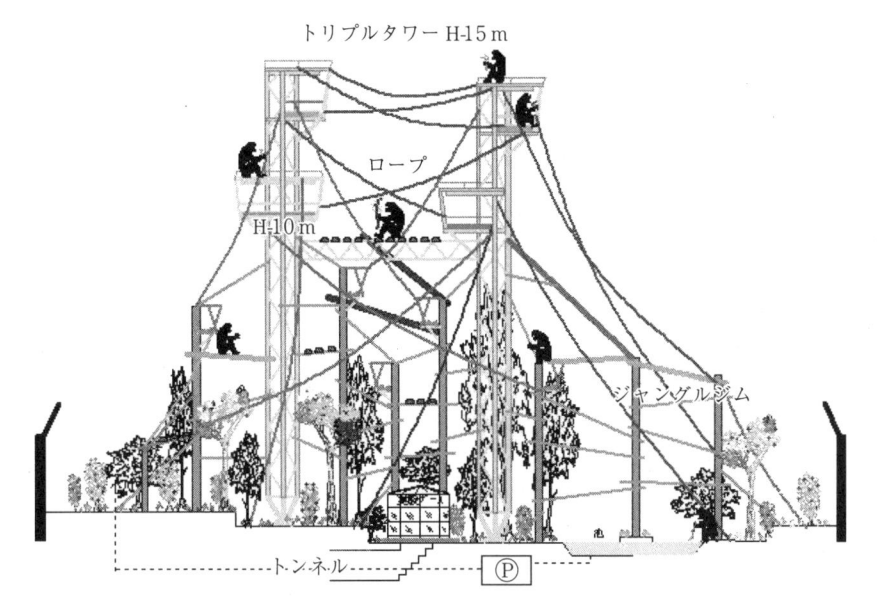

第11章　飼育環境とその利用：環境エンリッチメントの試み | 471

図11-2-3　チンパンジー放飼場の概略図．

に行くほど高くなっている．屋根付き丸太1個体用ベッドが11か所，屋根付き丸太大型ベッドが3か所につくられ，直径30mmのビニロンロープを様々な高さに結びつけた．1998年7月には，この既存構築物に増築する形で，高さ14.95mのトラス構造のタワー3本（トリプルタワー）を建設した（落合・松沢1999）．このタワーは，高さ10mの地点でトラス構造の梁を使って固定し，外側に直径30mmの鉄筋で引っ張り固定したものである．既存の構築物とも角パイプを渡して固定し，チンパンジーが利用しやすくするとともに強度的に補強した．タワーの高さ10－15m地点には，それぞれ2か所ずつチンパンジーが休憩できる屋根つきの広い空間（2.64－3.865m²）を作った．また，タワー間には丸太やロープを渡し，様々な方向への移動を可能にした．このチンパンジー放飼場に高さのある構築物を導入するといった手法は，その後札幌円山動物園，東京都多摩動物公園，三和化学霊長類パーク（熊本県），林原類人猿研究施設（岡山県），到津の森公園（北九州市），秋田大森山動物園などに引き継がれている．また，旭川市旭山動物園では，オランウータンの放飼場にタワーを構築している．

放飼場の南東から北西に向かってカーブする形で，全長約33mの還流式の小川が構築物の下をくぐり流れている．落差は約1mで，排水された水は濾過された

後，地下のポンプによってくみあげられ再び小川に戻る．水棲生物の隠れ場所を提供する目的で，小川の中流に幅が広く水の流れが緩やかになる「池」を設けた．ここには中島があり，丸太の橋がかけられている．水棲昆虫や微生物の繁殖を促すため，池にはコイ，フナ，キンギョ，メダカ，ドジョウ，サカマキ貝を放した．

1995年放飼場が完成し，チンパンジーを移動させる前に植樹を施した．チンパンジーは1995年3月15日－4月27日にわたって順次居室とサンルームに移動し，5月9日にはじめて屋外放飼場を利用したが，その後も年1－2回にわたって植樹を行なってきた（表11-2-2）．1995年7月の調査では28種140本，1996年7月の調査では，63種390本の樹木が放飼場内に生育するのが確認されている．また，チンパンジーが採食に好む木と好まない木があることが明らかになっている（竹元・熊崎・松沢1996; Ochiai & Matsuzawa 1998）．樹木を放飼場に植える際は，チンパンジーが樹木を引き抜くのを防止するため，竹杭（樹木が大きい場合は木杭）を樹木の根元に3本以上打ち込んだ．なお，高さ5mを超える大きな樹木を植える場合は，垂木などの手製グランドサポートや市販のスチール製グランドサポートを利用した．

屋外放飼場中央よりやや北西よりの位置にドームと呼ばれる建物がある．これは，正八面体の形で組まれたポリカーボネイトで作られており，地下通路を利用して人がその中に入ることができる．通常の実験は，チンパンジーが実験室にきてブースの中で実験をするという形をとるが，ドームでは，チンパンジーが外側，実験者が内側という逆の関係のもと，チンパンジーたちの日常の暮らしの中で実験できるという点でまったく違った実験手法を取ることが可能である．この施設を使った実験としては，ジュース飲みにおける道具使用行動の発現とその伝播に関する研究（Tonooka et al. 1997）がある．

11-2-2　サンルームと居室

サンルームと呼ばれる区画は2区画（それぞれ約130m^2）あり，高さ約5mのコ

表11-2-1　京都大学霊長類研究所で試みたチンパンジー放飼場の構築物

	場所	形態	高さ
1991年5月	第2放飼場	鉄パイプを3本組んだ止まり木2組	5－6m
1995年3月	a 新放飼場	溶接亜鉛メッキ鋼管　直径165　23本を3m間隔	8m
		1個体用丸太ベッド11ヶ所，大型丸太ベッド3ヶ所（どちらも屋根つき）	
		渡り木・登り木に角パイプ50×125	
		ビニロンロープ　直径30cm	
1998年7月	新放飼場	既設構築物に増築	
		トラス構造のタワー（10m地点でトラス構造の梁を使って固定）	14.95m
		丸太ベッド6ヶ所	
		既設の構築物との間を角パイプでつなぐ	

a: チンパンジーは，1995年3月15日～4月27日に居室とサンルームに移動し，5月9日に初めて屋外放飼場を利用した．

ンクリート擁壁で囲まれ，擁壁の上はステンレス金網で覆われている（図11-2-4参照）．中央には屋外放飼場と同様，三次元構築物（高さ1－6m）があり，その下を還流式の小川が流れている．二つのサンルームの間には地下通路が設置されており，扉を開け放しておくことで，チンパンジーは自由に行き来することができる．屋外放飼場と同様に植樹を行なっているが，日当たりが弱く土の水はけが悪いため，草本の生育が悪い．しかし，夜間や休日にチンパンジーが過ごす重要な場所となっている．なお，擁壁の高さ1－1.5mのところには，半丸太で製作した寝棚を設置し，夏は日当たりを避けて涼しい場所でくつろげ，冬はひなたぼっこができるように工夫している．

チンパンジー屋外放飼場とサンルームに隣接して，八つの居室がある（2002年7月には，1部屋を増築）．床から天井までの高さは3m，床はコンクリートで階段があり，一部フロアヒーターが内蔵されている．天井は鉄格子で，コンクリートの壁と内側に鉄格子が溶接されたガラス窓に囲まれている．各居室の壁高さ約2m付近に，半丸太でできた寝棚が1－3か所設置されており，チンパンジーが寝棚へ移動しやすいよう，各寝棚には丸

図11-2-4　サンルームの様子．

太梯子がとりつけられている（11-3参照）．三次元の空間をより有効に活用できるよう，天井や壁，寝棚をつなぐようにロープを張り巡らした．また，床には牧草（チモシー）を敷き，チンパンジーのベッド作りの素材として自由に使えるようにした．2000年には3個体のチンパンジーが産まれたため，彼らがより環境を利用できるよう，壁に小さな格子をとりつけた．また，各居室には居室全体を映す広角カメラと，遠隔地からの操作が可能なズームカメラを設置し，チンパンジーの行動に影響を与えない状態で監視が可能なシステムの整備が進んでいる．

11-2-3　アセスメント

エンリッチメントを行なった後は，その有効性を客観的に評価するためにアセスメントを行なうことが重要である．霊長研では，上記で行なわれた環境エンリッチメントについて常にその利用を調査し，評価・改善を行なっている．以下では，特に綿密なアセスメントが行なわれた「植樹」と「三次元構築物」について詳しく述べる．

まず，チンパンジーが放飼場に植樹された樹木をどのように利用しているか明らかにするため，「樹木被食の嗜好性」，「採食時間」，「植物を利用した行動」の3点について調査を行なった．

チンパンジーが採食に利用する植物種を明らかにするため，1996年7月から10月にかけて，屋外放飼場に成育するすべての樹木と草本を調査し，被食程度を評価した．調査は，チンパンジーが放飼場から出た後，実際に中に入り，目視により各樹木の被食跡を確認し，その被食程度を4段階に分け評価した．その結果，屋外放飼場内には63種約390本の樹木の成育が確認され，裸子植物はすべての種で被食が認められなかったが，被子植物では種が属する科により被食の傾向が共

表11-2-2　京都大学霊長類研究所で試みたチンパンジー放飼場の植樹

		樹種	本数	樹種の例	生育樹種数
1995年	屋外放飼場	27	115	サツキツツジ，ハコネウツギ，キンモクセイ等	
1995年3月24日	屋外放飼場		82	ツゲ，サツキツツジ，コブシ等	
1995年6月2日	屋外放飼場	7		キンモクセイ，ヒメシャラ，ビワ，ツゲ等	
1995年7月6日	屋外放飼場	7	25	ヤブツバキ，モクレン，アジサイ等	
1995年7月7日	屋外放飼場	－	－	屋外放飼場に生育している樹種を調査	28種140本
1996年3月14日	屋外放飼場			カシ，タケ等	
1996年3月27日	屋外放飼場			鉢花類（マツバギク，ジャガイモ，コテチャ等）	
1996年5月30日	屋外放飼場		2	大木	
1996年6月6日	サンルーム		160	フジ，モミジ等	
1996年6月7日	屋外放飼場		2	フジ	
1996年7月1日	屋外放飼場	－	－	屋外放飼場に生育している樹種を調査	63種390本
1997年2月21日	屋外放飼場		70	クロガネモチ，サクラ等	
1998年2月26日	屋外放飼場	40	205	アセビ，マンサク，ウメ，ジンチョウゲ等	
1998年3月5日	サンルーム	11	105	ツゲ，カクレミノ，ツバキ，ユキヤナギ等	

第11章　飼育環境とその利用：環境エンリッチメントの試み | 475

通し，種間に採食嗜好性の明瞭な違いが見られた（付録CD-ROM収録の付表11-2-1）．被子植物で好んで採食されるニレ科（アキニレ，ハルニレ，ケヤキ）やブナ科（コナラ，シラカシ，マテバシイ）はどれも幹が途中で折られ，新芽が大きくなるとすぐ被食される状態だった．一方，ツバキ科（サザンカ，ヒサカキ，モッコク，ツバキ）は，被食跡がまったく確認されなかった．地表には，4科11種の草本の成育が確認され，これらの草本類は地表を埋めつくすほど繁茂していた．

次に，1996年8月から10月にかけて，チンパンジーの植物に対する行動について観察を行なった．チンパンジーが屋外放飼場に出ている9時から16時45分までの間，放飼場内すべてが見渡せる場所から，放飼場内のチンパンジーを直接観察して動植物に対する行動をすべて記録した．採食行動が見られた場合は，誰がどの樹木のどの場所を採食したかを記録した．また，樹木に対する採食行動以外の行動が観察された時は，その個体名と利用された植物名，その行動内容を記録した．その結果，放飼場内での採食時間は全活動時間の14.5%であり，採食時間の79.5%を地上に生えているイネ科草本，メヒシバの採食時間にあてていた．また，昆虫（コオロギ）を食べるのも観察された．また，チンパンジーによる植物を利用した行動についても調査した．観察期間中に5個体によって，採食以外に樹木を利用した8種類の行動が見られた．ベッド作りやディスプレーなど，野生でも観察される行動だった．また，枝を構築物の隙間に挿入する行動も見られた．

次に，三次元構築物の利用に関する評価を行なった．特に，チンパンジーがトリプルタワーをどのように利用するか明らかにするため，放飼場に隣接する建物の4階よりビデオカメラを用いて観察し

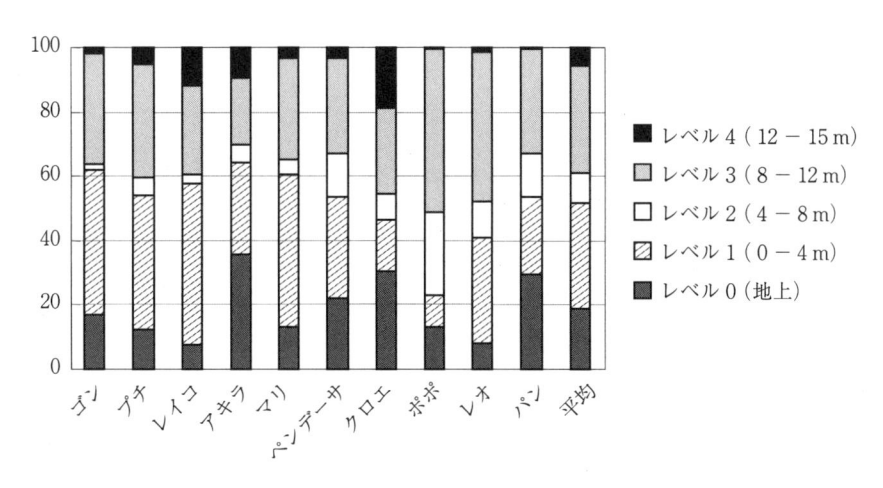

図11-2-5　トリプルタワーの高さ別の利用の割合．

た．このビデオをもとに，1分ごとのスキャンサンプリングによって各個体がいる構築物上の場所と高さ（単位1 m）を記録した．構築物の高さは，レベル0からレベル4の5段階に分類した．その結果，チンパンジーは，日中の時間の約81%を構築物上で過ごし，そのうちの39%は構築物の8 m以上の地点を利用していることが明らかになった（図11-2-5）．また，チンパンジーはタワーとタワーの間，13m以上の地点に張られたロープを1個体1日1回以上（平均1.17回）渡っていることが明らかになった．この行動は，チンパンジーの能力や好みがよく発揮されたものだといえる．

11-2-4 まとめ

環境エンリッチメントは「まずやってみること」が重要である．そして，エンリッチメント後はそのアセスメントをし，客観的に評価することにより次のエンリッチメントをより効果的に行なうことができる．京都大学霊長類研究所では，以上のようなエンリッチメントの取り組みを続けてきたことで，世界に類を見ないチンパンジー施設を作りあげるのに成功した．特に，樹木や三次元空間はチンパンジーの生態的環境を構成する要素なので，環境エンリッチメントとしてこれらを導入することで動物福祉に貢献したと思われる．しかし，野生チンパンジーと比較すると，まだまだ改善していかなければならない点も多い．研究所では，今後もエンリッチメントの取り組みを続け，エンリッチメントから得られた知見を他の施設や今後の取り組みに応用する形にまとめることで，飼育環境の質の向上に貢献するつもりである．なお，ここで紹介したエンリッチメントの一部は，ホームページでも閲覧可能である（http://www.pri.kyoto-u.ac.jp/index-j.html）．

(謝辞：霊長研チンパンジー放飼場のエンリッチメントに関しては，人類進化モデル研究センターとチンパンジー研究者グループ，および多くの人々の有志により実行された)
［落合（大平）知美　熊崎清則
　前田典彦　松沢哲郎］

11-3
チンパンジー乳児の環境利用

　動物福祉に配慮したよりよい飼育環境を考える場合，動物がもつ自然場面本来の行動を発現できることが重要だろう（松沢1999）．その目的を達成するため，居室に寝棚やロープを取りつけるなど，動物の必要性に合わせた環境エンリッチメントが行なわれる（Maple & Perkins 1996）．その動物の体の大きさや行動形態に合った飼育環境を提供することで，飼育動物の福祉がより促進されると考えられる．霊長研には，チンパンジーが自由に使える八つの居室があり，どの居室にも寝棚やロープが設置されている．これらはエンリッチメントの一環として，成体のチンパンジー用に設置されたものである．本研究では，チンパンジー乳児たちがこれらの設備をいつごろどのように利用するか調査することで，環境利用の発達的な変化を明らかにし，今後の環境エンリッチメントのための縦断的な資料を得ることを目的とした．

11-3-1　方法

　夕食が終わる17:00から消灯となる18:00までの1時間，連続する二つの居室N1-N2を利用して3母子の同居を行ない，3乳児それぞれの行動について観察した（図11-3-1）．これらの居室には，あらかじめ3台のカメラが設置されており，これらを使ってチンパンジーから見えない部屋でビデオ録画を行なうことができる．2台のカメラは遠隔操作が可能なため，チンパンジーの動きを詳細に記録することができた．調査は2001年1月から開始し（当時アユム9か月齢，クレオ7か月齢，パル5か月齢），週1回のペースで現在も続いている（付録CD-ROM収録居室観察参照）．分析は，録画されたビデオをもとに1分ごとのスキャンサンプリングで行なった．記録内容は，それぞれの乳児のチンパンジーと母親の位置関係，3個体の乳児が利用している設備（格子，床，階段など）の2点である．母親との位置関係については，1）母親に体幹が接触，2）母親と体の一部が接触，3）接触していないが母親の手が届く範囲，4）母親から離れているがお互いの目視が可能，5）母親が体を動かさなければ見えない位置，の五つに分類した．また，利用している設備については，チンパンジー乳児の身体が触れている場所すべてについて記載した．今回は予備報告として，これまでに行なった1年間の観察のうち約50日ごと7セッションのデータについて上記の分析を行ない，考察を加えた．

11-3-2　結果

　母親と乳児の位置関係について分析した結果を表11-3-1に示す．3個体とも母親に抱かれている割合（分類1）は調査日により大きく変わり一定の傾向は見られなかったが，母親の手の届かない場所に

離れる時間は（分類4, 5），発達に応じて顕著に増加していることが明らかになった．特にその変化は，観察開始当初，母親の胸で抱かれてすごすことの多かったクレオ，パルで著しかった．パルは，調査開始当初は半分以上の時間を母親と接して過ごしていたが，10か月齢頃には母親から少々離れた場所で，1歳2か月齢を越える頃には半分以上の時間を母親の手の届かない場所で過ごすようになった．

乳児たちが居室内のどの設備を使用しているかについて調査した結果を表11-3-2に示す．今回の観察期間のいずれにおいても天井格子やロープを高い割合で利用していることが明らかになった．その利用割合の平均は，すべての乳児で床の利用割合を大きく上回った．実際，母親に抱かれている時期でも乳児たちは近くのロープや天井格子をもつことが多く，母親から離れ乳児同士で遊ぶ場合にも床の上よりロープや壁を登り，天井格子やロープを持ってぶら下がったり，ロープの上に乗ったりして三次元空間を利用して遊ぶことが多かった（図11-3-2）．なお，クレオのロープの利用頻度がアユ

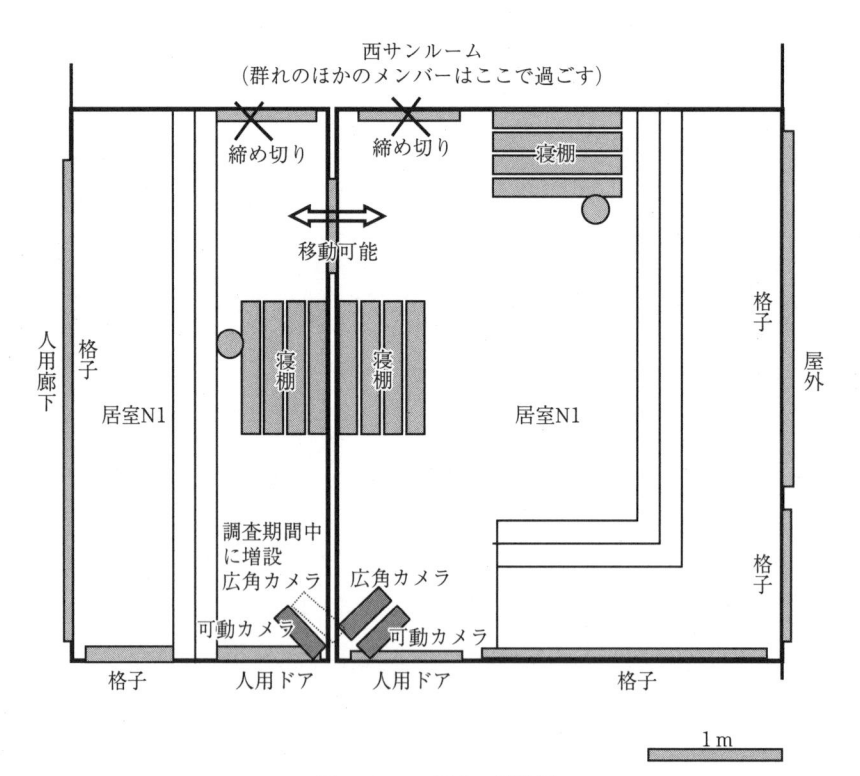

図11-3-1　居室の見取図.

ムやパルに比べて少ないのは，母親が長く滞在することの多かった場所（居室N1サンルーム側の寝棚，図11-3-1参照）にロープが少なかったことが影響したと思われる．なお，調査初期の段階ではクレオとパルは階段を利用することはなかったが，月齢を経るにつれ利用頻度が増えていった（図11-3-3）．

11-3-3 考察

本研究により，チンパンジー乳児の環境利用とその発達的変化が明らかになった．乳児は，日によって母親から離れて遊ぶ時間は大きく異なったが，その時の距離は，発達に合わせ全乳児で顕著に増加した．つまり，乳児が遊びをきりあげて母親のもとに帰る時間には発達段階との関係はなかったが，遊ぶ時の母親との距離の変化は各乳児の発達段階に大きく関与したといえる．

すべての観察期間において，乳児たちは床よりも頻繁に天井格子やロープを利用した．このことから，たとえ母親に抱かれている発育段階の乳児であっても，三次元の設備を備えつけておくことが重要であるといえるだろう．野生のチンパンジーの環境を考えても，木の枝や植物など常に母親のまわりには三次元に利用できるものがあり，乳児がそれに手を伸ばせる状態である．乳児の発育において，飼育環境の設備は軽視されがちであるが，これらの点にもっと気を配る必要があると思われる．

乳児はおとなと体のサイズも違えば運

表11-3-1　乳児3個体と母親との位置関係

母親との距離	アユム（日齢）							クレオ（日齢）							パル（日齢）						
	276	312	388	416	522	550	633	220	256	332	360	466	494	577	169	205	281	309	415	443	526
1	5	33	18	57	52	15	0	37	38	60	0	18	13	8	32	22	55	0	3	12	3
2	18	18	30	8	17	17	7	43	58	7	27	25	33	15	60	38	10	10	42	8	2
3	35	35	20	18	2	7	37	18	2	25	27	18	33	27	8	37	25	57	23	5	18
4	42	13	32	17	23	47	57	2	2	8	47	28	20	50	0	3	10	33	15	23	43
5	0	0	0	0	7	15	0	0	0	0	0	10	0	0	0	0	0	0	17	52	33

注：距離のカテゴリーについては本文参照．

表11-3-2　乳児3個体における居室内設備の利用割合

	アユム（日齢）							クレオ（日齢）							パル（日齢）						
	276	312	388	416	522	550	633	220	256	332	360	466	494	577	169	205	281	309	415	443	526
天井格子	43	37	12	8	3	18	67	20	43	5	72	47	27	37	30	45	8	57	10	25	28
寝棚	5	13	0	3	2	3	8	10	15	5	27	27	30	23	10	20	5	10	35	13	17
ロープ	43	62	12	37	23	55	83	18	2	15	18	20	52	38	35	65	23	40	48	48	55
壁格子	15	2	37	3	2	7	7	7	2	20	3	3	7	10	2	10	13	3	7	7	3
階段	3	0	3	0	3	2	2	0	0	0	0	5	2	7	0	0	0	7	7	7	3
床	12	0	53	3	23	28	7	13	2	10	13	18	12	10	8	5	15	13	30	18	18
母親の胸	5	35	18	57	52	15	0	53	38	60	0	18	8	7	33	22	55	0	3	8	0

動能力も違う．そのため，乳児がいる場合はその発達段階に合わせた環境を提供することが重要だろう．これは，環境に対する学習を促すとともに，将来的な飼育下での事故の防止につながることも期対される．このような調査をもとに，チンパンジー乳児の行動に合わせたより適当な環境作りが望まれる．

［落合（大平）知美　茶谷薫　水野友有］

図11-3-2　ロープで遊ぶ乳児たち．

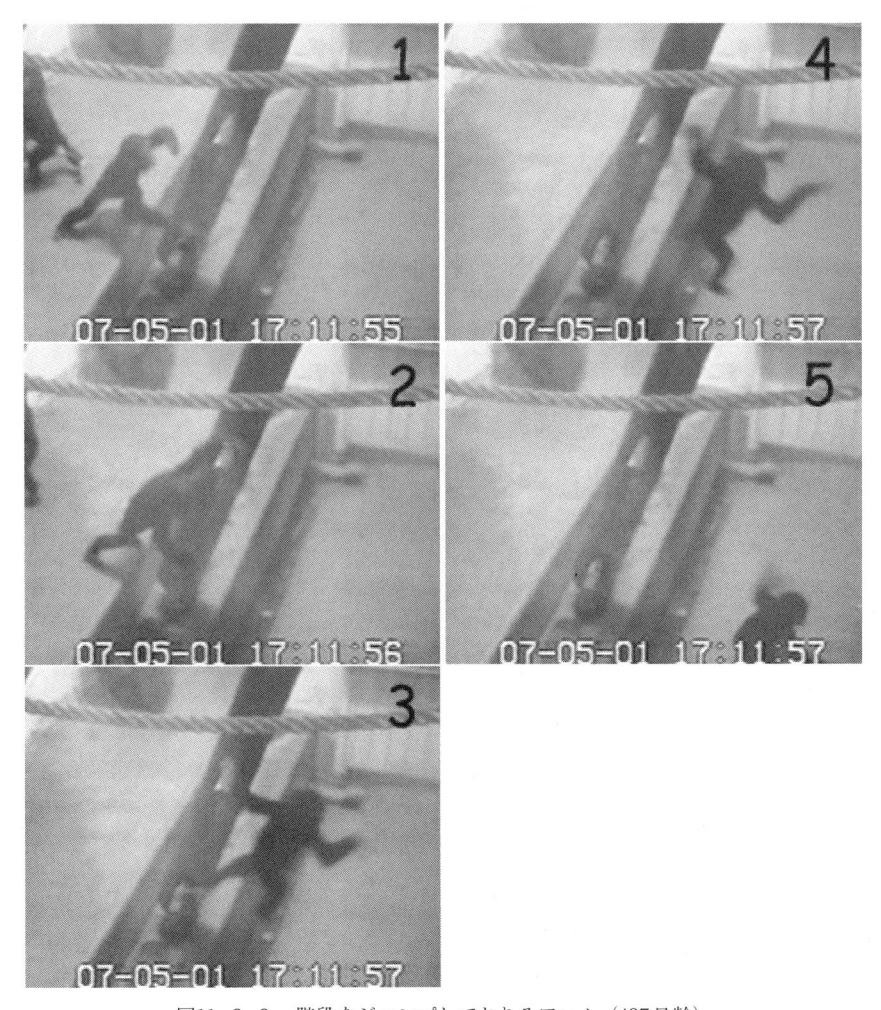

図11-3-3　階段をジャンプしておりるアユム（437日齢）．

11-4
環境エンリッチメント

エンリッチメントを本格的に始めたのは1991年5月，第2放飼場チンパンジー区画に鉄パイプ3本を組んだ2組の止まり木からである．その後小川を造り魚を入れたり，ロープを張ったり，研究所の車で庭木を買いに行き職員や院生たちと植えたりと，チンパンジー放飼場の整備を進めた．今から思えば鉄パイプの高さは5－6mと大変低く，本数も少なく貧弱な物であった．しかし，その後の霊長研でのエンリッチメント開発の基となる画期的な一歩であった（図11-4-1）．その20年ほど前，1972年に初めてマカク用の放飼場が3区画出来た．そのうちの1区画は2100m²と広く，しかも自然の林を残したままであった．そこに40頭のニホンザルを放した時には，サルの姿をまったく見ることのできないほどの森だった．それが1－2年でサルに荒らされ，赤土の山肌が露出し雨の度に土砂が流れた（図11-4-2）．除去作業を強いられる惨憺たる状況を経験させられてしまった我々のショックは大きく，とても草木を大量に植えるような気にはなれず，少量の小さな草木を金網で囲ったり，丸太を縛りつける程度のことしかできなかった．チンパンジーは尚更でニホンザル以上に根こそぎ枯らされてしまうであろうことが想像され二の足を踏んでいた．しかし，野生ニホンザルの生息環境を見たり，1991年には海外の情報や西アフリカ，ボッソウの野生チンパンジーの生活環境を直接見て来た経験からもこのままにしておくことはできず，がむしゃらにエンリッチメントを開始した．以下に研究所内のサル飼育環境のエンリッチメントへの今までの取り組みをケージ飼育も含めて紹介する．

11-4-1　個別ケージ

個別ケージの場合のエンリッチメントとして，日常管理の中に組み込んで行なっているのが齧り木と呼んでいる，厚さ38mm，縦89mm，横150mmの柔らかい角材を鎖でケージ天井に吊し，遊び木，齧り木としている（図11-4-3；図11-4-4）設備である．1997年から試験的に少数のケージで始め，改善しながら個数を増やし，1999年から齧って小さくなった木の交換や齧り木の制作のための人手を確保して本格的に進めていった．試験的に始めた時は，ケージ床に木片を置くだけの方法であったため，数日もすれば糞尿が付着し不衛生でサルの健康上不適であった．また管理上も交換時等に手間取った．そこで木片が汚れ難く，交換時にも簡単にできる方法として現在のような木片を鎖で吊す方法に改善をした．2001年11月時点で個別ケージ220台に女性スタッフ2人で齧り木の制作と取りつけを行なっている（図11-4-5）．木片は，ゴムやプラスチック製のおもちゃと比較し

て，サルに対しても環境に対してもほとんど問題なく自然に優しい材料で，齧ったチップが浄化槽に流れても，齧り残った木片を焼却しても問題なく，これに勝る材料はないと考えている．もちろんまったく問題がないわけではなく，いくつかの小さな問題は有る．

たとえば，大きく齧り捨てられたチップが排水溝に詰まることがまれにある．これに対しては，飼育担当者が清掃時に大きなチップだけを取り除くようにしている．

また，鎖と木片とを繋ぐためにねじ込んだフックが遊んでいるうちに緩んで木

図11-4-1

図11-4-2

片が落ちることがある．これに対しては，午後の給餌の時などにつけ直すようにしている．

齧り木以外には，ステンレス製鏡を吊したり，ケージ室の壁際に観葉植物の鉢を吊したりしてまだ試験中である．

11-4-2　グループケージ

グループケージの環境エンリッチメントは本格的には進んでいない．一部のケージでブランコやロープを取りつけ，また個別ケージと同じく齧り木を吊して様子を見ているが，個別ケージと違ってグループケージではサルの動きが激しく，短期間で壊されてしまうことが多く，材質，材料の改善が必要である．ブランコ，ロープ等が今のところ有効なのは，テナガザル，キャプチン，クモザル，小型ザルなどである．他には，小麦や大豆を月，水曜日の午後おやつ代わりに与えている．これは短時間ではあるけれど時間つぶしになっている．

11-4-3　マカク放飼場

マカク放飼場ではグループケージ以上にサルの動きが激しく，よほど考えないとコンクリートとスチールだけのエンリッチメントになってしまう．研究所で本格的に始めたばかりなのが，木皮つき丸太を大量に使って高さ10mの3次元構築物（ジャングルジム）（図11-4-6；11-4-12）を建設し，そこにロープを張り，保温BOX，ブランコ，板トランポリン等を取りつけることだ．こうすることでサルの行動，木材の耐久性，管理の方法等について観察，検討，改良を行なっている．

ジャングルジムは，丸太の柱を丸太の渡り木で繋ぎ合わせた3角パターンの連続構造にして耐久性をもたせた（図11-4-6）．このように構築物全体で強度を分散する構造にしたため各柱の基礎は小さく簡単な物にした（図11-4-7）．丸太同士の取りつけは，ドリルで貫通しボルト止めにしている（16φダブルナット）．群れではリーダー・グループとサブリーダー・グループに分かれることが多いので各10mの3本柱のピークを2か所設け，そこに保温BOXも取りつけて，できるだけ争いを避けやすくした．ピークの周囲には7m，5mの丸太を建て最も外側には2mの丸太を内側に少し倒し強度的により安定する構造にした．一段目の渡り木は高さ2mに固定し作業時に支障のないようにした．中段には上段と下段をスムーズに登り降りできるよう，斜めの渡り木を多く取りつけた（図11-4-8；11-4-12）．また人の作業用には路板を取りつけた．

8m付近に保温BOXを2か所取りつけ，真冬に風，雪を避けお互いの体温で暖が取れるようにした．BOXの中にヒーターは無いが，壁と天井の密閉性をよくして熱が逃げないようにすれば，外気との温度差は約9度ほどになる．

エンリッチメント効果としては，丸太の皮を剥ぎ取って引き回したり，食べたり，皮の下の虫を食べたり，幹を齧ったり，丸太に小虫がたくさん着くのを根気よく食べたり，径が10-20cmの丸太は夏は冷たく冬は暖かく肌触りがよく居心地がよいため，少数グループがお気に入

第11章　飼育環境とその利用：環境エンリッチメントの試み | 485

図11-4-5　制作（左）葉栗さん，交換（右）梅田さん

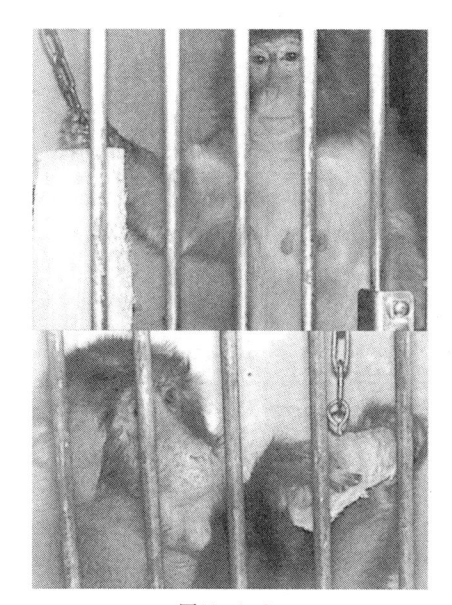

図11-4-3

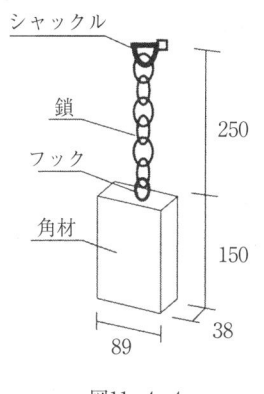

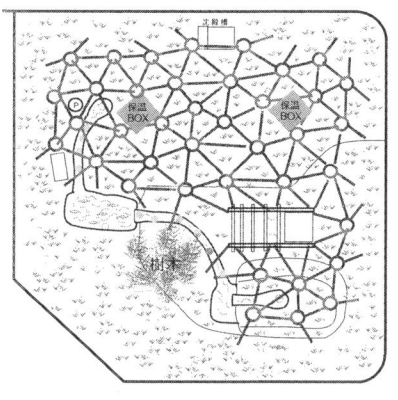

図11-4-6

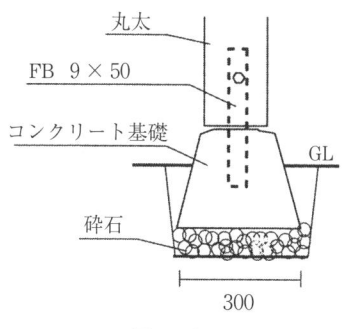

図11-4-4
シャックル
鎖
フック
角材
250
150
89
38

図11-4-7
丸太
FB 9×50
コンクリート基礎
GL
砕石
300

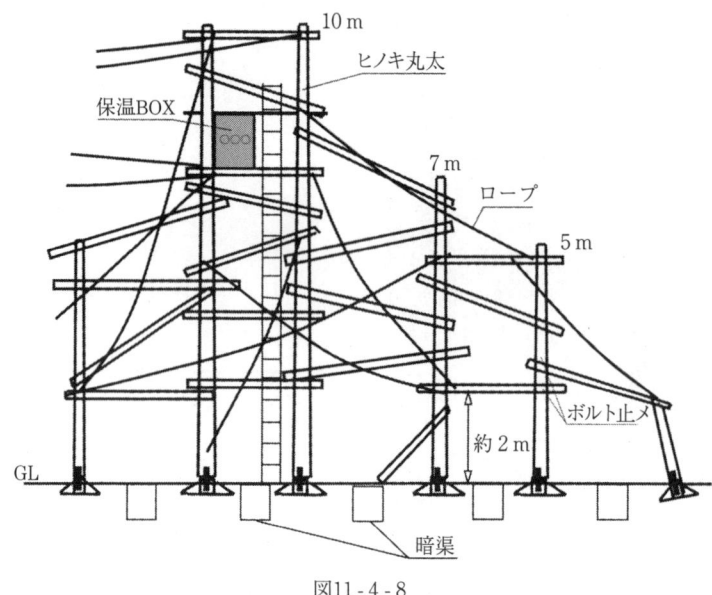

486 | 第11章 飼育環境とその利用：環境エンリッチメントの試み

図11-4-8

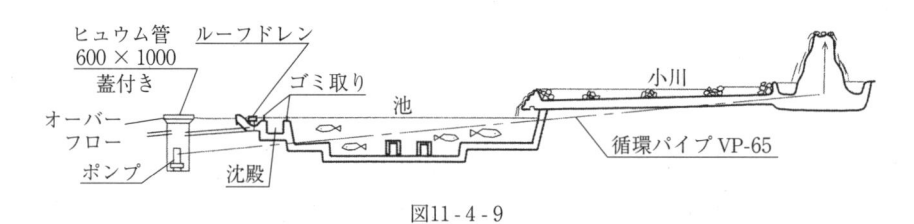

図11-4-9

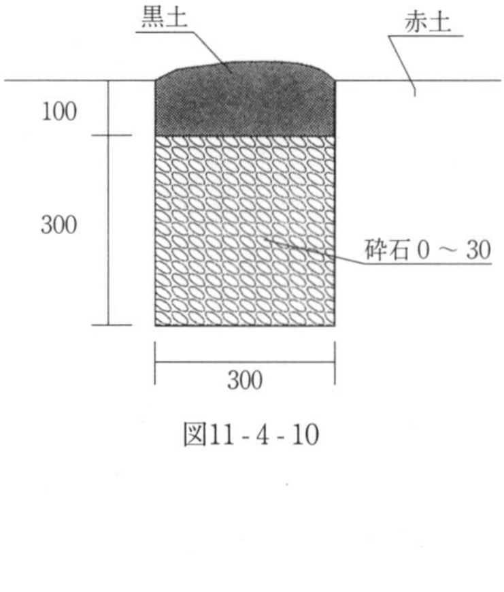

図11-4-10

図11-4-11

りの場所に陣取りのんびりする様子が多く見られる．またけんかが起きても四方八方に逃げられ，逃げ切れるようになった．さらに1日のサルの運動量が多くなったため筋肉が着き血管も発達して全体に毛艶もよく健康状態も良好になっている．

問題はロープをはずしてしまうことで，これに対しては現在数種類の方法で検討している．また丸太止めのボルト，ナットを取ってしまうこと．これに対しての対策はダブルナットにする，またはスクリューボルトを使うことでほとんど無くなった．丸太を齧ることに対しては，桧を多く使っているので今のところほとんど問題ない．

小川，池はポンプによる循環式（図11-4-9）で池などのヘドロは基本的には除去せず，魚，水棲昆虫，微生物による自然浄化を目標にしているがまだまだ検討しなければならない．小川の途中に小さな滝を作ることでその水音によって外部の人の話し声，車の音等の消音効果を出しサル達の生活を少しでも邪魔しないようにしている．エンリッチメント効果としては，夏は魚や蛙を追いかけたり水棲昆虫を捕まえたりイカダに乗ったりと，水遊びする姿がみられた．また，固形飼料を濡らして食べたりして時間つぶしとストレス発散ができている．

問題は循環ポンプの管理である．ゴミ詰まりが原因で焼け付いたり，ブレーカーが飛んだりして毎日の掃除が大変である．これは今後の課題である．他には，タイマーとソレノイドを使った自動給餌器を放飼場2区画に設置してテスト中である（図11-4-11）．現在1区画に1台のみで広範囲に麦等を撒き散らすことのできないタイプであるため下位のサルが食べられない．今後は広範囲散布式の自動給餌器を試作する予定である．放飼場でもグループケージと同様に月，水曜日の午後小麦か大豆を，おやつ代わりに与えており時間つぶしができている．マカク放飼場の場合，チンパンジーのように保護なしの植樹は大変難しい．木が難しいのなら草でやってみようと挑戦してみた．霊長研の土は粘土を含んだ赤土で吸水性が悪くいったん吸水すると乾燥が悪い，草木が育ちにくい土である．まずそこを解決しないと，根は伸びず地上部はサルに食べられてしまい，すぐに赤土の荒野になってしまう．そこで，水はけをよくするために，約3m間隔で碁盤の目状に暗渠を作った，しかし本格的な暗渠ではなく幅30cm深さ40cmの溝に砕石を入れただけの配水管のない暗渠である（図11-4-10）．砕石の上に10cmほど畑の黒土を置いて牧草や雑草が発芽しやすく生育しやすくしてみた．当然であるが碁盤の目状に黒土の草の伸びが大変よく，そのうち赤土の所もほとんど変わらないほどに生育した．これは暗渠が赤土部の表面排水をよくし，降雨時に暗渠に流れ込んだ雨水が一時的に溜められ，放飼場全体の保水を調整していると考えられる．放飼場内では，サルが隠れてしまうほどに繁茂した所もあった．またこれほど繁茂したのはサルの頭数はもちろんのこと，サルが地上に居る時間を短くしているジャングルジムの役割が大変大きく，植物の毎年の再生を助けることにつ

ながっている．

　牧草のクローバー，ケンタッキーの種を工事の終わった放飼場全面に蒔いた．一週間ほどしてもバラバラとしか発芽していない．よく見ると土が乾燥していて発芽できない物がほとんどであった．また鳥にも食べられてしまった．土を被せるのがよいことは分かっていても大変な労力なので，チンパンジー用に購入していた乾草（チモシー）を薄く被せてみたところ鳥にも食べられず，保湿効果もよく一斉に発芽し一面に緑になった．もちろんサルは食べたが，排水がよく，肥沃な土，さらに空間利用したジャングルジムの効果で，牧草も雑草も順調に育ち，サル達は腹一杯草を食べ皮付き丸太を齧り，腸の調子がよくなったのであろうか，少々緑色した大変よい大きな糞をするようになった．体の肉付きがよくなって，毛艶毛並みもどんどんよくなって来た（図11-4-12；11-4-13）．

　これらのことからの結論としては，マカクの放飼場では土と水をバランスよい状態に保ち，林代わりの3次元構築物，その他小川，池，イカダ，魚，ロープ，ブランコ，等々選択肢を増やすことで，サル達が食べても荒らしても植物が長期間維持されていくことができると考えられる．

11-4-4　チンパンジー放飼場他

　チンパンジー放飼場では，植樹が大変うまくいき，今では林になり始めている．1995年に新しく出来たチンパンジー用放飼場は面積700㎡に当初建てた3次元構築物（ジャングルジム）で（図11-4-14），溶融亜鉛メッキ鋼管165φ23本を約3m間隔で建て，11か所の1頭用丸太ベッド（屋根付き），3か所の大型丸太ベッド（屋根付き）を取りつけ，角パイプ50×125の渡り木，登り木とビニロン・ロープ30φを取りつけた（11-2参照）．これも基本的にはマカクの丸太組と同じ3角型パターンの連続構造である．また，落差約1mで全長約33mの循環式の小川を作り途中に池を設けコイ，フナ，キンギョ，メダカ，ドジョウ，サカマキ貝を放し水棲昆虫，微生物等の繁殖を待った．その後1998年夏に高さ14.95mに6か所の屋根付き丸太ベッドのタワーを3本（トリプルタワー）を既設ジャングルジムの中に建設した（図11-4-15）．構造はトラス構造のタワー3本を10mの所でやはりトラス構造の梁を使って固定し外側に30の鉄筋で引っ張り固定してある．既設のジャングルジムとも角パイプの渡り木で繋ぎ強度的にも補強を行なった（図11-4-16）．もちろん，丸太とロープをたくさん使い複雑な移動と，好きな所で休めるよう丸太ベッドを増やした．効果は絶大で15mに張ったロープを手放しで渡るチンパンジーもいるくらい，10-15mの所で過ごす時間が多い．夏の猛暑日にはさすがに下の林の方に降りてきているが．筆者も時々登って見るけれど，犬山市街の眺めも大変よく気分もよくなってくる．

　問題は，力のあるチンパンジーの運動場であること，高さが高いことなどから鉄骨を多く使わざるを得なかったため，夏には直射日光のため触れないほど高温になり，冬には凍りつくほど冷たくなって居心地が悪くなっていることだ．対策

第11章　飼育環境とその利用：環境エンリッチメントの試み　489

図11 - 4 - 12

図11 - 4 - 13　アカゲザル

図11 - 4 - 14

図11 - 4 - 15

チンパンジー放飼場
概略図

トリプルタワー H−15 m

H−10 m

ロープ

ジャングルジム

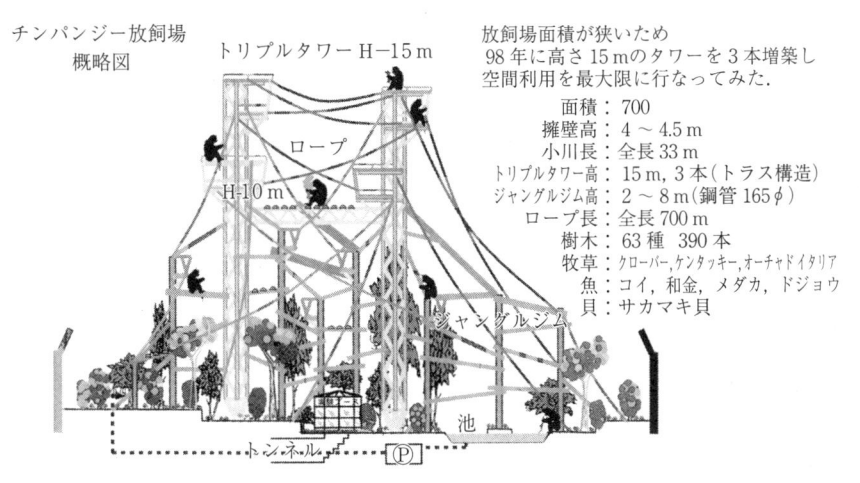

池

トンネル

放飼場面積が狭いため
98年に高さ15 mのタワーを3本増築し
空間利用を最大限に行なってみた．

面積：700
擁壁高：4〜4.5 m
小川長：全長33 m
トリプルタワー高：15 m, 3本(トラス構造)
ジャングルジム高：2〜8 m(鋼管165φ)
ロープ長：全長700 m
樹木：63種　390本
牧草：クローバー, ケンタッキー, オーチャドイタリア
魚：コイ, 和金, メダカ, ドジョウ
貝：サカマキ貝

図11 - 4 - 16

としては，できるだけ直射日光を遮断するように木材等を取りつける．また強度に影響の無い所は木材に取り替えようと考えている．またチンパンジーのけんか等での落下事故が起きると大怪我のおそれがあり，万が一の防止のためにロープを危険箇所に張っている．

チンパンジー・サンルーム（図11-4-17）と呼んでいる小運動場2区画は，1区画約130㎡と大変小さく面積的には充分ではないが，ここにも植樹をし小川を造って魚を放し放飼場とほぼ同様に少しでも居心地のよい所にしようと試行している．放飼場と違うのは，擁壁の高さ1－1.5mの所に半丸太ベッド（図11-4-18）を周囲に取りつけ，夏は陽当たりを避けて涼しい所でくつろぎ，冬は日向ぼっこができるようにした．問題は，擁壁の上をステンレス金網で覆っているためか，陽当たりが弱く陽陰が多い，土の水はけが悪いと言ったような基本的な条件がよくなく，草木の生育が悪い．今後この条件をどのように改善していくか，この条件でも生育する植栽を検討していこうと考えている．

チンパンジー放飼場，サンルームに接続して居室と呼んでいる寝室がある．室内のエンリッチメントは，半丸太ベッドを天井近く（高さ約2m）の壁に取りつけ丸太梯子で登り降りできるようにし，空間にはロープを張るとともに床には，ワラ（チモシー）を敷いて居室内をフルに使えるようにしている（図11-4-19）．チンパンジーはこれらを，どれもよく使っている．さらに3個体の子どもチンパンジーのために居室の壁に図11-4-20のような壁づたいに天井まで登ることのできる小さな梯子をいくつか取りつけたところ，3個体ともよく使っており，他の居室にも取りつける予定である．問題は，居室の天井が3mと低いことで，できるところは天井格子を撤去し少しでも高くしてやりたい．

11-4-5　植樹の方法と保護

■マカク放飼場

1) 電柵式（図11-4-23）
   電線を地下20－30cmの所に埋設し根本で立ちあげる．
   電柵は丈夫な金網で有ればよい．研究所では雛鳥肥育用溶接金網を被複線で幹に接触しないように取りつける．

2) 幹カバー式（図11-4-24）
   3cm幅のアングルの骨組みに亜鉛メッキ鋼板をリベット止めした．
   一番下は通風用溶接金網（50mm目），中央は60×60×150cm，上は30cmのオーバーハングにして120×120×80cm．

3) 鉢植え式（図11-4-25）
   直径1.8m長さ2m強と1m強のヒューム管を積みあげて高さ約3.5mとしサルが上れないようにした．樹木はクヌギで高さ4m．

■チンパンジー放飼場

図11-4-21のように苗木の根本に竹杭，木杭を1－3本打ち込む．杭の長さ

第11章　飼育環境とその利用：環境エンリッチメントの試み | 491

図11-4-17

パル　　　パン

図11-4-18

半丸太ベッド
丸太梯子

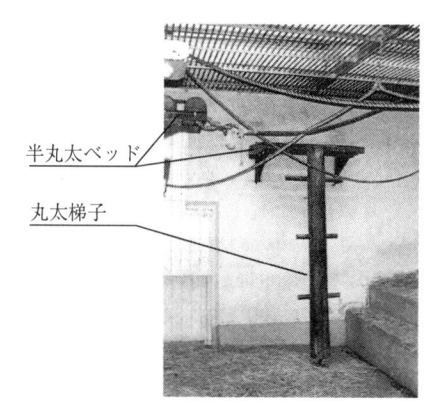

図11-4-19

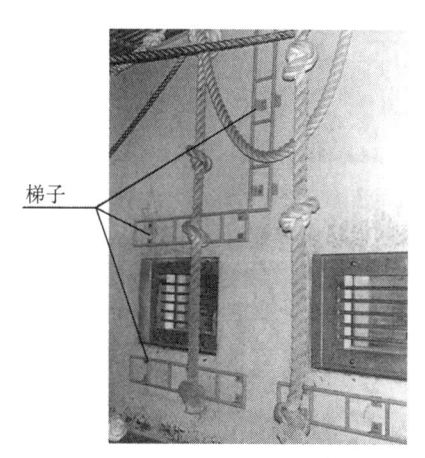

梯子

図11-4-20

半丸太ベッド

図11-4-21

492 | 第11章 飼育環境とその利用:環境エンリッチメントの試み

グランドサポート

図11 - 4 - 22

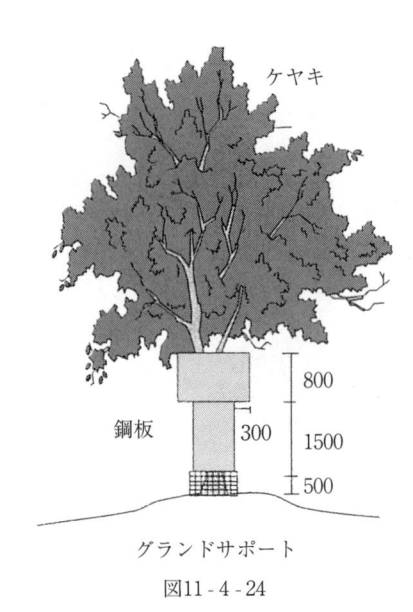

ケヤキ
鋼板　300　800／1500／500
グランドサポート
図11 - 4 - 24

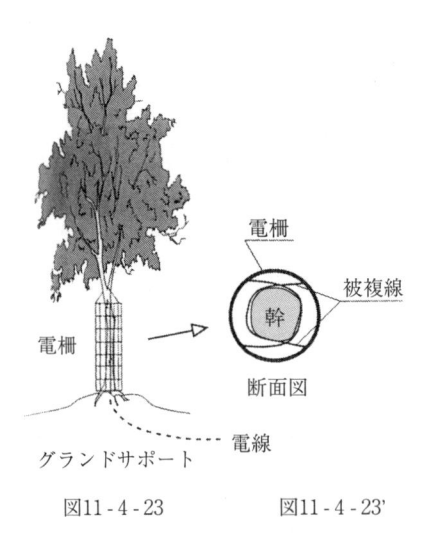

電柵　被複線　幹　断面図
グランドサポート　電線
図11 - 4 - 23　図11 - 4 - 23'

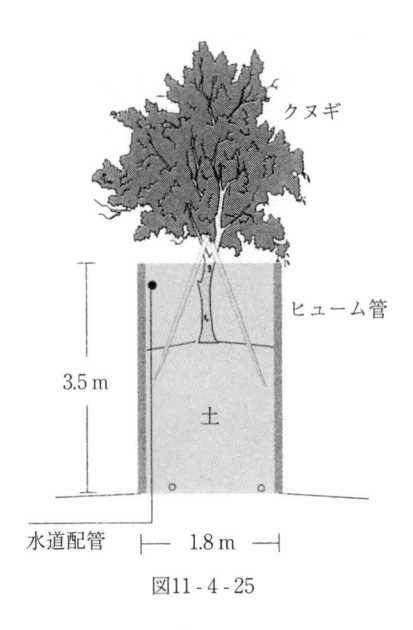

クヌギ
ヒューム管
3.5 m　土
水道配管　1.8 m
図11 - 4 - 25

の目安は根の直径の約2倍，幹，枝を保護する物はいらない．

樹種毎に言えば，根の小さな低木（高さ50cm）には最低杭1本，根の大きな低木（高さ1m）には最低杭2本，中木（高さ4m）には最低杭3本が必要である．また枝張りの小さい高木（5m以上）の場合垂木等の手製グランドサポートでもよく，枝張りの大きい高木（5m以上）では市販のスチール製グランドサポート（図11-4-22）を使用している．

11-4-6　小型ザル用サンルーム2区画

人類進化モデル研究センター棟南面の凹部を利用して，リスザルとワタボウシタマリン小運動場（図11-4-26）を造って環境エンリッチメントのテストを開始している（図11-4-28）．図のように面積7.2m^2の2区画と大変狭い運動場である．しかし建物を最大限に利用して高さを約8mにした．また1mまで土を入れ植樹を行なった．また小さな小川と池も造った．天井に配管したパイプから週間タイマーで散水できるようにもした．さらにその奥にケージ室を新設し運動場側のケージ（図11-4-27）からサンルームに出入りできる構造になっている．はじめてのデッキにはじめての人工土を使って植栽を行なうなど，このような環境での新世界ザルの飼育ははじめての経験だらけである．まだ始めたばかりで，よいのか悪いのか今のところよく分からない．これから時間をかけて試行錯誤を繰り返しながら飼育環境エンリッチメントのノウハウを蓄積してゆきたい．

サンルームの細かな構造は図11-4-28のようになっており，半地下式3階建の1，2階部分の2.4m×6mの凹部を利用してステンレス製クリンプ金網20×20×2（図11-4-29）を張り，真中を線維入りビニールシートで間仕切りをして縦長の運動場にした．また冬でも暖かい日には出せるように金網の外側にビニールシート（図11-4-30）をワイヤー2本で巻きあげられるようにし，風でばたつかないようにガイドを両側につけた．ケージ室の排気は，サンルームに出るようにしているのでシートと合わせて今のところは暖かく保てている．1階奥のケージ室からのサルの出入りは直径15cmの穴にスライドドアをつけた（図11-4-31）．他には止まり木とロープを徐々に増やしている．また，人用に梯子と2か所に路板を取りつけ樹木の手入れその他の高所作業ができるようにした．これがサルには良かったのかサル自身が一番よく利用している．

[熊崎清則]

　　（『新しいサル像をめざして－施設からセンターへの30年』京都大学霊長類研究所人類進化モデル研究センター，2002, pp. 91-101. から転載）

494 | 第11章 飼育環境とその利用：環境エンリッチメントの試み

ワタボウシタマリン

図11-4-26

リスザル

図11-4-27

第11章　飼育環境とその利用：環境エンリッチメントの試み　495

正面図　　　　　　　　　　側断面図

サンルーム　　　　　　　　サンルーム

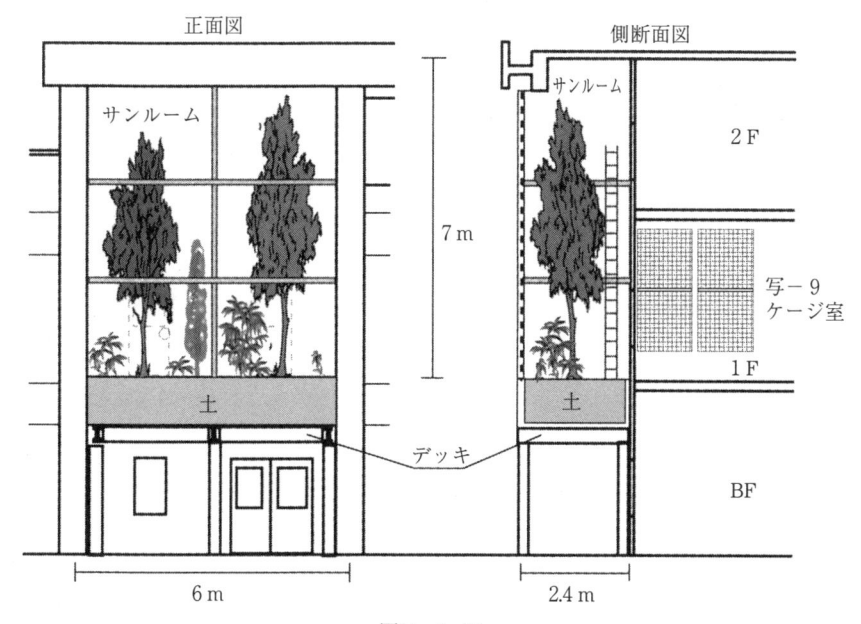

7 m

2 F

写－9
ケージ室

1 F

土　　　　　土

デッキ

BF

6 m　　　　2.4 m

図11 - 4 - 28

図11 - 4 - 29

図11 - 4 - 30

図11 - 4 - 31

第11章　参照文献

Doran, D. M. (1996). Comparative positional behavior of African apes. In W. C. McGrew, L. F. Marchant, & T. Nishida (eds.), *Great ape societies*, Cambridge University Press, pp. 213-224.

Doran, D. M., & Hunt, K. D. (1994). Comparative locomotor behavior of chimpanzees and bonobos: species and habitat differences. In R. W. Wrangham, W. C. McGrew, F. B. M. de Waal & P. G. Heltne (eds.), *Chimpanzee cultures*, Harvard University Press, pp. 93-108.

Maple, T., & Perkins, L. (1996). Enclosure furnishings and structural environmental enrichment. In D. Kleiman, M. Allen, V. Thompson & S. Lumpkin (eds.), *Wild mammals in captivity: Principles and techniques*, University of Chicago Press, pp.212-222.

松沢哲郎（1999）．動物福祉と環境エンリッチメント．どうぶつと動物園，51, 4-7.

落合（大平）知美・松沢哲郎（1999）．飼育チンパンジーの環境エンリッチメント：高い空間の創出とその利用．霊長類研究，15, 289-296

Ochiai, T., & Matsuzawa, T. (1998). Planting tree in an outdoor compound of chimpanzees for an *enriched environment*. In V. J. Hare & K. E. Worley (eds.), *Proceeding of the Third International Conference on Environmental Enrichment*, The shape of enrichment Inc., pp. 355-364.

Rosenzweig, M. R. (1966). Environmental complexity, cerebral change, and behavior. *American Psychologist*, 21, 321-332.

竹元博幸・熊崎清則・松沢哲郎（1996）．飼育チンパンジーによる植栽樹の採食にみられる選択性．霊長類研究，12, 33-40.

Tonooka, R., Tomonaga, M., & Matsuzawa, T. (1997). Acquisition and transmission of tool making and use for drinking juice in a group of captive chimpanzees. *Japanese Psychological Research*, 39, 253-265.

de Waal, F. B. M. (1982). *Chimpanzee politics: Power and sex among apes*. Jonathan Cope. [西田利貞（訳）(1994)．政治をするサル：チンパンジーの権力と性．平凡社．]

Wrangham, R. W. (1977). Feeding behavior of chimpanzees in Gombe National Park, Tanzania. In T. H. Clutton-Brock (ed.), *Primate ecology*, Academic Press, pp. 503-553.

あとがき

　本書は，文部科学省科学研究費補助金・特別推進研究「認知と行動の霊長類的基盤」（研究代表者：松沢哲郎，研究分担者：友永雅己・田中正之，課題番号12002009，平成12－16年度）ならびに京都大学霊長類研究所共同利用研究の研究成果を基礎にまとめたものである．出版にあっては，参加研究者のうち，友永雅己，田中正之，松沢哲郎の3名が全体の編集を担当し，各章をまとめる上では，下記の12名の協力を得た．

　藤田　和生（京都大学文学研究科）
　板倉　昭二（京都大学文学研究科）
　竹下　秀子（滋賀県立大学人間文化学部）
　川合　伸幸（名古屋大学人間情報学研究科）
　平田　聡（林原生物化学研究所類人猿研究センター）
　明和（山越）政子（京都大学霊長類研究所）
　茶谷　薫（京都大学霊長類研究所）
　上野　有理（京都大学霊長類研究所）
　水野　友有（滋賀県立大学人間文化学研究科）
　岡本　早苗（名古屋大学環境学研究科）
　打越万喜子（京都大学霊長類研究所）
　中島　野恵（京都大学霊長類研究所）

　さらに，それぞれの研究の遂行および報告は，各セクションの末尾に記したとおり，下記のメンバーが分担した．

　道家　千聡（京都大学霊長類研究所）
　前田　典彦（京都大学霊長類研究所）
　清水　慶子（京都大学霊長類研究所）

五十嵐（上井）稔子（京都府立医科大学）
石川　　悟（北海道大学工学研究科）
伊村　知子（関西学院大学文学研究科）
桑畑　裕子（京都大学文学研究科・日本学術振興会）
大枝　玲子（東京大学総合文化研究科）
村井千寿子（京都大学文学研究科）
林　　美里（京都大学霊長類研究所）
武田　庄平（東京農工大学農学部）
魚住みどり（慶應義塾大学社会学研究科）
泉　　明宏（京都大学霊長類研究所）
小杉　大輔（日本学術振興会・京都大学文学研究科）
井上（中村）徳子（京都大学霊長類研究所）
関根すみれな（林原生物化学研究所類人猿研究センター）
Cláudia Sousa（京都大学霊長類研究所）
高谷理恵子（福島大学教育学部）
濱田　　穣（京都大学霊長類研究所）
西村　　剛（京都大学霊長類研究所）
川上　清文（聖心女子大学文学部）
足立　幾磨（京都大学文学研究科）
山口　真美（中央大学文学部）
橋彌　和秀（京都大学教育学研究科）
松野　　響（京都大学霊長類研究所）
森村　成樹（林原生物化学研究所類人猿研究センター）
中川　織江（日本女子大学）
落合（大平）知美（京都大学霊長類研究所）
熊崎　清則（京都大学霊長類研究所）
藤田　志歩（京都大学霊長類研究所）
堀本　直幹（豊見城中央病院）
諸隈　誠一（九州大学医学部付属病院）
小西　行郎（東京女子医科大学）
上野　吉一（京都大学霊長類研究所）
今田　　寛（関西学院大学文学部）
金沢　　創（淑徳大学社会学部）

石井　　澄（名古屋大学環境学研究科）
兼子　明久（岐阜大学農学部）
小林　真人（岐阜大学農学部）
小野　篤史（岐阜大学農学部）
中山　奈美（岐阜大学農学部）
田中　紫乃（岐阜大学農学部）
石田　　開（京都大学文学研究科）
Maura Celli（京都大学霊長類研究所）
多賀厳太郎（東京大学教育学研究科）
早川　清治（京都大学霊長類研究所）
三上　章允（京都大学霊長類研究所）
鈴木　樹理（京都大学霊長類研究所）
加藤　朗野（京都大学霊長類研究所）
高井　清子（日本女子大学家政学部）
松林　伸子（京都大学霊長類研究所）
釜中　慶朗（京都大学霊長類研究所）
小林　洋美（大阪国際大学）
林　安紀子（東京学芸大学）
勝田ちひろ（京都大学霊長類研究所）
熊田　孝恒（産業技術総合研究所）
吉川左紀子（京都大学教育学研究科）
筒井紀久子（東京農工大学農学研究科）
山崎由美子（慶應義塾大学社会学研究科）
渡辺　　茂（慶應義塾大学社会学研究科）
小嶋　祥三（京都大学霊長類研究所）

＊　　＊　　＊

　ここで，研究プロジェクト全体を総括する者の一人として，謝辞を述べておきたい．本研究プロジェクト全体およびその一部は，主として文部科学省（旧文部省）科学研究費補助金特別推進研究「チンパンジーの言語・認知機能の獲得と世代間伝播」（代表者：松沢哲郎，#07102010），「認知と行動の霊長類的基盤」（代表者：松沢哲郎，#12002009），COE形成基礎研究費「類人猿の進化と人類の成立」（代表者：竹

中修, #10CE2005), 特定領域研究 (A)「心の発達：認知的成長の機構」(領域代表者：桐谷滋, 計画班「心の発達：概念発達の機構」計画班代表者：波多野誼余夫, #09207105) などの助成を受けて行なわれている. 代表者の竹中修, 桐谷滋, 波多野誼余夫の各氏に感謝したい. これ以外にもそれぞれの研究は各研究者への研究補助金の助成を受けている. それらについては各節の末尾に謝辞として記した.

京都大学霊長類研究所（小嶋祥三所長, 福井秀昭事務長）の所員の方々の支援なしには本研究プロジェクトを遂行することはできない. 本研究プロジェクトは, 松沢哲郎, 友永雅己, 田中正之, 明和（山越）政子, 平田聡による共同研究プロジェクトとして進められている. また, 川合伸幸, 小嶋祥三, 三上章允, 上野吉一, 濱田穣, 泉明宏, 落合知美, 井上（道家）千聡, 茶谷薫, 西村剛, Cláudia Sousa, Maura Celli, Dora Biro, 上野有理, 水野友有, 打越万喜子, 岡本早苗, 大橋岳, 中島野恵, 伊村知子, 魚住みどり, 松野響, 林美里, 井上（中村）徳子, 外岡（友永）利佳子, 鈴木修司, Celine Devos, Amerie Dreiss, Nadege Bacon, 小林真人, 兼子明久, 小野篤史, 中山奈美, 田中紫乃らが, たがいに協力しつつ各自の研究を行なってきた. これ以外にも, 竹中修, 林基治, 平井啓久, 清水慶子, 中村伸, 井上（村山）美穂らによって, 分子生物学, 生化学, 生理学的研究が行なわれている.

また, 本研究プロジェクトの一部は, 共同利用研究所である京都大学霊長類研究所の共同利用研究の計画研究（1995 – 1997：類人猿の発達とその生物学的基盤, 1998 – 2000：類人猿の認知行動発達の比較研究, 2001 – 2003：チンパンジー乳幼児期の認知行動発達の比較研究）, 自由研究, 資料提供（施設利用）, 所外貸与の一環として行なわれている. これらの共同利用研究などにより, 藤田和生, 板倉昭二, 橋彌和秀, 小林洋美, 石川悟, 小杉大輔, 桑畑裕子, 村井千寿子, 足立幾磨, 竹下秀子, 小西行郎, 多賀厳太郎, 高谷理恵子, 立花達史, 水野友有, 山口真美, 金沢創, 森村成樹, 関根すみれな, 五十嵐（上井）稔子, 堀本直幹, 諸隈誠一, 中川織江, 石井澄, 岡本早苗, 今田寛, 伊村知子, 渡辺茂, 山崎由美子, 魚住みどり, 直井望, 武田庄平, 筒井紀久子, 長谷川寿一, 大枝玲子, 川上清文, 高井清子, 井植麻子, 三宅なほみ, 寺澤直子, 蘆田宏, 脇知子らとの共同研究が可能となった. また, 日々の研究を進めていく上で, 南雲純治, 吹浦吉孝, 斎藤亜矢, 中山桂, 亀谷紀美, 座馬有代, 佐藤慎祐, 森琢磨, 早川清治, 酒井道子, 鈴木益広, 葉栗和枝, 伊藤和子らの多大なる協力を得た.

上記にくわえて, 海外の研究者との共同研究も行なわれた. Joël Fagot, Kim A. Bard, Dorothy Fragaszyの各氏である. 彼らとの共同研究は我々にとって非常に刺激的なものであった. また, 彼らは我々のプロジェクトを広く世界に伝える上で

も重要な役割を果たしてくれている．

　現在，京都大学霊長類研究所には1群14個体のチンパンジーが暮らしている．これらのチンパンジーの飼育管理は，研究所人類進化モデル研究センターの松林清明センター長をはじめとして，景山節，後藤俊二，鈴木樹理，上野吉一，松林伸子，三輪宣勝，熊崎清則，阿部政光，釜中慶朗，前田典彦，加藤朗野，橋本（勝田）ちひろなどのスタッフによって行なわれている．

　本研究プロジェクトは，中村美穂（アニカプロダクション），大脇三千代（中京テレビ），平田明浩，鮫島弘樹（毎日新聞社）によって継続的にビデオ映像および写真として記録されている．また，これ以外にも朝日新聞社，読売新聞社などからも写真提供を受けている．これらの映像資料は，記録的価値だけでなく，研究者によって日々記録されている映像資料を補完する上で，一次資料としての価値も非常に大きい．

　本書には，既に他の出版物において公表されている論文等がいくつか転載されている．転載を快く許可していただいた，日本基礎心理学会，日本動物心理学会，日本霊長類学会，株式会社裳華房，日本モンキーセンター，京都大学霊長類研究所人類進化モデル研究センターに謝意を表したい．

　ここに名前をあげなかった方で，各執筆者が研究を遂行する上で特にその協力を得た方々については，各節の末尾にその名前を記して謝辞とした．

　また，本書の刊行に当たっては，日本学術振興会より，平成14年度科学研究費補助金（成果公開費）の補助を受けた．記して感謝したい．

　本書を出版するにあたり，京都大学学術出版会の鈴木哲也氏，高垣重和氏以下，多くの方々のお世話になった．また，付録CD-ROMの作成にあたっては，（株）クイックスのお世話になった．末尾になるが，これらの方々にもお礼を申し述べたい．

＊　　＊　　＊

　本書が出版される頃には，アユム，クレオ，パルは2歳半から3歳になろうとしている．彼らの成長を見守りつつ，我々の研究プロジェクトも次のステップへと進んでいるはずである．

2002年12月
犬山にて
編著者を代表して
友永雅己

索　引

[数字・アルファベット]
1-0サンプリング法　142
2選択選好注視法　195, 344
3項関係　vi, 133, 214-215
AIM（Active Intermodal Mapping）仮説　49
CG　20, 27-29, 32-34, 94
CIE1931色度図　409-410
DXA装置（Double Energy X-ray Absorptiometry）　302-303
FSH　20, 27-29, 32-34
hCGホルモン　23
last resort（最後の手段）仮説　112
MRI（磁気共鳴画像法）　25, 284, 311
REM睡眠　324
rMSSD（root mean squared successive Rri differences）　36, 38
RUS系骨格成熟スコア　303, 305
TW法　302-303
U字型の発達過程　80-81
X線写真　302-303, 305
仰向け　285 → 姿勢反応

[ア行]
仰向け　285
アカゲザル　4, 33, 110, 112, 214, 299-300, 333, 336-337, 339-341
アクトグラム　285-286, 291
アジルテナガザル　50, 321, 327, 329, 343, 366, 370, 373
アセスメント　35, 474, 476
遊び友達　224-225
圧力センサー　177-178
アフォーダンス　150-152
安全基地　218, 225
怒り表情優位性　403
育児　18, 21-22, 24, 48
　　育児拒否　18-19, 21, 327, 329
　　育児勉強　21-22
一過性頻脈　20
色対色遅延見本合わせ　409
色知覚　382, 414
色のカテゴリカルな知覚　413-414
陰影手がかり　73, 84-85, 87
陰影による奥行き知覚 depth from shading　73, 83, 87
陰影方向の効果　83

因果性理解　215, 232
咽頭腔　283, 310-311, 313-316
ヴィルヘルマ動物園　374, 378
餌ねだり　193-194
粘土の操作　435
凹凸弁別課題　84-85 → 実物凹凸刺激, 写真凹凸刺激
オオアリ釣り　265
屋外放飼場　333, 454, 469, 472-475
おしゃぶり（hand-mouth contact）　286
親子関係　2, 7, 11-14, 225-226
　　人間に固有な親子関係　15
　　ホミノイド的基盤（親子関係の）　14
　　哺乳類的基盤（親子関係の）　14
　　霊長類的基盤（親子関係の）　14
親離れ　219, 225 → 子離れ

[カ行]
絵画的奥行き知覚　73, 83, 87
回避反応テスト　353, 355
顔　89-92, 94-99, 391-393, 395-396
　　強調顔　94-95, 348, 350
　　顔図形　73-74, 89, 92, 98, 195, 320, 337, 339-343, 391
　　顔知覚　347, 402-403, 406
　　顔の背け　101, 103-104
　　顔配置図形　74, 89, 92, 340, 342
　　母親顔　74, 94-96, 98-99, 347-352
　　　　母親顔の認識　347
　　　　母親顔の認識　347
　　プロトタイプ顔　74, 98, 347, 352
　　平均顔　94-96, 98-99, 347-352
覚醒状態　51-52, 54-55, 175, 322
覚醒水準　40, 48, 51-52, 55-58, 144, 446
　　覚醒水準判定　52, 54
覚醒・睡眠リズム　51
数の大小　110 → 推移律
数の認識　75-76, 110 → 推移律
カテゴリ化能力　76, 114, 121, 320, 353, 358
カテゴリ形成　353
カテゴリ弁別　353, 355-356, 358
カニクイザル　300, 336-337
感覚統合　320
　　感覚統合能力　321, 359, 364
感覚様相間統合　362
慣化（familiarization）段階　115-117, 119, 121
環境エンリッチメント　vii, 453, 468-469, 474, 476-477, 484, 493
環境認識能力　146

環境利用　vii, 477, 479
観察　146, 262
記憶容量　383, 419, 421-422
　規則的睡眠　54-55, 57-58→睡眠
既知－新奇弁別課題　115
キッキング　286
ギニア　5, 266
機能的な関係づけ　258
基本4味　59, 62
嗅覚刺激　73
嗅覚手がかり　75, 105→匂い手がかり
旧世界ザル　50, 214, 285, 320-322, 327, 337, 365, 370
吸乳　52, 54-56
教育　11-13, 216, 262, 266, 276
　師弟関係に基づく教育（education by master-apprenticeship）　216, 262, 276
協応反応　181-183
　局所的強調課題　207
凝視する視線　197
強調顔　94-95, 348, 350→顔
共同注意（joint attention）　vi, 163, 204, 214-215, 232, 240-242→注意, 視覚的共同注意
共同の関与　215, 232, 234, 238-240, 242
局所的強調（local enhancement）　152, 206-207
居室　11, 24-25, 51, 96, 258, 296, 300, 469, 472-473, 477, 479, 490
吟味的操作　241-242→対称操作
クラッチ型歩行　296
グリメイス　326, 353
クリング（しがみつき）　12, 14-15, 25, 48, 261, 295, 453
グループケージ　353, 484, 487
クレーン行動　444, 446
系統発生的妥当性　387, 397
系列位置効果　427-428
系列表象　415, 417
痙攣様の運動　286, 290-291→自発運動
毛づくろい　7, 22, 173, 218, 223
月経周期　23, 27-29, 32-34
非妊娠月経周期　28
行為のための選択（selection for action）　397, 400
交換フェーズ　271-272→見本あわせフェーズ
口腔　283, 310, 313-314
交差養育法　2, 4
喉頭下降現象　283-284, 310-311, 315-316
行動発達　iv- vi, 5, 7, 282, 285, 321, 365-366, 370, 373

行動目録　142, 182, 321, 374-376, 439-440, 442-443, 446
小型ザル用サンルーム　493
小型類人猿　50, 195, 198, 285, 320-321, 327, 346, 365
骨格成熟　283, 302-303, 305-309
ごっこ遊び　132, 145, 439, 444, 446
骨成熟年齢　305
古典的条件づけ　20, 39
コドモ期juvenile　v, 283, 302, 307
子離れ　219, 225→親離れ
個別ケージ　333-334, 336, 350, 482, 484
コモンリスザル　50, 327, 329
ゴリラ　i, 2, 227, 321, 374-376, 430-432
コンスペック CONSPEC　74, 92, 97, 339, 341-342, 344
コンラーン CONLERN　74, 92, 97-98, 339, 341-342

[サ行]
最近接個体（Nearest Neighbor）　vi, 214, 218-219, 223-224, 226
採食行動　248, 475
採食時間　474-475
在胎日数　20, 36, 38
サッキング（乳首を吸う）　15, 48, 161, 177-180
三次元構築物　469, 473-475
三者関係　v, 1-2, 5, 11, 15
参与観察（研究）　v
サンルーム　11, 96, 186-187, 218, 226-227, 454, 469, 472-473, 479, 490, 493
飼育施設　vii
視覚探索課題　387, 389-390, 392, 399, 402-405
視覚的共同注意　394-395→共同注意, 注意
視覚的好み　383-384
歯牙年齢　308
しがみつき－抱きしめる clinging-embracing　14
刺激強調（stimulus enhancement）　216, 254
刺激図形法　448
次元内促進効果（Within-dimension facilitation, WDF）　398-399
自己
　自己顔優位性　403
　自己感覚　176, 180
　生態学的自己感覚／知覚　177-178
　自己鏡映像　160-162, 174, 181, 188
　　自己鏡映像認知（mirro self-recognition）　161-162, 174, 181, 188

自己指向性反応　161, 181-184, 188-189
生態学的自己　160-161, 174, 176
　自己－他者－物　ⅵ, 214
　自己探索行動　180
　自己知覚　160
　自己認識　ⅴ, 160-162 → 他者認識
　自己の名前概念　185, 188 → 名前
　自己の名前の認知　185, 385 → 名前
自己推進的（self-propelled）動き　232, 242
自己生成刺激　174
四肢の屈伸　293, 295
思春期　7, 283, 302, 307
姿勢運動的相互作用　295
姿勢反応（postural reaction）　282-283, 292-293, 295
　姿勢反応検査　283, 292-293, 295
姿勢保持機能　295
視線
　視線・顔向き手がかり　405 → 社会的手がかり
　他者の視線の検出　195
　視線追従　164, 204, 207-209
　　視線追従課題　163-164, 199, 204, 206, 208-209
　視線追従能力　204
　視線の検出機構（EDD）　163, 195
　視線の認識　ⅴ-ⅵ, 75, 214
　視線変更頻度　362
　自分を見つめる眼（direct gaze）　195
自然交配　18, 21
四足歩行歩様（gait）　283, 299
実物凹凸刺激　85-86 → 凹凸弁別課題
師弟関係に基づく教育（education by master-apprenticeship）　216, 262, 276 → 教育
自発運動（ジェネラルムーブメント, general movement, GM）　240, 282, 285-286, 291
自発的驚愕様運動　56-58
自発的口唇運動　56-58
自発的微笑　48, 56-58, 163, 320, 322-326
自分を見つめる眼（direct gaze）　195 → 視線
社会的参照　ⅵ, 215, 232, 234, 240-242
社会的刺激　390, 395, 400, 405
社会的促進（social facilitation）　144, 254, 446
社会的存在　ⅴ, 162
社会的知覚　402, 404, 407-408
社会的知性　ⅴ
ⅶ, 162, 214-215, 227, 231, 407
社会的手がかり　199, 204-209, 396, 406
社会的認知　ⅴ-ⅵ, 73, 159-160, 215, 390-391, 393, 408
社会的認知能力　ⅵ, 209-210, 214
社会的反応　99, 181-183
社会的微笑　99, 163, 324, 326
写真凹凸刺激　85-86 → 凹凸弁別課題
自由遊び場面　141, 439
周産期　ⅴ, 11, 17, 20, 39
自由選択課題　110, 112
出産　ⅳ, 7, 18-19, 21-25, 32, 39, 99
　出産準備　24
受動的分配　133
授乳期初期　29
樹木被食の嗜好性　474
純音　39, 41
馴化－脱馴化法　75, 83
瞬時心拍数　20, 35-36, 38
消極的分配　244-247
象徴遊び　132, 439
象徴距離効果　416
象徴見本合わせ　409, 415-417
情緒の発達　81
初期知識　359-360, 362
初期模倣（新生児模倣）　ⅴ, 49-50, 63-65, 68, 163, 320, 327, 329 → 模倣
植樹　469, 472-474, 487-488, 490, 493
植物を利用した行動　474-475
食物選択　62, 75, 216, 248, 251, 253
食物分配　216, 247, 385
触覚刺激　161, 174, 176
序列化課題　383, 416-417, 422-423
進化的基盤　11-15, 291, 342, 360
新近性効果　428-429
人工飼育　374
人工授精　3, 18, 21, 23, 26-27, 430
　精液採取　23-24
　精液注入　24
人工保育／哺育　18, 21, 24, 181, 285-286, 295, 302, 304, 308, 329, 337, 340, 343, 348-351, 353, 366, 430
新生児期　ⅱ, ⅴ, 47-49, 74, 92, 100, 160, 282, 284, 290, 292, 320, 324, 326-327, 332, 341, 344
新生児微笑 neonatal smiling　ⅴ, 14
新世界ザル　ⅶ, 50, 75, 82, 160, 214, 283, 320, 327
身体支持機能　295
身体成長　ⅵ, 209, 281-282, 302, 366, 370, 373
陣痛　24-25
振動刺激　20, 39, 41
真の模倣　254 → 模倣

新版K式発達検査　132, 134-135, 137, 150
心理学的幸福　468
推移律　382, 415-418
睡眠　48, 51-52, 54-55
　　睡眠―覚醒サイクル　v→覚醒・睡眠リズム
　　規則的睡眠　54-55, 57-58
　　多相性睡眠　55
　　単相性睡眠　55
　　不規則的睡眠　54-55, 57-58
数字の序列化　382, 422→数の大小，推移律
スクリーム（scream）　167, 169, 173, 353
スタッカート（staccato）　167, 169, 172
ストローク　123-125
砂遊び行動　145
砂操作　439, 446
砂の対象操作　141-142, 439
　　砂の対象操作行動バウト　143
精液採取　23-24→人工授精
精液注入　24→人工授精
生態学的自己　160-161, 174, 176
　　生態学的自己感覚／知覚　161, 177-178
生体計測　303-304
声道の二重共鳴管構造（Double Resonant System）　283
生得的解発機構による誘発反応　332
性皮の腫脹　19, 27-28, 32, 34
生物学的一般性　387
生物学的制約　397, 400
生物学的年齢　283, 302, 308-309
生物の運動（biological motion）　72, 77-78, 81-82, 333-334, 336
生理学的年齢　283, 302, 308
正立運動　78-82, 333-334, 336
積極的分配　244-247
接触頻度　190, 193, 254, 434
選好注視法　78, 82, 94, 195, 344, 360
選好リーチング課題　83
潜在的食物　216, 248, 251
選択的注意　387-390
相貌認知　391→顔
ぞうきんがけ　148, 296, 299, 301
造形能力　384, 434, 437-438
相互に最も近い位置を占める関係（mutual nearest neighbors）　219→最近接個体
操作行動バウト　143, 442
操作の階層性　144-145, 447
粗大運動　286→自発運動

[タ行]
胎児心拍　20-21, 33, 35-36, 38
体脂肪率　302
対象選択課題　163-164, 199, 203, 208-209
対象操作　vii, 7, 125, 132, 135-136, 140-141, 146-147, 152, 209, 216, 238-240, 321, 366, 373-374, 439, 446
　　対象操作能力　v, 76, 131-133, 146, 151, 282, 321, 434
対称的四足歩行　296, 299-300→非対称的四足歩行
対象の永続性　203, 209
対称非対顔図形　89, 92, 337-338, 340-342→顔
対象物への共同の関与（joint engagement）　215, 232
タイム・サンプリング法　218
他者認識　162→自己認識
他者の視線の検出　195→視線
他者理解　v
多相性睡眠　55→睡眠，単相性睡眠
タッチパネル　190, 267-268, 271, 424, 430, 458-460
タマリン　vii
短期記憶　419, 421
探索 probing　146, 152, 161, 174, 177, 179-180, 203, 218, 225, 232, 237-238, 241-242, 353, 362, 398
　　探索的行為　241
　　探索的反応　181
　　探索非対称性　387, 391, 400, 404
　　自己探索行動　180
単相性睡眠　55→睡眠，多相性睡眠
知覚と行為の相互作用　vi, 133, 151
知覚のための選択（selection for perception）　397
知識の母子間伝播　vi, 215
チャンク　423-424
注意　387, 394, 397
　　共同注意（joint attention）　vi, 163, 204, 214-215, 232, 240-242
　　注意の自動シフト　405
　　注意の補足　387
注視　80-82, 97-98, 116-117, 119, 121, 162, 190-191, 193-194, 234, 237-238, 240-241, 244, 334, 336, 343-344, 348, 352, 359-360, 362, 364
　　注視時間　78-82, 84, 170-171, 173, 191, 193-194, 197, 333-334, 348-349, 360, 362
　　　　注視時間法　359
　　注視・接触時間　115-117, 119-121

索 引 | 507

注視反応　90, 190, 343-345
超音波ドップラー法（外側法）　36
聴覚フィードバック刺激　161, 177
チンパンジー放飼場　469, 471, 476, 482, 488, 490, 493
追視　106-107, 237, 339, 341, 352, 370
追従反応　95, 98-99, 205-207
定位操作（orienting/combinatory manipulation）　132-134, 136-139, 150, 156, 374, 376
定位的操作　125, 261, 270, 370, 373
テナガザル　i , vii, 18, 22, 74, 89, 92, 195, 198, 282, 285-286, 290-291, 320, 329-330, 332, 342-344, 346, 365-366, 370, 373, 430-431, 484
手渡し　153
電気刺激　24
電柵　490
動画　135, 191, 193, 359, 370, 376, 383, 425-429
　　動画－動画見本合わせ　425-426
道具使用　iii, v - vi, 7, 13, 133, 146, 149-152, 215-217, 254, 262-265, 374
　　道具使用獲得実験　vi, 215
　　道具使用行動　132-133, 139, 150, 152, 254, 265-266, 373, 472
同時選好注視法　78
動物福祉　vii, 24, 476-477
倒立効果　391, 402-403
トークン　217, 271-272, 275-276, 458
特徴統合過程　113
特徴統合理論　387
トリプルタワー　471, 475, 488
トロット型歩行　296

[ナ行]
内的な動機づけ　276
なぐり描き（scribble）　76, 122, 384-385, 448-449, 453
　　なぐり描きの基本要素　452
なぞりがき　122
ナックルウォーク　283
名前　457
　　自己の名前概念　185, 188
　　自己の名前の認知　185, 385
　　名前認知　162, 185, 188-189, 454-455, 457
　　名前呼び実験　185
ニアレスト・ネイバーズ（最近接個体, nearest neighbors, NN）→最近接個体
匂い手がかり　105
匂いの嗜好性　75, 100

ニホンザル　i , vii, 4, 7, 14, 33, 48, 50, 76, 98, 251, 285, 299-300, 320-324, 327-329, 332-333, 336-337, 339, 341, 347-354, 358-360, 362, 364-365, 370, 373, 482
　　ニホンザルの自発的微笑　326→自発的微笑
乳児（期）infant　ii , v , 48, 55, 63, 71, 73-74, 131, 159, 174, 215, 282-285, 299-302, 307-309, 311, 314-315, 327, 430, 433
尿中LHホルモン　23
尿中ステロイドホルモン　20, 27
人間に固有な親子関係　15
妊娠　18, 20-21, 23, 27, 29, 32-35, 38-39
　　妊娠期間　18-19, 21, 24, 32
　　妊娠経過観察　20, 27
　　妊娠診断　20, 23, 27, 33-34
認知のための選択（selection for cognition）　402
粘土遊び　145, 384, 434-435, 437, 439, 444, 446-447
粘土作品　435
粘土造形　384, 437-438
ノート型コンピュータ　122, 190, 192, 217, 267
のぞきこみ　200, 202, 205-209, 249, 251
ノルム　303

[ハ行]
ハチミツなめ　13, 149, 217, 262
ハチミツなめ道具使用　262
発声　2, 41, 105-107, 160, 165-166, 169-170, 172-173, 191, 194, 241, 353, 364, 366, 370, 397
母親
　　母親顔　74, 94-96, 98-99, 347-352→顔
　　母親がコドモをお腹に抱く（ventral-ventral, VV）　227-228
　　母親によるコドモの運搬　227
　　母親の識別　105
　　母親の背中にコドモが乗る（dorsal-ventral, DV）　227, 230
　　母親の体臭　105-107
　　母親の認識　75
繁殖計画　v , 19, 23, 26
パントグラント（pant-grunt）　166-167, 169, 172-173
パントフート（pant-hoot）　166-167, 169, 172-173
比較認知発達研究　1-2, 8-9, 11, 74, 319-321, 385
非対称的四足歩行　299-300→対称的四足歩行
非対称非顔図形　337-338, 341→顔, 対称非顔図形

ビデオ映像　101, 106, 169, 359
ヒト乳児　48, 51, 65, 68, 72-73, 75-77, 80-82, 88, 92, 107, 114-117, 119-121, 125, 156, 160, 177-178, 180, 185, 188-189, 195, 198-199, 208-209, 214-215, 232, 234, 240, 242, 302, 321, 341, 344, 347, 353, 358-359, 362, 364
非妊娠月経周期　28
ヒヒ　vii, 20, 33, 38, 370
描画　76, 78, 125-126, 384, 434, 448, 450, 452-453→なぐり描き
　ペンを使った紙への描画　125
表情動作　49, 59-62, 247, 328-329, 332
表情模倣　65, 68, 327, 332→模倣
フィンパー (whimper)　12, 169
フードグラント (food-grunt)　166-167, 172
フーフィンパー (hoo-whimper)　169
フォーカル・アニマル法　218-219
不規則的睡眠　54-55, 57-58→睡眠
物体認識　113, 388, 391
物々交換 bertering　156
プライミング効果　387, 390, 400
ブラゼルトンの新生児行動評価　41
プレイバック　165-166, 186-187
プレイフェイス　163, 169-173
プロトタイプ顔　74, 98, 347, 352→顔
文化的伝統　152
分業　385, 458
平均顔　94-96, 98-99, 347-352→顔
ベビーシッター　223, 225
ペンを使った紙への描画　125
母子間コミュニケーション　228, 230
母子間の相互交渉　133, 216, 243, 248
母子哺育　285-286, 349-351
ボッソウ　5, 7, 12, 152, 266, 482
哺乳類的基盤（親子関係の）　14→親子関係
ボノボ　214, 321, 374-376
ホミノイド的基盤（親子関係の）　14→親子関係
歩様　283, 296, 299-301
ホルモン検査　23
ホルモン動態　19, 27-29, 32-34
ボンネットザル　337

[マ行]
マークテスト　161, 181
マカクザル　72, 74, 77, 81-82, 87, 89, 98, 292, 295, 301, 320, 324, 326, 333-334, 336-337, 339, 341-342, 358, 370
マカク放飼場　484, 487, 490

麻酔法　24
味覚刺激　v, 49, 59, 62
幹カバー　490
水飲み行動　146
見つめあい　162-163
見本あわせフェーズ　271-272→交換フェーズ
もがき　106-107
物噛み　101-104
物の受け渡し　133, 153-154
物を介した遊び　133, 157
模倣
　模倣音声　166-167, 169, 172
　真の模倣　254
　模倣反応　65, 163
　初期模倣（新生児模倣）　v, 49-50, 63-65, 68, 163, 320, 327, 329
　表情模倣　65, 68, 327, 332

[ヤ行・ラ行・ワ行]
役割分担　385, 458, 460
野生チンパンジー　5, 7, 12, 22, 48, 146, 166, 172, 216, 218, 225, 227, 261, 276, 308, 374, 385, 425, 427, 458, 476, 482
指さし　164, 199-200, 202-203, 205-209, 260, 395-396, 400
養育者　198, 327, 343-344, 346-350, 353, 359
ラフ (laugh)　167, 169, 171-173, 352
リーチング　84-87, 99, 209, 254, 262-264, 266, 270, 353, 397
リスザル　vii, 329-330, 332, 382, 493
両手の機能分化的使用　260
累積同居個体数　96
ルーティング（乳首をさがす）　15, 48, 54, 160-161, 174-176
霊長類的基盤（親子関係の）　14→親子関係
連続記録法　142, 440
ワタボウシタマリン　160, 493

［編著者略歴］

友永　雅己（ともなが　まさき）

京都大学霊長類研究所 行動神経研究部門 思考言語分野 助教授　博士（理学）
1964年生まれ．1991年大阪大学人間科学研究科単位取得退学．
日本学術振興会特別研究員，京都大学霊長類研究所助手を経て現職．

田中　正之（たなか　まさゆき）

京都大学霊長類研究所 行動神経研究部門 思考言語分野 助手　博士（理学）
1968年生まれ．1993年京都大学大学院理学研究科修士課程修了
日本学術振興会特別研究員，財団法人東京都老人総合研究所言語・認知部門研究助手を経て現職．

松沢　哲郎（まつざわ　てつろう）

京都大学霊長類研究所 行動神経研究部門 思考言語分野 教授　理学博士
1950年生まれ．1974年京都大学文学部哲学科卒業，大学院進学．
京都大学霊長類研究所助手，助教授を経て現職．

チンパンジーの認知と行動の発達　　　　　　　　　　　©TOMONAGA, Masaki *et al.*

2003（平成15）年2月15日　初版第一刷発行

編著者　　友 永 雅 己
　　　　　田 中 正 之
　　　　　松 沢 哲 郎

発行人　　阪 上　孝

発行所　**京都大学学術出版会**
京都市左京区吉田河原町15-9
京 大 会 館 内（〒606-8305）
電 話（075）761-6182
Ｆ Ａ Ｘ（075）761-6190
Home Page　http://www.kyoto-up.gr.jp

ISBN 4-87698-611-8　　　　　定価はカバーに表示してあります
Printed in Japan